工程安全智能监测

陈翰新　向泽君　滕德贵　著

中国建筑工业出版社

图书在版编目（CIP）数据

工程安全智能监测 / 陈翰新，向泽君，滕德贵著. 北京 ：中国建筑工业出版社，2025. 1. -- ISBN 978-7-112-30868-2

Ⅰ. TU714

中国国家版本馆 CIP 数据核字第 2025XB2167 号

本书介绍了工程安全监测的背景和发展历程，以自动化、智能化监测技术方法为主线，系统论述了工程安全智能监测的相关理论、技术、方法和实践。本书重点介绍测量机器人监测、卫星定位监测、激光扫描监测、智能传感监测、合成孔径雷达监测、图像视觉监测等方面的内容和监测大数据平台的构建。

本书是作者及所在团队（重庆市测绘科学技术研究院、重庆市勘测院有限公司、自然资源部智能城市时空信息与装备工程技术创新中心）多年来在工程安全监测领域开展理论研究、技术攻关和应用实践的总结提炼，主要包括仪器装备研发、模型算法优化、技术集成创新、软件平台研发、工程应用实践等。

本书适合从事工程安全监测技术研究和应用的专业人士阅读，也可供高等院校相关专业师生参考。

责任编辑：高　悦
责任校对：李美娜

工程安全智能监测
陈翰新　向泽君　滕德贵　著
*
中国建筑工业出版社出版、发行（北京海淀三里河路 9 号）
各地新华书店、建筑书店经销
北京红光制版公司制版
廊坊市金虹宇印务有限公司印刷
*
开本：787 毫米×1092 毫米　1/16　印张：27　字数：669 千字
2025 年 1 月第一版　2025 年 1 月第一次印刷
定价：**78.00** 元
ISBN 978-7-112-30868-2
（44443）

前 言

preface

改革开放以来，我国经济社会快速发展，工程建设取得巨大成就。超高层建筑、大跨桥梁、超长隧道等重大工程，其规模之大、结构之复杂，不断刷新工程领域的历史记录。工程安全监测在施工建设、运营管理过程中具有重要保障作用。传统监测作业方法存在风险高、效率低、响应慢等问题。随着物联网、大数据、人工智能技术的发展，构建动态感知、自动处理、智能分析、实时预警的建设工程全生命周期的智能监测技术体系，成为当今工程安全监测领域的迫切需求。

国内外众多专家学者在工程安全监测领域开展了大量广泛深入的研究与应用。本书作者及所在团队（重庆市测绘科学技术研究院、重庆市勘测院有限公司、自然资源部智能城市时空信息与装备工程技术创新中心）在参考借鉴已有研究应用成果的基础上，聚焦现行监测工作中存在的问题开展技术攻关，研制了智能采集传输装备，研发了自动化监测软件，构建了监测大数据平台，并在高层建筑、大型场馆、桥梁隧道、高铁站场、市政立交、大坝枢纽、边坡基坑、地质灾害和区域地表沉降等领域开展应用实践。本书为工程安全智能化监测提供了多种方法指导和技术参考。

全书共十一章，第一章介绍工程安全监测的背景、内容和特性，由陈翰新、向泽君、滕德贵、王昌翰、马红等人编写；第二章回顾监测技术发展历程，对监测设备、监测方法进行综述，由向泽君、李睿桐、滕德贵、张恒、王启春等人编写；第三章测量机器人监测，由向泽君、陈翰新、滕德贵、张恒、胡波、王大涛、李超、林江伟等人编写；第四章卫星定位监测，由向泽君、王昌翰、滕德贵、李睿桐、张恒、葛山运、郭彩立、滕明星、黄赟等人编写；第五章激光扫描监测，由陈翰新、向泽君、滕德贵、袁长征、龙川、苟永刚、饶鸣等人编写；第六章智能传感监测，由滕德贵、王大涛、张恒、王灵犀、李创、杨云坤、李超等人编写；第七章合成孔径雷达监测，由向泽君、滕德贵、马红、袁长征、滕明星、胡小林、张春宇等人编写；第八章图像视觉监测，由滕德贵、张恒、马红、王灵犀、白铁多、夏君、王崎璇、岳仁宾等人编写；第九章监测大数据平台，由向泽君、滕德贵、张恒、马红、王大涛、袁长征、滕明星、胡波、李超、黄赟等人编写；第十章综合应用案例，由陈翰新、向泽君、陈玉、欧阳明明、侯亚彬、石勇、周鹏、屈英豪、刘清屹等人编写；第十一章总结与展望，由陈翰新、向泽君、滕德贵、王昌翰、张恒、杨伟、李睿桐、王启春、邓军等人编写。

本书获得科技部、自然资源部、住房和城乡建设部及重庆市科技研发计划的资助。感谢在本书编著过程中给予大力支持的重庆市智能感知大数据协同创新中心、智能城市空间CIM+创新技术中心、武汉大学、重庆工程职业技术学院。在编写过程中，参考和引用了大量文献资料和图片，在此对原作者深表谢意。

由于时间和能力所限，书中难免存在不足和错误，敬请广大读者批评指正。

内 容 框 架

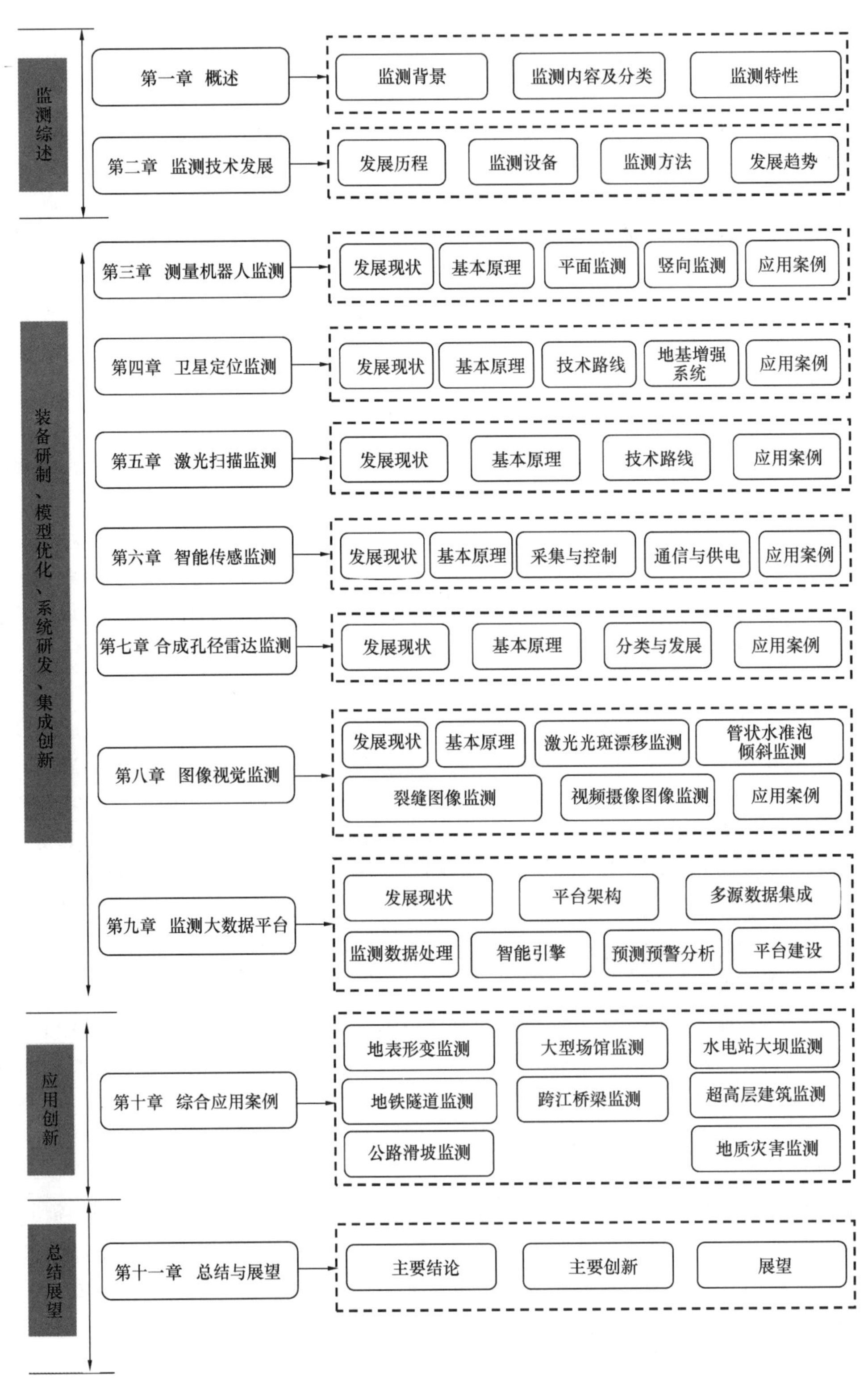

监测综述
第一章 概述
监测背景
监测内容及分类
监测特性
第二章 监测技术发展
发展历程
监测设备
监测方法
发展趋势
装备研制、模型优化、系统研发、集成创新
第三章 测量机器人监测
发展现状
基本原理
平面监测
竖向监测
应用案例
第四章 卫星定位监测
发展现状
基本原理
技术路线
地基增强系统
应用案例
第五章 激光扫描监测
发展现状
基本原理
技术路线
应用案例
第六章 智能传感监测
发展现状
基本原理
采集与控制
通信与供电
应用案例
第七章 合成孔径雷达监测
发展现状
基本原理
分类与发展
应用案例
第八章 图像视觉监测
发展现状
基本原理
激光光斑漂移监测
管状水准泡倾斜监测
裂缝图像监测
视频摄像图像监测
应用案例
第九章 监测大数据平台
发展现状
平台架构
多源数据集成
监测数据处理
智能引擎
预测预警分析
平台建设
应用创新
第十章 综合应用案例
地表形变监测
大型场馆监测
水电站大坝监测
地铁隧道监测
跨江桥梁监测
超高层建筑监测
公路滑坡监测
地质灾害监测
总结展望
第十一章 总结与展望
主要结论
主要创新
展望

目　录

contents

第九章　监测大数据平台

第十章　综合应用案例

第十一章　总结与展望

第一章　概　　述

第一节　监 测 背 景

土木工程建设与社会经济发展相辅相成。近几十年来，中国的土木工程建设取得了巨大成就。据2023年国务院新闻办公布的数据，我国已建成近6亿栋城乡房屋建筑。据2024年6月交通运输部发布的《2023年交通运输行业发展统计公报》，截至2023年末，全国铁路营业里程长约15.9万km，全国铁路路网密度165.2km/km^2；全国公路里程长约543.68万km，公路路网密度56.63km/百km^2；高速公路里程18.36万km；全国公路桥梁107.93万座；全国公路隧道27297处。

然而随着时间推移，不少工程建（构）筑物开始发生老化、破损，甚至出现结构病害，给人民群众的生命和财产造成了严重损失。近年来，国内外发生的工程安全事故屡见不鲜。2024年5月至8月期间，广东梅大高速茶阳路段路面塌方造成48人遇难，陕西柞水高速公路桥梁垮塌造成38人遇难24人失联，四川雅康康定至泸定段隧间桥梁垮塌造成5人失联；2023年7月23日，齐齐哈尔市第三十四中学体育馆发生一起屋顶坍塌事故，导致11名师生失去了宝贵生命（图1.1-1a）；2022年4月29日，湖南省长沙市望城区金山桥街道金坪社区盘树湾组发生一起特别重大的居民自建房倒塌事故，造成54人死亡、9人受伤；2020年8月29日，山西省临汾市襄汾县陶寺乡陈庄村聚仙饭店发生坍塌事故，造成29人死亡、28人受伤；2007年8月13日，湖南省凤凰县沱江大桥发生坍塌事故，造成人员严重伤亡（图1.1-1b）。国外方面，2024年5月31日，哥伦比亚巴兰基亚附近一座桥梁发生坍塌事故，造成4人死亡、3人受伤；2022年10月30日，印度古吉拉特邦莫尔比县一座悬索桥突然发生垮塌事故，造成141人死亡；2018年8月14日，意大利莫兰迪大桥垮塌，造成43人死亡（图1.1-1c）；2013年4月24日，孟加拉国达卡市萨瓦乡的一栋8层大楼倒塌，造成1127人死亡、约2500人受伤（图1.1-1d）；2007年，美国明尼苏达州一座跨越密西西比河的钢筋混凝土大桥由于构件疲劳破坏导致整桥坍塌，造成13人死亡；2005年11月7日，西班牙格兰纳达地区的高速公路桥梁坍塌。

工程安全问题始终是国内外学术界和工程界普遍关注的重点。工程安全事故发生的原因主要有以下三方面：一是结构自身缺陷以及性能劣化，包括设计标准低、选型不合理、施工质量差等；二是外在自然环境因素的影响，例如地壳运动、地质构造变化、地下水位下降等，给工程地基、工程结构带来巨大破坏；三是人为因素影响，包括车辆超载、车船撞击、火灾、爆炸等。可以预测，未来将会有更多的房屋、公路、桥梁、隧道、大坝、基坑、边坡、支护等工程达到或接近设计使用年限，由于经年累月满负荷甚至超负荷地运转，导致本身老化病损，再加上极端天气或突发自然灾害，极易发生位移、变形甚至坍塌。

(a) 齐齐哈尔体育馆屋顶坍塌

(b) 湖南凤凰沱江大桥坍塌

(c) 意大利莫兰迪大桥坍塌

(d) 孟加拉国达卡市萨瓦乡房屋坍塌

图 1.1-1 国内外工程安全事故灾害

我国政府高度重视工程安全工作，陆续颁布了多项政策文件。2022 年，住房和城乡建设部印发通知，在浙江省、安徽省及北京市、辽宁省等 22 个市（区）开展城市基础设施安全运行监测试点工作，推动各地提高城市基础设施安全运行监测水平，有效防范安全事故，维护人民群众生命和财产安全。试点任务主要有四：一是建设安全运行监测系统，加快燃气、供水、排水、热力、桥梁等管理信息系统的整合，依托城市运行管理服务平台，搭建城市基础设施安全运行监测系统，推进智能化感知设施建设，对风险隐患进行整体监测、及时预警和应急处置，推动实现城市基础设施运行监测“一网统管”；二是推动创新城市基础设施安全运行管理理念、手段和模式；三是强化科技创新和应用，充分运用第五代移动通信技术（5G）、建筑信息模型（BIM）、物联网（IoT）、人工智能（AI）、大数据（Big Data）、云计算（Cloud Computing）等技术，开展运行监测预警技术产品研发和迭代升级，提升管理效率和监测预警防控能力；四是推动标准体系建设，支持试点城市结合本地实际，针对各类城市基础设施的运行特点、监测技术和管理模式等，制定技术规范、管理规程等，构建城市基础设施安全运行监测标准体系。

由此可见，开展工程安全监测对保障城市安全运行，保护人民生命财产安全具有重要意义。当前，我国已经进入了城市更新的重要时期，由过去大规模的增量建设转向存量提质改造。开展智能化的工程安全监测，是韧性城市、数字城市建设的必然趋势。

第二节 监测内容及分类

工程安全监测内容繁多。按监测范围，可以分为全球性变形监测、区域性变形监测、工程和局部变形监测；按变形性质，可以分为几何形变监测、结构应变监测和外部荷载监测；按接触方式，可以分为接触式监测和非接触式监测。

一、按监测范围分类

变形是自然界的普遍现象。变形体在各种荷载的作用下，其形状、大小及位置在时空中发生着变化。在一定阈值范围内的变形是安全的、被允许的，但是如果超出允许值就可能会引发灾害，例如地震、滑坡、岩崩、溃坝等。

（一）全球性变形

全球性变形监测是指对地球的自转速率、地极移动、海水潮汐、板块运动、地壳形变等自身动态变化的监测。在全球性变形监测方面，空间大地测量是最基本和适用的技术，主要包括全球导航卫星系统（GNSS）、甚长基线射电干涉测量（VLBI）、卫星激光测距（SLR）、激光测月技术（LLR）以及卫星重力探测等技术手段。

（二）区域性变形

区域性变形监测是指对一个区域或一个城市进行的监测。在区域性变形监测方面，GNSS已成为主要技术手段。近年来发展起来的空间对地观测遥感新技术——合成孔径雷达干涉测量（Interferometric Synthetic Aperture Radar，InSAR）在监测地震变形、地表沉降、山体滑坡等方面也表现出了很强的技术优势。

（三）工程和局部变形

工程监测是指对某个具体的工程建（构）筑物进行的变形监测。变形是建（构）筑物在各种因素作用下产生了形状、尺寸或位置的改变，包括变形体自身形状改变（如伸缩、错动、弯曲和扭转）和刚体位移（如整体平移、整体转动、整体升降和整体倾斜）。在工程和局部变形监测方面，通常采用地面常规测量技术、近景摄影测量技术、传感监测技术以及GNSS空间定位技术等。

二、按变形性质分类

变形监测（也称变形观测、变形测量）的目的，是要获得物体的空间位置、内部结构、外部形状随时间变化的特征，并进行变形几何分析和物理解释。按照监测量的不同，分为几何形变、结构应变和外部荷载监测。

（一）几何形变

几何形变包括水平位移、垂直位移（沉降）、偏移、倾斜、挠度等。

物体受水平应力的影响，容易产生水平位移。水平位移监测就是测定建（构）筑物沿水平方向的位移变形值。物体在垂直方向上的位移，称为垂直位移，也称为沉降。沉降监测就是测定建（构）筑物在垂直方向上的位移变化。倾斜可分解为相对于水平面的倾斜和相对于垂直面的倾斜两种。几何形变通常采用全站仪、GNSS接收机、水准仪以及静力水准仪、位移计、倾斜仪等传感设备进行测量。

（二）结构应变

应变是指在外力和非均匀温度场等因素作用下，物体局部的相对变形。应变主要有线应变和角应变。线应变就是正应变，它是某一方向上因变形产生的长度增量（伸长时为正）与原长度的比值；角应变就是剪应变，它是两个相互垂直方向在变形后夹角的改变量（以弧度表示，角度减小时为正）。结构应变通常采用应力计、应变计、加速度计等传感设备进行监测。

（三）外部荷载

外部荷载主要包括风荷载、地震荷载、水流荷载、交通荷载等，通常采用风压传感器、风速仪、强震仪、流速仪、荷载计等传感器进行监测。

三、按接触方式分类

按监测仪器与被测物体接触与否，可以分为接触式监测和非接触式监测。

（一）接触式

接触式监测是将监测装置与被测物体直接接触，通过接触来获取被测物体物理量的一种监测方法。常用的接触式监测设备有静力水准仪、倾斜仪、裂缝计等。

光学、机械和电子技术的发展促使接触式监测具有了非常高的精确度和可靠性，能够实现连续自动化的监测。但由于测量装置要直接安装固定在被测物体表面或内置于其中，可能会损坏被测物体结构，且监测装置大多只能提供被测物体的局部变化信息。

（二）非接触式

非接触式监测是以光电、电磁等技术为基础，在不接触被测物体表面的前提下，获取物体信息的监测方法。常用的非接触式监测技术方法有摄影测量、激光扫描、合成孔径雷达、图像视觉监测等。

非接触式监测的优点是不会对被测物体造成损伤，监测范围大，能较好反映监测对象整体或区域的变化情况，但由于外界环境影响因素多，要通过各种误差处理提高监测精确度。

第三节　监 测 特 性

一、综合性

工程安全监测涵盖了物联网传感器、测绘工程、地理信息、结构工程、岩土工程、计算机信息化等领域的相关理论知识与技术方法，是一项综合性的工作。这种综合性充分体现在多学科的互促共进和各种技术手段的交叉融合。

首先，监测人员必须熟悉并了解监测对象的形状特征、结构类型、所用材料、受力情况以及所处的外部环境。这就要求监测人员应当具备地质学、工程力学、岩土力学、材料科学和土木工程等方面的综合知识，以便制定合理的监测方案、技术内容和观测精度，能够科学地处理监测数据资料、分析监测成果，并且能够对变形作出科学合理的成因解释。

其次，监测人员必须掌握丰富的测量知识和技术，能够综合运用各种仪器设备、采用多种技术方法，对不同类型的工程项目开展监测。各种监测方法都有一定的局限性，应当结合工程本身特点和监测应用需求，综合应用多种技术手段，以达到取长补短、相互校核的目的，进而提高监测的精度和可靠性。

二、针对性

开展工程安全监测，应当根据不同工程项目的特点开展针对性的监测。

首先，针对不同的监测对象，监测内容、监测方法各不相同。例如，对基坑进行监测，主要是对水平位移、竖向位移、倾斜、裂缝、支护结构内力、土压力、地下水位进行监测；对桥梁进行监测，主要是对桥梁的荷载、变形和挠度、桥体内部应力、振动响应以及桥梁环境，如温度、湿度、风速、降雨等进行监测；对水库大坝进行监测，主要是对大坝应力、坝体裂缝、边坡位移沉降、边坡渗流以及所处环境，如水质、水位、温度、湿度、降雨量等进行监测；对隧道进行监测，主要是对隧道拱顶沉降、隧道收敛、隧道壁裂缝、土体水平位移、垂直位移、围岩压力等进行监测。对不同的工程项目，只有进行针对性的监测才能最大限度地保障安全施工与运营。

其次，即便是同一监测内容，不同监测对象的侧重点也各有不同。例如，同样是进行水平位移监测，对于工业和民用建筑，主要是对支护边坡和建筑主体的水平位移进行监测；对于桥梁，主要是对桥面、塔柱、墩台水平位移的监测；对于混凝土坝，主要是对坝体、临时围堰、护坡等的水平位移进行监测。再例如，进行沉降监测，对于工业和民用建筑，沉降监测包括场地沉降监测、基坑回弹监测、地基土分层沉降监测、建筑物基础及建筑本身的沉降监测；对于桥梁，沉降监测主要包括桥墩、桥面、索塔的沉降监测以及桥梁两岸边坡的沉降监测；对于混凝土坝，沉降监测主要包括坝体、临时围堰、船闸的沉降监测等。

三、持续性

监测就是要对观测点进行周期性、持续性、重复性的观测，求取变化量，并分析变形形态，预测变形发展态势。重复观测是工程安全监测的最大特点。

重复观测的频率取决于变形的大小、速度以及观测目的。第一次观测称为初始周期观测或零周期观测，每一周期的观测方案中，使用仪器、作业方法乃至观测人员都要尽可能一致。

四、高精度

工程安全监测采用的观测仪器需要具备较高的测量精度，确保监测数据的准确性、可靠性，以满足工程安全监测的严格要求，保障工程施工和运行安全。

此外，《建筑变形测量规范》JGJ 8—2016、《城市轨道交通工程测量规范》GB/T 50308—2017 等标准规范对变形监测的等级和精度都作出了要求，如表 1.3-1、表 1.3-2 所示。

建筑变形监测等级和精度指标表 **表 1.3-1**

等级	特等	一等	二等	三等	四等
沉降监测点测站高差中误差（mm）	0.05	0.15	0.5	1.5	3.0
位移监测点坐标中误差（mm）	0.3	1.0	3.0	10.0	20.0

注：摘自《建筑变形测量规范》JGJ 8—2016。

城市轨道交通工程变形监测等级和精度指标表　　表 1.3-2

等级		Ⅰ	Ⅱ	Ⅲ
垂直位移监测	变形监测点的高程中误差（mm）	±0.3	±0.5	±1.0
	相邻变形监测点高差中误差（mm）	±0.1	±0.3	±0.5
水平位移监测	变形监测点的点位中误差（mm）	±1.5	±3.0	±6.0

注：摘自《城市轨道交通工程测量规范》GB/T 50308—2017。

五、强制性

工程安全直接关系到社会生产生活以及人民群众生命财产安全，加强工程安全监测检测管理对于提高安全保障能力、提升工程质量、提高应急响应能力等方面具有重要意义。该项工作具有一定的强制性，主要体现在：

（1）在法律层面，《中华人民共和国建筑法》是我国建筑领域的基本法律，它明确规定了建筑工程质量、安全等方面的基本要求和管理制度，为工程安全监测检测提供了法律基础。

（2）在行政法规层面，《建设工程质量管理条例》详细规定了建设工程质量管理的各项制度，包括质量检测、验收等环节，对加强工程安全监测检测管理具有直接的指导意义。此外，《建设工程抗震管理条例》也促进了工程安全监测检测管理的发展和应用。

（3）在部门规章层面，《建设工程质量检测管理办法》（中华人民共和国住房和城乡建设部令第 57 号）明确了检测机构资质管理、检测活动要求、监督管理等内容，为加强工程安全监测检测管理提供了具体指导。再如，《国家能源局关于开展 2024 年度电力建设施工安全和工程质量专项监管的通知》（国能发安全〔2024〕16 号），要求进一步加强电力建设工程安全监督管理，提升电力建设工程安全水平。

（4）在地方政策层面，各地结合实际情况制定了相应的政策文件，用以加强工程安全监测检测管理。例如，湖北省住房和城乡建设厅印发了《湖北省房屋建筑和市政基础设施工程安全监督办法》（鄂建设规〔2021〕3 号），要求加强湖北省房屋建筑和市政基础设施工程质量、安全监管；再例如，新疆维吾尔自治区住建厅印发了《自治区建设单位工程质量安全首要责任管理办法》，明确了建设单位对工程质量安全承担终身责任，对质量安全事故承担首要责任，并要求建设单位严格质量检测管理。

综上，加强工程安全监测检测管理的法律文件涵盖了法律、行政法规、部门规章、地方政策等。这些文件共同构成了我国工程安全监测检测管理的法律框架和制度体系，为确保工程质量和安全提供了有力保障。

第四节　本 章 小 结

现代技术的进步和经济的快速发展加快了工程建设的进程，现代工程建（构）筑物的体量庞大、结构复杂，施工难度较之以前也大幅提升。我国已经进入城市更新时期，早期建设的工程建筑逐渐开始老化，安全隐患逐渐显现。

工程建（构）筑物在施工和运营期间，由于受到多重因素的影响容易产生变形、劣化，严重时将会危及工程主体的安全并带来巨大的人民生命和财产损失。有效开展安全监测工作可以最大限度地保障工程项目在施工期和运营期的安全，通过监测各种建（构）筑物的变形以及与工程建设有关的地质构造变化，能够及时发现异常情况，对监测对象的稳定性、安全度作出判断，从而及时采取有效措施防止事故发生。

变形是自然界的普遍现象。变形监测是利用专用仪器设备、技术方法对变形体的变化状况进行监测，其目的是获得物体的空间位置、内部结构、外部形状等随时间变化的特征，结合结构、地质、环境因素进行监测数据分析并及时发布预警信息。按监测范围可分为全球性、区域性、工程和局部变形监测；按变形性质可分为几何形变监测、结构反应监测和外部荷载监测；按接触方式可分为接触式监测和非接触式监测。

监测具有综合性、针对性、持续性、高精度和强制性等特点。监测的综合性体现在监测人员不仅要具备地质学、工程力学、岩土力学、材料科学和土木工程等多学科综合知识，能够制定监测方案、分析监测数据、解释成因和预判趋势，而且还要能够综合运用各种仪器设备、采用多种技术方法，对不同类型的工程项目开展监测。监测的针对性体现在对于不同的监测对象，监测内容、监测方法各不相同，即便是同一监测内容，不同监测对象的侧重点又各有不同。监测的持续性体现在要对变形体进行周期性、持续性、重复性的观测。监测的高精度体现在观测仪器和观测数据的精度要求都比普通测量工作更高，达到了精密测量的要求。监测的强制性体现在国家和地方政府都颁发了关于监测检测的政策文件、标准规范，强制要求对某些重大基础设施、超高层建筑开展持续监测。

对于工程安全来说，监测是基础，分析是手段，预测是目的。监测数据分析不仅能够帮助人们更好地理解变形机理和变形规律，进而为其他工程建设和运营提供借鉴经验，而且还是验证设计方案和检验施工安全的重要手段。通过构建预测模型，对建（构）筑物变形破坏的过程进行模拟，为工程主体的安全性诊断提供必要信息，保障工程项目的安全施工和使用。

参考文献

[1] 国新办第一次全国自然灾害综合风险普查工作发布会．https：//www.gov.cn/xinwen/2023-02/15/content_5741651.htm.

[2] 中华人民共和国交通运输部．2023年交通运输行业发展统计公报[EB/OL]. https：//zs.mot.gov.cn/mot/s.

[3] 郝亚东．工程变形监测[M]. 武汉：武汉理工大学出版社，2022.

[4] 陈翰新，向泽君．智能测绘技术[M]. 北京：中国建筑工业出版社，2023.

[5] 宋超智，陈翰新，温宗勇．大国工程测量技术创新与发展[M]. 北京：中国建筑工业出版社，2019.

[6] 陈翰新，冯永能，向泽君．山地城市岩土工程综合勘察技术理论与实践[M]. 北京：中国建筑工业出版社，2017.

[7] 吴智深，张建．结构健康监测先进技术及理论[M]. 北京：科学出版社，2015.

[8] 伊廷华．结构健康监测教程[M]. 北京：高等教育出版社，2021.

[9] 段向胜，周锡元．土木工程监测与健康诊断：原理、方法及工程实例[M]. 北京：中国建筑工业出版社，2010.

[10] 向泽君，徐占华，李霖．信息化测绘服务特征下单位生产组织体系规划[J]. 测绘通报，2011(5)：72-75.

[11] 陈翰新，吴明生．大跨度隧道施工爆破地震波监测及减震措施[J]. 交通科技与经济，2010，12(4)：96-99.

[12] 陈翰新，吴明生．嘉华隧道立体交叉段设计要点[J]. 现代隧道技术，2008，45(S1)：337-342.

[13] 向泽君，何兴富．勘测大数据在地下空间安全评价中的应用[J]. 地下空间与工程学报，2022，18(3)：743-750.

[14] 王昌翰．大型工程场地及建筑物安全监测与分析[J]. 测绘通报，2016(S2)：108-111.

[15] 王昌翰．重庆市似大地水准面精化及模型精度检测[J]. 测绘与空间地理信息，2015，38(6)：192-194，197.

[16] 李超，滕德贵，袁长征．基于超高层建筑施工监测内容及技术体系研究[J]. 工程建设与设计，2018(14)：22-24.

[17] 李超，黄劲松，徐亚明，等．PL-RTK：一个基于伪卫星的实时动态定位系统[J]. 测绘通报，2014(12)：1-4.

[18] 张恒，李超，滕明星．改进的时间序列法用于边坡沉降分析与预测[J]. 北京测绘，2023，37(11)：1445-1450.

[19] 向华林，李秉兴．单镜头无人机倾斜摄影测量的三维建模及精度评估[J]. 测绘通报，2022(S2)：237-240.

第二章　监测技术发展

第一节　发 展 历 程

监测技术最早起源于 20 世纪 60 年代机械工程领域中旋转机械系统的故障诊断，通过监测旋转机械系统在使用过程中的位移、速度、加速度、振动和变形等，发现机械系统磨损、疲劳、裂纹等典型损伤，从而确保系统的安全运行。

到了 20 世纪 70 年代后期，基于振动的监测方法开始推广应用到石油行业海洋工程领域，主要用于监测海洋平台在风、浪、流、冰等复杂条件作用下的运行状况。由于在海洋中安置监测仪器并开展测量比陆地更加困难，再加之海洋生物引起平台结构质量改变、海洋波浪引起结构振动变化等其他外部原因，阻止了监测技术在海洋平台上的使用和进一步发展。

到了 20 世纪 80 年代早期，随着航天飞机的发展，基于振动的检测方法被应用于航空航天领域。航天飞机的核心机械系统被热防护层覆盖，使得传统的局部无损检测设备无法靠近和应用，因而航天飞机模态检测系统应运而生，并在一段时间后得到成功应用。此外，航空航天领域还重点开展了对飞行器机翼、管路、薄壁实时受力状态和材料损伤的检测。

20 世纪 80 年代，伴随着互联网技术的发展，监测技术在桥梁工程领域得到蓬勃发展。1977 年 Hart 和 Yao 发表了基于监测数据进行结构识别的论文，被认为是桥梁工程监测较早的理论研究。1977 年，Abdel-Ghaffar 和 Housner 对加州金门大桥进行了现场环境振动测试，这是较早的桥梁监测实践。此外，Doebling 对结构监测和损伤识别领域的方法进行了系统的文献综述，对桥梁监测方法进行了归纳总结。世界范围内，桥梁安全监测史上较早的著名案例是英国北爱尔兰的 Folye 大桥。该桥是一座三跨变高度连续箱梁桥，英国政府通过在其上安装监测仪器和自动化的数据采集系统，实时获取桥梁在车辆和风荷载作用下的主梁振动、挠度和应变响应特征，保障了桥梁运行安全。世界各国政府都高度重视大型桥梁工程的安全监测，挪威的 Skarnsundet 大桥、美国的 Sunshine Skyway 大桥、丹麦的 Faroe 大桥、墨西哥的 Tampico 大桥、英国的 Flintshire 大桥、加拿大的 Confederation 大桥、日本的 Akashi Kaikyo 大桥、韩国的 Seo-Hae 大桥等都构建了完整的安全监测系统。

我国于 20 世纪 90 年代中后期开始研究和推广安全监测技术。在发展初期，由于受当时技术和经济条件的限制，我国的大型桥梁工程监测通常采用在施工阶段安装临时传感器，在通车后一段时间内采用短期监测的做法来确保桥梁建设与初步运行合格。例如，早年建成的上海徐浦大桥和江苏江阴长江公路大桥都采用了该种方法进行监测。徐浦大桥建成于 1996 年 12 月，通过在桥上布设 75 个监测点，实现对车辆载荷、温度、挠度、应变、振动等数据的监测。江阴长江公路大桥监测系统于 1999 年设计建造，该系统由 1 台工作站和 8 台远程子站通过光纤局域网联结而成，主要监测主梁线形、主缆索力、吊杆振动、梁端位移等。近年来，随着计算机、大数据和云计算技术的迅速发展，监测理论研究和工程实践也不断发展提升，在香港青马大桥、江苏润扬长江公路大桥、江苏苏通长江公路大桥、江苏南京大胜关长江大桥等工程上得到广泛应用。香港青马大桥是一座主跨长 1377m 的两塔三跨悬索桥。香港特别行政区政府投资建造了一套当时国际领先的监测系统，这套系统由七种类型共 300 多个传感器构成，包括风速仪、加速度计、应变计、温度计、倾角计、位移计和车辆动态称重系统。该系统自 1997 年启动以来，已经连续运行了近 30 年，获取了大量宝贵的监测数据，为研究各种环境和荷载条件下桥梁结构性能的长期演化规律和安全评估与维护提供了重要的数据支撑，为国内外桥梁安全监测领域提供了宝贵经验。我国学者创新研制了集成加速度计的 GNSS 接收机与 GeoSHM（Based on GNSS and Earth Observation for Structural Health Monitoring）结构健康监测系统，该系统已经成功应用在国内外的多个大跨桥梁上，如英国福斯桥，中国至喜长江大桥、沪苏通跨江大桥。

除了大型桥梁，监测技术也被广泛应用于超高层建筑。例如，距离珠江南岸 125m 的广州新电视塔（昵称“小蛮腰”），塔身主体高 454m，天线桅杆高 146m，总高度 600m，是广州市著名的地标建筑，采用了筒中筒结构，造型奇特、规模宏大、受力复杂。广州电视塔监测系统由传感器子系统、数据采集与传输子系统、数据处理与控制子系统、结构状态评估子系统和结构健康数据管理子系统五部分组成。传感器种类丰富，包括风速仪、倾角仪、加速度计、应变计、温度计、腐蚀计、GNSS、气象站、强震仪等，可以全天候收集结构、荷载、环境信息。

随着使用年限的增加，地质条件变差、稳定性变弱，隧道容易出现拱顶或边墙开裂、渗水等病害，对其正常使用构成了威胁，因此对隧道进行安全监测尤为重要。国外隧道安全监测技术研究起步较早。2000 年，荷兰对 Botlek 铁路盾构隧道施工过程中的盾构、土木、衬砌结构特性以及隧道动力现状进行监测，并根据监测数据来指导隧道施工；2006 年，英国伯明翰大学的 NicoleMetje 教授应用光纤光栅传感器监测隧道位移并进行原型试验研究，论述了用光纤光栅传感器监测隧道衬砌位移的可行性，同时将光纤光栅传感器与全自动经纬仪进行了比较，确定光纤光栅传感器在远程监测方面所具有的优势。在我国，2002 年南京市鼓楼隧道和玄武湖隧道采用布里渊散射光（BOTDR）的分布式光纤传感监测技术，对隧道的整体沉降、裂缝的发生和发展进行远程分布式实时监测；2004 年汕梅高速公路隧道中应用光纤分布式温度监测火灾自动报警系统实现温度监测和火灾报警；2006 年厦门翔安海底隧道采用传感技术监测正在施工的隧道；2008 年南京长江隧道也使用物联网进行安全监测。

此外，监测技术还被广泛应用于水利工程、轨道交通工程、大型公共基础设施、区域性安全监测等领域。

在水利工程建设领域，全世界规模最大的水电站长江枢纽工程三峡大坝从建设初期就高度重视安全监测系统的建设工作，通过 GNSS、测量机器人、正倒垂等技术的综合应用，实现了对包括大坝、船闸等多个主体结构的水平位移、垂直位移的实时监测与预警，后期建设的澜沧江糯扎渡水电站枢纽工程中，安全监测系统的智能化程度得到显著提高，在形变监测的基础上集成了光电传感技术开展结构受力响应监测，并建设了可视化监控中心，实现了智能预测预警。

在轨道交通工程领域，以解决轨道交通运营期间的安全监测难题为工作方向。南京地铁二号线在运营安全监测实施过程中，综合考虑地质条件、线路结构、外部工况等多方面因素，给出了针对性的安全监测系统建设实施方案，对高风险区域开展自动化监测，对监测数据成果进行综合分析，准确反映了轨道交通基础结构的运营现状。

在大型公共基础设施领域，如在机场、火车站、展览馆等设施中开展结构监测工作。西部有名的会展综合体——重庆悦来国际博览中心，在施工建设伊始就部署了结构监测系统，根据结构整体对称性原则，在中心大厅、南北展馆分别安装了钢结构应力、温度、形变监测传感系统，在展区外围部署了风环境监测传感系统，提供展馆运营过程中的实时状态监测与安全评估服务。

在区域安全监测方面，以上海为例，自 1939 年首次发现地表沉降以来，就开始城市级监测技术体系与工作体系研究，形成了一、二等水准测量、GNSS 测量、InSAR 测量等多种测量方法相辅相成、优势互补、有机融合的地面沉降安全监测体系，有效保障了城市区域安全。

第二节 监测设备

监测设备是开展工程安全监测工作必不可少的基础和工具。广义来讲，监测设备不仅是指硬件，还包括相应的软件系统。不同的监测设备适用于不同的应用场景，各有利弊、互为补充，软硬件一体化、集成化是监测设备的发展趋势。按照是否与被测物体接触，可以把监测设备分为接触（内置）类与非接触类两大部分。

一、接触（内置）类

接触类设备是指安装在被测物体表面的监测设备。内置类设备则是将监测设备埋入被测物体内部。这些设备主要包括对结构物进行应力、加速度、位移、振动等监测的各类传感器。按工作原理分类，可分为振弦式传感器、光纤光栅传感器、压电压阻式传感器和电容电阻式传感器等。

（一）振弦式传感器

振弦传感器是以拉紧的金属弦作为敏感元件的谐振式传感器。当弦的长度确定之后，以其振动频率的变化量来表征所受拉力的大小，通过相应的测量电路，就可得到与拉力成一定关系的电信号。振弦传感器具有抗干扰能力强、受电参数影响小、零点飘移小、受温度影响小、性能稳定可靠、耐振动、寿命长等优点，特别适合长期监测。

由于振弦传感器的上述优点，被广泛应用于应力应变监测、位移监测、荷载监测等。常用的振弦传感器有表面应变计、埋入式应变计、钢筋应力计、土压力计、孔隙水压力计（渗压计）、荷载计和变形计。各种振弦式传感器的分类与选型如表 2.2-1 所示。

振弦式传感器分类选型 **表 2.2-1**

仪器名称	使用方法	用途	优点	仪器图片
振弦式表面应变计	安装在结构物的表面，表面应变计的底座与结构物之间可用焊接、螺栓连接等方式固定	用于建（构）筑物的表面应变和混凝土结构物裂缝发展监测	精度高、稳定性好、可靠性强，易于安装与维护	

续表

仪器名称	使用方法	用途	优点	仪器图片
振弦式埋入式应变计	埋于混凝土或钢筋混凝土等结构物中，也可凿孔（槽）后埋于混凝土中	用于结构物内部的应力（应变）的长期监测	精度高、响应速度快、稳定性好，能够灵敏地反映混凝土内部应力应变的变化	
振弦式钢筋应力计	应将钢筋应力计两端的拉杆焊接在被测钢筋上	用于钢筋混凝土结构中的钢筋应力监测	稳定性好、寿命长、高灵敏度输出，适用范围广	
振弦式土压力计	将压力盒埋于土体中或浇筑在混凝土块中后埋设于土体	用于房屋基础、挡土结构、桥梁墩台、沉井、土坝、隧道、船坞等结构的土压力监测	精度高、响应速度快、耐久性好，操作简便	
振弦式渗压计	排除渗压计空腔内的空气，即将压力盒透水石朝上，向内灌满水	用于软基和基础工程地下水的压力大小和分布监测	低功耗、低成本、量程大、稳定性好，安装方便、维护简单	
振弦式荷载计	支撑于被测结构物	用于基坑、隧道、水工等结构物钢支撑所承受的载荷变化量监测	安装方便、反应灵敏、稳定性好	
振弦式变形计	保证与定位装置可靠连接	用于土体或岩层内的位移量与位置监测	精度高、稳定性好、可靠性强，易于安装维护	
振弦式倾角仪	水平、垂直表面安装或钻孔分层安装	用于各类工程建（构）筑物的倾斜变形监测	稳定性好、耐用性强，抗干扰能力强	

（二）光纤光栅传感器

光纤传感器是一种将被测对象的物理状态转变为可测光信号的传感器，其基本工作原理是：由于受温度、压力、加速度、电磁场的作用，当光波在光纤中传输时，表征光波的振幅、相位、偏振态、波长等参量会随之发生变化，导致光的强度、偏振面等光学性质发生变化，将光波变化参量调制为信号光，再经过光探测器和解调器获得被测物体参量的变化，从而完成监测。

光栅传感器利用光栅的衍射效应，将光栅上的光信号转化为电信号输出，用以测量光栅在固定方向上的位移、速度和加速度。通常把光纤传感器和光栅传感器统称为光纤光栅传感器。

光纤光栅传感器具有体积小、灵敏度高、频带宽、抗电磁干扰能力强、安装方式灵活等优点，被广泛用于应变、应力、位移、裂纹、振动等对工程安全具有重要意义的数据监测。各种光纤光栅传感器的分类选型如表 2.2-2 所示。

光纤光栅传感器分类选型　　表 2.2-2

仪器名称	使用方法	用途	优点	仪器图片
光纤光栅表面应变计	固定安装到金属结构及其他固体表面	用于各种金属或其他固体结构表面的应力应变监测	体积小、与结构相容性好、灵敏度高	
光纤光栅埋入式应变计	埋于建（构）筑物内部	用于基岩、结构物内部混凝土、浆砌块石的应力监测	体积小、安装方式灵活，可长期在线监测	
光纤光栅压力计	将压力盒埋于土体中或浇筑在混凝土块中后埋设于土体	用于土方和堤坝的压力监测，混凝土或钢结构与土体接触面的土压力监测，挡土墙上的土压力监测	电气绝缘好、不受电磁干扰、耐腐蚀、无电火花，可以在易燃易爆的环境中工作	
光纤光栅温度传感器	表面粘结或埋入	用于桥梁、大坝、能源管道等设施设备的准分布式精确测温	不受电磁辐射干扰、测温精度高、稳定性好	
光纤光栅位移传感器	固定于被测物体表面或埋入内部	用于结构物的变形与沉降监测	灵敏度高、抗电磁辐射能力强、光路可弯曲，便于实现远距离测量	
光纤光栅加速度传感器	固定于被测物体表面或埋入内部	用于加速度变化监测	测量精度高、波分复用能力强，可大大减少布线工作	
光纤光栅裂缝计	固定在裂缝或接缝两侧	用于基坑、隧道、水工等结构物钢支撑所承受的载荷变化量监测	民用建筑、水利工程等结构上裂缝或接缝的开合度和变化监测	

（三）压电压阻式传感器

压电式传感器是一种基于压电效应的传感器，也是一种自发电式和机电转换式传感器。压电式传感器的敏感元件由压电材料制成，压电材料受力后表面产生电荷，电荷经放大器放大后成为正比于所受外力的电量输出。压电式传感器常用于测量力或者其他非电物理量，其优点是频带宽、灵敏度高、信噪比高、结构简单、工作可靠和重量轻等，缺点是某些压电材料需要防潮措施，而且输出的直流响应差，需要采用高输入阻抗电路或电荷放大器来克服这一缺陷。

压阻式传感器是利用单晶硅材料的压阻效应和集成电路技术制成的传感器。单晶硅材料在受到力的作用后，电阻率发生变化，通过测量电路就可得到正比于力变化的电信号输出。压阻式传感器用于压力、拉力、压力差和可以转变为力的变化的其他物理量（如液位、加速度、重量、应变、流量、真空度）的测量和控制。各种压电压阻式传感器的分类选型如表 2.2-3 所示。

压电压阻式传感器分类选型 表 2.2-3

仪器名称	使用方法	用途	优点	仪器图片
压电压阻双模式压力传感器	将压力盒埋于土体中或浇筑在混凝土块中后埋设于土体	用于需要同时监测压力和变形的应用场景	结合了压电和压阻两种传感机制，能够同时检测静态和动态的力学信息	
压电压阻加速度传感器	固定于表面或埋于建（构）筑物内部	用于结构的加速度变化监测	小型、轻量、灵敏度高、测量范围宽	
压电式振动传感器	硬性粘接螺栓或胶粘剂的固定方法	用于桥梁、地铁、隧道等结构物的振动监测	灵敏度好、精度高，一般不受环境条件限制	

（四）电容电阻式传感器

电容式传感器是以各种类型的电容器作为传感元件，将被测物理量转换成为电容变化的一种传感器。电容式传感器具有结构简单、稳定性好、耐高温、耐辐射、动态响应好等优点，被广泛用于位移、角度、振动、速度、压力、成分分析、介质特性等方面的监测。

电阻式传感器是利用了电阻随金属材料种类不同，或同种金属材料厚薄、长短不同而呈现不同的电阻特性，把位移、力、压力、加速度、扭矩等非电物理量转换为电阻值变化的传感器，主要包括电阻应变式位移传感器。

（五）其他类型传感器

除了上述类型的传感器之外，还有碳纤维传感器、形状记忆合金传感器等。

碳纤维是在一定条件下，将聚合物纤维燃烧，所获得的具有接近于完整分子结构的碳长链，通常单股碳纤维的直径为 7～30μm。它是一种高强度、高模量轻质非金属新型材料，既具有碳元素的各种优良性能，又具有纤维般的柔韧性，可进行编织加工和缠绕成型。此外，碳纤维还具有良好的耐磨性、高导电性、耐低温性、润滑性和吸附性，除了可以作为结构材料承载负荷外，自身电阻还能反映结构状态，可以作为传感元件发挥作用。

形状记忆合金是一种兼有感知和驱动功能的金属材料，具有一般金属材料所没有的许多特殊物理力学性能，主要有形状记忆效应、超弹性效应、阻尼效应、电阻特性等。目前得以广泛应用的主要是镍钛合金、铜基合金和铁基合金。利用形状记忆合金的感知功能，可实现对土木工程的安全监测，并实现对工程结构的变形、损伤、振动进行控制。

二、非接触类

非接触类设备是指不与被测物体表面接触，而在一定距离之外对其进行监测的设备，主要包括近景摄影测量系统、三维激光扫描系统、合成孔径雷达系统等。

（一）测量机器人

测量机器人是一种智能型电子全站仪，它利用 CCD 相机和其他传感器通过自动目标识别技术对需要监测的“目标”进行自动搜索、跟踪、辨识和精确照准，从而获取角度、距离、三维坐标以及影像等信息，在实际应用中可代替人的手动瞄准操作，大大提升工作效率。

在工程安全监测中，测量机器人正逐渐成为首选的自动化位移监测技术设备。通过编制程序或软件来制定测量任务、控制测量过程、处理及分析测量数据，实现对结构关键风险点的自动化、实时、连续的变形观测。测量机器人变形监测系统已被广泛应用在不同类型的变形监测工程中，如地铁隧道变形监测、边坡监测、桥梁结构安全监测、高层建筑变形监测等。

目前，市场上主流的测量机器人技术参数如表 2.2-4 所示。

主流测量机器人技术参数 **表 2.2-4**

品牌型号	技术参数	仪器图片
南方测绘 NS10 测量机器人	无棱镜测程：1000m； 有棱镜测程：6000m； 测角精度：0.5″； 测距精度：$1mm+1\times10^{-6}mm$	
苏州一光 RS10 测量机器人	无棱镜测程：1000m； 有棱镜测程：5000m； 测角精度：0.5″； 测距精度：$1mm+1\times10^{-6}mm$	
Leica TM50 测量机器人	无棱镜测程：1000m； 有棱镜测程：3500m； 测角精度：0.5″； 测距精度：$0.6mm+1\times10^{-6}mm$	
Trimble S9HP 测量机器人	无棱镜测程：1500m； 有棱镜测程：3000m； 测角精度：0.5″； 测距精度：$0.8mm+1\times10^{-6}mm$	

（二）水准仪

水准仪按其精度可分为 DS05、DS1、DS3 和 DS10 四个等级，即表示每千米往返测高差中数的偶然中误差分别为≤0.5mm、≤1mm、≤3mm、≤10mm。其中，DS05、DS1 两型号属于高精度水准仪，通常用于国家一、二等精密水准测量以及高精度沉降监测等水准测量工作。DS3、DS10 两型号广泛应用于建筑工程、地质勘探、场地平整、机械设备安装等普通水准测量工作。

目前，电子水准仪广泛用于测绘生产，电子水准仪集光、机、电、算于一体，它无须人工读数据，能自动观测和记录测量结果。自动化程度高、测量速度快、精度高，但价格相对昂贵。

目前，市场上主流的电子水准仪技术参数如表 2.2-5 所示。

主流电子水准仪技术参数表　　表 2.2-5

品牌型号	技术参数	仪器图片
南方测绘 DL 2003A 水准仪	高程测量精度：0.3mm（铟瓦尺）。 距离测量精度：$D \leqslant 10$m：10mm； $D \geqslant 10$m：$0.001D$。 测量范围：1.8 ～ 110m。 测量时间：3s。 往返精度：0.3mm/km	
苏州一光 EL03 水准仪	距离测量精度：$D \leqslant 10$m：$< \pm 10$mm； $10\text{m} < D \leqslant 50$m：$\pm 0.1\% \times D$； $D > 50$m：$\pm 0.15\% D$。 测量范围：1.8～110m。 测量时间：1s。 往返精度：0.3mm/km	
Leica LS15 水准仪	高程测量精度：0.2mm（铟瓦尺）。 距离测量精度：30m 处 15mm。 测量范围：1.8～110m。 测量时间：2.5s。 往返精度：0.2mm/km	
Trimble DINI03 水准仪	测量范围：1.5～100m。 测量时间：3s。 往返精度：0.3mm/km	

（三）全球卫星定位系统

全球卫星定位系统（Global Navigation Satellite System，GNSS）主要由空间部分（卫星星座）、地面控制部分（地面监控系统）和用户设备部分（接收机等）组成。空间部分（卫星星座）主要用于接收并执行监控站的控制指令（如调整卫星位置），向用户发送三维空间定位信息，并提供精密的时间标准。地面控制部分（地面监控系统）主要用于完成对卫星信号的连续观测，并结合气象数据进行联合处理，推算卫星的星历、卫星钟差和大气修正参数等。空间部分和地面控制部分为用户使用该系统进行定位提供了基础，但还需要具备 GNSS 信号接收机，即用户设备部分。用户设备部分主要包括接收机和数据处理软件，主要功能是捕获、跟踪并锁定卫星信号，对接收到的卫星信号进行处理，实时计算接收机天线相位中心的三维位置坐标、速度和时间。

GNSS 具有定位精度高、全天候、使用方便等优点，已经被广泛应用于区域变形监测和大型工程变形监测中。目前，全世界有美国 GPS、中国北斗（BDS）、欧洲 GALILEO 和俄罗斯 GLONASS 四大全球卫星定位系统。GPS、BDS、GALILEO 和 GLONASS 官方最新公开的服务性能参数指标如表 2.2-6 所示。

全球卫星系统公开服务性能参数指标 表 2.2-6

性能参数指标	GPS L1 CA/L2C/L5	BDS B1I/B3I/B1C/B2a/B2b	GALILEO E1/E5a/E5b	GLONASS L1/L2
星座覆盖	100% (3000km)	—	100% (30.48km)	100% (2000km)
SIS 星座可用性	0.98 (21 星)	0.998 (24 星)	—	0.98 (21 星)
授时精度 (95%)	30ns	20ns	31ns	40ns
测速精度(95%)	0.2m/s	0.2m/s	—	—
水平定位精度(95%)	8m (平均) 15m (最差)	9m (平均) 15m (最差)	单频: 7.6~11.3m 双频: 1.5~2.3m	5m (平均) 12m (最差)
高程定位精度(95%)	13m (平均) 33m (最差)	10m (平均) 22m (最差)	单频: 12.8~17.2m 双频: 2.6~3.5m	9m (平均) 25m (最差)

注：选自《第十三届中国卫星导航年会论文集》中的“S03 卫星导航系统与增强”。

(四) 三维激光扫描系统

三维激光扫描系统是一种集成了激光测距、精密控制和计算机软硬件技术的先进测量设备。通过主动发射激光束并探测由目标表面反射的回波信号，得到激光束从发射到接收之间的时间差或相位差，进而计算出扫描仪到目标点之间的距离。同时，结合扫描仪精密的角度旋转测量系统，可快速获取目标表面大量密集的点云数据，点云信息包括点的三维坐标、反射强度、材质颜色（集成相机）等。三维激光扫描系统是一种非接触、主动式的测量设备系统，具有高效率、高精度、灵活性和直观性强等优点。

根据扫描作业方式的不同，三维激光扫描系统可分为移动式和架站式。移动式三维激光扫描系统包括机载（或星载）、车载、背包、手持扫描仪。移动式三维激光扫描系统一般由激光扫描仪、相机、惯导系统以及配套软件构成，沿着运动轨迹形成带状扫描数据。架站式三维激光扫描系统一般由激光扫描仪、相机及配套软件构成，以架站为中心形成全圆扫描数据。常用的三维激光扫描系统详见表 2.2-7。

不同平台的三维激光扫描系统 表 2.2-7

设备类型	适用场景	仪器图片
机载式三维激光扫描系统	覆盖范围广、测程远、效率高，需申请空域	
车载式三维激光扫描系统	全方位、一体化高度集成，适用于道路及周边数据采集	

续表

设备类型	适用场景	仪器图片
地面架站式三维激光扫描仪	静态扫描精度高、点云密度大，但要频繁搬站，后期数据处理需要进行点云拼接	
背包式三维激光扫描仪	使用灵活，适用于人能够步行活动区域的数据采集	
手持式三维激光扫描仪	体积小、重量轻，操作方便，作业效率高，适合对空间狭小或无 GNSS 信号的区域（如洞穴、地下车库）开展点云数据采集	

（五）合成孔径雷达系统

合成孔径雷达系统主要包括三个主要模块，即发射器、接收处理器和天线。合成孔径雷达系统的工作原理是通过对被测物体发射脉冲电磁波（主要是微波），并检测被反射回来的脉冲信号，利用脉冲往返时间确定被探测目标的距离，利用反射信号的强度获取目标的物理特性、几何形状和表面粗糙度。根据搭载平台的不同，分为星载、机载、车载、地基合成孔径雷达系统，如表 2.2-8 所示。

不同平台的合成孔径雷达系统 **表 2.2-8**

设备类型	常用品牌型号	设备图片
星载雷达系统	• 中国　环境一号 C 星 • 中国　高分三号 • 中国　海丝一号 • 中国　宏图一号 • 中国　珞珈二号 01 星 • 欧空局　哨兵一号 • 美国 SEASAT 卫星 • 意大利 COSMO 卫星	
机载雷达系统	一、高空高速机载 SAR 系统 • 美国 HiSAR、MP-RTIP、MFAS 二、中高空机载 SAR 系统 • 华测 AS-260 • 德国 F-SAR • 美国 TeSAR 三、低空微小型无人机载 SAR 系统 • 中国　盛景一号 MiniSAR、ASAR2000MiniSAR、ZJ-FL 四、微型 SAR 系统 • 美国 MicroASAR、NanoSAR • 德国 MiSAR	

续表

设备类型	常用品牌型号	设备图片
地基雷达系统	• 中国　中海达 HD-SAR300 • 中国　华测 PS-SAR1000 • 中国　南方测绘 NF-RD2000 • 中国　苏州理工雷科传感 R/HYB2000 • 荷兰 FastGBSAR • 瑞士 GPRI－II • 意大利 IBIS-ArcSAR	CHCNAV

（六）其他类型监测系统

其他非接触类的监测系统还包括机器视觉监测系统、近景摄影监测系统、热红外监测系统等，分别用于不同的监测对象和监测场景。

第三节　监　测　方　法

一、常规地面监测

常规地面监测主要是采用测量机器人、精密水准仪、静力水准仪等高精度测量仪器设备，通过测量角度、距离、高差等观测值来测定变形。测量方法包括边角测量法、极坐标法、激光准直法、几何水准测量、精密三角高程测量、静力水准测量等。

常规地面监测的技术方法都比较成熟，设备精度、设备性能都具有很高水平，采用常规方法的位移监测可以达到毫米级的位移变形。

二、卫星定位监测

全球卫星定位系统（GNSS）具有精度高、观测速度快、操作简便、测站无须通视等优点，通过与计算机信息技术融合，实现了远程、在线、实时、自动化监测，目前已经在水库大坝、高层建筑物、大型桥梁等工程项目中得到广泛应用。

GNSS 用于变形监测的作业方式可划分为周期性和连续性两种模式。周期性的 GNSS 变形监测模式一般应用在大范围的变形监测中，监测周期可以从几个月到几年时间，一般采用 GNSS 静态相对定位法进行测量和监测，数据处理和分析一般都是事后进行。连续性的 GNSS 变形监测模式是指采用固定的监测仪器，长时间地采集数据，获得变形数据序列，观测数据具有较高的时间分辨率，通常应用在工程和局部变形监测中。根据变形体的不同特征，又可分别采用静态相对定位法和动态相对定位法进行监测，数据处理和分析可以实时进行也可以事后进行。

三、三维激光扫描

三维激光扫描是一种先进的获取空间信息的测量技术方法，把传统的单点监测扩展到三维立体监测。该方法通过对工程建（构）筑物进行高速激光扫描，获取大量三维点云数据，再对点云数据进行配准、坐标转换、抽稀去噪等处理，获得监测对象的空间位置、几何形状、表面纹理、颜色等信息，进一步还可提取被测物体的结构线，如隧道断面、隧道拱顶，桥梁拱肋线、桥洞拱顶，建筑框架梁，用于多期数据对比分析。

通过对同一监测对象开展多期三维激光扫描和数据对比分析，能够发现监测对象的变形信息。该方法可全天候、大面积、快速主动地获取监测对象的变形情况，被广泛应用于大坝、桥梁、隧道、房屋建筑、边坡、挡墙等工程项目的安全监测，以及滑坡、岩崩、矿山塌陷等危险区域的变形监测。

四、智能传感监测

智能传感技术的发展，让传感器拥有了类似于人的触觉、视觉、听觉、嗅觉、味觉，能够感受到力、加速度、温度、光、声等物理量，并按照一定规律将其转换成电压、电流等物理信号量进行数据传输、处理和分析。利用传感器的这一特性，在监测对象表面或内部放置应变计、压力计、加速度计、裂缝计等传感器，能够实现对监测对象的连续监测与变形预警。

智能传感监测技术方法具有无须人工值守的自动化、连续监测等优点，已经被广泛应用于超高层建筑、场馆、桥梁、隧道、水库大坝、边坡危岩等的变形监测。

五、合成孔径雷达监测

合成孔径雷达监测是利用微波雷达主动遥感成像原理，从雷达影像的相位信号中提取形变信息。该方法主要用于地面形变监测，其特点是覆盖范围大，方便迅速；成本低，不需要建立监测网；空间分辨率高，可以获得某一地区连续的地表形变信息；可全天候作业，不受云层及昼夜影响等。

六、图像视觉监测

在监测对象的周围选取稳定点，安置高精度数码相机，对监测对象进行摄影，再通过数字摄影测量解译处理获得变形信息。该法的特点是信息量丰富，可同时获得监测对象上大批目标点的变形信息；摄影影像完整记录了变形体各时期的状态，便于后续处理；外业工作量小，效率高，劳动强度低；可用于监测不同形式的变形，如缓慢、快速或动态变形；观测时不需要接触被监测物体等。

第四节　发展趋势

伴随着物联网、人工智能、大数据技术的发展，工程安全监测正在朝着智能化的方向快速发展。

在材料方面，出现了光导纤维、形状记忆合金、压电材料、碳纤维混凝土等一大批智能型材料，为工程安全监测设备仪器的研制提供了先进的材料基础。

在仪器装备方面，涌现出更高精度、更小体量、高度集成化的智能传感器，在恶劣环境下能够长期稳定运行，变形监测的时空采样率得到极大提高。

在技术方法方面，出现了三维激光扫描、图像视觉、合成孔径雷达等新型监测手段，提供了极为丰富的数据信息，监测技术正在向实时、连续、高效、自动和动态的方向发展。

在数据处理与分析方面，更加注重预测趋势模型的研究，分析模型算法不断优化；以数据库、方法库、知识库和多媒体库为主体的安全监测专家系统得以构建。智能监测是重大工程安全监测管理的必由之路。

第五节　本 章 小 结

监测技术最早起源于 20 世纪 60 年代机械工程领域旋转机械系统的故障诊断；到了 20 世纪 70 年代后期，基于振动的监测方法开始推广应用到石油行业海洋工程领域；到了 20 世纪 80 年代早期，基于振动的检测方法被应用于航空航天领域；20 世纪 80 年代，伴随着互联网技术的发展，监测技术在桥梁工程、大型建筑、隧道等领域得到蓬勃发展。

监测设备是开展工程安全监测工作必不可少的基础和工具。按照是否与被测物体接触，可以把监测设备分为接触（内置）与非接触两大类。接触（内置）类设备按工作原理分类，可分为振弦式传感器、光纤光栅传感器、压电压阻式传感器和电容电阻式传感器等。非接触类设备可分为测量机器人、三维激光扫描系统、合成孔径雷达系统等。

监测方法包括常规地面监测、卫星定位监测、三维激光扫描监测、智能传感监测、合成孔径雷达监测、图像视觉监测等。常规地面监测主要是采用测量机器人、精密水准仪、静力水准仪等高精度测量仪器设备，通过测量方向、角度、距离、高差等观测值来测定变形。全球卫星定位系统（GNSS）具有精度高、观测速度快、操作简便、测站无须通视等优点，通过与计算机信息技术融合，实现了远程、在线、实时、自动化监测，目前已经在水库大坝、高层建筑物、大型桥梁等工程项目中得到广泛应用。通过对工程建（构）筑物进行高速激光扫描，获取大量三维点云数据，再对点云数据进行配准、坐标转换、抽稀去噪等处理，获得监测对象的空间位置、几何形状、表面纹理、颜色等信息，还可提取被测物体的结构线（如隧道断面、隧道拱顶，桥梁拱肋线、桥洞拱顶，建筑框架梁）用于多期数据对比分析。智能传感监测技术方法具有无须人工值守的自动化、连续监测等优点，已经被广泛应用于超高层建筑、场馆、桥梁、隧道、水库大坝、边坡危岩等的变形监测。合成孔径雷达监测是利用微波雷达主动遥感成像原理，从雷达影像的相位信息中提取形变信息。

随着物联网、大数据、人工智能技术的进一步发展，工程安全监测正在朝着实时感知、自动传输、智能处理、模型预测的方向快速发展。

参考文献

［1］ 陈翰新，向泽君．智能测绘技术[M]．北京：中国建筑工业出版社，2023.

［2］ 宋超智，陈翰新，温宗勇．大国工程测量技术创新与发展[M]．北京：中国建筑工业出版社，2019.

［3］ 向泽君，陈翰新，冯永能．城市勘测技术创新与实践[M]．武汉：武汉大学出版社，2020.

［4］ 陈翰新，冯永能，向泽君．山地城市岩土工程综合勘察技术理论与实践[M]．北京：中国建筑工业出版社，2017.

［5］ 吴智深，张建．结构健康监测先进技术及理论[M]．北京：科学出版社，2015.

［6］ 伊廷华．结构健康监测教程[M]．北京：高等教育出版社，2021.

［7］ 段向胜，周锡元．土木工程监测与健康诊断：原理、方法及工程实例[M]．北京：中国建筑工业出版社，2010.

［8］ 何林，刘聪．岩土工程监测[M]．哈尔滨：哈尔滨工业大学出版社，2021.

［9］ 周晓军．地下工程监测和检测理论与技术[M]．北京：科学出版社，2014.

[10] 王大涛，滕德贵，胡波．一种振弦采集仪自适应扫频激振方法[J]．仪表技术与传感器，2016(2)：103-106.

[11] 王大涛，滕德贵，李超．基于低功耗无线传感网络的隧道健康监测系统[J]．测绘通报，2018(S1)：273-277.

[12] 袁长征，肖兴国，张恒．基于多线程技术的 GPS 数据实时并行解码[J]．卫星导航定位与北斗系统应用，2015：135-139.

[13] 何秀凤，高壮，肖儒雅．多时相 Sentinel-1A InSAR 的连盐高铁沉降监测分析[J]．测绘学报，2021，50(5)：600-611.

[14] 何秀凤，王杰，王笑蕾．利用多模多频 GNSS-IR 信号反演沿海台风风暴潮[J]．测绘学报，2020，49(9)：1168-1178.

[15] 袁长征，周成涛，王大涛．SENTINEL-1 TOOLBOX 软件在 InSAR 数据处理中的应用[J]．测绘地理信息，2018，43(3)：108-111.

[16] 张恒，滕德贵，王大涛．激光光斑检测方法在变形监测中的应用[J]．测绘通报，2018(S1)：43-46.

[17] 李宏男，高东伟，伊廷华．土木工程结构健康监测系统的研究状况与进展[J]．力学进展，2008，38(2)：151-166.

[18] 李爱群，缪长青，李兆霞，等．润扬长江大桥结构健康监测系统研究[J]．东南大学学报(自然科学版)，2003，33(5)：544-548.

[19] 王浩，覃为民，焦玉勇，等．岩土工程监测分析及信息化设计实践[M]．北京：科学出版社，2019.

[20] 夏才初，潘国荣．岩土与地下工程监测[M]．北京：中国建筑工业出版社，2022.

第三章　测量机器人监测

第一节　发 展 现 状

测量机器人又称自动全站仪，是一种能代替人工进行自动搜索、跟踪、辨识和精确照准目标并获取角度、距离、三维坐标等信息的电子全站仪。相对于一般的全站仪，它具有目标自动识别装置和驱动照准部旋转的步进马达，其内置的CCD传感器能够识别棱镜返回的红外光，步进马达驱动全站仪自动精确地照准棱镜。

目前，常用的测量机器人有中国南方测绘公司的NS10，日本索佳（Sokkia）公司的NET1005、拓普康（Topcon）公司的TKS-202，德国徕卡（Leica）公司的TM50，美国天宝（Trimble）公司的S9等，如图3.1-1所示。

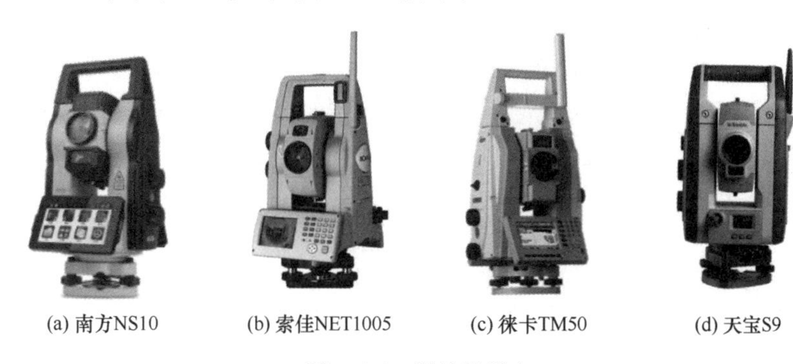
(a) 南方NS10　(b) 索佳NET1005　(c) 徕卡TM50　(d) 天宝S9

图3.1-1　测量机器人

测量机器人监测系统分为移动式和固定持续式两种。移动式即常规搬站式，利用全站仪内置程序或便携计算机进行全站仪测量的自动控制，这种方式成本低、简单灵活。固定持续式是将测量机器人长期固定于测站上，实现无人值守、远程监控、全天候连续监测、数据自动处理。该系统主要作业模式有三种：一是极坐标模式，适用于小区域内多个监测点的实时自动化监测，该模式设备利用率高，要达到亚毫米级精度必须采取合理的数据处理方法和测量方案；二是空间前方交会模式，主要利用距离和角度进行前方交会，利用高精度的边长、角度获取亚毫米点位精度，系统配置庞大，设备利用率低，成本高，受几何结构限制，不宜应用于较平坦的地面监测；三是多台网络模式，将多台测量机器人和多台计算机组成监测网络系统，组网解算各测站点坐标，对数据统一进行平差处理。该模式实现了控制网测量、变形点测量及数据处理自动化，适合大区域特别是带状结构的变形监测。

第二节 基 本 原 理

一、自动目标识别及定位技术

自动目标识别技术（Automatic Target Reorganization，ATR），是仪器在伺服电机的驱动下自动寻找并照准目标，然后按照设定的测量模式进行测量的技术。ATR 功能在野外地形测量、放样测量和动态目标跟踪测量中具有重要的应用。

自动目标识别部件被安装在全站仪的望远镜上。红外光束通过光学部件被同轴地投影在望远镜轴上，从物镜口发射出去。反射回来的光束形成光点，由内置 CCD 相机接收，其位置以 CCD 相机的中心作为参考点来精确地确定。假如 CCD 相机的中心与望远镜光轴的调整是正确的，则以 ATR 方式测得的水平角和垂直角，可从 CCD 相机上光点的位置直接计算出来。

ATR 自动目标识别分为三个过程：目标搜索过程、目标照准过程和测量过程。启动 ATR 测量时，全站仪中的 CCD 相机视场内如果没有棱镜，则先进行目标搜索；一旦在视场内出现棱镜，即刻进入目标照准过程；达到照准允许精度后，启动距离和角度的测量。

启动 ATR 测量时，全站仪首先发射红外光束，根据接收反射信号的情况来确定 CCD 相机的视场内有无棱镜。定位时，电机驱动望远镜来照准棱镜的中心并使之处于预先设定的限差之内，一般情况下，十字丝只是位于棱镜中心附近，它之所以没有定位于棱镜中心，是为了优化测量速度，因为确定十字丝和棱镜中心的偏差比靠电机准确地定位于棱镜中心要快。ATR 具体测量过程如图 3.2-1 所示。

(a) 目标搜索示意图

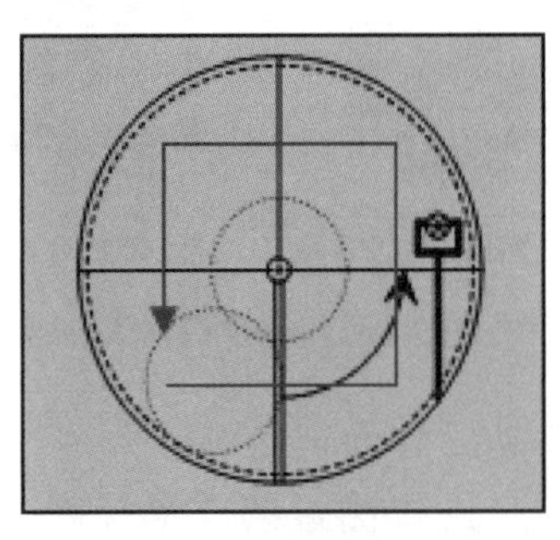

(b) ATR照准过程

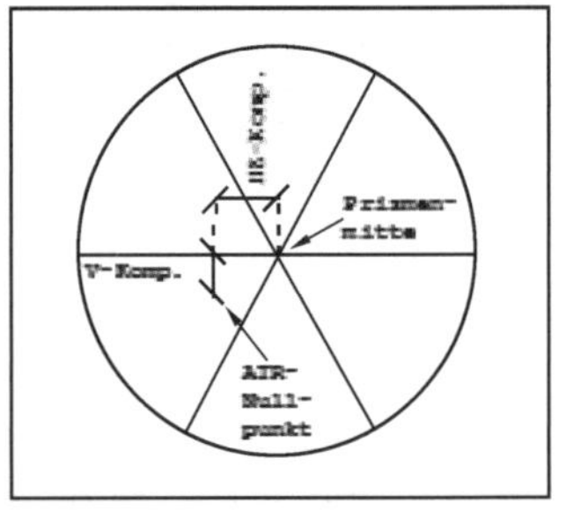

(c) ATR测量过程

图 3.2-1　ATR 的测量过程

ATR 在工作过程中，使用了全站仪的光、电、机和数据处理等诸多部件的功能。在利用 ATR 对运动目标进行跟踪测量时，严格意义上讲，ATR 测量具有滞后性，即 ATR 测量的是在 CCD 所接收的信号的反射时刻的位置。当仪器在 CCD 相机的视场内搜索到反射目标后，首先测量 CCD 与视准轴的中心和棱镜中心的偏差，将偏差分解为水平和垂直分量，计算出水平方向和垂直方向的改正量，然后进行距离测量。ATR 的工作原理和过程如图 3.2-2 所示。

ATR 是一种自动控制系统或反馈环（图 3.2-3），它不仅仅提供实际值，而且也提供实际值与所需值之间的偏差，以及来自电子或光学视准线的在水平和垂直方向上的改正值。自动控制系统试图使测量值偏差最小，而不考虑目标的速度和加速度。通过仪器控制电路来确定电机转动所得水平和垂直分量，以便获得所需的目标位置。

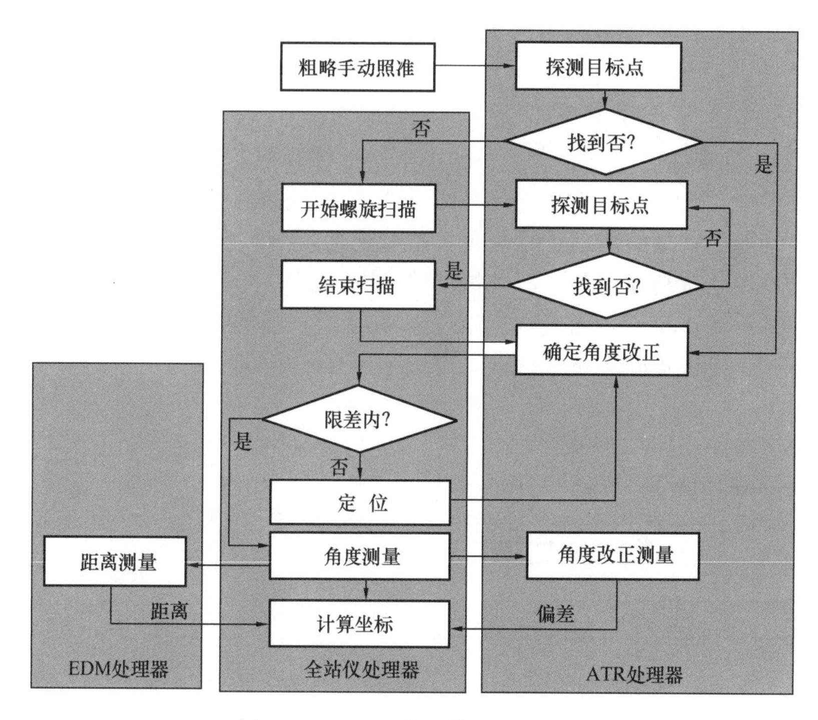

图 3.2-2 ATR 的工作原理和过程

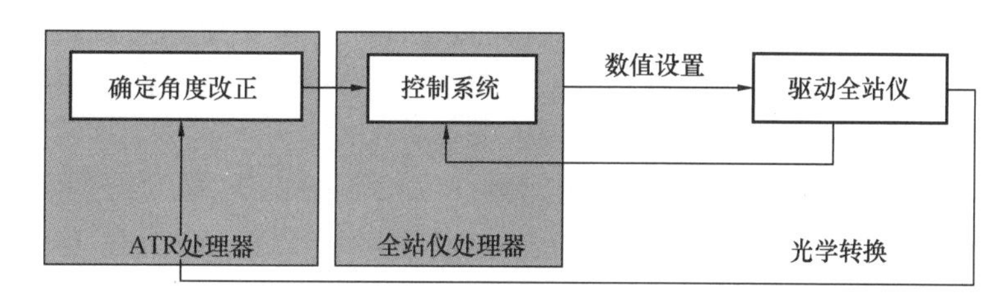

图 3.2-3 目标跟踪反馈环

这个过程连续运行在整个测量活动中。如果与目标的联系丢失，例如棱镜操作人员走到了障碍物的后面，跟踪就会中断。此时代替上述偏差值的为一估计值，该值基于一个运动模型，这个模型假定棱镜操作人员在水平和垂直方向的速度是不变的。这个假定的速度源自对失去目标前几秒钟内运动的数学处理，即滤波。滤波的作用是消除重叠的抖动，如行走时垂直部分的运动。由于该模型只是对以前运动的估计值，所以它的应用周期仅有几秒的时间。

再例如，当棱镜操作人员走到一些小的障碍物后，如树、小建筑物或者卡车，ATR将会中断一小会儿。在这种情况下，仪器将保持在它所预测的棱镜的轨迹移动 3s。这种预测的根据是其对失去目标前几秒钟里棱镜的移动情况计算出来的平均速度和方向。一旦棱镜重新进入望远镜的视场，仪器将会立即锁定它。然而，如果在 3s 内没有找到棱镜，仪器将会自动开始对失去棱镜前后的区域进行搜索。此时实际的搜索窗口大小依赖于它预测的路径长度和方向。

在许多应用里，当进入目标跟踪方式后，棱镜主要在水平方向移动而不是在垂直方向移动。为了提高效率，将经常性的搜索集中在水平方向上（图 3.2-4），可使获得目标的速度得到加快。

在实际工作中进行 ATR 测量时还会遇到视场内出现多个棱镜时如何识别的问题。徕卡全站仪识别 CCD 视场内出现多个棱镜的方法是缩小视场，但是如果缩小后的视场内仍有 2 个以上的棱镜，则不能正常测量。索佳全站仪解决视场内有多个棱镜的识别方法是"就近法则"，即通过特别的数学计算规则，查看视场内距离望远镜十字丝中心最近的棱镜是哪一个，全站仪就自动驱动轴系照准该棱镜（图 3.2-5）。"就近法则"可以识别出间距更小的 2 个或多个棱镜目标。而天宝全站仪则采用了主动觇标 ID 方法，由棱镜主动发射信号来辅助识别，保证在同一个工作地点可以使用多个棱镜。

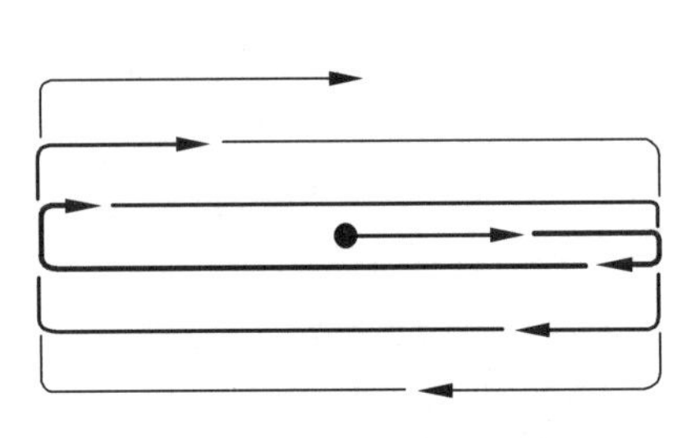

图 3.2-4 搜索路径的形状

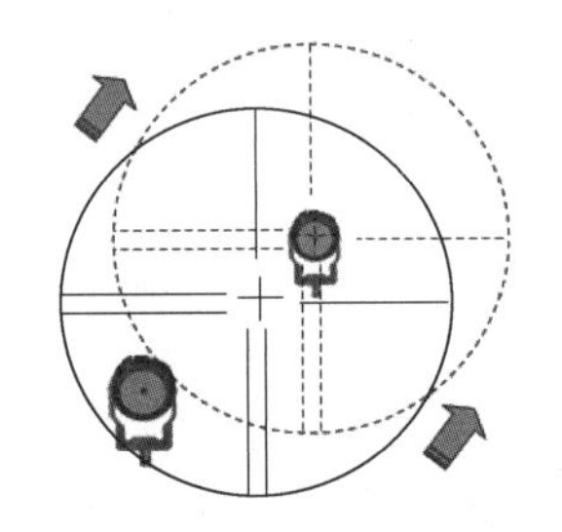

图 3.2-5 索佳全站仪棱镜就近照准示意图

二、无棱镜测距基本原理技术

无棱镜（reflectorless）测距，又称无合作目标测距、漫反射测距，指的是全站仪光束经自然表面反射后直接测距。无棱镜测距一般采用脉冲测距，即测量测距信号的往返时间，对时间的测量精度要求很高。早期以激光脉冲作为测距信号的脉冲测距仪，可以对无合作目标测距，并以长测程著称，但其测距精度一般为厘米级甚至为米级，仪器体积也较大，因此在军事武器装备中应用较多，而在测绘领域应用较少。20 世纪 80 年代末出现了毫米级的小型化激光脉冲测距仪，如 Wild 厂 DI3000 系列中的 DIOR3002 激光脉冲测距仪，无合作目标的距离测程约为 200m，但测距精度可达±(5～10)mm。

徕卡公司于 1998 年推出了无棱镜测距全站仪，开创了整体式全站仪具有漫反射测距功能的先河，也代表了此类仪器新的发展，既具有用棱镜配合测距的传统功能，又增加了无棱镜测距的创新功能，体积小、重量轻、价格不高，无需调整三轴平行性，使用非常方便，其工作原理见图 3.2-6。

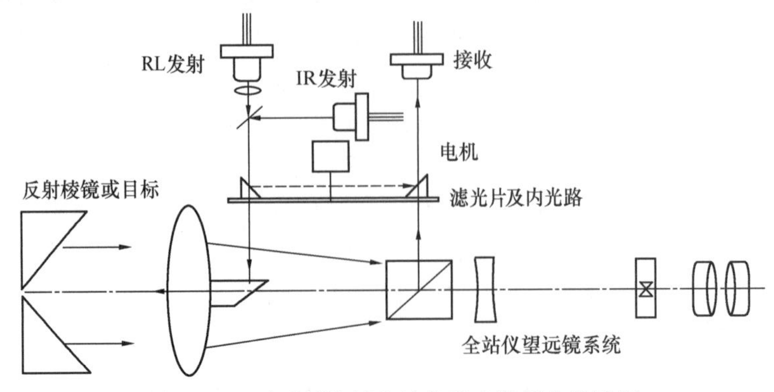

图 3.2-6 无反射棱镜全站仪的光学部分设计图

在一台全站仪测距仪里，安装有两个光路同轴的发射管，提供两种测距方式。一种方式为IR（Infrared Reflector），它可以发射红外光束，并利用棱镜和反射片进行测距，具有780nm的波长；另一种方式为RL（Reflector Less），它可以发射可见的红色激光束，其波长为670nm。这两种测量方式的转换可通过操作仪器键盘控制内部光路来实现，由此引起的不同的常数改正会由系统自动修正到测量结果上。为了保证无棱镜测距的准确度，采用了动态频率校正、多次测量取平均等方式，使有棱镜测距和无棱镜测距两种方式的精度几乎相等，如索佳公司推出的无棱镜测距全站仪的测距精度达到了±1mm。

无反射棱镜测量通过收集整个返回信号来计算距离。当垂直于较大的目标表面测量，光点全部落在被测目标上时，所有反射回来的光线代表基本一样的距离（图3.2-7左）。这种情况下，光斑大小的优劣不易发现。

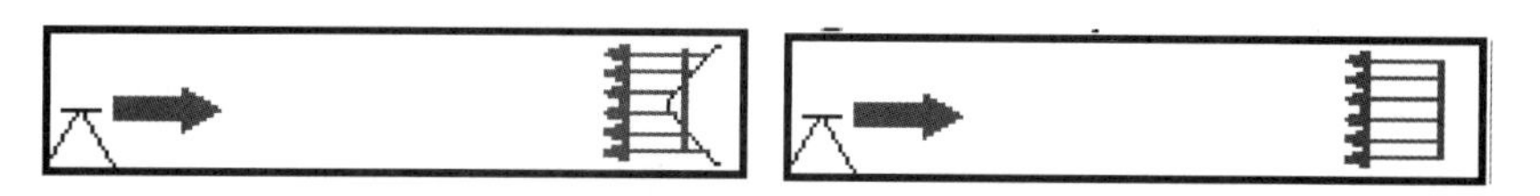

图3.2-7　无反射棱镜测距的信号示意图

对于无合作目标测距仪，除了考虑其测程、测距精度外，还需特别注意对某些特殊目标的测量性能。在无合作目标条件下，测距仪通过接收被测物体表面漫反射的平均信号进行测距。当测距光斑较大，测距精度又不够高时，对某些拐角等特殊目标，测量结果将不能正确反映出被测物体的几何形状。

在拐角测量中，来自仪器的光束落在不同的距离上。对外拐角而言，得出的距离将大于真正的拐角边缘几毫米（图3.2-7右）；对内拐角，将短几毫米。如图3.2-8所示，对同一被测拐角目标，其测量结果真实反映出了不同型号无合作目标测距仪的性能优劣。

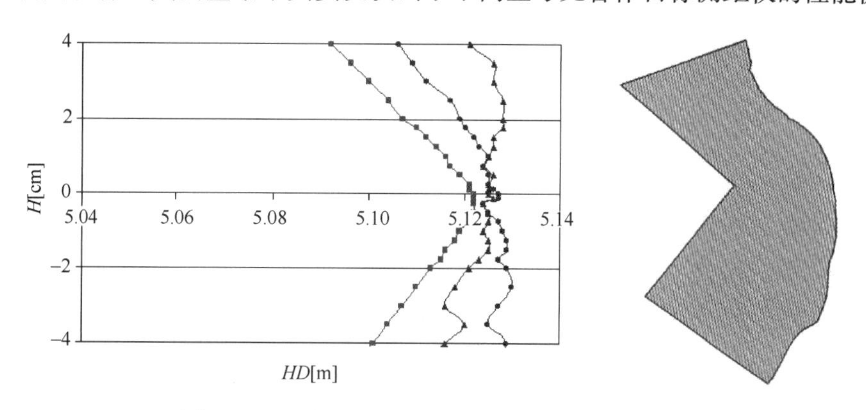

图3.2-8　不同测距仪无合作目标测量性能的比较

在有棱镜合作的红外测距中，如果在测站与镜站之间有临时障碍物挡住棱镜，因返回的测距信号减弱或消失，测距仪在信号强度判别功能的作用下会自动停测，待障碍物消失后再重新恢复测距。但在无合作目标测距中情况会有所不同，如果在测站与待测目标之间有临时障碍物，因障碍物的反射作用，测距仪仍能收到足够强度的返回信号，测距工作不会停止，但此时是对障碍物测距，而不是对待测目标的正常测量。为了克服这一缺陷，某些型号的无合作目标测距仪采用望远镜同轴调焦技术，把同轴聚焦的激光束直径刻制在望

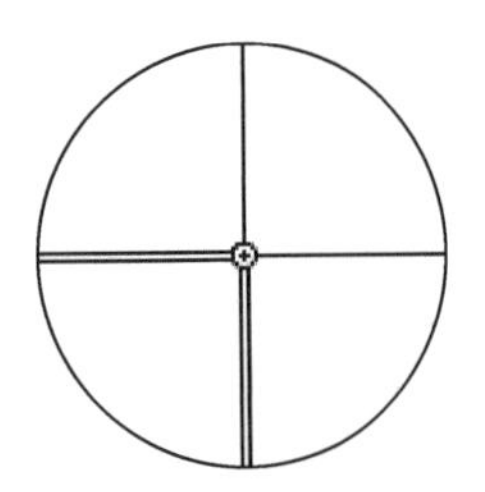

图 3.2-9 刻制有激光束直径的十字丝板

远镜的十字丝板上（图 3.2-9），以便评估测量光束尺寸的大小。在对待测目标进行测距之前应先调焦，即可避免对上述测线上临时障碍物等错误目标的识别。

三、在线通信控制技术

全站仪内嵌的微处理器不但用于对距离测量、角度测量等光电系统单元的自动控制，而且可以做到对测量数据的自动处理、存储和传输。全站仪测量数据在微处理器的控制下存入内存中，同时通过通信接口可实现与计算机的联机通信及在线控制。

（一）全站仪联机通信

全站仪与计算机等设备之间的数据通信是现代全站仪必备的功能之一，但因全站仪生产厂家的不同，所提供的 RS-232C 异步串行通信接口在机械和引脚功能特性等方面存在差异。下面以徕卡全站仪为例，介绍全站仪与计算机之间实现信息交换的主要方法。

徕卡全站仪数据记录根据其型号的不同可存储在内存文件或 PCMCIA 卡文件中，也可通过其 GSI 串口传输给计算机等其他设备。徕卡 GSI（Geo Serial Interface）接口是一种通用异步半双工串行接口，机械部分采用国际上使用比较广泛的雷蒙（LEMO）5 芯插座，接口电平和 RS-232C 逻辑电平略有不同，其他参数遵从 RS-232C 的通信标准。仪器端插座接口针脚分布和功能定义如图 3.2-10 所示。

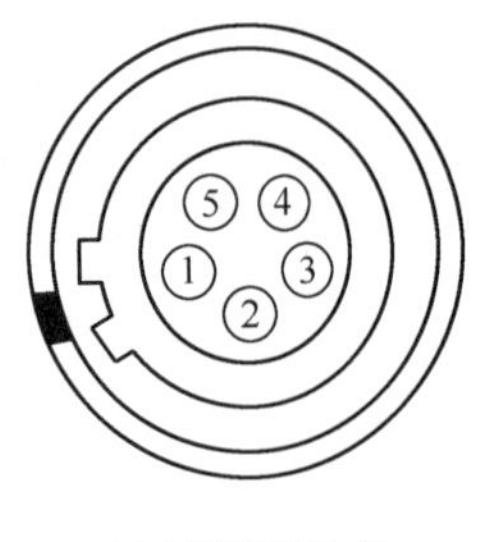

(a) 插座针脚分布

针脚号	信号功能
1	+12V电源
2	空留
3	信号地（GND）
4	数据接收（RXD）
5	数据发送（TXD）

(b) 针脚功能

逻辑 0	+5V
转换过渡区	0～+3V
转换过渡区	0～-3V
逻辑 1	-5V

(c) 接口电平

图 3.2-10 徕卡全站仪 GSI 通信接口

徕卡全站仪与计算机数据通信电缆的接线方法如图 3.2-11 所示。

要实现全站仪与计算机之间的数据通信，除了需要有正确的通信接口电缆连接之外，还需要相应的计算机通信程序的支持。

在计算机通信程序的控制下，全站仪的测量数据以字符（串）的形式传输给计算机。要从字符串中截取角度、距离、坐标等测量信息，还需了解全站仪的数据结构。因不同品牌的全站仪有不同的数据结构，并且有的全站仪数据结构还比较复杂，可进一步参阅相关全站仪的数据通信手册。

下面以徕卡全站仪为例，对全站仪数据通信中的数据结构作一简要介绍。

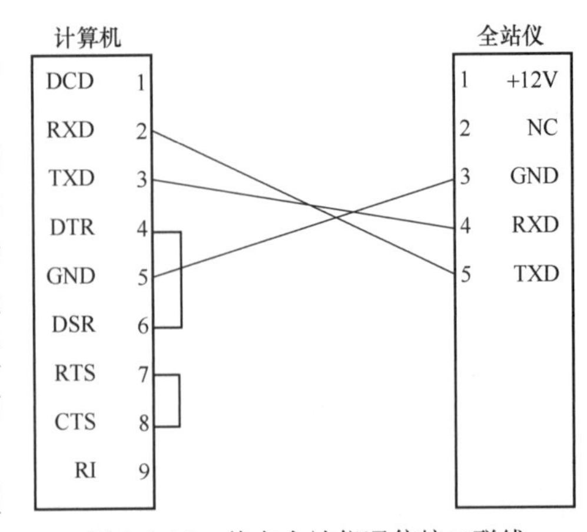

图 3.2-11 徕卡全站仪通信接口联线

徕卡全站仪的数据结构总体上可描述为块结构（图 3.2-12），即由“测量块”和“编码块”组成，每个数据块都以回车（CR）或回车/换行（CR/LF）符结束。数据块结构又包含许多“字”，具体“字”数因仪器型号和软件版本的不同略有差别，其中 TPS1100 系列全站仪的测量块最多包含 12 个字，编码块最多包含 9 个字。每一个字有 16 个字符（GSI8 格式）或 24 个字符（GSI16 格式）的固定长度。

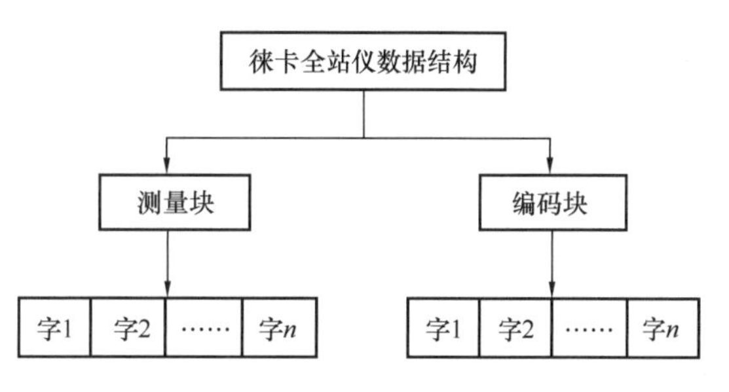

图 3.2-12　徕卡全站仪数据结构

以 GSI8 格式为例，16 个字符长度的字结构如图 3.2-13 所示。

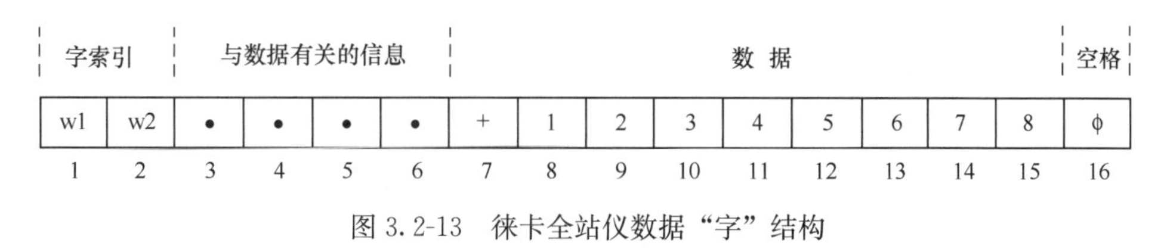

图 3.2-13　徕卡全站仪数据“字”结构

（二）全站仪在线控制

随着计算机技术的发展，菜单和图标等可视性操作技术在全站仪中得到应用。全站仪的操作功能越来越多，操作面板已无法实现按键与功能的一一对应设置，因此出现了不专门指定功能的“软按键”，并大都以 F1、F2、F3 等来表示。此时，计算机已不能通过键盘按键模拟操作的方式来控制使用全站仪。为了解决此类问题，各全站仪的生产厂家都设计了各具特色的字符串指令集，计算机通过发送相应的字符串控制指令，实现对全站仪的在线自动化操作。

例如，在 Visual Basic 计算机通信程序实例中，计算机通过发送“＄MSR”指令启动尼康全站仪的精密测距功能；然后再发送“＄REC”指令让全站仪把所有测量数据传送回计算机。在拓普康全站仪中，启动距离测量并把测量结果发送给计算机的控制指令为“C067”＋CR/LF。

计算机通过字符串指令只能对全站仪进行较为简单的操作，返回的信息也非常有限，许多工作还需通过全站仪键盘由人工操作来完成。为了实现对全站仪的完全控制，徕卡公司为其 TPS1000/2000/1100 系列的全站仪提供了一种新的在线控制技术——GeoCOM。GeoCOM 的概念基于美国 SUN 公司的微系统远程程序访问 RPC（Remote Procedure Call）协议。它以计算机为客户端，全站仪为服务端，通过 RS232C 接口实现点对点的通信，如图 3.2-14 所示。

GeoCOM 有低级和高级两种通信模式：低级模式即 ASCII 码方式，高级模式即函数调用模式。这里主要讨论高级模式的通信。

GeoCOM 开发环境更确切地讲应该是应用开发接口，是徕卡公司为用户进行全站仪应用程序开发所提供的一种支持形式。GeoCOM 函数包内封装了用户与徕卡全站仪进行通信交互时调用仪器上的子系统所需要的客户端调用接口，这些接口类似于全站仪上的各

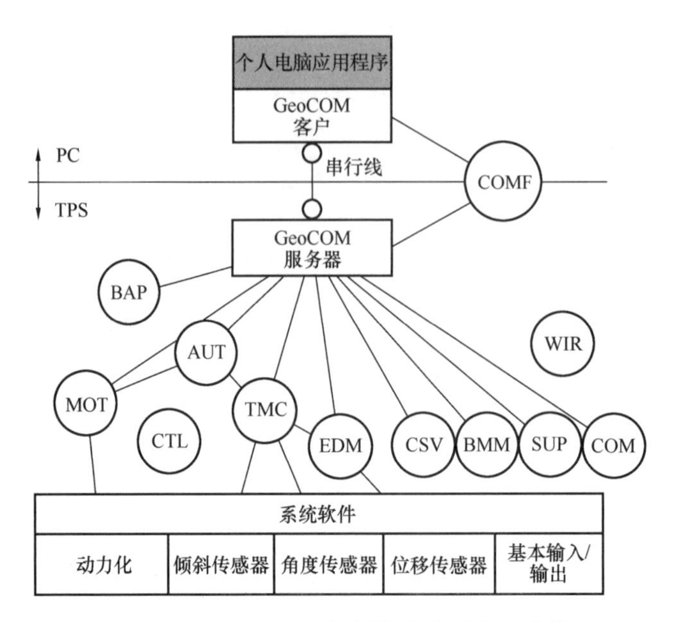

图 3.2-14 GeoCOM 客户端/服务端应用总揽

个功能模块，被组织成一个个子系统的形式封装在 GeoCOM.dll（或者 GeoCOM32.dll，这两者的差别仅在于支持的操作系统的位数）和 VisualBasic 代码模块中。而在仪器端，相应的子系统的底层已经实现，具体的实施过程和原理，用户无法也无须了解。这也正是 GeoCOM 函数包的意义，即用户无须了解具体的实施过程和原理，就可以在这些现有的功能基础上开发出合乎自己需要的高级功能。

GeoCOM.dll（或 GeoCOM32.dll）作为接口的意义在于，它是计算机客户端调用全站仪子系统的一个入口，通过该接口发出的请求还需要在仪器端的 GeoCOM 服务器上进行调度并将这些请求转交给相应的子系统处理，处理结果或获取的数据再沿同样的路径返回给客户端。

GeoCOM 的功能函数必须借助一定的编程环境来实现对全站仪的控制操作。目前已知的 GeoCOM 可以在 Visual Basic、VC＋＋和 eVC 编程环境中进行程序编译，也可以采用传统全站仪的通信方式，发送和接收 ASCII 字符串的 ASCII 协议。

在高级通信模式下，GeoCOM 提供 VB 和 VC 的各种功能函数调用接口，各种操作通过调用相应的函数来完成，也正因如此，GeoCOM 的函数种类和数量非常庞大，各个函数的参数和返回值也十分复杂，对于初学者来说，无论是记忆还是应用都是十分困难的。在仪器处于 GeoCOM 模式时，仪器上的按键将被禁止，操作只能通过计算机来控制，这就要求必须首先初始化 GeoCOM 和通信端口参数的设置，使 TPS 仪器和计算机处于正确的连接状态。

GeoCOM 进行联机控制的最大优点是可以对测量数据进行现场处理，并且可以对测量数据进行查询、分析等一系列复杂操作，及时地获得观测结果，对于数据处理复杂和观测结果要求紧急的测量工作均具有重要的意义。

第三节　平面监测

传统的平面监测大多采用测量机器人进行观测，并对多期观测数据进行比较，作业人员现场测量完工之后回到内业进行数据传输、计算及分析，该过程涉及环节较多，工作流程复杂冗余，一旦出现错误排查起来较为困难，且存在返工的可能，大大降低了整个安全监测工作的效率。

为了解决上述问题，通常将仪器永久或半永久地安装在现场，通过测量机器人自动化监测系统控制测量机器人连续不断地工作并进行数据分析。目前，市场上的测量机器人自动化监测系统较多，具有代表性的有中国南方测绘公司的 FMOS 自动监测系统、徕卡公司的 GeoMoS 自动化监测系统等。

作者所在研究团队结合互联网＋、智能终端等技术，研发了能够兼容多品牌、多型号的测量机器人远程自动化监测与平差一体化系统。监测人员使用该系统远程控制测量机器人在现场进行监测；测量过程中，系统实时对监测数据进行检核，一旦超限立即提示并启动现场重测；测量完成后，系统软件自动进行数据计算和平差，完成数据分析、预测预警。

一、基本原理

采用测量机器人开展平面监测，主要由布设于隧道内的监测设备和布设于办公室的远程设备组成，隧道内的测量机器人、监测基准点和监测点棱镜构成了监测系统主要部分。监测基准点应布设在变形区域之外的稳固不动处，作为系统形变的参考基准。监测点则按断面以一定的间隔布设于地铁隧道内，测量机器人可布设于变形区域之外，也可设于变形区内，隧道内其他设备可布设于控制箱内，主要包括：不间断电源（UPS），电源适配器，无线控制器，温度、湿度、气象传感器等，办公室远程设备是系统远程控制及数据处理的交互中心，需要远程控制及安装监测软件的计算机和接入互联网的路由器等软、硬件。

基于控制软件，在每个观测周期开始前，通过对基准点进行观测，采用后方交会的方法推算出测站点的坐标，以此为起算依据，对所有的监测点进行自动观测，得到各监测点的方位角及距离。通过开发的专用软件实现整个监测过程的自动化，既能控制全站仪按特定测量程序采集监测点数据，也能将测量成果进行实时处理，以便及时发现错误，杜绝返工，还能对各个监测周期的观测数据进行存储并生成监测报表及报告。

二、数据计算

目前使用较多的数据处理方法有多重差分法和坐标转换法。多重差分法是利用差分方法对观测数据进行处理，除基准点稳定不动外，测站点在各观测周期内也需要稳定不变，或者测站点相对稳定基准点的位置为已知。坐标转换法是利用基准点在各观测周期的坐标数据，求取当前观测周期的坐标系统相对于首期观测坐标系统的转换参数，进一步求解当前周期监测点在首期坐标系下的坐标，从而得到监测点的变化量。

误差来源主要为仪器的系统误差、测站和目标的对中误差、外界环境变化的影响以及监测仪器的影响。

（1）仪器的系统误差主要是由仪器本身的构造引起的，为保证精度，需在测量前对仪器进行检校。但即使经过检校，也不能完全消除仪器残余的系统误差。由于监测需要得到的是两次测量之间的位移值，因此系统误差可以基本消除。

（2）测站、目标的对中误差可忽略不计。由于设站点、观测点均采用强制对中装置，标志埋设后在整个观测周期中不再重新安置。

（3）观测现场的气压、湿度、温度会影响测距的精度，观测过程中应采用数学模型进行修正。

三、系统研发

作者所在研究团队所研发的自动化监测与平差一体化系统实现了测量机器人、传感设备及巡查数据的一体化集成，完成了监测数据的实时采集、平差处理、统计分析和预测预警，提高了工程监测的智能化水平。

本系统通过串口通信与测量机器人建立连接，通过控制测量机器人来完成多测回自动测角测距以及对坐标点的追踪测量进而完成自动化监测。软件系统主要包含参数设置模块、数据采集模块和数据管理模块。其中，参数设置包括仪器通信接口参数设置及观测限差设置；数据采集包括测站定向、学习测量、断面管理及含有不同断面的任务自动测量；数据管理包括断面信息、观测结果、观测点坐标信息管理，变形曲线的绘制和各期变形信息、观测手簿的输出以及各类数据文件的导出。

（一）性能特点

（1）兼容性好。支持不同品牌、不同型号的测量机器人自动化监测控制，能够运行在Windows、Android、IOS等多种操作系统下，通用性、普适性好。

（2）易用性好。自动化监测系统安装简单便捷，同时支持快捷的远程配置。

（3）灵活度高。限差设置灵活，可以默认设置为现行国家测量规范中的限差，也可以根据需要自定义设置各项限差。

（4）查询方便。可对各项断面数据、观测数据、坐标数据按期数或编号查询，并以报表的形式输出。

（5）扩展性好。软件具有良好的接口，预留了温度、气压传感器等接口，能够适应功能扩展的需求。

（二）系统功能

主要包括参数设置、数据采集和数据管理三大功能模块。软件提供了智能全站仪、温度传感器和气压传感器的接口。

1. 参数设置

参数设置包括测站配置、通信参数设置和限差设置。

1）测站配置（图3.3-1）

2）通信参数设置（图3.3-2）

3）限差设置（图3.3-3）

2. 数据采集

1）学习测量

测量机器人在自动监测前首先要进行学习测量。学习测量是对得观测的目标点进行首次人工测量，获取目标点概略的空间位置信息，以便后续计算机控制测量机器人自动搜寻

图 3.3-1　测站配置对话框

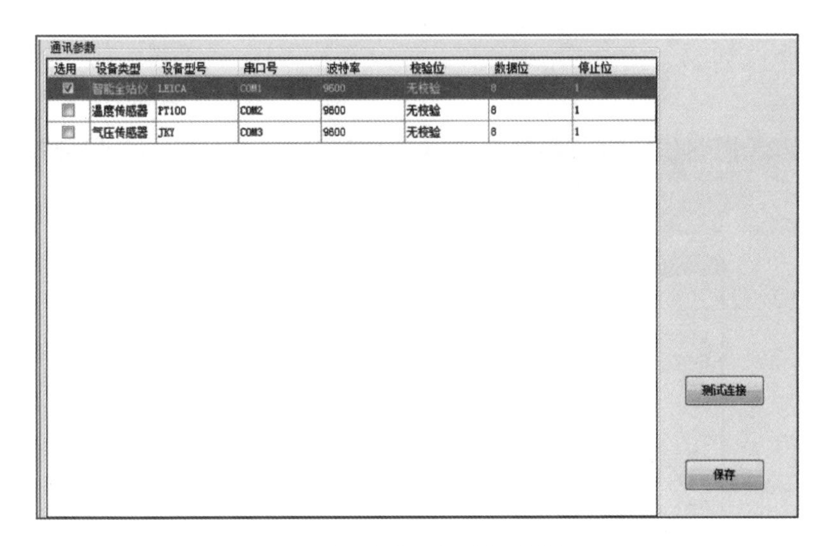

图 3.3-2　通信参数设置对话框

定位目标点，完成自动测量。

学习测量的详细步骤包括：

（1）基本参数设置（测点信息、监测精度等），观测点文件准备；

（2）初始测量：监测点确定与分组，观测顺序、单双盘位测量设定；

（3）观测时间设置：开始、结束时间，间歇时间（观测周期）设置；

（4）监测点自动检测；

（5）数据保存与成果输出（图 3.3-4）。

2）自动测量

根据设置的自动观测时间段，控制测量机器人在指定的时间段内实施无人值守的自动观测。

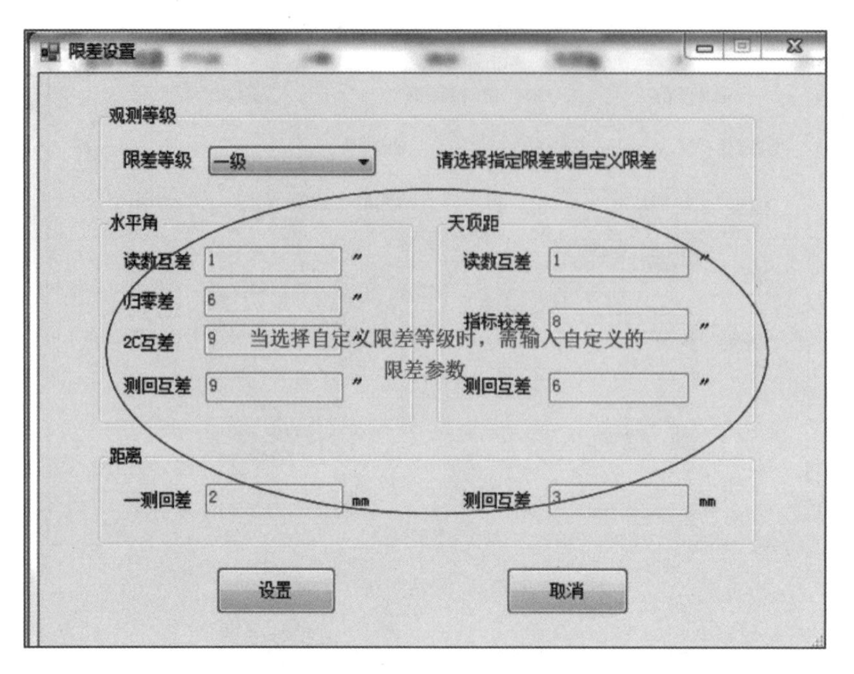

图 3.3-3 限差设置对话框

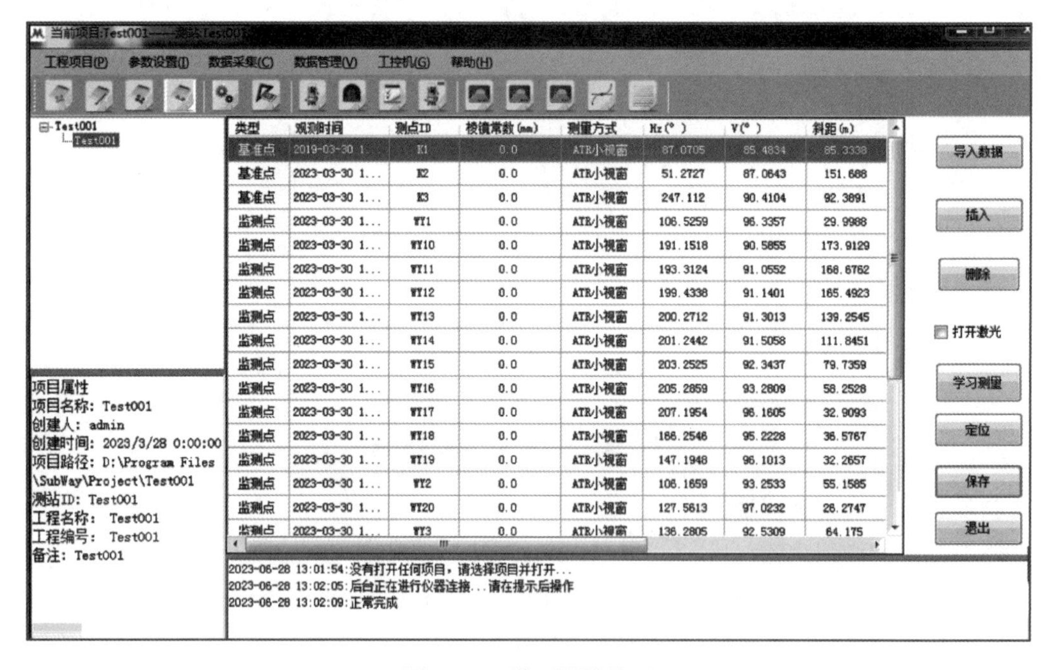

图 3.3-4 学习测量界面

3. 数据处理

1）遮挡处理

当遇遮挡时，可根据设置的等待时间重新对该点进行测量，超过等待次数就放弃该点的测量。

2）超限处理

根据设置的重测次数，重新测量超限点数据。

3）数据改正

数据改正包括投影改正、仪器加乘常数改正、气象改正、距离差分改正、高差差分改正(图 3.3-5)。

期数 1　断面编号 右线断面1　测回数 1　监测点数 5　返回

各期数据

测回	点名	点类型	盘左方位角/°	盘右方位角/°	盘左天顶距/°	盘右天顶距/°	盘左斜距/m	盘右斜距
1	YZ1	基准点	25.25075	205.25085	89.40305	270.19239	73.6771	73.6773
1	01P12Y012	监测点	27.16238	207.16260	91.42066	268.17462	37.7012	37.7013
1	01P12Y011	监测点	29.00559	209.00575	91.21357	268.38179	37.7425	37.7426
1	01P12Y015	监测点	21.56247	201.56237	89.21080	270.38452	38.0622	38.0623
1	01P12Y014	监测点	22.15568	202.15569	90.50421	269.09111	38.0457	38.0458
1	01P12Y013	监测点	24.56262	204.56282	91.41181	268.18347	37.8152	37.8153
1	YZ1	基准点	25.25075	205.25079	89.40304	270.19239	73.6771	73.6771
1	YZ1	基准点	25.25075	205.25085	89.40305	270.19239	73.6771	73.6773
1	01P12Y012	监测点	27.16238	207.16260	91.42066	268.17462	37.7012	37.7013
1	01P12Y011	监测点	29.00559	209.00575	91.21357	268.38179	37.7425	37.7426
1	01P12Y015	监测点	21.56247	201.56237	89.21080	270.38452	38.0622	38.0623
1	01P12Y014	监测点	22.15568	202.15569	90.50421	269.09111	38.0457	38.0458
1	01P12Y013	监测点	24.56262	204.56282	91.41181	268.18347	37.8152	37.8153
1	YZ1	基准点	25.25075	205.25079	89.40304	270.19239	73.6771	73.6771

图 3.3-5　观测数据界面

4）自动报警

当测点变形量超过预先设定的限差时，触发自动报警。

4. 网形模型平差

本系统结合图论算法对同一文本文件进行数据分析，获得分网文件。通过该算法对采集的数据根据点号进行自动分网，从而对当期监测数据进行联合平差以及分站平差，提高了数据的可靠性和一致性，如图 3.3-6 所示。

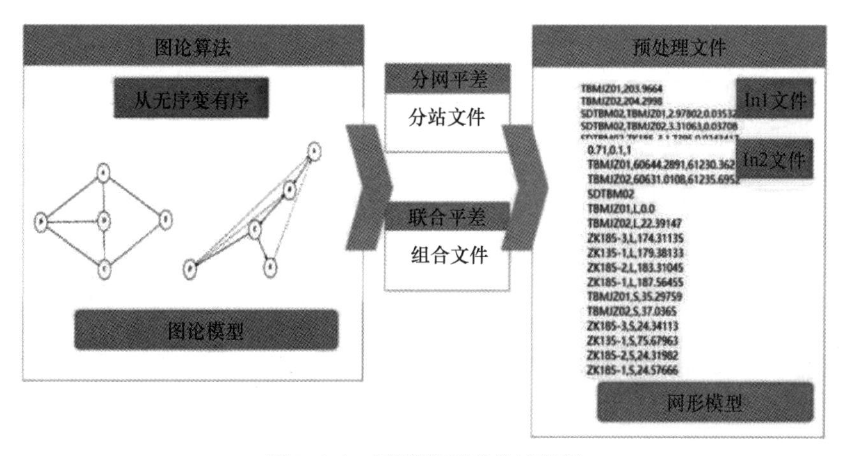

图 3.3-6　网形模型平差示意图

该算法实现自动分网和联合平差，兼顾平差精度查验，实现误差定位、精确优化。同时对基准网进行稳定性、规范性智能化分析，实时自查和检校，确保测量模式正确可靠。

测量机器人自动化监测与平差一体化系统将整个安全监测作业流程管控起来，形成了一套闭环的自动化处理体系，实现了数据的自动化处理、真实性监管，实现了监测数据的实时采集、平差处理、统计分析和预测预警，提高了工作和管理的效率，让安全监测作业人员及管理人员摆脱时间和空间的束缚，全面提高了安全监测作业及管理的效率，实现了对城市基础设施安全监测全过程的智能化应用管理。

第四节 竖向监测

工程沉降监测需要进行精密高程测量。在山地地区，高差起伏大，跨江桥梁和穿山隧道众多，利用传统的水准测量作业方法十分困难和危险，劳动强度大、效率低、成本高，甚至观测条件都不能满足高等级水准测量规范的要求。在这样的条件下，精密三角高程测量就能充分发挥不受地形限制的优势，解决几何水准测量难以解决的高程传递问题。

国内外广泛开展了高精度三角高程测量的研究，并取得了很大进展。武汉大学测绘学院相关学者率先研究并提出了精密三角高程测量方法。该方法基于电磁波测距三角高程测量的基本原理，采用可自动照准的两台高精度测量机器人同时进行对向观测，基本消除或大大削弱了球气差的影响。按偶数边对测段进行观测，无须量取仪器高和觇标高，有效避免了由此带来的测量误差。与精密水准测量相比，精密三角高程测量方法几乎不受地形高差条件限制，显著提高了作业效率，开创了大范围、大高差、长距离条件下精密三角高程测量代替二等水准测量的先例，并在实际测量工作中获得广泛应用。

一、基本原理

（一）测量方法

精密三角高程测量具体操作步骤如图 3.4-1 所示：

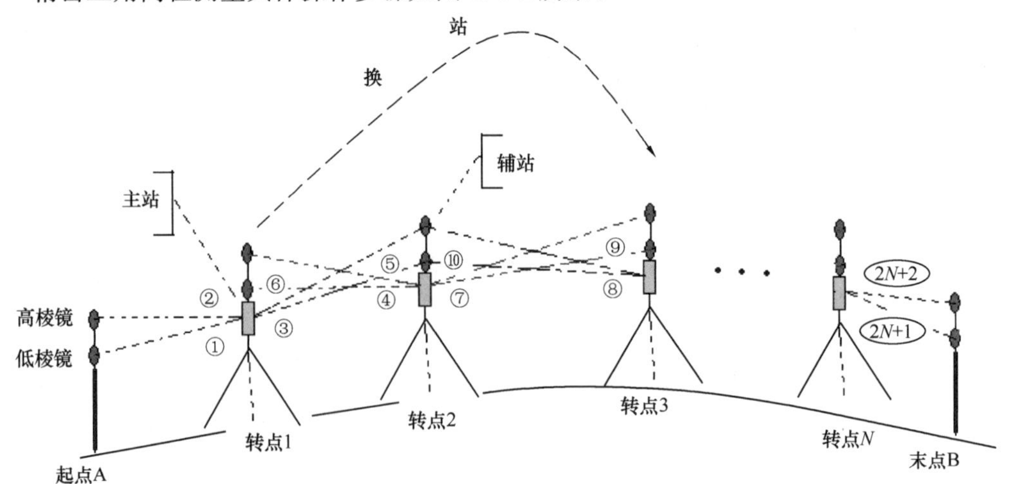

图 3.4-1 精密三角高程测量流程图

（1）检测棱镜互差，并检核棱镜的加装是否符合要求；

（2）在起点布设棱镜杆，在距离起点较近的一点（转点 1）布设主站；

（3）主站在转点 1 依次观测棱镜杆低棱镜①和棱镜杆高棱镜②；

（4）主站不动，在转点 2 架设辅站，依次进行如下观测：后测站观测低棱镜③、前测站观测低棱镜④、前测站观测高棱镜⑤、后测站观测高棱镜⑥；

（5）主站换站至转点 3，辅站不动，依次进行如下观测：后测站观测低棱镜⑦、前测站观测低棱镜⑧、前测站观测高棱镜⑨、后测站观测高棱镜⑩；

（6）辅站换站，依次循环进行高程的传递至接近末点处；

（7）在最后的转站，主站依次观测末点高低棱镜。

在精密三角高程测量的数据质量控制中，各项指标限差如表 3.4-1 所示（其中 L 为测段的长度，单位为 km），棱镜单元表示对一个棱镜多测回观测的质量控制，对一个棱镜观测完毕后必须进行棱镜单元的校核，只有在校核通过之后才能换镜；高低棱镜单元表示对一个测站高低棱镜观测值的质量控制，在一个测站对高低棱镜观测、校核完毕后，必须进行高低棱镜单元的校核，只有在校核通过之后才能换站；测段单元是对整个测量路线的质量控制，如果超限必须进行该测段的重测。

精密三角高程测量的指标限差 **表 3.4-1**

控制单元	限差内容	限差大小
棱镜单元	各测回竖角互差	5″
	各测回测距互差	3mm
	各测回 i 角互差	5″
高低棱镜单元	单站观测互差	$\pm 4\sqrt{L}$mm
测段单元	往返高差不符值	$\pm 4\sqrt{L}$mm

（二）观测方程

精密三角高程测量可分为两种形式：第一种形式是分别在起、末点对高、低棱镜进行单向观测，是仪器单元对棱镜单元的观测；第二种形式是在转点，对高、低点的对向观测，是仪器单元对仪器单元的观测。下面分别对仪器对棱镜单元和仪器对仪器单元这两种观测方式，推导精密三角高程的观测方程。

1. 仪器对棱镜单元的观测方程

如图 3.4-2 所示，P_1、P_2 两点的高程分别为 h_1 和 h_2，由三角高程单向观测的严密计算公式，可得 P_1、P_2 点高差的计算公式为：

$$h_2 - h_1 = D_{1,2}\cos Z + i - v - \frac{S}{\rho''}(\varepsilon_1 - \varepsilon_m) + \frac{1-K_1}{2R}S^2 - \frac{ae^2}{2}(B_2 - B_1)^2\cos^2 B_m \tag{3.4-1}$$

式中，$D_{1,2}$ 为 P_1 点观测 P_2 点的斜距，Z 为 P_1 点对 P_2 点观测的天顶距，i 为仪器高，v 为目标高，ρ''为弧度与角度的转换系数，ε_1 为照准方向上的垂线偏差分量，ε_m 为测站点上的垂线偏差分量，K_1 为 P_1 点到 P_2 点的积分折光系数，S 为 P_1、P_2 点经气象改正后的斜距在参考椭球上的投影，R 为 P_1、P_2 点的平均曲率半径，a 为椭球轨道长半轴，e 为椭球轨道偏心率，B_1、B_2、B_m 分别为 P_1、P_2 点的纬度和平均纬度。

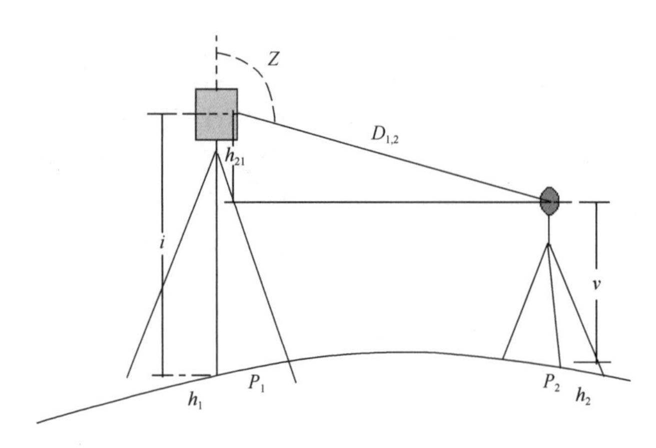

图 3.4-2 单向观测示意图

整理式（3.4-1）可得：

$$(h_2+v)-(h_1+i)=D_{1,2}\cos Z-\frac{S}{\rho''}(\varepsilon_1-\varepsilon_{\rm m})+\frac{1-K_1}{2R}S^2-\frac{ae^2}{2}(B_2-B_1)^2\cos^2 B_{\rm m} \tag{3.4-2}$$

即：

$$h_{21}=D_{1,2}\cos Z-\frac{S}{\rho''}(\varepsilon_1-\varepsilon_{\rm m})+\frac{1-K_1}{2R}S^2-\frac{ae^2}{2}(B_2-B_1)^2\cos^2 B_{\rm m} \tag{3.4-3}$$

式（3.4-3）中，h_{21} 为仪器物镜中心到棱镜中心的高差。

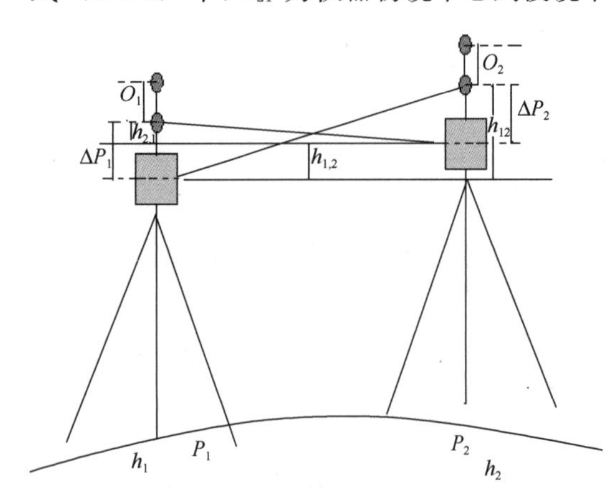

图 3.4-3 对向观测示意图

2. 仪器对仪器单元的观测方程

如图 3.4-3 所示，P_1、P_2 两点的高程分别为 h_1 和 h_2，由三角高程对向观测的严密计算公式可得 P_1、P_2 点的高差的计算公式为：

$$h_2-h_1=\frac{1}{2}(D_{2,1}\cos Z_{2,1}-D_{1,2}\cos Z_{1,2})-\frac{S}{2\rho''}(\varepsilon_1-\varepsilon_2)+\frac{S^2}{4R}(K_2-K_1)+\frac{1}{2}(i_1-i_2-v_2+v_1) \tag{3.4-4}$$

式中，$D_{1,2}$、$Z_{1,2}$ 分别为 P_1 点观测 P_2 点低棱镜所获得的斜距和天顶距；$D_{2,1}$ 、$Z_{2,1}$ 分别为 P_2 点观测 P_1 点低棱镜所获得的斜距和天顶距；O_1、O_2 分别为 P_1、P_2 点两处仪器的棱镜互差。令 ΔP_1、ΔP_2 分别为相应的两处仪器低棱镜中心至仪器中心的距离，$h_{1,2}$ 为 P_1 点到 P_2 点的高差。于是有：

$$h_{1,2}=h_2-h_1=\Delta P_1-h_{21}=h_{12}-\Delta P_2 \tag{3.4-5}$$

代入式（3.4-4），可得：

$$h_{1,2}=\frac{1}{2}(\Delta P_1-\Delta P_2)+\frac{1}{2}(D_{2,1}\cos Z_{2,1}-D_{1,2}\cos Z_{1,2})+\frac{S}{2\rho''}(\varepsilon_1-\varepsilon_2)+\frac{S^2}{4R}(K_1-K_2) \tag{3.4-6}$$

分别令垂线偏差改正项 $\frac{S}{2\rho''}(\varepsilon_1-\varepsilon_2)$ 为 $M_{n-1,n}$、大气折光改正项 $\frac{S^2}{4R}(K_1-K_2)$ 为 $N_{n-1,n}$，则对任意两点 $n-1$ 和 n，有：

$$h_{n-1,n}=\frac{1}{2}(\Delta P_1-\Delta P_2)+\frac{1}{2}(D_{n,n-1}\cos Z_{n,n-1}-D_{n-1,n}\cos Z_{n-1,n})+M_{n-1,n}+N_{n-1,n} \tag{3.4-7}$$

3. 精密三角高程的观测方程

精密三角高程测量模式下的高程传递方式如图 3.4-4 所示。

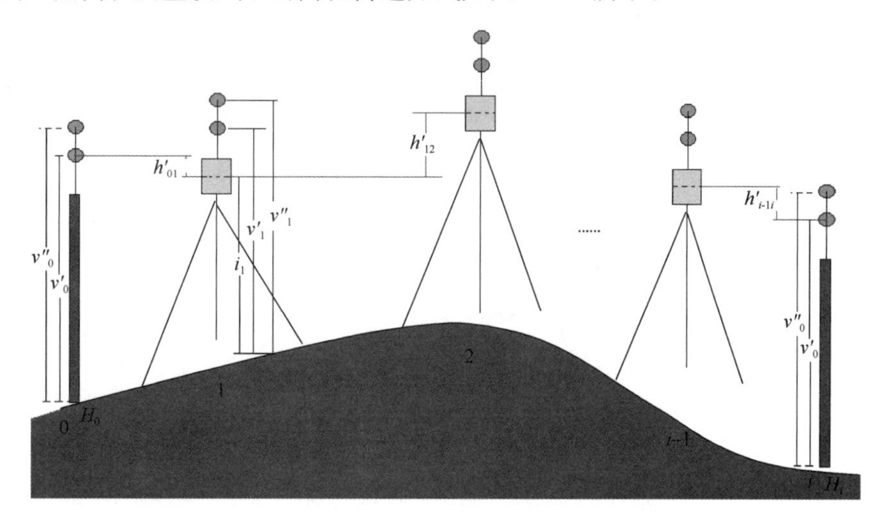

图 3.4-4　高程传递示意图

假设第 n 站对第 $n-1$ 站观测的改化斜距为 $D_{n,n-1}$，天顶距为 $Z_{n,n-1}$，相应的棱镜中心至仪器物镜中心的垂距为 $h'_{n-1,n}$，起点高程为 H_0，末点高程为 H_i。转点依次编号为 1、2、3、…、i，仅考虑对低棱镜的观测，对起点的观测有：

$$h'_{0,1}=-D_{1,0}\cos Z_{1,0}+\frac{S_1}{\rho''}(\varepsilon_1-\varepsilon_{\mathrm{m}})-\frac{1-K_1}{2R}S_1^2+\frac{ae^2}{2}(B_1-B_0)^2\cos^2 B_{1,0} \tag{3.4-8}$$

对第一条边（转点 2 对转点 1 的观测），有：

$$h'_{1,2}=\frac{1}{2}(\Delta P_1-\Delta P_2)+\frac{1}{2}(D_{2,1}\cos Z_{2,1}-D_{1,2}\cos Z_{1,2})+M_{1,2}+N_{1,2} \tag{3.4-9}$$

对第二条边（转点 3 对转点 2 的观测），有：

$$h'_{2,3}=\frac{1}{2}(\Delta P_2-\Delta P_1)+\frac{1}{2}(D_{3,2}\cos Z_{3,2}-D_{2,3}\cos Z_{2,3})+M_{2,3}+N_{2,3} \tag{3.4-10}$$

以此类推，对第 $i-2$ 条边（转点 $i-1$ 对转点 $i-2$ 的观测），有：

$$h'_{i-2,i-1}=\frac{1}{2}(\Delta P_2-\Delta P_1)+\frac{1}{2}(D_{i-1,i-2}\cos Z_{i-1,i-2}-D_{i-2,i-1}\cos Z_{i-2,i-1})+M_{i-2,i-1}+N_{i-2,i-1} \tag{3.4-11}$$

对第 $i-1$ 条边（转点 i 对转点 $i-1$ 的观测），有：

$$h'_{i-1,i}=D_{i,i-1}\cos Z_{i,i-1}-\frac{S_i}{\rho''}(\varepsilon_i-\varepsilon_{\mathrm{m}})+\frac{1-K_i}{2R}S_i^2-\frac{ae^2}{2}(B_i-B_{i-1})^2\cos^2 B_{i,i-1} \tag{3.4-12}$$

当 i 为偶数时，等式左边累加，有：

$$\text{左边}=h'_{0,1}+h'_{1,2}+h'_{2,3}+\cdots+h'_{i-2,i-1}+h'_{i-1,i}=-H_0-v'_0+H_i+v'_0=H_i-H_0 \tag{3.4-13}$$

等式右边累加，有：

$$\begin{aligned}\text{右边}=&-D_{1,0}\cos Z_{1,0}+\frac{1}{2}\sum(D_{i-1,i-2}\cos Z_{i-1,i-2}-D_{i-2,i-1}\cos Z_{i-2,i-1})+D_{i,i-1}\cos Z_{i,i-1}\\&+\Sigma(M_{i-2,i-1}+N_{i-2,i-1})+\frac{S_1(\varepsilon_1-\varepsilon_m)-S_i(\varepsilon_i-\varepsilon_m)}{\rho''}+\frac{(1-K_i)S_i^2-(1-K_1)S_1^2}{2R}\\&+\frac{ae^2}{2}[(B_1-B_0)^2\cos^2B_{1,0}-(B_i-B_{i-1})^2\cos^2B_{i,i-1}]\end{aligned} \tag{3.4-14}$$

于是，可得精密三角高程严密计算公式：

$$\begin{aligned}H_i-H_0=&\left[-D_{1,0}\cos Z_{1,0}+\frac{1}{2}\sum(D_{i-1,i-2}\cos Z_{i-1,i-2}-D_{i-2,i-1}\cos Z_{i-2,i-1})+D_{i,i-1}\cos Z_{i,i-1}\right]\\&+\Sigma(M_{i-2,i-1}+N_{i-2,i-1})+\frac{S_1(\varepsilon_1-\varepsilon_m)-S_i(\varepsilon_i-\varepsilon_m)}{\rho''}+\frac{(1-K_i)S_i^2-(1-K_1)S_1^2}{2R}\\&+\frac{ae^2}{2}[(B_1-B_0)^2\cos^2B_{1,0}-(B_i-B_{i-1})^2\cos^2B_{i,i-1}]\end{aligned} \tag{3.4-15}$$

式（3.4-15）中第一项为概略高差，第二项为转点改正项，其余为起末点改正项。同理，利用高棱镜可获得相同的结果。将高、低棱镜分别当作往返测，这样就可大大减少工作量。

（三）误差分析

由精密三角高程的严密计算公式［式（3.4-15）］可以看出，精密三角高程测量方法完全避免了量测仪器高和觇标高。另外，它作为一种三角高程测量方法，也受到仪器观测精度、大气折光、垂线偏差和地球曲率的影响，表 3.4-2 列出了各误差源对精密三角高程测量的影响及相应的解决方法。

精密三角高程测量误差源分析　　表 3.4-2

与仪器有关的误差		
影响范围	起末点	转点
影响项	$D_{i,i-1}\cos Z_{i,i-1}-D_{1,0}\cos Z_{1,0}$	$\frac{1}{2}\Sigma(D_{i-1,i-2}\cos Z_{i-1,i-2}-D_{i-2,i-1}\cos Z_{i-2,i-1})$
解决方法	选用高精度测量机器人，多测回观测	
大气折光的影响		
影响范围	起末点	转点
影响因子	$\frac{(1-K_i)S_i^2-(1-K_1)S_1^2}{2R}$	$\Sigma\frac{S^2}{4R}(K_{i-2}-K_{i-1})$
解决方案	缩短观测边长	同时对向观测，避开不利观测时段

续表

垂线偏差的影响		
影响范围	起末点	转点
影响因子	$\frac{S_1(\varepsilon_1-\varepsilon_m)-S_i(\varepsilon_i-\varepsilon_m)}{\rho''}$	$\sum\frac{S}{2\rho''}(\varepsilon_{i-2}-\varepsilon_{i-1})$
解决方法	缩短观测边长	高山等地区缩短观测边长
地球曲率的影响		
影响范围	起末点	
影响因子	$\frac{ae^2}{2}[(B_1-B_0)^2\cos^2B_{1,0}-(B_i-B_{i-1})^2\cos^2B_{i,i-1}]$	
解决方法	缩短观测边长	

由表 3.4-2 可以看出，该方法在起末点可通过缩短观测边长的方法（≤20m），使单向观测的各项误差在整个数据成果的影响微乎其微。而在转点通过同时进行对向观测大大削弱了大气折光的影响，消除或大大削弱了垂线偏差的影响，完全消除了地球曲率的影响。

随着测量仪器精度的提高，精密三角高程测量采用以下方式能够大大削弱甚至消除部分误差项的影响。

(1) 选取高精度的测量机器人同时进行对向观测，大大削弱了大气垂直折光的影响。

(2) 起、末点选用同一棱镜杆，解算中抵消了棱镜杆长度、仪器高度因子，避免了量取仪器高和觇标高。

(3) 限制观测边的长度和高度角，减少相对垂线偏差的影响。

根据以上的限差指标以及误差来源的分析，在实际作业中，须注意以下问题：

(1) 仪器必须选择有自动照准功能且测角、测距精度较高的全站仪。

(2) 测量之前必须进行加装棱镜的校核和仪器的自检。

(3) 对于双棱镜观测，在观测之前必须进行棱镜互差的检定，以用于作业中的质量控制。

(4) 必须保证起、末点的棱镜杆为同一套棱镜杆，且棱镜杆长度未改变。

(5) 对起、末点的观测，其边长应较短（一般为 20m 左右）且尽量保证两边长的距离相当。

(6) 必须保证有偶数条边。

(7) 观测过程要测定温度和气压，以便对边长进行改正。

(四) 精度评定

由式 (3.4-15) 可知，精密三角高程测量的概略高差观测方程为：

$$H_i-H_0=-D_{1,0}\cos Z_{1,0}+\frac{1}{2}\Sigma(D_{i-1,i-2}\cos Z_{i-1,i-2}-D_{i-2,i-1}\cos Z_{i-2,i-1})+D_{i-1,i}\cos Z_{i-1,i} \tag{3.4-16}$$

将式 (3.4-16) 线性化，得：

$$\mathrm{d}h=(D_{1,0}\cdot\sin Z_{1,0})_0\cdot\frac{\mathrm{d}Z_{1,0}}{\rho}-(\cos Z_{1,0})_0\mathrm{d}D_{1,0}-(\cos Z_{i-1,i})\mathrm{d}D_{i-1,i}+$$

$$(D_{i-1,i} \cdot \sin Z_{i-1,i})_0 \cdot \frac{dZ_{i-1,i}}{\rho}$$

$$+\frac{1}{2}\Sigma\begin{bmatrix}(\cos Z_{i-1,i-2})dD_{i-1,i-2}-(D_{i-1,i-2} \cdot \sin Z_{i-1,i-2})_0 \cdot \dfrac{dZ_{i-1,i-2}}{\rho} \\ -(\cos Z_{i-2,i-1})dD_{i-2,i-1}-(D_{i-2,i-1} \cdot \sin Z_{i-2,i-1})_0 \cdot \dfrac{dZ_{i-2,i-1}}{\rho}\end{bmatrix} \quad (3.4\text{-}17)$$

分别令 $k_i = \dfrac{(D_{i-1,i-2} \cdot \sin Z_{i-1,i-2})_0}{\rho}$，$t_i = (\cos Z_{i,i-1})_0$，则有：

$$dh = k_1 dZ_{1,0} + t_1 dD_{1,0} + k_i dZ_{i-1,i} + t_i dD_{i-1,i} +$$

$$\frac{1}{2}\Sigma(k_{i-1}dZ_{i-1,i-2} + t_{i-1}dD_{i-1,i-2} + k_{i-2}dZ_{i-2,i-1} + t_{i-2}dD_{i-2,i-1}) \quad (3.4\text{-}18)$$

由于观测天顶距和斜距是两两独立的，由协方差传播率，解算其精度为：

$$\sigma = \sqrt{(k_1^2 + k_i^2 + \frac{1}{4}\Sigma k_{i-1}^2 + \frac{1}{4}\Sigma k_{i-2}^2)\sigma_z^2 + (t_1^2 + t_i^2 + \frac{1}{4}\Sigma t_{i-1}^2 + \frac{1}{4}\Sigma t_{i-2}^2)\sigma_d^2}$$

(3.4-19)

由式（3.4-19）可以看出，在不考虑外界条件影响的情况下，精密三角高程测量的精度主要受仪器观测精度、观测天顶距和设站方案的影响。所以，在选择高精度全站仪的同时，依据实际情况合理设站并限制高度角，可以提高精密三角高程的测量精度。值得注意的是，仪器观测精度受许多因素的影响，包括仪器读盘精度、天气状况、观测距离、观测角度、测回数等，虽然仪器厂商提供了测角、测距精度，但它们并不完全等同于式（3.4-19）中的 σ_z 和 σ_d。还需要通过大量试验来获取 σ_z 和 σ_d 值，在正常情况下，依据式（3.4-19），解算得到精密三角高程测量每公里的观测中误差约为±2mm，能够满足国家二等水准测量规范的需要。

二、模型优化

上文中的精密三角高程测量方法，要求同一台仪器作为第一站和最后一站的观测仪器，必须保证起、末点的棱镜杆为同一套棱镜杆且棱镜杆长度不变，必须保证有偶数条边，即总站数为奇数。在跨河高程传递的测量中，如果要求偶数边、奇数站，则完成一条边的单向观测需要3次过河，导致了需要多次跨河运输仪器设备，重复性大、效率低。此外，主辅站之间的测量流程衔接需要外业工作人员用对讲机或电话进行人工信息传递，工作流程自动化水平较低，需要不断优化和改进，从而提高自动化、智能化水平。如果我们能事先测定主站与辅站仪器中心到棱镜中心的高差之差，将其高差之差值作为系统常数放到程序里，在计算的时候进行改正，那么就可以实现偶数站也能进行二等三角高程测量的目标，在过河水准测量中，完成一条边的单向观测仅需1次过河即可，因此能够极大地提高生产效率。

针对常规精密三角高程测量方法在山区丘陵地区和跨河水准测量方面的不便，作者所在研究团队进一步优化改进了精密三角高程测量的数学模型，在现有精密三角高程测量方法的基础上提出了一种改进方法，通过测定主站、辅站仪器中心到棱镜中心的高差之差，将其作为系统常数在计算时进行改正，实现了通过偶数站完成水准线路的观测，并开发了高效易用的精密三角高程自动化测量内外业一体化系统，简化了观测流程，降低了人力成本、时间成本和经济成本，提高了外业测量工作的自动化、智能化水平。

（一）理论分析

图3.4-5是传统精密三角高程测量奇数站与改进后的精密三角高程测量偶数站的对比

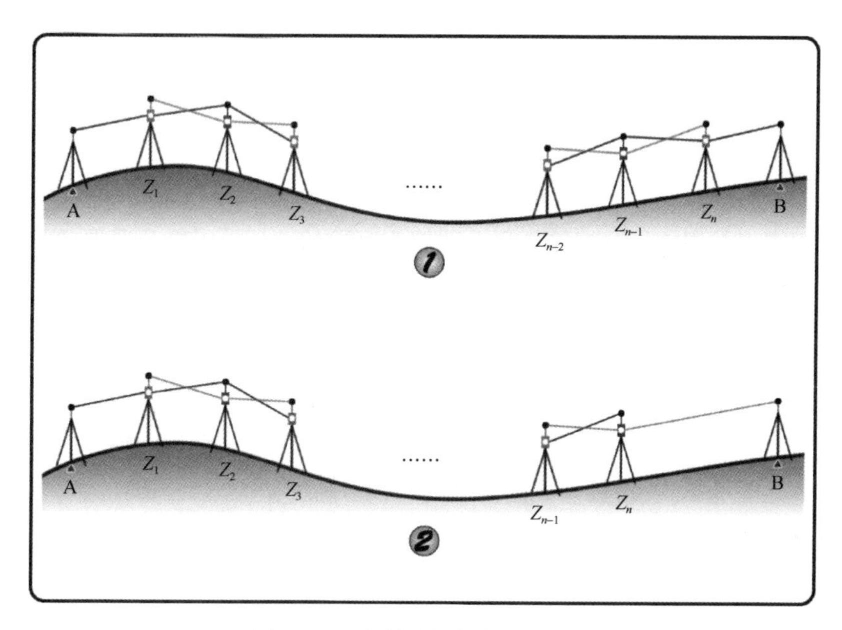

图 3.4-5　奇数站与偶数站对比图

图，$h_{Z_{i-1}Z_i}$ 代表点 Z_{i-1} 到点 Z_i 的高差；$S_{Z_{i-1}Z_i}$ 代表点 Z_{i-1} 处仪器观测点 Z_i 处棱镜的斜距；$\alpha_{Z_{i-1}Z_i}$ 代表点 Z_{i-1} 处仪器观测点 Z_i 处棱镜的垂直角；i_{Z_i} 代表点 Z_i 处仪器高；t_{Z_i} 代表点 Z_i 处棱镜高。

由图 3.4-5 中方法 1 可得点 A 与点 B 之间的高差计算公式：

$$h_{AB}=-h_{Z_1A}+h_{Z_1Z_2}+h_{Z_2Z_3}+h_{Z_3Z_4}+\cdots+h_{Z_{n-1}Z_n}+h_{Z_nB} \tag{3.4-20}$$

$$\begin{aligned}h_{AB}=&-S_{Z_1A}\times\sin\alpha_{Z_1A}+\frac{S_{Z_1Z_2}\times\sin\alpha_{Z_1Z_2}-S_{Z_2Z_1}\times\sin\alpha_{Z_2Z_1}}{2}\\&+\frac{S_{Z_2Z_3}\times\sin\alpha_{Z_2Z_3}-S_{Z_3Z_2}\times\sin\alpha_{Z_3Z_2}}{2}+\frac{S_{Z_3Z_4}\times\sin\alpha_{Z_3Z_4}-S_{Z_4Z_3}\times\sin\alpha_{Z_4Z_3}}{2}+\cdots\\&+\frac{S_{Z_{n-1}Z_n}\times\sin\alpha_{Z_{n-1}Z_n}-S_{Z_nZ_{n-1}}\times\sin\alpha_{Z_nZ_{n-1}}}{2}+S_{Z_nB}\times\sin\alpha_{Z_nB}\\&+\frac{t_{Z_1}-i_{Z_1}}{2}-\frac{t_{Z_n}-i_{Z_n}}{2}+t_A-t_B\end{aligned} \tag{3.4-21}$$

由于对中杆的高度在 A 点和 B 点的高度保持不变，故

$$t_A=t_B \tag{3.4-22}$$

又由于在 Z_1 和 Z_n 点均架设的是仪器 1（n 为奇数），设仪器 1 的棱镜高与仪器高之差为 K，则有：

$$t_{Z_1}=i_{Z_1}+K \tag{3.4-23}$$

$$t_{Z_n}=i_{Z_n}+K \tag{3.4-24}$$

代入式（3.4-21）中，得：

$$h_{AB}=-S_{Z_1A}\times\sin\alpha_{Z_1A}+\frac{S_{Z_1Z_2}\times\sin\alpha_{Z_1Z_2}-S_{Z_2Z_1}\times\sin\alpha_{Z_2Z_1}}{2}$$

$$+\frac{S_{Z_2Z_3}\times\sin\alpha_{Z_2Z_3}-S_{Z_3Z_2}\times\sin\alpha_{Z_3Z_2}}{2}+\frac{S_{Z_3Z_4}\times\sin\alpha_{Z_3Z_4}-S_{Z_4Z_3}\times\sin\alpha_{Z_4Z_3}}{2}$$

$$+\cdots+\frac{S_{Z_{n-1}Z_n}\times\sin\alpha_{Z_{n-1}Z_n}-S_{Z_nZ_{n-1}}\times\sin\alpha_{Z_nZ_{n-1}}}{2}+S_{Z_nB}\times\sin\alpha_{Z_nB} \quad (3.4\text{-}25)$$

由式（3.4-25）不难看出，传统精密三角高程测量能够进行高精度高程传递的一个重要原因在于起末点使用同一支棱镜杆以及线路为奇数站，消去了部分误差项，但由此带来了一定效率上的制约。

假设起点与末点分别使用不同的棱镜杆，其高差值事先已精确测定，假定值为 K_1，故：

$$t_A-t_B=K_1 \quad (3.4\text{-}26)$$

假设 Z_1 和 Z_n 点架设的是不同的仪器，如仪器 1 和仪器 2（n 为偶数），设仪器 1 的棱镜高与仪器高之差为 K_2，设仪器 2 的棱镜高与仪器高之差为 K_3，则有：

$$t_{Z_1}=i_{Z_1}+K_2 \quad (3.4\text{-}27)$$

$$t_{Z_n}=i_{Z_n}+K_3 \quad (3.4\text{-}28)$$

代入式（3.4-21）中，得：

$$h_{AB}=-S_{Z_1A}\times\sin\alpha_{Z_1A}+\frac{S_{Z_1Z_2}\times\sin\alpha_{Z_1Z_2}-S_{Z_2Z_1}\times\sin\alpha_{Z_2Z_1}}{2}$$

$$+\frac{S_{Z_2Z_3}\times\sin\alpha_{Z_2Z_3}-S_{Z_3Z_2}\times\sin\alpha_{Z_3Z_2}}{2}+\frac{S_{Z_3Z_4}\times\sin\alpha_{Z_3Z_4}-S_{Z_4Z_3}\times\sin\alpha_{Z_4Z_3}}{2}+\cdots$$

$$+\frac{S_{Z_{n-1}Z_n}\times\sin\alpha_{Z_{n-1}Z_n}-S_{Z_nZ_{n-1}}\times\sin\alpha_{Z_nZ_{n-1}}}{2}$$

$$+S_{Z_nB}\times\sin\alpha_{Z_nB}+\frac{K_2-K_3}{2}+K_1 \quad (3.4\text{-}29)$$

由式（3.4-29）不难看出，如果我们能精确测定出 K_1、K_2、K_3的值，那么就可以摆脱传统精密三角高程测量方法中对奇数站的要求，实现任意站数的精密三角高程测量，进一步提高效率。

（二）参数测定

1. K_1 的测定

通过在点 P_1 上测定点 P_2 上的杆 1 与杆 2，然后计算两次测定的差值，即为杆 1 与杆 2 的杆高差值，公式如下：

$$h_{P_1P_2}=S_{P_1P_2}\times\sin\alpha_{P_1P_2}+i_{P_1}-t_{P_1} \quad (3.4\text{-}30)$$

$$h'_{P_1P_2}=S'_{P_1P_2}\times\sin\alpha'_{P_1P_2}+i_{P_1}-t'_{P_1} \quad (3.4\text{-}31)$$

由于 P_1 与 P_2 点高差不变，故：

$$S_{P_1P_2}\times\sin\alpha_{P_1P_2}+i_{P_1}-t_{P_1}=S'_{P_1P_2}\times\sin\alpha'_{P_1P_2}+i_{P_1}-t'_{P_1} \quad (3.4\text{-}32)$$

所以有：

$$K_1=t_{P_1}-t'_{P_1}=S_{P_1P_2}\times\sin\alpha_{P_1P_2}-S'_{P_1P_2}\times\sin\alpha'_{P_1P_2} \quad (3.4\text{-}33)$$

2. K_2 与 K_3 之差的测定

如图 3.4-6 所示，在点 1 与点 2 上架设仪器分别对向观测，然后交换仪器再次进行对向观测。对于两台相同的仪器，或是仪器尺寸参数相同的仪器，如 TM30 与 TS30，由图

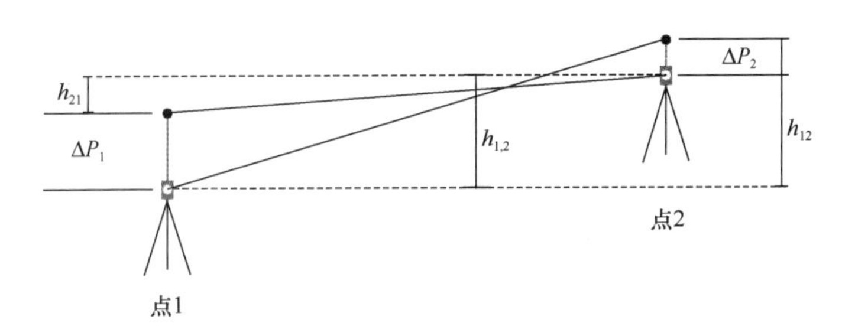

图 3.4-6 K_2 与 K_3 差值测定示意图

3.4-6 可知，有如下公式：

$$h_{1,2}=h_{12}-\Delta P_2=h_{21}+\Delta P_1 \tag{3.4-34}$$

交换仪器进行测量后，可得如下公式：

$$h_{1,2}=h'_{12}-\Delta P_1=h'_{21}+\Delta P_2 \tag{3.4-35}$$

因此有：

$$K_2-K_3=\Delta P_1-\Delta P_2=h'_{12}-h_{12}=h'_{21}-h_{21} \tag{3.4-36}$$

如果是两台不同的仪器，如 TM30 与 TCA2003，则它们的仪器尺寸参数不同，假设仪器 1 到架设中心点的垂直距离为 ∂_1，仪器 2 到架设中心点的垂直距离为 ∂_2，假设点 1 与点 2 架设中心点的垂直高差为 H_0，则有如下公式：

$$h_{1,2}=H_0+\partial_2-\partial_1 \tag{3.4-37}$$

$$h'_{1,2}=H_0+\partial_1-\partial_2 \tag{3.4-38}$$

其中，∂_1 与 ∂_2的差值可通过查仪器出厂的尺寸说明书获得，因此 得：

$$K_2-K_3=\Delta P_1-\Delta P_2=h'_{12}-h_{12}+2\times(\partial_2-\partial_1)=h'_{21}-h_{21}+2\times(\partial_2-\partial_1) \tag{3.4-39}$$

三、系统研发

为简化精密三角高程测量的操作步骤及作业流程以提升效率，作者所在研究团队提出了一种精密三角高程测量自动化控制策略，研发了一套由测量机器人控制应用程序及服务器程序的自动化测量控制系统。通过设计观测流程自动化控制指令集的 MQTT 消息主题，可在无人干预的条件下，根据精密三角高程观测流程自动地控制主、辅站进行测量，并对观测数据进行限差检核，在保证原始观测数据记录准确性的同时，大幅提升作业效率。

（一）系统设计

1. 系统架构

系统架构见图 3.4-7，根据控制单元的不同将系统分为两部分：服务器对主、辅站观测流程控制和主、辅站智能终端对各自仪器自动测量的控制。

该系统中控制仪器测量的应用程序是基于 .NET 平台的C#语言，采用 Xamarin 跨平台框架开发，同时兼容 Android 和 iOS 移动平台；服务器端控制软件基于 .NET 平台采

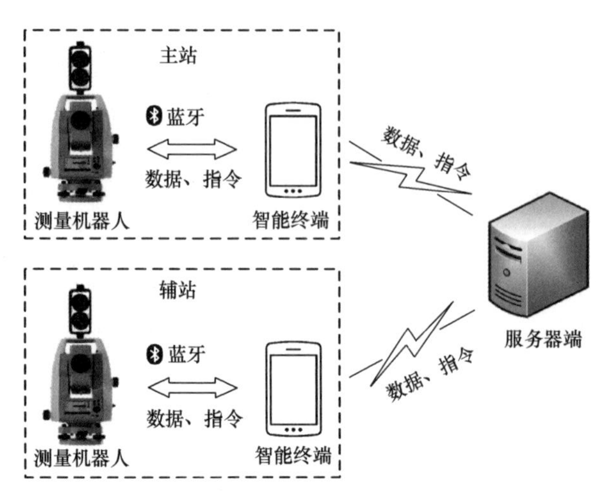

图 3.4-7　系统架构图

用 C#语言开发；测量现场 App 与仪器利用蓝牙无线通信技术进行交互；App 与服务器之间采用 4G 无线网络建立连接，利用 MQTTnet 开源库构建基于 MQTT 无线通信技术的消息传递交换体系。

2. 数据流程

数据流程如图 3.4-8 所示，主/辅站通过蓝牙建立与测量机器人的连接，然后再通过无线网络的形式连接到服务器数据处理程序。主辅站之间的控制流程如下：

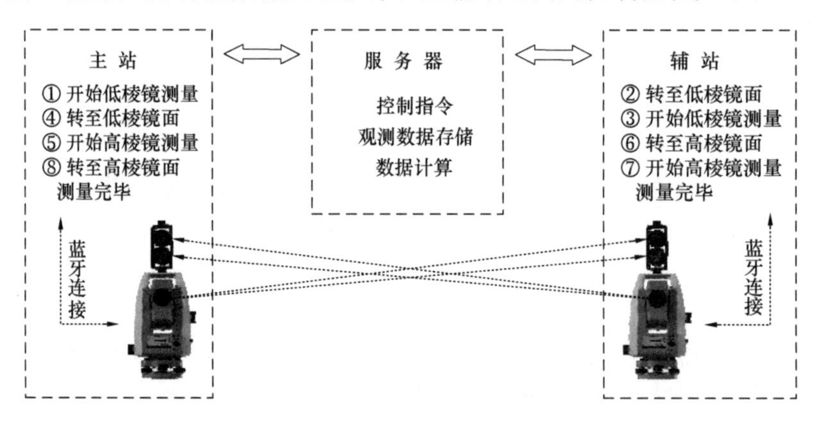

图 3.4-8　数据流程图

(1) 首先主站通过智能终端控制测量机器人进行辅站的低棱镜测量。

(2) 辅站的低棱镜测量完毕，主站换到低棱镜并由主站智能终端发送换面成功指令到服务器，再由服务器转发至辅站智能终端，由辅站智能终端通过蓝牙发送至测量机器人启动主站的低棱镜测量。

(3) 主站低棱镜测量完毕，回发测量成功指令到辅站智能终端，则辅站智能终端发送换面指令到测量机器人，辅站转到高棱镜并回发换面成功指令至主站。

(4) 主站接收辅站发过来的换面成功指令后，启动辅站的高棱镜测量。

(5) 主站完成测量后自动转至高棱镜，发送换面成功指令至辅站智能终端；辅站智能终端接收成功指令后启动对主站高棱镜观测，观测完毕后则主辅站对向观测完毕。

（二）控制策略

1. 观测流程自动化控制

结合精密三角高程测量的观测流程，设计了一套基于 MQTT 协议的观测流程自动化控制指令集，服务器据此来控制主、辅站协同工作。当主、辅站连上服务器后，则进入受控状态，此时由主站向服务器发送开始观测的指令，服务器通知辅站联动以配合主站测量；当服务器收到主站测量完毕的指令后，通知辅站开始测量，并通知主站联动以配合辅站测量。一个对向观测的自动化控制交互过程如图 3.4-9 所示。

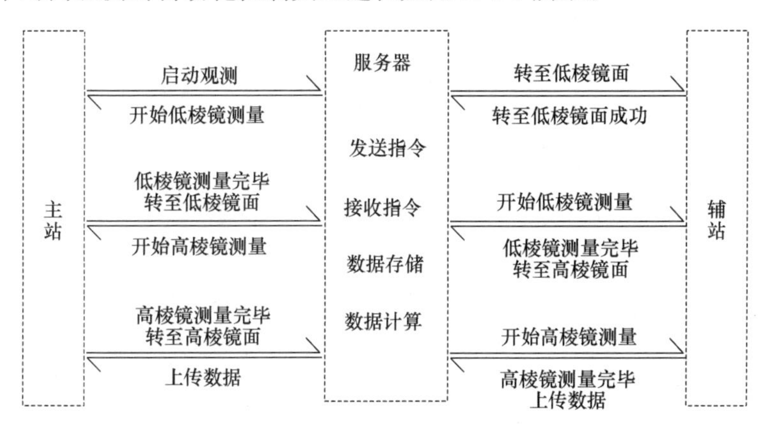

图 3.4-9　观测流程的自动化控制交互过程

基于 MQTT 通信协议技术设计的主、辅站与服务器通信的观测流程自动化控制指令集如表 3.4-3 所示。

测量控制指令的 MQTT 消息主题　　表 3.4-3

发布者	订阅者	消息主题内容	消息主题说明
主站	辅站	$ main/start/low	主站启动低棱镜测量
		$ main/finish/low	主站低棱镜测量完毕
		$ main/start/high	主站启动高棱镜测量
		$ main/finish/high	主站高棱镜测量完毕
		$ main/change/low	主站换到低棱镜面
		$ main/change/high	主站换到高棱镜面
辅站	主站	$ auxi/start/low	辅站启动低棱镜测量
		$ auxi/finish/low	辅站低棱镜测量完毕
		$ auxi/start/high	辅站启动高棱镜测量
		$ auxi/finish/high	辅站高棱镜测量完毕
		$ auxi/change/low	辅站换到低棱镜面
		$ auxi/change/high	辅站换到高棱镜面

2. 测量机器人自动化控制

智能终端通过蓝牙向测量仪器发送测量控制指令，获取仪器信息、配置度盘、控制观测等，仪器执行指令后将请求信息、配置结果、观测数据等返回给智能终端。获得仪器观测数据后，智能终端将自动计算、记录并将结果与限差进行比对，若指标超限，将提示用户重测或加测。

智能终端控制软件兼容 Leica、Trimble、Topcon 等品牌的自动照准全站仪，其中，Leica 提供 GeoBasic 机载模式、串行接口（Geo Serial Interface，GSI）数据指令、GeoCOM 接口三种方式；Trimble 采用机载控制面板所搭载的适配软件进行指令转发；Topcon 采用 Sokkia/Topcon 格式的串口命令。使用到的指令主要包括设置仪器自动目标识别（Automatic Target Recognition，ATR）模式、获取盘面信息、转换照准面、目标搜索与照准、开始测量及获取观测值等，如表 3.4-4 所示。

自动控制测量主要指令一览表 **表 3.4-4**

编号	指令	含义
1	%R1Q，18006：	获取仪器 ATR 模式
2	%R1Q，18005：Mode	设置仪器 ATR 模式
3	%R1Q，2020：Mode [long]	设置测距模式
4	%R1Q，2026：	获取盘面信息
5	%R1Q，9028：PosMode，ATRMode，0	仪器正倒镜换面，获取仪器精度，设置仪器精度，获取/设置仪器 ATR 模式，获取/设置仪器 Lock 模式
6	%R1Q，9037：DSrchHz，dSrchV，0	自动寻照目标，用于精确照准，该操作超时设置通常为 5s
7	%R1Q，9029：Hz _ Area，V _ Area，0	区域目标搜索照准 Hz _ Area 为水平搜索区域 V _ Area 为垂直搜索区域
8	%R1Q，2008：Command [long]，Mode [long]	启动测量
9	%R1Q，2108：WaitTime [long]，Mode [long]	获取观测值
10	%R1Q，9037：dSrchHz [double]，dSrchV [double]，0	自动照准

由于测量机器人在执行每个指令之后都会返回一个状态信息（例如成功、失败或是出现异常等）用以说明执行结果，为了保证自动测量控制过程中的稳定性和正确性，作者所在研究团队通过一套消息机制来控制仪器和接收数据，自动控制算法的消息机制流程如图 3.4-10 所示。

主、辅站根据服务器发送的观测流程控制指令进入不同的测量过程，每个测量过程由多条测量控制指令交互组成，指令将依次执行并返回 false，直到成功执行该测量过程中的最后一条指令，返回 true，这表示该测量过程成功执行，并将更改当前测量状态以进入下一个测量过程，否则测量状态不变并继续停留在当前测量过程。一个完整的指令交互过程如图 3.4-11 所示。

采用上述消息机制的指令管理方式避免了串口的频繁开关，节约了硬件资源；仅需编排相应的指令集配置文件即可进行测量过程的扩展，具有较好的封装性和移植性；如果在观测过程中棱镜被遮挡，可通过更改状态来暂停或继续测量过程，使得用户对仪器的控制

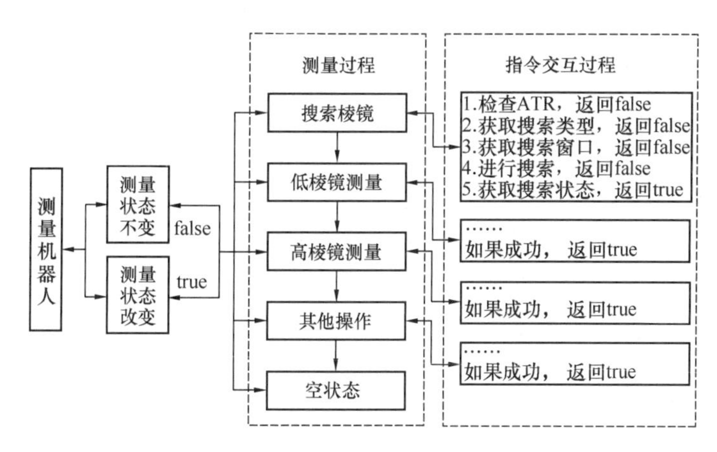

图 3.4-10　自动测量控制的消息机制

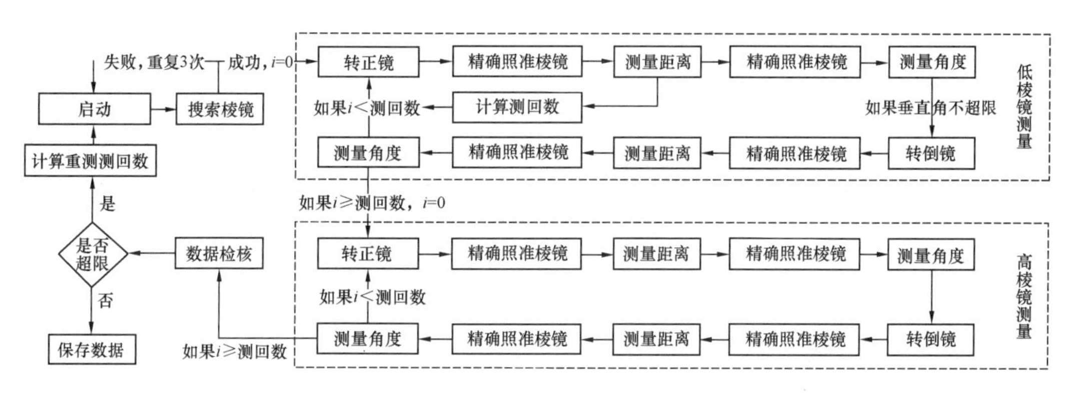

图 3.4-11　主、辅站自动测量控制指令交互流程

更加便捷、高效。

（三）测量装置

在实际工程建设中，在开展轨道交通高架梁高程测量、高层建筑施工变形监测工作时，由于所受环境条件的限制，采用水准测量的方式不易或无法实施，这就对精密三角高程测量提出了迫切需求。然而，仅采用高精度全站仪提高测角测距精度，而无对应辅助设备与之配合，很难在测量精度和测量效率上满足工程需求。

在前述基础上，作者所在研究团队发明了一种精密三角高程测量装置，作为与高精度全站仪配套的对应辅助设备（图 3.4-12），使得精密三角高程测量法在测量精度和测量效率上满足工程应用的需求。

该装置包括连接基座①、连接头②、整平气泡器③、固定轴杆④和两个可伸缩的站脚杆⑤。固定轴杆的上部穿过连接基座与连接头相连，两个站脚杆的上端⑨分别与连接基座相连，并与固定轴杆构成三脚支撑，整平气泡器安装在固定轴杆的上部，连接头的上方安装有高低棱镜组合⑥，高低棱镜组合由两个单棱镜组成，并上下间隔地固定安装在同一壳体内，固定轴杆的下端配备有一个三角锥测量接触头⑦和一个圆柱形测量接触头⑧。

本装置的固定轴杆与连接基座通过锁止螺钉固定连接，站脚杆与连接基座通过活动的

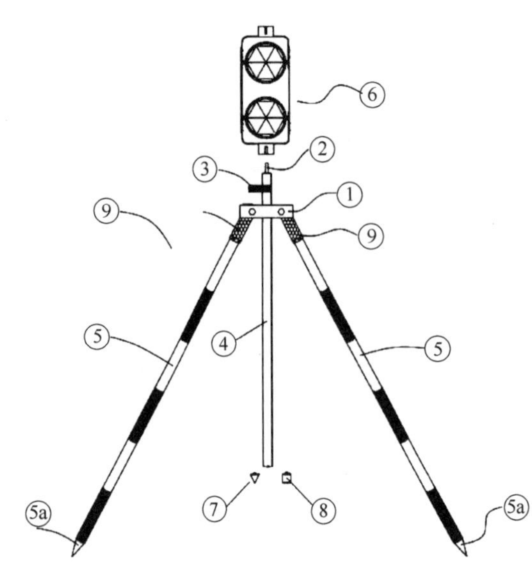

图 3.4-12 精密三角高程测量装置示意图

螺纹套筒固定连接，整平气泡器与固定轴杆可拆卸地安装在一起。通过活动的螺纹套筒调整站脚杆的状态来保证固定轴杆垂直，同时使装拆方便快捷。

本装置特制了高低棱镜组合，将两个单棱镜集成在一起，采用高精度全站仪观测棱镜时，一次可获取两组三角高程测量数据，解决了传统单棱镜三角高程测量装置在测量起终点时需要往返测量、互换仪器与辅助装置位置的问题，节约了时间，提高了效率，保证了测量精度；同时，高低棱镜组中的高低棱镜之间的垂直距离是固定且经过精确测量的，可用于检核三角高程测量成果的准确性。其次，固定轴杆的下端配备有一个三角锥测量接触头和一个圆柱形测量接触头，可根据测量对象的结构特点选用不同的测量接触头。圆柱形测量接触头为平底，可用来测量顶部尖锐的待测对象；三角锥测量接触头底部为三角锥，可测量顶部平整的待测对象，这样能够保证与被测对象紧密接触，提高测量精度。

使用时，先将固定轴杆放置到连接基座内，并使用锁止螺钉进行固定，且根据测量位置的地面特点选用不同的测量接触头。然后，使用者可以根据地形来调节一对站脚杆的长度，使得固定轴杆垂直于地面，固定轴杆上部设有整平气泡器可以检校是否垂直。该装置可辅助高精度全站仪完成精密三角高程测量，操作轻松、稳定可靠、搬运方便、结构简单、成本低廉、效果明显、实用性强。

（四）功能模块

精密三角高程测量自动化系统包括智能终端控制软件和服务端控制软件。

1. 智能终端控制软件

智能终端控制软件包括项目设置、限差设置、棱镜检校、自动测量控制等模块。

1）项目设置

项目设置模块对项目作业参数进行相关设置，包括水准线路的起始点、主站和辅站高低棱镜差值、水准观测等级、当前测站类型及自定义测回数等。考虑到实际应用中可能存在观测条件不太好的情况，软件允许用户自定义测回数以增加多余观测来提高精度。

2）限差设置

限差设置模块对仪器观测数据及水准成果数据的实时检校相关限差进行设置，包括加/乘常数、往返差、往返差较差、垂直角指标差较差、垂直角测回差、测回距离较差、最大观测垂直角、高低棱镜观测水平距离较差限差。一旦指标超限，软件将暂停当前观测，并立刻提示用户重测或加测（图 3.4-13）。

3）棱镜检校

利用棱镜检校模块在施测前检校高低棱镜中心连线是否竖直，以保证高低棱镜安装正确无误。如果高低棱镜与测站的水平距离差值的绝对值小于限差要求，则棱镜检校合格；

图 3.4-13　限差设置模块

否则，软件将根据该值的正负及大小给出高低棱镜调整示意图，协助观测人员调整其安装位置（图 3.4-14）。

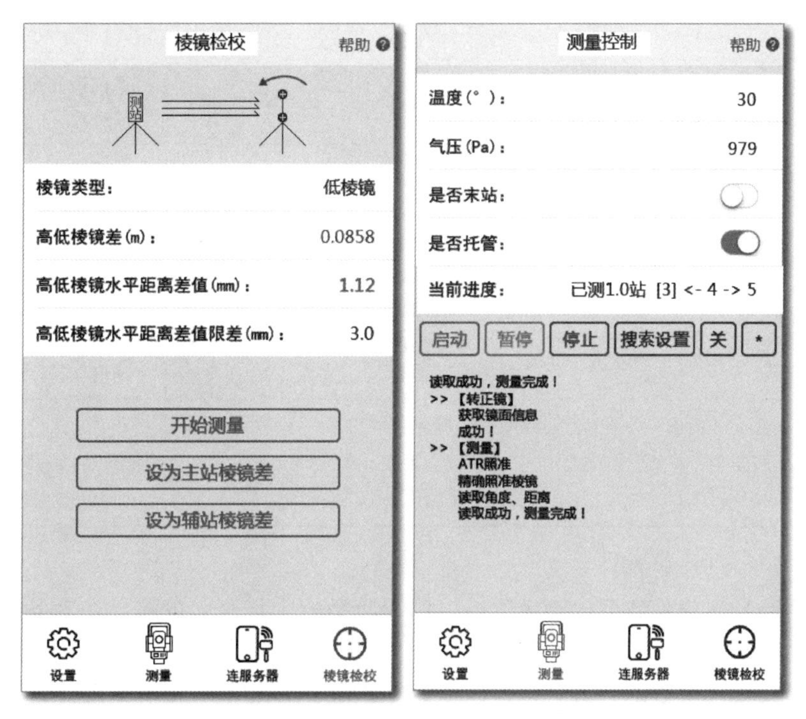

图 3.4-14　棱镜检校模块

4）自动测量控制

用户设置温度、气压等参数，点击启动按钮即可开始该站的自动化测量过程。一旦观测数据累积到可以计算，软件立即对误差指标进行检核，同时，把测量进度和每一条测量指令的执行过程及结果显示出来，方便用户了解作业情况，并对出现的异常状况进行处理。

2. 服务端软件

服务端控制软件包括主辅站控制、数据同步、数据计算、数据存储、成果报表等功能模块。

1）主辅站控制

精密三角高程测量的流程较为复杂与烦琐，智能化测绘的目的就是最大限度地降低人工测量流程的复杂度。作者所在研究团队在数据采集终端自动控制主/辅站的基础上，加入了网络通信模块，将主站和辅站通过服务器数据处理程序连接起来，使得主/辅站知晓各自当前的测量状态，以便自动调整进入下一测量状态，进一步减少了整个测量流程中主/辅站人工交互的过程，从而大大提高了测量工作的生产效率。

精密三角高程自动测量控制软件，主站和辅站通过表 3.4-5 中自定义的消息结构进行交互控制。

网络消息指令结构 **表 3.4-5**

消息内容	发出	接收	消息动作	消息返回内容	消息返回说明
#QD	主站、辅站	辅站、主站	启动测量	*QD，0（1）	启动测量是否成功，0 表示失败，1 表示成功
#QC	主站、辅站	辅站、主站	超限重测	*QC，0（1）	重测是否成功，0 表示失败，1 表示成功
#LOW	主站、辅站	辅站、主站	低棱镜测量	*LOW，0（1）	低棱镜测量是否成功，0 表示失败，1 表示成功
#HIGH	主站、辅站	辅站、主站	高棱镜测量	*HIGH，0（1）	高棱镜测量是否成功，0 表示失败，1 表示成功
#HM	主站、辅站	辅站、主站	换面	*HM，0（1）	换面是否成功，0 表示失败，1 表示成功
#RES，L，H	主站、辅站	服务器	发送主/辅站的高低棱镜观测结果	*RES，L，H，AVER	线路高低棱镜高差及高差平均值
*RES，L，H，AVER	服务器	主站、辅站	接收服务器计算的高低棱镜高差及高差平均值	无	无

2）数据计算及成果报表

主、辅站测量完毕且数据检查无误后，即可将数据上传至服务器，在服务器进行数据存储及计算，并生成相应的数据成果报表。相较于传统观测结束后再由人工整理观测记录、数据计算及成果报表的方式，该模块实现了内业工作的电子化、自动化，有效提高了工作效率。

第五节 应 用 案 例

一、平面监测

（一）工程概况

重庆西站工程轨道监测项目位于重庆市沙坪坝区，南侧为凤中路，西侧为新区大道，北侧紧邻南北循环道，东侧靠近规划道路，该项目地块被重庆西站广场分为南北两部分，如图 3.5-1 所示。

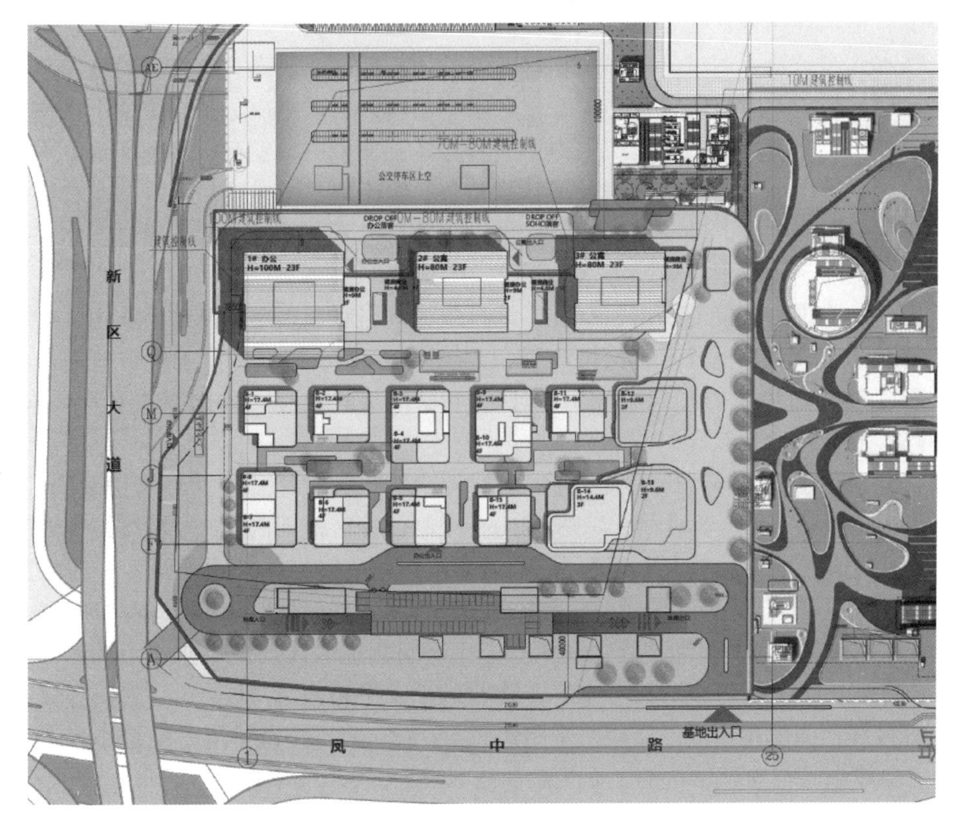

图 3.5-1 项目平面图

项目南部地块涉及轨道交通 5 号线华岩寺—重庆西站区间隧道及轨道交通环线起点—重庆西站的区间隧道。为了保障轨道交通 5 号线及环线结构的安全，有效控制工程建设对 5 号线及环线结构的影响，在拟建工程施工期间对轨道交通 5 号线及环线隧道结构进行监测工作。

在地形地貌方面，拟建场地的原始地貌构造为剥蚀浅丘、沟谷，地势总体西高东低，场地地形相对平坦，地表覆盖有厚度不等的人工填土和粉质黏土；场地内局部表现为斜坡基岩多出露。地面高程 298.38～321.46m，相对高差 23.1m，地形坡角一般 3°～8°，局部斜边坡坡度较陡，可达 15°～40°。

在地质构造方面，拟建场地位于中梁山背斜东翼，无断裂构造发育。岩层产状 110°～120°∠45°～53°，倾角由西至东由大变小，层间结构面结合差，属软弱结构面。岩体中主要发育两组裂隙：J_1：290°～305°∠42°～75°，优势产状 300°∠62°，J_1 延伸 3～5m，间距 2～4m，微张 1～3mm，舒缓波状，间距 1.0～2.0m，偶见钙质充填，结合差，属硬性结构面；J_2：200°～210°∠70°～80°，优势产状 205°∠75°，J_2 延伸 5～8m，间距 3～5m，一般闭合～微张，平直，局部偶见倒转现象，偶见泥质充填，结合差，属硬性结构面。

在水文地质方面，场地地下水及其含水介质可分为基岩裂隙水和松散层孔隙水两类，以其赋存形式可分为潜水和上层滞水两类。地下水主要为大气降水补给，水量小，以上层滞水形式出现。主要分布于第四系松散层中，该类型地下水水量大小受地貌和覆盖层范围、厚度、透水性制约，受季节、气候影响大，水量大小不一、不稳定。在土层分布区接受大气降水入渗补给，通过岩土界面在有条件的切割区排泄。人工填土均匀性差，为弱～中等透水层；粉质黏土以弱透水为主。含水层主要由砂岩层组成，基岩中地下水主要集中在砂岩或砂质泥岩的裂隙中，岩层中构造裂隙总体不发育～较发育，不利于地下水赋存和接受补给，基岩中地下水水量有限，呈脉状分布。由于地下水主要由大气降水补给，水量受季节和气候影响明显。砂质泥岩地下水量小，砂岩段地下水量中等，通过岩体贯通裂隙向外排泄，为弱～微透水岩体。

拟建场地范围内未发现断层、滑坡、泥石流、危岩和崩塌等不良地质作用。特殊性岩土主要有素填土、残积土及基岩强风化层。素填土（Q_4^{ml}）基本分布于整个地表，钻探揭露最大厚度 14.1m 左右。强风化层分布于整个场地基岩表层，风化裂隙发育，岩质软，岩体破碎，厚度一般为 0.6～2.8m。

项目地块位于轨道环线、5 号线重庆西站的南侧，其中 1、2、3 号塔楼及商业裙房、地下车库位于轨道环线、5 号线区间隧道 50m 控制保护区范围内。3 号塔楼结构外边缘距 5 号线区间隧道右线的最小水平距离为 11.42m，其核心筒结构外边缘距 5 号线区间隧道右线的最小水平距离约 22.83m；2 号塔楼结构外边缘距 5 号线区间隧道右线的最小水平距离为 23.14m，其核心筒结构外边线距 5 号线区间隧道右线的最小水平距离约 35.87m；1 号塔楼结构外边缘距 5 号线区间隧道右线的最小水平距离为 34.61m，其核心筒结构外边线距 5 号线区间隧道右线的最小水平距离约 50.75m，与轨道排风井的最小水平距离为 6.05m。拟建项目与轨道结构的平面关系如图 3.5-2 所示。

项目施工将对重庆轨道交通环线与 5 号线区间隧道产生影响，影响等级将根据现行《城市轨道交通结构安全保护技术规范》CJJ/T 202、《城市轨道交通结构检测监测技术标准》DBJ 50/T—271 等技术规范规定确定。其中，1～3 号塔楼、商业裙房将作为主要风险源。

重庆西站 TOD（Transit Oriented Development）工程主要风险源情况如表 3.5-1 所示。

主要风险源情况表 **表 3.5-1**

序号	周边环境名称	影响轨道	周边环境描述	作业等级
1	1 号塔楼	5 号线	1 号塔楼结构外边缘距 5 号线右线最小水平距离为 34.61m，属于 1.0～1.5H，接近程度为接近；1 号塔楼基础尺寸为 6m×6m，属于 3b 范围外，工程影响分区为一般影响区（C）	二级
		环线	距离环线较远	

续表

序号	周边环境名称	影响轨道	周边环境描述	作业等级
2	2号塔楼	5号线	2号塔楼结构外边缘距5号线右线最小水平距离为23.14m，属于1.0H内，接近程度为非常接近；2号塔楼基础尺寸为6m×6m，属于3b范围外，工程影响分区为一般影响区（C）	一级
		环线	2号塔楼结构外边缘距环线左线最小水平距离为45.08m，位于1.5～2.5H，接近程度为较接近；3号塔楼基础尺寸为6m×6m，属于3b范围外，工程影响分区为一般影响区（C）	三级
3	3号塔楼	5号线	3号塔楼结构外边缘距5号线右线最小水平距离为11.42m，属于1.0H内，接近程度为非常接近；3号塔楼基础尺寸为6m×6m，属于1.5～3.0b范围内，工程影响分区为显著影响区（B）	特级
		环线	3号塔楼结构外边缘距环线左线最小水平距离为30.70m，位于1.0～1.5H，接近程度为接近；3号塔楼基础尺寸为6m×6m，属于3b范围外，工程影响分区为一般影响区（C）	二级
4	商业裙房	5号线、环线	5号线及环线区间隧道开挖深度约21.66m，裙房独立基础最大尺寸为6m×6m，裙房基底距5号线右线顶板的竖向距离为1.956m，裙房基底位于5号线左线及环线左、右线结构顶板上（竖向高差为0m）。工程影响分区为强烈影响区	特级

注：表中H为基抗开挖深度，b为隧道跨径。

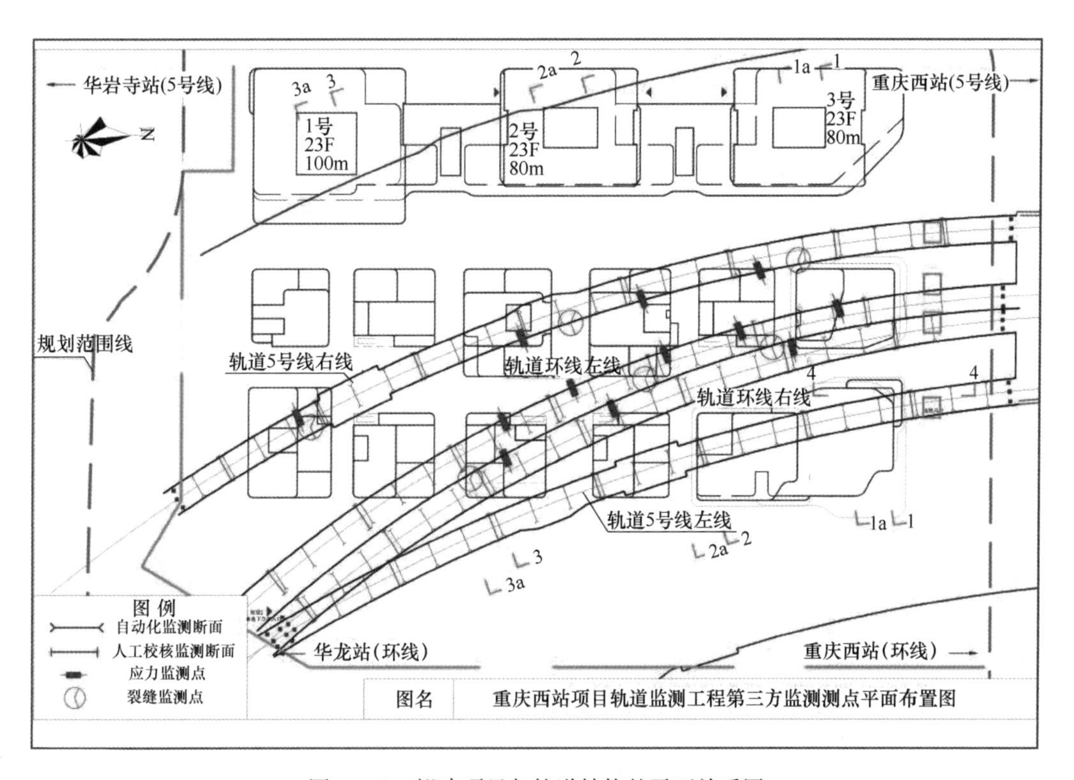

图3.5-2　拟建项目与轨道结构的平面关系图

（二）监测内容及方法

1. 监测对象

监测对象包括轨道交通 5 号线和环线区间隧道及轨道风井结构。监测内容包括隧道结构水平位移、竖向位移，道床水平位移、竖向位移，隧道净空收敛，隧道结构裂缝等。

2. 测点布置

监测项目及测点布置见表 3.5-2。

监测项目及测点数量 **表 3.5-2**

监测对象	监测项目	监测方式	监测点数
区间隧道结构及道床	水平位移	自动化监测	336
	竖向位移	自动化监测	336
	净空收敛	自动化监测	168
	应力	自动化监测	36
	裂缝	自动化监测	14

5 号线与环线隧道断面如图 3.5-3 所示，上行和下行各为独立隧道，每个隧道断面布设 4 个测点，分别为位移拱顶 1 个、左右拱腰各 1 个、道床 1 个，每个测点均测量水平和竖向位移，隧道净空收敛为左右测点和上下间的距离变化。

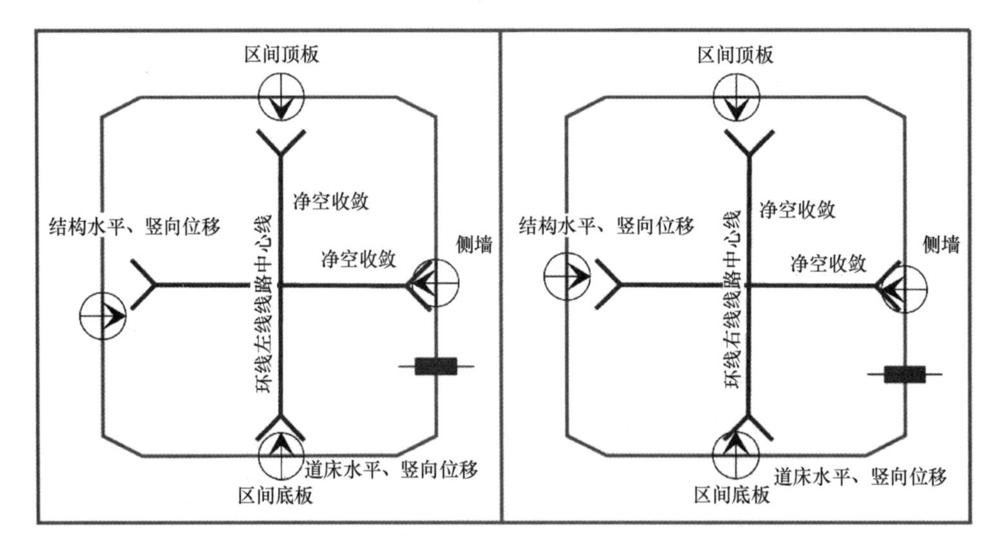

图 3.5-3 重庆西站项目轨道监测测点布置剖面示意图

（三）分析与评价

城市轨道交通运行管理要求严格，轨道监测工作夜间作业时间短，传统人工作业方法难以保证监测工作完成。因此，采用高精度、全天候、实时动态反馈的自动化监测系统才能顺利完成轨道安全监测。通过高精度测量机器人和远程物联技术及时掌握设备运行状态及轨道结构的现场情况，对轨行区的隧道变形实现远程实时监测。

图 3.5-4 所示是测点 ZW02-2 在近 1 个月时间内的数据曲线，表示了在测量机器人全天候监测下该测点的三维坐标变化情况。从图中可以看出，曲线在 2024 年 4 月至 5 月时

段内三轴变形数据整体处于平稳状态，整体数据连续性较好，监测频率满足规范要求，整体处于安全稳定状态。

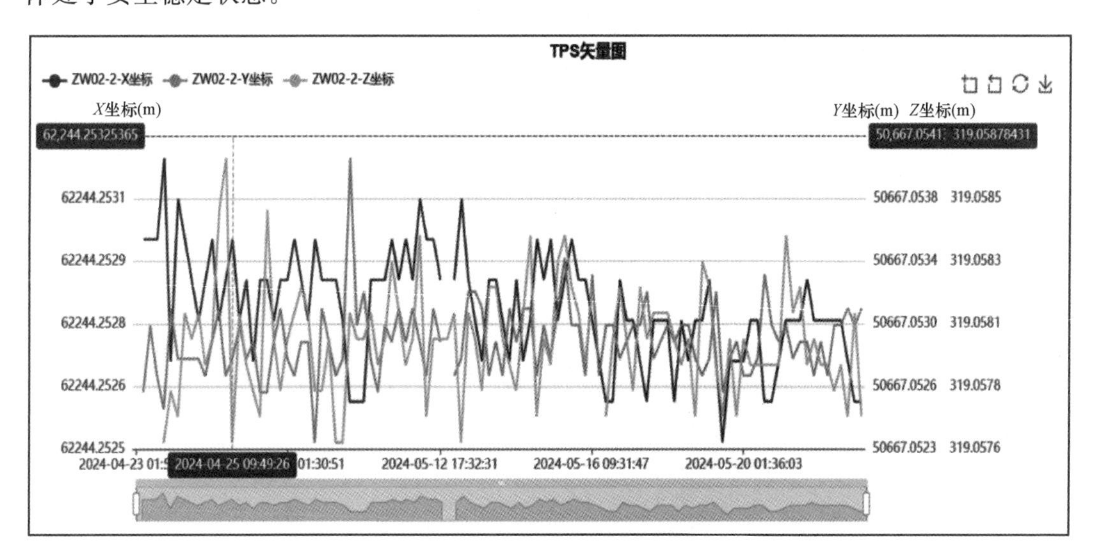

图 3.5-4　ZW02-2 监测点数据曲线

本项目使用测量机器人对轨道交通隧道开展自动化变形监测，有助于全面、准确、快速掌握轨道隧道在外部施工作业时风险点的变形情况，为保障工程建设过程中轨道交通运营和周边建筑物的安全提供了技术支撑。

二、竖向监测

（一）工程概况

重庆市高家花园大桥是连接重庆市沙坪坝区和江北区的轨道专用桥梁，横跨嘉陵江，全长 594m，宽 19.6m，主跨 340m，是国内最大跨径的轨道专用斜拉桥。根据现行《城市轨道交通工程测量规范》GB/T 50308，水准测量精度应不低于二等水准的规范要求，若采用常规水准测量方法进行高程传递，河两岸相隔不到 600m 的水准点需要单边绕行观测 6km 的水准路线才能完成，长距离测量增加了作业强度和成本，同时多测站又降低了高程传递的精度。该项目采用改进的精密三角高程测量方法，仅施测 3 站就能完成江河两岸高等级水准点的联测，水准观测路线长度与视线距离相当，仅为 600m 左右，单条水准路线仅需 2 次跨河搬站，效率得到大幅提升。

（二）场地选定与点位布设

跨河水准测量的跨河边长度较长，且水面上方空气层与地面不同，使得大气折光差及地球曲率的影响显著增大，为尽可能减弱上述误差的影响，跨河地点的选择及布设应遵循如下原则：

（1）应选用测线上游或下游附近利于布设水准网与观测的较窄河段处。

（2）跨河视线要避免穿过草丛、干丘、沙滩的上方；跨河视线高度应大于等于 $4\sqrt{S}$m（S 为跨河视线长度，单位“km”）。

（3）河两岸从仪器到水边的距离应大致相等，其周围地形地貌也应相似，仪器应架设在开阔、通风之处，不应靠近墙壁及土、石、砖堆等。

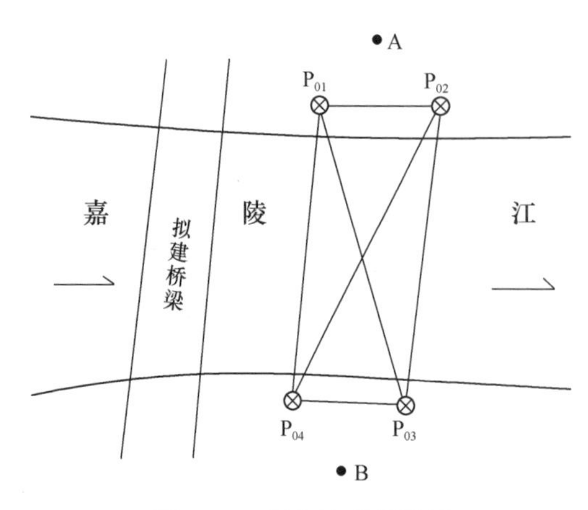

图 3.5-5 跨河水准网形图

（4）跨河视线宜避免正对日照方向。

具体点位布设如图 3.5-5 所示，这 4 个点均为顶端椭球并带有强制对中标志的固定点。观测顺序如图 3.5-6 所示。

（三）仪器选用

测量的精度取决于距离和角度观测的精度，本次选用两台 Leica TM30 高精度测量机器人，测角精度为 ±0.5″，测距精度为 ±（0.6mm+1×$10^{-6}D$），一台作为主站，另一台作为辅站，如图 3.5-7 所示，加装高低棱镜，往返观测进行互相校核。

（四）观测方法

采用改进的精密三角高程测量法施测，以 P_{01}～P_{04}为例，详细介绍其观测顺序：

（1）将主站设在靠近 P_{01}处的点 A，将辅站设在靠近 P_{04}处的点 B，由于 P_{01}-A 和 B-P_{04}为单向观测，为降低观测误差，A 点和 P_{01}及 B 点和 P_{04}的距离应大致相等，且限制为 10～20m。

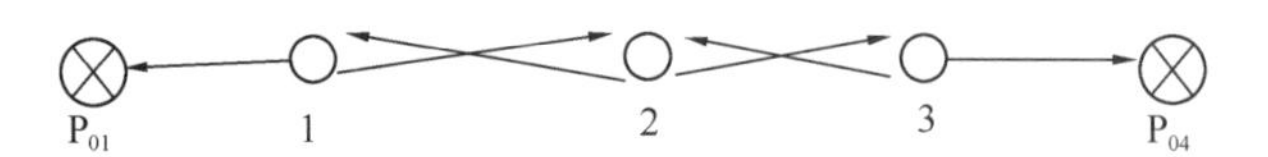

图 3.5-6 观测顺序示意图

图 3.5-7 TM30 测量机器人

（2）在 P_{01}处安设强制对中杆，将主站高低棱镜安装到对中杆上，A 点处仪器依次观测 P_{01}处高低棱镜。

（3）A 点仪器不动，将对中杆上的高低棱镜安设到 A 点仪器上，A 点和 B 点处仪器依次对向观测高低棱镜。

(4) B点仪器不动，将对中杆及A点高低棱镜一起搬移至P_{04}点上，B点处仪器观测P_{04}处高低棱镜。

按上述步骤依次完成其他3条跨河边的观测，同岸水准点由于距离较近，其高差可采用几何水准测量的方法直接测定。

（五）结果分析

本项目中，跨河观测边长度在500～600m，跨河视线长度$s=0.5$km，根据二等水准规范要求，故每条跨河边高低棱镜各观测8个测回，即总测回数$N=8$，每千米水准测量的偶然中误差限值$M_{\Delta}=1$mm，每千米水准测量的全中误差限值$M_{W}=2$mm。计算可得，测回间高差互差限值为$dH_{限}=4M_{\Delta}=\sqrt{N \cdot s}=8.0$mm；大地四边形网中三个独立闭合环的闭合差限值为$W=6M_{W} \cdot \sqrt{s}=8.5$mm。以低棱镜观测作为往测，高棱镜观测作为返测，经观测后各测段高差值及独立闭合环的闭合差统计结果分别见表3.5-3、表3.5-4。

测段高差统计结果　**表3.5-3**

序号	起点	终点	往测高差值（mm）	返测高差值（mm）	高差中数（mm）	距离（mm）
1	P_{02}	P_{01}	−83.7	84.1	−83.9	0.141
2	P_{01}	P_{04}	78.4	−78.2	78.3	0.499
3	P_{04}	P_{03}	−6.2	6.8	−6.5	0.061
4	P_{03}	P_{02}	10.6	−11.2	10.9	0.549
5	P_{03}	P_{01}	−68.9	69.5	−69.2	0.534
6	BM_{02}	BM_{04}	−3.9	3.9	−3.9	0.497

闭合差统计结果　**表3.5-4**

序号	独立闭合环	闭合差（mm）
1	$P_{01}-P_{04}-P_{03}-P_{01}$	2.6
2	$P_{02}-P_{04}-P_{03}-P_{02}$	0.5
3	$P_{03}-P_{01}-P_{02}-P_{03}$	3.8

由表3.5-3可看出，测回间高差互差均小于限差8.0mm；由表3.5-4可看出，环闭合差最大值为3.8mm，小于限差8.5mm。同时，以观测线路距离定权，以往返测高差不符值计算每公里水准测量的偶然中误差为$M_{\Delta}=0.59\text{mm}\leqslant 1\text{mm}$，以环闭合差计算得到每公里水准测量全中误差$M_{W}=1.83\text{mm}\leqslant 2\text{mm}$，均满足二等水准的规范要求。

项目验证了作者所在研究团队提出的精密三角高程测量改进方法，通过测定主站、辅站仪器中心到棱镜中心的高差之差，将其作为系统常数在计算时进行改正，实现了通过偶数站完成水准线路的观测，简化了观测流程，提高了作业效率。经分析，相较于常规精密三角高程水准测量，改进方法效率提升30%。改进方法具有受外界气候及地形条件影响较小、作业效率高、成果精度满足二等水准的规范要求等优势，尤其对长距离、大跨度等地形下的工程项目具有很好的借鉴意义。

第六节　本章小结

测量机器人又称自动全站仪，集成了目标自动识别照准、无棱镜测距、在线通信控制等技术，是一种能代替人进行自动搜索、跟踪、辨识和精确照准目标并获取角度、距离、三维坐标等信息的电子全站仪，被广泛应用于桥梁、隧道、大坝、铁轨等工程项目的平面位移监测和竖向位移监测。

在平面位移监测方面，作者所在研究团队研发了适应多种品牌和型号的测量机器人自动化监测系统和一体化平差系统。自动化监测系统将整个安全监测作业流程管控起来，提高了工作和管理的效率，让安全监测作业人员及管理人员能够摆脱时间和空间的束缚，全面提高安全监测作业及管理的效率，实现对工程安全监测全过程的智能化应用管理。一体化平差系统实现了测量机器人、传感设备及巡查数据的一体化集成，完成了监测数据的实时采集、平差处理、统计分析和预测预警，提高了工程监测智能化水平。

在竖向位移（沉降）监测方面，武汉大学测绘学院相关学者率先研究提出精密三角高程测量方法，大大降低了作业条件限制，显著提高了作业效率，开创了大范围、长距离条件下精密三角高程测量代替二等水准测量的先例。作者所在研究团队进一步优化改进了精密三角高程测量作业模式和设备通信控制方法，在理论和应用上对该方法进行补充完善，发明了精密三角高程测量装置，研发了自动化测量内外业一体化系统，提高了外业测量工作的自动化、智能化水平，大大提高了外业作业效率，降低了人力成本、时间成本和经济成本，广泛应用于高差起伏较大地区的精密高程传递。

在应用案例方面，平面监测以重庆西站工程轨道监测项目为例，展示了测量机器人在实际工程安全监测中的应用。通过在轨道交通区间隧道及轨道风井中布置监测点，对隧道水平位移、竖向位移等开展实时在线监测；竖向监测以高家花园轨道桥为例，采用改进的精密三角高程测量方法，简化了观测流程，提高了作业效率。

参考文献

[1] 岳建平，徐佳．现代监测技术与数据分析方法[M]．武汉：武汉大学，2020.

[2] 邱冬炜，丁克良，黄鹤，等．变形监测技术与工程应用[M]．武汉：武汉大学出版社，2016.

[3] 孙长库，胡晓东．精密测量理论与技术基础[M]．北京：机械工业出版社，2015.

[4] 李金生，王占武，张博．工程变形监测[J]．武汉：武汉大学出版社，2013.

[5] 梅文胜，杨红．测量机器人开发与应用[M]．武汉：武汉大学出版社，2011.

[6] 徐德，谭明，李原．机器人视觉测量与控制[M]．北京：国防工业出版社，2011.

[7] 向亚红，邓念武，张峰．大坝安全监测实用技术[M]．武汉：武汉大学出版社，2018.

[8] 李泽球．全站仪测量技术[M]．武汉：武汉理工大学出版社，2022.

[9] 向泽君，谢征海，滕德贵，等．测量机器人远程自动化监测系统 V3.0[P].

[10] 向泽君，陈翰新，王大涛，等．基于亚毫米位移传感器的隧道断面沉降测量装置及监测系统[P].

[11] 谢征海，向泽君，王明权，等．精密三角高程测量装置：CN206330567U[P]．2017-07-14.

[12] 滕德贵，张恒，胡波，等．基于无线通讯控制的精密三角高程测量系统 V2.0[P].2020-06-19.

[13] 郭际明，梅文胜，张正禄．测量机器人系统构成与精度研究[J]．武汉测绘科技大学学报，2000(5)：421-425，436.

[14] 张恒，胡波，袁长征．精密三角高程代替二等水准实现跨河水准测量的研究与应用[J]．测绘通报，2019(11)：121-125.

[15] 张恒，滕德贵，黄赟．精密三角高程测量自动化控制系统研究与实现[J]．测绘地理信息，2021，46(5)：37-40.

[16] 李凯，石力，朱清海．应用精密三角高程测量替代二等水准测量[J]．城市勘测，2012(5)：89-93.

［17］　姜兴阁．论变形监测技术的现状与发展趋势[J]. 矿山测量，2012(4)：7-10.

［18］　李维平，方忠旺．基于水域机器人的水下地形测量系统研究与应用[J]. 北京测绘，2019，33(9)：1098-1101.

［19］　张平，付强，徐泽荣．中间法三角高程测量在大桥主墩沉降监测中的应用[J]. 城市勘测，2008(5)：105-107.

［20］　梅文胜，张正禄，郭际明，等．测量机器人变形监测系统软件研究[J]. 武汉大学学报(信息科学版)，2002(2)：165-171.

［21］　陈荣彬，林泽耿，李刚．测量机器人在地铁隧道监测中的研究与应用[J]. 测绘通报，2012(6)：61-63.

［22］　岳建平，方露，黎昵．变形监测理论与技术研究进展[J]. 测绘通报，2007(7)：1-4.

［23］　张正禄，邓勇，罗长林，等．论精密工程测量及其应用[J]. 测绘通报，2006(5)：17-20.

［24］　徐茂林，张贺，李海铭．基于测量机器人的露天矿边坡位移监测系统[J]. 测绘科学，2015，40(1)：38-41.

［25］　崔有祯，李亚静．徕卡 TM30 测量机器人三维测量在基坑边坡监测中的应用[J]. 测绘通报，2013(3)：75-77.

［26］　范本．基于测量机器人 TM30 技术地铁隧道建设自动变形监测研究[D]. 重庆：重庆大学，2013.

［27］　储征伟，钟金宁，段伟，等．自动化三维高精度智能监测系统在地铁变形监测中的应用[J]. 东南大学学报(自然科学版). 2013，43(S2)：225-229.

［28］　袁成忠．智能型全站仪自动测量系统集成技术研究[D]. 成都：西南交通大学，2007.

第四章 卫星定位监测

第一节 发 展 现 状

全球导航卫星系统（Global Navigation Satellite System，GNSS）是包含若干卫星星座及增强系统的无线电导航定位系统，能够全天候地为用户提供地球表面或近地空间任何地点的三维坐标、速度以及时间信息。GNSS实现了全球地面的连续覆盖，实时定位速度快、功能多、精度高，可为各类用户连续地提供动态目标的三维位置、三维速度和时间信息，具有良好的抗干扰性和保密性。运用GNSS进行测量，测站之间无需通视，定位精度高，观测时间短，可提供三维坐标，操作简单，搬运方单，可实现全天候作业。目前，实现全球覆盖的GNSS系统有我国的北斗卫星导航系统（BDS）、美国的全球定位系统（GPS）、俄罗斯的格洛纳斯卫星导航系统（GLONASS）和欧盟的伽利略卫星导航系统（GALILEO）。其中，GPS是世界上第一个建立并用于导航定位的全球系统，GALILEO是由欧盟研制和建立的全球卫星导航定位系统，BDS是中国自主建设运行的全球卫星导航系统，为全球用户提供全天候、全天时、高精度的定位、导航、授时及短报文服务。GNSS作为一种现代空间定位技术，逐渐取代了常规的人工地面监测，已经成为大型工程几何变形监测的主要手段之一。与传统的人工监测手段相比，GNSS监测技术不仅保证了变形监测结果的高精度，而且还实现了自动化连续监测，使我们能以更高的频率获取高精度的三维变形结果，具有全天时、全天候、全同步、全自动等优势。

值得一提的是，随着我国北斗卫星导航系统的建设及发展，作为打造后处理毫米级高精度应用服务的北斗地基增强系统也迅猛发展。北斗地基增强系统是北斗卫星导航系统的重要组成部分，具备在全国范围及更大区域内提供米级、分米级、厘米级、后处理毫米级的高精度实时定位服务能力，形成基于北斗的一体化高精度应用服务体系，可满足建筑形变监测、桥梁监测、大坝监测、矿区边坡监测、地质灾害监测等多项工程应用。

第二节 基 本 原 理

一、GNSS定位原理

GNSS是一种基于卫星信号的定位技术，通过分布在地球轨道上的卫星，为用户提供全球范围内的定位、导航和授时服务（表4.2-1）。

全球与区域性 GNSS 系统列表　　表 4.2-1

卫星导航系统	卫星数量	提供服务	中心频段	适用范围	研发国家
北斗系统	55 颗	定位、授时、短报文	B1、B2、B3	全球性	中国
GPS 系统	24 颗	定位、授时	L1、L2、L5	全球性	美国
伽利略系统	30 颗	定位、授时	E1、E5a、E5b、E6	全球性	欧盟
GLONASS 系统	24 颗	定位、授时	L1、L2、L3	全球性	俄罗斯
QZSS 系统	4 颗	定位、授时	L1、L2、L5	区域性	日本
IRNSS 系统	9 颗	定位、授时	L5	区域性	印度

（一）定位原理

GNSS 基于“三球交会定位原理”进行定位，即把卫星当作已知点，当地面某个 GNSS 接收机同时接收到 4 颗以上的卫星信号时，利用空间距离后方交会的方法推算出地面接收机的空间坐标位置。

理论上讲，只要地面接收机接收到 3 颗卫星信号，利用三边测量法就可以计算出接收机的位置。但由于存在卫星钟差、电离层误差、多路径效应误差等相关误差，还需要第 4 颗卫星数据来进行误差改正，从而确定接收机的精确位置。

由于 GNSS 卫星处于高速运转状态，其坐标随时间快速变化，需要实时地由 GNSS 卫星信号测量出测站至卫星之间的距离，实时地由卫星的导航电文解算出卫星的坐标值并进行测站点的定位。根据 GNSS 定位方法的不同，可以分为多普勒法、伪距法、射电干涉测量法和载波相位测量法四种定位方法。

多普勒法是根据多普勒效应原理，利用 GNSS 卫星较高的射电频率，用积分多普勒计数得出伪距差。伪距法是用 GNSS 卫星的伪噪声编码信号，测定接收机到 GNSS 卫星的距离。射电干涉测量法是利用 GNSS 卫星射电信号具有白噪声的特性，由两个测站同时观测一颗 GNSS 卫星，通过测量这颗卫星的射电信号到达两个测站的时间差求得测站间距离。载波相位测量法是通过测量载波相位求得接收机到 GNSS 卫星的距离。

当采用多普勒法进行测量时，所需观测时间一般较长（数小时），同时在观测过程中接收机的振荡器要保持高度稳定，采用射电干涉测量时，所需的设备比较昂贵，数据处理较复杂。因此这两种方法目前在 GNSS 测量中应用较少。

（二）定位方式

根据定位模式的不同，可将 GNSS 定位分为绝对定位和相对定位；还可以根据接收机自身的运动状态，将 GNSS 定位分为静态定位和动态定位。

1. 绝对定位与相对定位

1）绝对定位

绝对定位又称为单点定位，是根据一台接收机的观测数据来确定接收机位置的测量方法，定位精度一般较差，可用于车船的概略导航定位。

2）相对定位

相对定位又称为差分定位，是根据两台以上接收机的观测数据来确定观测点之间相对位置的方法，它既可采用伪距观测也可采用相位观测。相对定位测量的是多台 GNSS 接收机之间的基线向量。

在 GNSS 观测量中包含了卫星和接收机的钟差、大气传播延迟、多路径效应误差等，在定位计算时还要受到卫星广播星历误差的影响，在进行相对定位时大部分公共误差被抵消或削弱，因此定位精度将大大提高。双频接收机可以根据两个频率的观测量抵消大气中电离层误差的主要部分，在精度要求高、接收机间距离较远时，应优先选用。

2. 静态定位与动态定位

根据用户 GNSS 接收机天线在作业过程中的运动状态，可以将 GNSS 定位分为静态定位和动态定位。

1）静态定位

静态定位是指接收机固定或几乎不动的定位方式。例如，在大坝监测、滑坡监测中使用的接收机都采用了静态定位模式。静态定位模式下，接收机只需专注于监测任务，而无需应对快速的位置变化。

静态模式的接收机可以使用较低的数据采样率，并且较多地依赖信号质量和持续时间以提高测量精度和可靠性。数据处理模式可以通过 PPK 或 PPP 处理获取高精度的定位结果。

2）动态定位

动态定位是指接收机处于移动载体上的定位方式。例如，在车辆、无人机等移动平台上使用的接收机都采用了动态定位模式。动态模式下，接收机需要实时获取并处理来自卫星的信号，一般通过接收机的内置算法完成。动态模式的接收机通常需要较高的数据采样率以满足动态环境下接收机位置的快速变化。

（三）误差分析

GNSS 系统的误差来源可以分为四类：与信号传播有关的误差、与卫星有关的误差、与接收机有关的误差以及与地球转动有关的误差，如表 4.2-2 所示。

GNSS 系统误差 **表 4.2-2**

误差来源		对测距的影响（m）
与信号传播有关的误差	电离层延迟误差	1.5～15
	对流层延迟误差	
	多路径效应误差	
与卫星有关的误差	卫星星历误差	1.5～15
	卫星时钟误差	
	卫星轨道误差	
	相对论效应	
与接收机有关的误差	接收机时钟误差	1.5～5
	天线相位中心误差	
与地球转动有关的误差	地球潮汐的影响	1
	地球自转的影响	

1. 信号传播相关误差

1）电离层延迟误差

电离层是处于地球上空 50～1000km 高度的大气层。该大气层中的中性分子受太阳辐射的影响发生电离，产生大量的正离子与电子。在电离层中，电磁波的传输速率与电子密度有关，因此直接将真空中电磁波的传播速度乘以传播时间得到的距离很大可能与卫星至接收机之间的真实几何距离不相等，这两种距离上的偏差叫电离层延迟误差。

电离层延迟误差是影响卫星定位的主要误差源之一，它引起的距离误差较大，一般在白天可以达到 15m，在夜晚则可以达到 3m，并且在天顶方向引起的误差最大可达 50m，水平方向引起的误差最大可达 150m。

针对电离层延迟误差的改进措施通常包括利用双频观测、利用电离层模型辅以修正和利用同步观测值求差。

2）对流层延迟误差

对流层是地球大气层的低层，位于地面上方约 10～50km 的高度范围内。对流层中存在气象变化、温度梯度和湿度变化等现象，这些因素会对 GNSS 信号的传播产生影响。对流层误差主要表现为信号传播速度的变化和折射效应引起的定位误差。对流层误差在地面观测（如基站观测）中尤为显著，在较长的测量路径上很容易受到影响。

3）多路径效应误差

接收机接收信号时，如果接收机周围物体所反射的信号也进入天线，并且与来自卫星的信号通过不同路径传播且于不同时间到达接收端，反射信号和来自卫星的直达信号相互叠加干扰，使原本的信号失真或者产生错误，造成衰落。这种由于多径信号传播所引起的衰落被称作多径效应，也称多路径效应。

多路径效应误差是卫星导航系统中一种主要的误差源，可造成卫星定位精确度的损害，严重时还将引起信号的失锁。改进措施包括将接收机天线安置在远离强发射面的环境，选择抗多径天线，适当延长观测时间，降低周期性影响，改进接收机的电路设计，改进抗多径信号处理和自适应抵消技术。

2. 卫星相关误差

1）卫星星历误差

由星历所给出的卫星位置与卫星实际位置之差称为卫星星历误差。卫星星历误差主要由钟差、频偏、频漂等产生。针对卫星在运动中受到的多种摄动力的综合影响，要求地面监测站准确、可靠地测出这些作用力并掌握其作用规律，是比较困难的，因此卫星星历误差的估计和处理尤为关键。

改进措施包括忽略轨道误差、通过轨道改进法处理观测数据、采用精密星历和同步观测值求差。

2）卫星时钟误差

卫星时钟的精确度受到多种因素的影响，例如温度变化、电子器件的老化等，这些因素可能导致卫星钟与地面时钟之间存在微小的差异，进而引入定位误差。

3）卫星轨道误差

卫星在轨道上运动时，可能会受到地球引力、月球引力、太阳引力以及其他天体引力的扰动。这些扰动会导致卫星轨道的微小变化，从而影响定位精度。

4）相对论效应

根据相对论，由于卫星高速运动，使得卫星钟的频率比静止在地球上的同类钟的频率有所增加。

3. 接收机相关误差

1）接收机时钟误差

接收机本身的硬件设计和性能也可能引入定位误差，例如时钟不准确、信号采样率低等。

2）天线相位中心误差

由于天线设计或安装不精确，天线接收到的信号可能与天线的几何中心不完全对齐，导致定位误差。

4. 地球转动相关误差

1）地球潮汐的影响

由于地球固体潮和负荷潮引起测站位移，使得不同时间的测量结果互不相同。

2）地球自转的影响

由于地球自转引起卫星坐标的变化。

二、RTK定位原理

由上文可知，卫星定位存在的误差既来自系统的内部，也来自外部。这些误差，有些可以完全消除，有些无法消除或只能部分消除，影响了系统的准确性和可靠性。为了更好地消除误差，提高GNSS的定位精度，作为对GNSS进行辅助的RTK技术被提出来。

实时动态载波相位差分技术（Real-time kinematic，RTK）是一种利用GNSS载波相位进行高精度实时动态相对定位的技术。这是一种新的GNSS测量方法，它采用了载波相位动态实时差分方法，能够在野外实时获得厘米级定位精度，是GNSS应用的重大里程碑，极大地提高了外业测量作业效率。

RTK技术具有以下优点：作业效率高。在模糊度固定情况下，瞬间即可得到厘米级精度的定位结果，且一个参考站可对应多个流动站。劳动强度低。作业人员只需携带流动站到测点上，观测、计算、记录都是仪器自动完成。没有误差积累。各点定位精度都是相对参考站的精度，各流动站之间不会出现误差积累。可全天候作业。所测点间无需要通视。操作简单，使用方便，可针对业务需求开发相应插件。

（一）单基站RTK

高精度的GNSS测量一般采用载波相位观测，RTK定位技术就是基于载波相位观测值的实时动态定位技术，能够实时地提供测站点在指定坐标系中的三维定位结果，并达到厘米级精度。

参考站主要由一台GNSS接收机及接收机天线、发射电台及电台天线和电源等组成，应架设在净空良好的地方，可对视场中的所有卫星进行连续观测。在单基站RTK作业模式下，参考站通过数据链将观测值和测站坐标信息一起传送给流动站。

流动站主要由一台GNSS接收机及接收机天线、接收电台及电台天线、电源、电子手簿、对中杆等组成。流动站不仅通过数据链接收来自参考站的数据，还要采集GNSS观测数据，并在系统内组成差分观测值进行实时处理，同时给出厘米级定位结果，历时不足一秒钟。流动站可处于静止状态，也可处于运动状态；可在固定点上先进行初始化后再进入动态作业，也可在动态条件下直接开机，并在动态环境下完成整周模糊度的搜索求解。在整周未知数解固定后，即可进行每个历元的实时处理，只要能保持四颗以上卫星相位观测值的跟踪和必要的几何图形，则流动站可随时给出厘米级定位结果。

基于单基站的RTK技术可实现快速高精度定位，但随着应用领域的扩展，其缺点也日益突出，主要表现在：定位结果可靠性不高；覆盖范围小，且数据质量不均匀；两站间的电台通信需要“准光学通视”，且距离一般不超过15km；用户需要自己建设、维护参考站，增加了设备和人员成本。

（二）网络RTK

网络RTK的技术思想是：利用多个已知坐标的参考站对卫星进行连续观测，反演出电离层延迟、对流层延迟等误差项改正数，发送给用户进行内插改正，进而实现高精度定位。

实现网络RTK的技术包括虚拟参考站技术、区域改正参数技术、主辅站技术、综合误差内插技术等。

1. 虚拟参考站

虚拟参考站（Virtual Reference Station，VRS）的基本原理是综合利用多个参考站的观测数据，提取电离层延迟、对流层延迟等误差信息，内插出误差延迟量并累加到星地距离上，形成虚拟的观测值，发送给用户。

相当于在用户移动站附近产生了一个物理上不存在的虚拟参考站，这样就可以在用户站和虚拟参考站之间形成超短基线，即可按照常规基线解算的模式来定位。

2. 区域改正参数

区域改正参数（Flachen Korrektur Parameter，FKP）的基本思想是：数据中心接收各参考站的实时同步观测数据，并采用卡尔曼滤波估计参考站所有非差分状态参数；对所估非差分状态参数中的电离层延迟、对流层延迟、卫星轨道误差等进行空间相关误差建模，计算生成区域改正数，以广播的形式通过无线网络向外发送。移动站用户采用专用的软硬件设备接收区域改正参数，并根据这些参数和自身位置计算误差改正数，进而实现实时高精度定位。

3. 主辅站

主辅站（Master Auxiliary Concept，MAC）技术的基本思想是由各参考站传输原始观测数据至系统数据处理中心，并对参考站间的模糊度进行估计；由数据处理中心根据来自移动站的点位信息，在网内选定一个主参考站和多个辅参考站。

计算主参考站和辅参考站间的单差空间相关误差以及主参考站的误差，再将主辅站间的单差误差和主参考站误差分解为色散误差项和非色散误差项，连同主参考站坐标和辅参考站坐标发送给用户；用户据此内插出本站误差，并对本站相位观测值进行改正，从而实现精密定位。

4. 综合误差内插

综合误差内插（Combined Bias Interpolation，CBI）的基本思想是：不对电力层延迟、对流层延迟等误差进行区分，也不将各参考站所得的改正信息都发送给用户，而是由数据处理中心统一集中所有的参考站观测数据，选择、计算和播发综合误差改正信息。该方法具有算法简单、系统可用性强以及定位效率高的优点。

第三节 技 术 路 线

与传统方法相比较，应用GNSS开展自动化变形监测不仅具有精度高、速度快、操作简便等优点，而且将GNSS与计算机技术、数据通信技术、数据处理与分析技术进行集成，实现了从数据采集、传输、管理到分析预报的自动化，达到远程在线网络实时监测的目的。

一、自动化监测系统

GNSS自动化监测系统包括数据采集子系统、数据传输通信子系统、数据处理分析子系统和辅助支持子系统，如图4.3-1所示。

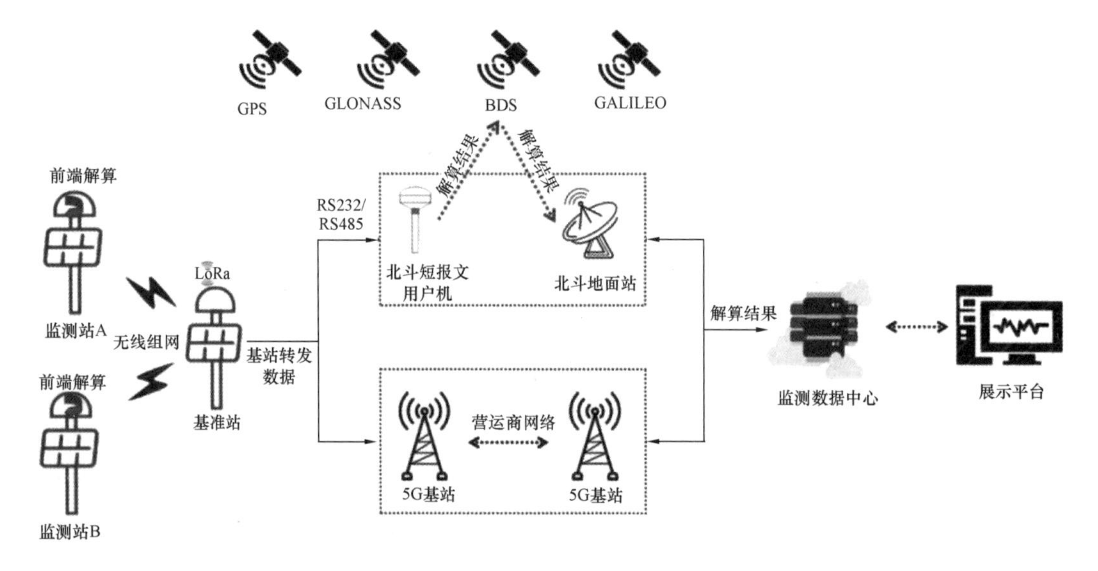

图4.3-1 GNSS自动化监测系统

(一) 数据采集子系统

数据采集子系统由基准站和监测站两部分组成，分别通过安设在基准站和监测站上的GNSS接收机进行原始数据的连续采集工作。GNSS监测数据具有高精度和高可靠性的特点。

(二) 数据传输通信子系统

数据传输通信子系统负责将采集的数据实时地传输到控制中心，可以选择LoRa、5G及北斗短报文等通信方式进行数据传输。根据现场条件，GNSS数据传输采用有线或无线组合的方式，一般而言对于临近布设的监测点可采用有线方式，对于分散布设的基准点可采用无线方式。

(三) 数据处理分析子系统

数据处理分析子系统在接收到观测数据后，自动进行处理、分析和存储。同时，可实时监控现场设备的运行状况，也可依据监测点的变形状态，智能推送预警信息及现场智能声光报警。

（四）辅助支持子系统

辅助支持子系统由辅助整个GNSS自动化监测系统正常运行的设备组成，包括供电、避雷、综合布线及外场机柜等。

二、自动化监测特点

（一）测站间无须通视

对于传统的地表变形监测方法，点之间只有通视才能进行观测，而GNSS监测的一个显著特点就是测站之间无须保持通视，因而可使变形监测网的布设更为自由、方便，可省略许多中间过渡点，从而可节省大量的人力物力。

（二）可同时测定点的三维位移

采用传统方法进行变形监测时，平面位移和垂直位移是采用不同的方法分别进行监测的，导致监测周期长、工作量大，而且监测的时间和点位很难保持一致，为变形分析增加了难度。采用GNSS定位技术可同时精确测定监测点的三维位移信息。虽然采用GNSS定位技术进行变形监测时，垂直位移的精度一般不如水平位移的精度高，但采取适当措施后仍可满足要求。

（三）全天候监测

GNSS测量不受气候条件的限制，无论起雾刮风、下雨下雪均可进行正常的监测。配备防雷电设施后，GNSS变形监测系统便可实现长期的全天候观测，对防汛抗洪、滑坡、泥石流等地质灾害监测极为重要。

（四）监测精度高

GNSS可以提供1×10^{-6}甚至更高的相对定位精度。在变形监测中，如果GNSS接收机天线保持固定不动，则天线的对中误差、整平误差、定向误差、天线高测定误差等并不会影响变形监测的结果。同样，GNSS数据处理时起始坐标的误差、解算软件本身的不完善以及卫星信号的传播误差（电离层延迟、对流层延迟、多路径误差）中公共部分的影响也可以得到消除或削弱。

（五）易于全系统自动化

GNSS接收机的自动化程度已越来越高，而且体积越来越小，重量越来越轻，便于安置和操作。同时，GNSS接收机为用户预留有必要的接口，用户可以较为方便地利用各监测点建成无人值守的自动监测系统，实现从数据采集、传输处理到分析报警的全自动化。

（六）GNSS大地高用于垂直位移测量

由于GNSS定位获得的是大地高，而用户需要的是正常高或正高，需要通过高程异常和大地水准面差距求得，从而导致转换后的正常高或正高的精度较低。但是，在垂直位移监测中我们关心的只是高程的变化，对于工程的局部范围而言，完全可以用大地高的变化来进行垂直位移监测。

三、主要技术

（一）静态相对定位技术

静态相对定位是从已知或假定已知位置的基准站，用GNSS接收机在基准站和监测站同时对相同卫星进行观测，经载波相位测量处理获得站间基线矢量，进而确定监测站相对于基准站位置坐标的技术。经数小时的持续观测，静态相对定位可达毫米级定位精度。

目前，在良好环境下静态相对定位一般可以10min观测时长达到毫米至厘米级定位精度，但其事后数据处理模式使得人力和物力耗费大，自动化程度不高。此外，当变形速率较大时，静态相对定位则难以捕捉到关键形变信息。因此，静态相对定位主要应用在处于相对稳定或缓慢匀速变形状态的滑坡长期变形监测中。

（二）实时动态差分定位技术

实时动态差分定位也是一种相对定位方法。基准站通过数据链将观测值和坐标一起发送给监测站，监测站在接收到来自基准站数据的同时也需要采集 GNSS 观测数据，组成差分观测值进行处理后实时给出定位结果。由于 RTK 技术可消除接收机钟差、卫星钟差等公共误差，并削弱对流层延迟、电离层延迟等强相关误差，定位精度可快速达到厘米级甚至毫米级，是目前滑坡灾害变形监测中应用最为广泛的 GNSS 监测技术。目前，RTK 在良好观测环境下，通过数据解算处理可获得平面 5mm 和高程 10mm 的定位精度，但变形区域观测条件复杂，往往存在遮挡、多路径效应、监测距离限制、监测成本高以及基准站选址困难等问题，监测结果的精度和可靠性难以保证。同时，在 RTK 变形监测工作实施过程中，每个变形区域通常需要单独建设基准站，这种“一点一基站”的监测模式不仅增加了监测成本，还可能存在监测基准不稳定的问题。

（三）网络 RTK 技术

网络 RTK 技术利用区域内多个基准站数据，对基准站模糊度固定后的大气延迟误差进行建模，并将改正信息播发给区域内的流动站，进而实现大范围的高精度实时定位。与常规 RTK 技术相比，网络 RTK 技术具有监测范围广、无须布设基准站等明显优势。此外，网络 RTK 建设投资少，可为区域内的多个监测点提供监测服务。网络 RTK 的关键技术是充分利用基准站网提供的信息来改善监测站的定位精度和可靠性，目前主要包括区域改正数、虚拟参考站、主辅站等方法。网络 RTK 可以有效改善常规 RTK 误差随基线距离增加而增大的问题，同时可以降低目前的“一点一基站（一个变形监测点和一个基准站）”常规模式带来的经济成本。但目前还存在 CORS 的建设密度与质量在不同区域参差不齐、大气误差改正模型与地形地貌相关等问题。

（四）PPP 技术

PPP 技术是一种单站绝对定位方法，它利用精密轨道、精密钟差产品，精确考虑并改正观测值中的各项误差，以获取高精度的绝对三维坐标。观测环境对 PPP 技术影响较大，且在定位时存在一个初始化过程，实现厘米级 PPP 高精度定位的收敛时间长，数据中断后还需要再次实施初始化，目前还无法满足某些滑坡灾害高精度实时监测的需求。

第四节　地基增强系统

北斗地基增强系统是北斗卫星导航系统的重要组成部分。近年来，我国各地先后开展了北斗地基增强系统的建设。2013 年 7 月，作者所在研究团队启动了重庆市北斗卫星地基增强系统（CQBDS）建设工作，2014 年 3 月 CQBDS 建设完成。这是我国较早的山地城市北斗地基增强系统。CQBDS 的建成，标志着重庆市构建起了高精度、三维、地心、动态、多功能的北斗多星现代化基准体系，为工程监测等行业应用提供高精度北斗位置信息服务。CQBDS 的建立也改变了重庆长期依赖国外卫星系统的历史，目前该系统已广泛应用于城市规划、交通导航、工程监测等领域，为用户提供了高精度定位服务。通过参考站网系统的增强，可以在高山峡谷及城市建筑密集区域实现快速、准确定位，并且有效促进了北斗卫星导航产业链的形成，推动了北斗卫星导航在国民经济社会各行业的广泛应用。

一、系统设计

CQBDS由加密控制点子系统、数据处理中心子系统、通信子系统和用户子系统组成，如图4.4-1所示。

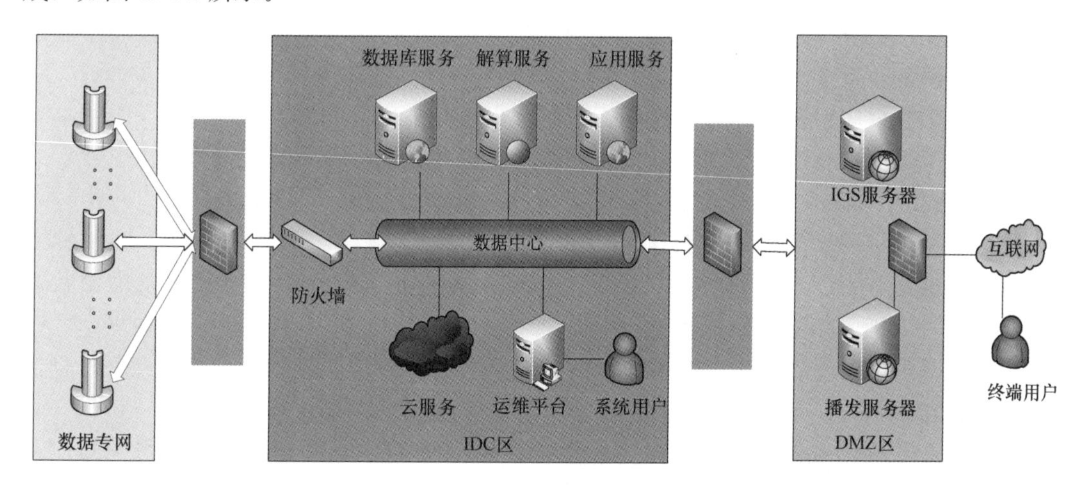

图4.4-1 基准加密控制点系统组成

（一）加密控制点子系统

加密控制点子系统是地基增强系统的数据源，用于提供原始观测数据、星历数据等。加密控制点子系统由室外设备和室内设备组成。室外设备主要包括观测墩、天线、避雷针等；室内设备主要包括接收机、网络设备等，如图4.4-2所示。

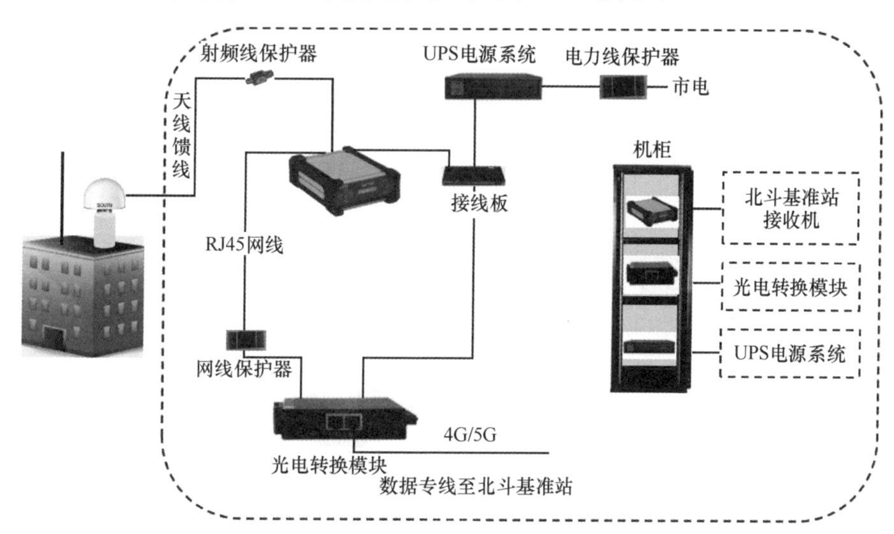

图4.4-2 基准站结构图

（二）数据处理中心子系统

数据处理中心子系统的主要功能是接收、整理、储存、备份加密控制点子系统的原始观测数据、广播星历数据等，实现数据存储、管理、处理、服务分发、控制权限分配及用户管理，通过可靠安全的服务器运行数据处理软件，借助网络向用户发布各类不同的数据。

数据中心子系统建设时主要考虑：

（1）可靠性：保障软硬件设备、数据流程的稳定可靠，关键设备、重要数据应采用冗余备份。

（2）安全性：具备物理安全、运行安全、信息安全的技术保障措施；额外配置了增加安全性的网闸。

（3）准确性：应保证为用户提供各类产品及服务的准确性和时效性。

（4）规范化：数据交换格式规范化、数据产品规范化及业务流程规范化。

（三）通信子系统

通信子系统主要实现以下功能：

（1）基准站和 CORS 数据中心之间的通信，主要实现 GNSS 观测数据、基准站状态和完好性信息、指令信息等数据传输。

（2）CORS 数据中心与用户终端的通信，主要实现用户实时位置信息、GNSS 差分信息等数据传输。

（3）每个基准站都依靠路由器建立本地局域网，通过防火墙/路由器等设备与通信终端连接，并通过专线等方式发送数据至数据中心。

（四）用户子系统

CQBDS 的应用领域涉及测绘、资源调查、国土规划、工程与地壳形变监测、地籍管理、工程建设、交通监控、公共安全等。用户子系统实现对各类用户的注册、管理、维护功能。

二、系统测试

系统测试的内容分为性能测试和功能测试两方面，前者主要包括精度测试、可用性测试、时效性测试等，后者主要包括自动运行能力测试、远程控制功能测试、容错性测试、兼容性测试等内容。

（一）性能测试

1. 精度测试

1）静态精度测试

为了分析重庆北斗卫星地基增强系统静态测量精度，选取 6 个已知二等平面控制点进行组网观测，同步观测 24h，采样间隔为 1s。数据解算采用南方随机数据处理软件，参与解算的基线共 78 条，最长基线 111.4km，最短基线 2.2km。再进行不同时段长度比较、不同时间段比较、实测边长比较和基线精度比较，结果如表 4.4-1 所示。

静态精度测试方案及结论 **表 4.4-1**

类别	不同时段长度比较	不同时间段比较	实测边长比较	基线精度比较
方案	截取 1、2、4、8、12 和 24h 观测数据对比统计基线较差；采用 BDS、GPS、BDS 与 GPS 联合三种解算结果进行统计和分析	按照 4h 等间隔截取观测数据；采用 BDS、GPS、BDS 与 GPS 联合三种解算结果进行统计和分析	上述 6 个静态测试点中“GⅡ911”和“GⅡ915”为通视边，采用 Leica TM30 全站仪实测边长，分别与 BDS、GPS、BDS+GPS 联合基线解算结果进行比较统计和分析	对 63 条基线的残差（RMS）进行统计，按照基线长度进行分组，并按单独 GPS、单独 BDS 及 BDS+GPS 组合进行汇总及统计

续表

类别	不同时段长度比较	不同时间段比较	实测边长比较	基线精度比较
结论	1）单独BDS、单独GPS以及BDS+GPS组合解算结果基本一致； 2）单独GPS基线解算结果略优于单独BDS，BDS+GPS组合基线解算结果优于单独BDS、单独GPS基线解算结果； 3）20km以内的基线采用单独BDS、单独GPS以及BDS+GPS组合基线解算结果无明显差异	1）单独BDS、单独GPS以及BDS+GPS组合结果基本一致； 2）单独GPS基线解算结果略优于单独BDS，BDS+GPS组合基线解算结果优于单独BDS、单独GPS基线解算结果； 3）对于20km以内的不同时段基线，采用单独BDS、单独GPS以及BDS+GPS组合基线解算结果无明显系统性差异	1）单独GPS基线解算结果略优于单独BDS； 2）BDS+GPS组合基线解算结果优于单独BDS、单独GPS的基线解算结果	1）单独GPS、单独BDS基线解算精度无明显差异； 2）BDS+GPS组合基线解算精度高于单独GPS和单独BDS方式

2）动态精度测试

重庆作为典型的山地城市，在系统覆盖范围内分布有华蓥山、明月山等多条山脉，高差超过1000m。针对这一特点，在网内、网外分别选取29个和24个高等级控制点，测试点分在具有地形代表性的位置。其中，海拔400m以下36点，400m以上17点。

动态精度测试内容包括系统内符合精度统计和系统外符合精度统计两方面，具体统计内容和结论如表4.4-2所示。

动态精度测试方案及结论　　**表4.4-2**

类别	系统内符合精度统计	系统外符合精度统计	不同卫星系统结果比较
方案	通过对均匀分布于参考站网内部和外部的测试点进行网络RTK测量，计算各点观测坐标及观测方差，统计网内、网外结果，得出结论	通过对均匀分布于参考站网内部和外部的测试点进行网络RTK测量，计算各点观测坐标与已知坐标的差值，并计算系统外符合中误差，统计网内、外结果，得出结论	网内、外分别选取5个测试点，使用BDS+GPS组合方式测量后，分别采用单独BDS和单独GPS方式进行测量，并进行精度统计
结论	网内、网外测试点内符合精度小于2cm，满足规范要求	网内、网外测试点外符合精度小于5cm，满足规范要求	1）单独GPS内符合精度略优于单独BDS； 2）单独GPS和单独BDS外符合精度相当； 3）BDS+GPS组合的内符合、外符合精度均有明显提高

2. 可用性测试

1）空间可用性测试

系统空间可用性测试是对系统服务范围的测试，它主要针对网络RTK服务进行。一般设计指标要求网络RTK服务能覆盖系统内全部区域及网外约30km的范围，并能达到精度要求。测试的主要方案及结论见表 4.4-3。

空间可用性测试方案及结论 **表 4.4-3**

类别	网内定位精度测试	网外定位精度测试	系统动态效能测试
方案	系统基站覆盖范围内的精度均匀性在一定程度上反映了系统的定位精度的稳定性。采用系统内符合精度测试中网内 29 个测试点的测量结果，分析系统的网内差分均匀性	为了测试网外定位精度及系统提供有效服务的范围，使用南方 S82C 双星接收机，在网外不同距离的测试点上进行网络 RTK 测量，测试点与最近参考站距离最小为 0.4km，最大为 67.1km。统计测试点点位较差与参考站距离的关系	为了测试系统在运动状态下提供正常网络 RTK 服务的能力，在车顶上固定 2 台 RTK 接收机，接收机之间距离 47cm。测试车辆在系统覆盖范围内不间断变速进行网络 RTK 测量。计算车顶两台接收机相对定位的基线长度，并与已知长度进行比较，对系统动态效能作出评价
结论	网内各测试点差分计算的结果精度相当，且呈均匀分布	1）在网外 50km 处，BDS＋GPS 组合定位精度满足规范要求，而单独 BDS 和单独 GPS 虽然能够获得固定解，但是测量结果无法满足规范要求的动态定位精度； 2）网外距离最近参考站不大于 50km 测试点上能进行正常的网络 RTK 测量，定位精度满足规范要求	1）观测结果平均值为 47.02cm，标准差为 3.32cm，小于规范中平面位置外符合中误差 5cm 的规范要求； 2）观测结果分布情况均匀稳定，数据波动较小； 3）在高速运动过程中系统能连续、稳定地进行动态定位，具有良好的动态效能

2）时间可用性测试

本次选取某城市平面控制点“GⅡ925”进行测试，在该点上连续观测 24h，采样率设为 1s，统计系统时间可用性的精度指标和数量指标，结果如表 4.4-4 所示。

时间可用性测试结果（单位：cm） **表 4.4-4**

指标	平面	高程	指标	值
满足精度要求的历元数	83976	81239	实际观测历元数	85064
实际观测历元数	85064	85064	理论观测历元数	86400
精度指标	98.7%	95.5%	数量指标	98.5%

由表 4.4-4 可以看出，无论是精度指标还是数量指标，均能够满足规范要求的 95%，表明系统性能达到设计指标。

3）环境可用性测试

重庆作为典型的山地城市，在高山峡谷及城市建筑密集区定位困难，为了测试重庆北斗卫星地基增强系统在恶劣环境下的定位能力，选取在建筑密集区和有树木遮挡的定位困难区域进行测试。

经过测试发现，在建筑密集区域，在卫星高度角大于 30°时，北斗卫星一般有 5～6 颗，GPS 卫星一般有 4～5 颗。测试采用 S82C 接收机，使用单独 GPS 则要等待 10 多分钟才能获得固定解，有时甚至不能获得固定解；采用 BDS＋GPS 组合定位一般只需 3～5min 就可以获得固定解（图 4.4-3）。

图 4.4-3　测试环境

3. 时效性测试

定位服务时效性的本质就是流动用户端在进行网络 RTK 测量时的初始化时间。此项测试主要内容如表 4.4-5 所示。

定位服务时效性测试方案及结论　　表 4.4-5

类别	接收机静止状态下初始化时间分析	运动状态下初始化时间分析	网外初始化时间分析	不同卫星系统初始化时间分析
方案	使用定位精度测试点测量时记录的初始化时间，统计静止状态下初始化时间	将接收机安置于汽车上，分别在 40、60、80、100 和 120km/h 速度下进行测试，每个速度下进行 5 次初始化，取平均值作为该速度下的初始化时间	利用进行网外定位精度与距离相关性测试时所记录的初始化时间为基础，分析网外初始化时间与距离之间的关系	在每个测试点上，分别采用单独 BDS、单独 GPS 及 BDS＋GPS 组合三种方式进行动态测量。每种测量方式初始化 5 次，并分别记录初始化时间
结论	最大值：22s； 最小值：5s； 平均值 10s； 小于 15s 百分比：97.6%	在不同的速度下，接收机均能进行初始化；随着速度的增加，初始化时间相应延长	1）采用 BDS+GPS 组合方式，网外最远达 67km 时能够获得固定解，其定位精度不满足规范要求； 2）测试点平均初始化时间随着距离的增加而呈现逐渐变长的趋势	1）BDS 和 GPS 初始化时间大致相当，BDS＋GPS 组合方式初始化时间明显降低； 2）网内初始化时间明显少于网外

（二）功能测试

1. 自动运行能力测试

该项测试在楼顶进行，使用 3 台南方 S82C 接收机进行连续 24h 网络 RTK 测量，测量时 3 台仪器分别选用 RTCM3.0、CMR 和 RTD 差分数据格式。经数据处理和分析，系统能够全天候 24h 自动、不间断地向用户提供各种数据服务，达到系统设计指标。

2. 远程控制功能测试

经测试，控制中心通过 IE 浏览器输入各基站的 IP 地址，能够访问所有参考站的接收机，对其运行状态进行监控，并能对设备相关参数进行有效调整。整个测试过程未发生异常情况，表明控制中心具有良好的远程控制功能。

3. 容错性测试

为了判断系统在出现故障时能否进行重新构网，人为关闭了系统中 BD01 参考站。基站断开后，系统进行了自动构网计算，继续提供数据服务，并未影响系统的正常使用。

4. 兼容性测试

为了更多的用户能够共享该系统，接收机兼容性测试也是本次测试一项不可忽略的工作。此项测试主要为证明支持 RTCM2.3、RTCM3.0 及 CMR/CMR＋中任何一种差分改正数据格式的各个主要品牌 GNSS 接收机是否都能得到稳定可靠的定位结果。

在系统覆盖范围内选取了 5 个测试点，分别使用三种仪器进行网络 RTK 测量，分别统计了三种仪器测量结果的内、外符合精度。结果表明三种仪器结果精度相当，结果一致（表 4.4-6）。

不同仪器测试精度统计（单位：cm） **表 4.4-6**

仪器名称	内符合精度				外符合精度			
	M_X	M_Y	M_h	M_S	M_X	M_Y	M_h	M_S
国产品牌 1	0.7	1.0	2.6	1.2	1.2	0.8	2.6	1.4
国产品牌 2	0.8	1.1	2.3	1.4	0.9	0.9	2.2	1.3
国外某知名品牌	0.2	0.1	2.8	0.2	0.7	1.4	2.1	1.6

注：表中 M_X 为 x 方向中误差，M_Y 为 y 方向中误差，M_h 为高程中误差，M_S 为平面中误差。

第五节 应用案例

一、工程概况

某高铁客运站站房南北循环道运行中 6 号边坡位于北循环道 K1＋080～K1＋620m 段道路右侧，该段边坡全长约 940m，均为挖方岩质边坡，边坡高约 0～79m，坡面面积约为 27000m^2，边坡类型为Ⅳ类。北循环道 K1＋080～K1＋310m 段与沿山路辅道之间存在高差，修建 6 号挡墙进行支挡，6 号挡墙 K1＋080～K1＋110m 段填方边坡采用衡重式挡墙进行支挡，6 号挡墙 K1＋110～K1＋244m 段采用锚索挡墙进行支挡，6 号挡墙 K1＋244～K1＋310m 段采用重力式挡墙进行支挡。

该高铁客运站站房南北循环道 6 号边坡于 2018 年 9 月完成竣工验收，目前处于运行期，2019 年 1 月 7 日至 2019 年 7 月 1 日，共实施了 3 期运营期监测。2019 年 7 月 1 日监测数据显示，6 号边坡 K1＋230～K1＋380 里程段自 3 月份以来发生了较大变形，部分点位监测数据超出了预警值和控制值，项目组根据规定发布了红色预警，边坡预警区域如图 4.5-1 所示。

二、风险识别及分析

为掌握 6 号边坡的变形情况，识别安全风险，项目组技术人员对该边坡进行了仔细巡查。该客运站站房南北循环道 6 号边坡目前正常运营，本次预警区域约为 K1＋230～K1＋380，预警区域边坡长度约 150m，预警区域边坡高度约 60～70m。边坡支护结构出现大

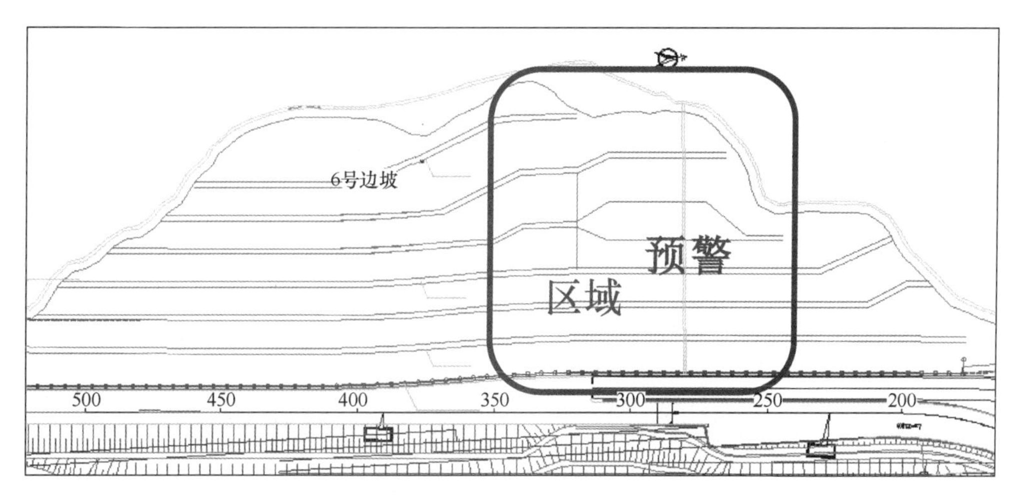

图 4.5-1　6 号边坡预警区域示意图

量裂缝，截水沟支护结构出现的裂缝有进一步扩大的趋势，裂缝现状如图 4.5-2 所示。

图 4.5-2　边坡截水沟及支护结构裂缝

预警区域抗滑桩底部出现不同程度的表层涂料开裂，将桩体表层涂料裂缝敲开，观察到桩体本身的混凝土无开裂的情况。抗滑桩体之间的面板，有外鼓的现象，抗滑桩病害如图 4.5-3 至图 4.5-5 所示。

三、监测内容及方法

在充分掌握边坡支护结构病害的基础上，结合 2019 年 7 月 1 日、7 月 10 日监测数据，同时充分理解设计、地勘、施工等单位所作的边坡变形原因的分析，制订了监测方案并实施，确保该站站房南北循环道运行中 6 号边坡结构的安全。根据本工程特点及现场条件，本项目监测内容如表 4.5-1 所示。

图 4.5-3 抗滑桩裂缝扩大

图 4.5-4 抗滑桩面板局部外鼓

图 4.5-5 抗滑桩表层涂料开裂

监测项目与测点布置数量统计 **表 4.5-1**

监测对象	监测项目	仪器设备	监测方式	监测点数	备注
6 号边坡预警区域支护结构	水平位移	GNSS 接收机	自动化监测	7	含基准点 3 点
	竖向位移		自动化监测	7	含基准点 3 点
	锚索轴力	钢筋计	自动化监测	7	—
	深部位移	深部位移计	自动化监测	8	—
	水平位移	自动化全站仪	人工监测	35	—
	竖向位移		人工监测	35	—
	裂缝	游标卡尺	人工监测	20	—
	格构土体深层水平位移	自动化全站仪	人工监测	6	—
	格构土体深层竖向位移		人工监测	6	—

监测点布置：布设在 6 号边坡预警区域，对预警区域实施点位加密，布点原则：预警核心区域布点间距不应大于 15m，预警核心区域外布点间距 20～30m。

格构土体深层水平位移布设 6 点，采用钢筋深入土体内部 3～4m 的方式，并用水泥封闭孔隙。该点位布设须施工方提供钢筋、水泥等材料，并实施点位布设。

对边坡支护结构裂缝布设裂缝监测点，布设原则：结构裂缝较明显，点位布设在裂缝最宽处。

锚索应力监测点、土体深部位移监测孔继续沿用施工期间的点位，边坡结构水平位移、竖向位移监测点继续沿用前期监测点。

监测点位布置如图 4.5-6 所示。

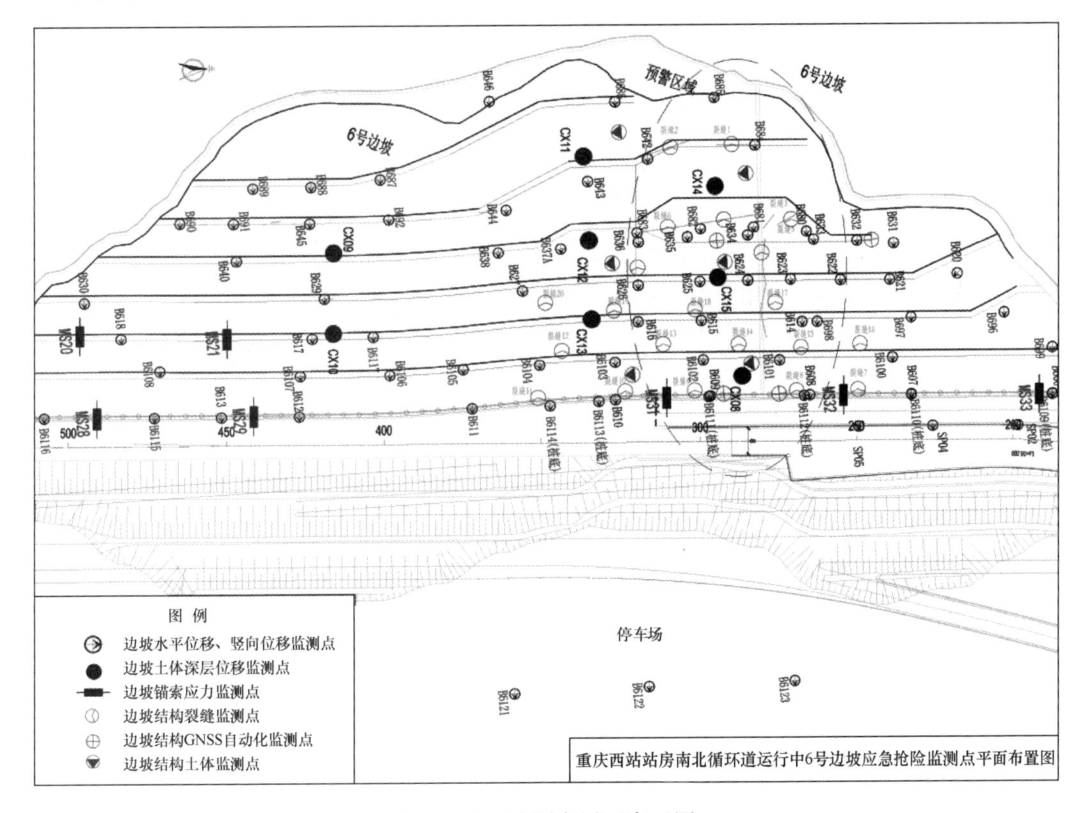

图 4.5-6　监测点平面布置图

（一）预警区域边坡结构巡查

在边坡预警期间，边坡巡查应每 3～7d 一次，覆盖预警区域边坡支护结构，对原有裂缝、渗水、泄水孔是否正常排水情况进行记录，对新增裂缝实施标记，并重点巡查。对边坡结构外鼓等异常情况，第一时间通知业主。巡查内容包括：

（1）排水孔排水情况；

（2）结构裂缝情况；

（3）挡墙支护结构外鼓情况；

（4）检查监测设备、监测点位的稳定性。

对于发现的结构裂缝，及时进行裂缝标记，便于定期巡查监测裂缝发展情况。巡查做好详细的记录，并拍照存档，对于巡查过程中发现的异常情况及时通知业主，以便采取相应应急措施。

（二）边坡 GNSS 自动化监测

根据现场情况在预警范围内布设 4 点 GNSS 监测设备，实施自动化监测。分别位于抗滑桩顶部 2 点，坡顶平台处 2 点。监测点现场如图 4.5-7 所示。

图 4.5-7 GNSS 监测设备

（三）边坡水平与竖向位移监测

1. 观测方法、数据采集及精度要求

水平位移基准网继续沿用前期监测控制网，采用边角网、导线网的形式。水平位移基准点及工作基点应埋设在边坡影响范围以外的稳定区域，每个地方应至少埋设 3 个稳固可靠的基准点，相邻点之间应通视良好。现场通视条件差，场地内现场干扰较大时，可采用自由设站的方式布设基准网。在变形区域内自由设站，通过观测在变形区域以外稳定的基准点确定测站坐标和完成定向。应定期对基准点及工作基点进行检校，以保持精度的可靠性和稳定性。水平位移的监测网，采用重庆市独立坐标系统，起算数据通过网络 RTK 进行测量或利用施工控制点进行联测。水平位移监测控制网主要技术要求符合《建筑变形测量规范》JGJ 8 中的规定，监测等级不低于二等。

竖向位移基准点与水平位移基准点共用点位，观测按照《建筑变形测量规范》JGJ 8 中电磁波测距三角高程测量的要求进行，连续两个时段对基准网进行观测，利用清华山维 NASEW 软件计算基准点的高程，将两个时段的计算结果均值作为竖向位移控制网的成果。

水平位移和竖向位移共用点采用测角精度不低于 1″、测距精度不低于 $1\pm1\times10^{-6}$ 的全站仪在基准点和工作基点上设站，水平位移按《建筑变形测量规范》JGJ 8 中二等水平位移监测精度要求对监测点采用极坐标法或测小角法进行观测，竖向位移按《建筑变形测量规范》JGJ 8 中电磁波测距三角高程测量的要求进行观测。

2. 数据处理分析

观测记录采用 PDA 控制网测量记录程序进行，观测时可完成各项限差指标控制，观测完成后形成电子原始观测文件，通过数据传输处理软件传输至计算机，使用控制网平差软件进行平差，得出各点坐标和高程。

平差计算要求如下：①平差前对控制点稳定性进行检验，对各期相邻控制点间的夹角、距离进行比较，确保起算数据的可靠性；②使用 NASEW 平差软件进行计算性；③平差后数据取位应精确到 0.1mm。

通过各期变形观测点二维平面坐标值，计算各期阶段变形量、阶段变形速率、累计变形量等数据。采用清华山维开发的 NASEW 平差软件计算出各点的高程值。通过变形观测点各期高程值计算各期阶段沉降量、阶段变形速率、累计沉降量等数据。

观测点稳定性分析原则如下：①观测点的稳定性分析基于稳定的基准点作为基准点而进行的平差计算成果；②相邻两期观测点的变动分析通过比较相邻两期的最大变形量与最大测量误差（取两倍中误差）来进行，当变形量小于最大误差时，可认为该观测点在这两个周期内没有变动或变动不显著；③对多期变形观测成果，当相邻周期变形量小，但多期呈现出明显的变化趋势时，应视为有变动。

3. 测点埋设及技术要求

基准点按规范要求埋设为具有强制对中标志的观测墩或者采用对中误差小于 0.5mm 的光学对中装置。

水平位移和竖向位移监测点一般采用监测专用棱镜、反射片和对中标志的监测点，具体按照图 4.5-8 所示进行埋设。

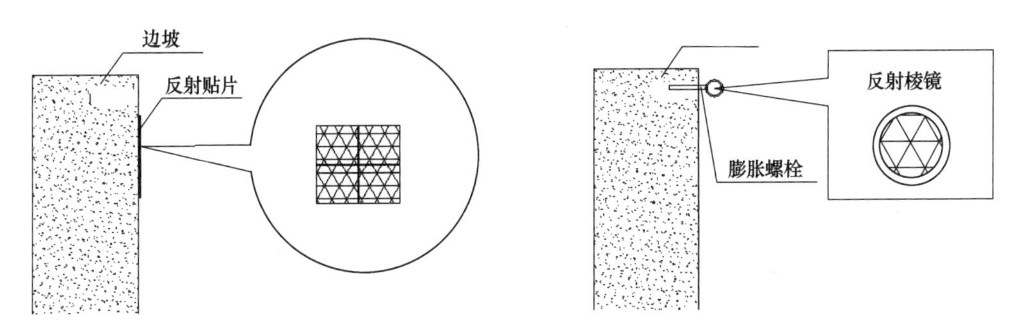

图 4.5-8　水平位移、竖向位移监测点

（四）边坡结构裂缝监测

裂缝宽度监测在裂缝两侧埋设标志，用千分尺或游标卡尺等直接量测。比较重要和细微的裂缝，采用裂缝观测仪进行测读。进行监测时，需保证裂缝观测仪、千分尺或游标卡尺每次测量同一位置。每次应监测读数 3 次且互差在允许范围内，取其平均值作为最终结果。裂缝宽度量测精度不低于 0.1mm。裂缝宽度监测点待定，根据现场巡查情况布设。

（五）边坡格构土体监测

在边坡格构土体采用钢筋，钻孔土体内部约 3～4m，钢筋露出地表位置，布设监测用小棱镜，采用上述边坡水平位移、竖向位移监测方法实施边坡土体位移监测。点位布设须由施工方提供钢筋、水泥等材料。

（六）锚索轴力监测

锚索轴力适用于基坑或边坡支护结构的锚索轴力监测。

锚索轴力传感器布置在孔口 1/3 锚索长度处，长约 0.8m 的传感器与岩体脱开，锚固达到设计强度后读取初值。反复测度 3 次读数差小于 1%（F·S），取平均值为基准值。用相应的频率计来测量传感器的频率。将频率计的多芯测头与传感器的引出电缆对接。打开频率计电源开关。等数据稳定后，记录仪器读数及温度。测量完毕后，关闭电源，断开频率计与传感器电缆连接。

观测方法、数据采集及精度要求：用相应的频率计来测量测力计的频率或模数。将频率计的多芯测头与应力计的引出电缆对接。打开频率计电源开关。等显示数稳定后，记录仪器读数及温度，3 次读数差小于 0.5%FS，取平均值为记录值。测量完毕后，关闭电源，断开频率计与应力计电缆连接。锚索轴力计的量程为设计值的两倍，量测精度不宜低于 0.5%FS，分辨率不宜低于 0.2%FS。

数据处理及分析：根据监测数据计算锚索轴力，并计算锚索安全系数 K（锚索极限抗拉强度与锚索轴力的比值），绘制锚索轴力随时间变化的曲线。

测点埋设及技术要求：钢筋计的安装是伴随着锚索施工安装进行的。对锚索应力的监测采用配有传感器的电测锚索直接在施工现场安装，如图 4.5-9 所示。安装可以采用螺纹接头连接或者焊接的方式，当锚索较长时应根据地质情况在不同的岩层分别布设传感器，仪器电缆走线应沿着锚索并用尼龙扎带每隔 1m 将其固定。

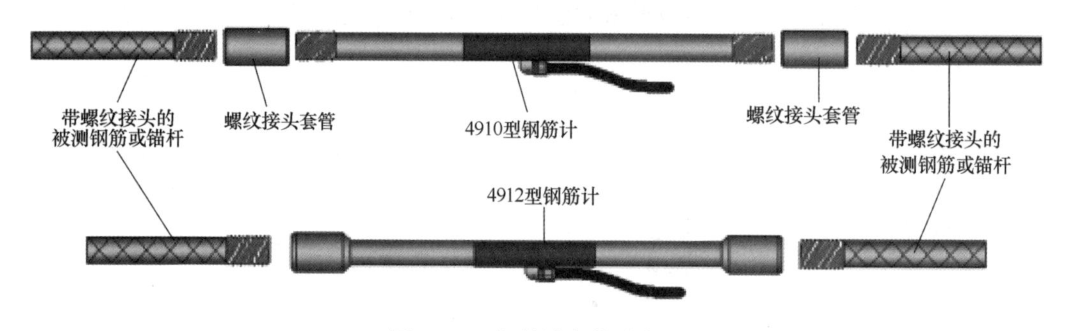

图 4.5-9 钢筋计安装示意图

（七）深部位移监测

深部位移监测设备安装前要进行钻孔，钻孔至设计深度时，沿孔下放深部位移测斜管，待测斜管至孔底，再沿管壁外侧与孔隙间填充水泥砂浆，直至砂浆填充满为止，最后封闭孔四周，固定深部位孔。

测试时，连接测头与测斜仪，检查密封装置、电池充电量、仪器是否工作正常等。将测头放入测斜管，测试应从孔底开始，自下而上沿导管每 0.5m 固定位置测读一次。每个测段测试一次读数后，将测头旋转 180°，插入同一对导槽重复测试，两次读数应接近，符号相反，取数字平均值作为该次监测值。在基坑或边坡开挖前，以连续三次测试无明显差异读数的平均值作为初始值。安装完毕后连续测试 3～5d，测斜稳定后正式进行测量。每次测量后应绘制位移-历时曲线，孔深-位移曲线。当水平位移速率有突变异常时应作为报警信号，应立即对各种测量信息进行综合分析。

四、数据分析及效果评价

2019 年 1 月 7 日至 2019 年 7 月 1 日，本项目共实施了 3 期运营期监测，监测数据显示，6 号边坡 K1+230～K1+380m 里程段在 2019 年 3 月至 2019 年 7 月之间发生了较大变形，其中水平位移超控制值（30mm）点位有 17 点，超报警值（26mm）点位有 3 点，超预警值（21mm）点位有 4 点。边坡监测点超预警值的点位矢量示意图如图 4.5-10 所示。

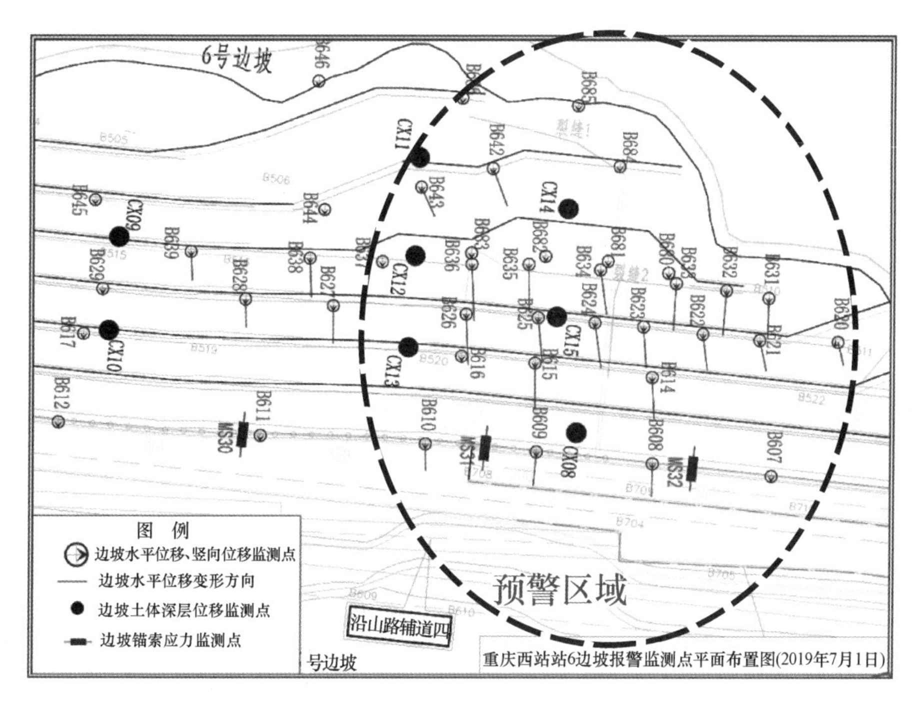

图 4.5-10　边坡监测点超预警值的点位矢量示意图

截至 2019 年 7 月 1 日，边坡上部 B642 监测点在 X、Y、Z 三个维度的监测数据分别如图 4.5-11 至 4.5-13 所示。

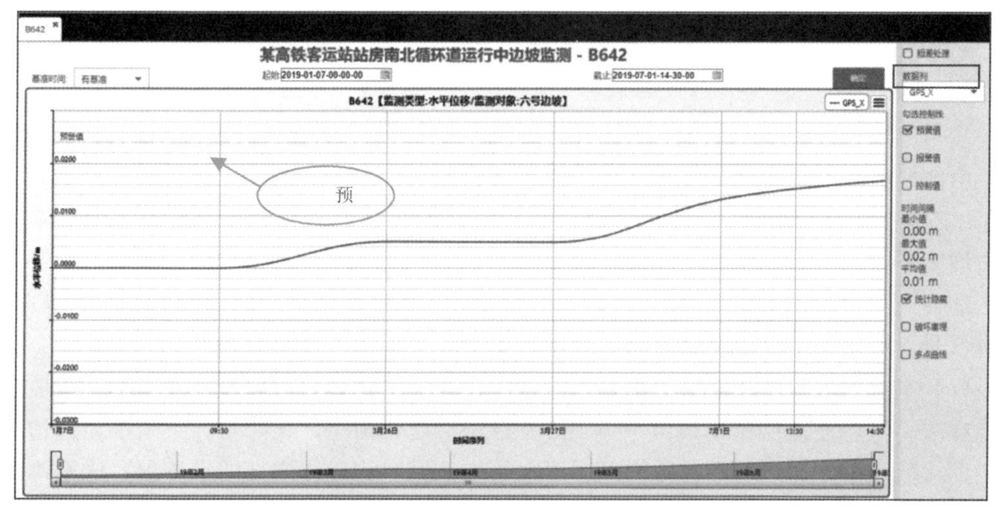

图 4.5-11　B642 监测点 X 方向变化曲线

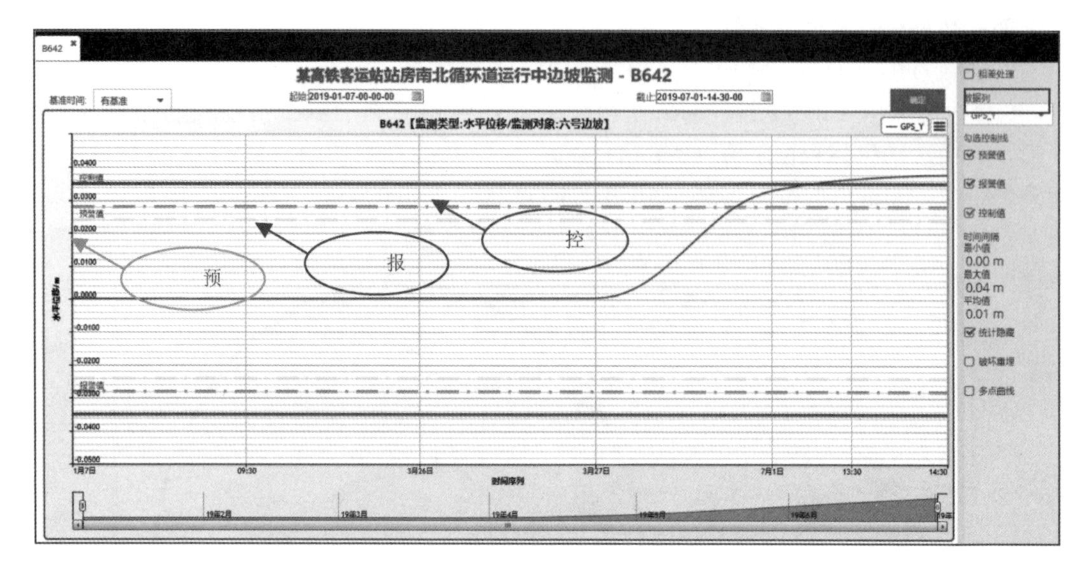

图 4.5-12　B642 监测点 Y 方向变化曲线

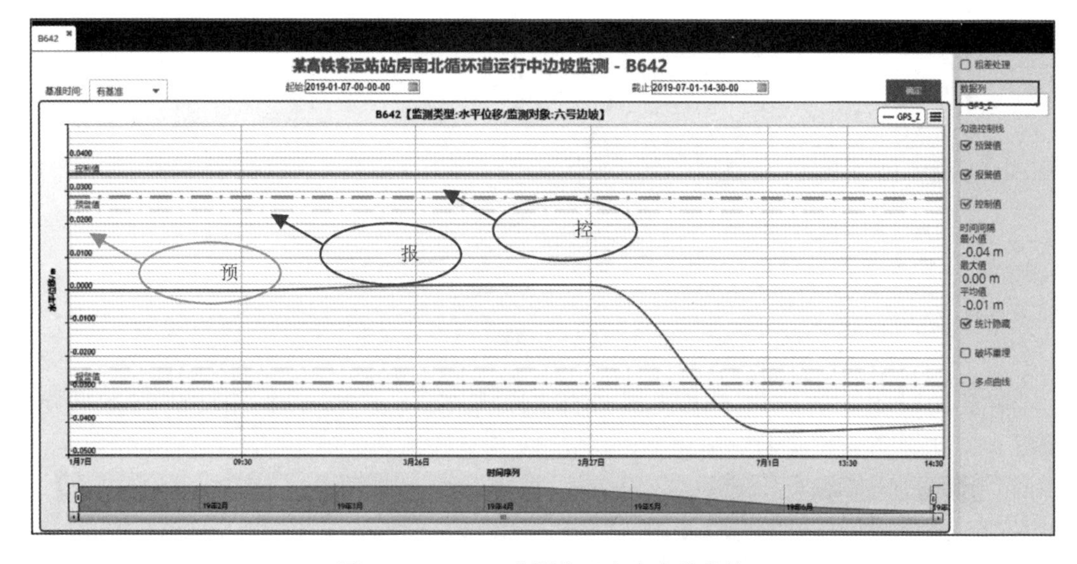

图 4.5-13　B642 监测点 Z 方向变化曲线

由数据曲线可知，该点从 3 月至 7 月在 X、Y、Z 三个维度均出现了较大的变形，其中 Y、Z 两个维度变形量达 40mm，超过了 30mm 的控制值，需要及时采取防护措施，确保边坡安全。

2019 年 7 月 8 日、7 月 15 日，业主组织设计、地勘、施工、监理及边坡监测等单位，针对 6 号边坡水平位移超控制值的情况进行了原因分析，主要原因如下：

(1) 本次边坡预警区域位于强风化泥岩段，在施工期间，边坡发生过垮塌，边坡顶部裂缝在竣工时就已经存在，2019 年 5 月、6 月经历漫长雨季，长降水导致雨水通过边坡裂缝长期渗流浸泡，而挡墙面板处的深层泄水管未能及时将破体内部的水排出，这是本次边坡预警的重要原因；

(2) 边坡预警区域排水沟被淤泥堵塞，水沟无法排水，水体长期浸泡边坡；

(3) 边坡裂缝未实施修补。

为了确保该客运站站房南北循环道运行中6号边坡结构安全，结合监测数据以及设计、地勘、施工等单位所作的边坡变形原因分析，项目组制订了上述应急抢险监测方案加强对该区域的监测。同时，业主与施工单位有针对性地采取了排水、加固等措施。边坡整体变形趋势得到控制，位移监测数据趋于稳定。B642监测点监测数据曲线分别如图4.5-14至图4.5-16所示。

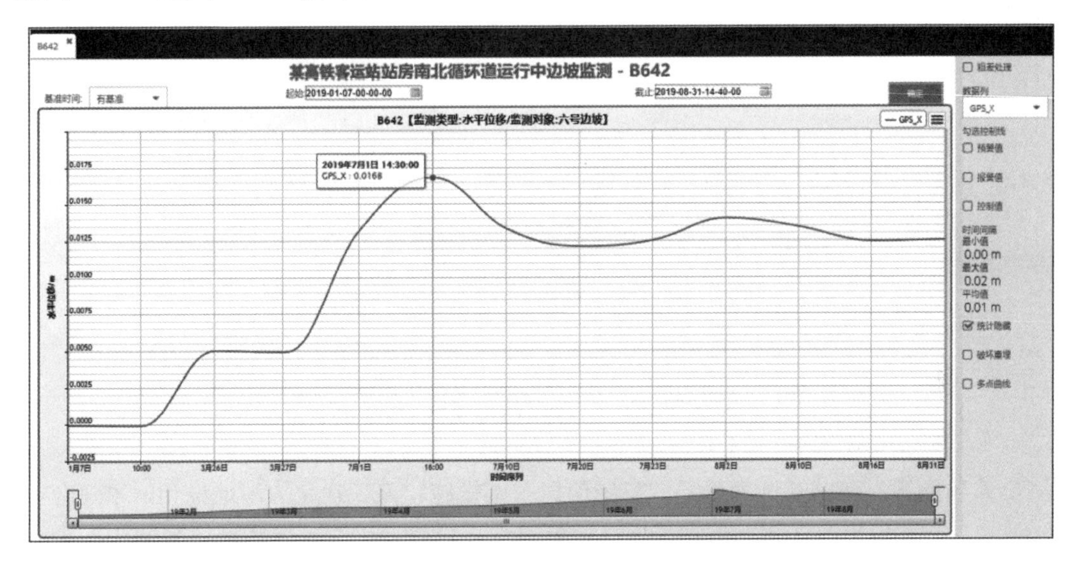

图 4.5-14 B642 监测点 X 方向数据曲线

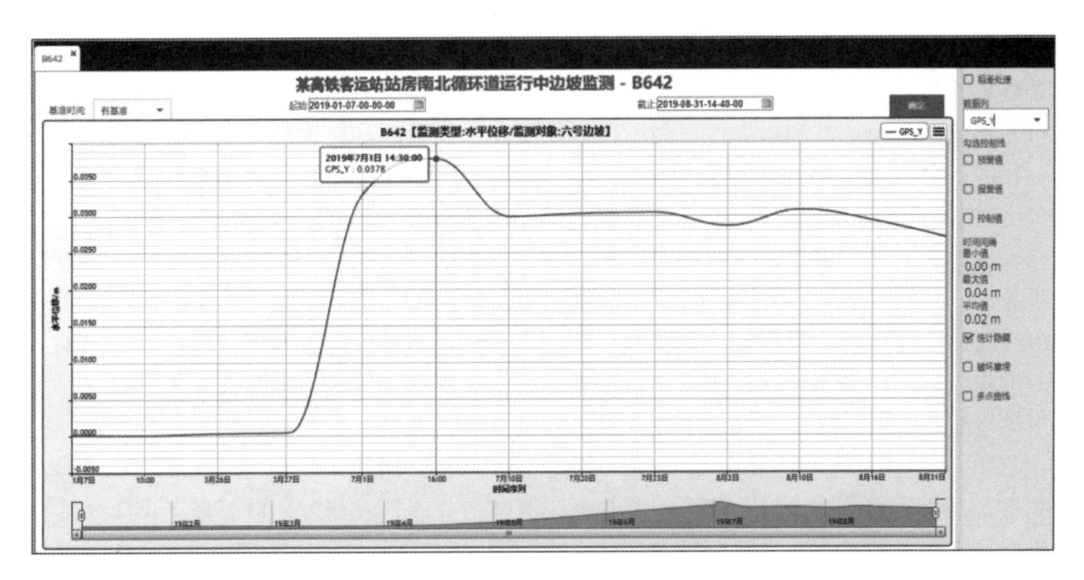

图 4.5-15 B642 监测点 Y 方向数据曲线

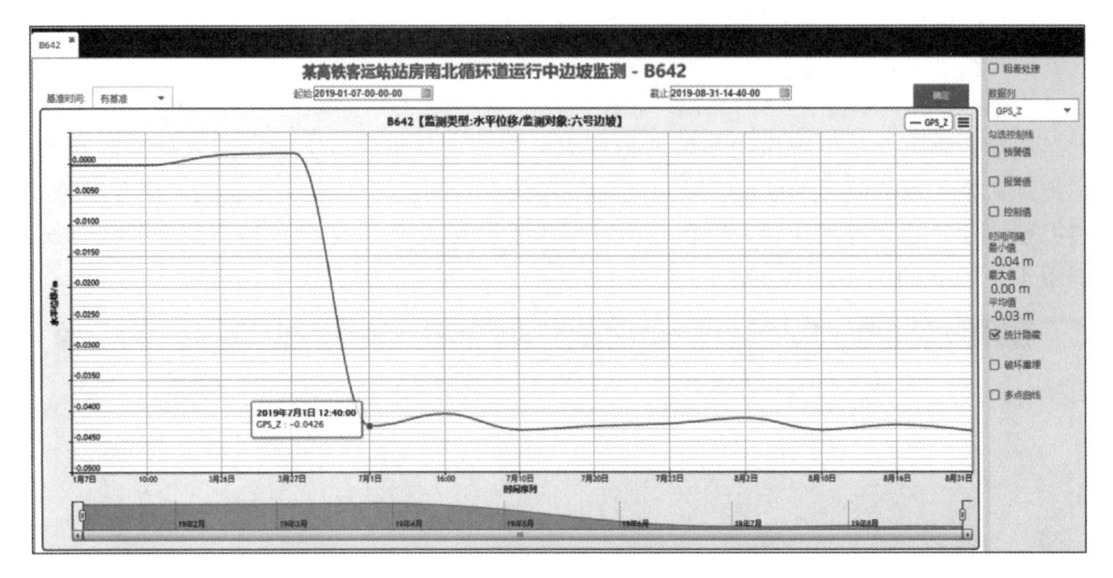

图 4.5-16　B642 监测点 Z 方向数据曲线

第六节　本 章 小 结

全球导航卫星系统是国家重要的空间信息基础设施，是现代化大国地位和国家综合实力的重要标志。GNSS 作为一种现代空间定位技术，具有全天时、全天候、全同步、全自动的优势，逐渐取代了常规的人工地面监测，已经成为大型工程几何变形监测的主要手段之一。

由我国自主建设运行的北斗卫星导航系统，是国家重要的空间基础设施。作为北斗卫星导航系统的重要组成部分——北斗地基增强系统的建设，有效提升了北斗卫星导航系统运行的连续性、稳定性和可靠性，为用户提供泛在、实时、高精度的导航定位服务。

我国首个山地城市北斗地基增强系统——重庆市北斗卫星地基增强系统（CQBDS）于 2014 年 3 月建设完成。CQBDS 的建成，标志着重庆市构建起了高精度、三维、地心、动态、多功能的北斗多星现代化基准体系，为工程监测等行业应用提供高精度北斗位置信息服务。CQBDS 的建立也改变了重庆长期依赖国外卫星系统的历史，系统已广泛应用于城市规划、交通导航、工程监测等领域，为用户提供了高精度定位服务。通过参考站网系统的增强，可以在高山峡谷及城市建筑密集区域实现快速、准确定位，并且有效促进了北斗卫星导航产业链的形成，推动了北斗卫星导航在国民经济社会各行业的广泛应用。

CQBDS 的建设内容主要包括多模多频接收机研制、网络参考站系统（NRS）开发、连续运行参考站系统建设以及基准联测和系统测试。作者所在研究团队开展了多模多频接收机、网络参考站系统、连续运行参考站系统的研发与建设，通过基准联测，各项精度均符合规范要求，目前该系统已被广泛应用于大型场馆、危岩滑坡、跨江桥梁的安全监测。

本章最后以某高铁客运站为例，详细阐述了研究团队自 2019 年 1 月至 2019 年 7 月，综合运用 GNSS 定位技术和其他监测技术手段对客运站边坡的位移、变形、裂缝等开展监测，并实现成功预警，经过采取防护措施，确保了边坡安全。

参考文献

[1] 聂琳娟．GPS测量技术[M]．武汉：武汉大学出版社，2024.

[2] 李征航，黄劲松．GPS测量与数据处理[M]．武汉：武汉大学出版社，2024.

[3] 韩厚增．惯导融合GNSS紧组合高精度动态定位研究[M]．武汉：武汉大学出版社，2019.

[4] 徐绍铨．GPS测量原理及应用[M]．武汉：武汉大学出版社，2017.

[5] 郭斐．GPS精密单点定位质量控制与分析的相关理论和方法研究[M]．武汉：武汉大学出版社，2016.

[6] PAUL D G. GNSS与惯性及多传感器组合导航系统原理[M]．李涛，等，译．北京：国防工业出版社，2015.

[7] ELLIOTT D K，CHRISTOPHER J H. GPS原理与应用[M]．邱致和，译．北京：电子工业出版社，2007.

[8] 国家矿山安全监察局．金属非金属露天矿山高陡边坡安全监测技术规范：KA/T 2063—2018[S]．北京：[出版者不详]，2018.

[9] 中华人民共和国工业和信息化部．岩土工程监测规范：YST 5229—2019[S]．北京：中国计划出版社，2019.

[10] 中华人民共和国住房和城乡建设部. 尾矿库在线安全监测系统工程技术规范：GB 51108—2015[S]．北京：中国计划出版社，2016.

[11] 中华人民共和国住房和城乡建设部. 建筑与桥梁结构监测技术规范：GB 50982—2014[S]．北京：中国建筑工业出版社，2014.

[12] 中华人民共和国住房和城乡建设部．建筑变形测量规范：JGJ 8—2016[S]．北京：中国建筑工业出版社，2016.

[13] 中华人民共和国国家质量监督检验检疫总局，中国国家标准化管理委员会．全球定位系统(GPS)测量规范：GB/T 18314—2009[S]．北京：中国标准出版社，2009.

[14] 姜卫平，梁娱涵，余再康，等．卫星定位技术在水利工程变形监测中的应用进展与思考[J]．武汉大学学报(信息科学版)．2022，47(10)：1625-1634.

[15] 谭涵．BDS-3实时对流层参数估计算法与性能评估[J]．测绘通报，2022(S2)：24-28.

[16] 姚宜斌，杨元喜，孙和平．大地测量学科发展现状与趋势[J]．测绘学报，2020，49(10)：1243-1251.

[17] 熊德峰．基于2000国家大地坐标系和重庆市独立坐标系的投影变形研究[J]．测绘通报，2021(S2)：103-108.

[18] 罗洪军，肖兴国．不同模型、方法和星座的整周模糊度可靠性分析[C].《测绘通报》编辑部．全国工程测量2012技术研讨交流会论文集．北京：[出版者不详]，2012：10-15.

[19] 姜卫平．卫星导航定位基准站网的发展现状、机遇与挑战[J]．测绘学报，2017，46(10)：1379-1388.

[20] 姚宜斌，赵庆志．GNSS对流层水汽监测研究进展与展望[J]．测绘学报，2022，51(6)：935-952.

[21] 谭涵，吴家齐．星间单差模糊度固定的低轨卫星精密定轨精度分析[J]．武汉大学学报(信息科学版)，2022，47(9)：1460-1469.

[22] 万正忠．基于小波变换的GNSS单差观测序列周跳探测方法[J]．北京测绘，2018，32(3)：269-272.

第五章　激光扫描监测

第一节　发 展 现 状

三维激光扫描是一种先进的获取地面空间多目标三维数据的测量技术，它具有精度高、分辨率高、实时性好的优点，作业效率高、成图周期短，能进行连续和动态测量。它的出现和发展为空间三维信息的获取提供了全新的技术手段，使三维数据从人工单点数据获取向着连续获取的方向迈进，不仅提高了观测精度和速度，而且使数据获取更加智能化和自动化，被称为测绘技术的一场革命。

三维激光扫描系统主要由三维激光扫描仪、计算机、电源供应系统、支架以及系统配套软件构成。随着设备的融合集成发展，有些三维激光扫描系统纳入了全景相机、惯性导航单元（IMU）、GNSS定位系统和里程计（DMI）等设备。根据搭载平台的不同，可分为机载、车载、地面、背包、手持式三维激光点云扫描系统。

与传统的变形监测方法相比，三维激光扫描技术有其独特的优势。与测量机器人或GNSS监测相比，三维激光扫描采样点数量大、效率高，形成一个基于三维点云的离散三维模型数据场，有效避免了以往基于变形监测点数据的应力应变分析结果中带有的局部性和片面性的问题（即以点代面的分析方法的局限性）。与基于近景摄影测量的变形监测相比，它具有更高的工作效率，其后续数据处理也更为容易，能快速准确地生成监测对象的三维数据模型。因此，三维激光扫描技术在工程安全监测方面得到了非常广泛的应用。

目前，三维激光扫描技术正在快速发展，扫描仪器更加小型化、自动化，数据精度和采集效率不断提高，相关的软件产品也层出不穷，数据处理的难度不断降低，技术人员可以很方便地对点云数据进行处理和建模分析。另外，基于三维激光扫描技术的变形监测理论体系正在不断丰富和完善，数据处理模型和算法日益丰富，在工程安全监测领域拥有广阔的前景和空间。

第二节　基 本 原 理

LiDAR是Light Detection And Ranging（激光探测与测距）的缩写，是使用近红外光、可见光或紫外光照射对象物，并通过光学传感器捕获其反射光来测量距离的遥感（使用传感器从远处进行感应）方法。

一、受激辐射原理

丹麦物理学家玻尔提出了原子的能级结构：即原子只能处于一系列不连续的能量状态中，而不能处于中间的状态，原子不同能量状态对应于电子不同的运行轨道（1s 2s 2p 3s 3p 3d……）。当原子从一种定态跃迁到另一种定态时，会辐射或吸收一定频率的光子，光子的能量由这两个定态的能量差 ΔE 决定，且 $h\nu=\Delta E$（h 为普朗克常数，ν 为频率）。

1916 年，爱因斯坦提出原子受激辐射理论，即在组成物质的原子中，有不同数量的粒子（电子）分布在不同的能级上，在高能级上的粒子受到某种光子的激发，会从高能级跳（跃迁）到低能级上，这时将会辐射出与激发它的光相同性质的光，而且在某种状态下，能出现一个弱光激发出一个强光的现象。这就叫作“受激辐射的光放大”，简称激光。

$$E_2 - E_1 = h\nu = \frac{hc}{\lambda} \tag{5.2-1}$$

式中，c 指真空中的光速，λ 为波长，ν 为频率，h 为普朗克常数。

激光就是一种受激辐射的干涉光，受激辐射是产生激光的必要条件。受激辐射发出的光子和外来光子的频率、位相、传播方向以及偏振状态全相同，具有高亮度、高方向性、高单色性和高相干性等四大特征。普通雷达天线发射的电磁波无论如何都做不到在方向上的高度一致，而激光具备的方向性和波束宽度，使激光雷达的角分辨率明显优于其他方式。

二、激光测距原理

激光测距的原理主要有脉冲测距法、相位测距法、激光三角法、脉冲-相位式四种类型。目前，测绘领域所使用的三激光扫描仪主要采用脉冲测距法测距，近距离的三维激光扫描仪主要采用相位干涉法测距和激光三角法测距。

（一）脉冲测距法

脉冲测距法是一种高速激光测时测距技术。脉冲式扫描仪在扫描时由激光器发射出单点的激光，记录激光的回波信号，通过计算激光的飞行时间，利用光速来计算目标点与扫描仪之间的距离。这种测距系统的测距范围可以达到几百米到上千米。激光测距系统主要由发射器、接收器、时间计数器、微电脑组成。

脉冲测距法也称为脉冲飞行时间差测距，由于采用的是脉冲式的激光源，适用于超长距离的测量，测量精度主要受到脉冲计数器工作频率与激光源脉冲宽度的限制，精度可以达到米数量级。

（二）相位测距法

相位测距法利用光学干涉原理进行测量，扫描速度较快，测量范围一般为几米到几百米，精度可以达到毫米数量级，扫描精度受光线影响较大，主要用于隧道检测等。

相位式扫描仪发射出一束不间断的整数波长的激光，通过计算从物体反射回来的激光波的相位差来计算和记录目标物体的距离。相位测量原理主要用于中等距离的扫描测量系统中。由于采用的是连续光源，功率一般较低，所以测量范围也较小，测量精度主要受相位比较器的精度和调制信号的频率限制，增大调制信号的频率可以提高精度，但测量范围也随之变小，为了在不影响测量范围的前提下提高测量精度，一般都设置多个调频频率。

相位测距法利用不间断的整数波长，通过记录信号往返传播产生的相位差，间接计算被测物体的距离，由下式可得出距离 S。

$$S = \frac{c}{2}\left(\frac{\phi}{2\pi f}\right) = \frac{c(n\pi + \Delta\phi)}{4\pi f} = \frac{c}{4f}(n + \Delta n) \tag{5.2-2}$$

式中，c 为光速，ϕ 是相位差，$\Delta\phi$ 是信号往返相位差不足 2π 部分，f 是脉冲频率，n 是调制信号半波长取整数，Δn 为不足波长的小数部分。

（三）激光三角法

激光三角测量法也称为光学三角测距法，是利用激光器发射的激光束与目标物体反射回的光束之间的角度关系来测量目标物体到测量仪器的距离。这种方法准确度高，速度快，并且可以适应各种环境和条件。

首先，半导体激光器发出的光束被聚焦并在目标物体上形成一个亮点。当这个亮点在物体表面移动时，它在感光元件上的位置也会随之改变。这种变化可以用感光元件（如CCD或CMOS）进行检测和记录。具体来说，激光源发出的光线照射在目标物体上，然后光线反射回来并穿过一个镜头，这个镜头被设计为将所有来自目标物体的光线聚集在感光元件。当我们改变目标物体与激光源之间的距离，由于镜头的焦距（即光束由聚焦点到感光元件的距离）保持不变，故反射光的入射角会改变。这将导致反射光在感光元件上聚焦的位置改变。通过测量这个位置变化，我们就可以计算出目标物体的距离。

第三节 技术路线

运用三维激光扫描技术开展工程安全监测，通常包括点云数据获取、点云数据处理、监测分析三部分工作内容。为了获取监测对象及周围环境的点云数据，首先要开展资料收集、现场踏勘、控制网布设、扫描站布设、标靶布设等前期准备工作，然后在现场进行三维激光扫描获取点云数据。获取点云后，要进行滤波去噪、坐标转换、点云配准、分类分割、要素提取等数据处理。最后需要对多期点云数据进行对比分析，对监测对象的位移、形变、裂缝等病害进行识别和趋势预判，如图 5.3-1 所示。

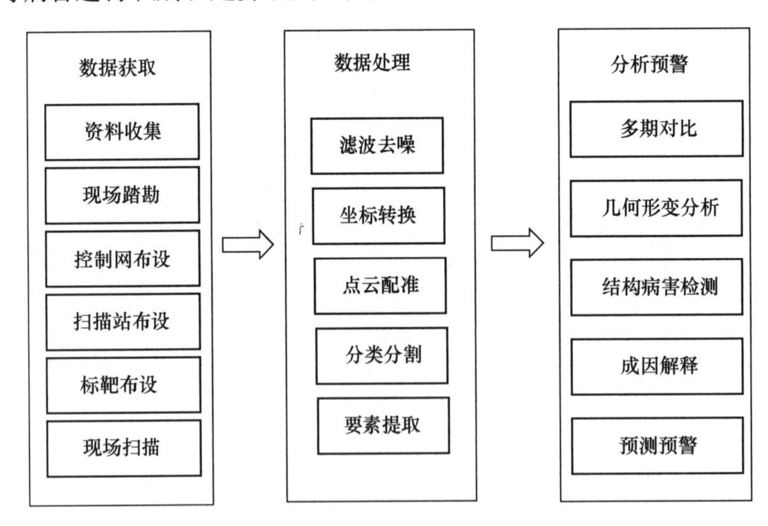

图 5.3-1 三维激光扫描监测技术路线图

一、点云获取

（一）获取方法

点云数据的获取主要通过激光扫描系统快速、连续采集物体表面反射的激光形成三维点云数据。按三维激光扫描仪搭载平台的不同，可分为地面架站式、机载、车载扫描系统。

1. 地面静态扫描

地面静态架站式三维激光扫描系统主要由激光扫描仪、控制器、电源和软件等组成，其中激光扫描仪综合了激光测距仪与角度测量系统，同时还集成了数码相机、仪器内部控制和校正系统等。

目前，市场上主流的地面三维激光扫描系统有南方 SPL 系列、FARO Focus 系列、Leica ScanStation P 系列、Trimble TX 系列（图 5.3-2）等。其中，南方 SPL-1500 地面激光扫描系统采用高性能激光器，测程 1500m，测量速度可达 200 万点/s。集 GNSS、指南针、温度传感器、高度传感器、双轴补偿器等多种传感器于一身，小巧轻便。内置高分辨率相机，能够快速全面获取真实色彩信息。

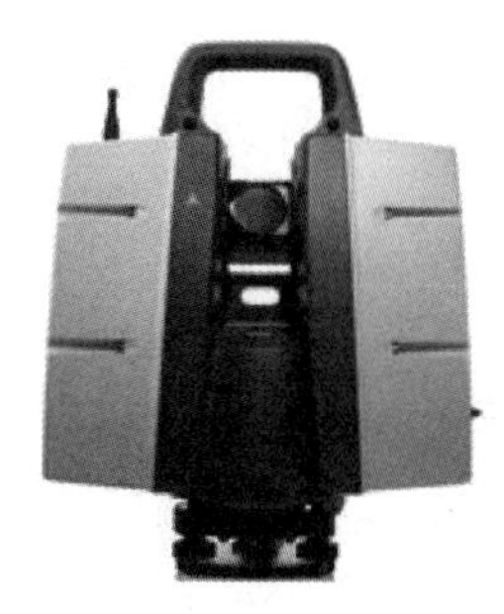

(a) 南方SPL-1500　(b) FARO Focus M70　(c) Leica ScanStation P50　(d) Trimble TX8

图 5.3-2　地面激光扫描系统

地面三维激光扫描系统具有高精度、高效率、非接触式扫描、适应能力强等特点，可用于高层建筑、桥梁、隧道、边坡等对象的安全监测。

2. 地面移动扫描

地面移动三维激光扫描系统主要由激光扫描仪、全景相机、全球导航卫星系统（GNSS）、惯性导航单元（IMU）以及里程计（DMI）等组成。系统工作时，激光扫描仪通过发射激光脉冲获取目标物的距离与角度信息，并构建高精度的三维点云；全景相机采集周边的影像数据，用于点云赋色；GNSS 为各类传感器提供统一的时间基准及实时位置信息；IMU 通过测量加速度和角速度来推算系统的姿态和位置信息；DMI 用于测量系统运动的距离和速度，辅助位置和姿态的计算。将各类传感器采集的数据进行融合处理，可得到高精度的三维点云数据。

地面移动扫描系统集成度高、测量精度高、作业效率高且可搭载于多种移动载体上，可用于公路、铁路、地铁及隧道的安全监测与检测。目前，在工程安全监测领域应用较为广泛的移动扫描系统有武汉夕睿光电技术有限公司的 XR-3D 三维激光道路检测系统、汉宁轨道公司的 rMMS 轨道移动三维激光测量系统、徕卡 SiTrack One 移动轨道扫描系统（图 5.3-3）等。

作者所在研究团队联合首都师范大学共同研制了有轨隧道全断面智能检测系统（图 5.3-4）。该系统集成了扫描仪、里程计、位移传感器、惯性导航等多元传感设备以及手推/电动一体化运动平台，实现了有轨隧道的高效、快速、全域结构的检测工作。

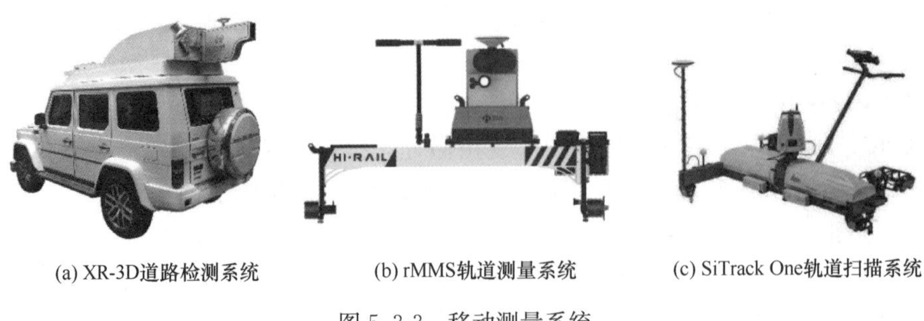

(a) XR-3D道路检测系统　(b) rMMS轨道测量系统　(c) SiTrack One轨道扫描系统

图 5.3-3　移动测量系统

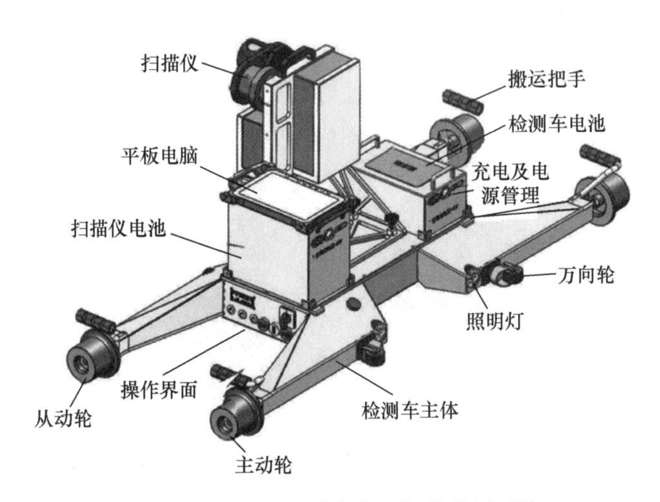

图 5.3-4　有轨隧道全断面智能检测系统

3. 机载激光扫描

机载激光扫描系统通过空中飞行平台（有人机或无人机）搭载激光雷达设备，可实现快速、高效、大面积的三维空间数据获取。与地面三维激光扫描相比，机载扫描系统可有效避免因地形起伏等因素导致的遮挡，可采集更加完整的地表点云数据，同时无须多次搬站，可减少数据拼接配准误差；与摄影测量技术相比，激光雷达发射的光束具有穿透性，可以获取更加真实的地形数据，且无须布设像控点即可获得较高的高程精度（图 5.3-5）。

图 5.3-5　SAL-1500 机载激光扫描系统

近年来，机载激光扫描系统发展迅速，在地表沉降、山体滑坡以及矿山沉陷监测等方面得到了广泛应用。

（二）精度提升

1. 系统整体标定

系统整体标定的目标就是通过设计的试验，计算获得设备坐标系与平台坐标系之间的三轴安装角度与偏移，从而提升点云精度。

设备坐标系是指激光扫描仪自身的坐标系，采集的原始点云在这个坐标系中进行记录，一般以极坐标方式记录原始点云。平台坐标系是指移动测量系统的坐标系，坐标原点定义为 IMU 的中心，三个轴线由其内部传感器定义，不能精确测量，只能由其生成的 POS 数据进行定义。系统标定就是确定设备坐标系与平台坐标系的关系的过程，即激光设备或相机设备自身的坐标系原点在平台坐标系中的位置以及三轴与平台坐标系中三个轴的夹角。基于标定后的参数可获得旋转平移矩阵，用于把点云从原始数据转化到平台坐标系中。

传统的标定方法存在两个方面的问题：一是标靶没有一次性测量，内符合精度存在误差；二是标靶架设存在对中、整平、量高的误差。针对以上问题，作者所在研究团队提出基于车载三维激光扫描系统的一站式移动测量系统标定数据采集方案（图 5.3-6），其基本思想为：沿着道路左右两侧分别均匀布设高度、距离不同、互不遮挡的标靶，标靶面垂直于行进方向，方便标靶点采集，将标靶对中整平，三脚架无须量高，在路线中间架设高精度全站仪，测量各标靶精确位置。标定数据采集测区为标靶区域前后各 10m，行车速度控制在 2～4km/h（保证标靶上的点密度），驶入和驶出测区时，车辆停止 30s，同时全站仪测量设备上的固定标记，该标记与设备原点的相对位置关系已知。所有测量坐标都是相对于全站仪的起算点，其内部相对误差小于 1mm，显著减小了控制点与 POS 的误差。在数据后处理阶段，使用车辆驶入和驶出测区的两次静止时刻的测量坐标修正轨迹 POS，从而可以消除 POS 与标靶测量之间的系统误差。

研究团队使用的激光扫描仪的扫描面被几组平面透镜包围，受到厂家制造工艺限制，透镜加工与安装精度不可能完全一致，所以其激光扫描平面不是一个理想的圆锥（图 5.3-7）。根据车载移动测量数据特点，其重点关注的是道路两侧的空间数据，基于此，为了减小激光雷达结构引入的误差，提出了顾及雷达结构的移动测量系统参数标定方法，在系统标定过程中，分为道路左右两侧，即两组参数进行标定，有效提高了标定精度。对于其他型号的激光雷达而言，仍然存在因制造工艺限制导致较大标定误差的问题，此标定方案可以为其他激光雷达设备的高精度标定提供参考。

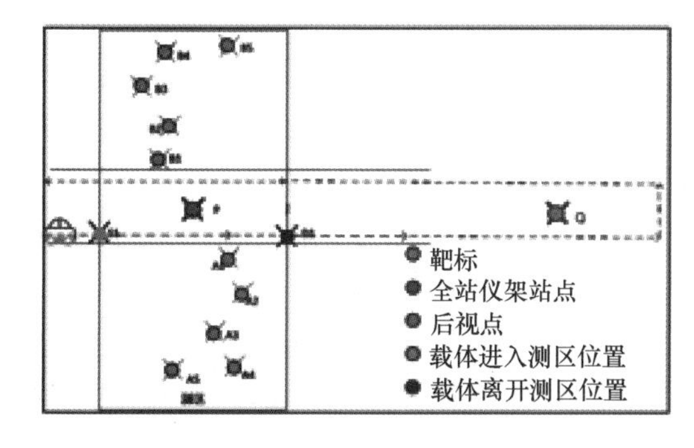

图 5.3-6　一站式标定方案

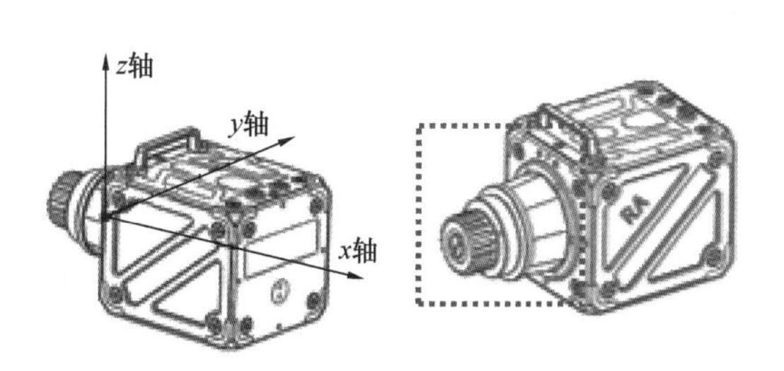

图 5.3-7　激光雷达坐标系及结构示意图

2. 基于 RTK 的精度优化

车载移动测量系统在快速移动状态下的定位精度受到卫星信号的影响，传统“基站+移动站”的方式使用的是单基站解算位置信息，网络 RTK 可以使用多基站，位置精度更高，基于此提出了基于网络 RTK 技术的精度优化方法。具体内容有：①在传统单基站定位基础上，增加网络 RTK 天线，与系统固连，并测得天线位置；②外业采集时，同步采集网络 RTK 数据；③内业数据处理时，首先进行 POS 解算；④然后对 RTK 数据进行过滤；⑤最后选择精度较好的 RTK 数据从平面和高程两个维度分别对 POS 进行优化，从而提高了成果数据的精度。

其中，网络 RTK 数据过滤方法为：计算网络 RTK 数据与 POS 数据的差值作为纠正值，对当前 RTK 纠正值的前后一段距离或者时间内的数据进行均值滤波，作为当前 RTK 的纠正值。另外，在停车状态下，RTK 值在当前位置附近不断波动，结合 DMI 数据，找到停车时间段，取停车时间段内的 RTK 数据均值作为当前时间段中 RTK 的位置。

该方法有以下优点：①无须单独架设基站，扩大了作业范围。②减少了外业工作量，提高了效率。③降低了作业安全风险。④外业过程中可实时控制作业精度。

3. 无 GNSS 的点云获取

为解决隧道内无 GNSS 环境下的数据采集问题，基于惯导模式下的微秒级时间同步脉冲和轨道线路里程计数据实时模拟 GNSS 数据，为系统以及其搭载的三维激光扫描仪和 IMU 提供时间和位置基准。通过惯导输出的 POS 数据和外部控制点进行数据融合和轨迹优化，可以获得高达厘米级的绝对定位精度(图 5.3-8)。

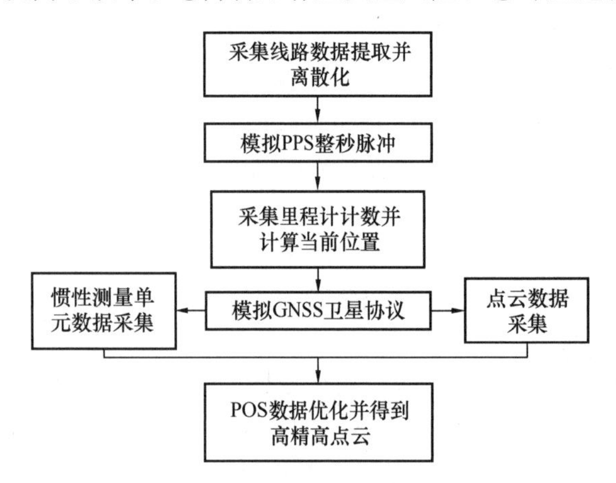

图 5.3-8 面向轨道交通点云采集精度提升方法流程

图 5.3-8 所示是无 GNSS 信号下点云数据采集方法流程示意图，具体步骤包括：

(1) 对从地形图中提取的采集线路数据重采样，得到离散采集线路数据。根据精度要求，从地形图中提取出采集线路数据，并按照一定距离间隔（如 0.1、0.2、0.4、0.5 或 1m 等）对采集线路数据进行重采样，最终得到离散的采集线路数据。

(2) 模拟 PPS 整秒脉冲。使用单片机进行 PPS 信号模拟，为了消除单片机晶振误差对 PPS 信号的影响，在单片机运行稳定后统计整秒的时间间隔，以该时间间隔为整秒间隔模拟 PPS 信号，为系统提供统一的时间同步源。

(3) 以一定的时间间隔采集里程计计数，当整秒 PPS 脉冲信号到达后，计算该整秒内里程计计数之和，并结合里程计每周的脉冲数量、车轮的周长 L，上一时刻位置，及采集线路数据，在离散化的轨迹线路上插值计算当前时刻采集平台的位置。

(4) 模拟 GNSS 卫星协议。在整秒 PPS 脉冲信号到达后，根据当前时刻位置生成 GPGGA 消息发送给点云数据采集程序和惯性测量单元。

(5) 惯性测量单元数据采集。在模拟的 GPGGA 消息到达后，IMU 可进行初始化并进行组合导航，得到位置、姿态实时导航数据。

（6）在数据后处理阶段，使用外部控制点对 POS 数据进行优化以得到高精度点云。

受到采集线路数据精度、里程计计数精度、惯性测量单元精度等的影响，POS 数据可能存在一定的误差，为了得到更高精度的点云数据，可分为两个步骤对 POS 数据进行优化。首先，根据里程计计数数据对 POS 数据作初步优化，假设开始采集时刻为 T_0，起点位置为 P_3（L_3，B_3，H_3），在整秒 PPS 脉冲到达时，该整秒内里程计计数之和为 N，里程计每周脉冲数为 P，车轮周长为 L，则在该整秒内采集平台的前进距离为：$D=\frac{N}{P}L$，根据采集线路数据可得到当前 T_0+1 时刻位置 P_4（L_4，B_4，H_4），若在 POS 数据中当前时刻对应的位置为 P'_4（L'_4，B'_4，H'_4），则对该整秒内的 POS 数据进行差值改正，获得改正后的 POS 位置；然后，为了进一步对改正后的 POS 数据进行优化，可在采集线路周边有效范围内选择少量人工控制点，并计算控制点与由改正后 POS 数据解算的点云数据中对应位置的坐标差，并根据该差值对 POS 数据进行第二次差值改正，获得更高精度的 POS 数据，从而得到更高精度点云。

二、点云处理

（一）滤波去噪

对监测对象进行三维激光扫描时，由于受到仪器设备、周围环境、被扫描目标本身特性的影响，原始点云数据中往往包含了大量噪声数据。噪声的类型包括：①飘移点，即那些明显远离目标主体，飘浮于点云上方的稀疏、散乱的点。②孤立点，即那些远离点云中心区，小而密集的点。③冗余点，即那些超过预定扫描区域的多余的点。④混杂点，即那些和正确点混淆在一起的点。

噪声数据不仅会增加点云的数据量，还会影响建模、信息提取的精度。常用的噪声滤波算法有中值滤波、均值滤波、高斯滤波、统计滤波和双边滤波等。

1. 中值滤波

中值滤波采用各数据点的统计中值，对于消除数据毛刺效果较好，但对于彼此靠近的混杂点噪声滤除效果不好。

2. 均值滤波

均值滤波是对点集进行均布平均，将采样点的坐标值取为滤波窗口内各数据点的统计平均值，从而取代原有的点。均值滤波改变了点的位置，对高斯噪声有较好的平滑能力，但是容易造成边缘失真。

3. 高斯滤波

将某一数据点与其前后各 n 个数据点加权平均，那些远大于操作距离的点被处理成固定的端点，这有助于识别间隙和端点。由于高斯滤波平均效果较小，在滤波的同时，能较好地保持数据原貌，因而常被使用。

4. 统计滤波

对每个点进行 K 领域统计分析，计算该点到它的 K 个邻近点的平均距离。假设所得结果服从高斯分布，高斯分布的形状取决于平均值和标准差，将平均距离在给定阈值范围之外的点去除。

5. 双边滤波

双边滤波是一种非线性的滤波方法，是结合图像的空间邻近度和像素值相似度的一种折中处理，同时考虑空域信息和灰度相似性，达到保边去噪的目的。具有简单、局部的特点。双边滤波器的好处是可以作边缘保存。

（二）坐标转换

为了实现多源点云数据的规范管理与融合应用，需要将不同坐标系的点云转换到统一的大地坐标系或空间直角坐标系中。采用现有技术方案对海量点云数据进行坐标转换时，存在运算速度慢、效率低、容易卡顿，且不能批量自动化处理等问题。

为解决上述问题，提出一种基于异构并行计算的海量点云坐标转换方法。该方法的基本思路是：通过内存映射读取点云文件，根据点云坐标系和最小外接矩形自适应选择平面、高程转换参数模型，并将点云进行多层级子集划分，对子集点云采用 GPU 并行计算方式进行平面、高程转换处理，最后将处理完成的各子集点云合并输出，完成坐标转换。

具体步骤如下：

步骤 1：扫描待转换点云文件，将待转换点云文件的路径信息加入待转换列表。

步骤 2：采用内存映射和多进程方式，读取待转换列表中的待转换点云文件到计算机主机内存中，读取待转换列表中的待转换点云文件时，根据点云格式获取到每个点云数据记录的长度，用计算机主机内存容量的一半除以每个点云数据记录的长度得出每次进行处理的点云数量；若可以处理的点云数量小于点云文件总点云数，则进行分段处理，记录每段点云的起始位置使每段点云的数量小于可以处理的点云数量；若可以处理的点云数量大于或等于点云文件总点云数量，则一次性读取所有的点云。

步骤 3：根据点云坐标系和最小外接矩形自适应选择平面、高程转换参数模型，并根据平面转换参数的范围将点云划分为多个第一点云子集。

步骤 4：根据点云的数据量大小、计算环境能力将第一点云子集分解为多个第二点云子集，再将多个第二点云子集依次加载到 GPU 全局内存中，同时加载到 GPU 全局内存中的还包括待转的点云坐标系统椭球的参数、独立坐标系统椭球的参数、布尔莎七参数转换模型、似大地水准面模型。

步骤 5：调用 CUDA 的核函数对加载到 GPU 全局内存中的第二点云子集进行平面、高程转换处理，具体步骤如下：①将点云大地坐标 B、L、H 转换成空间直角坐标；②采用布尔莎七参数转换模型，经过椭球基准转换将点云空间直角坐标转换到独立坐标系椭球下的空间直角坐标；③将已转换的独立坐标系椭球下的空间直角坐标转换到大地坐标系（$B_{独立}$、$L_{独立}$）；④将大地坐标 $B_{独立}$、$L_{独立}$ 进行高斯投影得到平面坐标 x、y；⑤根据平面坐标 x、y 检索似大地水准面模型，找到所在格网四个角点以及高程异常值，采用双线性内插法求得点所在位置的高程异常，椭球高加上高程异常得到正常高；⑥处理完成后将数据回传到计算机主机内存环境。

步骤 6：在计算机主机内存环境中将转换完成后的点云进行合并，然后将合并后的点云从内存写入磁盘文件。

步骤 7：重复步骤步骤 2～步骤 6，直至处理完待转换列表中所有待转换点云文件。

本方法采用了 CPU+GPU 异构协同并行加速技术，充分利用 GPU 多核并行计算的高并发优点，将整个点云数据坐标转换过程变成高并发的多线程高效运算程序，一次性完成点云的平面和高程转换。本方法还支撑批量自动化处理，由于采用了内存映射和多进程读取可以大大提高大文件的 IO 读取效率。采用基于 CPU+GPU 的异构计算架构对点云进行坐标、高程转换，相对于传统基于单核 CPU 顺序计算加速幅度在 20 倍以上。通过自适应选择转换参数无须对每个点云文件单独计算转换参数，能够适用于海量点云的一次性进行平面和高程的自动化转换。

（三）点云配准

工程安全监测是一项长期持续的任务，必然涉及对多期观测数据进行配准。作者所在研究团队联合首都师范大学共同研发了 3D 弱监督图卷积深度学习模型，实现对监测对象多期观测数据的配准，以方便长期监测。

通过三个方面构建 3D 弱监督图卷积深度学习网络：一是构建点云特征提取网络，通过 MLP 提取基础点的特征信息；二是通过图卷积的方式实现 $G(\cdot)$ 对称函数，增强全局特征提取；三是应用了一个 Feature alignment triplet loss 函数，通过内容的对齐找到关注度大的点，实现了关键点的提取。通过这样的网络结构，实现了关键点检测和特征描述子同时提取的过程，实现了一站式的点云配准方法。

通过将点云构建图网络，设计一种处理图结构的深度学习网络，来实现点云数据的特征提取，并基于谱域的方法实现图卷积点云配准算法。

由于点云是很多离散的点，如何构建点云的图结构则是关键问题。首先，要构建点云的输入点集。从点云中采用最近邻的方式构建点集，每个点集有 n 个点。从而可以定义一个无向图 $G=(V, E)$，其中 V 是每个点集中点的集合，即 $V=\{v_1, v_2, v_3, \cdots, v_n\}$，$n$ 表示点集点的个数，图的边 E 代表点云中点之间相邻的关系。找到集合 V 中每一个顶点的最近邻 K 个点，将这个顶点与最近邻的 K 个点相连接，即建立边。矩阵 $A\in R^{i\times j}$ 定义为图的邻接矩阵，i 表示矩阵的行，j 表示矩阵的列。当 2 个顶点有边相连接时，即 $A(i, j)=1$，否则为 0。矩阵 $D\in R^{i\times j}$ 定义为度矩阵，$D(i, i)=\sum_{j=1, j\neq i}^{n}A(i,j)$，$D(i, j)=0$，when $i\neq j$。根据邻接矩阵和度矩阵，可求出拉普拉斯矩阵 $Ln\times n=D^{-\frac{1}{2}}AD^{-\frac{1}{2}}$。

通过学习一个卷积核，来达到特征分解的目的。每一个卷积层输入特征是 $X\in R^{n\times cn}$，其中 n 为输入点的个数，cn 为点云的特征长度，$relu(\cdot)$ 代表激活函数 $relu$。图卷积需要学习一个权重矩阵 $W^{cn\times m}$ 值，m 为图卷积的输出特征维度。$Output\in R^{n\times cn}$ 是经过图卷积后的输出特征。通过这种方式就可以构建多层次图卷积模型。

$$Output = relu(L\cdot X\cdot W) \tag{5.3-1}$$

$$\text{where } relu(L\cdot X\cdot W)=\begin{cases} L\cdot X\cdot W, \text{if} L\cdot X\cdot W>0 \\ 0, \text{if } L\cdot X\cdot W<0 \end{cases} \tag{5.3-2}$$

基于 PointNet 的网络结构和其对称函数的设计理念，结合 GCN 结构，设计了一种新的基于谱域的网络结构 MLP _ GCN。MLP _ GCN 采用基于谱域的图卷积的方法，将其应用到点云特征聚合中，能够有效提升网络的抗旋转能力。

本研究采用弱监督学习的方式进行点云配准。

首先，构建匹配点对，由于采用 triplet loss，所以每个点集由 2 个匹配点集和一个不匹配点集组成。从数据中选取一个点及其旋转平移后的点，构成两个匹配点，旋转平移前的点称为 anchor，旋转平移后的点称为 position。然后随机地选取一个不是 anchor 和 position 的其他点，称其为 negative。

其次，分别对这三个点搜索其各自邻域的 K 个最近邻点，分别构成 3 个点集。将这 3 个点集作为深度学习网络的输入，得到 anchor、position、negative 的点集深度特征和 attention feature。将 anchor attention，anchor feature，positive feature and negative feature，放入 feature alignment loss 进行特征优化，训练模型。

模型训练好后，需要对模型对点云的配准效果进行测试。首先，对 2 套待配准的点云数据进行均匀采样，每套点云采集 m 个点，并分别搜索这 m 个点的最近邻 n 个点，形成这 m 个点各自的点集。将这些点集放入网络中，经过网络进行特征的提取与优化，生成点集的深度特征和每个点的 attention feature。然后，对每个点的 attention feature 采用非极大值抑制（NMS）方法，判断每个点是否是其邻域中的点（包括该点）的极大值，若是，即加入 keypoints 队列，否则跳过。这样，即得到 2 个点云的 keypoints。将得到的 keypoints 的 attention 值进行排序。然后，选取其中的前 P_k 个点作为 keypoint，将每个 keypoint 点搜索最近邻 n 个点，这样得到 P_k 个新的点集。将点集输入到网络中，得到 P_k 个点集中每个点的深度特征向量。最后，根据各个点集每个点的深度特征，找到这个特征在另一个点云中的深度特征欧式距离最近的点，从而得到点云匹配点对。采用 RANSAC 算法去除匹配点集中的粗差，并使用最小二乘法计算旋转矩阵，得到配准后的结果（图 5.3-9）。

(a) Super4PCS配准结果　(b) Fast global registration method配准结果　(c) 本研究配准结果

图 5.3-9　配准结果对比

（四）分割提取

点云分割是根据空间、几何和纹理等特征对点云进行划分，使得同一划分内的点云拥有相似的特征，点云的有效分割往往是许多监测应用的前提。例如，对桥梁、建筑、隧道等不同扫描表面进行分割，然后才能更好地进行空洞修复曲面重建、特征描述和提取。经典的点云分割算法主要有：随机采样一致方法（RANSAC）、欧式聚类分割方法、条件欧式聚类分割、基于区域生长的分割、最小图割的分割、基于法线微分的分割、基于超体素的分割等。

由于原始点云数据是一系列无序点的集合，一个拥有 N 个三维点的点集就会有 $N!$ 种排列组合方式，模型就会有 $N!$ 种输入数据。需要利用一个输出值与输入数据顺序无关的函数来解决这个问题，这种函数也被称为对称函数，包括最值函数、均值函数等。PointNet 网络选择了最大值函数来作为对称函数，也就是网络中的 Maxpooling 层，具体如以下公式所示

$$f(x_1x_2,\cdots,x_n)=\gamma\cdot g[h(x_1),h(x_2),\cdots,h(x_n)] \quad (5.3\text{-}3)$$

式中，$x_1x_2,\cdots,x_n$ 表示输入的数据点集，γ 和 h 代表提取特征的多层感知机网络，g 表示 Maxpooling 层，它对所有输入的特征值进行比较，只保留最大值，其余舍弃。无论点云顺序如何改变，最大值结果都不会变，保证了特征提取结果不受点云顺序变换的影响。

T-Net 网络架构是 PointNet 网络中一个实现点云和特征对齐的子网络，它能够根据输入的点云或者特征数据进行学习，得出与输入数据维度相同的空间变换矩阵，并将变换矩阵与原始输入数据相乘，完成空间变换操作，实现数据对齐。PointNet 中一共包含两个 T-Net 网络，针对点云数据的 T-Net（3）和针对特征数据的 T-Net（64）。

PointNet 网络结构输入的原始数据集是包含 N 个（x，y，z）点的三维点云，原始数据经过 T-Net（3）网络，计算出 3×3 的点云空间变换矩阵 T（3），T（3）与原始数据相乘，将点云旋转到更利于分割的角度，实现数据的对齐，对齐后的数据通过一个双层感知机模型 MLP（64，64），进行以点为单位的特征提取，每个点提取出 64 维的特征，N×64 大小的特征数据再通过 T-Net（64）网络，计算出 64×64 的特征空间变换矩阵 T（64），作用于特征数据上，完成特征的对齐。对齐后的特征数据，继续利用三层感知机 MLP（64，128，1024）进行以点为单位的特征提取，使每个点的特征维度达到 1024 维，最后再通过 Maxpooling 层提取出每一维特征的最大值，来作为点云的全局特征向量。

将 1024 维的全局特征与对齐后的 64 维点的特征进行拼接，得到 1088 维的特征向量，向量经过一个三层感知机 MLP（512，256，128），将特征维数降为 128 维，再经过分类器 MLP（128，m）输出每个点分别对应的 M 个类别的概率，按照概率大小实现点云类别的分割。

训练数据集的建立是深度学习优化训练的重要组成部分。下面以隧道为例，阐述如何对纵向接缝、横向接缝、螺栓孔等隧道典型要素进行分割。

为了构建隧道点云训练数据集，对盾构隧道点云数据进行典型要素标注。将隧道点云分为四类：0：隧道壁背景，1：螺栓孔，2：纵向接缝，3：环向接缝。图 5.3-10 所示为一段长度约为 43m 的盾构隧道数据完成标注后的视觉效果。

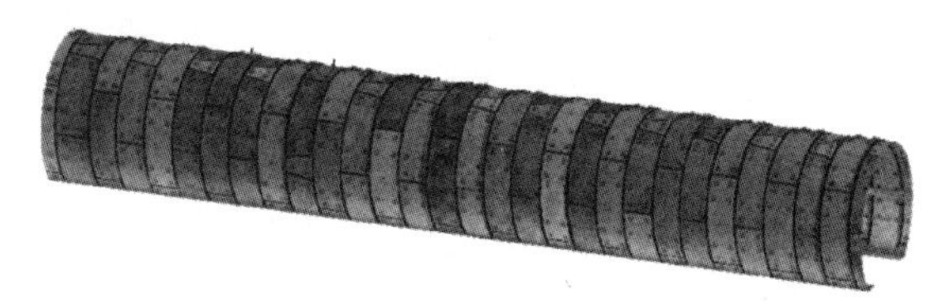

图 5.3-10　完成典型要素标注的隧道点云影像

依据 PointNet 网络对训练数据集的要求，将标记的经过预处理和欠采样后的样本点云数据存储为基于类的 txt 文件，存储格式为（x，y，z，r，g，b），其中 r，g，b 表示点云的强度值。

通过 Instance Hardness Threshold 算法对隧道壁背景数据进行采样，采样进行了 3 次，选择的采样比例分别为 1/2、1/4 和 1/8。将 3 种采样后的数据集与未经采样数据集分别作为训练数据集应用于 PointNet 隧道要素分割训练，并依据 F1－score 对训练结果进行评估。

F1-score 值是对精确率（Precision）和召回率（Recall）的调和加权平均，计算公式如下：

$$F1 = \frac{2 \cdot P \cdot R}{P + R} \tag{5.3-4}$$

式中，P 代表精确率，表示某一类样本正确分类的数目与被归为该类的样本总数的比例；R 代表召回率，是正确分类的样本数目与该类样本实际数目的比例。要素分割结果如表 5.3-1 和图 5.3-11 所示。

不同采样比例下要素分割结果　　表 5.3-1

类别	1	1/2	1/4	1/8
纵向接缝	0.576	0.739	0.686	0.639
横向接缝	0.865	0.887	0.88	0.852
螺栓孔	0.843	0.878	0.865	0.805

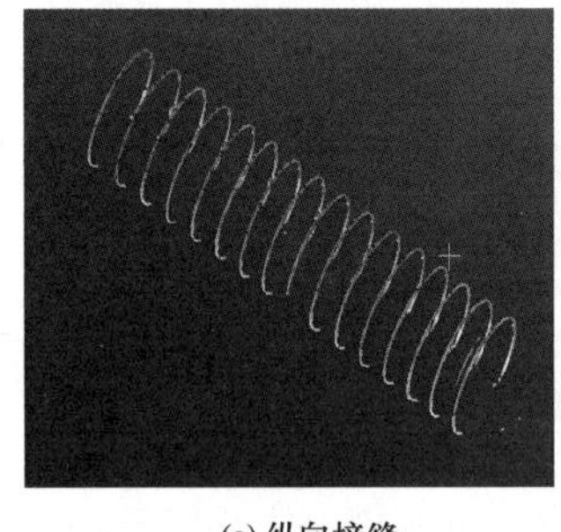
(a) 纵向接缝

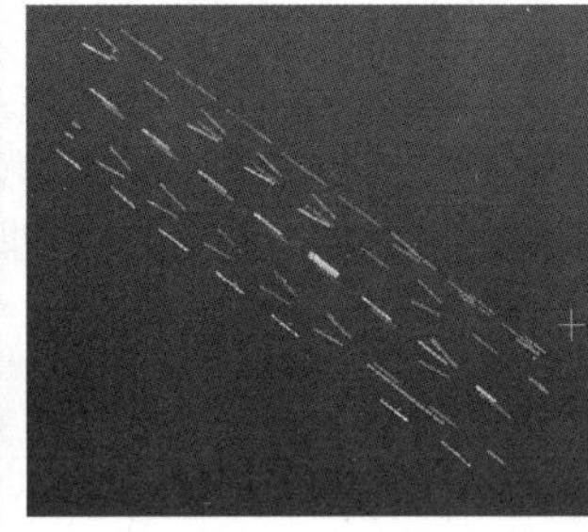
(b) 横向接缝

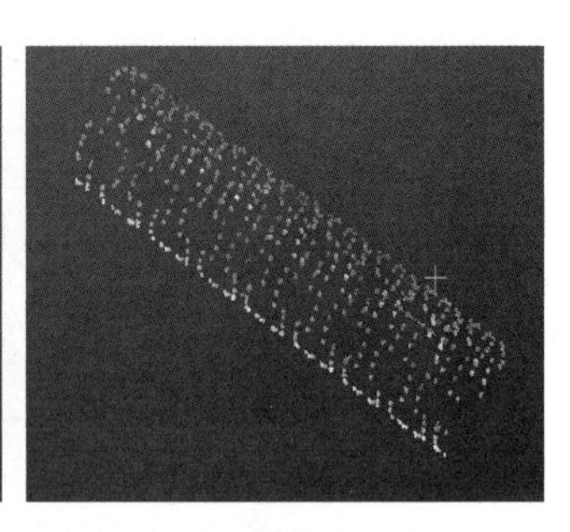
(c) 螺栓孔

图 5.3-11　隧道典型要素分割结果

由表 5.3-1 和图 5.3-11，对比同一要素不同采样比例的分割结果则可以看出，纵向接缝对于采样比例的敏感度是最高的，当采样比例发生变化时，它所对应的 F1-score 波动最大。综合考虑三种要素的 F1-score 变化情况我们会发现，当采样比例为 1/2 时各要素都取得了最好的分割结果，此时，横向接缝、螺栓孔和纵向接缝所对应的 F1-score 分别是 0.887、0.878 和 0.739。

由此可知，以合适的比例进行采样，可以达到平衡样本类别、提升要素分割效果的目的，尤其是对于占比非常小的要素类别，提升效果更为明显。但采样比例过高就会导致样本数据丢失信息过多，与原数据内容相差过大，PointNet 网络基于此类样本数据学习出的分割模型对于未经采样的原始数据的适用性就会降低，当采样比例为 1/8 时，螺栓孔和纵向施工缝所对应的 F1-score 甚至都低于数据未采样时的情况。

横向接缝是三种隧道要素中分割效果最好的，其次是螺栓孔，纵向接缝效果最差。纵向接缝成功率可达 98.4%以上，仅一环缝部分纵向接缝未提取，不存在完整无法提取的纵向接缝。螺栓孔提取成功率可达 92.5%，横向接缝提取成功率可达 94.6%。螺栓孔和横向接缝提取成功率低的原因主要是受附属物遮挡，这也是纵向接缝成功率未达到 100%的主要因素。结合隧道纵向接缝、横向接缝和螺栓孔的分割结果，可实现隧道分环，准确率可达 100%。

三、监测分析

（一）几何形变分析

利用激光扫描技术对建筑、桥梁、隧道、大坝等开展变形监测，可以快速获取被测物体各部分的三维点云数据，通过比较不同时期采集的点云数据，分析被测物体是否发生了几何变形。例如，对超高层建筑而言，几何形变要重点关注建筑顶部的位移、偏摆、扭曲，建筑底部的沉降，墙体边线的倾斜；对于隧道，则要关注是否存在拱顶沉降、断面收敛、曲率变化、底面位移等；对于桥梁，应重点关注桥面、桥墩的水平位移、竖向位移等。

（二）结构病害检测

工程建（构）筑物在长时间的运营过程中，由于受外部环境和自身因素的影响，常会出现渗水、裂损、冻害、腐蚀、震害等病害。这些病害对工程建（构）筑物的安全运营构成严重威胁。

通过三维激光扫描获取点云数据，可以监测被测物体的结构病害情况，点云数据可反映隧道结构的细节信息，例如裂缝、渗水点、混凝土腐蚀脱落区域等，因此利用三维激光扫描技术进行隧道的病害识别与检测，减少了人工摸排的低效率和不准确性。

（三）成因分析与预测

在点云数据处理分析完成之后，还需进一步对几何形变或结构病害的成因进行解释分析。影响工程安全的因素可能有地质条件、结构设计、外部环境、施工质量等。地质条件方面，可能存在地基土质不均匀、地下水位变化等原因；结构设计方面，可能存在建（构）筑物荷载分布不均、结构长度过大等不合理的结构设计，导致不均匀沉降或倾斜；外部环境方面，地震、风荷载等自然灾害和周边施工等因素也可能导致建（构）筑物出现不均匀沉降或倾斜；施工质量方面，如桩基施工不当、基坑支护不当等，也可能导致建（构）筑物出现不均匀沉降或倾斜。

此外，还应根据多期长时间序列的点云数据，构建趋势预测模型，模拟监测对象随时间推移逐渐老化的趋势曲线，以及在特定环境条件下（如地震、暴风雨、过量荷载）监测对象的几何形变和结构病害发展态势。

第四节　应 用 案 例

一、高层建筑监测

重庆市茂业百货大厦位于江北区观音桥商圈，该大厦由裙楼和塔楼两部分组成，其中裙楼共 9 层、塔楼共 27 层，整个大厦高为 90m，大厦属于钢筋混凝土结构，为了保证大厦正常运行，需要定期对大厦进行变形监测。作者所在研究团队采用地面架站式三维激光扫描仪对其进行垂直度及平面变化监测。

（一）方案设计

在大厦施工监测时布设的基准网点上引测 2 个控制点作为本次扫描的工作基点（工作基点 1、工作基点 2），如图 5.4-1 所示。三维激光扫描仪架设在工作基点 1 位置，工作基点 2 为后视方向，其中工作基点 1 距茂业百货大厦的距离约 100m。在起零期数据采集后，每间隔 1 个月进行一次扫描，共采集了 7 期点云数据。

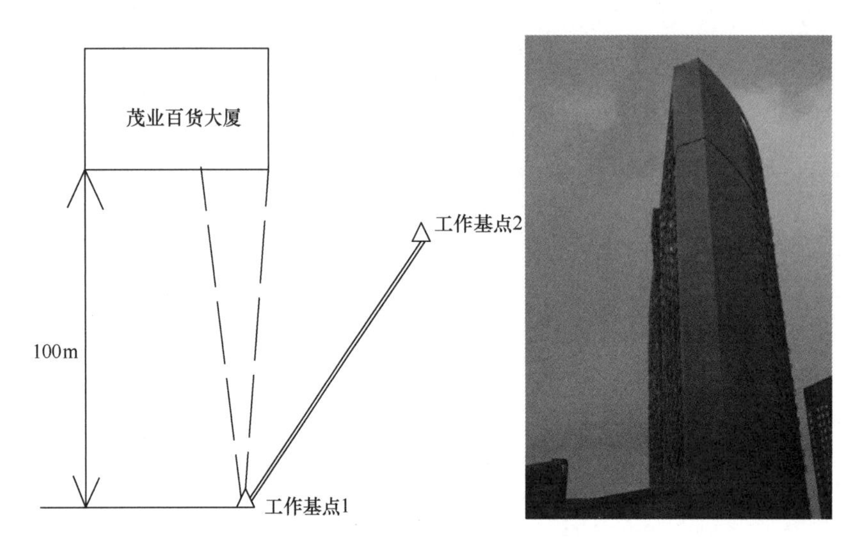

图 5.4-1　茂业百货大厦示意图

（二）数据采集与处理

采用地面架站式三维激光扫描仪扫描得到茂业百货大厦及周边点云数据，如图 5.4-2 所示。对点云数据进行裁剪和粗差剔除得到茂业百货大厦独立的点云数据，如图 5.4-3 所示，并对大厦的主墙面建立表面模型。

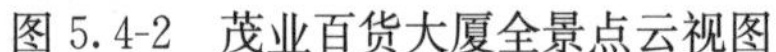

图 5.4-2　茂业百货大厦全景点云视图

图 5.4-3　茂业百货大厦点云数据

为了全面反映大厦不同高度的变形情况，首先对建筑物相邻两个墙面的交线进行拟合，如图 5.4-4 所示，然后分别在交线距底部约 3、50 以及 90m 高度处选取特征点 P_1、P_2、P_3，通过特征点不同时间的坐标变化反映大厦变形情况。

所有期次的特征点坐标数据如表 5.4-1 所示。为验证扫描数据精度，采用高精度全站仪对所有特征点进行坐标测量，得到的数据见表 5.4-2。

点云特征点坐标表 **表 5.4-1**

位置		1期	2期			3期			4期			5期			6期			7期		
		坐标值（m）	坐标值（m）	变形量		坐标值（m）	变形量		坐标值（m）	变形量		坐标值（m）	变形量		坐标值（m）	变形量		坐标值（m）	变形量	
				本次（mm）	累计（mm）		本次（mm）	累计（mm）		本次（mm）	累计（mm）		本次（mm）	累计（mm）		本次（mm）	累计（mm）		本次（mm）	累计（mm）
底部	X	90.3341	90.3345	0.4	0.4	90.3348	0.3	0.7	90.3339	−0.9	−0.2	90.3343	0.4	0.2	90.3353	1	1.2	90.3349	−0.4	0.8
	Y	8.3663	8.3678	1.5	1.5	8.3667	−1.1	0.4	8.3671	0.4	0.8	8.3675	0.4	1.2	8.3668	−0.7	0.5	8.3673	0.5	1
	Z	3.4751	3.4744	−0.7	−0.7	3.4741	−0.3	−1	3.4754	1.3	0.3	3.4761	0.7	1	3.4764	0.3	1.3	3.4760	−0.4	0.9
中部	X	90.4546	90.4512	−3.4	−3.4	90.4552	4	0.6	90.4527	−2.5	−1.9	90.4491	−3.6	−5.5	90.4527	3.6	−1.9	90.4501	−2.6	−4.5
	Y	8.3910	8.3953	4.3	4.3	9.3929	−2.4	1.9	8.3888	−4.1	−2.2	8.3951	6.3	4.1	8.3922	−1.9	2.2	8.3956	2.4	4.6
	Z	53.7238	53.7275	3.7	3.7	53.7294	1.9	5.6	53.7242	−5.2	0.4	53.7210	−3.2	−2.8	53.7241	3.1	0.3	53.7181	−6.0	−5.7
顶部	X	90.4723	90.4617	−10.6	−10.6	90.4673	5.6	−5.0	90.4823	15	10	90.4923	10	20	90.4908	−1.5	18.5	90.4846	−6.2	12.3
	Y	8.5463	8.5401	−6.2	−6.2	8.5521	12	5.8	8.5358	−16.3	−10.5	8.5479	12.1	1.6	8.5409	−7.0	−5.4	8.5558	14.9	9.5
	Z	89.1731	89.1798	6.7	6.7	89.1847	4.9	11.6	89.1669	−17.8	−6.2	89.1721	5.2	−1.0	89.1656	−6.5	−7.5	89.1602	−5.4	−12.9

全站仪测量坐标表 **表 5.4-2**

位置		1期	2期			3期			4期			5期			6期			7期		
		坐标值（m）	坐标值（m）	变形量		坐标值（m）	变形量		坐标值（m）	变形量		坐标值（m）	变形量		坐标值（m）	变形量		坐标值（m）	变形量	
				本次（mm）	累计（mm）		本次（mm）	累计（mm）		本次（mm）	累计（mm）		本次（mm）	累计（mm）		本次（mm）	累计（mm）		本次（mm）	累计（mm）
底部	X	90.3353	90.3351	−0.2	−0.2	90.3358	0.7	0.5	90.3353	−0.5	0	90.3357	0.4	0.4	90.3351	−0.6	−0.2	90.3355	0.4	0.2
	Y	8.3671	8.3674	0.3	0.3	8.3668	−0.6	−0.3	8.3673	0.5	0.2	8.3672	−0.1	−0.1	8.3668	−0.4	−0.3	8.3674	0.6	0.3
	Z	3.0051	3.0047	−0.4	−0.4	3.0049	0.2	−0.2	3.0052	0.3	0.1	3.0084	−0.4	−0.3	3.0049	0.1	−0.2	3.0053	0.4	0.2
中部	X	90.4581	90.4564	−1.7	−1.7	90.4551	−1.3	−3	90.4569	1.8	−1.2	90.4611	4.2	3	90.4607	−0.4	2.6	90.4616	0.9	3.5
	Y	8.3974	8.3953	−2.1	−2.1	8.3929	−2.4	−4.5	8.3988	5.9	1.4	8.3951	−3.7	−2.3	8.3932	−1.9	−4.2	8.3941	0.9	−3.3
	Z	53.7124	53.7151	2.7	2.7	53.7101	−5	−2.3	53.7129	2.8	0.5	53.7161	3.2	3.7	53.7139	−2.2	1.5	53.7167	2.8	4.3
顶部	X	90.4634	90.4697	6.3	6.3	90.4721	0.8	7.1	90.4617	−8.8	−1.7	90.4623	0.6	−1.1	90.4687	6.4	5.3	90.4709	2.2	7.5
	Y	8.5345	8.5408	6.3	6.3	8.5412	0.4	6.7	8.5369	−4.3	2.4	8.5296	−7.3	−4.9	8.5415	11.9	7	8.5443	2.8	9.8
	Z	89.1536	89.1487	−4.9	−4.9	89.1549	6.2	1.3	89.1558	0.9	2.2	89.1475	−8.3	−6.1	89.1461	−1.4	−7.5	89.1467	0.6	−6.9

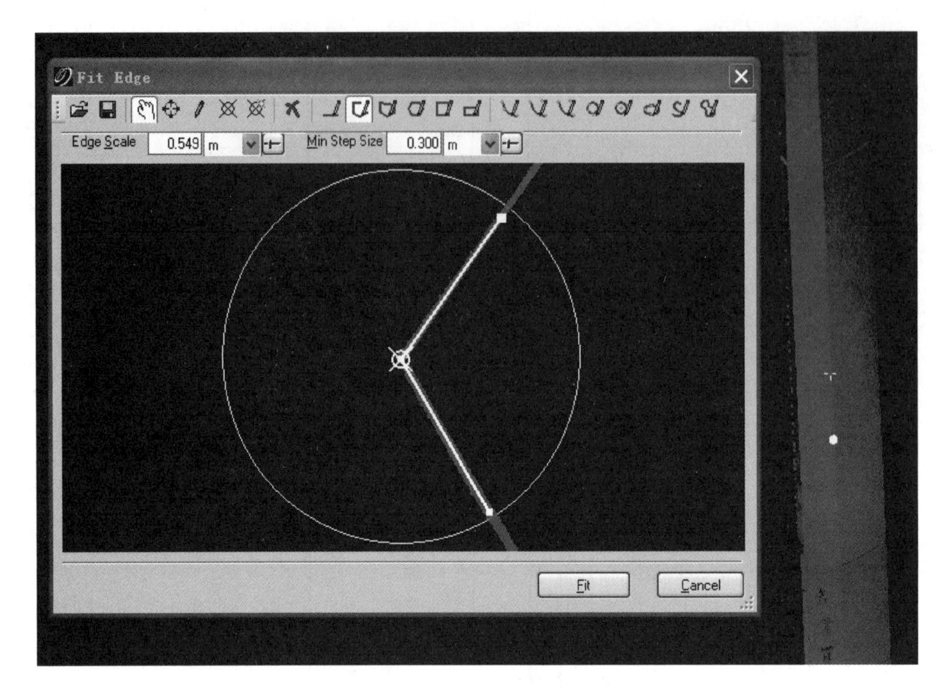

图 5.4-4 墙面交线拟合

（三）数据分析

从上面的数据可以看出，三维激光扫描仪测量的大厦底部在水平方向最大变形为 1.5mm，累计最大变形为 1.5mm，在垂直方向最大变形为－0.7mm，累计变形为 0.9mm；在大厦中部水平方向最大变形为 6.3mm，累计最大变形为－5.5mm，在垂直方向最大变形为－5mm，累计变形为 4.3mm；在大厦顶部水平方向最大变形为 11.9mm，累计最大变形为 9.8mm，在垂直方向最大变形为－8.3mm，累计变形为－6.9mm。同时，与常规测量数据表相比，三维激光扫描仪监测数据变化趋势与常规测量数据基本一致。

根据激光扫描仪数据分析，在大厦底部其变形较小，其值在 1mm 左右，在大厦中部其变形在 5mm 左右，在大厦顶部其变形在 10mm 左右。通过分析得出，在大厦底部测量精度高，主要是激光扫描仪直射大厦，激光反射率高，扫描效果好；而在大厦顶部出现较大变形，主要由于激光扫描仪在扫描大厦顶部数据时，其测量仰角较大，导致激光反射率下降，影响测量精度，同时由于大厦受到风振的影响，其自身出现摆动现象，因此导致顶部变形量较大。总体来说，除去上述因素，整个大厦仍然处于稳定状态。

同时，得出三维激光扫描技术可以用于高层建筑物基础沉降、平面位移、垂直度等变形监测的结论，并且可以达到毫米级的测量精度。

二、桥梁监测

重庆赵家坝立交位于鹅公岩大桥南桥头，是连接鹅公岩大桥与南坪的立体交通枢纽（图 5.4-5）。为确保桥梁安全运营，采用地面三维激光扫描对其桥面及桥墩进行监测。

（一）控制点布设

通过现场勘察，在立交四周布设了 4 个控制点，各控制点采用 GNSS 进行平面测量，采用水准仪进行高程测量，控制点布设如图 5.4-6 所示。

图 5.4-5　赵家坝立交实体图

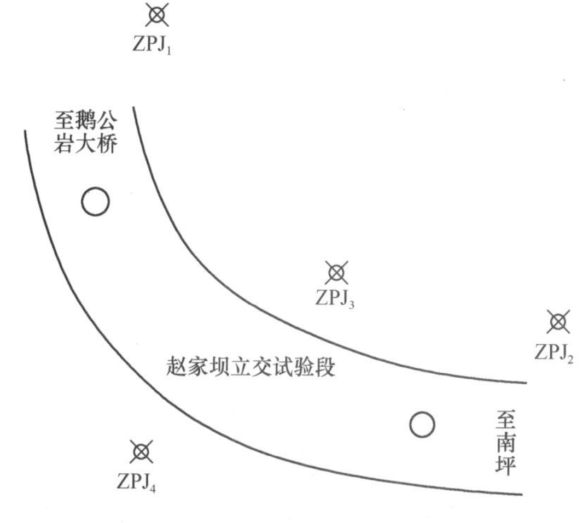

图 5.4-6　赵家坝立交控制网布设图

通过内业计算各控制点的坐标，见表 5.4-3。

控制点坐标　　表 5.4-3

点名	X (m)	Y (m)	Z (m)
ZPJ_1	64693.6703	61238.4373	248.354
ZPJ_2	64660.9037	61403.0345	253.2766
ZPJ_3	64649.2200	61387.2410	251.2714
ZPJ_4	64625.0310	61377.5530	250.4440

（二）数据采集

结合扫描仪特点和现场环境，采用“测站点+后视点”的作业模式进行数据采集。分别在控制点 ZPJ_3 和 ZPJ_4 上架设扫描仪；在控制点 ZPJ_1 和 ZPJ_2 上架设标靶，控制点 ZPJ_1 作为后视定向点，控制点 ZPJ_2 作为检校点。

控制点 ZPJ_3 和 ZPJ_4 距离立交试验段的距离均小于 50m。扫描开始前，对扫描仪和标靶都进行对中整平，量取仪器高，并记录下扫描仪架设的初始位置，保证后续扫描时扫描仪架设在同一初始位置。

扫描时采用的点云分辨率为 0.03m@100m，在扫描的同时对立交进行了影像采集，扫描完成后对标靶进行了数据采集。共对赵家坝立交试验段进行了两期扫描。

（三）数据处理

通过点云去噪、裁剪等操作去除噪点及多余数据，得到干净的桥梁点云数据，如图 5.4-7所示。

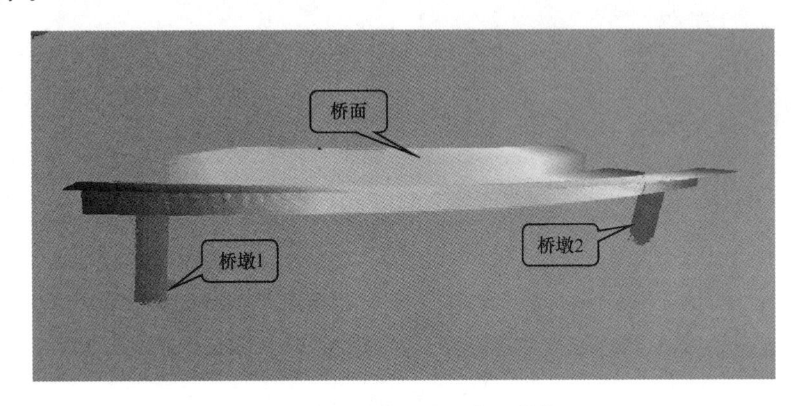

图 5.4-7 试验段独立点云数据

为了全面反映桥梁变形情况，将点云数据分解为桥面和桥墩两部分分别进行变形分析。

（四）桥面变形分析

原始桥面点云如图 5.4-8 所示。

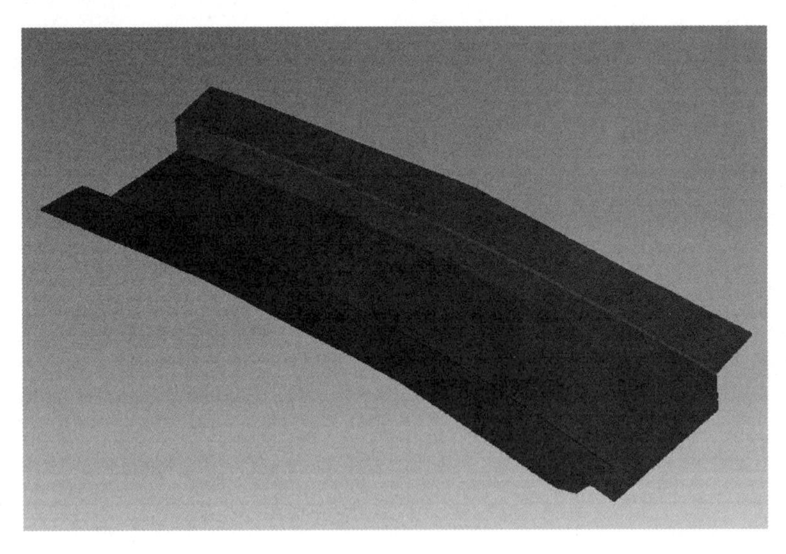

图 5.4-8 桥面点云数据

为提高后续数据处理效率，对点云进行重采样处理，采样间隔设置为 0.04m，采样算法顾及了点云曲率及法向量变化，能较好地保留轮廓特征，如图 5.4-9 所示。

对抽稀后的点云数据构建三角网，得到桥面模型，如图 5.4-10 所示。

将两期数据按上述过程进行处理，并基于两期三角网模型进行变形分析。将赵家坝立

图 5.4-9　点云抽稀结果

图 5.4-10　三角网模型

交试验段桥面两期模型数据导入 Geomagic Qualify 软件，并将第一期数据设置为参考数据，将第二期数据设置为测试数据。运用“3D 比较”功能对模型数据进行比较，结果如图 5.4-11 所示。

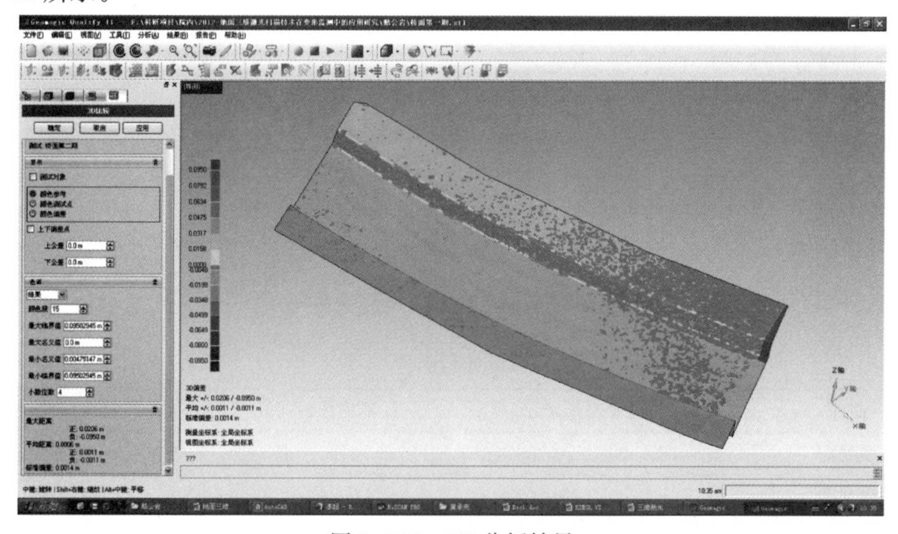

图 5.4-11　3D 分析结果

通过3D分析，得到两个模型之间的最大偏差为+0.0206m/−0.0950m，平均偏差为+0.0011/−0.0011m，标准偏差为0.0014m。

在桥面上分别截取一个横截面和纵截面，对两个截面上的两期数据进行比较分析。两个截面的位置如图5.4-12所示，分析得到的结果分别见图5.4-13、图5.4-14以及表5.4-4。

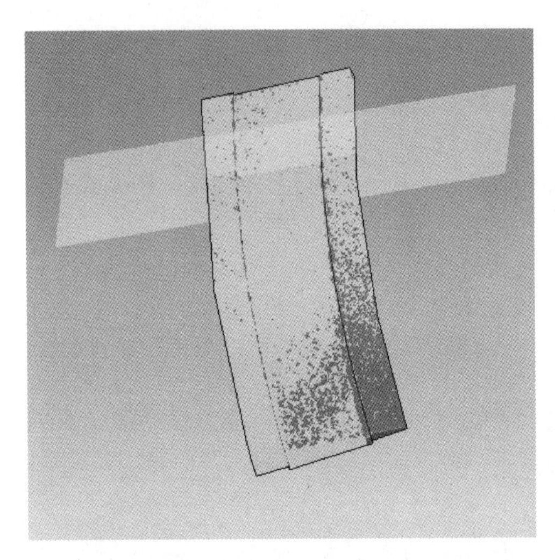
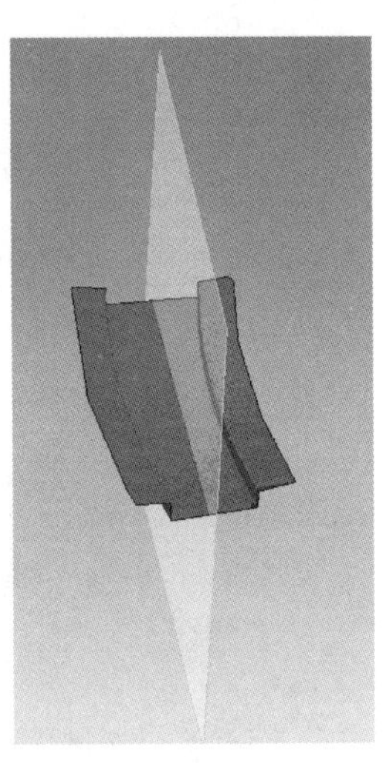

图5.4-12　截面位置示意图

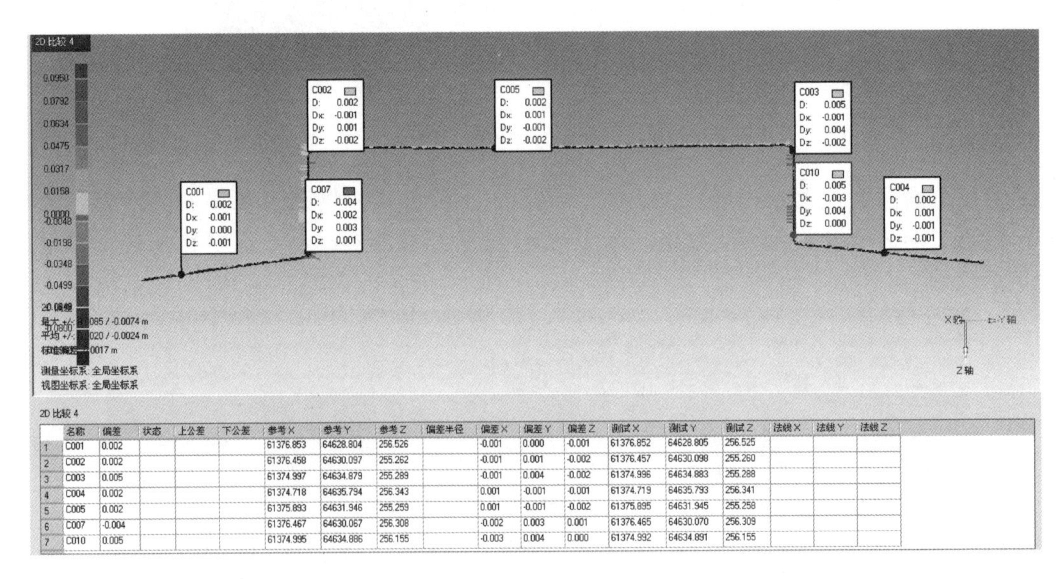

图5.4-13　横截面分析结果

2D分析结果　　**表5.4-4**

截面	最大偏差（m）	平均偏差（m）	标准偏差（m）
横截面	+0.0085/−0.0074	+0.0020/−0.0024	0.0017
纵截面	+0.0070/−0.0046	+0.0026/−0.0024	0.0019

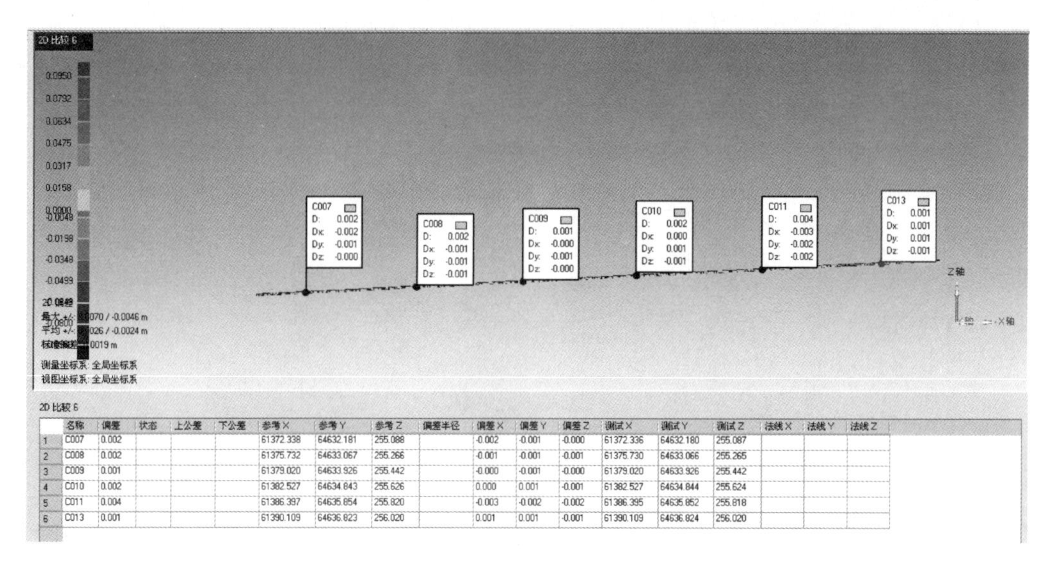

	名称	偏差	状态	上公差	下公差	参考X	参考Y	参考Z	偏差半径	偏差X	偏差Y	偏差Z	测试X	测试Y	测试Z	法线X	法线Y	法线Z
1	C007	0.002				61372.338	64632.181	255.088		-0.002	-0.001	-0.000	61372.336	64632.180	255.087			
2	C008	0.002				61375.732	64633.067	255.266		-0.001	-0.001	-0.001	61375.730	64633.066	255.265			
3	C009	0.001				61379.020	64633.926	255.442		-0.000	-0.001	-0.000	61379.020	64633.926	255.442			
4	C010	0.002				61382.527	64634.843	255.626		0.000	0.001	-0.001	61382.527	64634.844	255.624			
5	C011	0.004				61386.397	64635.854	255.820		-0.003	-0.002	-0.002	61386.395	64635.852	255.818			
6	C013	0.001				61390.109	64636.823	256.020		0.001	0.001	-0.001	61390.109	64636.824	256.020			

图 5.4-14　纵截面分析结果

为了进一步反映桥面各个细部尺寸之间的变化情况，通过软件提供的“贯穿截面”对两期数据之间的相互尺寸关系进行比较。对桥面数据在 *YZ* 平面上截取两个截面，如图 5.4-15所示。

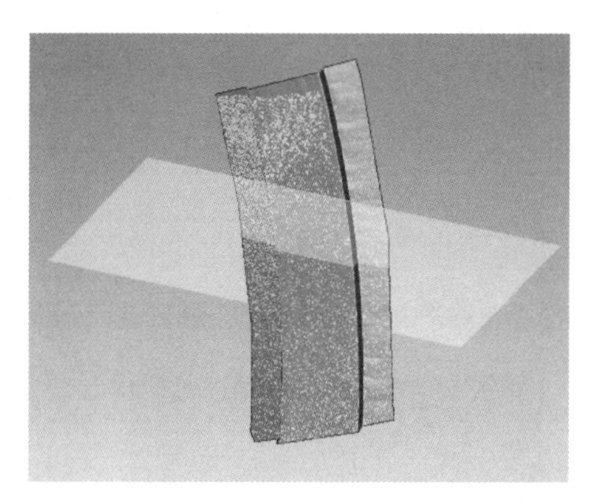

图 5.4-15　贯穿截面位置

运用“创建 2D 尺寸”功能对截面上的相关数据进行计算和比较，如图 5.4-16 所示。

分析结果表明：在两期数据之间，桥面各相关尺寸特征变化都在允许范围内，桥面处于稳定状态。

（五）桥墩变形分析

桥墩作为桥梁的主要支持部件，在桥梁安全中有重要作用，因此对桥墩进行单独变形分析。桥墩点云数据如图 5.4-17 所示。

采用圆柱模型对桥墩进行三维建模，如图 5.4-18 所示。

两期数据的模型拟合精度见表 5.4-5。

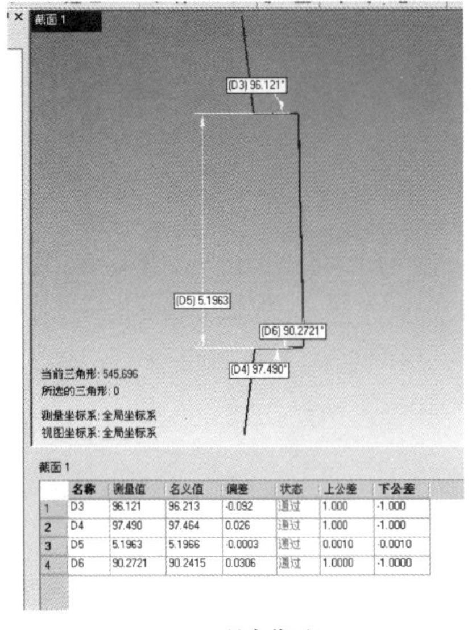

	名称	测量值	名义值	偏差	状态	上公差	下公差
1	D3	96.121	96.213	-0.092	通过	1.000	-1.000
2	D4	97.490	97.464	0.026	通过	1.000	-1.000
3	D5	5.1963	5.1966	-0.0003	通过	0.0010	-0.0010
4	D6	90.2721	90.2415	0.0306	通过	1.0000	-1.0000

(a) 贯穿截面1

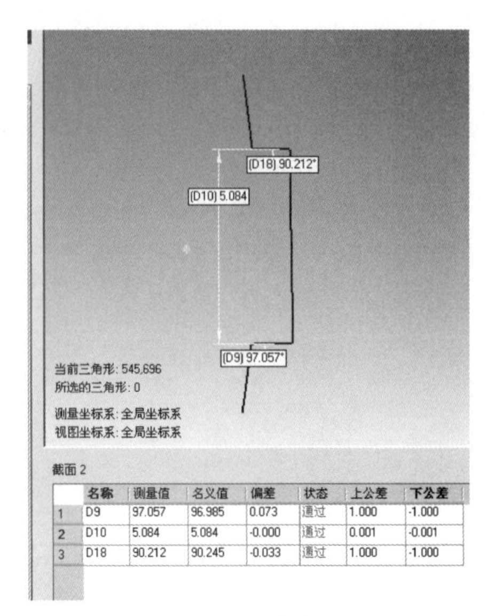

	名称	测量值	名义值	偏差	状态	上公差	下公差
1	D9	97.057	96.985	0.073	通过	1.000	-1.000
2	D10	5.084	5.084	-0.000	通过	0.001	-0.001
3	D18	90.212	90.245	-0.033	通过	1.000	-1.000

(b) 贯穿截面2

图 5.4-16　贯穿截面分析结果

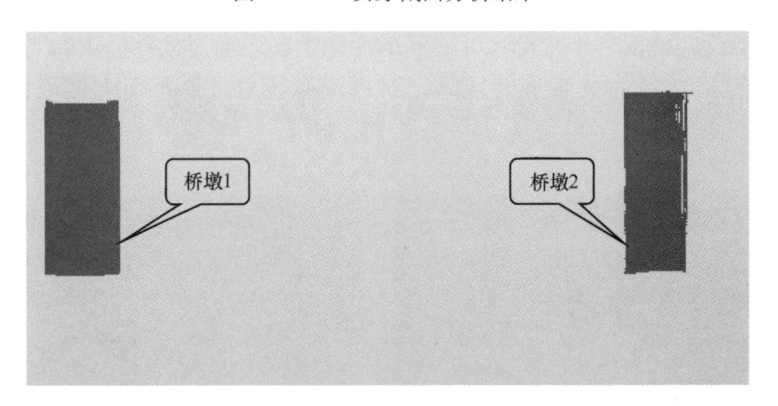

图 5.4-17　桥墩点云数据

(a) 桥墩1三维模型

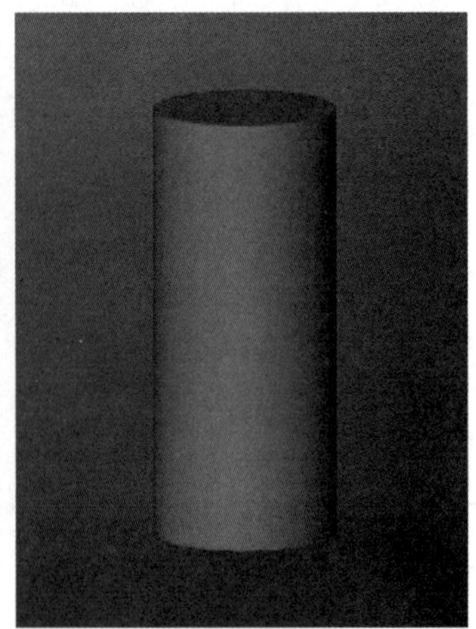

(b) 桥墩2三维模型

图 5.4-18　桥墩三维模型

桥墩拟合精度 **表 5.4-5**

期数	模型名称	拟合精度（m）
第一期	桥墩 1	0.00267
	桥墩 2	0.00424
第二期	桥墩 1	0.00270
	桥墩 2	0.00422

可通过模型上下底面的中心坐标反映桥墩的变形情况，见表 5.4-6 和表 5.4-7。

桥墩 1 坐标及位移 **表 5.4-6**

位置	期数	*X*	*Y*	*Z*
上底面	第一期（m）	×××66.86651	×××31.36196	254.50515
	第二期（m）	×××66.86633	×××31.36180	254.50508
	差值（mm）	−0.18	−0.16	−0.07
	平面位移（mm）	0.24		—
下底面	第一期（m）	×××66.86651	×××31.36127	251.12485
	第二期（m）	×××66.86633	×××31.36145	251.12593
	差值（mm）	−0.18	0.18	1.08
	平面位移（mm）	0.25		—

桥墩 2 坐标及位移 **表 5.4-7**

位置	期数	*X*	*Y*	*Z*
上底面	第一期（m）	×××95.99944	×××39.48279	256.08326
	第二期（m）	×××95.99913	×××39.48275	256.08924
	差值（mm）	−0.31	−0.04	5.98
	平面位移（mm）	0.31		—
下底面	第一期（m）	×××95.99941	×××39.48399	252.62381
	第二期（m）	×××95.99910	×××39.48385	252.62382
	差值（mm）	−0.31	−0.14	0.01
	平面位移（mm）	0.34		—

通过提取的中心坐标，分别计算每个桥墩的斜率，见表 5.4-8。

斜率计算 **表 5.4-8**

桥墩名	期数	*XZ* 平面（mm/m）	*YZ* 平面（mm/m）
桥墩 1	第一期	0.00	0.20
	第二期	0.00	0.10
	差值	0.00	−0.10
桥墩 2	第一期	0.01	−0.35
	第二期	0.01	−0.32
	差值	0.00	0.03

图 5.4-19 隧道内架站式三维激光扫描工作图

从表 5.4-6～表 5.4-8 可以看出，两期扫描得到的桥墩 1 平面位置最大偏差在 0.25mm，倾斜变形最大为 0.10mm/m，桥墩 2 平面位置最大偏差在 0.34mm，倾斜变形最大为 0.03mm/m。表明桥墩没有发生变形，处于稳定状态。

三、地铁隧道监测

轨道交通及其附属设施在建设及运营过程中由于土体扰动、周边工程施工及建（构）筑物负载等原因，其结构可能产生纵向或横向的变形，超过一定程度的变形会严重危害轨道交通安全，影响轨道交通的正常运营。

作者所在研究团队选取重庆轨道交通六号线礼嘉站至平场站区间的一段长约 200m 的轻轨隧道，应用三维激光扫描技术开展轻轨隧道变形监测（图 5.4-19）。现场控制点分布及第一期扫描测站和标靶布设方式如图 5.4-20 所示，共进行了 2 期点云数据采集。

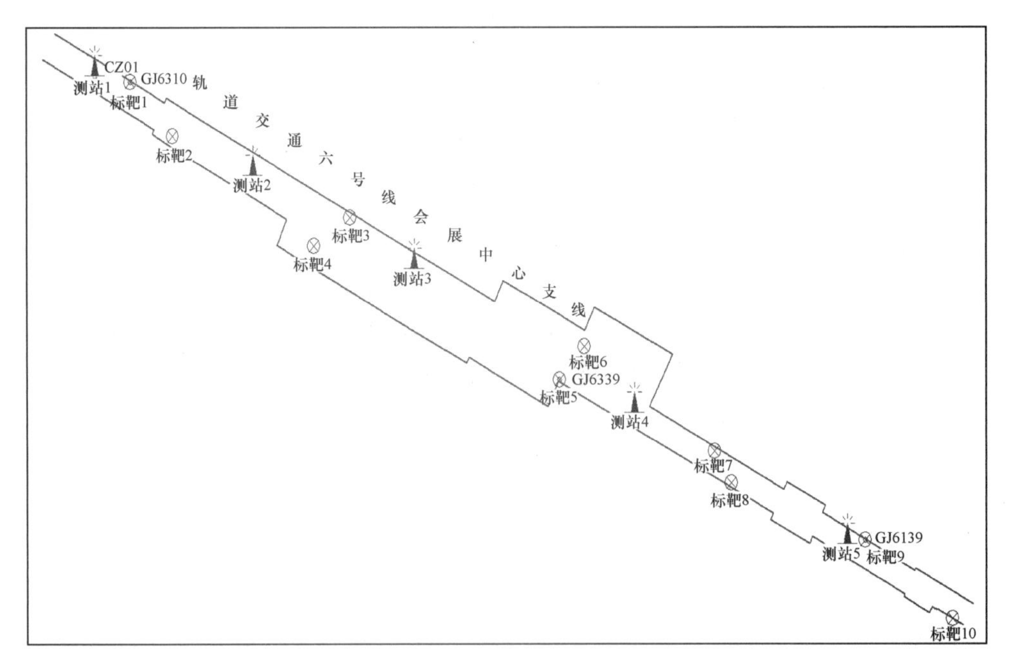

图 5.4-20 测站及标靶布设图

（一）点云处理

点云数据采集完成后，将各站的扫描数据导入点云处理软件，提取标靶的中心点坐标并进行配准，然后基于控制点坐标将点云转换到重庆独立系。第一期扫描数据经过配准和坐标转换后形成的点云数据如图 5.4-21 所示。

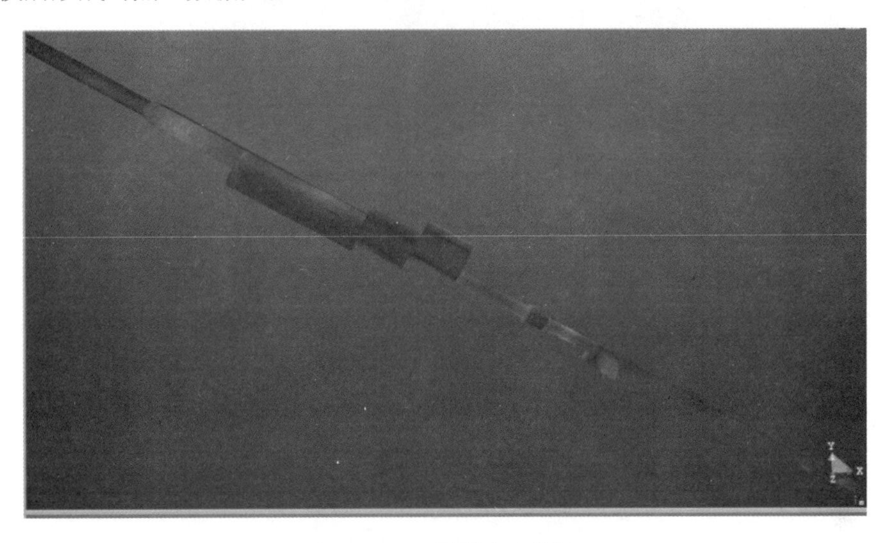

图 5.4-21 隧道点云数据

截取其中一段点云数据进行分析，首先进行点云去噪，剔除侧壁支架、管线、道床及作业人员等噪声数据，去噪前后点云数据分别如图 5.4-22（a）、图 5.4-22（b）所示。

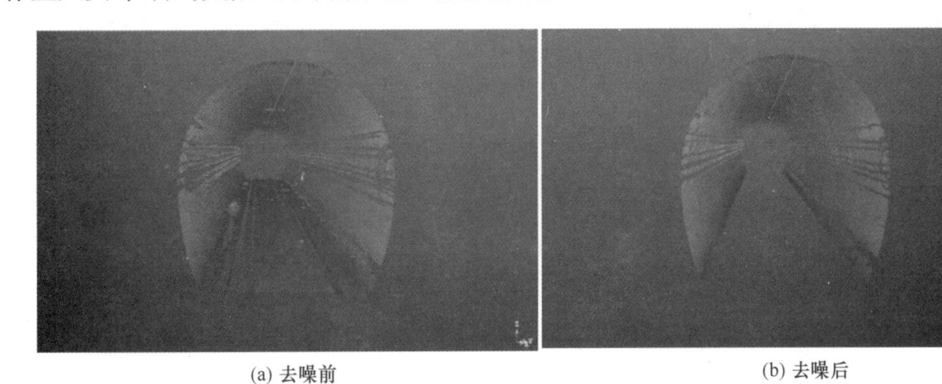

(a) 去噪前　　(b) 去噪后

图 5.4-22 试验区间原始点云数据

（二）精度验证

在隧道内选取两个断面，分别布设 4 个三维激光扫描专用反射标靶，如图 5.4-23 所示。

用三维激光扫描仪对各标靶进行扫描并提取中心点坐标，同时采用测角精度为 0.5″、测距精度为 $0.6\text{mm}+1\times10^{-6}\text{mm}$ 的高精度全站仪测量各标靶的中心点坐标，两者的测量结果如表 5.4-9 所示。

图 5.4-23　现场标靶布设图

标靶坐标对比表　　表 5.4-9

点号	X 坐标			Y 坐标			Z 坐标		
	全站仪（m）	激光扫描（m）	差值（mm）	全站仪（m）	激光扫描（m）	差值（mm）	全站仪（m）	激光扫描（m）	差值（mm）
DM1-1	×××49.9854	×××49.9844	−1.044	×××18.4877	×××18.4909	3.189	307.7547	307.7571	2.377
DM1-2	×××49.7057	×××49.7040	−1.684	×××18.2919	×××18.2945	2.571	309.7488	309.7513	2.539
DM1-3	×××45.7799	×××45.7786	−1.309	×××16.3775	×××16.3794	1.942	306.5692	306.5706	1.389
DM1-4	×××45.8637	×××45.8629	−0.775	×××16.4317	×××16.4332	1.518	309.0157	309.0171	1.422
DM2-1	×××15.5420	×××15.5395	−2.492	×××88.5812	×××88.5813	0.058	309.3449	309.3476	2.653
DM2-2	×××15.5114	×××15.5099	−1.462	×××88.5750	×××88.5755	0.542	310.4149	310.4181	3.214
DM2-3	×××03.0901	×××03.0871	−3.014	×××85.2552	×××85.2560	0.769	310.2263	310.2281	1.779
DM2-4	×××03.0422	×××03.0401	−2.051	×××85.3687	×××85.3696	0.944	309.3299	309.3333	3.357

从表 5.4-9 可以看出，三维激光扫描仪获取的坐标与全站仪测量坐标的差值最大不超过 4mm，精度较高。假设全站仪测量坐标为真值，根据水平点位中误差公式：

$$\left.\begin{aligned}\sigma_x &= \pm\sqrt{\sum_{i=1}^{n}\frac{\Delta x_i^2}{n}}\\ \sigma_y &= \pm\sqrt{\sum_{i=1}^{n}\frac{\Delta y_i^2}{n}}\\ \sigma_0 &= \pm\sqrt{\sigma_x^2+\sigma_y^2}\end{aligned}\right\}\tag{5.4-1}$$

以及高程中误差公式：

$$\sigma_z = \pm\sqrt{\sum_{i=1}^{n}\frac{\Delta z_i^2}{n}} \tag{5.4-2}$$

分别计算得到标靶的水平点位中误差$\sigma_0 = \pm 2.56$mm、高程中误差$\sigma_z = 2.45$mm，均满足《城市轨道交通工程测量规范》GB/T 50308—2017 中变形监测Ⅱ级所要求的±3mm 及±5mm。

为了验证扫描仪测量的相对误差，分别计算两个断面各点位之间的距离，计算结果如表 5.4-10 所示。

点位间距对比表　　表 5.4-10

断面	边	全站仪（m）	激光扫描（m）	差值（mm）
断面 1	DM1-1 至 DM1-2	2.0231	2.0234	0.3081
	DM1-1 至 DM1-3	4.8523	4.8533	1.0135
	DM1-1 至 DM1-4	4.7755	4.7758	0.2355
	DM1-2 至 DM1-3	5.4025	5.4031	0.6274
	DM1-2 至 DM1-4	4.3311	4.3310	−0.1647
	DM1-3 至 DM1-4	2.4485	2.4486	0.0420
断面 2	DM2-1 至 DM2-2	1.0705	1.0710	0.5291
	DM2-1 至 DM2-3	12.9186	12.9188	0.2605
	DM2-1 至 DM2-4	12.9060	12.9054	−0.6484
	DM2-2 至 DM2-3	12.8587	12.8601	1.4617
	DM2-2 至 DM2-4	12.9205	12.9209	0.4567
	DM2-3 至 DM2-4	0.9048	0.9032	−1.5918

由表 5.4-10 可知，由全站仪测量数据与三维激光扫描数据计算得到的各点之间距离较差均小于 2mm，满足《城市轨道交通工程测量规范》GB/T 50308—2017 中变形监测Ⅰ级所要求的 2mm。

以上精度分析试验证明了采用三维激光扫描仪进行隧道变形监测的可行性和有效性。

（三）形变分析

1. 隧道断面变形分析

分析隧道的结构变形是隧道安全监测的重要内容，三维激光扫描的点云包含了隧道结构表面的坐标信息，因此可在多期扫描数据中提取同一位置的断面数据进行对比，分析隧道的变形情况。与传统的全站仪监测单个点进行变形分析相比，通过断面进行对比能更加全面地反映隧道结构的变形状况。

提取断面前需要先通过点云生成三角网，试验区段构建的三角网如图 5.4-24 所示。

提取断面时，设置起止位置及断面间距，可自动生成相应的断面曲线及断面中心点坐标、法线等属性信息。在试验区段以 1m 为间距共提取 32 个断面，如图 5.4-25 所示。

断面提取完成后，通过断面分析器可对同一位置的两期断面数据进行对比，选取其中一个断面进行分析，如图 5.4-26 所示。

从图 5.4-26 中可以看出，此断面两期数据的差值大多在 2mm 以内，最大不超过 4mm，且断面各位置的差值呈正态分布，表明该断面无明显变形，结构稳定。

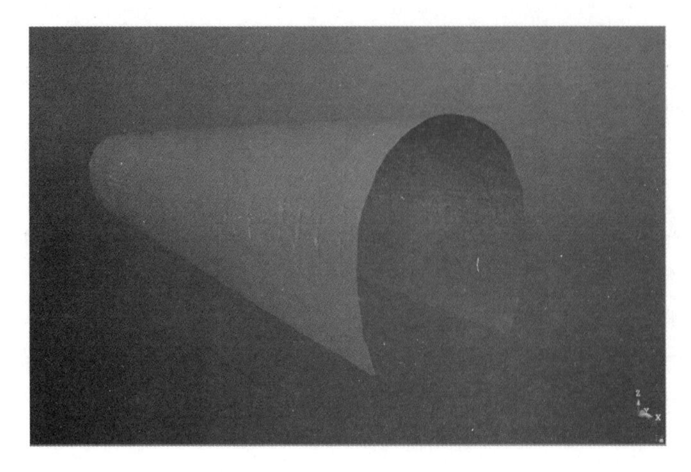

图 5.4-24 试验区段三角网

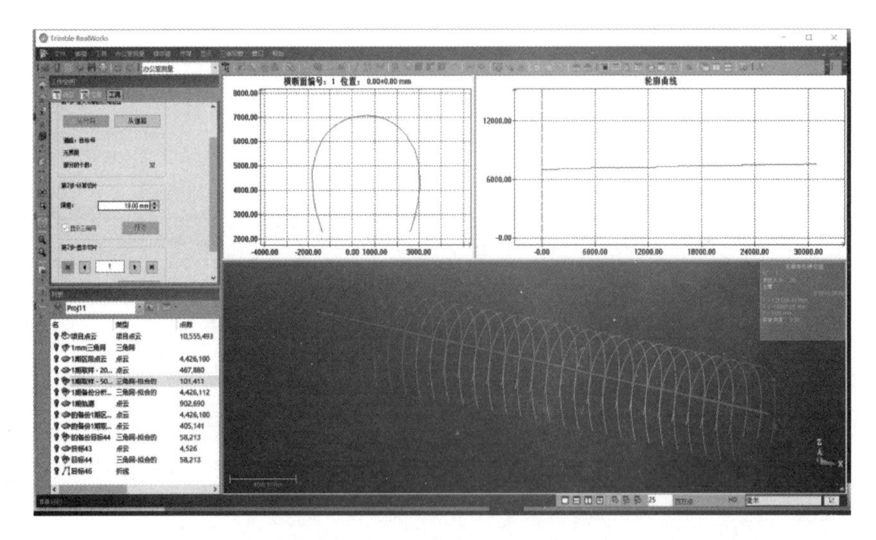

图 5.4-25 试验区段断面曲线

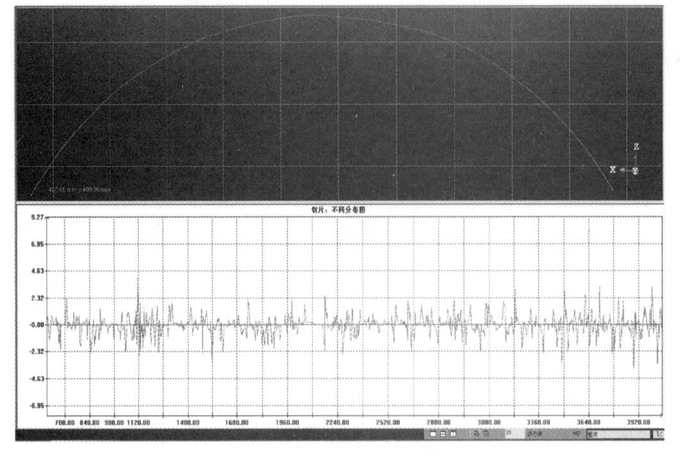

图 5.4-26 断面对比分析

以上分析了单个断面的变形情况，下面对隧道的整体变形趋势进行分析。将两期点云数据分别构建三角网进行叠加，如图 5.4-27 所示，其中红色和绿色分别表示第一期和第二期三角网数据。

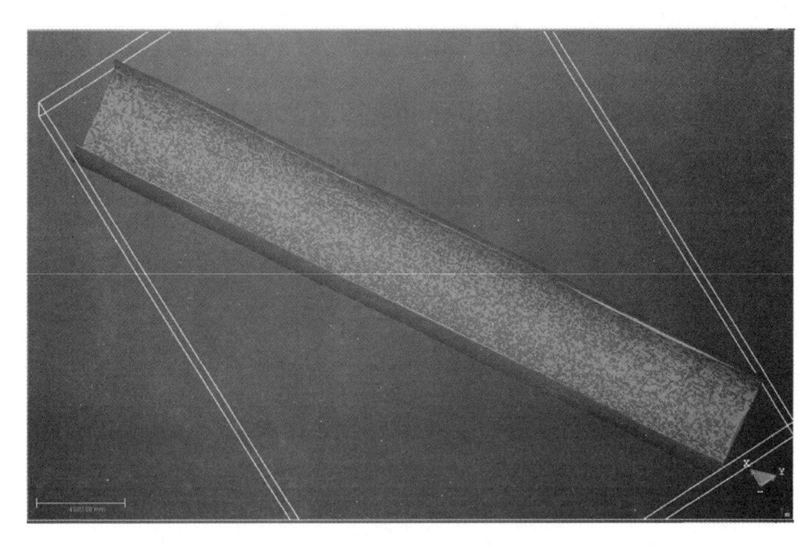

图 5.4-27 两期三角网叠加图

从图 5.4-27 中可以看出，两期三角网呈均匀交替分布，表明隧道未发生明显变形。为了进行定量分析，提取各个断面的中心点并连接形成隧道结构的中轴线，通过两期中轴线数据的对比分析隧道的整体变形情况。

32 个断面的中心点坐标如表 5.4-11 所示（*X*、*Y* 坐标均省略前三位数字）。

断面中心点坐标 **表 5.4-11**

断面名	*X* 坐标			*Y* 坐标			*Z* 坐标		
	第一期（m）	第二期（m）	差值（mm）	第一期（m）	第二期（m）	差值（mm）	第一期（m）	第二期（m）	差值（mm）
断面 1	86.1015	86.0895	11.96	38.2587	38.2656	−6.91	311.1547	311.1507	3.97
断面 2	85.7599	85.7520	7.95	39.2080	39.2101	−2.13	311.1733	311.1762	−2.86
断面 3	85.4841	85.4806	3.51	40.1916	40.1998	−8.24	311.2291	311.2324	−3.31
断面 4	84.8640	84.8635	0.52	40.9964	40.9976	−1.15	311.2198	311.2234	−3.60
断面 5	84.2998	84.3015	−1.71	41.8302	41.8288	1.41	311.3489	311.3502	−1.31
断面 6	83.8128	83.8166	−3.76	42.7041	42.7120	−7.93	311.3866	311.3862	0.41
断面 7	83.2924	83.2888	3.65	43.5607	43.5627	−2.00	311.4825	311.4852	−2.67
断面 8	82.9121	82.9013	10.83	44.4900	44.4970	−7.00	311.6284	311.6284	0.03
断面 9	82.5610	82.5726	−11.56	45.4344	45.4379	−3.52	311.3634	311.3634	0.05
断面 10	82.2255	82.2160	9.50	46.3870	46.3902	−3.24	311.3778	311.3781	−0.33
断面 11	81.8188	81.8204	−1.60	47.3026	47.2957	6.90	311.3012	311.3002	1.01
断面 12	81.1895	81.1980	−8.51	48.1026	48.0932	9.42	311.2534	311.2555	−2.12
断面 13	80.6406	80.6300	10.64	48.9444	48.9373	7.11	311.4230	311.4194	3.61

续表

断面名	X坐标			Y坐标			Z坐标		
	第一期（m）	第二期（m）	差值（mm）	第一期（m）	第二期（m）	差值（mm）	第一期（m）	第二期（m）	差值（mm）
断面 14	80.3853	80.3836	1.74	49.9386	49.9475	−8.89	311.3534	311.3549	−1.47
断面 15	79.6848	79.6917	−6.88	50.7016	50.7069	−5.27	311.3003	311.2996	0.73
断面 16	79.2465	79.2574	−10.89	51.6008	51.6053	−4.47	311.5149	311.5148	0.09
断面 17	78.8531	78.8402	12.94	52.5233	52.5199	3.40	311.4130	311.4155	−2.48
断面 18	78.3781	78.3835	−5.39	53.4034	53.4108	−7.44	311.3847	311.3840	0.71
断面 19	77.8874	77.8893	−1.93	54.2754	54.2688	6.59	311.5397	311.5369	2.81
断面 20	77.4057	77.3956	10.11	55.1521	55.1509	1.24	311.4641	311.4625	1.57
断面 21	76.8685	76.8730	−4.51	55.9999	56.0014	−1.52	311.4068	311.4088	−2.02
断面 22	76.6299	76.6362	−6.35	57.0028	56.9950	7.81	311.5164	311.5164	−0.05
断面 23	76.0075	76.0078	−0.30	57.8064	57.8144	−8.01	311.5388	311.5398	−0.98
断面 24	75.4674	75.4777	−10.31	58.6527	58.6627	−9.98	311.5778	311.5763	1.48
断面 25	75.0908	75.0978	−6.96	59.5839	59.5765	7.42	311.5468	311.5472	−0.36
断面 26	74.6536	74.6458	7.85	60.4837	60.4844	−0.66	311.5936	311.5948	−1.16
断面 27	73.9178	73.9290	−11.20	61.2284	61.2289	−0.48	311.3154	311.3191	−3.73
断面 28	73.5485	73.5479	0.56	62.1634	62.1734	−9.95	311.4728	311.4735	−0.72
断面 29	73.0871	73.0929	−5.79	63.0506	63.0564	−5.84	311.4230	311.4195	3.53
断面 30	72.9065	72.9190	−12.54	64.0836	64.0872	−3.56	311.5793	311.5791	0.18
断面 31	72.3383	72.3305	7.77	64.9153	64.9086	6.68	311.5825	311.5850	−2.45
断面 32	71.9978	72.0013	−3.55	65.8653	65.8734	−8.07	311.8549	311.8567	−1.82

各个断面中心点坐标在 X、Y、Z 三个方向上的差值如图 5.4-28 所示。

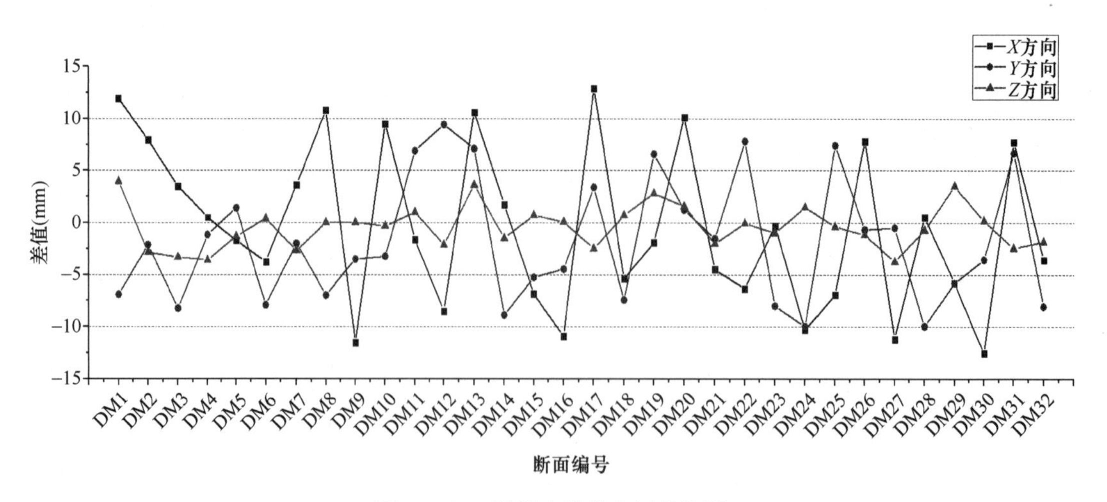

图 5.4-28 隧道中轴线坐标偏差图

从图 5.4-28 可以看出，隧道中轴线坐标在三个维度上均无趋势性差异，表明隧道结构无明显变形，两期数据波动主要是由于扫描误差引起，且 Z 方向数据波动较小。经分析，主要是由于隧道两侧管壁上有大量支架及管线，在点云去噪时未能完全剔除这部分数据，导致在构建管壁三角网时对 X 和 Y 方向产生了影响。

2. 隧道结构病害检测

隧道处于天然介质的环境中，在运营中会出现渗漏水（水害）、衬砌裂损、隧道冻害、衬砌腐蚀、震害和洞内空气污染等病害。这些病害和危害对隧道的安全、舒适、正常运营有重要影响和威胁。其中，隧道衬砌裂损是隧道病害的主要形式。

传统作业方式中，裂缝的错距、扩张程度观测多在裂缝处设置灰块、钎钉、金属板等埋件，然后根据埋件的相互移动位置计算错距和扩张程度。这类方法虽然简便易操作，但是测量精度较差，且预制埋件易被损毁，破坏监测的连续性。裂缝宽度测量一般采用裂缝插片尺和裂缝观测仪进行，该方法费时费力且测量精度较差。

图 5.4-29 管片间结构缝

三维激光扫描仪获取的点云数据可反映隧道结构的细节信息，例如裂缝、渗水点、混凝土腐蚀脱落区域等，因此可以利用三维激光扫描技术进行隧道的病害识别与检测，减少了人工摸排的低效率和不准确性。图 5.4-29 所示是隧道管片间的一处结构缝。

在点云数据中可清晰查看该结构缝，并能量测其长度及宽度，如图 5.4-30 所示。

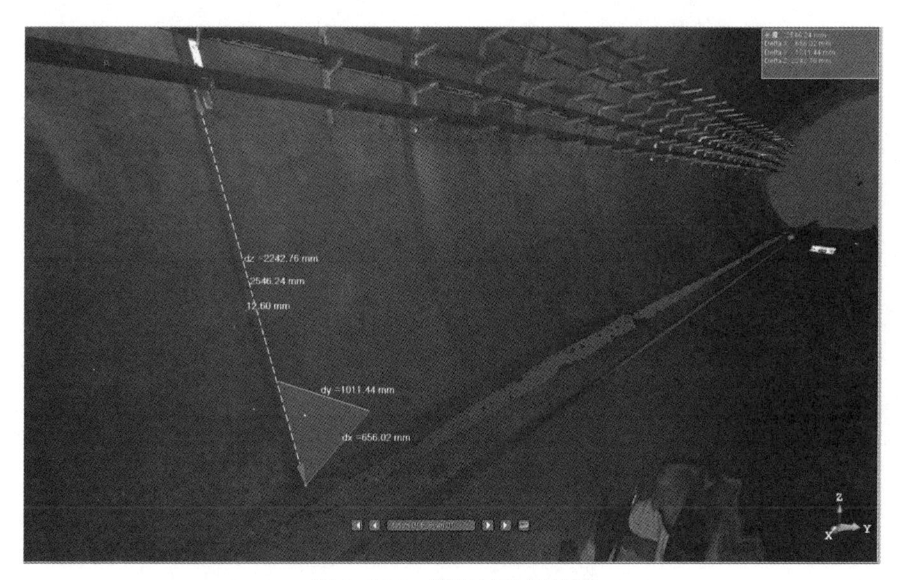

图 5.4-30 隧道结构缝量测

3. 隧道设施快速建模

地铁隧道中，存在很多管道、电缆、轨道以及水渠等附属设施，对其中形状较为规则的构件，如轨道（图 5.4-31）、栏杆（图 5.4-32）、管道（图 5.4-33）等可进行快速建模。通过模型可查看构件的直径、长度、端点坐标等几何属性以及与其他设施的位置关系等信息。

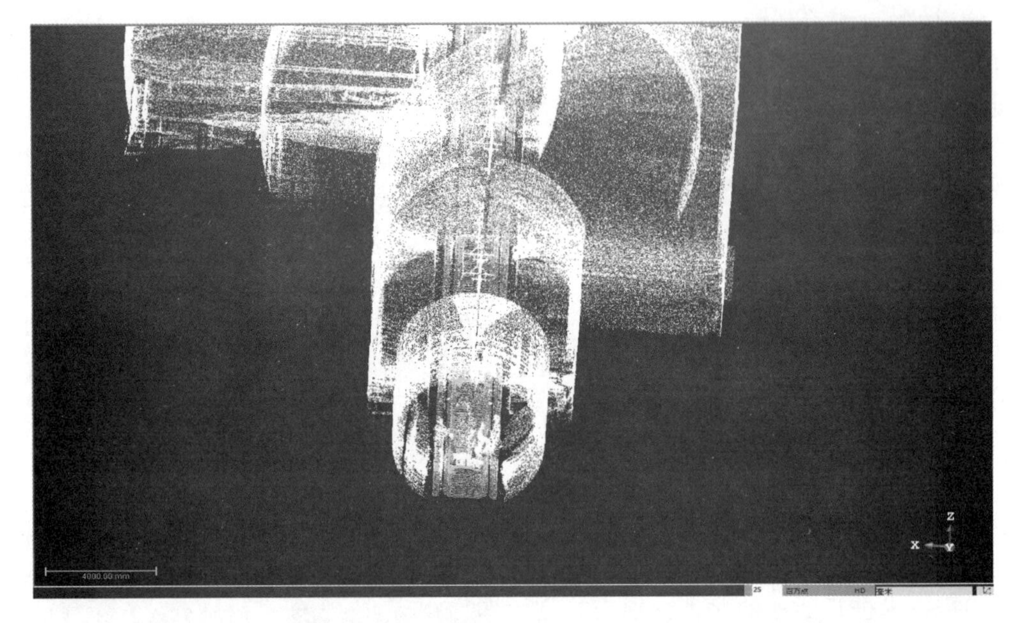

图 5.4-31　轨道三维模型

图 5.4-32　栏杆三维模型

运营中的地铁、高铁等隧道中往往存在大量的附属设施，种类多样、结构复杂，需要经常对这些设施进行维护和更新。通过构建三维模型对设施进行可视化管理，足不出户就

图 5.4-33　管道三维模型

能查看设施的几何尺寸及其他信息，免去了到现场进行量测核实所耗费的人力物力，对设施检修维护、更新换代以及优化设计等工作具有很高的实用价值。

第五节　本章小结

三维激光扫描是一种先进的获取地面空间多目标三维数据的测量技术，它将传统测量系统的点测量扩展到面测量，它可以深入到复杂的现场环境及空间中进行扫描操作，并直接将各种大型、复杂实体的三维数据完整地采集到计算机中，进而快速重构出目标的三维模型及点、线、面、体等各种几何数据。由于高精度、非接触、高效率等特点，已经被广泛用于各类工程安全监测项目中。

激光就是一种受激发射的干涉光，受激辐射是产生激光的必要条件。受激辐射发出的光子和外来光子的频率、位相、传播方向以及偏振状态全相同，具有高亮度、高方向性、高单色性和高相干性等四大特征。人们通常基于脉冲距法、相位测距法、激光三角法、脉冲-相位式等方法进行激光测距。

运用三维激光扫描技术开展工程安全监测，通常包括点云数据获取、点云数据处理、监测分析三部分工作内容。

点云数据的获取主要通过激光扫描系统快速、连续采集物体表面反射的激光形成三维点云数据。按三维激光扫描仪所搭载平台的不同，主要有地面架站式、机载、车载扫描系统。为提升点云获取的精度，自研发了移动系统整体标定、基于 RTK 的点云精度优化、无 GNSS 环境下的点云获取方法。

点云数据处理包括滤波去噪、坐标转换、点云配准、分割提取等内容。在滤波去噪方面，常用中值滤波、均值滤波、高斯滤波、统计滤波和双边滤波；在坐标转换方面，提出一种基于异构并行计算的海量点云坐标转换方法；在点云配准方面，作者所在研究团队联合首都师范大学共同研发了 3D 弱监督图卷积深度学习模型，实现对监测对象多期观测数据的配准，以方便长期监测；在分割提取方面，常采用随机采样一致方法、欧式聚类分割方法、条件欧式聚类分割、基于区域生长的分割、最小图割的分割、基于法线微分的分割、基于超体素的分割等算法。

三维激光扫描监测分析主要从几何形变分析、结构病害检测、成因分析与预测方面着手。激光扫描技术可快速获取建筑、桥梁、隧道、大坝等被测物体各部分的三维点云数据，通过比较不同时期采集的点云数据，分析被测物体是否发生了沉降、水平位移、倾斜等几何形变。工程建（构）筑物在长时间的运营过程中，由于受外部环境和自身因素的影响，常会出现渗水、裂损、冻害、腐蚀、震害等病害。通过三维激光扫描获取点云数据，可以监测被测物体的结构病害情况，减少人工摸排的低效率和不准确性。

在点云数据处理分析完成之后，还需进一步对几何形变或结构病害的成因进行解释分析。影响工程安全的因素可能有地质条件、结构设计、施工质量、外部环境等。此外，还应根据多期长时间序列的点云数据，构建趋势预测模型，模拟监测对象随时间推移逐渐老化的趋势曲线，以及在特定环境条件下（如地震、暴风雨、过量荷载）监测对象的几何形变和结构病害发展态势。

最后，分别以重庆茂业百货大厦、赵家坝立交和轨道交通六号线隧道为例，阐述了三维激光扫描技术在高层建筑、桥梁和隧道监测中的应用。

参考文献

[1] 王健，王果，李峰．LiDAR 原理及应用[M]．徐州：中国矿业大学出版社，2023.
[2] 王庆栋．基于机载 LiDAR 点云的建筑物语义化三维重建技术研究[M]．武汉：武汉大学出版社，2021.
[3] 廉旭刚，胡海峰，蔡音飞，等．三维激光扫描技术工程应用实践[M]．北京：测绘出版社，2017.
[4] 谢宏全，侯坤．地面三维激光扫描技术与工程应用[M]．武汉：武汉大学出版社，2013.
[5] 向泽君，滕德贵，袁长征，等．基于多层次语义特征的建筑立面点云提取方法[J]．土木与环境工程学报(中英文)，2021，43(4)：99-107.
[6] 明镜，向泽君，龙川，等．车载移动测量系统装备研制与应用[J]．测绘通报，2017(9)：136-141.
[7] 袁长征，滕德贵，胡波，等．三维激光扫描技术在地铁隧道变形监测中的应用[J]．测绘通报，2017，(9)：152-153.
[8] 陈鹏，裘友荣，滕明星，等．徕卡 P50 三维激光扫描仪在桥墩垂直度检测中的应用[J]．测绘通报，

2021(S2)：181-185.

[9] 李仁忠，陈华刚，王昌翰，等．三维激光扫描技术建构物变形监测中的应用研究[Z].

[10] 黄承亮．激光扫描技术下桥梁变形监测方法的研究[J]. 测绘通报，2015(S1)：206-209.

[11] 秦亚华，陈鹏．基于误差椭球的激光点云变形可监测指标研究[J]. 测绘通报，2020(S1).

[12] 姚连璧，孙海丽，王璇，等．基于激光跟踪仪的轨道静态平顺性检测系统[J]. 同济大学学报(自然科学版)，2016(8)：1260-1265.

[13] 杜黎明，钟若飞，孙海丽，等．移动激光扫描技术下的隧道横断面提取及变形分析[J]. 测绘通报，2018(6)：61-67.

[14] 刘妍，孙海丽．移动激光隧道检测系统在地铁隧道安全检测中的应用[J]. 测绘技术装备，2020，22(4)：81-84.

[15] 孙海丽，姚连璧，周跃寅，等．激光跟踪仪测量精度分析[J]. 大地测量与地球动力学，2015，35(1)：177-181.

[16] 李峰，刘文龙．机载 LiDAR 系统原理与点云处理方法[M]. 北京：煤炭工业出版社，2017.

[17] 郑跃骏，岳仁宾．基于激光扫描的交通隧洞几何形变监测方法[J]. 北京测绘，2018，32(11)：1318-1321.

[18] 孙海丽，姚连璧，王璇，等．基于三维线形坐标系的轨道静态平顺性数据处理方法研究[J]. 铁道勘察，2015(6)：19-24.

[19] 张震，孙海丽，钟若飞，等．基于实测数据的轨道整正方法研究[J]. 铁道科学与工程学报，2019，16(11)：2699-2706.

[20] 周米玉，孙海丽，杜黎明，等．移动激光扫描技术的盾构隧道收敛直径提取方法[J]. 测绘科学，2021，46(5)：112-117，125.

[21] 朱强，钟若飞，孙海丽，等．移动激光检测系统的隧道限界检测方法[J]. 测绘科学，2020，45(6)：118-125.

第六章　智能传感监测

第一节　发展现状

传感器能将感受到的信息按一定规律变换成为电信号或其他所需形式的信息输出，以满足信息的传输、处理、存储、显示、记录和控制等要求。传感技术是指通过传感器获取感知信息，并进行处理（变换）和识别的工程技术，是融合了多学科知识的综合性技术，不仅汇集了物理、化学、材料、电子、机械以及生物工程等多个领域的知识，还涉及传感监测原理的深入探究、传感器件创新、传感器开发应用等多个方面的内容。

在工程安全监测领域，可以用于监测的传感器种类繁多，可按照被监测量类型、通信方式、传感原理、通信接口形式进行分类。按被监测量类型分类，传感器可分为环境类传感器、荷载作用类传感器、结构响应类传感器、结构变化类传感器等；按通信方式分类，传感器可分为有线传感器、无线通信传感器两大类；按传感原理方式分类，传感器可分为激光传感器、红外传感器、电容式传感器、电压式传感器、光纤类传感器、超声波传感器等；按通信接口方式分类，传感器可分为 RJ45 接口传感器、RS232 接口传感器、RS485 接口传感器、光纤接口传感器、蓝牙接口传感器、WiFi 接口传感器等。

目前，工程安全监测中常用的传感器主要包括：光纤传感器、振弦传感器、激光传感器、MEMS 传感器、电容传感器、电阻传感器、图像传感器等。工程项目中，通常采用将多类型传感器埋设于作业现场的方式，以实现在无人值守情形下结构安全相关物理信号量的获取，如结构变形、应力应变、振动以及材料老化等信息。多类型监测传感器的大规模集成应用，极大地丰富了技术人员获取结构感知数据的种类。同时，将无损传感感知技术与云计算、大数据分析技术相结合，开展结构形变趋势预测、安全预警、损伤识别、疲劳检测以及状态评估等监测数据应用分析，已成为工程安全监测的主流技术手段。

未来，随着技术的不断革新、新型材料的持续开发以及制造工艺的日益精进，传感器技术正稳步迈向固态化、集成化、小型化、图像化和智能化的新阶段，展现出令人瞩目的广阔发展前景。

第二节　基本原理

传感器通常由敏感元件和转换元件组成，是能感受被测对象的物理量，并按照一定的规律将其转换成可用输出信号的器件或装置。其中，敏感元件是指传感器中能直接感受或响应被测量的部分，转换元件是指传感器中能将敏感元件感受或响应的被测量物理量转换成适于传输或测量的电信号的部分。

目前，随着先进材料与高性能电子器件的飞速发展，传感器技术正逐步迈向更加小型化和智能化的新阶段。智能传感器不仅具有感知物理信号量的功能，还具有智能处理与通信单元，能够实现数据的采集、处理、存储、通信与控制。

本小节简要介绍了工程安全监测领域中常用传感器的基本工作原理，包括光纤传感器、振弦传感器、激光位移传感器，以及其他常用监测传感器。同时，为便于读者在实际工程应用中有针对性地选择，本小节还对这些传感器的基本性能指标进行了简要说明。

一、光纤传感器

光纤传感技术是一种集传感与传输为一体，利用光的强度、波长、频率、相位、偏振态等特征量对外界参数的响应变化，来反映光纤沿线环境信息量的先进技术，其柔性结构可实现复杂条件下的结构分布式健康监测。

光纤传感是利用光在传输介质中，受外界环境的影响会发生光的强度、波长、频率、相位等特征量的变化，进而用来感知光纤沿线环境信息量的先进技术。光纤传感技术因其兼有“传”和“感”的功能，即光纤既用于传感，也用于信号传输，相比较而言电信号传输则省去了电信号测量中需要连接大量信号线的成本和时间。此外，由于光纤传感技术测量载体为玻璃，能够适应复杂的电磁环境，不易被干扰，还具有受外界环境干扰小、传输距离远、测量范围长的优点，可适用于长距离监测应用场景。

现有光纤传感技术中，按感知方式的不同，可以分为准分布监测传感器与分布式监测传感器。其中，准分布传感器通常指光纤光栅传感器，在一根数据传输导线上，可以串联多个敏感元件，实现结构变形、应力应变、振动、温湿度等信号量的采集；分布式光纤传感器是指能够测量光纤布设范围内任意点的物理量变化，主要用于应力应变、温度、结构形变、振动等物理信号量的监测。

相比于点式监测传感器，准分布传感器、分布式传感器具有能够测量连续区域范围内监测数据变化的能力，有利于提高结构安全监测预警的可靠性，是当前研究的一个热点技术。

（一）光纤光栅传感器

光纤布拉格光栅（FBG）是工程监测领域最为常用的一种光纤光栅传感技术，利用待测物理量（温度、应变、位移、倾角等）对入射光的波长进行调制，在纤芯内制作一段改变原有性质的区域，该区域纤芯的折射率产生周期性变化，形成空间的相位光栅。当入射光波通过该区域，满足布拉格条件的光波会反射，剩下的光波透过光纤光栅继续传输。若待测物理量发生变化，将导致感知光栅的折射率或光栅周期发生变化，反射光的中心波长也会随之改变，从而通过反射光的中心波长变化换算出感知信号量的变化。

光纤布拉格光栅传感原理如图6.2-1所示。

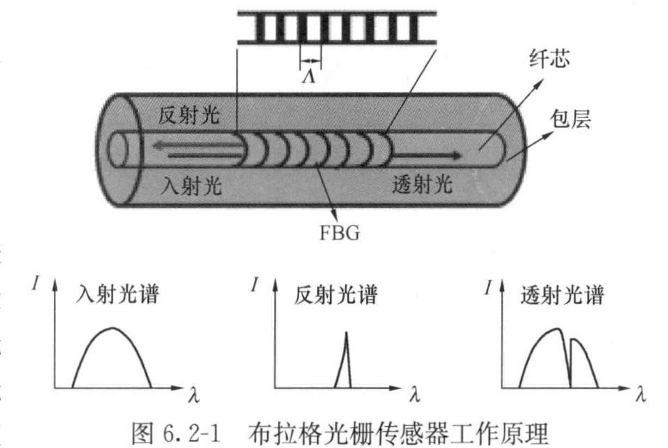

图 6.2-1　布拉格光栅传感器工作原理

如上图所示，大部分宽带光在进入光纤时，会通过布拉格光栅而不受影响，只有特定波长的光在布拉格光栅处会发生反射，这种特定波长的光的波长被称为布拉格光栅的中心波长，通常用符号λ_B来表示。根据耦合模理论可得，在满足相位匹配条件时，光栅的中心波长为：

$$\lambda_B = 2n_{eff} \cdot \Lambda \tag{6.2-1}$$

式中，λ_B为布拉格波长；n_{eff}为光纤传播模式的有效折射率；Λ为光栅周期。根据公式可以发现，光栅的中心反射波长与有效折射率和光栅周期密切相关。当温度、压力或应变发生改变时，会对有效折射率和光栅周期产生影响，从而导致光栅反射光的中心反射波长的变化，进而通过测量中心反射波长的变化量来监测温度、压力和应变的变化情况。

在工程安全监测领域，光纤光栅传感器可以用来完成温度、振动、位移、应力应变、倾角等物理信号量的数据采集，具有反射带宽范围大、附加损耗小、体积小、易与光纤耦合、不受环境尘埃影响等一系列优异性能。相比于其他类型传感器，光纤布拉格光栅传感器不受限于一对一的传输，只要有不一样中心波长的光栅串联在同一条光纤上，就可以在一个时间段内一次性对多点以上的信号进行测量。此外，光纤光栅传感器不但可以节省大量的布设安装空间，而且由于只使用了一到两条光纤，还大大节省了成本，消除了电磁干扰的影响。

工程应用中，光纤光栅传感器系统主要有三个组成部分：光纤光栅传感器、光纤光栅解调仪、连接光缆，实现被监测物理信号量的数据采集。其中，光纤光栅传感器用于被监测物理信号量的感知，将其转换为反射光中心波长的变换量；光纤光栅解调仪用于提供测量光源，并将光栅传感器发射光的中心波长进行解调，并换算为对应的监测物理信号量；连接光缆用于将光纤光栅传感器和光纤光栅解调仪连接起来，确保光信号能够在两者之间稳定、高效地传输。

光纤光栅传感器的主要测量技术指标包括：分辨率、灵敏度、光栅周期、工作量程、测量精度、光栅中心波长、规格尺寸、安装方式、连接方式等，光纤光栅解调仪的主要测量技术指标包括：工作波长范围、光通道数、测量扫描频率、波长精度、工作功耗等。实际工程应用中，用户应根据工程环境与监测指标要求，选择适用的传感器及解调仪。

（二）分布式光纤传感器

分布式光纤传感就是利用普通光纤来进行感知，可以对温度、应变和振动等因素进行测量，同时能够实时传输，获取时空变化数据信息，配合算法处理分析可以实现上百公里的远程测量。

分布式光纤测量的核心技术难点是同时实现对待测参量的准确测量和空间位置的精确定位。分布式测量技术的特征之一体现在光学散射或耦合效应的测量原理上。光纤在制造过程中由于工艺等因素，会存在一定的杂质和不均匀性，导致光在光纤传播过程中会发生弥散。分布式光纤传感通过探测背向的散射光来对待测参量进行感知，而这些散射光基本分为：瑞利散射光、布里渊散射光、拉曼散射光。三种散射光的波长分布如图 6.2-2 所示。

其中，拉曼散射光只对温度变化敏感，可以用来监测温度变化。布里渊散射是由于入射光与光纤中声子的碰撞引起的，布里渊散射频移与光纤所处环境的温度和应变等因素密切相关，因此采用布里渊散射原理的分布式光纤传感可以实现温度和应变的同时测量，并且测量精度高，适用于长距离高精度的测量。布里渊散射和拉曼散射都属于非弹性散射。瑞利散射光频率与入射光频率一致，只是改变了方向，属于弹性散射，可用于振动测量。

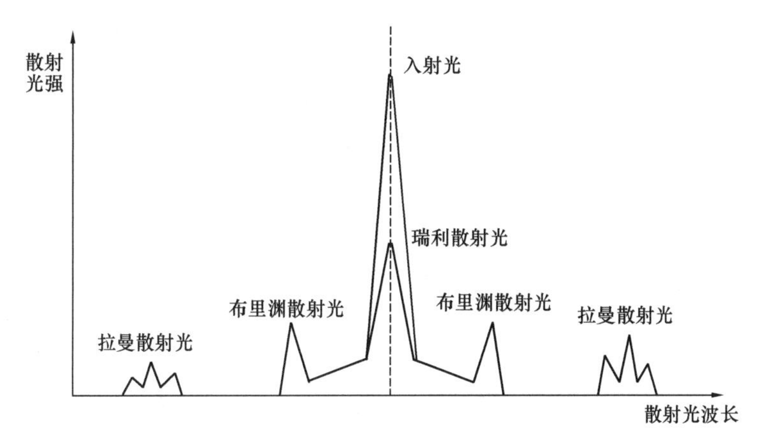

图 6.2-2　分布式光纤散射光示意图

分布式测量技术的特征之二体现在空间位置定位上，常用的空间位置定位技术为光时域反射技术（OTDR）、光频域反射技术（OFDR）。其中，光时域反射技术采用单频光脉冲进行测量，根据测量脉冲飞行时间实现空间定位；光频域反射是一种基于光调频连续波原理的分布式光纤测量技术，它利用扫频光干涉信号频率与光纤位置之间的傅里叶变换关系获取沿光纤分布的散射/反射/损耗、相位和偏振等特征信息，可进一步反演光纤感测的温度、应力/应变等外界物理场分布。相比于时域、相干域等分布式测量技术，OFDR 的优点是可兼顾高空间分辨率、高测量灵敏度、长测量距离、大动态范围、高速响应等性能。

目前，分布式光纤传感技术已经被广泛应用在桥梁和大坝等基础设施的结构健康监测、输电线路监测、油气开采与管道泄漏检测、海洋地球物理勘探，以及火灾安全监控与预警等领域。

分布式光纤测量系统主要由分布式光纤解调仪、测量光纤组成，可对整个光纤沿线的任意点或者一定的区间都可进行量测，并且各测点的测量数据能同时获得，主要测量技术指标包括空间分辨率、测量精度、测量范围和传感距离等。

其中，空间分辨率是指分布式光纤传感系统在满足测量分辨率条件下能够感知被测物理量变化的最小距离；测量精度是指被测物理量的测量结果与真值之间的接近程度；测量范围是指光纤测量系统能够感知被测物理量最小值到最大值的范围；传感距离是指光纤测量系统能够感知被测物理量的最远距离，是评估光纤传感覆盖范围的重要指标，受到光纤类型、传输速率、衰减和信号干扰等多种因素的影响。

二、振弦传感器

振弦传感器是现阶段国内外土木工程安全监测领域应用最广的传感器之一，被广泛应用于隧道、桥梁、大坝、高层建筑、边坡等重大建设工程的安全监测。随着使用材料、生产工艺的改进，振弦传感器的稳定性、精确性也在逐步得到提高，工程领域中的应用范围也越来越广。

目前，各种振弦类土木工程仪器性能参数在准确度方面最高可达 0.1%FS，长期稳定性好，寿命达到了 10 年以上。

振弦传感器主要由振弦、激振与拾振线圈、保护外套和线圈电缆等部分组成，其中，

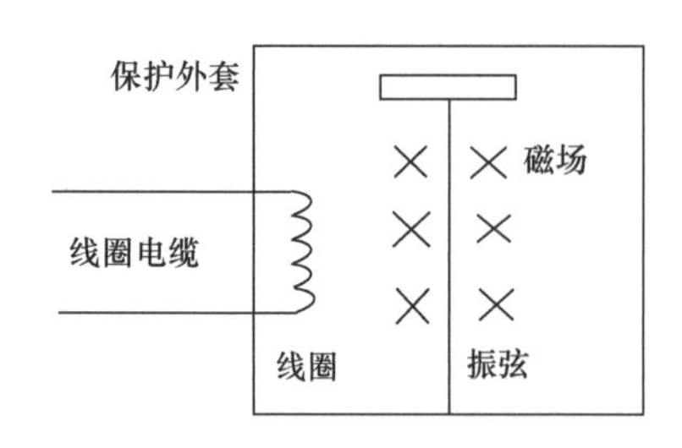

图 6.2-3 单线圈振弦传感器简化物理模型

振弦是传感器的测量敏感器件，单线圈振弦传感器简化物理模型如图 6.2-3所示。

当被测目标发生变化时，由转换元件引带动振弦发生等效刚度的变化，导致振弦的固有频率发生变化，从而通过测量振弦固有频率的变化，即可得知被测物理量（如位移）的变化。

实际工作中，振弦传感器需要配套振弦采集器完成被测量物理信号量的采集。振弦采集器通过发送周期型的脉冲信号对振弦进行激振，在完成激振后，通过测量线圈对振弦的固有频率进行拾频测量，进而获取振弦的固有频率，并通过计算公式换算获得物理信号量的大小。

在工程安全监测领域，振弦传感器可以用来采集应力应变、位移、沉降、液位等信号量的数据，主要测量技术指标包括测量精度、工作量程、采集频率等。

目前，大部分厂商常用振弦传感器出厂标称精度达到 0.1%～1%FS，最大工作频率可达到 1Hz。以北京某厂商振弦裂缝计为例，100mm 量程裂缝计测量精度达到 0.1mm，满足大部分工程现场裂缝监测要求。

三、激光位移传感器

激光位移传感器利用电磁波的直线传播和波速稳定的特性，通过测量光通过两点之间的时间进行测距，具有测量的精确度和分辨率高、抗干扰能力强、体积小同时重量轻的优点。

激光测距的基本方法可以分为脉冲法测距、相位法测距以及干涉法测距。其中，相位法激光测距技术是采用无线电波段频率的激光进行幅度调制并测定正弦调制光往返测距仪与目标物间距离所产生的相位差，根据调制光的波长和频率，换算出激光飞行时间，再计算出待测距离。

设调频率为 f，波长为 $\lambda=c/f$，式中 c 是光速，光波从发射器到反射面的相移可表示为：

$$\varphi=2m\pi+\Delta\varphi=2\pi(m+\Delta m) \tag{6.2-2}$$

式中，m 是零或正整数，Δm 是小数，$\Delta m=\Delta\varphi/2\pi$。若两点之间的距离 L 为：

$$L=ct=c\varphi/(2\pi f)=\lambda(m+\Delta m) \tag{6.2-3}$$

式中，t 表示光由发射到接收所需的时间。如果测得光波相移 φ 表达式中的整数 m 和小数 Δm，就可以由上式确定出被测距离 L，所调制光波被认为是把“光尺”，即波长 λ 就是相位式激光测距仪度量距离的一把尺子，相位法激光测距仪可以准确地测量半个波长内的相位差，因此测量精度高。

工程应用中，激光位移传感器主要测量技术指标包括测量精度、采集频率、测量范围等。现有测量技术中，常用激光位移传感器最大测量范围可达到 100m 左右，测量精度最高为±1mm，最大采集频率可达到 1Hz。实际工程应用中，激光位移传感器受环境温度影响较大，应进行温度补偿与设备保温处理，最大限度降低温度变化的影响。

四、静力水准传感器

静力水准传感器是一种测量液位变化的高精度传感器，基于连通管的原理，往贮液容器内注入液体，当液体液面完全静止后系统中所有连通容器内的液面应同在一大地水准面上，此时每一容器的液位由传感器测出，实现对各个监测点位的位移监测。

静力水准测量系统通常是由多套静力水准传感器组成，测量两点间或多点间相对高程变化的精密仪器，主要用于大坝、电站、高层建筑、基坑、隧道、桥梁、地铁等垂直位移和倾斜的监测。实际工程应用中，每个静力水准测量传感器的液位或压强变化由传感器测出，传感器的浮子位置或压强随液位的变化而同步变化，由此可测出各测点的位移变化量。在静力水准仪的系统中，所有各测点的垂直位移均是相对于基准点的变化。静力水准系统应用示意如图 6.2-4 所示。

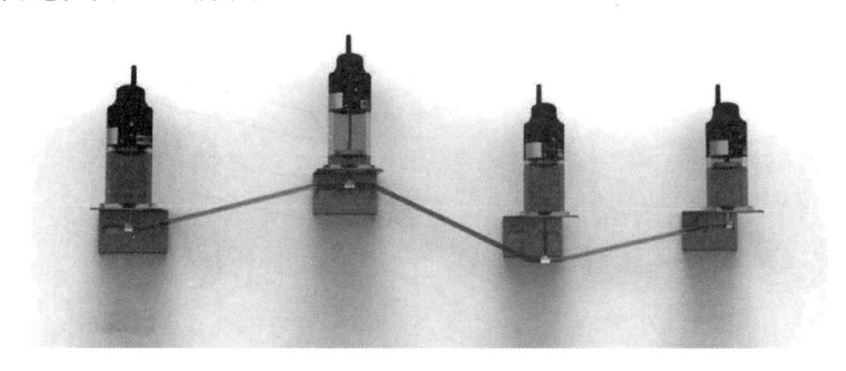

图 6.2-4　静力水准系统应用示意图

按测量原理，常用静力水准传感器可分类为：压差式静力水准传感器、液位式静力水准传感器。其中，压差式静力水准传感器通过测量液体压力的方式换算监测点位位移量，当测点相对于基准点发生升降时，会引起各测点压力的变化。通过测量传感器压力可获得各测点相对水平基点的升降变化，具有工作量程大的特点，适用于高程变化较大的工程应用场景。液位式静力水准传感器通过测量液罐中液位的位移变化，换算出监测点的位移量。常用液位测量方式包括磁致伸缩、超声波、电容三种。相对压差式静力水准传感器工作量程较小，但测量精度较高。实际工程应用中，用户可以根据工程现场需求，选择适用的测量方式。

此外，静力水准系统现场部署除了需要布设连通液管，保证液罐中无气泡外，还需要部署气管，保证各监测点位在同一监测大气压环境下，以提高监测精度。

五、MEMS 倾角传感器

随着电子技术和半导体加工技术的不断进步，也推动了微电子机械系统（Micro-Electro-Mechanical-Systems，MEMS）的快速发展。相比传统机械结构的传感器，采用 MEMS 技术开发的传感器具有尺寸小、精度高、稳定性好等优势，MEMS 技术的发展推动了测量仪器研发技术的迅速迭代。

采用 MEMS 技术开发的加速度、倾角传感器已在国内外结构健康监测领域得到了较为广泛的应用。MEMS 倾角传感器主要使用三轴 MEMS 加速度计测量仪器本身的姿态变化，加速度计是测量运动载体线性加速度的惯性传感器，分为几个类别，如摆式积分陀螺加速度计、振梁加速度计和 MEMS 加速度计。MEMS 加速度计根据其内部结构分为电容式、热对流式、压电式和压阻式。根据敏感轴的数量，分为单轴、双轴和三轴加速度计。三轴 MEMS 加速度计原理如图 6.2-5 所示。

如图所示：三轴电容式加速计的机械系统由 X、Y 和 Z 方向的弹簧和内部质量块组成，根据胡可定律和牛顿第二定律，当质量块运动时，其加速度可以表示为：

$$a = -\frac{kx}{m} \tag{6.2-4}$$

式中，x 为形变量，k 为悬浮弹簧的劲度系数，m 为质量。设 θ_X 为 X 轴与水平面之间的夹角，θ_Y 为 Y 轴与水平面之间的夹角，θ_Z 为 Z 轴与水平面之间的夹角，三轴加速度计倾角计算原理如图 6.2-6 所示。

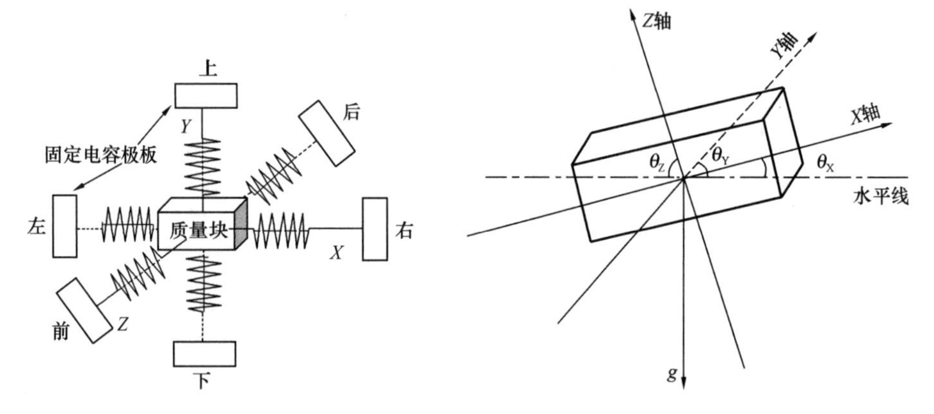

图 6.2-5 三轴 MEMS 加速度计原理图　　图 6.2-6 三轴加速度计倾角 θ 计算原理图

设 A_X 为 X 轴的加速度值，A_Y 为 Y 轴的加速度值，A_Z 为 Z 轴的加速度值，g 为重力加速度。则重力在三个轴上的投影即为加速度计在三个敏感轴上的读数：

$$\theta_X = \arcsin\frac{A_X}{g} \tag{6.2-5}$$

$$\theta_Y = \arcsin\frac{A_Y}{g} \tag{6.2-6}$$

$$\theta_Z = \arcsin\frac{A_Z}{g} \tag{6.2-7}$$

又因为三轴加速度传感器的矢量和为重力加速度，则有：

$$g = \sqrt{A_X^2 + A_Y^2 + A_Z^2} \tag{6.2-8}$$

又可表示为：

$$\theta_X = \arctan\frac{A_X}{\sqrt{A_Y^2 + A_Z^2}} \tag{6.2-9}$$

$$\theta_Y = \arctan\frac{A_Y}{\sqrt{A_X^2 + A_Z^2}} \tag{6.2-10}$$

$$\theta_Z = \arctan \frac{\sqrt{A_X^2 + A_Y^2}}{A_Z} \tag{6.2-11}$$

若芯片处于水平位置，X、Y 方向的重力分量为 $0g$，而 Z 轴方向的重力分量为 $1g$，所有的角度计算为 0。

此外，多个高精度倾角传感器通过柔性连接关节相连接，可以组合为阵列式位移计，用来实现结构形变高精度测量。阵列式位移计计算时会根据现场安装和结构变形情况来选择头尾两端中的某一端作为起算点，每一个测量节负责检测自身的倾斜角度 θ，由于自身的长度 L 已知，可计算出每个节点上的位移量，再以固定点为起点进行累加求和便可得到任意点相对固定端的位移量。利用此原理，还可通过 MEMS 倾角传感器分别计算结构体纵向和横向位移，精确反映测量结构体在三维空间内的变形情况。

六、索力传感器

索力实时监测是索结构工程健康监测的重要组成部分，索力值是衡量索结构工程安全状态的关键参数。目前，较为常用的索力测量方法主要有频率法、磁通量法、电测法以及光纤光栅传感技术。以下对较为常用的频率法与磁通量法进行简要介绍。

频率法又称为振频法，是当前索力测试使用范围最广的一种测试技术，主要原理是弦振动。弦振动原理将拉索简化为平面内两端固定的弦，根据拉索的自振频率与拉索张力的关系式，确定拉索索力的大小。拉索自振频率与张力之间的关系如下：

$$T = \frac{4\rho L^2 f_n^2}{n^2} \tag{6.2-12}$$

式中，T 为拉索索力；ρ 为拉索的线密度；L 为拉索的长度；n 为拉索自振频率的阶数，$n=1$，2，3……；f_n 为第 n 阶的自振频率。由公式可得，在拉索 n 阶的自振频率已知的情况下，即可求得索力。其中，较为常用的测量拉索自振频率的方法为安装加速度传感器，由其获取拉索在受外界激励下产生的振动信号，经过过滤、信号放大以及频谱分析等一系列过程，最终由频谱图确定拉索的自振频率。根据激励方式的不同，可分为：共振法、随机振动法。其中，随机振动法是不需要人工激励，仅由外界环境对拉索产生的激励即可确定拉索的自振频率；而共振法主要是在风、雨、车辆载荷等对拉索的激励较小，自振频率的获取较为困难的情况下，采取人工激励的方式获取拉索自振频率。

磁通量法是一种无损的索力监测技术，并且能够测量拉索的腐蚀情况。对拉索进行磁化后，通过电磁传感器中的磁通量变化即可得到索力与温度值。磁通量方法通过在拉索的周围缠绕具有一定匝数比的激励线圈（初级）和测量线圈（次级），将拉索作为线圈铁芯，当脉冲电流流入激励线圈时钢索会被磁化，若拉索受到外界荷载的作用，由拉索产生的纵向脉冲磁场磁特性会发生改变。测量线圈由于相互感应产生的感应电压，该感应电压与磁通量的变化呈正比，由此根据拉索索力与磁通量变化之间的关系即可得到索力值。

七、振动传感器

结构模态参数是用于描述结构振动特性的一类指标，反映了其自身的特性，是损伤识别和结构状态评估的重要评判因素。要想获得正确的模态参数，需要用振动传感器准确地获取结构的振动响应，比如，位移、速度、加速度等，并把振动监测数据上传至服务器进行数据处理和分析，最终得到结构模态参数。结构模态参数包括自振频率、自振振型、阻尼比等。

自振频率指的是结构在特定条件下（如没有外力作用）产生的振动频率。例如：对于已建造的桥梁结构而言，由于质量分布基本不会发生变化，因此其自振频率可以反映出桥梁结构的刚度水平，是一个重要的指标，桥梁结构的自振频率就是桥梁结构发生的谐振频率，其自振频率在桥梁的结构状态发生变化后一般也会发生相应的变化。

振型是指弹性物体和弹力体系在激励时自身固有的振动形态。通常用描述振动目标在振动时的相对位置的振动曲线来表示。例如：桥梁结构的自振振型是结构上各个点振幅值的连线。

阻尼指振动过程中能量的耗散现象，是一个物理学概念，主要用于描述物体振动时能量的损失情况。阻尼特征与频率有关，通常被认为是损伤检测和状态监测中重要的指标。由于阻尼可以随着最大荷载能力利用率的增长而提高，因此阻尼可用来表示结构荷载能力的利用率。

结构振动监测主要是通过加速度传感器实现测量，加速度传感器不但可以测量出振动产生的加速度值，还能计算出振动的频率、振幅、振型等结构监测的动态指标。目前，振动监测一般采用压电式加速度传感器、电容式加速度传感器、电感式加速度传感器、光纤加速度传感器、毫米波雷达等方式获取加速度值，从而实现对结构振动状态的分析。

第三节 采集与控制

实际工程应用中，大部分传感器仅实现将被测量监测物理信号量转换为响应的电压信号、电流信号或数字信号，还需要配套的采集设备，进行监测数据换算与处理分析，才能换算表征被监测信号量的数字值，便于进行存储、传输与后续计算处理。如振弦传感器需要配套振弦采集器，通过扫频激振与拾频信号的处理过程，进而提取应力应变、裂缝、沉降或液位等物理信号量对应的数字值；电压信号或电流信号需要通过模拟信号采集设备，转换为便于储存的数字信号量。

此外，为实现对建（构）筑体结构健康安全状态的感知，通常需要获取几何形变、环境参数、外部荷载、结构反应、材料特性等多种类型监测数据，在结构关键风险点上埋设多个传感器。智能无线网关是一种实现多传感器数据集成的常用采集与控制设备，具有多类型监测数据采集、数据处理、数据存储、数据传输、协议转换、网络管理等功能，并且支持与服务平台的信息交互，可完成监测数据的边缘存储、计算、远程传输与控制管理功能。

一、振弦采集器

振弦传感器可用于建筑体压力、沉降、渗压、变形等数据的监测，是工程安全监测中应用较为广泛的一类传感器，其采集仪表为振弦式采集器，实现将传感器输出信号转换为通用接口的数字信号量。

（一）低压扫频工作原理

现有振弦采集器通常采用低压扫频技术获取传感器振弦的共振频率。振弦采集器内置扫频激振模块、测振模块、温度补偿模块、多通道选择模块，用于完成工程现场多个振弦传感器的数据采集。

其中，扫频激振模块输出一系列连续的方波激励振弦传感器激振线圈，当激励信号频率与传感器的固有频率接近时，振弦达到共振状态，并可靠起振，在线圈中产生固定频率的感生电动势。

测振模块实现对微弱感生电动势频率信号的采集。通常情况下，在传感器振弦起振以后，撤去激振信号，被激励的振弦产生共振，通过感应线圈将其转换成正弦信号输出，其输出的是毫伏级信号，且是衰减的，持续时间一般不超过 1s。测频模块须设计频率信号调理电路，对感应出来的正弦信号进行滤波、放大、整形，从而得到标准的脉冲信号。

温度补偿模块采集振弦传感器内部温度，通过加入温度补偿量，消减由温度变化产生的非线性影响，提高传感器的测量精度。

多通道选择模块采用继电器选择需要测量的指定端口传感器，通过主控测频电路的分时复用，完成多个振弦传感器的数据采集，降低了系统整体结构的复杂性。

但是，当采用低压扫频技术激振传感器振弦处于共振状态后，振弦作振荡运动，从而切割磁感线，输出信号幅值逐渐衰减，且持续时间有限。此外，低压激振的方式由于激振电压较低，不能保证每次都可靠地激振传感器振弦，降低了工作的可靠性。

作者所在研究团队针对振弦传感器由于扫频激振时间长而导致输出信号无法测量的问题，基于反馈策略，提出了一种自适应扫频激振方法，改变扫频脉冲序列递增步长，将振弦激振分为预扫频激振与复扫频激振两个阶段，通过两次扫频激振，在传感器工作参数未知情况下，实现了对传感器振弦的自适应扫频激振。实物图如图 6.3-1 所示。

图 6.3-1　振弦采集器实物图

（二）自适应扫频激振

振弦采集器在实现振弦固有频率测量的过程中，最主要的是激振和拾振这两个环节。激振是要使振弦能被可靠地激发振动起来，并产生感应电动势，此电动势的频率就是振弦的振动频率。拾振就是通过滤波、放大、测频电路测量感应电动势的频率。在这两个环节中，存在如下可能影响测量精度的因素：

（1）传感器振弦激振方式。现有振弦式采集仪大部分基于低压扫频激振工作原理设计，相比于传统的高压拨弦激振方式，具有触发传感器输出信号幅值大、持续时间长、测量精度高的特点。但是，低压扫频激振有可能出现振弦激振不成功的情况，影响测量精度。

（2）拾振测频时间段选择。当振弦实现共振后，振弦作自由振动切割磁感线，输出固定频率信号，由振弦采集器对其进行测量，获得振弦的固有频率。但是，由于传感器振弦输出信号幅值较小，持续时间较短，拾振测频时间段的选择将影响测量精度。

（3）拾振电路电磁干扰影响。由于振弦传感器感生电动势幅值较小，拾振电路环境中存在电池干扰将影响测量频率的准确性。

作者所在研究团队针对上述问题，通过等精度测频技术与自适应扫频激振技术，实现了振弦传感器固有频率的可靠采集。

1. 等精度测频

通常传统的频率测量方法有两种：一种为测频法，在某一选定的时间间隔内对被测信号脉冲进行计数，然后将计数值 N_x 除以时间间隔 T_w 就可得到被测信号的频率，即 $f_x=N_x/T_w$；另一种为测周期法，即通过测量被测信号的周期 T，并求其倒数即可得到被测信号的频率，即 $f_x=1/T$。测频法由于计数值是以整数形式表示的，而被测信号又是变化的，因此在选定的时间间隔内被测信号的计数值有可能比实际值多一个或少一个，即存在1个量化误差。此误差随着被测信号频率的下降而下降。由于频率测量法在低频时测量误差大，因此该法适用于对高频信号的测量。而周期测量法的参考脉冲频率是固定的，因此由1个量化误差所引起的测量误差随被测信号周期的减小（频率的增大）而增大。由于在高频时测量误差大，因此周期测量法适用于对低频信号的测量。为了克服以上两种测量方法的局限性，获得较高的测频精度，可采用等精度测频法。

等精度测频法又称为多周期同步测量法，即测量输入信号的多个（整数个）周期值，再进行倒数运算而求得频率。与直接测量法相比其优点是，可在整个测频范围内获得同样高的测试精度和分辨率。

等精度测量的基本原理如图 6.3-2 所示。等精度测频的基本原理是设定一个闸门时间 T_g，开始计时时并不立即对待测信号和标准信号进行计数，而是等到待测信号的下降沿到来时开始对待测信号和标准信号计数；当闸门时间结束时不立即停止计数，而是等到待测信号下降沿到来时，停止计数。

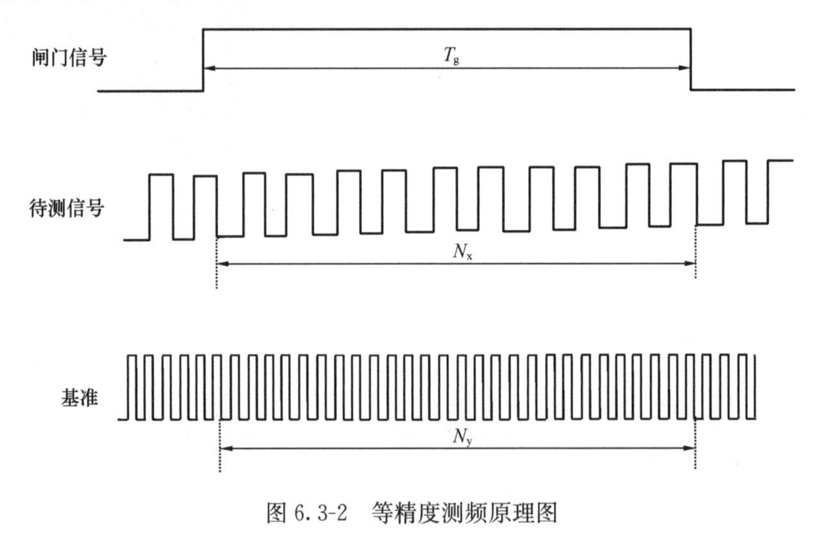

图 6.3-2 等精度测频原理图

若待测信号的计数值为 N_x，标准信号的计数值为 N_y，待测信号的频率为 F_x，标准信号频率为 F_y，则待测信号的频率可以按照式（6.3-1）计算。

$$F_x=\frac{F_y\cdot N_x}{N_y} \tag{6.3-1}$$

针对等精度的测量方法设计的流程图如图 6.3-3 所示。

2. 自适应激振

自适应激振是为了更好地激励传感器，延长信号的输出时间，提高信号的输出幅度。根据振弦式传感器信号检测原理，先对传感器进行全频率范围预激振。预激振之后，对获得的测量值进行判断，如果获得的测量值不在传感器正常输出频率范围内，则程序终止，此时可能传感器未连接或主控模块设定的传感器类型错误；如果获得测量值正常，则重新计算激振区间，并激励传感器。对比于不同厂商的振弦式传感器，为保证监测设备终端的激振可靠性，在等精度测频方法的基础上采用数据处理的方法保证系统稳定可靠地工作。

自适应激振流程如图 6.3-4 所示。

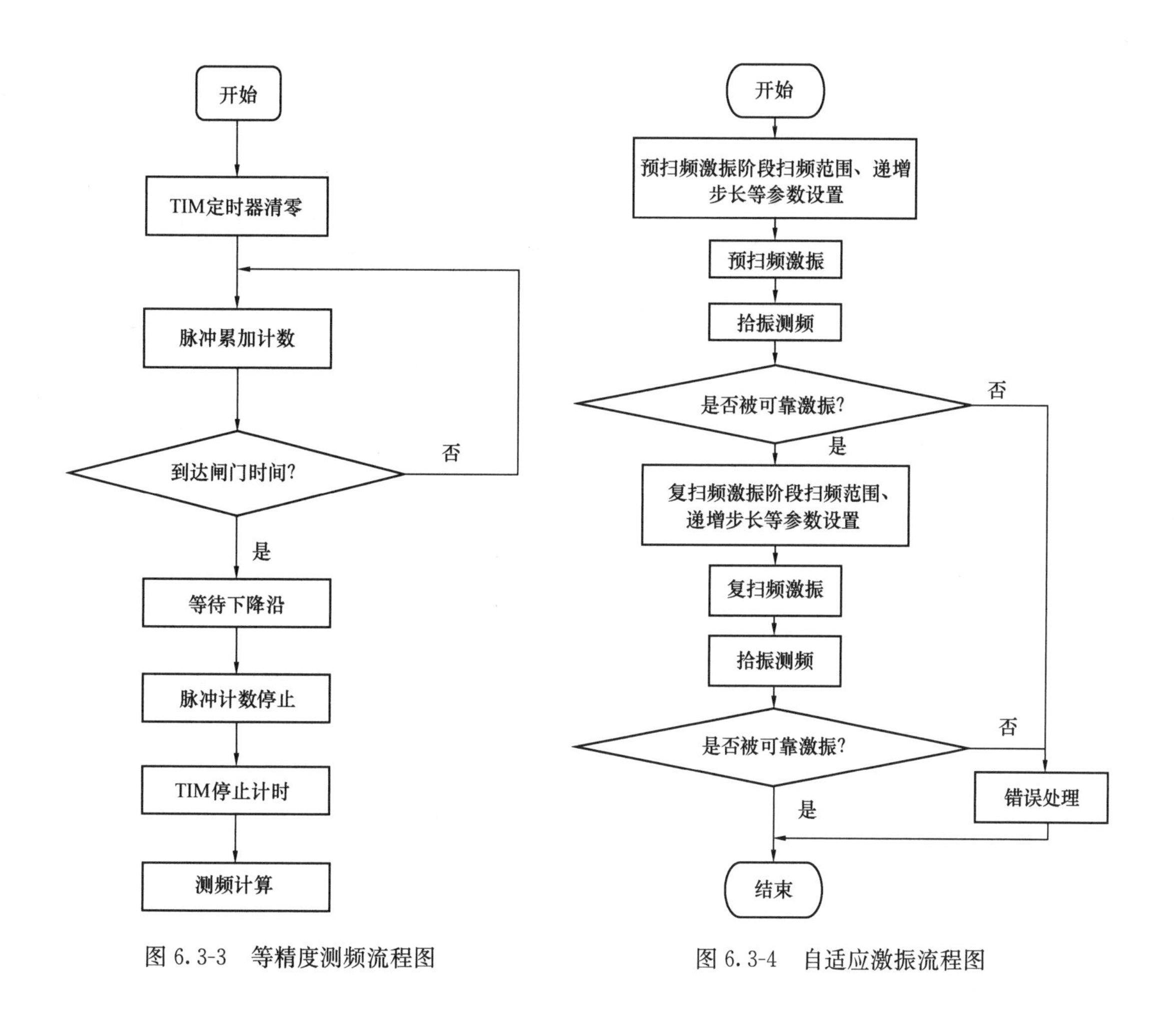

图 6.3-3　等精度测频流程图　　　图 6.3-4　自适应激振流程图

（三）试验分析

通过大量采集传感器数据，从测量精度、长期稳定性上对振弦采集设备的性能进行统计分析。

1. 测量精度分析

测试采用某品牌 440-50 振弦裂缝计，采集仪为自主研制的振弦采集仪，激振测频方法采用本研究提出的自适应扫频激振方法。测试过程中，裂缝计大致处于中部拉伸位置，环境温度为 20℃。采集仪扫频激振脉冲与传感器输出信号示波器显示波形如图 6.3-5 所示。

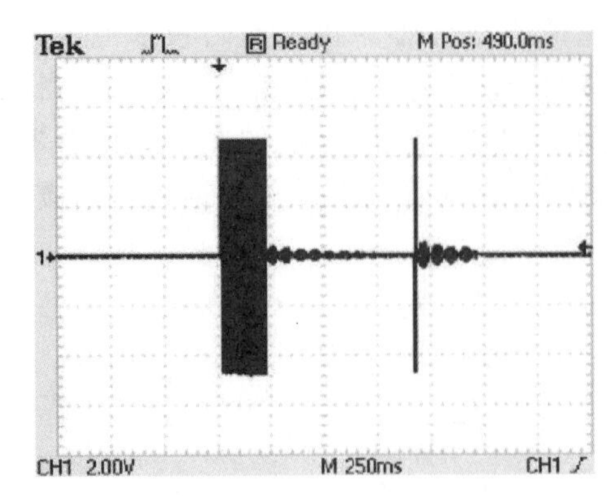

图 6.3-5　示波器显示波形图

由图 6.3-5 可见，作者所在研究团队提出的预扫频激振与复扫频激振都能可靠地激振传感器振弦，且复扫频激振传感器回馈感应电动势幅值略大于预扫频激振幅值。实现在传感器工作参数未知的情况下，自适应地完成了传感器全频段的扫频激振，实现了振弦共振频率的采集。

此外，为测试测频数据的准确性，在裂缝计处于拉伸状态且稳定不动的情况下，采用测量精度为 0.02mm 的游标卡尺进行校核。由于工程现场通常对建筑体相对变化量精度要求较为严格，而对绝对测量精度没有较高要求，因此本测试只分析振弦式传感器的相对测量精度。测试试验一共采集三组测量点，每组数据采集 5 个测量值。测量数据如表 6.3-1 所示。

振弦采集系统精度验证对比　　**表 6.3-1**

序号	传感器相对变化量(mm)	游标卡尺相对变化量(mm)	差值(mm)
1	20.46	20.44	0.02
2	20.54	20.44	0.10
3	20.49	20.42	0.07
4	20.49	20.40	0.09
5	20.53	20.42	0.11
6	35.24	35.26	0.02
7	35.29	35.28	0.01
8	35.32	35.26	0.06
9	35.34	35.24	0.10
10	35.37	35.28	0.09
11	40.78	40.82	0.04
12	40.75	40.78	0.03
13	40.82	40.80	0.02
14	40.85	40.80	0.05
15	40.90	40.78	0.12

综合数据分析可得出结论，振弦式采集器监测数据误差小于 0.5%FS，满足亚毫米监测精度要求。

2. 稳定性分析

稳定性是指振弦式传感器在相当长时间内仍保持其性能的能力。为实现对振弦式传感器稳定性进行分析，采用监测现场数据，工程现场 1 年多的测量原始数据如图 6.3-6 所示。

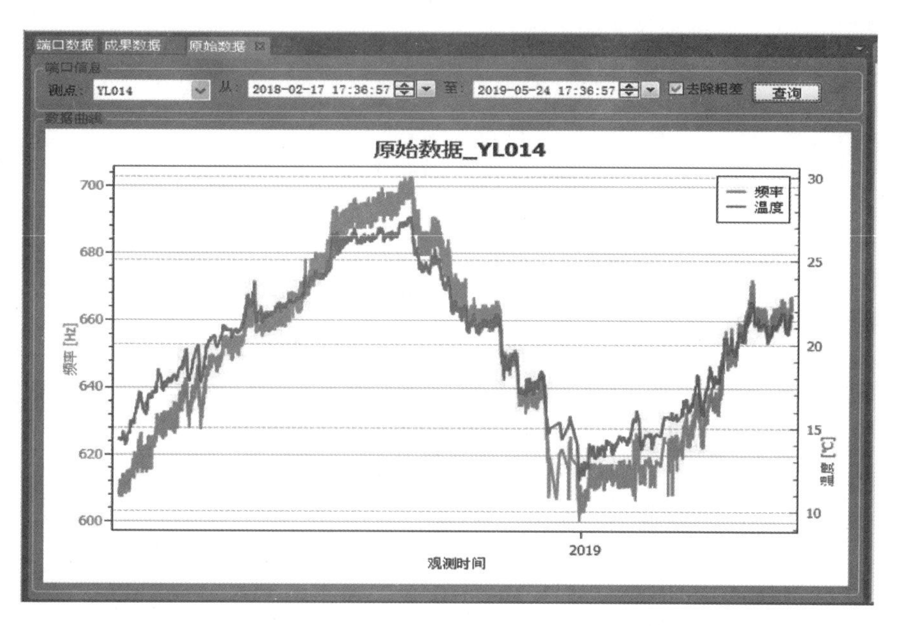

图 6.3-6　测量原始数据

测量结果显示温度季节性波动较为明显，传感器内部温度整体变化趋势与外界环境温度变化趋势吻合；振弦式采集频率与温度变化趋势呈相关性，与建筑体裂缝受温度影响有关。测量成果数据如图 6.3-7 所示。

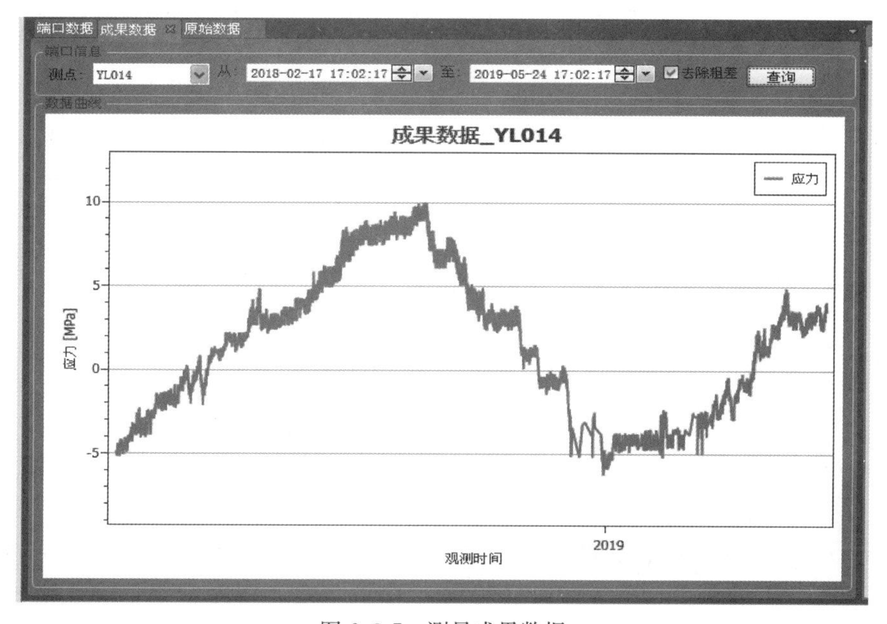

图 6.3-7　测量成果数据

二、智能无线网关

智能无线网关是安全监测数据采集系统的重要组成部分，用于建立远程云服务器与传感器监测终端的通信连接，实现对现场监测传感器的管理，并按照用户配置定时采集局域网内部监测传感器数据，将采集数据上传至远程服务器进行存储，同时响应远程服务器或便携控制终端指令，管理现场监测传感器。

智能无线网关按照实现功能进行模块划分，可分为网关层、数据处理层、传感器接入层三层构架，整体框架如图 6.3-8 所示。

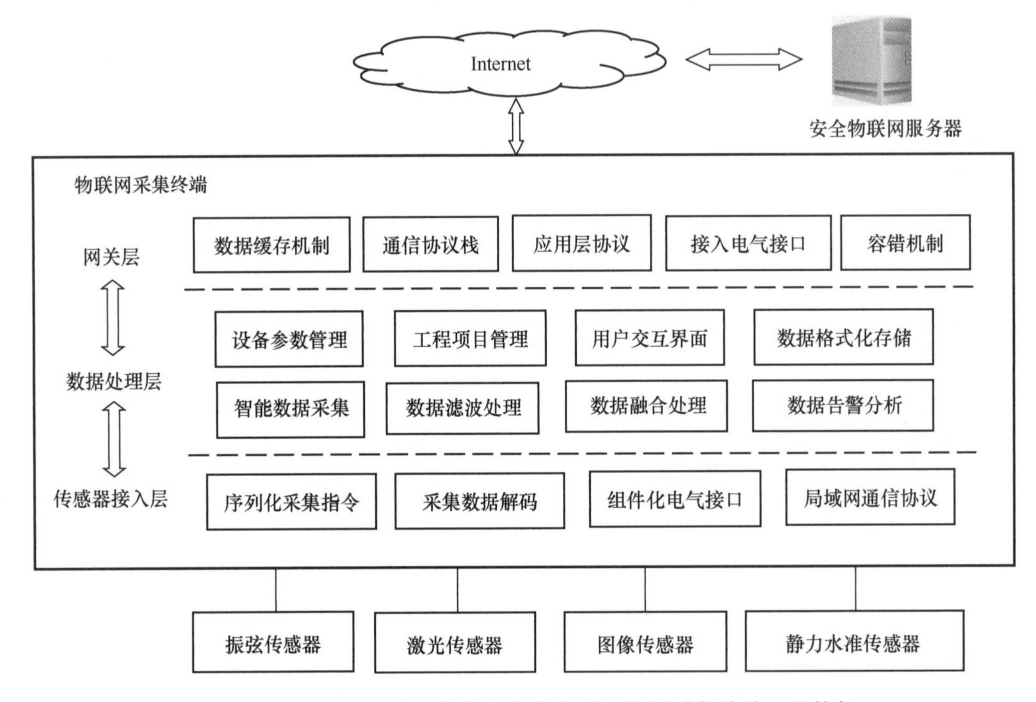

图 6.3-8 面向建（构）筑体安全的物联网数据采集终端三层构架

按照上述构架，作者所在研究团队研制了一种通用多功能数据采集终端，实现接入多个安全监测云平台，为其提供数据支撑，并支持多种监测类型，不同传感器厂商设备的接入，在多种工程环境下实现监测数据的智能采集、存储、预处理与数据上报功能，同时满足对安全监测项目的管理需求。设计的智能无线网关产品实物如图 6.3-9 所示。

图 6.3-9 智能无线网关产品实物图

（一）整体设计

智能无线网关采用模块化设计方案，主要包括硬件设计、嵌入式软件设计两个部分。

其中，硬件电路设计基于 ARM9 内核的 i.MX287 处理器设计，并采用双 MiniPCIE 接口设计，可应用于电力行业、重型工业、工厂自动化、机械设备控制及智能交通等领域中对数据采集终端通信扩展性有较高要求的应用场景。硬件电路整体框图如图 6.3-10 所示。

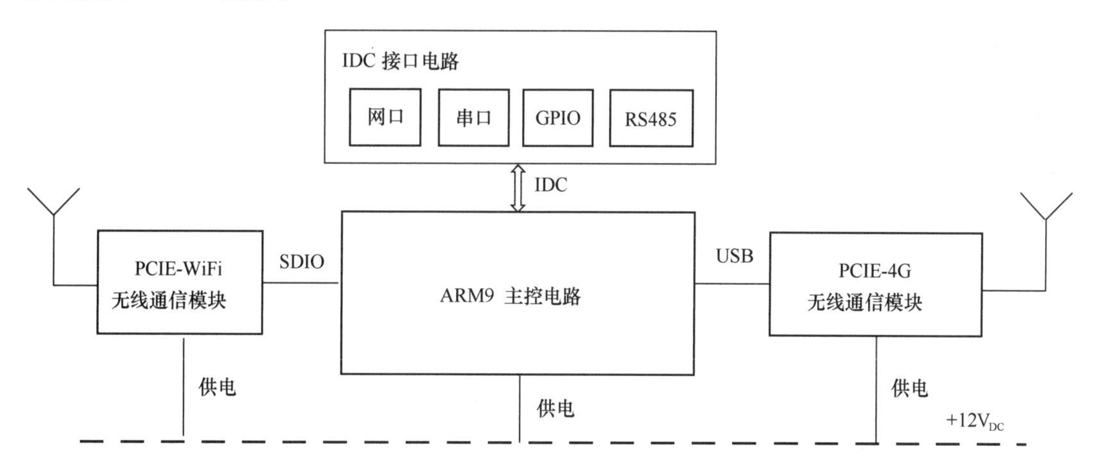

图 6.3-10　智能无线网关硬件电路整体框图

嵌入式软件设计基于嵌入式 Linux 的操作系统设计，按功能分为三个层次：驱动层、操作系统层、应用层，其中驱动层与操作系统层移植已有成熟代码，应用层建立在驱动层与操作系统层上，实现监测传感器的数据采集、存储等功能。软件系统整体构架图如图 6.3-11 所示。

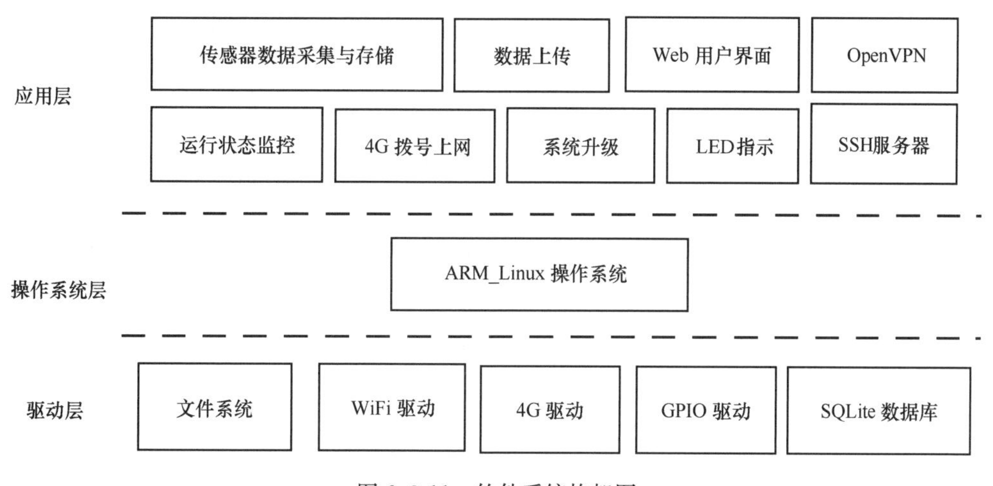

图 6.3-11　软件系统构架图

嵌入式网关功能主要通过应用层代码实现，主要包括传感器数据采集与存储、数据上传、Web 用户界面、OpenVPN、进程运行状态监控、系统升级、4G 拨号上网等进程。

其中，传感器数据采集与存储进程实现根据用户配置的采集周期参数、点位信息参数，通过 RS232、RS485、CAN 等数据通信接口落实对传感器数据的采集，将采集数据存储至数据库中，并生成 XML 文件；数据上传进程实现将数据采集与存储进程生成的 XML 文件上传至服务器，为了避免进程之间的相互影响，数据上传进程通过定时轮询 XML 文件目录的方式实现；Web 用户界面通过 BOA 服务器实现对智能无线网关的参数配置、状态查询，通过 CGI 程序实现与操作系统、SQLite 数据库之间的交互，建立设备与用户之间的信息交互界面；OpenVPN进程基于VPN密钥的方式建立与远程服务器之间的通信连接，建立虚拟专用局域网，实现用户通过手机客户端对现场监测网关的参数配置；运行状态监控进程实现对系统运行重要进程的监控，通过消息队列的方式实现对进程运行的监控，同时通过看门狗功能保证系统运行的稳定性；4G拨号上网进程通过pppd进程与Chatscript脚本实现4G网络拨号上网，建立与远程服务器之间的信息通信；系统升级进程实现用户通过文件导入功能对系统整体功能的升级。

（二）基于脚本文件的数据集成方法

为保证建构筑体在施工与运营过程中的安全性，需要对建筑体结构安全进行实时监测。建筑体结构安全涉及压力、流量、环境、位移等多种物理量的监测，需要使用多种类型的传感器进行数据采集，再由网关发送至远程服务器。

现有技术中，有集成了多种传感器数据采集功能的工业采集网关，但客户在使用这种网关时，需要对每种传感器的数据采集功能进行二次开发。因为各个厂家对传感器定义的开发环境和开发语言不完全相同，这样就要求开发人员对各种开发环境和各种开发语言都要相当熟悉。这样，开发人员使用这种网关进行二次开发完成对多种传感器的配置和数据采集时，可能会使用多种语言编写多种传感器对应的代码，代码编写工作量大，使用不便。

在对建筑体结构进行健康监测的过程中，当增加新类型传感器或将传感器更换为不同生产厂商的时候，采集网关将面临通信协议不同的传感器接入问题，无法通过配置实现采集网关对传感器的数据采集功能。比如，A厂商生产的位移传感器为Modbus通信协议，通过频率与温度换算出位移变化量，B厂商生产的位移传感器为自定义通信协议，通过输出的电压信号量线性换算出位移变化量，两种裂缝传感器控制与采集的指令协议不一致。实际应用中，采集网关需要结合位移传感器的通信协议编写代码，实现对传感器位移变化量的采集。

针对现有监测数据采集器存在的扩展性与维护性差的问题，作者所在研究团队，提出了一种基于脚本文件的工业采集网关及数据采集方法，以解决现有技术中存在的使用网关完成对多种传感器的配置和数据采集时，可能会使用多种语言编写多种传感器对应的代码，代码编写工作量大，使用不便的技术问题。

1. 脚本文件的组成

传感器数据采集工作流程模型如图6.3-12所示，主要包括指令生成、传感器数据采集与解析、成果数据计算等流程。

按照上述工作流程模型图，将传感器数据采集的脚本文件对应划分为三个组成部分，包括指令生成模块、数据解析模块和预处理计算模块。

其中，指令生成模块包括传感器指令描述表、指令组合函数和指令序列标准化输出函数。传感器指令描述表由指令个数、字符串类型、指令类型数组、指令关键字数组、指令参数数组、响应时长数组、控制指令期望字符数组等组成。如图6.3-13所示，指令生成模块在运行时，由指令组合函数根据传感器指令描述表，结合用户输入的传感器标识号，组合字符串生成传感器的控制指令序列。通过指令序列标准化输出函数将生成的指令序列以标准化格式输出。

数据解析模块包括原始数据描述表、原始数据解析函数和原始数据标准化输出函数。原始数据描述表由指令类型数组、原始数据个数数组、期望响应数组、故障代码数组等组

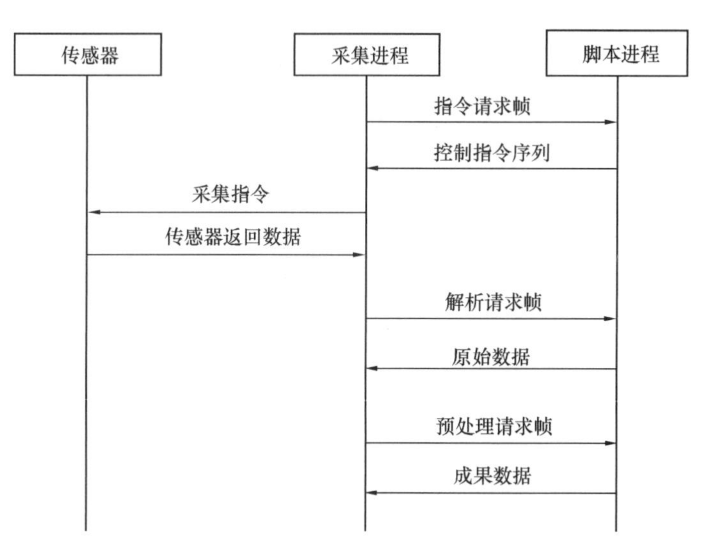

图 6.3-12　传感器数据采集工作流程模型图

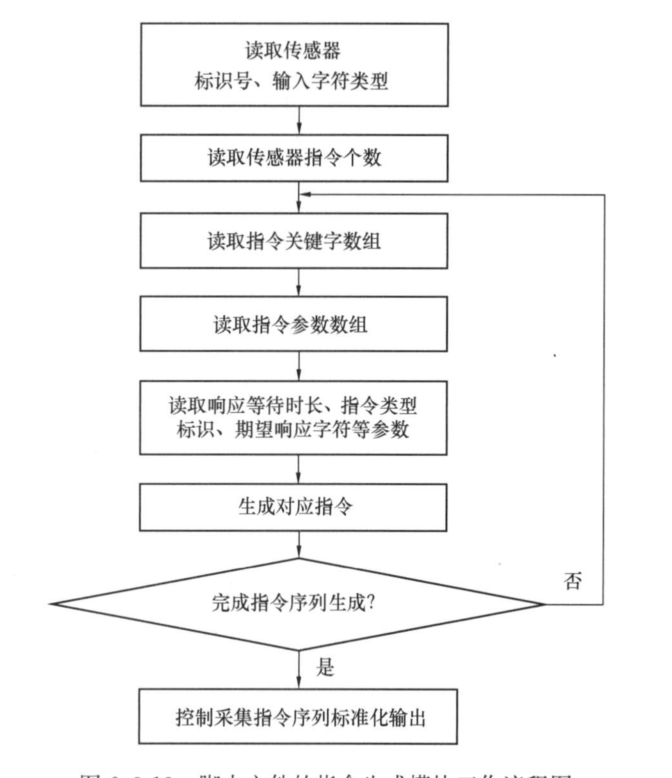

图 6.3-13　脚本文件的指令生成模块工作流程图

成。如图 6.3-14 所示，数据解析模块在运行时，由原始数据解析函数对传感器的采集数据进行校核；当传感器数据校核正常时，设置传感器数据状态位为 1，并返回传感器解析数据，通过原始数据标准化输出函数将传感器返回数据以标准化格式输出；当传感器数据校核异常时，设置传感器状态位为 0，并返回故障代码，通过原始数据标准化输出函数以标准化格式输出。

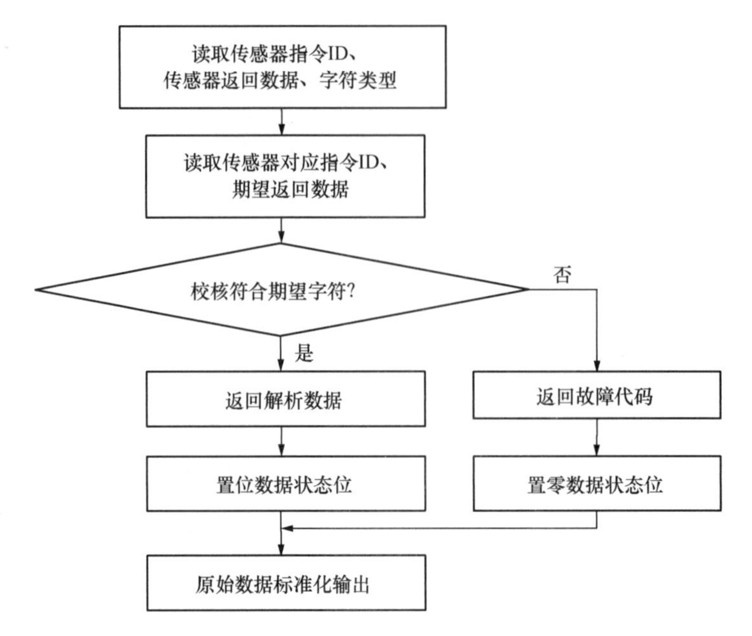

图 6.3-14 脚本文件的数据解析模块工作流程图

预处理计算模块包括成果数据描述表、成果数据处理函数和成果数据标准化输出函数。成果数据描述表包括原始数据个数、计算参数个数。如图 6.3-15 所示，预处理计算模块在运行时，由成果数据处理函数按照原始数据个数、计算参数个数依次读取原始数据、计算参数，经计算后输出成果数据。通过成果数据标准化输出函数将成果数据以标准化格式输出。

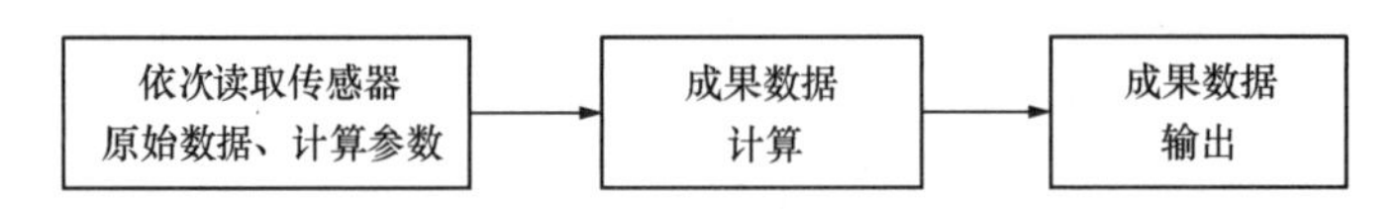

图 6.3-15 脚本文件的预处理计算模块工作流程图

2. 数据采集流程

基于脚本文件的采集流程如图 6.3-16 所示。

如图 6.3-16 所示：当采集网关进行新类型传感器的数据采集时，数据采集软件按以下步骤进行工作：

（1）新建数据采集进程，从远程服务器下载传感器列表中各类型传感器的数据采集脚本文件。

数据采集软件新建一个采集进程，打开本地数据库，读取传感器列表，得到目前工业采集网关连接的传感器类型、个数等信息；然后从远程服务器下载对应该传感器类型的数据采集脚本文件，存在本地指定目录下。以工业采集网关连接的传感器类型是压力传感器和倾斜传感器为例，传感器个数为 N，从远程服务器下载的脚本文件包括两种，分别为压力传感器数据采集脚本、倾斜传感器数据采集脚本。

（2）数据采集进程通过指令生成模块，获取传感器的控制采集指令序列。

首先，数据采集进程读取传感器列表中第一个传感器的型号和标识号，比如：第一个传感器是某品牌的压力传感器。然后，数据采集进程将命令获取标识头、该压力传感器标识号封装为指令请求帧。

数据采集进程根据该压力传感器的型号，打开所对应的压力传感器数据采集脚本。数据采集程序在后台新建一个进程，即运行脚本文件指令生成模块的第一进程，导入指令请求帧。第一进程根据指令请求帧中的压力传感器标识号，导出控制采集指令序列，然后关闭第一进程。控制采集指令序列包括指令字符类型、响应等待时长、期望字符数组等信息，定义了在传感器进行数据采集时，数据采集进程要发送的控制采集指令及指令参数。以压力传感器的控制采集指令序列为例说明，数据采集进程需要对压力传感器完成的控制指令包括：开机指令、关机指令、数据采集指令。控制采集指令序列由标识号、指令类型（温度采集、压力采集、参数设置）、指令参数（通道号）组成，并采用ASCII码通信方式。用户通过脚本文件中指令描述表关键字段的配置，完成对指令描述表的定制化生成。

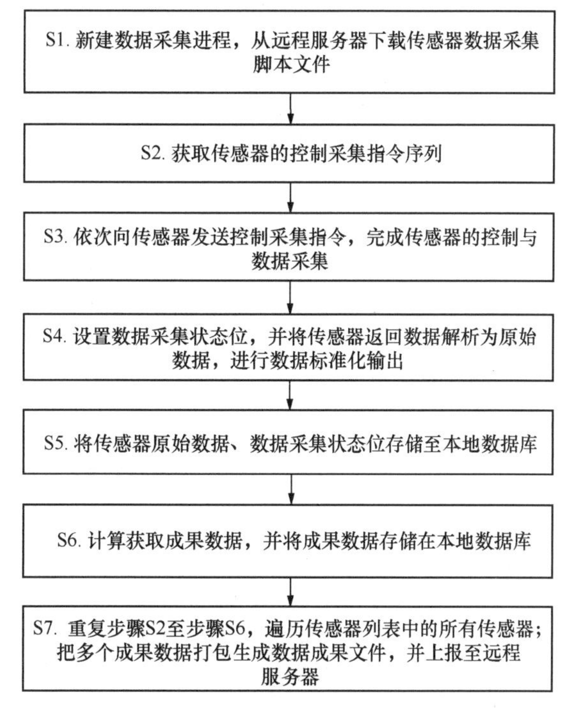

图 6.3-16　基于脚本文件的采集流程图

（3）数据采集进程按照控制采集指令的序列号，依次向传感器发送控制采集指令，完成传感器的控制与数据采集，并获取传感器返回数据。

数据采集进程根据第一进程导出的控制采集指令序列的序列号，通过用户配置的通信接口参数及指令字符类型，依次向传感器发送控制采集指令，并结合响应等待时长、指令类型标识、期望响应字符等参数获取传感器返回数据。

其中，数据采集进程向传感器发送控制采集指令后，按响应等待时长等待压力传感器返回数据。当在规定的等待时间内，数据采集进程接收到传感器返回数据，则根据指令类型标识校验传感器返回数据是否满足期望响应字符要求。当在规定的等待时间内，数据采集进程未接收到传感器返回数据，传感器数据采集异常，则结束该次采集工作。其中，指令类型标识包括控制指令标识、采集指令标识两种，当数据采集进程发送指令为控制指令标识时，需将传感器返回数据与期望响应字符进行比对，满足要求时可进行下一指令的发送，不满足要求时终止本次采集工作；当数据采集进程发送指令为采集指令标识时，保存传感器返回数据。比如，压力传感器开机指令、关机指令为控制指令标识，期望响应字符为“OK”，当响应字符返回为“OK”时，表明传感器采集工作运行正常，进行下一指令的发送；当响应字符返回为“FAIL”时，表明传感器采集工作异常，终止本次采集工作，并返回错误代码。

（4）数据采集进程通过数据解析模块，校核传感器返回数据是否符合期望字符串，根据校核结果设置数据采集状态位，并解析传感器返回数据，将原始数据标准化输出。

数据采集进程将采集指令序号、传感器返回数据、解析命令标识符封装成解析请求帧，并在后台新建进程，即运行脚本文件数据解析模块的第二进程，导入解析请求帧。第二进程根据解析请求帧中的指令序列、传感器返回数据、解析命令标识符，导出原始数据，然后关闭第二进程。数据解析脚本根据期望响应数组检验传感器采集返回数据是否满足要求，当采集数据满足期望数组要求时，置位指令标识位；当采集数据不满足期望数组时，根据故障代码数组返回故障代码，并置零指令标识位。

由于不同的传感器采集到的原始数据格式不一致，不符合后续步骤进行存储、计算、传输的标准化要求，第二进程需要对传感器返回数据进行标准化处理，使数据采集进程获得标准化输出数据。

（5）数据采集进程将标准化输出数据、传感器返回数据的采集状态存储至本地数据库；对于标准化输出数据，先由数据采集进程将标准化输出数据、数据采集状态存储至本地数据库，供后续数据预处理调用。

（6）数据采集进程通过预处理计算模块，获取成果数据，并将成果数据存储在本地数据库。首先，采集进程在本地数据库中读取该压力传感器所对应的、预设好的预处理标识位、预处理参数。然后，根据预处理标识位判定是否需要进行数据预处理，如果不需要原始数据预处理，则完成该传感器的数据采集；如果需要进行预处理，采集进程按照成果数据描述表中的原始数据个数、计算参数个数依次读取传感器原始数据，计算参数，将压力传感器的标准化输出数据、预处理参数、预处理命令标识符封装成数据预处理请求帧。

数据采集程序在后台新建一个进程，即运行脚本文件预处理计算模块的第三进程，导入数据预处理请求帧。第三进程根据数据预处理请求帧中的标准化输出数据、预处理参数、预处理命令标识符，导出成果数据数组，然后关闭第三进程。

预处理由用户根据需求自行定义，主要根据传感器计算公式，包括加、减、乘、除、开方、阶乘、对数等运算，结合标准化输出数据计算出成果数据。比如，标准化输出数据是频率和温度，成果数据就是由温度修正和频率计算对应的位移值。

通过传感器脚本的方式，降低了代码编写的复杂度与对开发人员的技术要求。开发人员只需按照脚本定义的模板进行修改，即可完成对该类型传感器的数据采集，便于具有一定技术基础的用户二次开发应用。其中，脚本文件包括但不限于 Shell 脚本、Python 脚本、Lua 脚本。用户通过指令生成脚本、协议解析脚本、预处理计算脚本实现对传感器的数据采集、数据解析与预处理功能，提高采集网关对多类型传感器的兼容性。实际使用中，用户只需参照脚本模板编写脚本即可完成传感器的接入，降低开发人员的技术难度，提高采集网关对不同通信协议传感器的兼容性。

第四节　通信与供电

传感器及其采集设备的稳定工作需要外部提供数据通信链路与可靠的供电电源，其中数据通信链路为监测终端提供监测数据传输通道，供电电源为监测终端提供必要的电力能源，两者缺一不可。

一、有线通信

有线通信技术具有抗干扰性强、可靠性高、通信距离远的特点，通信环境不受通视要求。

针对工程监测数据需求，监测现场通常采用的有线通信方式包括 RS485 总线、以太网通信、光纤通信、电力线载波通信、CAN 总线通信等。

其中，RS485 是一种串行总线标准，可组成半双工网络，即在某一时刻，一个总线设备只能进行发送数据或接收数据，物理层通常采用两线制，通过双绞屏蔽线进行数据传输，具有抑制共模干扰的能力。

以太网技术是目前应用最为广泛的一种计算机网络技术，可以满足很多工业或现场对于带宽高、速率快的要求。

光纤通信具备抗干扰能力强，自身部署简单，重量较小等特点，部署过程中不需要考虑光纤和其他通信设备之间存在电磁兼容的问题，而且光纤通信硬件设备成本相对较低，传输距离远，传输容量大的特点，适用于通信范围内存在障碍物，无法采用无线通信的工程环境。

电力线载波通信以电力线为传输媒介，通过载波将模拟信号或者数字信号转换成高频信号，再通过电力线实现高速传输。电力线载波通信技术充分利用了现有的电网基础设施，实现了数据在电力线上的高效、稳定传输，为远程监控提供了便捷且经济的通信方案。

CAN 总线通信技术是一种用于多节点通信设计的高可靠性串行通信技术，采用低电压差分传输方式，对电气与电磁干扰抵抗能力，特别适用于对数据传输可靠性要求较高的应用场景。

在实际工程应用中，应当依据工程现场的具体环境需求来选择合适的有线通信方式。然而，在工程环境较为复杂的场景下，鉴于有线通信方式存在施工效率低下以及线路易受损坏的风险，可以综合考虑无线通信技术，以制定出更为合理且高效的数据通信方案。

二、无线通信

随着大型建构筑体结构日益复杂，工程现场埋设的传感器数量、覆盖面逐渐增大，从而导致工程监测现场传感器组网的复杂度上升。若采用传统有线组网的工作方案，将大大降低施工效率，增加了系统故障率。因此，在工程环境允许的情况下，有必要采用无线通信组网技术，实现多个监测传感器终端的监测数据采集与传输，并对节点故障具有一定的适应能力，从而提高施工效率与系统可维护性。

（一）局域网无线通信

目前，工程监测现场较为常用的无线通信技术主要包括 LoRa、WiFi、蓝牙、ZigBee 等，这些通信技术在传输带宽、传输速率等性能指标上各有不同。用户可以基于工程现场的需求进行选择。

相比较其他通信技术，LoRa 采用扩频调制技术，增加了链路预算和更好的抗干扰性，延长了无线信号传输的距离，在工程监测现场被广泛应用。LoRa 扩频技术采用线性扩频调制，既保持了低功耗特性，又明显增加了通信距离。LoRa 集中器或网关可以对多个节点的数据进行并行接收及处理，从而大大扩展了网络容量。因此，局域网通信中采用 LoRa 技术可以实现更长的通信距离以及更低的系统功耗，从而节省了中继设备成本。

（二）广域网无线通信

广域网无线通信建立工程监测现场网关采集设备与远程服务器之间的通信链路，实现工程现场多传感器采集数据的上报与远程控制。目前，较为常用的广域网无线通信技术包括 2G/3G、4G、5G、Cat.1、NB-IoT、北斗短报文等。

由 2G/3G 网络承载能力已经不能满足目前需求，在新部署的物联网连接中，NB-IoT、Cat.1、4G 会逐步替代 2G/3G 模组。现阶段，Cat.1 无线通信技术在工程现场应用较为广泛，由于其自身出色的性价比、高传输速率、极广的信号覆盖，在物联网市场备受关注。与 NB-IoT 相比较，Cat.1 在网络覆盖面积、传输速度和通信延时上都领先于 NB-IoT；与 Cat.4 模组对比，其功耗更低、性价比更高且传输速率相差无几。在实际应用中可以根据监测传感器的通信带宽、频率、功耗等方面的要求，选择适用的广域网通信方式。

（三）通信协议

通信协议包括两个组成部分，广域网通信协议、局域网通信协议，其中广域网通信协议实现采集网关设备与服务器之间的数据通信，局域网通信协议实现采集网关设备与监测现场传感器之间的数据通信。

作者所在团队针对大多数结构安全监测传感器的数据通信需求，制定了符合工程监测要求的 MQTT 广域网通信协议以及局域网通信协议，以确保传感器采集设备、监测网关与监测平台之间能够实现高效、双向的信息传输。

1. MQTT 广域网通信协议

MQTT 广域网通信协议包括消息主题、消息负载协议两个组成部分，在终端连接相同 MQTT 服务器的情况下，发布主题与订阅主题为相同内容的两个终端可以建立通信数据连接，为满足 MQTT 物联网广播消息（一对多）、点到点消息（一对一）的发送，终端主题必须满足规定格式。

1）消息主题格式

终端订阅两个主题，用于接收服务器命令，格式为：

（1）IoT/EMQ/Broadcast（广播消息）——用于接收服务器命令；

（2）IoT/设备 ID/Command（点到点）——用于接收便携 MQTT 终端命令。

终端向服务器、客户端发布的主题，格式为：

（1）IoT/EMQ/Response（服务器消息）——用于向服务器发送采集数据；

（2）IoT/设备 ID/Response（点到点）——用于向便携 MQTT 终端发送数据。

在采集器实际工作中，只要向同一消息主题发送数据，订阅相同消息主题的终端将收到该消息主题的负载信息。

2）消息负载协议

为实现服务器与数据采集之间的数据交互，采用 Json 格式设计广域网通信协议，消息体 MQTT 协议格式为（以其中一类传感器采集为例）：

```
{
    "DevHostID"："LN0801",
    "SensorPortID"："01",
    "Command "：{
        "CmdType"："080102",
```

```
        "CmdPara"："[100，2000]"
    }，
    "Data"："[3.1232，2.1232，1.1232]"，
    "Time"："2018-10-12 12：23：23 "，
    "StatusNO"："@401"
}
```


其中，DevHostID为采集器ID号；SensorPortID为采集器端口设备号，实现监测系统一对多数据采集；Command为采集控制命令，包括命令类型（CmdType）与命令参数（CmdPara）两个关键字；Data为采集到的传感器监测数据；Time为该条指定工作的时间；StatusNO为采集器本条指令的响应状态。

2. 局域网通信协议

为实现多个传感器终端与采集器之间的通信，自主制定了局域网通信协议，设置的指令帧采用ASCII码编码方式，包括以下两种：

（1）发送的指令帧格式如下：

起始符(:)＋地址码(NNID)＋命令字(CC)＋参数(Para)＋结束符(CRLG)

注释：

起始符（:）：1字节。

地址码（NNID）：4字节，从机设备地址编码，其中NN为类型编码，ID为设备编号。

命令字（CC）：2字节，其中1～20命令字为通用功能代码；21～99为专用功能代码。

参数（Para）：根据命令不同占用不同字节数。

结束符（CRLG）：2字节。

（2）返回的数据帧格式如下：

起始符(:)＋地址码(NNID)＋命令字(CC)＋参数(Para)＋结束符(CRLG)

例如：NNID号为0805的设备终端测试命令为：08050401(回车)。

三、供电电源

可靠的供电电源是保证传感器的精度与稳定工作的前提，应综合考虑工程现场的电源功率、纹波率指标来提升前端感知系统的稳定性；对于结构安全风险比较大的监测点位，还应增加UPS设备，保证市电断电后，系统仍能稳定可靠地工作；同时，还应综合考虑监测系统电源的保护方案，防止出现电源故障后，导致整个系统的工作瘫痪。

设备供电应符合以下要求：①供电电源应保证输出功率、电压精度、纹波率优于传感器工作电源指标要求，且具有过负载、过压、过温保护功能。②关键部位布设的监测设备宜配置备用电源。③采用电池供电时宜具备低电量报警功能，并避免电池爆炸、燃烧等安全事故。

对于复杂的变形监测工程环境，如偏远地区大型滑坡，尾库矿、大坝等部分人烟稀少区域，实现有线供电十分困难，为了保证各种野外数据采集装备能够可靠工作，需结合无线低功耗供电策略与太阳能、风能等供电方式实现数据采集。

此外，现有工程现场大都采用有线线缆进行通信与供电，且线缆布设需要随传感器终端的位置而变动。但是，当出现监测传感器终端埋设位置较高、线缆布设空间存在障碍物时，供电与通信线缆的布设工作量将成倍增加。特殊工程环境下，如传感器终端位于施工工程现场、布设线缆需横穿交通公路等情况下，线缆存在工程机械损坏的可能性，需要增

加线缆保护设施，不仅降低了施工效率，还增加了工程后期的维护工作量。对于线缆布设困难或无市电供电条件件的监测环境，作者所在团队综合采用低功耗工作策略、无线通信技术、太阳能发电、风能发电或振动发电等技术，实现监测数据的无线低功耗数据采集。

（一）无线低功耗工作策略

无线低功耗供电策略通常采用定时触发唤醒、远程通信触发唤醒等工作方式，大部分时间工作于休眠状态，大幅度减低设备功耗，解决恶劣监测环境下工程项目供电困难的问题。此外，在供电较为复杂的工程环境下，还可通过采用太阳能、风能等供电方式，结合锂电池、电容器等储能设备的方式，提升监测终端的环境适应能力。

为延长电池使用时间，监测终端节点不工作时需要处于休眠状态，当需要进行数据传输时通过唤醒机制切换至工作状态。根据唤醒方式不同，低功耗唤醒策略可分为以下两种：①主动唤醒：监测终端节点休眠状态下保留 RTC 时钟，根据用户设置闹钟定时唤醒微处理器进行数据采集与数据上传，当完成一次数据采集工作后再次进入休眠状态。②空中唤醒：监测终端节点无线 LoRa 模块每隔一个定时间隔 T 主动唤醒一次，检测是否有主控节点发送的唤醒前导码。若无接收到唤醒前导码，微处理器进入休眠状态；若收到唤醒前导码，微处理器被唤醒进入数据采集并完成数据上传，完成一次数据采集后进入休眠状态，直到下一次定时周期 T 触发唤醒微处理器。

LoRa 空中唤醒策略工作示意图如图 6.4-1 所示。

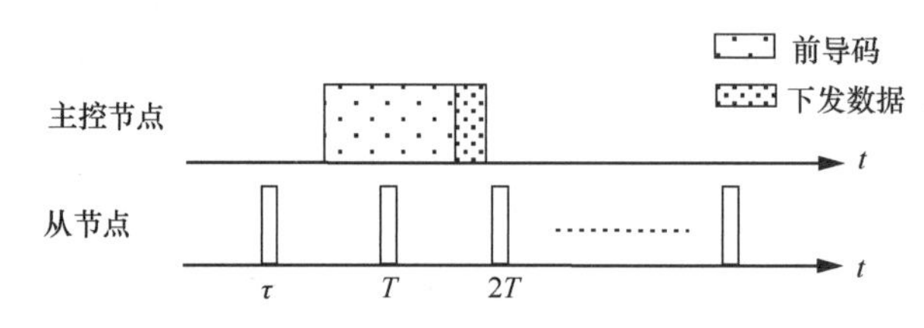

图 6.4-1 LoRa 无线空中唤醒工作示意图

从节点每隔 T 秒自动唤醒一次，唤醒时长为 τ，检测空中是否有主控节点的广播前导码。当空中存在该信道前导码时，从节点唤醒进入接收模式，完成主控节点下发数据的接收；当空中不存在该信道前导码时，从节点再次进入休眠状态。由于前导码检测时长 τ 远小于唤醒周期 T，从节点一个周期内大部分时间处于休眠状态，因此可实现节点的低功耗工作。此外，为保证从节点能检测到主控节点的广播前导码，主控节点发送前导码的时长需大于从节点唤醒周期 T。

空中唤醒模式可实现监测终端节点与主控节点双向通信，但主动唤醒模式只能实现监测终端节点向主控节点之间的单向通信，无法完成中心节点对终端节点的召测。主动唤醒的工作方式由于从节点大部分时间处于待机休眠状态，需要等待至下一唤醒时间窗口完成主控节点控制指令的响应，存在主控节点指令响应实时性差的问题，导致在多传感器远程召测、定点调试等应用场景下受限。由于工程监测环境中，存在需要对监测节点突发访问的情况，因此实际工作中通常采用空中唤醒机制实现监测节点的无线低功耗供电。

（二）多传感器无线低功耗采集

实际工作中，工程监测局域通信网内通常有多个监测传感器需要完成数据采集与传输。但是，在多个从传感器节点低功耗采集的应用场景中，同一无线通信信道下，由于监测网关发送通信指令会唤醒局域网内同信道的所有从节点设备，无效唤醒将导致从节点功耗的增加。比如：当无线局域网中存在 M 个从节点时，监测网关完成一次指令下发会同时唤醒 M 个从节点，即完成一次局域网传感器节点数据轮询采集，从节点被无效唤醒 M-1 次，增加局域网整体功耗。

为避免同一信道下多传感器节点的无效唤醒，可为每个从节点划分独立的通信信道。但由于 LoRa 采用扩频技术，单信道占用带宽大，当局域网内从节点较多时，无法实现每个从节点拥有独立的通信信道。此外，若局域网从节点工作信道完全占用 LoRa 通信频段，不仅会干扰工程现场的其他设备，还会受到其他无线通信设备的干扰。

作者所在研究团队基于 LoRa 无线通信技术，针对小范围（1km）内多传感器低功耗轮询采集中同信道从节点无效唤醒的问题，提出了一种基于空中唤醒策略与信道切换机制的低功耗采集方法，将无线通信局域网进行信道划分，不同信道分时切换复用实现多传感节点的分组唤醒与通信。

按照轮询采集、定点调试与预警上报等多传感器组网通信的功能需求，将 LoRa 局域网通信链路信道划分为四类：待机信道 Sx、预警信道 A_1、采集信道 C_1 与调试信道 D_1。通过不同类型信道的分时复用，降低 LoRa 局域网通信的占用带宽，减少多传感器数据通信的无效唤醒次数。局域网 LoRa 通信信道划分如表 6.4-1 所示。

局域网 LoRa 通信信道划分 **表 6.4-1**

信道类型	信道功能	传输方向	通信链路
待机信道 Sx	从节点待机休眠的工作信道	单向	主控节点→从节点
采集信道 C_1	从节点上报数据信道	单向	主控节点←从节点
调试信道 D_1	主从节点调试信道	双向	主控节点↔从节点
预警信道 A_1	从节点上报预警数据信道	单向	主控节点←从节点

其中，待机信道 Sx 为从节点待机休眠的工作信道，从节点完成命令响应、预警信息上报后，自动进入待机信道 Sx，以降低节点功耗；采集信道 C_1 为主从节点轮询采集数据的数据上报信道，主控节点发送轮询控制命令至待机信道 Sx，从节点被唤醒后与主控节点共同切换至采集信道 C_1，建立从节点数据上报通信链路；调试信道 D_1 为主控节点对从节点的调试信道，主控节点发送定点调试命令至待机信道 Sx，从节点唤醒后与主控节点共同切换至调试信道 D_1，建立调试信道下的双向通信链路；预警信道 A_1 为主控节点接收从节点的预警信道，当从节点出现故障后，由待机信道 Sx 自动切换至预警信道，向主控节点上报故障信息。

实际应用中，将待机信道 Sx 划分为 10 个，每个信道容量为 10 个从节点，则待机信道 Sx 可容纳 100 个从节点，满足大部分工程现场需求。此外，为避免各个信道之间的相互干扰，10 个信道频点之间间隔为扩频调制带宽的 5 倍。

（三）试验分析

低功耗无线监测设备的一个重要技术指标是工程现场环境下，工作功耗大小，设备工作处于两种状态：停机工作模式、测距工作模式。本测试试验基于监测激光测距传感器开展，从两种工作状态对监测设备进行测试试验，测量出无线测距监测设备的功耗，并给出计算结论。设备的功耗测试设备主要包括：直流开关电源、示波器、万用表三种。

实际测试中采用各个模块单独测量方案，即拆除电源升压芯片、拆除电源降压芯片、拆除无线通信模块后，分别测量停机模式下的工作功耗。测试数据如表 6.4-2 所示。

低功耗测试结果 **表 6.4-2**

测试内容	电压	工作电流	时长
STM32 待机模式	3.3V	2uA	—
STM32 停机模式	3.3V	8.14uA	—
加入降压模块	4.1V	80.8uA	—
加入升压模块	3.5V	120uA	—
加入 LoRa 无线通信	3.5V	138uA	—
整机运行停机功耗	3.5V	150uA	—
测距传感器工作电流	3.5V	257mA	250ms
无线发送工作电流	3.5V	196mA	2500ms
设备无线接收状态	3.5V	45mA	500ms

经过测试，无线低功耗模块整机停机模式工作电流为 150uA，且设备长时间工作在此状态下；设备控制激光测距模块时工作电流最大为 257mA，持续工作时间为 250ms。此外，由于无线 LoRa 模块发送数据时，受到距离的限制需要增大发送功率，此时工作电流为 196mA，且持续时间为 2500ms。

若按每天监测设备工作 10 次，每次采集数据 2 组，则由上述测量结果可以换算到每秒钟设备工作电流大小为：

$$I_0 = \frac{(257 \times 0.25 + 196 \times 2.5) \times 10 \times 2}{24 \times 3600} \approx 0.128\text{mA} \tag{6.4-1}$$

在该工作状态下，无线测距监测设备终端平均每秒钟增加 127uA 电流功耗，即设备每秒钟工作电流大小为：

$$I = I_0 + I_1 = 128\text{uA} + 150\text{uA} \approx 278\text{uA} \tag{6.4-2}$$

系统供电电源方案采用锂亚电池与电容的组合形式，使得锂亚电池的有效放电容量大大提高，可达到标称容量的 95%。由式（6.4-2）可以得出低功耗监测终端平均工作电流大小为 0.278mA，若采用大容量锂亚电池进行供电，电池容量为 6500mAh，输出电压为 3.6V，按电池放电容量可达 70%计算，则整机可以工作时长为：

$$T = \frac{6500 \times 0.7}{0.278} \approx 16367\text{h} \tag{6.4-3}$$

每天时长为 24h，则整机可工作天数为：

$$T = \frac{16367}{24} \approx 682\text{d} \tag{6.4-4}$$

则设备工作理论时长可达 682d。但是，在实际工作环境下，由于设备受外界环境干扰，电池有可能处于放电状态，实际工作时长可能会缩短。

第五节 应用案例

一、高层建筑监测

（一）工程概况

重庆国际金融中心项目位于重庆市江北区江北嘴，项目用地面积 29128m^2，总建筑面积 722362.38m²，规划建筑为四栋塔楼及其附属商业，其中主塔楼为高度超 470m 的超高层地标建筑，即 T_1（105F/吊 1F/-6F），附属塔楼三座，分别为：T_2（52F/吊 1F/-6F），T_3（59F/吊 1F/-6F），T_4（50F/吊 1F/-6F），地下室 7 层。设计地下室标高 217.70m，环境标高为 244.00～251.50m，基坑开挖深度约 27～34m，工程安全等级为一级。

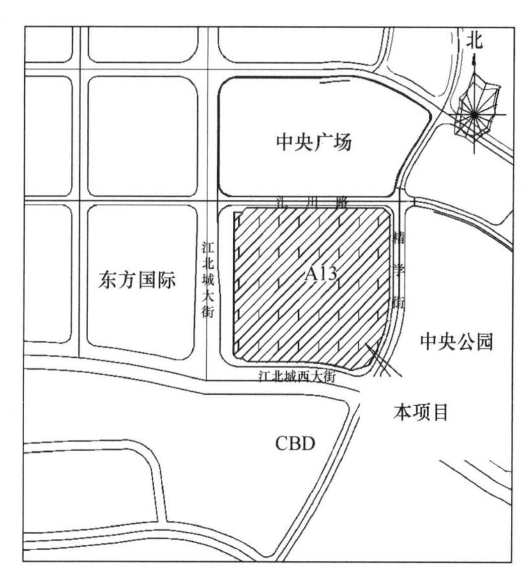

图 6.5-1 重庆国际金融中心项目与周边环境关系示意图

项目北侧为已建江北城中央广场工程，东侧为江北嘴中央商务区中央公园，南侧为在建的财信广场（江北城 CBD），西侧为已建的东方国际广场。场地四周城市道路均已修建完成。项目与周边环境关系如图 6.5-1所示。

重庆国际金融中心项目是江北嘴区域地标性建筑，与渝中区朝天门隔江相望，其建成后将成为江北嘴最高的超高层，是江北嘴区域金融、酒店的标志。轨道交通六号线从该项目西北向东南方向横穿，该项目施工过程中，轨道交通六号线江北城大剧院区间隧道将由既有的深埋隧道改变为浅埋隧道，隧道结构荷载将发生极大变化。其中，地下结构与轨道结构

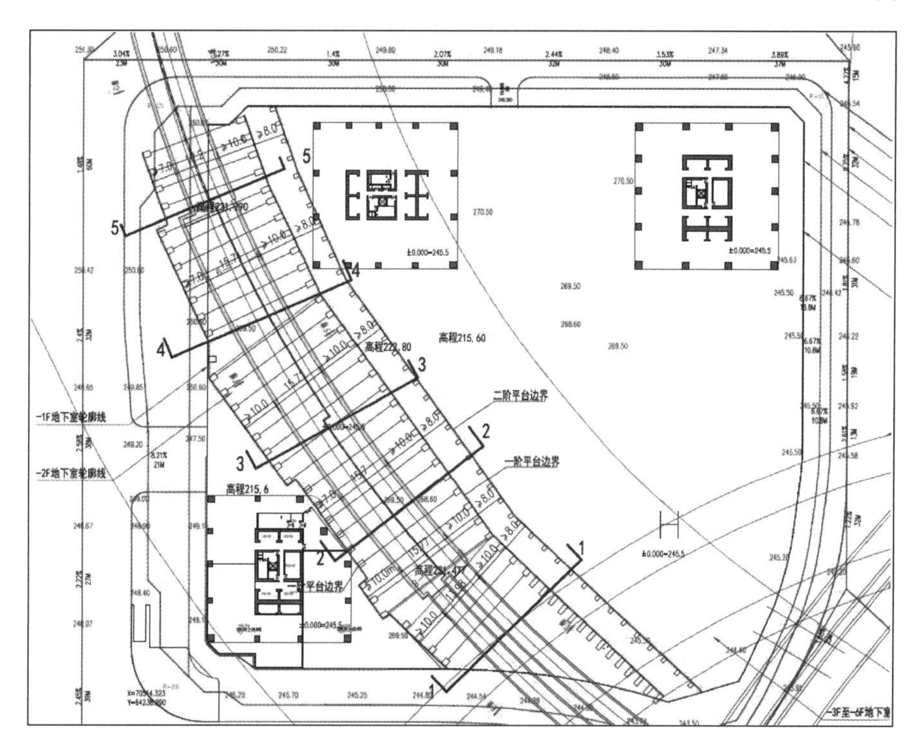

图 6.5-2 轨道交通六号线与本项目平面关系图

最小垂直距离约 12m，裙房和地下室在轨道交通六号线上方采用结构转换桁架，将轨道交通六号线上建筑荷载传递到轨道保护体外，将有效地保护轨道结构（图 6.5-2、图 6.5-3）。

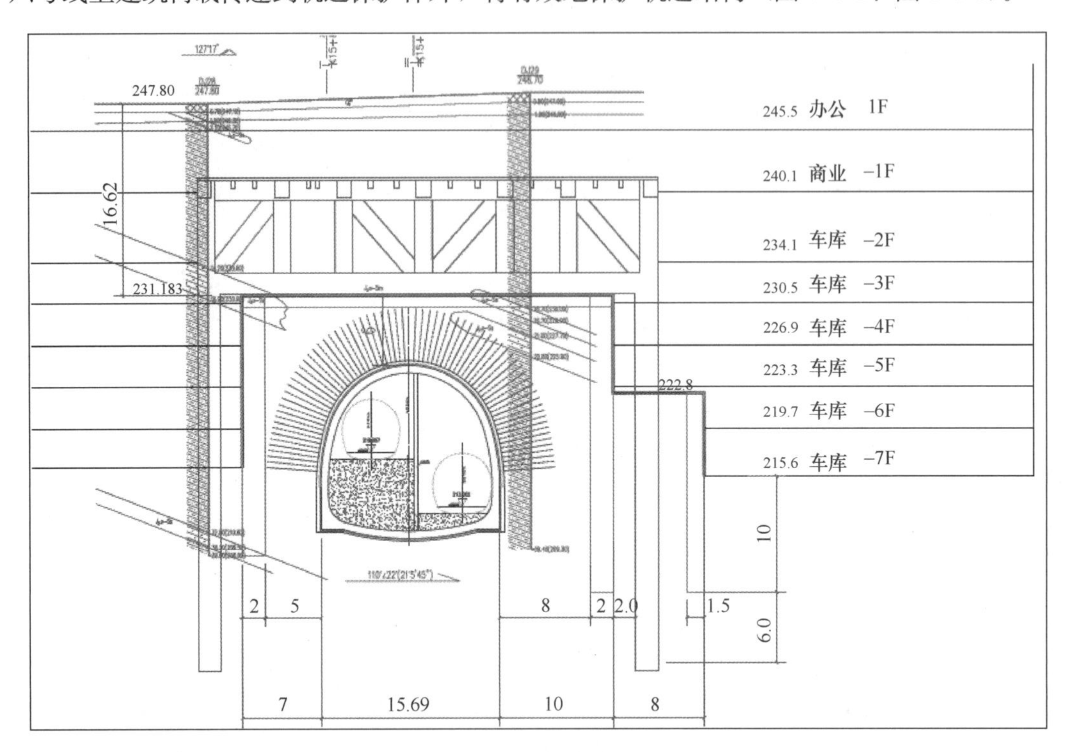

图 6.5-3 轨道交通六号线与本项目典型剖面关系图

该工程项目地质条件如下：

在地形地貌方面，重庆国际金融中心项目场地为构造剥蚀丘陵斜坡地貌，原始地形为南东高，北部、南西部低的斜坡，地形坡角一般 3°～10°，局部约 20°或岩坡陡坎。现状项目场地地势平坦，起伏较小，场地地面最高点高程约为 250.97m，最低点高程约为 243.66 m，相对高差为 7.31m 左右，地形坡角一般 3°～5°。

在地质构造方面，场地位于龙王洞背斜东翼，场内未见基岩露头，根据勘察实测岩层产状为：102°∠22°，间距 0.2～1m，张开度 0～2mm，少量黏土充填，属软弱结构面，呈单斜产出。

场地测得两组主要构造裂隙，主要特征如下：

第一组 J_1：产状 272° ∠56°，裂面平，间距 0.2～1m，张开度 0～2mm，平面延长大于 5.0m，结合差，少量泥质充填，属硬性结构面。

第二组 J_2：产状 192°∠80°，张开 1～3mm，间距大于 1m，平面延长大于 5m，结合差，少量泥质充填，属硬性结构面。

根据区域地质资料分析，场区内无断层及活动性大断裂通过，地质构造单一。

在水文地质方面，场地地势平坦，场地地下水主要赋存于土层孔隙和浅部基岩风化网状裂隙中，按含水介质可分为松散堆积层孔隙水和基岩裂隙水两种类型。

1）松散堆积层孔隙水

场地松散堆积层孔隙水主要受大气降水的渗透补给，场地松散堆积层分布及厚薄不均，雨季时地表水下渗将形成松散土层孔隙水，由高往低排泄，水量小，受气象因素影响变化明显。

2）基岩裂隙水

场地泥岩为隔水层，砂岩为弱透水层，基岩裂隙水主要赋存在近地表强风化带。基岩裂隙水主要受大气降水补给，由于场地周边地势较低，降水多以地表径流形式运移，对裂隙水的补给微弱；裂隙水具有就地补给、就近排泄、径流途径短的特点，水量小，受气象因素影响变化明显。

场地及周围无污染源，据场地周边前期勘察成果资料和本场地环境判定，地下水对混凝土、钢筋混凝土中的钢筋及钢结构具有微腐蚀性。

在不良地质方面，本项目场地内地势平缓，无滑坡、崩塌、泥石流等不良地质现象。轨道交通六号线贯穿西侧场地，南东侧紧邻已建江溉隧道，两隧道洞体已采用厚实的钢筋混凝土锚固支护，该段未见空洞及层间软弱夹层等不良地质现象。

重庆国际金融中心项目周边环境情况如表 6.5-1 所示。

工程周边环境情况表 **表 6.5-1**

序号	周边环境名称	周边环境描述
1	江北城 110kV 电缆隧道	江北城电缆隧道位于本项目场地西侧、南侧，隧道内为已运营的 110kV 主送电电缆，为重要周边环境构筑物。隧道为矩形箱式结构，断面尺寸为 2.4m×2.4m
2	轨道交通六号线	位于本项目场地影响范围内的六号线区间隧道（里程约为 K15＋706～K15＋959m，长度约为 253m），地面标高 247.00～249.00m，轨道交通六号线隧道结构顶高程约 212.00～225.00m，项目施工对轨道结构影响等级为特级
3	江溉路隧道	江溉路隧道呈东北—西南方向走向，位于本项目东南侧，为暗挖深埋隧道，断面约为 6m×6m 的马蹄形，顶高程约 210.00～219.00m
4	既有道路	包括江北城大街南路、江北城大街北路、汇川路、精学街，路面高程约 244～248m，道路较平缓
5	既有建筑物	包括东方国际 A 塔楼（混凝土 55/-5F）及商业裙楼、财信国际商业裙楼（混凝土 4/-1F）及车库

重点风险源见表 6.5-2，风险源剖面图见图 6.5-4。

主要风险源及监测措施 **表 6.5-2**

序号	监测对象	风险描述	监测措施
1	基坑自建抗滑桩	工程开挖形成深基坑，基坑底标高 224.40m，抗滑桩顶标高 249.90m，基坑开挖最大高差 25.5m，开挖形成边坡，对在建抗滑桩的推力增大，可能引起抗滑桩支护结构失稳，进而导致在建基坑失稳垮塌；由于工程东北侧的 T_4 塔楼先于其他塔楼建设，T_4 塔楼先行开挖形成的深基坑及支护结构未回填，存在在建基坑失稳的风险，危及已建的塔楼结构、精学街通行的车辆和人员、轨道交通六号线运营安全	1. 加强基坑抗滑桩支护结构巡查； 2. 加强基坑抗滑桩支护结构水平位移和竖向位移、桩体深层水平位移、锚索应力、周边道路沉降监测
2	轨道交通六号线	基坑开挖形成边坡，以及在建抗滑桩的开挖，可能引起基坑支护结构失稳，进而导致轨道保护体结构可能受基坑及建筑主体结构稳定性影响的六号线区间隧道发生水平位移、沉降、开裂等变形，危及轨道交通六号线运营安全	1. 加强隧道巡查； 2. 加强隧道水平位移和竖向位移、沉降及裂缝、收敛监测

续表

序号	监测对象	风险描述	监测措施
3	既有道路	在建基坑开挖及塔楼主体结构施工，可能引起既有江北城大街南路、江北城大街北路、汇川路、精学街路面沉降等变形，影响通行车辆和人员安全	1. 加强既有道路巡查； 2. 加强既有道路沉降监测
4	既有建筑物	在建基坑开挖及塔楼主体结构施工，可能引起基坑失稳，危及东方国际A塔楼（混凝土55/-5F）及商业裙楼、财信国际商业裙楼（混凝土4/-1F）及车库的安全	1. 加强既有建筑物巡查； 2. 加强既有建筑物沉降监测
5	江溉路隧道	隧道顶高程约210.00～219.00m，长约80m。隧道距离工程抗滑桩体边缘线最小水平距离约为2.7m，该工程施工对其影响较大	1. 加强隧道巡查； 2. 加强隧道收敛监测
6	江北城110kV电缆隧道	隧道距离工程抗滑桩体边缘线最小水平距离约为1.1m，该工程施工对其影响较大	1. 加强隧道巡查； 2. 加强隧道收敛监测

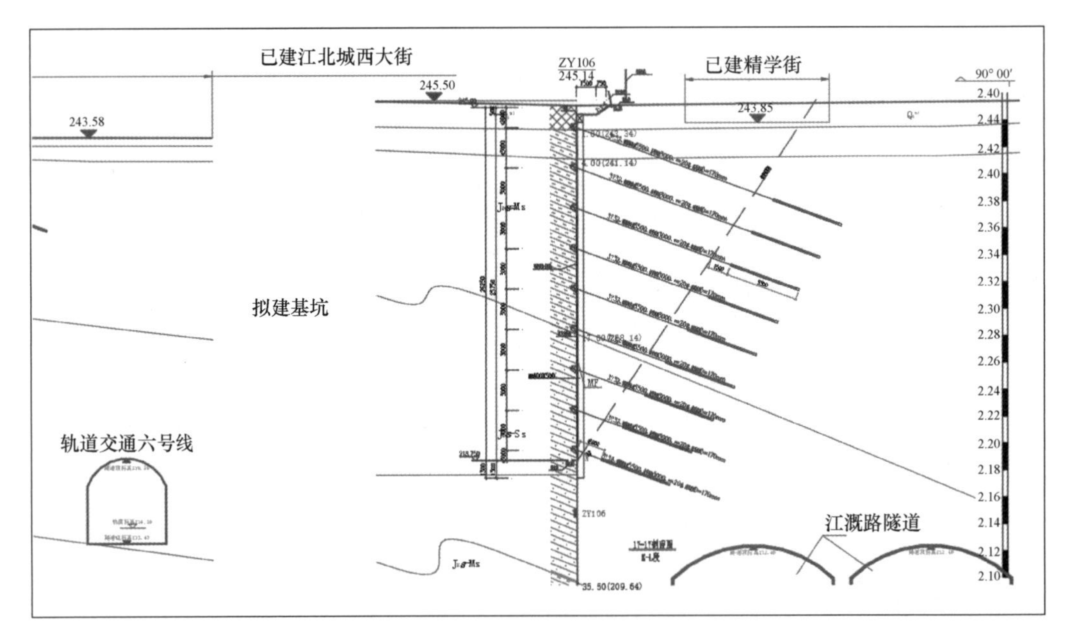

图6.5-4 主要风险源剖面图

（二）监测内容及方法

1. 监测对象

监测对象包括基坑抗滑桩支护结构、江溉路隧道、轨道交通六号线、江北城110kV电缆隧道、既有道路及既有建筑物等。

2. 监测范围

监测范围包括项目拟建区域范围内的所有监测对象的第三方监测。具体工作内容主要包括项目深基坑新建抗滑桩、江溉路隧道、轨道交通六号线、江北城110kV电缆隧道、既有道路及既有建筑物等受工程影响的第三方监测，包括但不限于监测网的建立，周边环境及岩土体等变化情况监测，轨道结构、江北城 110kV 电缆隧道结构、既有道路及既有建筑物相关结构位移监测等。

3. 测点布置

监测项目及测点布置见表 6.5-3。

监测项目及测点数量　　表 6.5-3

监测对象	监测项目	测点数量（点）	备注
基坑自建抗滑桩	边坡水平位移	22	基坑抗滑桩上部布设 22 个水平位移、竖向位移共用点；选择 4 个典型抗滑桩布设深层水平位移监测孔；选取 4 个典型抗滑桩，在其顶部、中部和底部各布设一个锚索应力计
	边坡竖向位移	22	
	深层水平位移	4 个孔，预计 100m	
	锚索应力	10	
	裂缝	待定	
江北城 110kV 电缆隧道	水平收敛	24	工程影响范围内的电缆隧道按照 15m 间距布设一个监测断面，每个断面布设一个水平收敛和一个拱顶沉降监测点
	拱顶沉降	24	
	裂缝	待定	
江溉路隧道	水平收敛	10	工程影响范围内的江溉路隧道按照 15m 间距布设一个监测断面，每个断面布设一个水平收敛和一个拱顶沉降监测点
	拱顶下沉	10	
	裂缝	待定	
轨道交通六号线	隧道水平位移	80	工程影响范围内的轨道交通六号线区间隧道布设 20 个水平位移和竖向位移监测断面，影响极大的布设间距为 5m，其余断面间距为 10m；布设 44 个净空收敛和拱顶下沉监测断面，与水平位移、竖向位移保持同断面；在影响极大的断面布设 26 个道床沉降监测点，布点间距为 5m；以上均采用自动化监测方式实施
	隧道竖向位移	80	
	净空收敛	44	
	拱顶下沉	44	
	道床沉降	26	
	裂缝	待定	
既有道路	道路沉降	66	对江北城大街南路、江北城大街北路、汇川路、精学街按照间距 20m，在道路路沿两侧布设沉降监测点，共布设 33 个断面，每个断面布设 2 个沉降点
	裂缝	待定	
既有建筑物	建筑物沉降	15	东方国际 A 塔楼（混凝土 55/-5F）及商业裙楼、财信国际商业裙楼（混凝土 4/-1F）及车库分别布设 7 个、8 个建筑物沉降点
	裂缝	待定	

监测点布置断面见图 6.5-5。

（三）*数据分析及效果评价*

本案例采用多类型监测传感器对隧道结构建立了高精度、全天时、实时动态反馈的自动化监测系统，通过高精度测量机器人、静力水准仪、高精度激光测距仪、裂缝计进行实时观测。同时，还集成了视频监控技术，实现 24h 不间断地对轨道隧道实时巡查，及时掌握隧道轨行区结构有无明显异常情况，以及动态掌握自动化监测设备运行状态。

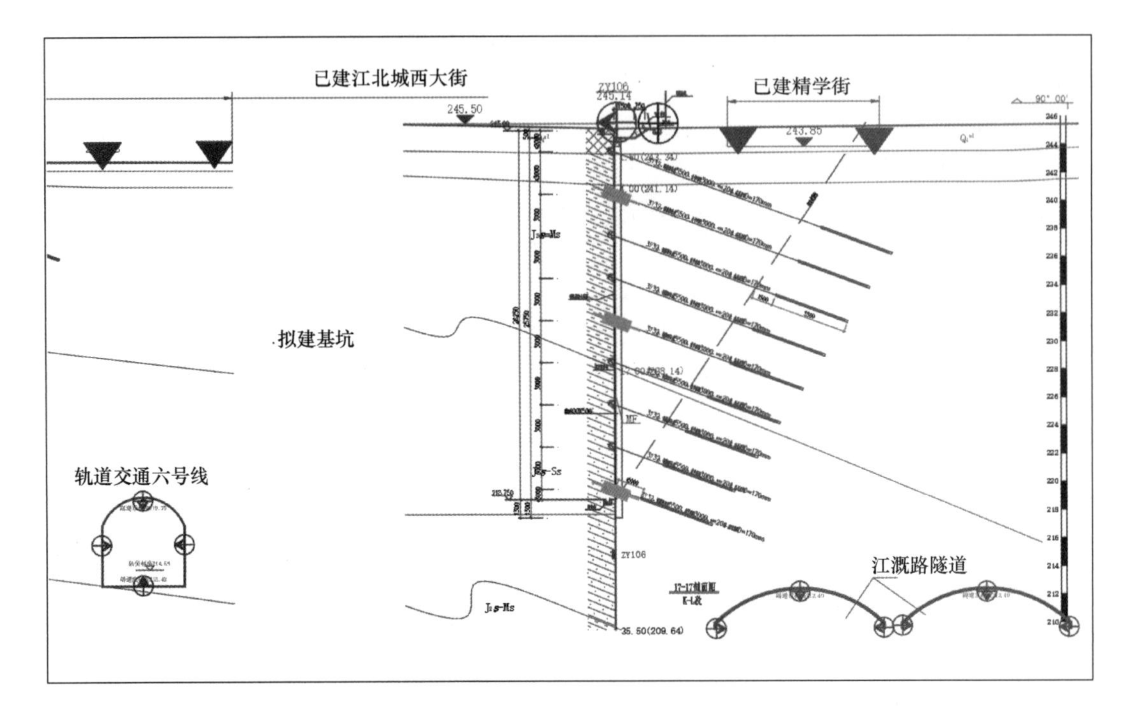

图 6.5-5　监测点布置断面图

工程隧道结构及基坑支护结构某测点监测数据变形曲线如图 6.5-6、图 6.5-7 所示。

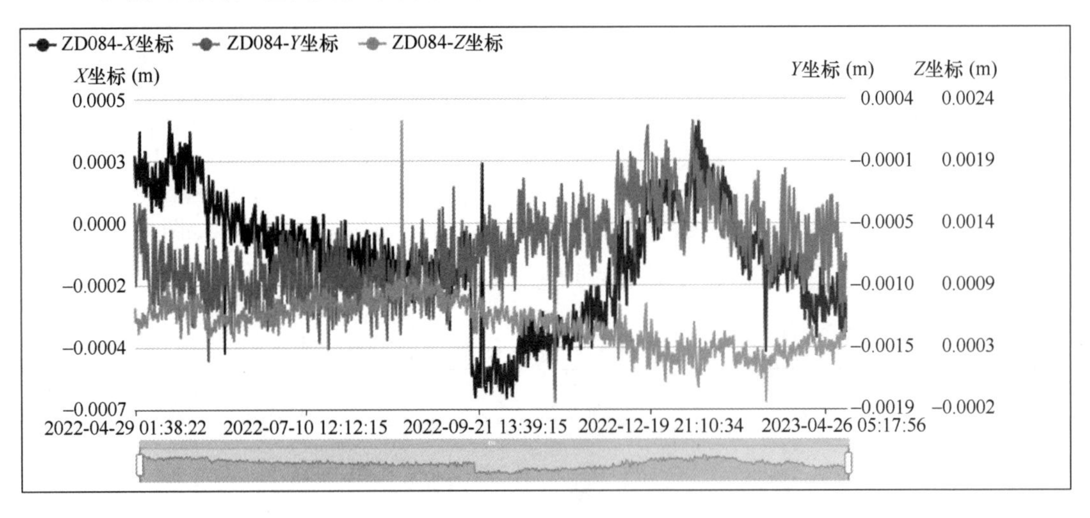

图 6.5-6　轨道隧道结构某监测点变形曲线

通过对曲线数据进行分析，可以看出：在基坑土石方施工期间，隧道结构水平位移累计变形量较小，基坑支护结构水平位移、竖向位移累计变形量较小，隧道和基坑支护结构相对安全。

该项目通过采用多类型自动化监测传感器对被监测对象的结构进行全天候监测，不仅满足了监测精度要求，提升了监测效率，而且基于监测大数据云平台实现了对隧道结构变形的动态、智能化掌控，能够全面、准确、快速地掌握风险点的变形情况，为保障工程建

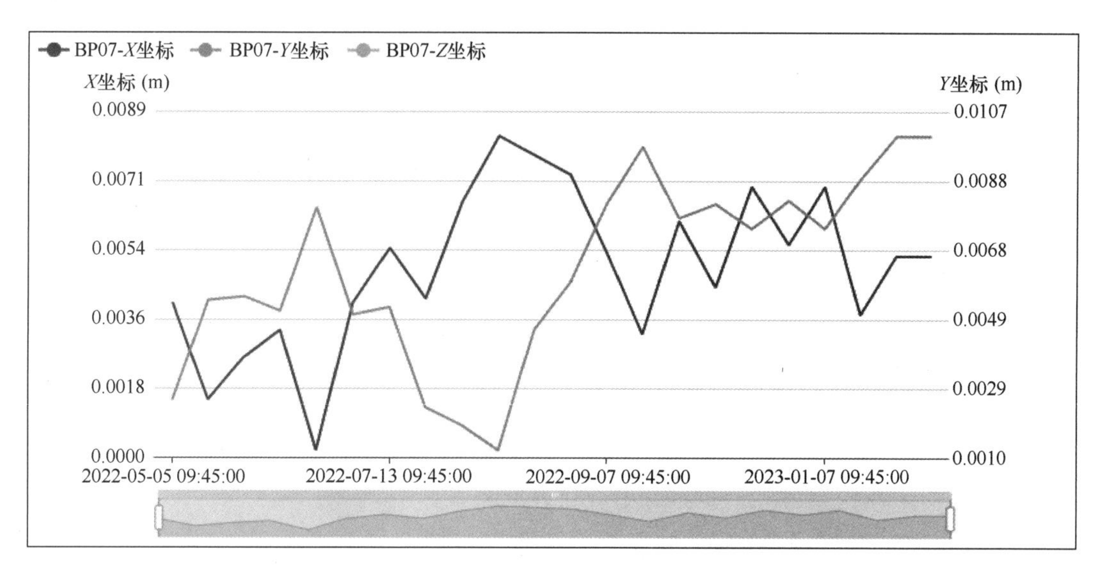

图 6.5-7 基坑支护结构 BP07 监测点变形曲线

设过程中轨道交通运营和周边建筑物的安全提供了技术支撑。相比传统人工监测，自动化监测作业方式大幅提升了作业效率，减少了大量人力、时间投入，极大地降低了监测成本。

二、地下环道监测

（一）工程概况

重庆解放碑地下环道属于市政设施领域的交通工程，包括“一环、七射、*N* 连通”。“一环”即沿十八梯人防通道、五一路金融街、临江路段形成地下车行环道；“七射”即通过七条放射性的出入线与长滨路和嘉滨路相连，以保证环道车流能够快速驶出；“*N* 连通”就是通过多条支线将“一环”内外的地下车库连成一体，并与“一环”形成互通。该工程影响区域内建（构）筑物众多，同时受接线标高限制等众多因素影响，本工程新建环道和出入口与轨道一号线部分区间段形成三次交叉，与轨道二号线部分区间段形成二次交叉。

重庆解放碑地下停车系统工程位于渝中区核心解放碑商圈，影响区域内建（构）筑物与人防工程众多，其运营期存在一定风险，需对隧道结构变形情况进行监测。本工程既有地下人防利用改造，又有地下隧道新建改建，与轨道一号线、二号线有平面交叉，隧道衬砌结构和空间关系复杂，对布线和设备安装工艺要求非常高。项目采用结构型形变监测成套技术，采用有线、无线相结合的通信组网方式，在保证数据传输效率的同时，尽可能减少线缆布设，降低安装难度；采用智能网关对供电系统进行控制，实现设备远程断电重启，降低后期维护难度，提升监测作业效率（图 6.5-8）。

（二）监测内容及方法

本项目为解放碑地下停车系统工程运营期隧道结构监测，监测对象包括重庆解放碑地下停车系统工程主通道隧道、出入口隧道、连接道隧道和支洞隧道。根据解放碑地下停车系统工程特点及工作条件，隧道结构监测项目及测点数量如表 6.5-4 所示。

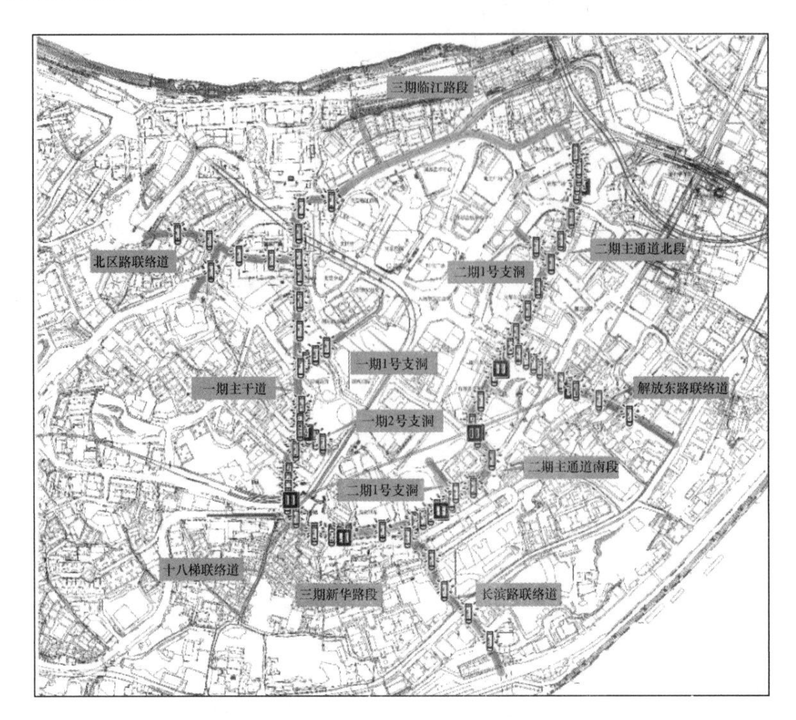

图 6.5-8 自动化监测点布设示意图

隧道结构监测项目及测点数量 **表 6.5-4**

监测对象	监测项目	数量（个）
重庆解放碑地下停车系统工程	隧道结构竖向位移	103
	隧道结构净空收敛	103
	隧道结构应力	37
	裂缝（伸缩缝）监测	20

1. 初始状态调查

在监测前对隧道结构进行初始状态调查，主要针对隧道衬砌裂缝及渗漏水情况，并在衬砌裂缝和渗漏水处做好标记。定期对地表进行巡查，了解地表施工情况。定期对隧道原有病害进行观测并对隧道进行巡查，看是否有新的病害产生。调查过程中做好详细的记录，并拍照存档，对于调查过程中发现的异常情况及时通知甲方，以便采取相应应急措施（图 6.5-9）。

2. 收敛位移监测

对解放碑地下停车系统工程收敛位移监测主要包括结构收敛、拱顶沉降监测。该项监测采用自主研制的自动化变形监测系统进行实时和连续的观测，量测精度为±1mm。系统硬件包括现场监测设备和远程控制设备。本项目在隧道内设置激光测距仪构成监测系统的主体，监测点按断面以一定的间隔布设于影响区域。其他现场设备布设在控制箱内，包括不间断电源（UPS）、无线远程电源开关、温度气压传感器、无线传输设备等（图 6.5-10）。

3. 应力监测

解放碑地下停车系统工程埋设了振弦式应力传感器，通过自动化监测技术实现了对结构应力变化情况的实时监控。项目根据预设的断面间隔，在隧道结构的表面布置了多个应

图 6.5-9　现场巡查、作业

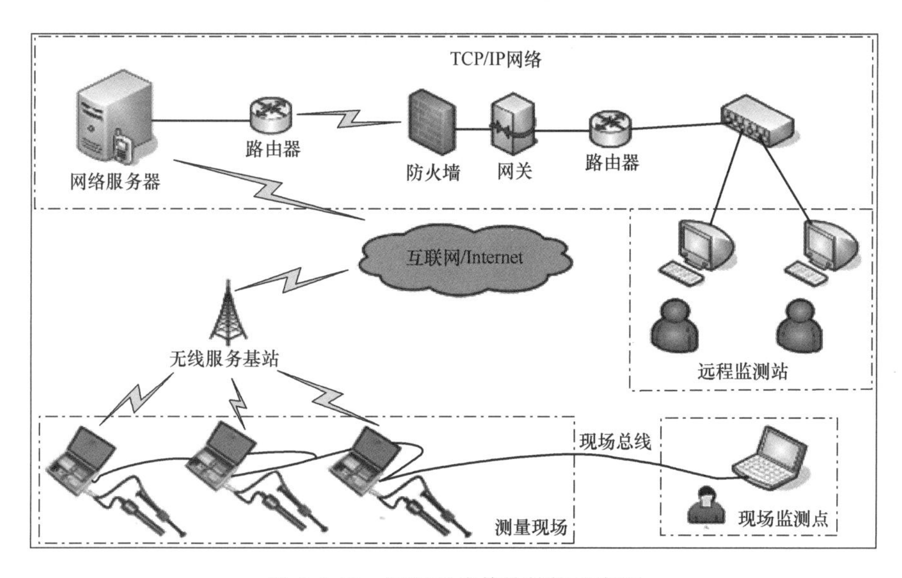

图 6.5-10　远程无线传输结构示意图

力传感器，采用了作者所在团队自主研发的四通道振弦采集器进行原始监测数据的采集。局域通信组网上，根据工程现场环境，综合应用 RS485 通信总线和 LoRa 无线通信技术，将工程现场多个监测传感器连接至智能无线网关，进行集中的管理，并通过 4G 无线通信技术将监测数据上传至远程监控平台。

4. 裂缝监测

解放碑地下停车系统工程中的结构裂缝（包括伸缩缝）监测点，采用了振弦式裂缝传感器、四通道振弦采集器、智能监测网关等监测设备，以实现结构裂缝的全天候自动化监测，并且在采集器内部集成了温度补偿修正机制，确保监测数据的准确性。

此外，在裂缝传感器安装完毕后，起零监测数据的获取流程如下：首先，使用人工频率读数仪进行测频读数；待读数稳定之后，连续测读三次并记录数据；将三次测读的结果取平均值，以此作为起零监测数据。

（三）数据分析及效果评价

通过多传感器自动化实时监测，结合现场巡查，自 2017 年 3 月 22 日通车试运行以来，解放碑环道地下停车库系统内部结构稳定，未发现异常情况。部分监测点由于吊顶装饰板或其他线网遮挡，导致数据异常，已通过现场巡查、检修维护，逐步得以恢复。

多期次监测数据显示：隧道结构竖向位移变化量均较小，最大变形值为 4.3mm（控制值为 8mm），位于里程号为二期主通道 K1＋180 处的监测点 ZJ029DB，未超控制值，变形趋于稳定（图 6.5-11）；隧道结构净空收敛最大变形量为 2.9mm（控制值为 10mm），位于里程号二期主通道 K1＋180 处的监测点 ZJ029YA，未超预警值，状态安全正常。

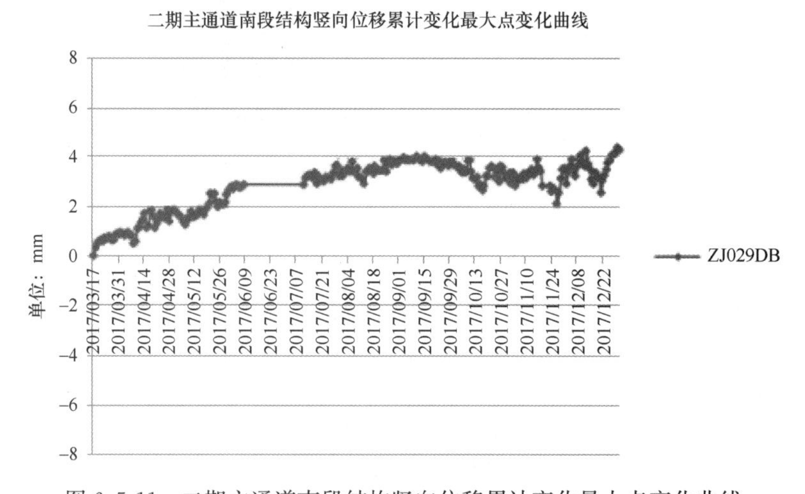

图 6.5-11　二期主通道南段结构竖向位移累计变化最大点变化曲线

应力应变监测最大变化量为－6.5MPa（控制值为 15MPa），位于解放东路出入口 200m 处的监测点 YL014，未超控制值（图 6.5-12）。

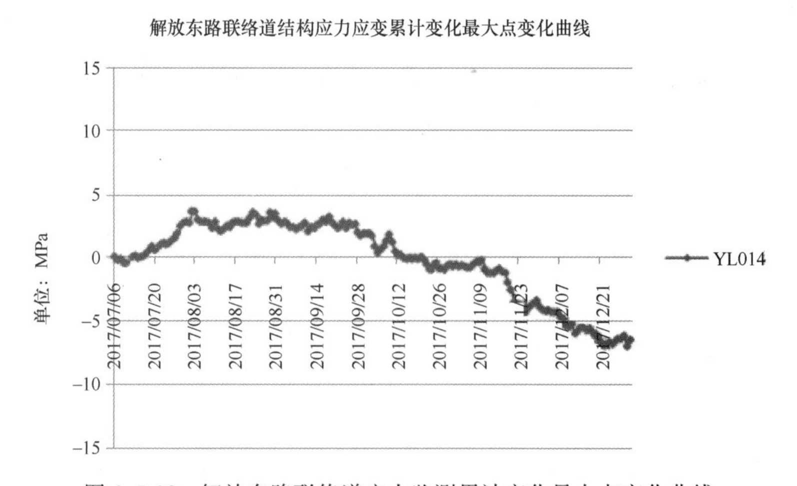

图 6.5-12　解放东路联络道应力监测累计变化最大点变化曲线

解放东路联络道所测测点中，结构裂缝监测点 LF001 最大累计变化量为 0.08mm，未超过预设控制值（0.2mm），通过现场核实，该裂缝为喷浆表面凝固收缩开裂产生的环向缝隙，裂缝宽度可能随温度变化而变化，随温度下降，结构收缩，该裂缝持续变大，符合隧道结构热胀冷缩的规律。通过采用传统方法在该裂缝上贴玻璃片检核，玻璃贴片完好无损，未见明显异常，后续拟加强现场巡查（图 6.5-13）。

图 6.5-13　LF001 测点人工玻璃贴片辅助监测

第六节　本 章 小 结

传感技术是一种多学科交叉的综合性技术。智能传感技术的兴起和广泛应用，进一步推动了监测的自动化、智能化、实时化。当前，采用振弦式传感器、静力水准传感器、光纤光栅传感器等现场无损传感器来实时获取监测对象的几何形变、应力状态、结构环境、荷载变化等信息，开展结构响应、形变趋势、安全评估分析，实现结构损伤、疲劳检测与识别，已经成为工程安全监测的主流技术方法。

作者所在研究团队综合运用各项传感技术，开展集成创新和应用实践探索。

在数据感知方面，开展传感器的硬件研制和嵌入式软件开发，优化改进了振弦式传感器、激光测距传感器、静力水准传感器，并对改进后传感器采集的数据进行精度验证和分析。振弦式传感器是现阶段国内外土木工程安全监测领域应用最广的传感器之一，被广泛应用于隧道、桥梁、大坝、高层建筑、边坡等重大基础建设工程的监测。作者所在研究团队基于振弦式传感器的基本原理，研制了振弦式数据采集器，用于获取位移、挠度、应力应变等监测数据，实现建（构）筑体的高精度变形监测。此外，作者所在研究团队还基于激光测距的基本原理，设计并研制了激光位移传感器，实现了对建（构）筑物亚毫米级的变形监测。

在数据采集控制方面，自主研制了智能无线监测网关。智能无线网关是安全监测数据采集系统的重要组成部分，用于建立远程云服务器与监测传感器监测终端的通信连接，实现对现场监测传感器的管理。作者所在研究团队研发了一款物联网智能安全监测数据采集网关，提出了一种基于脚本文件的数据集成方法，支持多厂商多类型监测传感器接入与数据采集，适配多类型的安全监测云平台。

在通信与供电方面，对工程现场中常用的有线通信技术、无线通信技术进行了介绍，并对无线低功耗数据采集技术开展试验分析。

在应用案例方面，分别以重庆国际金融中心边坡监测及解放碑地下环道监测项目为例，详细阐述了综合运用多种智能传感监测技术，对滑坡体、抗滑桩、建筑物、道路进行结构应力应变、裂缝伸缩、沉降位移等内容的监测。

参考文献

[1] 于子凡，邬建伟，桂志鹏．传感器网络原理与应用[M]. 武汉：武汉大学出版社，2024.

[2] 刘云浩．物联网导论[M]. 北京：科学出版社，2022.

[3] 文晓艳．光纤光栅传感器原理与技术研究[M]. 武汉：武汉理工大学出版社，2019.

[4] 艳梅，石朝晖．传感器技术及应用[M]. 武汉：武汉大学出版社，2014.

[5] 黎敏，廖延彪．光纤传感器及其应用技术[M]. 武汉：武汉大学出版社，2012.

[6] 中华人民共和国国家质量监督检验检疫总局，中国国家标准化管理委员会土工试验仪器　岩土工程仪器　振弦式传感器　通用技术条件：GB/T 13606—2007[S]. 北京：中国标准出版社，2007.

[7] 陈翰新，向泽君，滕德贵，等．智能无线网关数据采集控制与管理 APP 软件 V1.0[P].

[8] 向泽君，陈翰新，王大涛，等．基于亚毫米位移传感器的隧道断面沉降测量装置及监测系统[P].

[9] 谢征海，向泽君，滕德贵，等．面向物联网的自适应振弦式监测数据采集系统研制与应用[P].

[10] 陈翰新，吴明生．大跨度隧道施工爆破地震波监测及减震措施[J]. 交通科技与经济，2010(4).

[11] 向泽君，滕德贵，明镜，等．基于 ITO 导电玻璃的低功耗裂缝监测预警装置[P].

[12] 袁长征，胡波，李超．多传感器实时数据采集与展示系统[P].

[13] 王大涛，滕德贵，李超．基于低功耗无线传感网络的隧道健康监测系统[J]. 测绘通报，2018(S1)：273-277.

[14] 欧阳明明，王耀．TETSP-2 直耦合传感器在隧道地震超前预报中的应用[J]. 内蒙古石油化工，2020，46(1)：20-22.

[15] 祝小龙，向泽君，谢征海，等．大型建筑结构长期安全健康监测系统设计[J]. 测绘通报，2015(11)：76-79.

[16] 李晓军，洪弼宸，杨志豪．盾构隧道结构健康监测系统设计及若干关键问题的探讨[J]. 现代隧道技术，2017，54(1)：17-23.

[17] 李明，陈卫忠，杨建平．隧道结构在线监测数据分析方法研究[J]. 岩土力学，2016，37(4)：1208-1216.

[18] 车现法，曹新涛．基于智能传感技术的智慧公路健康监测研究[J]. 建筑机械，2024(1)：116-122.

[19] 钟东，唐永圣．分布式光纤传感监测盾构隧道收敛变形研究[J]. 铁道科学与工程学报，2016，13(6)：1143-1148.

[20] 张大踪，杨涛，魏东梅．一种低功耗无线传感器网络节点的设计[J]. 仪表技术与传感器，2006(10)：54-55，57.

[21] 明镜，李响，李劼．重大工程建设与运营智慧管理系统的研究及实践[J]. 地理信息世界，2014，21(3)：73-79.

[22] 叶果，范晓洁，茆霞菲，等．基于 ZigBee 的地铁杂散电流监测系统设计[J]. 自动化与仪表，2016，31(12)：23-25，30.

[23] 胡亮．无线低功耗液压支架压力监测系统设计[J]. 工矿自动化，2017，43(6)：83-86.

第七章　合成孔径雷达监测

第一节　发 展 现 状

雷达（Radar）这个词是无线电探测与测距（Radio Dectection and Ranging）的缩写。雷达最早用于探测金属等硬目标，主要工作在电磁波谱的微波波段，它是一种主动微波传感器，其工作原理是通过对空中发射脉冲电磁波并检测被反射回来的脉冲信号，利用脉冲往返时间确定被探测目标的距离，利用反射信号的强度获取目标的物理特性、几何形状和表面粗糙度。早期的雷达并不产生图像，通常是以极坐标形式来表示斜距和方位，天线是固定的，主要用于军事上探测飞机和船只等目标。20 世纪 50 年代中期，为军事目的研制的真实孔径的侧视成像雷达（Side Looking Radar，SLR）问世，传感器装载在移动平台上对地观测成像，分辨率为数十米量级。但是由于真实孔径雷达受到天线尺寸的限制，进一步提高分辨率非常困难。

20 世纪 50 年代初，美国数学家卡尔威利（Carl Wiley）在研究阿特拉斯液体洲际弹道导弹时发现如果对多普勒频移进行处理，就能改善雷达方位向的分辨率。根据这一原理，即可利用雷达的运动来合成等效长的方位向长孔径，并获得目标区域的二维地表图像。这一思想后来被发展成合成孔径雷达（Synthetic Aperture Radar，SAR）技术。大量研究发现提高方位向的分辨率可以不受斜距和天线尺寸的限制，然后发展的脉冲压缩技术可以用于提高距离向的分辨率。由此，成像雷达实现了由真实孔径雷达到合成孔径雷达的飞跃。1952 年第一个实用化的 SAR 系统研制成功，1953 年安装在 DC-3 飞机上的 SAR 系统获取了第一幅 SAR 影像。这是合成孔径原理和合成孔径雷达发展的最初阶段。1957 年美国密歇根大学雷达和光学实验室研制的 SAR 系统进行了飞行试验，得到了第一张聚焦的 SAR 图像。AN/APQ-56、AN/APQ-69、AN/APQ-86 等雷达都是较早应用于地球资源探测的雷达系统。随后，机载雷达和星载雷达遥感经历了蓬勃发展，特别是在 20 世纪 90 年代，形成了雷达遥感发展的高潮。

随着雷达成像理论、天线设计理论、信号处理、计算机软件和硬件体系的不断完善和发展，SAR 技术得到广泛应用。由于可以穿透云雾，具有全天时、全天候的工作能力，还具备一定的穿透天然植被、人工伪装和地表土壤一定深度的能力，SAR 在安全监测领域显示出越来越大的应用潜力。在地质应用方面，J. F. Mc Cauley 等学者利用 SIR-A 对埃及和苏丹交界处沙漠的穿透能力的试验，确定了沙漠覆盖下的古河道，引起了世人对雷达遥感的关注。SIR-B、SIR-C/X-SAR、Radarsat 计划，充分展示了雷达遥感在地质、林业、农业、测绘等许多领域的应用潜力。LightSAR（美国）、ENVTSAT 系列（欧空局）、ALOS（日本）等航天遥感计划都将 SAR 作为主要传感器。1979 年 9 月，我国自行研制的第一台合成孔径雷达原理样机在实验室完成并在试飞中获得我国第一批

SAR影像。

1958年，密歇根大学根据SAR在本质上与全息类似的特性，用相干光处理方法制作了第一张SAR图像。1969年，Rogers、Ingalls首次采用InSAR对金星进行观测。20世纪70年代初，数字信号处理方法开始用于计算机SAR图像处理领域；1972年，Zisk用InSAR技术获得月球表面的地形数据，精度优于500m；1974年，Goodyear宇航中心的L. C. Graham提出了干涉合成孔径雷达进行地形测量的原理和技术（模拟干涉合成孔径雷达）；1987年，Seasat卫星首次从空间获得地球表面雷达干涉测量数据；1992年，法国的Didier Massonnet用干涉雷达技术研究加利福尼亚地震，取得重大成果，成为应用雷达干涉技术研究地面位移最早的成功典范；2002年2月11日，美国"奋进"号航天飞机采用InSAR技术在11d内获得覆盖全球80%的干涉数据，生产出全球30cm高分辨率的地形数据，被誉为"与建立人类基因库相并列的伟大工程"。目前，InSAR技术正在朝着高空间分辨率、多波段、多极化的方向发展，日趋完善。

第二节 基本原理

合成孔径雷达干涉测量（Interferometric Synthetic Aperture Radar，InSAR）是20世纪90年代末在SAR的基础上发展起来的一种新型的空间对地观测技术，它通过建立传感器、轨道和地球模型之间的几何关系，利用雷达干涉数据导出的相位信息，可以快速获取大面积、高精度的数字地形信息，同时还可以监测地表和冰雪表面的微弱变化，监测时间间隔跨度很大，从几天到几年，可获得全球高精度的、高可靠性的地表变化信息。

相对于GNSS、水准仪等传统测量设备，InSAR技术具有全天候、全天时、覆盖范围大、空间分辨率高、成本低等变形监测优势。自20世纪60年代以来，InSAR技术发展迅速，被广泛应用于地表形变监测、城市沉降监测、地质灾害监测，监测精度已经达到毫米级。

雷达监测技术主要有合成孔径雷达干涉测量（InSAR）技术、合成孔径雷达差分干涉测量（D-InSAR）技术、永久散射体合成孔径雷达干涉测量（PS-InSAR）技术、短基线合成孔径雷达干涉测量（SBAS-InSAR）技术等。

一、InSAR

（一）干涉的理论基础

1801年，托马斯·杨（ThomasYoung，1773—1829年）作了著名的双缝干涉实验。如图7.2-1所示，在普通单色光光源后放一狭缝a，后又放有与S_1平行且等距离的平行狭缝b和c。单色光通过两个狭缝b、c射向接收屏（F），相当于位置不同的两个同频率同相位光源向屏幕照射的叠合，由于到达接收

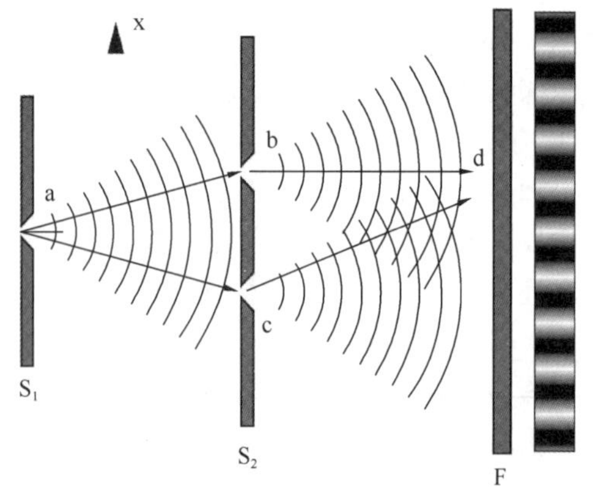

S_1—单缝屏；S_2—双缝屏；F—接收屏

图7.2-1 杨氏双缝干涉实验

屏各点的距离（光程）不同引起相位差。

双缝干涉实验的精巧之处在于，利用了“从同一列波的同一个波阵面上取出的两个次波源之间总是相干的”这一原理。通过实验观察到，光波通过相邻的两道缝隙（缝宽≈波长），在接收屏幕上出现了明、暗相间的条纹图像。这是因为当光的一个波峰遇到另外一个波峰时，则产生相涨干涉，形成明条纹，当光的一个波峰遇到另外一个波谷时，产生相消干涉，形成暗条纹。

杨氏双缝干涉实验确切地证实了光的波动性质，为光的“波粒二象性”奠定了坚实的基础。

（二）InSAR 基本原理

InSAR 就是利用 SAR 在平行轨道上对同一地区获取两幅（或两幅以上）的单视复数影像来形成干涉，进而得到该地区的三维地表信息。当卫星在几乎相同的位置两次经过地面进行成像时，可以认为这两次成像位置满足干涉条件，成像示意图见图 7.2-2。

由于两副天线和观测目标之间的几何关系，同一目标对应的两个回波信号之间产生了相位差。此时两次单视复影像进行干涉后得到的相位差影像（一般称为干涉图）也会出现明暗交错的条纹，这时的条纹包含平地引起的和地形引起的两部分。

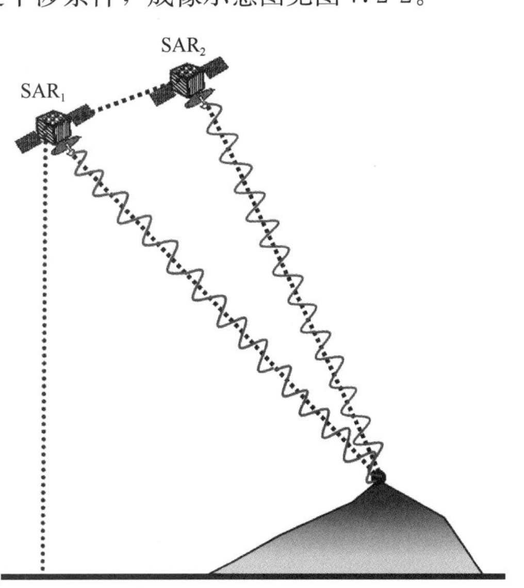

图 7.2-2　InSAR 基本原理示意图

该方法充分利用了雷达回波信号所携带的相位信息，其原理是通过两副天线同时观测（单轨双天线横向或纵向模式）或两次平行的观测（单天线重复轨道模式），获得同一区域的重复观测数据（复数影像对），综合起来形成干涉，得到相应的相位差，结合观测平台的轨道参数等提取高程信息，可以获取高精度、高分辨的地面高程信息，而且利用差分干涉技术可以精密测定地表沉降。

对单轨双天线横向模式，基线 B 的方向是与飞机方向正交的。这种模式的时间基线（temporal baseline）为零，排除了不同时间所成像对之间地表变化的影响，影像间的配准也相对容易解决。但是空间基线 B 的选择余地很小，受到飞行平台的几何尺寸限制。该模式目前主要用于机载平台的干涉实验中。对单轨双天线纵向模式，天线顺着平台飞行方向来安装。前后两副天线间的基线通常为 2～20m。这种模式可以用来精确测定地物的运动，如运动物体的变化检测、海洋洋流的速度场等。对重复轨道单天线模式，即用相邻轨道上的两次对同一地区获取的影像来形成干涉。为了克服时间基线的影响，采用双星串联飞行模式，可以获得间隔为 1d 左右的像对，如 ERS-1/2 组合和 ERS-2/ENVISAT-1 组合（图 7.2-3）。

相比于传统的 GNSS、水准测量等基于离散点的形变监测技术，InSAR 具有监测精度高、监测范围广、全天候连续监测、成本较低等优势。InSAR 测量技术流程如图 7.2-4 所示。

图 7.2-3　雷达图像立体像对

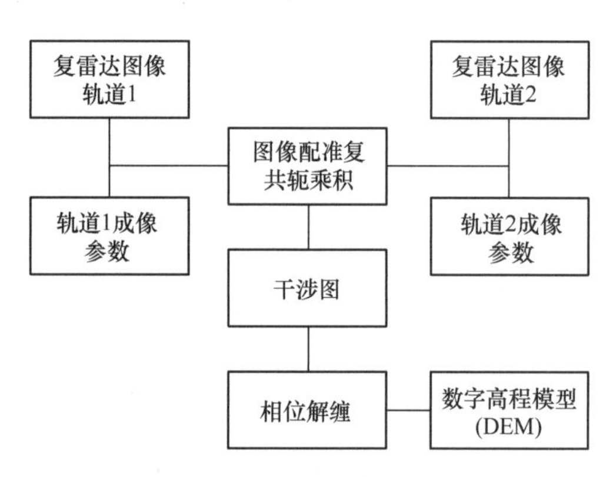

图 7.2-4　InSAR 测量技术流程

星载合成孔径雷达干涉测量是以卫星等空间飞行器为运动平台的一种用于大地测量和遥感的雷达技术，利用合成孔径雷达对同一地区不同时间点观测的两幅复数值影像（既有幅值又有相位的影像）数据进行相干处理，来计算目标地区的地形、地貌以及表面的微小变化。该技术可以测量几天到几年跨度的毫米级变形，在全球环境遥感、自然灾害监测等领域发挥了不可替代的作用。

星载 InSAR 通过获取从地球表面反射回来的雷达信号的幅度和相位来测量大地形变。幅度是所记录信号的强度，相位是到达传感器的完整波周期的一部分。两次连续测量之间的相位差意味着某些变化。

二、D-InSAR

合成孔径雷达差分干涉测量（Differential Interferometric Synthetic Aperture Radar，D-InSAR）是在传统的 InSAR 技术上发展起来的技术方法。该方法主要通过引入外部 DEM 去除 InSAR 获取的干涉图中的地形相位，进而得到差分干涉图。而差分干涉相位中除了地形相位外，还存在平地效应、形变信号、大气以及噪声成分。由于该差分干涉相位仍然是缠绕的，因此需对剩余的相位成分进行整周模糊度求解。D-InSAR 作为一门新兴的形变监测技术，具有全天时、全天候、大范围、高分辨率等优点。目前，D-InSAR 技术不仅运用于地震、火山等大范围地表形变监测，也用于结合角反射器的矿区、滑坡、油气田以及城市地表形变。

D-InSAR 技术进行地表形变监测有三种技术方法，包括双轨法、三轨法和四轨法，从可靠性上分析，双轨法使用了DEM数据，因此它的精度会受到DEM数据精度的辅助，精度最可靠。

1998年Garbriel首次利用D-InSAR观测了由于Imperial峡谷黏土吸收性导致的地表收缩和膨胀特性后，D-InSAR技术在地表形变上的应用便不断地扩展。然而，传统D-InSAR技术在进行长时间的地表微小变形监测中，存在着时间和空间上的去相干问题以及大气干扰等问题的影响。因此，国外学者开始研究长时间序列D-InSAR，实现长时间尺度上的地表形变分析。1999年，Usai采用最小二乘法（LS），对长时间序列上的高相干点进行最小二乘解算获取形变信息，并在Phlegrean地区进行试验，获得了较好的效果。1999年，Ferretti提出永久散射体方法（PS），对城区和岩石地区中长时间保持相位和幅度变化稳定的高相干点进行时间序列分析，估算并去除大气扰动、DEM误差等影响。之后又对该模型进行了改正，并在美国的加利福利亚进行了试验。对比水准测量结果和GPS测量结果，验证该方法是准确和有效的。2002年，Berardino等提出短基线集方法（SBAS），在限制了时空基线的大小的基础上自由组成干涉对，增加了时间采样，相干点密度高于PS点，可以有效地进行区域形变反演。同时，针对SBAS方法存在的不足，又有很多改进版本的SBAS方法。2003年，Mora等根据PS方法和SBAS方法各自的优缺点，提出了基于高相干点的形变分析方法（CTA），在少量SAR图像条件下仍然取得了很好的效果。

为了更进一步提高数据处理质量，许多学者提出引进外部数据来纠正或消除影像误差。2000年，Serrir Guemundsson结合GPS和InSAR数据，得到高空间分辨率的三维地壳变形场。同年，Hoeven根据GPS数据建立大气延迟改正模型，削弱InSAR影像中的大气扰动影响。2006年，Burgmann等结合永久散射体InSAR技术和GPS技术，成功地获得美国弗朗西斯科湾地区亚毫米级精度的垂向构造运动速度。

国内D-InSAR技术应用研究起步相对较晚，应用领域主要集中在地震形变监测、城市地面沉降监测、极地冰川运动监测及滑坡监测等方面。2001年，王超、张红等人利用D-InSAR技术，通过三轨法提取了张北地区地震形变场，并对地震形变场进行了初步的反演研究。同时也对苏州地区的地表沉降进行了一定的研究分析，对比水准测量数据和干涉测量结果，发现两者有较好的一致性。2006年，程晓、李小文等人，利用D-InSAR技术对南极格罗夫山地区冰川运动规律进行研究，提取了该地区的冰流速场。同年，廖明生等利用相干目标分析方法提取了上海长时间的地表形变场，并论证了方法的有效性和可靠性。2007年，傅文学利用D-InSAR监测技术，对三峡库区的滑坡移动情况进行了相应的试验研究。2012年，许才军、温扬茂等利用高级时序D-InSAR技术对2001年可可西里7.8级地震进行了研究，较为精确地确定了震后形变机理。

2004年王艳对CTA技术进行了深入研究，在试验地区成功地实现了缓慢地表形变量的提取。2006年陈强提出双重阈值（DT）PS点自动探测算法用于PS点识别，并使用平差网络成功解算试验区的地表形变量。2008年，卢丽君将STUN算法应用于短时间序列的地表形变监测中，进一步地完善了PS技术。2012年王腾提出了PT offset tracking技术，该技术结合PS技术和offset tracking技术各自的优点，实现了D-InSAR技术提取雷达方位向和视线向形变场，进一步拓展了D-InSAR地表形变监测范围，对获取地表真实的形变情况提供了理论依据和方法。2013年，向泽君、王成等基于时序D-InSAR技术在重庆山地城市地表形变监测中开展研究应用，利用高分辨率雷达影像结合高精度数字高程模型、正射影像和地形图数据，通过影像二轨法干涉处理、短基线集时序分析等技术，获取地表形变信息，为规划建设提供辅助决策支持。

（一）D-InSAR 基本原理

D-InSAR 测量基本原理如图 7.2-5 所示。A_1、A_2 分别表示两次获取 SAR 信号的天线位置，基线距 B 表示两天线 A_1 和 A_2 之间的空间距离，α 为基线和水平方向的夹角。H 为卫星平台高程，目标点 P 至两天线 A_1 和 A_2 的距离为 R_1 和 R_2，θ 为入射角，目标点 P 高程用 h 表示。

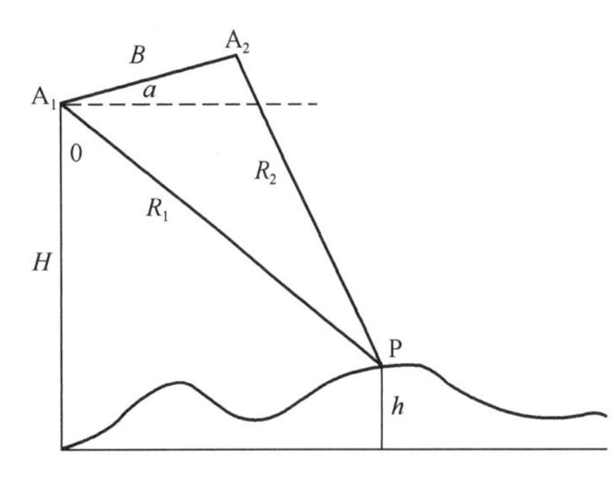

图 7.2-5　D-InSAR 成像几何原理图

假设在观测期间地表没有发生形变，则天线 A_1 和 A_2 对目标点 P 的测量相位差为：

$$\phi = \frac{4\pi}{\lambda}\Delta R = \frac{4\pi}{\lambda}(R_1 - R_2) \tag{7.2-1}$$

在图 7.2-5 中，由几何关系可以得出下面的关系式：

$$\Delta R \approx -B\sin(\theta - \alpha) = -B_{//} \tag{7.2-2}$$

$$B_{\perp} = B\cos(\theta - \alpha) \tag{7.2-3}$$

目标点 P 高程 h：

$$h = H - R_1\cos\theta \tag{7.2-4}$$

在式（7.2-2）和式（7.2-3）中，$B_{//}$、$B_{\perp}$ 分别表示基线距 B 在沿视线方向和垂直于视线方向的分量，其中 $B_{\perp}$ 又被称为有效基线。

把式（7.2-2）代入式（7.2-1）中，可以得到：

$$\phi = -\frac{4\pi}{\lambda}B\sin(\theta - \alpha) \tag{7.2-5}$$

如果在观测期间，地表发生了形变。假设地表沿视线方向发生的形变量为 $\Delta\rho$，则此时两天线 A_1 和 A_2 对目标点 P 的测量相位差为：

$$\phi = -\frac{4\pi}{\lambda}[B\sin(\theta - \alpha) + \Delta\rho] \tag{7.2-6}$$

（二）D-InSAR 误差分析

1. 基线误差

基线误差包括基线长度误差和基线倾斜角误差。在忽略相位测量误差和地形因素影响下，对式（7.2-4）和式（7.2-6）分别求 B 的偏导数，可得：

$$\begin{cases} \dfrac{\partial h}{\partial B} = R_1\sin\theta\dfrac{\partial \theta}{\partial B} = 0 \\ \dfrac{\partial \phi}{\partial B} = -\dfrac{4\pi}{\lambda}\sin(\theta - \alpha) - \dfrac{4\pi}{\lambda}B\cos(\theta - \alpha)\dfrac{\partial \theta}{\partial B} - \dfrac{4\pi}{\lambda}\dfrac{\partial \Delta\rho}{\partial B} = 0 \end{cases} \tag{7.2-7}$$

由式（7.2-7）可以推出：

$$\frac{\partial \Delta\rho}{\partial B} = -\sin(\theta - \alpha) \tag{7.2-8}$$

进一步，可以推出基线长度误差对双轨法 D-InSAR 形变测量的影响：

$$\sigma_{\Delta\rho} = -\sin(\theta - \alpha)\sigma_B \tag{7.2-9}$$

飞行中的卫星，受到各种因素影响，使得基线倾斜角 α 存在误差，该误差对双轨法 D-InSAR 形变测量也是有影响的。假设不考虑相位测量误差，对式（7.2-9）求 α 偏导数，得：

$$\frac{\partial \phi}{\partial \alpha}=-\frac{4\pi}{\lambda}B\cos(\theta-\alpha)-\frac{4\pi}{\lambda}\frac{\partial \Delta\rho}{\partial \alpha}=0$$

进一步推导，可得到：

$$\frac{\partial \Delta\rho}{\partial \alpha}=-B\cos(\theta-\alpha)=-B_{\perp} \tag{7.2-10}$$

则由误差传播率，得：

$$\sigma_{\Delta\rho}=-B_{\perp}\sigma_{\alpha} \tag{7.2-11}$$

式（7.2-9）和式（7.2-11）表明：基线长度误差对双轨法形变测量影响随着入射角的增大而增加，基线倾斜角误差对双轨法 D-InSAR 形变测量影响随着垂直基线长度增加而增大。因此，在用双轨法差分干涉技术（D-InSAR）提取地表形变信息时，尽量选用入射角小的发射器获取的 SAR 影像对和选用有效基线较短的雷达影像对可以减少基线误差对双轨法 D-InSAR 形变测量的影响。

有效基线越长，基线倾斜角误差对双轨法 D-InSAR 形变测量影响强度越大。比较式（7.2-9）和式（7.2-1），可以看出双轨法 D-InSAR 形变测量对基线倾斜角误差反应比其对基线长度误差灵敏。因此，有效基线是减少或控制基线误差对双轨法 D-InSAR 形变测量影响的关键因素。

2. 相位测量误差

假设基线经过精密解算，其误差可以忽略，对式（7.2-6）求相位 ϕ 偏导数，可以得到：

$$\frac{\partial \Delta\rho}{\partial \phi}=-\frac{\lambda}{4\pi} \tag{7.2-12}$$

则由式（7.2-12）及误差传播率得：

$$\sigma_{\Delta\rho}=-\frac{\lambda}{4\pi}\sigma_{\phi} \tag{7.2-13}$$

式（7.2-12）和式（7.2-13）表明，相位测量误差对双轨法 D-InSAR 形变测量影响较小，例如 1rad 的相位测量误差才引起 0.045m 的双轨法形变测量误差，这表明一定的地面形变不能在干涉图上引起密集的干涉条纹。

3. 卫星平台高程误差

卫星在监测地表形变时，卫星和地面之间距离即卫星平台高度误差会对双轨法 D-InSAR 形变测量有一定影响。假设没有相位测量误差和地形因素的影响，对式（7.2-4）和式（7.2-6）分别求 H 偏导数，得：

$$\left.\begin{aligned}\frac{\partial h}{\partial H}&=1+\frac{\partial \theta}{\partial H}R_1\sin\theta=0\\ \frac{\partial \phi}{\partial H}&=-\frac{4\pi}{\lambda}B\cos(\theta-\alpha)\frac{\partial \theta}{\partial H}-\frac{4\pi}{\lambda}\frac{\partial \Delta\rho}{\partial H}=0\end{aligned}\right\} \tag{7.2-14}$$

从式（7.2-14）可以推出：

$$\frac{\partial \Delta\rho}{\partial H}=\frac{B_{\perp}}{R_1\sin\theta} \tag{7.2-15}$$

由式（7.2-15）及误差传播率得：

$$\sigma_{\Delta\varphi}=\frac{B_{\perp}}{R_1\sin\theta}\sigma_H \tag{7.2-16}$$

式（7.2-16）表明，卫星平台高程误差对双轨法 D-InSAR 形变测量影响随着垂直基线长度的增加而增加。因此，使用双轨法测量形变时，尽量选择有效基线较短的雷达影像对进行双轨法差分干涉数据处理，以减少该误差对双轨法 D-InSAR 形变测量的影响。双轨法 D-InSAR 形变测量对卫星平台高程误差反应不灵敏，例如在有效基线为 200m 时，0.1m 的卫星平台高程误差，才能引起大约 42mm 的形变测量误差。

4. 外部 DEM 误差

双轨法差分干涉技术监测地表形变时，需要引入外部 DEM 来消除地形信息而获取形变信息。然而，外部 DEM 精度误差对双轨法 D-InSAR 形变测量是有影响的，直接影响到最终双轨法差分干涉数据处理结果的质量。

对式（7.2-14）和式（7.2-16）分别求 h 的偏导数，有：

$$\left.\begin{aligned} 1&=R_1\sin\theta\frac{\partial\theta}{\partial h}\\ 0=\frac{\partial\phi'}{\partial h}&=-\frac{4\pi}{\lambda}\left[B\cos(\theta-\alpha)\frac{\partial\theta}{\partial h}+\frac{\partial\Delta\rho}{\partial h}\right]\end{aligned}\right\} \tag{7.2-17}$$

进一步推导，有：$\frac{\partial\Delta\rho}{\partial h}=-\frac{B_{\perp}}{R_1\sin\theta}$ (7.2-18)

从而有：$\sigma_{\Delta\varphi}=-\frac{B_{\perp}}{R_1\sin\theta}\sigma_{\mathrm{h}}$ (7.2-19)

利用式（7.2-12）可以估计出使用双轨法 D-InSAR 形变测量时选用的 DEM 的精度对提取形变量的影响程度，有效基线越长，影响越大。因此，利用双轨法 D-InSAR 提取形变量信息时，应尽量用有效基线短的影像对，以控制或减少地形因素误差对双轨法 D-InSAR 形变测量的影响。

5. 大气延迟误差

采用双轨法监测地表形变时，干涉相位是两幅不同单视复数影像的相位差。假设各幅影像的大气延迟误差相同，因为 σ_{δ^z}，θ 变化数值较小，可忽略，那么大气延迟对干涉相位的影响近似为：

$$\sigma_{\phi}=\frac{\sqrt{2}}{\lambda}\frac{4\pi}{\cos\theta}\sigma_{\delta^z} \tag{7.2-20}$$

其中，σ_{δ^z} 表示天顶方向的附加位移的中误差。

把式（7.2-20）代入式（7.2-13），可以推出大气延迟误差和双轨法 D-InSAR 形变测量的关系：

$$\sigma_{\Delta\varphi}=-\frac{\lambda}{4\pi}\times\frac{\sqrt{2}}{\lambda}\frac{4\pi}{\cos\theta}\sigma_{\delta^z}=-\frac{\sqrt{2}}{\cos\theta}\sigma_{\delta^z} \tag{7.2-21}$$

从式（7.2-21）可以看出，大气延迟对双轨法 D-InSAR 形变测量的影响和入射角有关。入射角越大，大气延迟对形变量影响越大。因此，尽量选择入射角较小发射器获取的影像对进行双轨法 D-InSAR 形变测量，来减少大气延迟误差对双轨法 D-InSAR 形变测量的影响。

因为θ数值变化较小，所以$\frac{1}{\cos(\theta+\Delta\theta)}-\frac{1}{\cos(\theta)}=\frac{\cos\theta-\cos(\theta+\Delta\theta)}{\cos(\theta+\Delta\theta)\cos\theta}\approx 0$，从而可知，随着入射角$\theta$变化，大气延迟误差对双轨法 D-InSAR 形变测量影响不明显。

三、PS-InSAR

常规的 D-InSAR 技术在实际应用中，由于相干雷达波在传递的过程中受大气效应影响，并且地表变化造成的时间去相关和长基线引起的空间去相关都会造成测量上的误差，因而，永久散射体合成孔径雷达干涉测量（Persistent Scatterer Interferometric Synthetic Aperture Radar，PS-InSAR）应运而生。

2001 年，Ferretti 提出了永久散射技术（PS），该技术建立在相干性很高的永久散射体上，其目的是解决 D-InSAR 中时间、空间的去相关和大气效应等限制测量精度的问题。与传统方法比较而言，该技术真正实现了生成 m 级的 DEM 和 mm 级的地表形变监测，所获得的永久散射体（Permanent Scatterer，PS）可被用作构成一个“天然”的角反射器网，可以高精度地监测城市沉降、滑坡、地震断层和火山地区等地表形变。同时，由于 PS 点不受时间和空间去相关的影响，使可利用的 SAR 影像突破了已有的时间和空间基线的极限限制，大大增加了 SAR 影像的可用数量，也为不同的 SAR 影像（如 ERS 系列、ASAR 等）数据集成提供了基础条件。

PS-InSAR 技术以其长时间、大范围、高精度、动态连续等优势，已成为地表形变监测领域有发展潜力的新手段，可有效弥补传统测量的部分不足，具有全天候、全天时对地观测，不受天气影响；监测精度高，可以达毫米级；监测范围广，单景可监测上千平方公里以上范围；监测密度大，城区每平方公里最高可获得上万观测点；成本低，无须建立监测网等优势。PS-InSAR 技术上的优势使得其能够作为地表形变监测安全管理的有效手段。PS-InSAR 技术用于分析点目标，其结果与线性形变相关，适用于城市区域，或者干涉条件和辐射比较稳定的区域。

（一）PS-InSAR 基本原理

在获得研究区 DEM 数据的前提下，经差分处理得到的干涉相位φ_{diff}主要由地形残余相位φ_{top}、大气效应相位φ_{atm}、噪声相位φ_{noi}和形变相位φ_{def}组成，则差分干涉相位模型可表示为：

$$\phi_{\text{diff}}=\phi_{\text{top}}+\phi_{\text{atm}}+\phi_{\text{noi}}+\phi_{\text{def}} \tag{7.2-22}$$

上述公式的四个相位经 Goldstein 滤波的方法进行剔除，将上述过程进行迭代得到 PS 初选点的时间相关系数最大估计γ_x，即：

$$\varphi_{\text{f}}=\frac{4\pi}{\lambda}\cdot\frac{B_{\perp,x,i}}{R_i\sin\theta_i}\cdot h \tag{7.2-23}$$

式中，第i个相对的垂直基线为$B_{\perp,x,i}$，R_i为目标点与天顶之间的斜距，i表示为入射角，λ为波长。

该方法假设判定 PS 点在时空范围内的相位特征和基于点的空间距离越小相位相关性越高，再根据相干图的相干系数进行解算，使得选取具有稳定相位的 PS 点，同时也保证了点位密度。然后对 PS 点的相位信息进行二次差分解算，便可提取地表形变的有用信息。PS-InSAR 技术处理流程如图 7.2-6 所示。

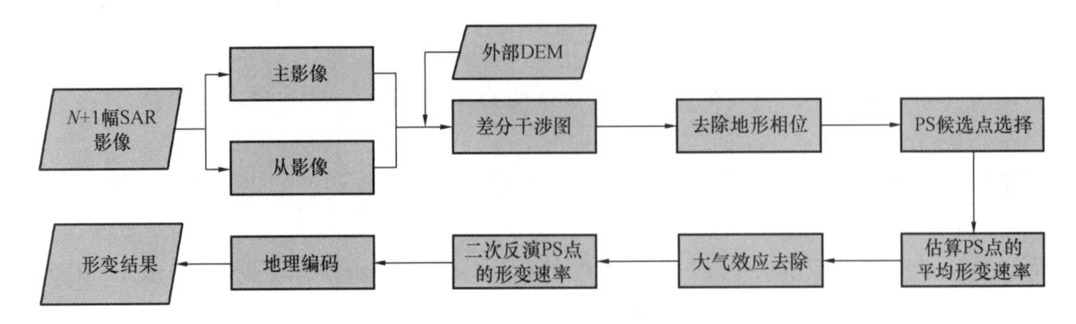

图 7.2-6　PS-InSAR 技术流程

PS 点解算的主要过程如下：

（1）差分干涉图生成。选取 1 幅主影像和 N 幅从影像进行配准，生成 N 个干涉对，通过外部导入 DEM 及精密轨道数据消除相位中的参考椭球相位、地形相位，再去除地平效应后便可进行差分干涉，获得 N 幅差分干涉图。

（2）PS 点选取。根据振幅阈值探测稳定的 PS 点，再通过邻域三角网原则构建 PS 点观测网。

（3）计算干涉相位。对 N 幅差分干涉图中 M 个 PS 目标点的干涉相位进行提取，则在 N 个差分干涉图中第 i 幅干涉图内 x 个 PS 点相位可表示为：

$$\varphi_{\text{int},x,i}=W\{\varphi_{\text{def},x,i}+\varphi_{\text{atm},x,i}+\varphi_{\text{orb},x,i}+\varphi_{\text{f},x,i}+\varphi_{\text{noi},x,i}\} \tag{7.2-24}$$

式中，W 为缠绕标识符号；$\varphi_{\text{int},x,i}$ 为第 i 个干涉图中第 x 个像元的差分干涉相位；$\varphi_{\text{def},x,i}$ 为像元的形变相位；$\varphi_{\text{atm},x,i}$ 表示大气延迟相位；$\varphi_{\text{orb},x,i}$ 为轨道误差相位；$\varphi_{\text{f},xi}$ 为侧视误差相位；$\varphi_{\text{noi},x,i}$ 为噪声相位。

（4）形变相位模型解算。进行形变函数模型的构建表示为：

$$\varphi_{\text{def},x,i}=\varphi_{\text{line},x,i}+\varphi_{\text{non}\sim\text{line},x,i}=\frac{4\pi}{\lambda}\cdot T\cdot v_x+\varphi_{\text{non-line},x,i} \tag{7.2-25}$$

式中，$\varphi_{\text{line},x,i}$ 表示 N 个干涉对生成的第 i 个干涉图的线性形变相位；同理，$\varphi_{\text{non-line},x,i}$ 为非线性形变相位；T 为两幅影像获取时间间隔；v_x 为 PS 点的线性形变速度。

（二）PS-InSAR 技术特点

PS-InSAR（PSI）技术具有与其他 InSAR 技术显著不同的特点，正因为它利用的是稳定且小于像元尺寸的永久反射体，实现了大气效应贡献值的有效去除，才有可能获得如此高精度的地表形变值。PSI 技术的特点如下：

（1）大信息量。永久散射体是一种新的信息资源，它提供的基准点——永久散射体的密度远远大于其他传统测绘方法（如 GNSS 测量和水准测量）得到的数据点的密度，可以处理时间上跨越十余年的干涉影像，识别上百万个 PS 点并量测视线方向的地表偏移量。

（2）低成本、高精度。利用数十景影像就可以监测十年的地表形变，节省了布置长期地面 GPS 观测站和布设水准测量的费用，而精度却几乎可以与这两种测量技术的结果相媲美，如该技术可测得小于 0.1mm/年的视线向移动速度。

PSI 技术也受到它自身缺点的限制，主要如下：

（1）数据量大。每个研究地区的影像是 20～30 景，在 Ferretti 等人的试验中，一般数据量都达到 50～60 景，这很大程度上制约了该方法在一些地区的应用。

（2）研究范围受制约。目前，在城市和岩石出露较多的地区，该技术取得了比较好的效果。在植被覆盖密集地区，还有待进一步的试验。研究范围不超过 5km×5km，大范围的运算在算法上还有待改进。

（3）研究对象有限制。由于算法的限制，研究对象希望是运动速度比较小的对象，这样可以假设对象是做匀速运动。目前，Ferretti 等研究的主要都是在每年数厘米（cm）到数毫米（mm）运动速度的范围内。目前，该技术有时还需要其他工具的辅助，如 GNSS、水准测量、角反射器等工具辅助测量或检测该方法的形变监测结果。

此外，水准测量、GNSS 和 PSI 三种技术同时使用，能够极大地提高地表变形的精度，减少各种制约因素的影响。

四、SBAS-InSAR

2002 年，Berardino 在 D-InSAR 的基础上创新性地提出短基线合成孔径雷达干涉测量（Small Baseline Subset Interferometric Synthetic Aperture Radar，SBAS-InSAR）方法，该技术方法让我们能够更准确、高分辨率地监测地球表面的形变现象。

（一）SBAS-InSAR 基本原理

通过多主影像的模式设置合理的时间和基线阈值，从而更好地避免时空失相干的影响，随后通过奇异值分解法计算其相关参数，经地理编码后获取目标的形变速率、位移时间序列。基本原理如下：

获得某一地区 $N+1$ 幅 SAR 影像，其时间序列为 $t=[t_0, t_1, \cdots, t_N]^T$，选取一幅作为主影像，其他影像与该主影像配准，在给定的时间基线与空间基线阈值下，进行干涉对组合，生成 M 幅差分干涉图，其中：

$$\frac{N+1}{2} \leqslant M \leqslant \frac{N(N+1)}{2} \tag{7.2-26}$$

假设地表在 t_0 时刻未发生变形，则以 t_0 时刻为基准，排除失相干、高程误差、大气延迟等影像，第 i 幅像元 (r,x) 相对于解缠起始点的相位可以表示为：

$$\Delta\varphi_i(r,x) = \frac{4\pi}{\lambda}[d(t_A,r,x) - d(t_B,r,x)] \tag{7.2-27}$$

式中，λ 为雷达波长，$d(t_A,r,x)$ 及 $d(t_B,r,x)$ 分别表示像元在 t_A时刻及 t_B时刻沿着雷达视线方向的形变。设 $d(t_A,r,x)=0$，则有

$$\varphi(t,r,x) = \frac{4\pi}{\lambda}(t_i,r,x),\ i=1,\cdots,N \tag{7.2-28}$$

SBAS 技术逐像元计算其干涉图中各像元在时间序列上的形变，故以某像元为例，设所有 SAR 影像图中该像元相位组成的向量为待求参数：

$$\Delta\varphi = [\varphi(t_1),\cdots,\varphi(t_N)]^T \tag{7.2-29}$$

解缠差分干涉图中相位组成的向量为观测量：

$$\delta\varphi = [\delta\varphi,\cdots,\delta\varphi_N]^T \tag{7.2-30}$$

式中，$\delta\varphi_i(i=1,\cdots,M)$ 为相对于解缠参考点的相位值。主、辅影像相对应的时间序列为：

$$\mathbf{IM} = [\mathrm{IM}_1,\cdots,\mathrm{IM}_m],\ \mathbf{IS} = [\mathrm{IS}_1,\cdots,\mathrm{IS}_m] \tag{7.2-31}$$

若主、辅影像按时间排列，则式（7.2-28）中差分干涉图中像元相位可以表示为：

$$\delta\varphi_j = \varphi(t_{\mathrm{IM}_i}) - \varphi(t_{\mathrm{IS}_i}) \tag{7.2-32}$$

将式（7.2-32）简化为：

$$\delta\varphi = \boldsymbol{A}\varphi \tag{7.2-33}$$

其中，A 为 $M \times N$ 阶矩阵，其每一行对应一个干涉对，有：

$$\boldsymbol{A} = \begin{bmatrix} 0 & -1 & 0 & 1 & \cdots \\ 0 & 0 & 1 & 0 & \cdots \\ \cdots & \cdots & \cdots & \cdots & \cdots \\ \cdots & \cdots & \cdots & \cdots & \cdots \\ \cdots & \cdots & \cdots & \cdots & \cdots \end{bmatrix} \tag{7.2-34}$$

若基线集中包含多个子集时，A 为秩亏矩阵，采用奇异值分解进行求解，逐像元求得对应像元的相位值。为求得物理意义上的解，利用相邻时间的相位平均速率代替 φ，即将相位转化为速率，则有：

$$\mathbf{V} = \left[V_1 = \frac{\varphi_1 - \varphi_0}{t_1 - t_0}, \cdots, V_N = \frac{\varphi_N - \varphi_{N-1}}{t_{\mathrm{N}} - t_{N-1}}\right] \tag{7.2-35}$$

则（7.2-28）可以表示为：

$$\sum_{i=\mathrm{IS}_j+1}^{\mathrm{IM}_j} (t_i - t_{i+1}) v_i = \delta\varphi_j, j = 1, \cdots, N \tag{7.2-36}$$

表示为矩阵形式为：

$$\boldsymbol{BV} = \delta\boldsymbol{\phi} \tag{7.2-37}$$

式中，B 为 $M \times N$ 阶矩阵，$B[i,j] = (t_{j+1} - t_j)(\mathrm{IS}_j + 1 \leqslant j \leqslant \mathrm{IM}_j,\ i = 1, \cdots, M)$，其余元素为 0。对 B 进行奇异值分解，求解各时段内相位变化速率 v，进一步求解相位时间序列，从而获得形变时间序列。

（二）SBAS-InSAR 技术特点

SBAS-InSAR 克服了传统测量存在的时间失相干和大气效应限制，适用于长时序缓慢非线性形变监测。相比 D-InSAR 技术，SBAS-InSAR 技术可获取时间序列的干涉结果并削弱大气的影响；相比 PS-InSAR 技术，其数据量要求少，从而在一定程度上可实现同一季节内地物反射条件基本不变，保证相对干涉质量。该技术流程为：假设共有 $N+1$ 幅 SAR 影像，根据一定的时（空）间基线选取原则，选择影像组合，生成 $M(N+1)/2 \leqslant M \leqslant N(N+1)/2$ 景短基线距的干涉图；基于数据基线长度和研究区实际情况，对像对进行短基线干涉处理，再利用外部 DEM 模拟地形相位去除地形相位干扰；依据干涉图、相位离散度和相位标准差，选择高相干的点进行相位解缠和残余地形相位估计，从而建立分时段的平均变形速率、高程误差和差分相位的模型方程组；最后利用奇异分解法（SVD）计算最小二乘解，估计时序非线性形变和 DEM 误差，利用高斯滤波器进行空间滤波和时间滤波以去除大气相位。

第三节　分类与发展

根据装载平台的不同，可将雷达系统分为星载雷达系统、机载雷达系统和地基雷达系统。

一、星载雷达系统

1976 年美国 NASA 发射了第一颗海洋 SAR 卫星 SEASAT，自此以后星载 SAR 逐渐成为对地观测领域的研究热点，很多国家都陆续开展了星载 SAR 技术研究并制定了相应的星载 SAR 卫星系统发展规划。国际上成功发射的能够用于干涉的 SAR 卫星系统包括 ERS-1/2、SIR-C/X-SAR、JERS-1、Radarsat-1/2、SRTM、ENVISAT-ASAR、ALOS-PalSAR、COSMO-SkyMed、TerraSAR-X 和 TanDEM-X 等。近十几年来，星载合成孔径雷达在系统体制、成像理论、系统性能、应用领域等方面均取得了巨大发展，SAR 图像的几何分辨率从初期的百米提升至亚米级；从早期单一的工作模式到现在的多模式 SAR；从固定波束扫描角（条带模式）到波束扫描（聚束模式、滑动聚束模式），再发展到二维波束扫描模式（Sentinel 的 TOPS 模式、TecSAR 的马赛克模式等）；从传统单通道接收发展到新体制下多通道接收，同时实现高分辨率与宽测绘带；从单一频段、单一极化方式发展到多频多极化；从单星观测发展到多星编队或多星组网协同观测，实现多基地成像与快速重访。目前，新体制星载 SAR 技术的研究与应用已成为我国对地观测领域的重点发展方向。

（一）美国 SEASAT 卫星

SEASAT 是最早的地球观测卫星之一，是人类历史上第一颗合成孔径雷达卫星。1978 年 6 月 28 日，美国 NASA 发射了第一颗用于进行海洋监测的微波雷达卫星 SEASAT。该卫星搭载了三个微波雷达，一个微波散射计、一个雷达高度计和一个可见光/近红外辐射计，它的主要任务是监测全球波场和极地海冰，还包括更为广泛的涡流、海岸带、海洋生物分布特征等海洋、大气等方面的信息。

该卫星运行轨道近圆形，轨道交角 180°，每天环绕地球 14 次，飞行高度 800km。SEASAT SAR 工作在 L 波段，HH 极化，雷达频率 1.275GHz，雷达波场 23.5cm，天线大小为 10.74m×2.16m，天线视角为 20°，图像空间分辨率为 25m×25m，照射带宽度 100km。

1978 年 10 月 10 日，由于电路短路导致飞行失败。尽管如此，SEASAT 系统在运行的 98d 时间里，共工作 500 次，每次 5～10min，以 25m 的分辨率对地球表面 1 亿 2000 万 km^2 的面积进行了测绘，实现了全天时、全天候工作。虽然只收到了大约 42h 的实时数据，但该任务证明了使用微波传感器监测海洋状况的可行性，并为未来的 SAR 任务奠定了基础。

SEASAT SAR 系统标志着 SAR 技术已进入空间领域，开创了星载合成孔径雷达的历史，其任务是论证海洋动力学测量的可靠性，在其短短的 3 个月工作时间内向地面传回了大量有关陆地、海洋和冰面的图像。利用 SEASAT 卫星雷达图像，获得了大量从未得到的地表信息（图 7.3-1）。

（二）中国环境一号 C 星（HJ-1C）

环境一号 C 星是一颗合成孔径雷达卫星，由中国航天科技集团公司所属中国空间技术研究院负责研制生产。2012 年 12 月 9 日，环境一号 C 星有效载荷首次开机成像，成功获取首幅合成孔径雷达影像图。影像图图像清晰，层次分明，信息丰富。至此，环境一号 C 星实现星地链路连通，星地系统工作正常。

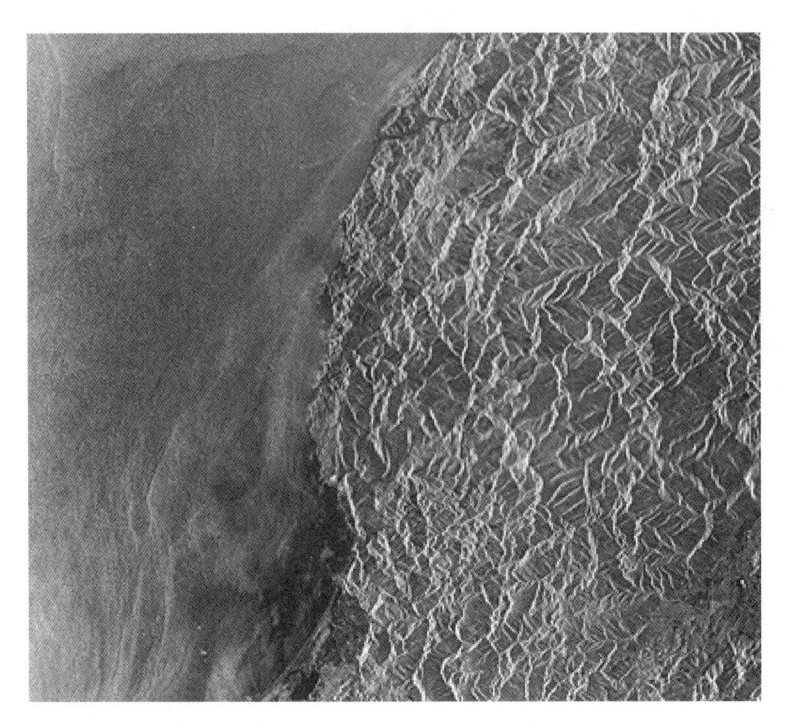

图 7.3-1　SEASAT SAR 图像

环境一号 C 星配置的 S 波段合成孔径雷达，可获取地物 S 波段影像信息，有效补充国际合成孔径雷达卫星数据的不足，与其他国家在轨运行的雷达卫星一起，形成更加丰富的观测谱段，使国际对地观测体系更加完善。环境一号 C 星具备空间分辨率 5m 条带和 20m 扫描两种成像模式，幅宽分别为 40 和 100km，采用 VV 单极化方式（图 7.3-2、表 7.3-1）。

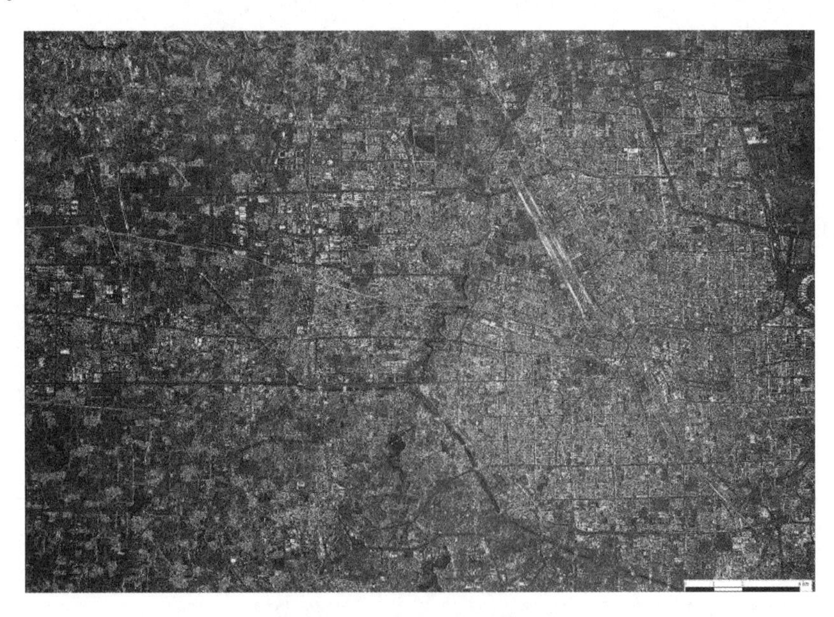

图 7.3-2　环境一号 C 星高清图像

环境一号C星部分参数　表7.3-1

卫星参数				
轨道类型	太阳同步轨道		半长轴	6870.230km
轨道高度	499.226km		轨道速度	7.617km/s
轨道倾角	97.3671°		星下点速度	7.063km/s
重复周期	31d		重访时间	94.454min
雷达指标				
波段	S波段			
中心频率	3200MHz			
	空间分辨率		成像幅宽	
成像模式	5m，单视		40km，单视	
条带模式	25m，距离向4视，方位向单视		100km，距离向4视，方位向单视	
极化方式	垂直极化（VV）			
天线形式	网状抛物面			
天线尺寸	6m×2.8m			
视角范围	25°～47°			

作为我国自主研制的首颗民用合成孔径雷达卫星，环境一号C星突破了以国产化S波段集中式固态发射机及轻型网状抛物面天线为代表的多项关键技术，开创了我国合成孔径雷达卫星新的技术领域和方向。卫星在轨成功获得了具有独特性能优势的S波段SAR图像数据，填补了国内乃至国际上没有在轨S波段SAR数据的空白，丰富了我国星载SAR数据库。

环境一号C星投入使用后，与之前成功发射的环境一号A、B星组成中国环境与灾害监测预报小卫星星座，形成具备中高空间分辨率、高时间分辨率、高光谱分辨率和宽覆盖的对地观测遥感系统，迅速、准确地获取中国大部分地区的自然灾害、生态和环境污染发生、发展与演变过程的相关信息，大幅提升中国环境与灾害的及时、动态监测预报能力，为中国环境保护和防灾减灾事业发展提供强有力的保障。

（三）中国高分三号（GF-3 SAR）

GF-3卫星是我国自主研制的第一颗兼顾海陆应用的民用多极化SAR卫星，该卫星于2016年8月10日发射，2017年1月23日正式投入使用。

GF-3卫星运行在平均轨道高度约755km的太阳同步回归轨道上，轨道重复周期为29d。卫星搭载的C频段多极化SAR载荷具有12种成像模式，其空间分辨率范围1～500m，成像幅宽范围10～650km，具有多极化数据获取能力，并且为典型海洋要素海浪和海面风观测设计了专用成像模式——波模式、全球观测模式，能够满足主要海洋监视监测要素的观测需求。表7.3-2列出了GF-3 12种成像模式的幅宽、分辨率、极化等信息。

中国高分三号卫星部分参数　　表 7.3-2

序号	成像模式		标称分辨率（m）	标称成像幅宽（km）	入射角范围	视数	极化方式
1	聚束		1	10×10	20～50	1	可选单极化
2	超精细条带		3	30	20～50	—	可选单极化
3	精细条带 1		5	50	19～50	—	可选双极化
4	精细条带 2		10	100	19～50	2	可选双极化
5	标准条带		25	130	17～50	6	可选双极化
6	窄幅扫描 1		50	300	17～50	6	可选双极化
7	宽幅扫描 2		100	500	17～50	8	可选双极化
8	全极化条带 1		8	30	20～41	1	全极化
9	全极化条带 2		25	40	20～38	6	全极化
10	波成像模式		10	5×5	20～41	2	全极化
11	全球观测成像模式		500	650	17～53	8	可选双极化
12	扩展入射角	低入射角	25	130	10～20	6	可选双极化
		高入射角	25	80	50～60	6	可选双极化

（四）中国海丝一号

2020 年 12 月 22 日，由中国电科 38 所和天仪研究院联合研制的我国首颗商业 SAR 卫星“海丝一号”搭载长征八号运载火箭在文昌卫星发射中心成功发射。海丝一号历时一年完成研制，整星质量小于 185kg，成像最高分辨率 1m，可以全天时、全天候对陆地、海洋海岸进行成像观测，具有轻小型、低成本、高分辨率等特点，是我国首颗 C 波段小卫星，可以为海洋环境、灾害监测、国土调查等领域提供服务。2020 年 12 月 25 日，海丝一号卫星首次开机成像就获得了有效回波数据；12 月 27 日，海丝一号获取首批高质量 SAR 图像。

海丝星座将由 16 颗全天时、全天候、高分辨率 SAR 小卫星和 16 颗特殊定制波段的多光谱水色小卫星形成的具有业务化监测能力的海洋观测小卫星双子座组成。雷达卫星与光学卫星的组网运行不仅能够从时间和空间上对海洋及海岸带生态环境监测的各类需求作出快速响应，有效提高遥感观测效率，同时，雷达卫星能够与光学卫星配合利用以弥补可见光成像严重受气候条件影响的缺点，两者可进行优势互补。

海丝一号卫星在国内外卫星小型化的浪潮推动下，采用平台与载荷高度一体化、适应批量化生产的标准化、模块化技术，以及立足工业级器件的低成本、简洁化设计，实际质量约 180kg，设计简洁、功能密集。海丝一号的部分技术参数如表 7.3-3 所示，其高清雷达卫星图像如图 7.3-3 所示。

海丝一号部分参数表　　表 7.3-3

系统参数					
频段	C 波段（5.4GHz）				
雷达体制	二维有源相控阵体制				
极化方式	VV				
轨道参数					
轨道类型	太阳同步圆轨道				
轨道高度	512km				
轨道倾角	97.43″				
性能指标					
指标	聚束	滑聚	条带	扫描 1	扫描 2
地距分辨率（m）	1	2	3	12	20
方位分辨率（m）	1	2	3	12	20
成像幅宽（km）	5×5	5×10	20×800	70×800	120×800
系统灵敏度（dB）	≤−20	≤−21	≤−22	≤−23	≤−23
模糊度（dB）	≤−20	≤−20	≤−20	≤−20	≤−20

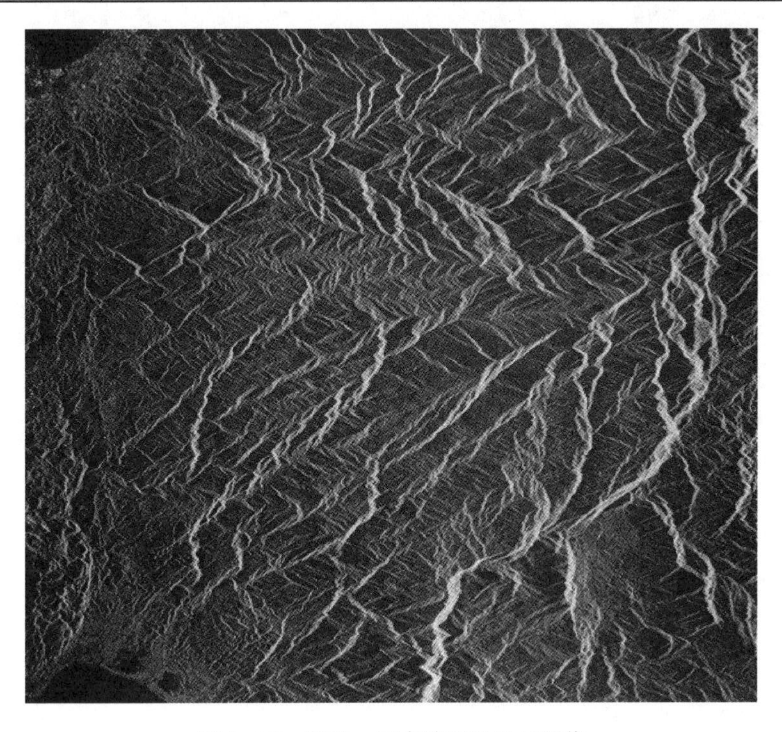

图 7.3-3　海丝一号高清雷达卫星图像

（五）中国宏图一号

2023 年 3 月 30 日，中国“宏图一号”商业遥感卫星成功发射，中国科学院空天信息创新研究院研制的 SAR 系统最高分辨率优于 0.5m，具备 1：50000 比例尺测绘能力（图 7.3-4、图 7.3-5）。

图 7.3-4 中国“宏图一号”SAR 系统

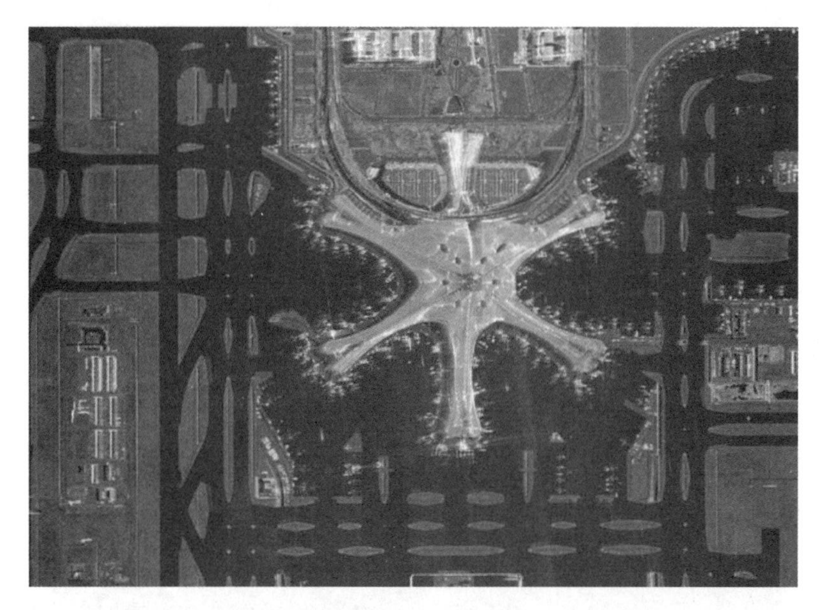

图 7.3-5 北京大兴机场（宏图 SAR 数据，分辨率 0.5m）

（六）珞珈系列卫星

珞珈二号 01 星由武汉大学牵头研制，于 2023 年 5 月 21 日入轨，是世界上首颗分辨率优于 1m 的高分辨率 Ka 频段 SAR 新型遥感测绘卫星。高频 Ka 频段遥感同时具有光学和微波的优点，极大地丰富了探测手段，能满足目标识别级的遥感感知的高分辨率、视频等多种探测需求，最高分辨率能达到 0.5m。

该星设计并试验了敏捷干涉测流、视频成像等星载 SAR 新成像模式，对自然地理要素和人工地表要素细节刻画能力突出，可满足全天时近光学高分辨遥感观测需求，支撑我国首次具备全天时动目标测量能力和沿河迹弯曲内陆水体表层流场测量能力，在国家安全、应急管理与防灾减灾等领域发挥了重要作用（图 7.3-6）。

图 7.3-6　珞珈二号 01 星航拍数据

（七）欧空局哨兵 1 号

哨兵 1 号（Sentinel-1）卫星是欧洲航天局哥白尼计划（GMES）中的地球观测卫星，由两颗相同的 SAR 卫星组成，载有 C 波段合成孔径雷达，可提供连续图像。Sentinel-1A 于 2014 年 4 月 3 日发射升空，Sentinel-1B 于 2016 年 4 月 25 日发射升空。这两颗卫星在同一轨道平面上相距 180°，可以实现最佳的全球覆盖和数据传输，可以在 6d 内对全球进行一次成像（表 7.3-4）。

Sentinel-1 卫星参数　　**表 7.3-4**

指标	卫星参数
卫星轨道	太阳同步轨道，轨道高度 693km，轨道倾角 98.18°
观测方向	右侧视
雷达体制	像控阵脉冲雷达
波段	C 波段，5.405GHz
极化方式	单极化（HH 或 VV）、双极化（HH+HV 或 VV+VH）
分辨率、幅宽	分辨率最高 4.3m；幅宽最宽 400km
定位精度	10m
辐射分辨率	0.8～2.2dB

（八）芬兰冰眼公司（ICEYE）星座

近年来，随着雷达工程、研制和处理等方面的技术进步，降低了 SAR 系统的尺寸、质量、功耗和成本，同时小卫星的功率和存储容量不断提高，射频功率、有效载荷处理能力和天线孔径尺寸逐步增加，使微小 SAR 卫星得以实现。目前，国际上众多高新科技公司争相研发商业遥感微小 SAR 卫星星座，掀起了发展商业微小光学卫星星座的热潮。

芬兰冰眼公司（ICEYE）是迄今全球最早研制、发射商业微小 SAR 卫星星座并实现商业运营的初创公司。ICEYE 星座目前 11 颗卫星在轨运行，卫星质量 85kg，采用 X 频段 SAR 载荷，带有平板相控阵天线，具有条带、聚束、扫描 SAR、干涉测量等多种成像模式，最高分辨率达 0.25m，可为全球政府和商业用户提供高分辨率图像、高清视频产品、毫米级干涉测量数据、宽幅覆盖等多种产品和服务。

ICEYE 星座是一个可以对地球上任何地方进行持续准实时监测的系统，该卫星星座配备了第一个适用于全天候地球观测的基于微型卫星的 X 波段 SAR 传感器。ICEYE-X1 是该星座的第一颗 SAR 卫星，于 2018 年 1 月发射，并获取了世界上第一幅微型 SAR 卫星图像。ICEYE-X2 是该星座第二代卫星中的第一颗，于 2018 年 12 月发射，凭借 ICEYE 早期发射和在轨阶段积累的经验，发射后第四天成功获取第一幅图像。2019 年 7 月，该星座又增加两颗卫星，并于同年 9 月开始向用户提供可以使用的图像（表 7.3-5、图 7.3-7）。

ICEYE 卫星参数　　　　表 7.3-5

<table>
<tr><th>指标</th><th colspan="3">卫星参数</th></tr>
<tr><td>波段</td><td colspan="3">X 波段</td></tr>
<tr><td>量化位数</td><td colspan="3">16bit</td></tr>
<tr><td>成像模式</td><td colspan="3">聚束、条带、扫描</td></tr>
<tr><td>计划卫星寿命</td><td colspan="3">3 年</td></tr>
<tr><td>数据下行速率</td><td colspan="3">X 波段，100Mbits/s</td></tr>
<tr><td>数据格式</td><td colspan="3">SLC，GRD</td></tr>
<tr><td>在轨成像时间</td><td colspan="3">单轨不超过 180s，连续成像最长 120s</td></tr>
<tr><td>质量</td><td colspan="3">85kg</td></tr>
<tr><td colspan="4">数据参数</td></tr>
<tr><td>指标</td><td>聚束模式</td><td>条带模式</td><td>扫描模式</td></tr>
<tr><td>幅宽（km）</td><td>5</td><td>30</td><td>120</td></tr>
<tr><td>最大幅长（120s）（km）</td><td>5</td><td>500</td><td>500</td></tr>
<tr><td>标准图幅（km）</td><td>5×5</td><td>30×50</td><td>120×30</td></tr>
<tr><td>分辨率（km）</td><td>1×1</td><td>3×3</td><td>20×20</td></tr>
<tr><td>极化方式</td><td>VV</td><td>VV</td><td>VV</td></tr>
<tr><td>入射角（°）</td><td>10～30</td><td>10～30</td><td>10～30</td></tr>
</table>

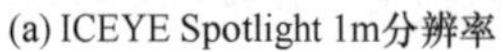

(a) ICEYE Spotlight 1m分辨率

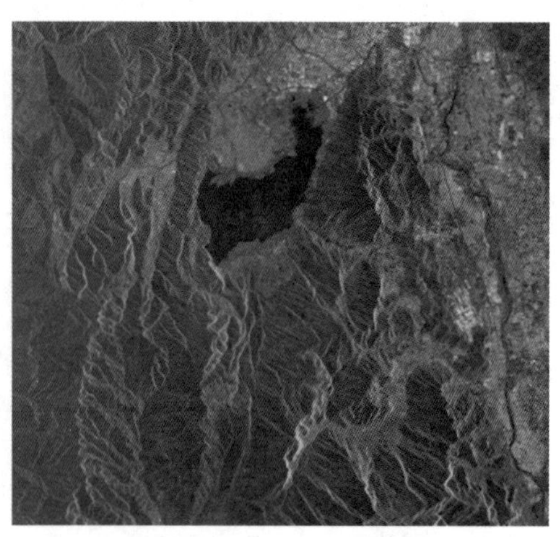

(b) ICEYE Stripmap 3m分辨率

图 7.3-7　ICEYE 卫星影像

（九）意大利 COSMO-SkyMed

地中海盆地观测小卫星星座系统（COSMO-SkyMed）是意大利军民两用雷达成像卫星星座系统，由意大利航天局和意大利国防部共同研发。星座由部署在同一轨道面上的 4 颗相同的卫星组成，4 颗卫星全部在轨运行。COSMO-SkyMed 雷达卫星的最高分辨率为 1m，对应扫描带宽为 10km，是具有雷达干涉测量地形的能力，可服务于民间、公共机构、军事和商业的两用对地观测系统（表 7.3-6）。

COSMO-SkyMed 卫星参数　　表 7.3-6

指标	卫星参数
轨道类型	近极地太阳同步圆轨
轨道高度	619.6km
轨道倾角	97.86°
重复轨道周期	16d
卫星质量	1700kg
波段	卫星测控链路采用 S 频段，数据传输采用 X 频段
分辨率、幅宽	分辨率 1m，幅宽 10km
波束模式	聚束模式（Spotlight）、条带模式（Stripmap）、扫描模式（Scansar）

二、机载雷达系统

机载雷达系统是雷达遥感发展的基础，是星载雷达的试验平台和模拟系统，在雷达遥感科学的发展中起着重要作用。

（一）CAS/SAR 系统

我国合成孔径雷达系统（CAS/SAR）的研制工作从 1977 年开始，包括 SAR 原理实验系统、单测绘通道 SAR 系统、多测绘通道多极化 SAR 系统三部分内容。

1. SAR 原理实验系统

SAR 原理实验系统是一个最基本的雷达系统，安装在苏制 TY-4 轰炸机上，航高 6000～7000m，航速 450km/h，测绘带宽 9km，最大测量距离 24km。1979 年 9 月 17 日在陕西获得我国第一张 SAR 图像。1980 年 12 月，第二台改进的机载 SAR 实验系统再次进行了飞行试验，在西安等地区获得了覆盖地面 2 万多平方千米的图像（表 7.3-7）。

SAR 原理实验系统指标对比表　　表 7.3-7

系统指标	第一台	第二台
发射峰值功率	—	10kW
方位向分辨率	30m	15m
距离向分辨率	180m	15m
脉冲压缩技术	未采用	采用

2. 单测绘通道 SAR 系统

1983 年，单测绘通道 SAR 系统研制成功。该系统采用表面声波器进行脉冲展宽和压缩，采用由微处理机控制的运动补偿系统增加地速跟踪。飞机的姿态信号全部从惯导系统中获取，保证了系统的高精度和可靠性。该系统研制成功后，也在一些地区作了飞行试验。

3. 多测绘通道多极化 SAR 系统

多测绘通道多极化 SAR 系统（CAS/SAR）的主要特点有：能够适应多种型号的运载飞机；采用多极化成像技术，获得 HH、HV、VH、VV 四种极化图像；采用多测绘通道成像技术，测绘宽度达 35km；具有实时空对地数据传输功能（表 7.3-8）。

机载 SAR 实时成像处理器被用于我国南方夏季洪水监测，监测影像范围大、数据质量明显改善，为目标监测和定量分析提供了数据基础。

CAS/SAR 系统技术指标 **表 7.3-8**

参数	数值	参数	数值
飞行高度	6000～10000m	俯角	可调
地速	450～750km/h	侧视方向	左或右
载机	Cessna Citation S/II	分辨率	10m×10m（方位×距离）
波长	3cm	成像宽度	35km
极化	HH、HV、VH、VV	数据记录方式	光学

（二）L-SAR 系统

L-SAR 系统是由中国科学院电子研究所研制的我国第一部 L 波段雷达系统。它是继我国 X 波段机载合成孔径雷达研制成功后，为配合星载 SAR 研发而自主研制的一套实用机载成像雷达系统。

在国家 863 技术计划信息获取与处理技术重大专项支持下，中科院在专业科学试验飞机平台“奖状 II”上，搭载了 L-SAR 系统，以 6000～10000m 的飞行高度，550km/h 的飞行速度开展对地观测和数据采集。L-SAR 系统的主要技术指标如表 7.3-9 所示。

L-SAR 系统技术指标 **表 7.3-9**

模式	A	B1	B2	C1	C2
高度（km）	6	6	6	6	6
作用距离（km）	6.4～10	9～18	9～27	15～24	15～33
分辨率（m）	3×3	3×3	—	3×3	—
分辨率（机上实时）（m）	—	3×10	6×10	3×10	6×10

（三）AIRSAR 系统

AIRSAR 系统是为对地观测科学研究而现行研制的基础试验系统。AIRSAR 同时工作在三个波段：C 波段（5.6cm），L 波段（25cm）和 P 波段（68cm）。它有三个工作模式：极化模式（POLSAR），交叉轨道干涉测量（TOPSAR 或 XTI）模式及方位向干涉测量（Along Track Interferometric SAR，ATI）模式。

（四）STAR-3I 系统

由密执安环境研究所（ERIM）和 NASA/JPL 联合研制的 IFSARE 合成孔径干涉雷达系统（Intermap Technologies Int.，现称为 STAR-3I）于 1996 年开始运行，该系统被装载在 Learjet 36A 飞机上，广泛用于地形制图、资源勘探、通信及交通规划等多个领域。

STAR-3I 系统主要采用 X 波段干涉雷达测量，实现了机载单程交轨干涉 SAR 测量技术，其工作精度如表 7.3-10 所示。

STAR-3I 系统技术指标 **表 7.3-10**

模式	飞机 AGL	X，Y（CEP）	Z 噪声
标准精度	12km	5m RMS	1.5～3m RMS
高精度	6km	5m RMS	0.3～2m RMS

（五）E-SAR 系统

E-SAR 由德国宇航院研制，它是一个装载在 Donier DO228 型小型飞机上的多参数雷达系统。目前，该系统工作在 P、L、C 和 X 波段，垂直和水平极化方式可选。E-SAR 系统对不同的波段采用了不同的天线技术，X 波段采用了锥形喇叭，C 波段和 P 波段采用了微带组合阵列天线，L 波段和 S 波段采用了被动式微带相阵天线（表 7.3-11）。

E-SAR 系统技术指标 **表 7.3-11**

RF-波段	X 波段	C 波段	S 波段	L 波段	P 波段
RF 中心频率（GHz）	9.6	5.3	3.3	1.3	0.45
最大发射功率（W）	2500	50	2000	360	180
接收机噪声指标（dB）	3.5	5.0	待定	8.0	4.5
天线增益（dB）	17.5	17	待定	17	12
方位向带宽（°）	17	19	20	18	30
仰俯向带宽（°）	30	33	35	35	60
天线极化	H 和 V	H 和 V	H 和 V	H 和 V	H 和 V
系统带宽（MHz）	120	120	120	100	25（或 60）

三、地基雷达系统

（一）地基 SAR 基本原理

地基合成孔径雷达（Ground-Based Synthetic Aperture Radar，GB-SAR）干涉测量技术是近十多年间发展起来的地面主动微波遥感形变探测技术，采用地基重轨干涉 SAR 技术实现高精度形变测量，通过高精度位移台带动雷达往复运动实现合成孔径成像，对不同时间图像相位干涉处理提取相位变化信息，实现边坡表面微小形变的高精度测量，常用于边坡、矿山、大坝、大型建筑物的变形和沉降监测以及地质灾害预警预报等。

相比于精密水准、全站仪和 GNSS 等传统形变监测方法，地基干涉雷达无须与观测目标区域有直接接触，受云雾阴雨等气象条件的影响较小，并且在时域和空域均具有较高的采样率。因此，地基合成孔径雷达在变形监测领域具有广阔前景。

（二）地基 SAR 系统发展

地基合成孔径雷达按照扫描方式主要分为直线式扫描雷达、圆迹式扫描雷达和阵列式地基雷达三种。直线式扫描地基合成孔径雷达通过收发天线沿着滑轨作往返直线运动，把同一目标区域不同时间获取的 SAR 复图像结合起来，比较目标在不同时刻的相位差，获得目标的毫米级精度位移信息。圆迹式扫描地基雷达通过收发天线在水平面内的圆周运动来进行圆弧扫描，旋转平台在旋转运动过程中，在指定位置输出触发脉冲信号，共有多个位置有触发信号输出。阵列式地基雷达在工作时，各个发射天线分时发射，而各个接收天线同时接收，通过微波开关切换，实现不同天线之间的收发通道组合，进而完成阵列天线的二维成像，一次完整的扫描时间为几毫秒到几秒。同直线式扫描雷达和圆迹式扫描雷达相比，阵列式地基雷达监测周期短。

该技术于 1999 年由意大利的 D. Tarchi 教授率先提出，后意大利的 Ingegneria Dei Sistemi（IDS）公司研制了 IBIS 系列产品，荷兰的 MetaSensing 公司研制生产了 FastGB-SAR 系统，中国安全生产科学研究院自主研发出了 S-SAR 边坡合成孔径雷达监测预警系统，中国苏州理工雷科传感技术有限公司自主研发了“虎眼”边坡形变监测雷达，南方测绘公司研制了 S-SAR 系列产品（图 7.3-8），华测公司研发了 PS-SAR2000 地基合成孔径雷达（图 7.3-9）。这些系统被广泛应用于矿山安全生产监测、滑坡监测、应急救援监测等自然灾害以及大坝、桥梁等大型人工建筑物的振动和形变，其监测精度可达毫米级甚至亚毫米级。

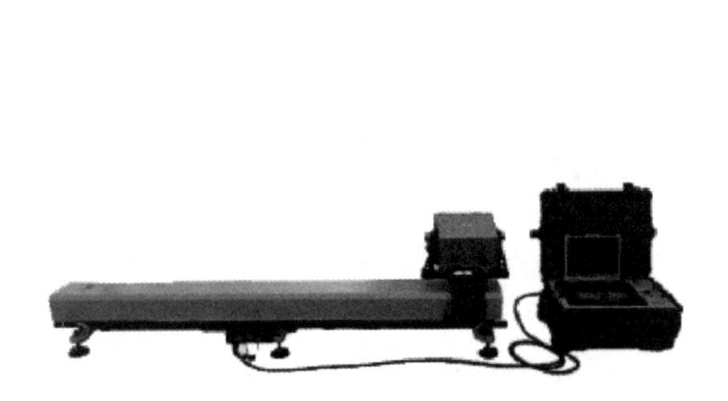

图 7.3-8 南方 S-SAR M 矿山监测边坡雷达

图 7.3-9 华测 PS-SAR2000 地基合成孔径雷达

1. 线性滑轨合成孔径雷达

线性滑轨合成孔径成像形式（图 7.3-10）是配置低增益天线的雷达主机在线性轨道上移动形成合成孔径（SAR），从而对前方 90°场景进行成像和监测。该形式是 1999 年由意大利的 D. Tarchi 教授首先提出，并转化为意大利 Ingegneria Dei Sistemi（IDS）公司的 IBIS 系列产品。类似的还包括荷兰的 MetaSensing 公司研制的 FastGBSAR、苏州理工雷科“虎眼”系列、中国安科院 S-SAR 等，其原理和实现形式基本相同，指标接近。

线性滑轨 SAR 形式的优点在于：①系统实现难度相对较低；②照射时间长，有利于克服短期地表植被和动物运动等的影响。但也存在一些局限性：①仅能覆盖前方位向 90°左右的区域，对于复杂场景无法实现全方位向探测，并且探测性能随偏离轨道法线方向而下降；②轨道平直精度要求高。

2. 笔形波束扫描孔径雷达

笔形波束二维扫描实孔径成像形式（图 7.3-11）是通过一个高增益的抛物面天线产生“笔”形窄波束，然后天线波束在俯仰和方位上进行扫描，形成三维雷达图像并对形变进行监测。这种形式的雷达最早是由 GroundProbe 公司于 2003 年推出的 SSR-XT/MT 系列产品，用于澳大利亚露天矿区的监控。类似产品还有南非的 Reutech 公司推出的 MSR 系列产品，主要功能和性能基本类似，在扫描时间等指标上有所提高。

笔形波束二维扫描实孔径形式的优点在于：①能全方位进行监测，且各视角雷达性能

(a) IDS公司IBIS-L

(b) Metasensing公司FastGBSAR

(c) 苏州理工雷科AB21型

(d) 中国安科院S-SAR

图 7.3-10 典型线性滑轨 GB-SAR

一致；②可以直接生成真三维地形，地形测绘精度较高；③天线增益高，回波信噪比高，有利于提高探测精度；④某成像分辨单元上的强干扰，比如经过的车辆和人员，不会扩展污染到其他区域。其局限性在于：①二维转动机构复杂，要求精度高，且抗风性较差；②由于用窄的笔形波束扫描整个区域，因此扫描时间相对更长，数据更新率慢。

(a) GroundProbe公司SSR-XT

(b) Reutech公司MSR

图 7.3-11 典型笔形波束二维扫描实孔径成像 GB-SAR

3. 扇形波束扫描孔径雷达

扇形波束一维扫描实孔径成像形式（图 7.3-12），也是通过实孔径波束扫描进行场景成像的，但不同的是其波束为方位窄和俯仰宽的“扇”形波束，因此只需要在方位向一维进行旋转扫描。该形式由瑞士的 Gamma 公司提出，并于 2008 年研制出了 GPRI 系列产品，目前分为两代——GPRI-Ⅰ和 GPRI-Ⅱ。此外，GroundProbe 公司也推出了类似的产品 SSR-FX，将扫描速度提高到 90°方位向 2min，但采用 1 发 1 收天线，因此不具备地形测绘能力。

扇形波束一维扫描实孔径形式的优点在于：①系统复杂度较低，只需要一维转台；②可以实现 360°全方位监控，各视角性能一致；③1 发 2 收的天线配置具备生成地形的能力。其局限性为：①测量点照射时间短；②天线加工难度仍然较高；③增益比笔形波束系统低，因此作用距离稍近。

(a) Gamma公司的GPRI-Ⅱ

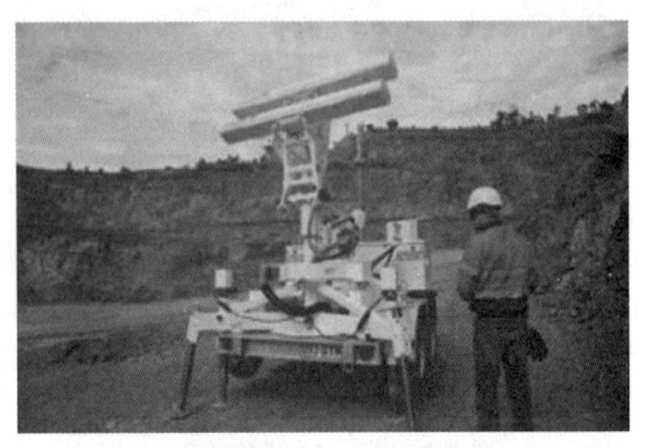

(b) GroundProbe公司的SSR-FX

图 7.3-12 典型扇形波束一维扫描实孔径成像 GB-SAR

4. 圆弧合成孔径雷达

圆弧合成孔径（ArcSAR）成像形式（图 7.3-13）。利用长的转臂旋转，使得转臂顶端的低增益天线运动形成圆弧轨迹，然后通过沿圆弧性轨迹利用合成孔径原理，在数字域综合出高分辨率成像波束。ArcSAR 成像方法与直线滑轨合成孔径相似，又因为转臂的旋转使得其具备全方位观测能力，因此同时具备线性滑轨 SAR 成像和扫描实孔径成像的优势。2017 年开始，意大利的 IDS GeoRadar 公司推出了 IBIS-ArcSAR 和 Hydra 系列产品。

ArcSAR 作为一种近年新出现的雷达形式，具备直线滑轨 SAR 雷达和实孔径扫描雷达的优点，例如：①低增益天线实现难度小；②持续照射可以降低植被摆动和人员、车辆扰动的影响；③能够全方位扫描工作，且各方位向的雷达性能一致；④易于机动部署。

(a) IDS GeoRadar公司的IBIS-ArcSAR

(b) IDS GeoRadar公司的Hydra-G

图 7.3-13 典型圆弧扫描合成孔径成像 GB-SAR

5. 阵列合成孔径雷达

多输入多输出（MIMO）阵列成像形式（图 7.3-14）。采用空间上分布式放置的发射和接收天线阵列，形成“虚拟”的均匀线性阵列，并通过发射和接收天线的分时工作和利用阵列成像算法对场景进行高分辨率成像。MIMO 阵列成像不需要机械运动部件，但本质上仍然是“线性滑轨 SAR 成像形式”的一种变形，具有与其类似的优点和局限。

MIMO 阵列形式与“线性滑轨 SAR”形式的优缺点基本相同，但全固态电子扫描体制带来了一些新的优点：①电子扫描速度更快，理论上数据更新率主要受处理速度限制；②无机械活动部件，降低了机械失效风险。但是阵列电子扫描也有其局限性：①由于收发天线数量较少，方位向采样数量受限，影响方位向波束性能和探测距离；②MIMO 体制成像几何模型与“虚拟”线阵并不严格相同，几何模型偏差可能会造成聚焦误差或者可用角度范围降低。

(a) ReuTech MSR Esprit

(b) 苏州理工雷科传感R/HYB2000

图 7.3-14　典型 MIMO 阵列成像 GB-SAR

五种雷达成像形式的主要技术特点对比如表 7.3-12 所示。

五种雷达成像形式特点比较　　**表 7.3-12**

指标分类	线性滑轨 SAR	笔形波束 SAR	扇形波束 SAR	圆弧 SAR	阵列 SAR
测量精度	较优	优	优	优	较优
工作距离	较远	远	较远	较远	较远
数据更新率	较高	较低	较高	较高	高
全方位扫描能力	无	有	有	有	无
角分辨率一致	否	是	是	是	否
动目标一致	优	较差	较差	优	优
地形测绘能力	有 *	真三维	有 *	有 *	有 *
部署便利性	较差	较优	优	较优	优
系统复杂度	较高	高	高	较低	较高

注：* 需要形成高度基线进行干涉合成孔径（InSAR）处理。

第四节　应 用 案 例

一、星载 SAR 监测

（一）区域概况

三峡库区地处四川盆地以东，江汉平原以西，大巴山脉以南，鄂西武陵山脉以北的山区地带，地形十分复杂。地质结构复杂，有最古老的变质岩系、结晶岩基底和冰碛岩，有自太古代到新生代完整的地层。地质灾害频繁，三峡江谷两岸大面积、大体积滑坡、崩塌、泥石流等地质自然灾害频繁发生，水土流失严重，尤其是奉节、巫山、巴东等地沿库岸地质破碎，给工程建设和生态环境带来很大威胁。

为了摸清三峡库区地质灾害隐患点和隐患区域，武汉大学测绘学院郭际明教授研究团队充分利用 Sentinel-1A SAR 卫星遥感影像数据研究三峡库区地表形变，结合光学遥感技术和专家经验判识和实地调查分析，识别三峡库区地质灾害隐患空间分布与危害程度信息，实现地质灾害常态化监测、主动性防范、超前性预警的目的，确保三峡库区安全。

（二）监测内容及方法

1. 数据获取

获取的数据包括 Sentinel-1 InSAR 卫星影像数据、光学卫星遥感影像数据和基础地理信息数据。

1）InSAR 卫星影像数据

Sentinel-1 卫星携带的 C 频段具有全天候成像能力，能提供高分辨率和中分辨率陆地、沿海及冰的测量数据。同时，这种全天候成像能力与雷达干涉测量能力相结合，能探测到毫米级或亚毫米级地层运动。

2）光学卫星遥感影像数据

获取了覆盖三峡库区 83565km^2 共计 1034 景的北京二号光学卫星遥感影像，影像的空间分辨率优于 1m。

3）基础地理信息数据

包括三峡库区县级行政区划、道路交通、河流水系、居民地、重要工程设施等地理空间框架数据，SRTM DEM（30m 分辨率），地质图件，已有地灾数据、潜在承载体等基础地理信息数据。

2. 数据处理

数据处理主要采用了 Stacking-InSAR 和 SBAS-InSAR 两种技术方法，二者的处理流程分别见图 7.4-1 和图 7.4-2。

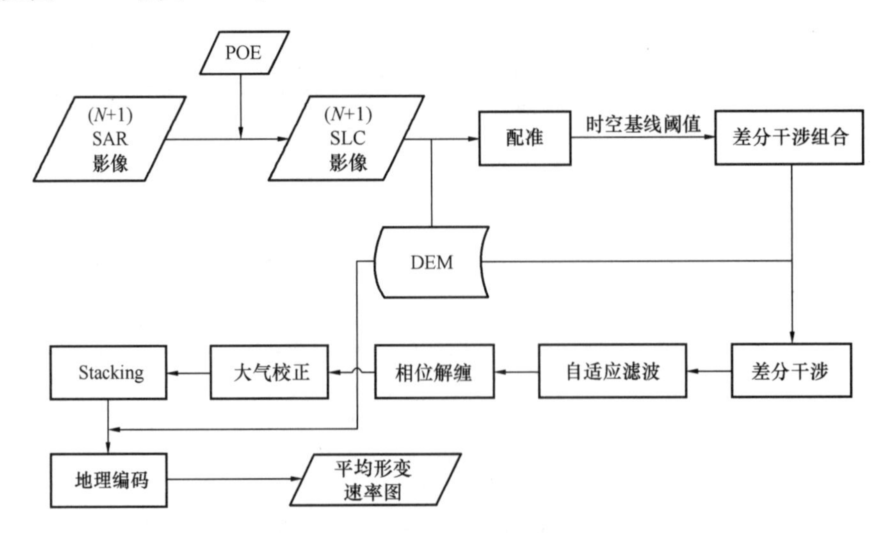

图 7.4-1 Stacking-InSAR 数据处理流程

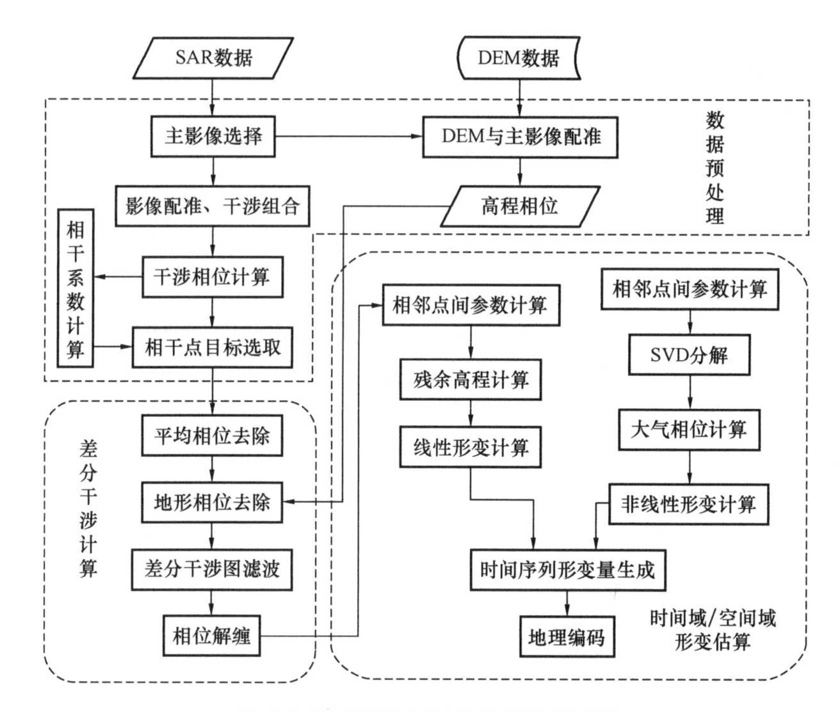

图 7.4-2　SBAS-InSAR 数据处理流程

3. 综合识别

三峡库区地质灾害隐患综合识别的总体思路是将通过雷达影像获取的形变信息结合高分辨率光学影像的光谱、纹理等信息，识别出潜在地质灾害隐患点。其具体步骤如图 7.4-3所示。

（1）根据地表形变 InSAR 监测获取的平均速度图和时序分析图，确定形变聚集区；针对形变聚集区，参考时间序列多光谱遥感数据，识别有无地质灾害发育特征，并结合地形、地质等孕灾环境数据，分析是否有形成滑坡、崩塌等剧烈变形和运动的可能性。若有可能产生，则进一步分析其一旦发生后的物质运移方式和可能威胁对象，根据周边地物要素，若有可能威胁居民点、交通线路、工程设施、重要河流等，则认为是地质灾害隐患。

（2）对确定为地质灾害隐患的形变聚集区，首先要确定隐患类型，进而勾绘灾害隐患空间范围，以多边形表示。

（3）提取形变聚集区范围内的平均形变速率和最大形变速率，作为表征地质灾害隐患活动性的重要参数。

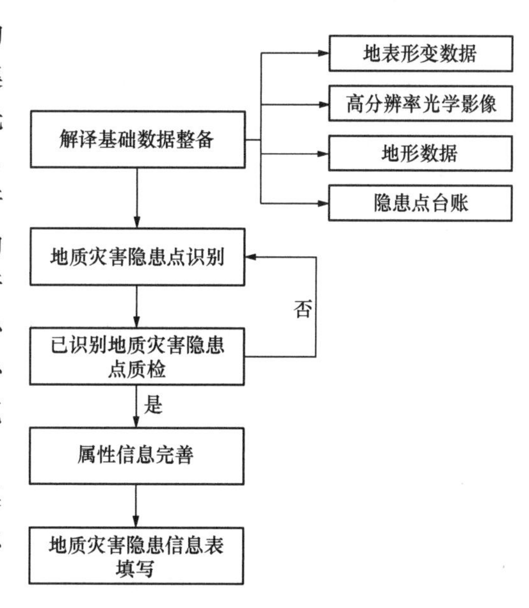

图 7.4-3　综合遥感识别工作流程

（4）基于遥感与GIS技术，采用人工交互综合遥感识别分析和计算机自动提取相结合的方法完成地质灾害隐患综合判识工作，计算机自动提取主要提取形变区变形指标及相关地形、地质属性，人工交互综合遥感识别分析主要确定形变区是否存在隐患和勾绘地质灾害隐患范围。

4. 风险评估

地质灾害隐患风险评估是对地质灾害隐患的潜在危险性进行评估和分析，主要包括定性评估和定量评估两种方法。

参照滑坡、崩塌、泥石流灾害详细调查规范，按照滑坡、崩塌两种灾害类型，依据地质灾害体临空条件、孕灾地质背景、变形迹象或变形程度大小、结构面发育程度等因素，将地质灾害活动性分为“极高”“高”“中”“低”四个等级，见表7.4-1。

地质灾害活动性等级划分表 **表7.4-1**

活动性等级	崩塌	滑坡
极高	临空，坡度陡且常处于地表径流的冲刷之下，存在进一步变形发展趋势，岩土潮湿、饱水。坡面上有多条新发展的裂缝，贯通性强，其上建筑物、植被有新的变形迹象结构面发育，存在软弱结构面或易滑组合块体。可见裂缝或明显位移迹象，有积水或存在积水地形。裂缝水和岩溶水发育，具多层含水层	滑坡前缘临空，坡度较陡且常处于地表径流的冲刷之下，有季节性泉水出露，岩土潮湿、饱水。坡面上有多条新发展的滑坡裂缝，贯通性强，其上建筑物、植被有新的变形迹象，后缘弧形裂缝和两侧羽状剪切裂缝发育
高	临空，坡度较陡，受地表径流冲刷，有一定变形发展趋势，并有少量季节性泉水出露，岩土较潮湿，局部饱水。坡面上有少量新发展的裂缝，具有一定的贯通性，其上建筑物、植被有少量新的变形迹象，裂隙较发育或存在易滑软弱结构面。可见裂缝或明显位移迹象，有积水或存在积水地形、裂隙水和岩溶现象。水较发育，排泄条件好	前缘临空，有间断季节性地表径流流经，岩土较潮湿，坡面上发育有新生裂缝，具有一定的贯通性，其上建筑物、植被有较明显的变形迹象，后缘一定数量裂缝发育，后缘壁上有较为明显的变形迹象
中	临空，有间断季节性地表径流流经，岩土体较湿，坡面上局部有小的裂缝，其上建筑物、植被无新的变形迹象，裂隙较发育或存在软弱结构面，有小裂缝，无明显变形迹象，存在积水地形，裂隙发育，地下水排泄条件好	前缘临空，有少量间断季节性地表径流流经，岩土体较干燥，坡面上局部有小的裂缝，其上建筑物、植被有少量变形迹象。后缘有断续的小裂缝发育，后缘壁上有不明显变形迹象
低	斜坡较缓，临空高差小，无地表径流流经和继续变形的迹象，岩土体干燥，坡面上无裂缝发展，建筑物、植被没有新的变形迹象，裂隙不发育，不存在软弱结构面。无位移迹象，无积水，不存在积水地形，隔水性好，无富水地层	前缘斜坡较缓，临空高差小，无地表径流流经和继续变形的迹象，岩土体干燥。坡面上无裂缝发展，其上建筑物、植被未有新的变形迹象。后缘壁上无擦痕和明显位移迹象

根据地质灾害危害对象的类型、等级、重要性和数量，将地质灾害危害性分为“极高”“高”“中”“低”四个等级，见表7.4-2。

地质灾害危害性等级划分　　表 7.4-2

危害等级		极高	高	中	低
危害对象	城镇、居民点	城镇、学校	聚居区	散户	零星散户
	交通道路	一级铁路，高速公路	二级铁路，省级以上公路	三级铁路，县级公路	铁路支线，乡村公路
	大江大河	大型以上水库，重大水利水电工程	中型水库，省级重要水利水电工程	中小型水库，市级重要水利水电工程	小型水库，县级水利水电工程
	矿山	特大型及重要大型矿山	大型矿山	中型矿山	小型矿山

注：只需其一达到标准即可判定相应的级别。

在上述定性评价的基础上，结合地质灾害隐患点危害等级和活动等级，按表 7.4-3 进行单体地质灾害风险定性评价。

单体地质灾害调查点风险定性评价　　表 7.4-3

危害等级＼活动等级	极高	高	中	低
极高	极高	极高	高	中
高	极高	高	中	中
中	高	高	中	低
低	中	中	低	低

（三）数据分析及评价

1. 地灾隐患空间分布

自 2020 年至 2022 年，连续三年对三峡库区范围内共计 26 个行政区县的 1664 处地质灾害隐患点进行监测，其中 828 处持续形变。灾害隐患点监测识别及实地调查成果汇总见表 7.4-4。

各县（市、区）灾害隐患三年度识别结果　　表 7.4-4

序号	县（市、区）	累计监测总数	持续形变总数	累计调查总数	累计核实总数	调查率	准确率
1	恩施市	63	24	22	14	34.92%	63.64%
2	建始县	45	19	15	13	33.33%	86.67%
3	利川市	57	26	13	7	22.81%	53.85%
4	咸丰县	51	21	17	11	33.33%	64.71%
5	宣恩县	101	39	42	22	41.58%	52.38%
6	巴东县	58	24	18	14	31.03%	77.78%
7	秭归县	207	69	119	107	57.49%	89.92%
8	五峰县	76	29	27	15	35.53%	55.56%
9	长阳县	92	36	30	13	32.61%	43.33%
10	兴山县	104	40	61	29	58.65%	47.54%
11	石柱县	53	36	33	22	62.26%	66.67%
12	武隆区	55	42	34	22	61.82%	64.71%

续表

序号	县（市、区）	累计 监测总数	持续 形变总数	累计调查 总数	累计核实 总数	调查率	准确率
13	彭水县	41	24	29	18	70.73%	62.07%
14	黔江区	47	33	32	22	68.09%	68.75%
15	酉阳县	45	38	28	22	62.22%	78.57%
16	秀山县	26	19	12	9	46.15%	75.00%
17	城口县	40	18	27	21	67.50%	77.78%
18	丰都县	58	44	38	28	65.52%	73.68%
19	奉节县	93	50	79	62	84.95%	78.48%
20	涪陵区	36	20	22	12	61.11%	54.55%
21	开州区	42	39	14	9	33.33%	64.29%
22	万州区	53	26	35	24	66.04%	68.57%
23	巫山县	65	24	46	34	70.77%	73.91%
24	巫溪县	41	19	22	19	53.66%	86.36%
25	云阳县	58	33	44	30	75.86%	68.18%
26	忠县	57	36	39	27	68.42%	69.23%
汇总/平均		1664	828	898	626	53.97%	69.71%

三峡库区地质灾害隐患点的空间分布，表现为局部聚集性的团块状分布。地表形变表现为后壁、局部凹陷、台坎、陡坎、沟谷、隆起、裂缝、双沟同源、圈椅状构造等。在光学遥感特征上表现为裂缝、植被突变、颜色突变、崩落、地物类型等。

依据形变、地形、光学遥感特征，三峡库区滑坡地质灾害可分为库岸型滑坡和降雨型滑坡，其中库岸型滑坡受坡脚流水侵蚀、库水位变化、重力、降雨等因素影响，形变强且与周边环境相比存在明显的形变异常，形变往往集中在坡脚和坡体中部、后部。地形特征明显，多具有典型的地形突变，如陡坎、沟谷、隆起、错台等特征。光学影像上可见明显的裂缝、植被突变等标志，见图 7.4-4。

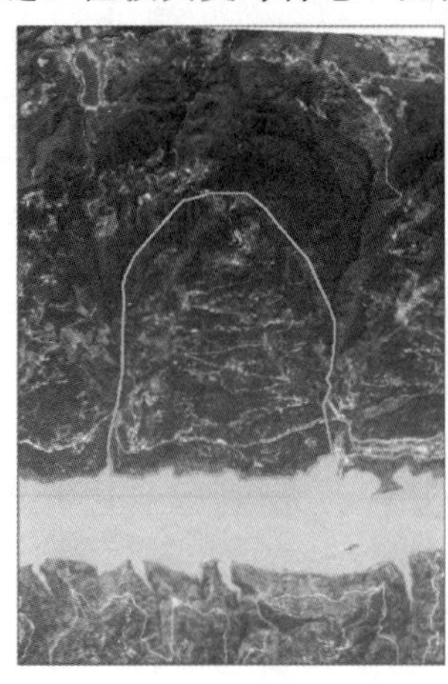
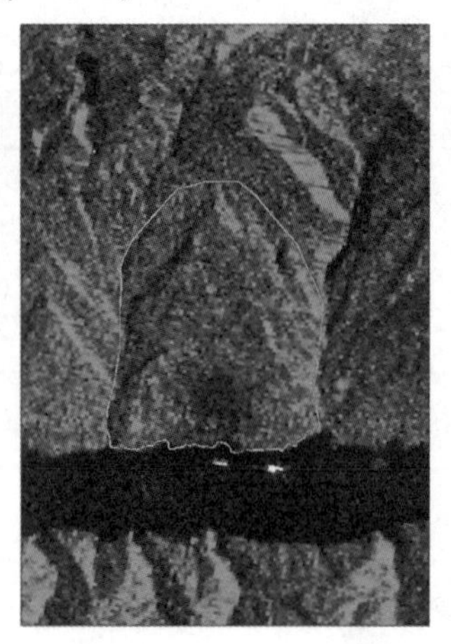
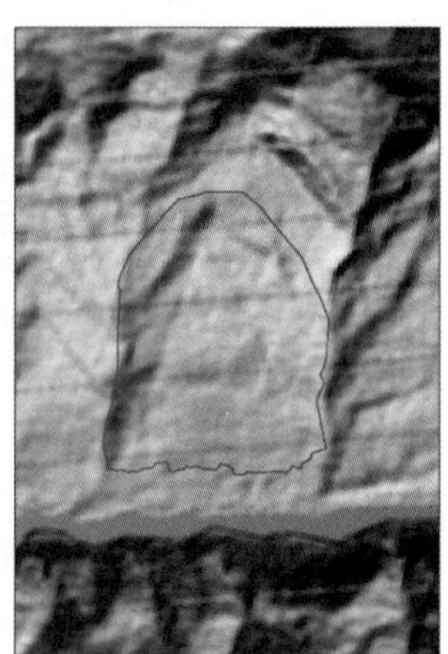

图 7.4-4　库岸型滑坡（以新铺滑坡为例）

降雨型滑坡同一局部区域地层岩性特征、气象降雨条件相近，受到地形、重力、工程活动等因素影响，在易发地层分布区域往往具有群发性，坡体形变异常、地形特征和光学遥感特征明显，滑坡体活动具有互相关联性，见图 7.4-5。

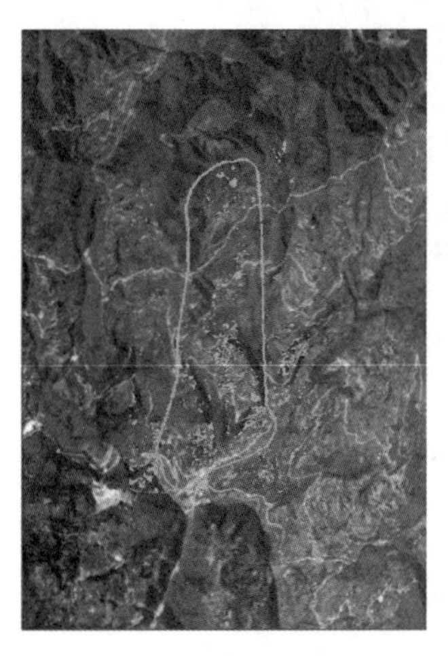

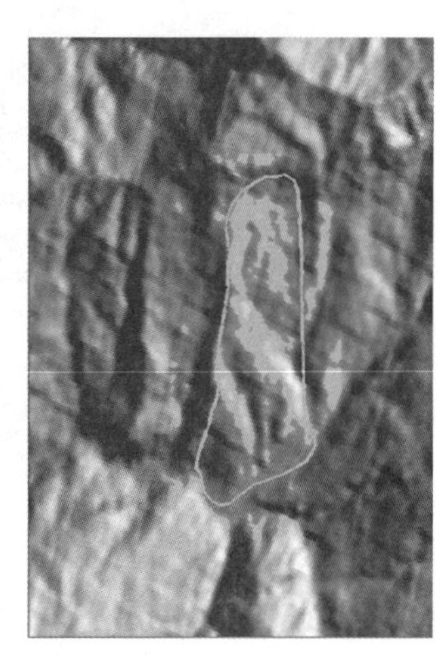

图 7.4-5　降雨型滑坡（以奇峰乡滑坡为例）

2. 地灾隐患动态变化

宜昌市秭归县沙镇溪镇为地质灾害隐患典型区。图 7.4-6 中，滑坡体的边界、台坎、裂缝、冲沟、植被、威胁对象等特征清晰可见。以千将坪滑坡为例，滑坡后缘明显，定向擦痕清晰。

图 7.4-6　秭归县沙镇溪镇光学遥感影像图（0.3m 分辨率）

基于 Sentinel-1A 卫星 2017 年 3 月至 2021 年 12 月的 SAR 影像，分别利用 Stacking 技术和 SBAS-InSAR 技术，对秭归县沙镇溪镇滑坡地质灾害典型区地表形变速率进行分析和对比。

利用 Stacking-InSAR 技术分析的形变结果在目标区域的覆盖性更好，如图 7.4-7 所示。图中沙镇溪镇杨家坝滑坡左侧、三门洞电站滑坡整体、梅坪滑坡下部位置发生明显形变，剩余几处滑坡隐患均在坡脚处发生轻微缓慢形变。

利用 SBAS-InSAR 技术获得的形变结果在青干河右侧的三门洞电站滑坡和梅坪滑坡上均为少数离散点（图 7.4-8），推测主要受植被覆盖影响相干性所致。另外，在青干河左侧区域，SBAS-InSAR 技术依然取得了较完整的形变探测结果。分析结果表明，杨家坝滑坡存在明显的形变，其余滑坡底部均存在轻微形变。

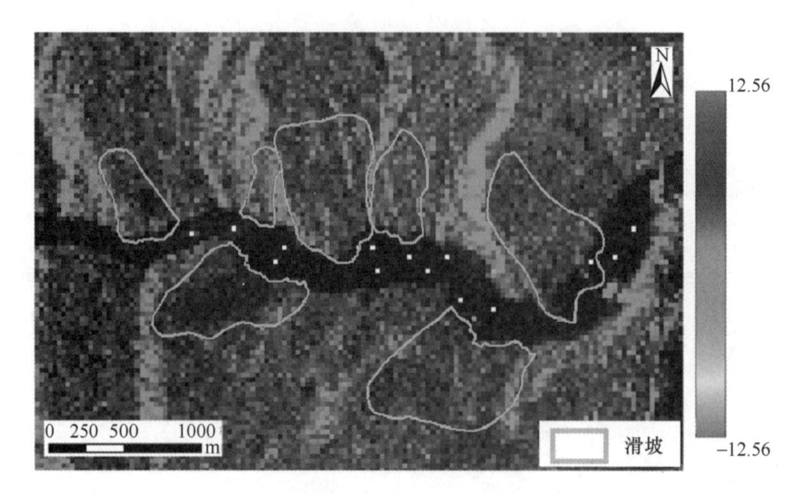

图 7.4-7 秭归县沙镇溪镇典型区地表形变速率图（Stacking-InSAR 技术）

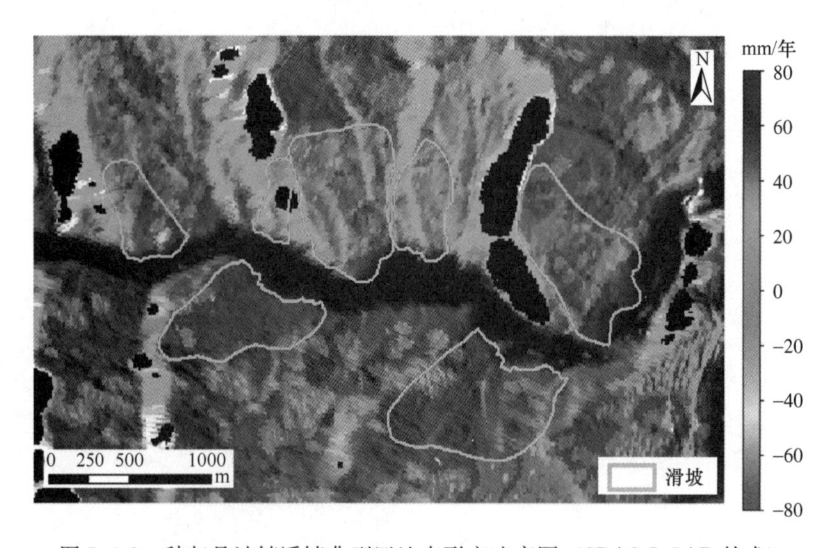

图 7.4-8 秭归县沙镇溪镇典型区地表形变速率图（SBAS-InSAR 技术）

二、地基 SAR 监测

（一）工程概况

如图 7.4-9 所示，监测的边坡位于重庆市渝北区龙潭公园南约 100m 处，该边坡为原始高边坡开挖后修建的人工加固边坡。边坡总长约 250m，最大坡度近 90°，最大高差约 66m，基本无植被遮挡。边坡下方是城市主干道，一旦发生滑坡、崩塌等地质灾害，将造成巨大的生命财产损失。

为了监测边坡的变形情况，作者所在研究团队分别采用国产的 PS-SASR1000 和国外的 Hydra 两种型号的 GB-SAR 系统对边坡进行监测分析，如图 7.4-10 所示。

（二）监测内容及方法

1. 数据获取

在获取雷达影像的同时，通过高精度全站仪测量特定变形点的位移变化量。

1）地基 SAR 雷达影像数据

图 7.4-9　公路边坡

图 7.4-10　地基 SAR 监测分析试验

将两套地基 SAR 系统分别于不同时间安装在监测边坡对面的山坡平台，距离监测区域约 150m，通视良好。两套系统分别持续监测 2h，影像采样间隔均为 2～3min，分别获得 60 景雷达影像，观测期间仪器位置均未发生移动，所得影像间的空间基线均为 0。

2）高精度全站仪测量数据

为验证地基 SAR 系统的监测精度，在边坡上安装三个位移精度为 0.02mm 的位移台，通过位移台带动角反移动，角反每次移动 1mm，在获取地基 SAR 雷达影像的同时，使用徕卡 TS60 全站仪测量角反每次移动的位移变化量。

2. 数据处理

两套地基 SAR 系统的数据处理流程主要包括原始数据输入、脉冲压缩、聚焦成像、图像配准、差分干涉、相位滤波、相位解缠、环境改正、形变计算、地理编码、预警预报等，其处理流程如图 7.4-11 所示。

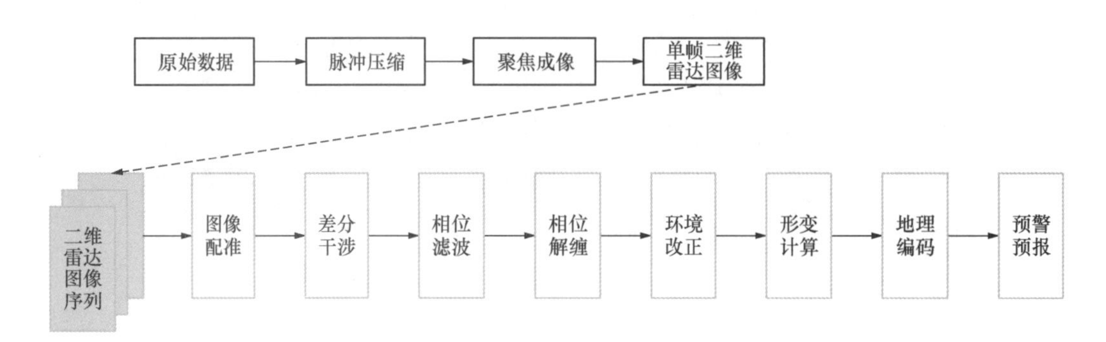

图 7.4-11 地基 SAR 系统数据处理流程

（三）数据分析及评价

1. PS-SASR1000 系统

将原始雷达数据通过软件处理得到的复散射图如图 7.4-12 所示，该图反映了监测体在该时刻的信号反射情况，若监测体的信号反射较弱，则可能无法生成形变图。同时，经过长期多次的判断，也可从复散射图中识别监测现场的变化情况。由于该监测边坡大部分区域无植被覆盖以及其他遮挡，故信号反射情况较好。

图 7.4-12 某时刻的复散射图

图 7.4-13 为该时刻的整体形变图，形变图可直观地展示监测现场实时形变情况，从图中可以看出该监测边坡大部分区域形变在 1mm 之内，表明该边坡目前处于稳定状态。

图 7.4-13　某时刻的形变图

选取边坡上部分点位，查看其位移形变量的时间序列，从图 7.4-14 中可看出所选点位位移形变量均较小，变形绝对值处于 0.4mm 之间。

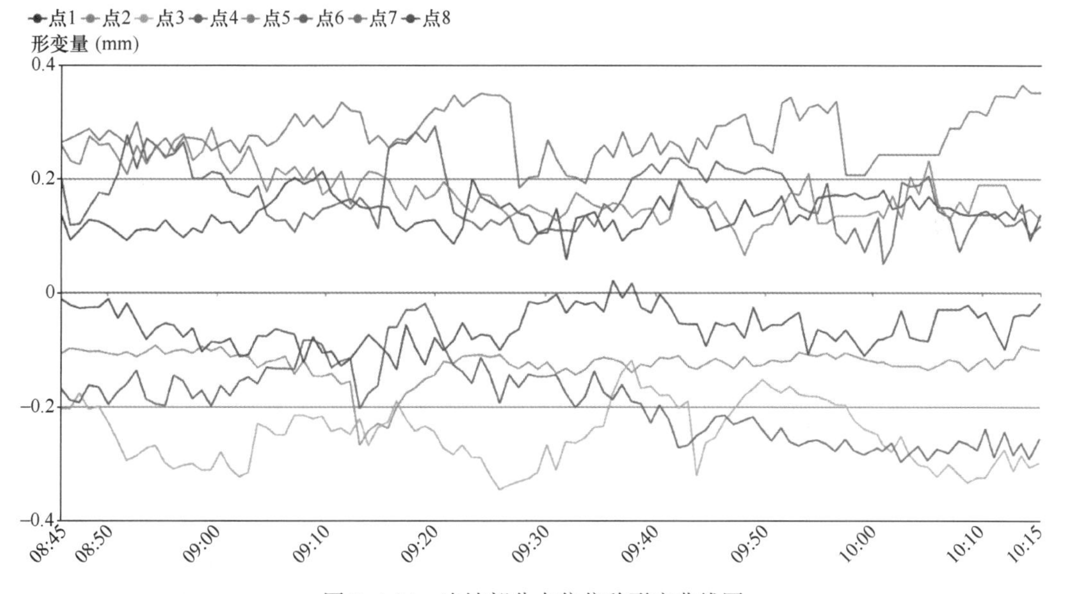

图 7.4-14　边坡部分点位位移形变曲线图

PS-SASR1000 系统与全站仪形变监测结果如表 7.4-5 所示。从表中可以看出，三个角反点使用全站仪监测的最大误差值分别为 0.23、0.67、−0.29mm，与实际变化较为相符，且误差值均在 1mm 之内。使用 PS-SASR1000 监测的最大误差值分别为 0.09、−0.05、0.14mm，*RMS* 值分别为 0.050、0.025、0.058mm，表明了地基 SAR 监测具有较高的精度。

PS-SASR1000 监测与全站仪测量精度对比 表 7.4-5

角反点名	角反移动值(mm)	PS-SASR1000 监测				全站仪监测			
		累积形变值(mm)	形变值(mm)	误差(mm)	*RMS*(mm)	累积形变值(mm)	形变值(mm)	误差(mm)	*RMS*(mm)
JF_1	−3	−3.59			0.065	−3.71			0.171
	−4	−4.52	−0.93	−0.07		−4.49	−0.78	−0.22	
	−5	−5.45	−0.93	−0.07		−5.53	−1.04	0.04	
	−6	−6.54	−1.09	0.09		−6.41	−0.88	−0.12	
	−7	−7.59	−1.05	0.05		−7.64	−1.23	0.23	
	−8	−8.66	−1.07	0.03		−8.81	−1.17	0.17	
JF_2	−3	−3.73			0.035	−3.52			0.478
	−4	−4.72	−0.99	−0.01		−4.89	−1.37	0.37	
	−5	−5.67	−0.95	−0.05		−5.70	−0.81	−0.19	
	−6	−6.69	−1.02	0.02		−6.21	−0.51	−0.49	
	−7	−7.73	−1.04	0.04		−7.88	−1.67	0.67	
	−8	−8.77	−1.04	0.04		−8.35	−0.47	−0.53	
JF_3	−3	−3.16			0.081	−3.48			0.206
	−4	−4.10	1.06	0.06		−4.65	−1.17	0.17	
	−5	−5.16	1.14	0.14		−5.57	−0.92	−0.08	
	−6	−6.30	1.02	0.02		−6.78	−1.21	0.21	
	−7	−7.32	1.07	0.07		−7.49	−0.71	−0.29	
	−8	−8.39	0.93	−0.07		−8.71	−1.22	0.22	

2. Hydra 系统

将 Hydra 系统的原始雷达影像通过软件处理可得到如图 7.4-15 所示的边坡整体的实时位移图，位移图由现场实时位移数据生成，通过色谱展示位移的变化程度。用户可通过位移图直观地掌握各个点位或区域的位移情况，及时识别风险较高的点位或区域。从图中可以看出，该监测边坡大部分区域位移值较小，表明该边坡目前比较稳定。

除位移图外，还可实时查看如图 7.4-16 所示的监测边坡位移变化的速率图，速率图表示单位时间内现场位移量，通过色谱展示位移速度变化程度，用户可通过速率图直观地掌握各个点位或区域的位移速率，及时识别变化速率过大的位置。从图中可以看出，该监测边坡大部分区域位移速率较小，也可反映该边坡的稳定性。

除整体位移外，还可按照用户兴趣划分部分监测区域进行位移数据统计，如图 7.4-17 所示，展示了监测边坡按台阶梯级划分的部分区域的位移时间序列，能够反映监测边坡不同区域的位移变化情况，辅助判断不同监测区域的位移变化趋势。

如图 7.4-18 所示，还可以选取部分关键点位，统计其位移变化的时间序列，方便识别关键点位的位移变化趋势，掌握关键点位的累计位移变化量，及时发现风险，一旦发现

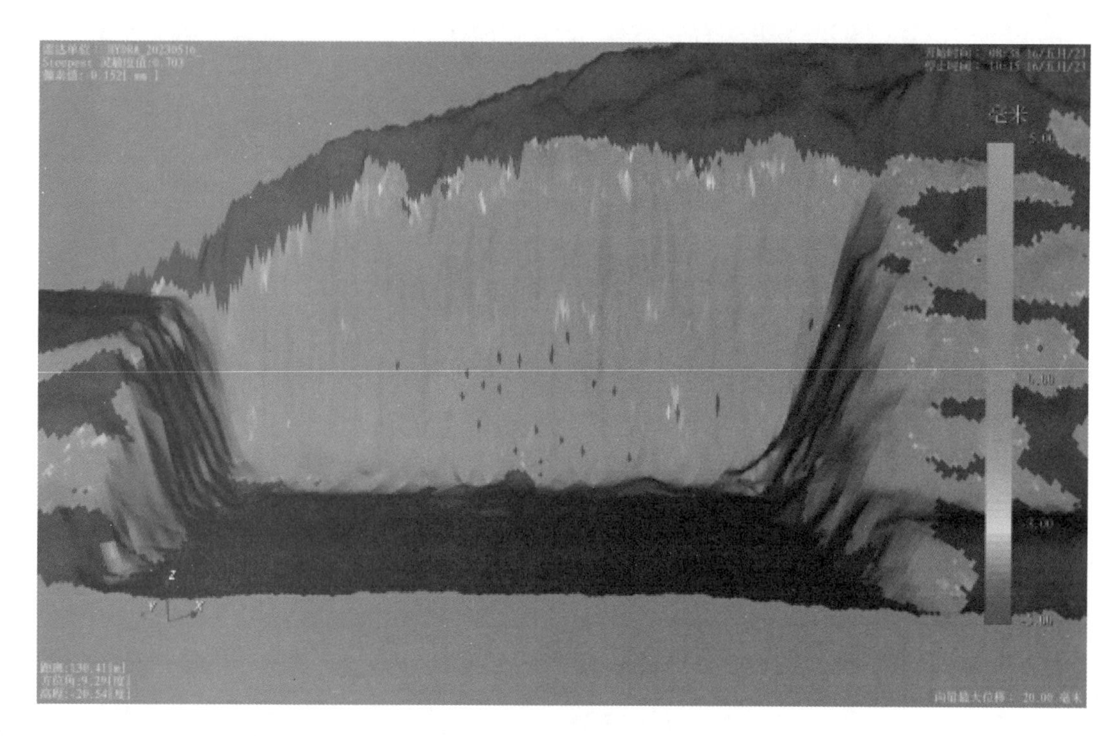

图 7.4-15　某时刻监测边坡整体位移图

图 7.4-16　某时刻监测边坡整体位移速率图

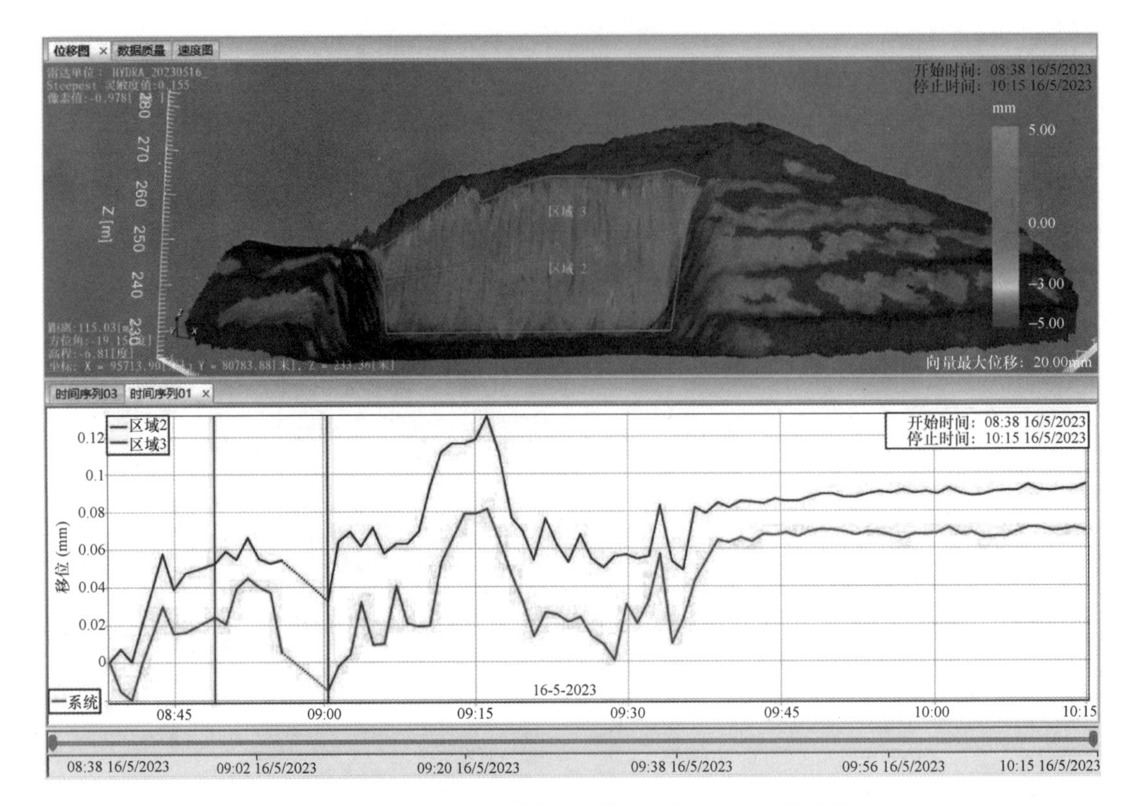

图 7.4-17　监测边坡部分区域位移色谱及时间序列曲线

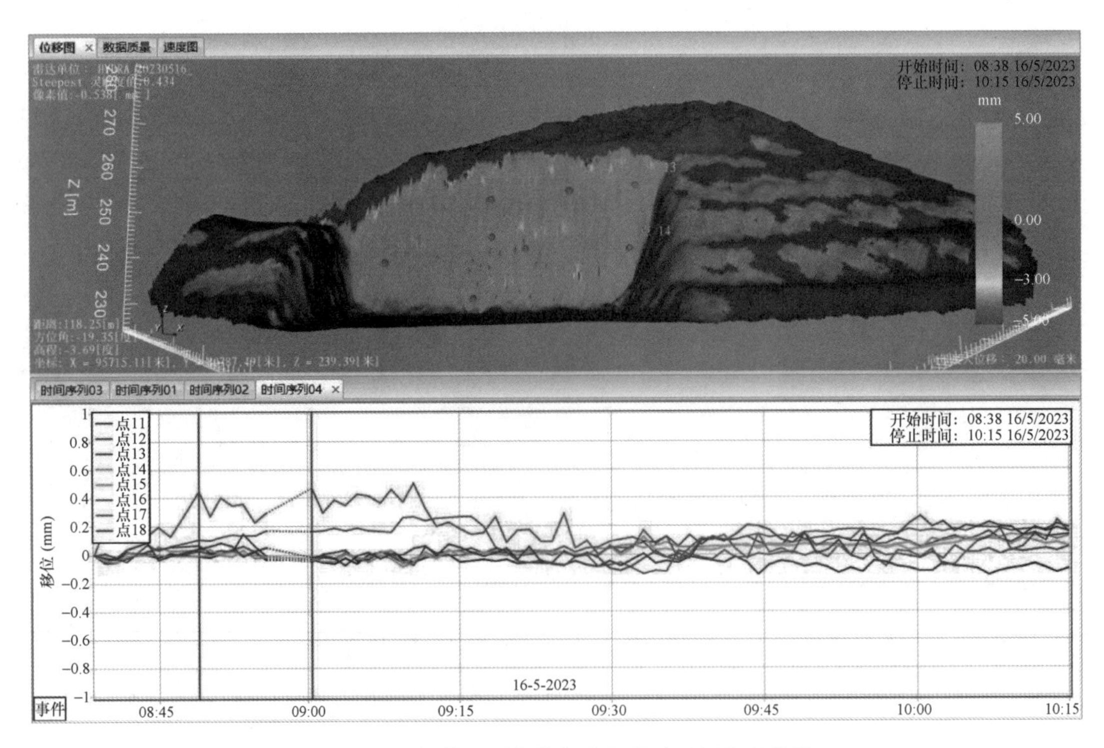

图 7.4-18　部分监测点位位移色谱及时间序列曲线

异常，立即通过微信、邮件、声音、弹窗等多样化形式报警通知相关人员，及时采取措施。

如图 7.4-19 所示，将现场高清影像与数字地形模型（digital terrain model，DTM）进行配准，可实现 DTM 与点位的一一对应，用户可快速查看指定点位的现场图像，及时掌握现场情况、发现现场风险。

图 7.4-19　DTM 与现场图像的点位对应

第五节　本 章 小 结

雷达是通过对空中发射脉冲电磁波并检测被反射回来的脉冲信号，利用脉冲往返时间确定被探测目标的距离，利用反射信号的强度获取目标的物理特性、几何形状和表面粗糙度。后来发展出利用雷达的运动来合成等效长的方位向长孔径，并获得目标区域的二维地表图像，即合成孔径雷达（SAR）。随着雷达成像理论、天线设计理论、信号处理、计算机软件和硬件体系的不断完善和发展，SAR 技术得到广泛应用。由于其可以穿透云雾，具有全天时、全天候的工作能力，还具备一定的穿透天然植被、人工伪装和地表土壤一定深度的能力，因而在安全监测领域显示出越来越大的应用潜力。

根据合成孔径雷达的技术原理，分为 InSAR、D-InSAR、PS-InSAR 和 SBAS-InSAR。

D-InSAR 使用两幅或多幅 SAR 图像，通过差分处理计算两次采集之间的相位差，从而获取地表的形变信息。D-InSAR 需要高重复性的 SAR 数据，通常用于监测周期较短的地表变化。该技术的优点在于简单直观，数据处理较为容易，适用于小范围内的形变监测。但缺点是需要两幅或多幅高质量的 SAR 图像，灵敏度较低，不适用于大范围的形变监测，不适用于非线性变化的地表形变。

PS-InSAR 是一种地表形变监测方法，它利用合成孔径雷达干涉测量技术，通过分析永久散射体的相位信息，实现对地表形变的精确监测。相比于传统的 InSAR 方法，PS-InSAR 方法可以克服因地物表面材质、覆盖物等因素导致的散射体丢失和相位不连续的问题，提高了测量精度。但缺点在于数据处理复杂，需要大量的 SAR 图像。

SBAS-InSAR 采用多幅 SAR 图像，通过选择适当的基线（baseline）子集来减小形变监测的误差。优点在于可以用于监测较大范围的地表形变，具有较高的监测精度，如城市沉降、地壳运动等。缺点在于需要大量的 SAR 数据，数据处理复杂；对基线的选择敏感，需要谨慎处理。

根据装载平台的不同，可将雷达系统分为星载雷达系统、机载雷达系统和地基雷达系统。星载雷达系统包括美国的 SEASAT 卫星，中国的环境一号 C 星、高分三号、海丝一号、宏图一号、珞珈二号 01 星，芬兰的 ICEYE 星座等。机载雷达系统根据制式的不同，可分为 CAS/SAR 系统、L-SAR 系统、AIRSAR 系统、STAR-3I 系统、E-SAR 系统。地基雷达根据扫描方式的不同，可分为线性滑轨合成孔径雷达、笔形波束扫描孔径雷达、扇形波束扫描孔径雷达、圆弧合成孔径雷达、阵列合成孔径雷达。

武汉大学测绘学院郭际明教授研究团队利用 Sentine-1A SAR 卫星遥感影像数据研究三峡库区地表形变，结合光学遥感技术和专家经验判识及实地调查分析，识别三峡库区地质灾害隐患空间分布与危害程度信息，实现地质灾害常态化监测、主动性防范、超前性预警的目的，确保三峡库区安全。

作者所在研究团队分别采用国产和国外两种圆弧式地基合成孔径雷达，对重庆主城区某边坡工程进行监测试验，并用高精度全站仪验证其亚毫米级的监测精度。

参考文献

[1] 孙家炳．遥感原理与应用[M]．武汉：武汉大学出版社，2013.

[2] 郭华东．雷达对地观测理论与应用[M]．北京：科学出版社，2000.

[3] 李平湘，杨杰．雷达干涉测量原理与应用[M]．北京：测绘出版社，2006.

[4] 廖明生，林珲．雷达干涉测量学：原理与信号处理基础[M]．北京：测绘出版社，2003.

[5] 刘国祥，陈强，罗小军，等，著．永久散射体雷达干涉理论与方法[M]．北京：科学出版社，2012.

[6] 岳建平，邱志伟．GBSAR 监测技术及其应用[M]．武汉：武汉大学出版社，2021.

[7] 向泽君，李超，滕明星．圆弧式地基合成孔径雷达在边坡变形监测中的应用[J]．北京测绘，2024(2)：270-276.

[8] 李德仁，廖明生，王艳．永久散射体雷达干涉测量技术[J]．武汉大学学报(信息科学版)，2004(8)：664-668.

[9] 张润宁，姜秀鹏．环境一号 C 卫星系统总体设计及其在轨验证[J]．雷达学报，2014，3(3)：249-255.

[10] 雷传金．基于 PS-InSAR 技术和机理模型的高铁路基冻胀变形同化方法研究[D]．兰州：兰州交通大学，2023：9-11.

[11] 何秀凤，高壮，肖儒雅 . InSAR 与北斗/GNSS 综合方法监测地表形变研究现状与展望[J]. 测绘学报，2022，51(7)：1338-1355.
[12] 高茂宁 . 基于 SBAS-InSAR 的滑坡形变信息提取及评价方法研究[D]. 兰州：兰州交通大学，2023：9-11，13-14.
[13] 张迪 . 基于 SBAS-InSAR 技术的线性地物和城市地表形变监测及应用[D]. 南京：南京信息工程大学，2023：10-14.
[14] 王子玲，熊振宇，杨璐铖，等 . AIS 和光学遥感图像引导的星载 SAR 舰船目标识别网络[J]. 航空学报，2023(6).
[15] 向泽君，谢征海，梁建国，等 . 基于时序 D-InSAR 技术的山地城市地表形变监测研究与应用[Z].
[16] 袁长征，周成涛，王大涛 . Sentinel-1 Toolbox 软件在 InSAR 数据处理中的应用[J]. 测绘地理信息，2018，43(3)：108-111.
[17] 岳仁宾，王磊，郭彩立 . GAMMA 软件应用于 InSAR 相位解缠的研究[J]. 测绘与空间地理信息，2013，36(10)：211-213，219.
[18] 王成 . 利用 PALSAR 数据提取地面沉降短基线集方法研究[J]. 城市勘测，2013(5)：81-86.
[19] 刘昆池，苗洪利，杨忠昊，等 . 星载 InSAR 方位向逐行的顺轨有效基线计算方法[J]. 中国海洋大学学报(自然科学版)，2024，54(1)：122-127.
[20] 张志亮，曾琪明，杨立功 . 利用结合土地覆盖类型的自适应 DS-InSAR 方法监测矿区地表形变[J]. 北京大学学报(自然科学版)，2024(1).
[21] 陈冉丽，王红军，刁鑫鹏，等 . InSAR 形变监测在开采沉陷损害鉴定及稳定性评价中的应用[J]. 测绘通报，2023(12)：106-111.
[22] 李振洪，朱武，余琛 . 影像大地测量学发展现状与趋势[J]. 测绘学报，2023，52(11)：1805-1834.
[23] 杨海波，王燕，薛勇 . 基于 VV-VH 哨兵-1 数据的桥梁区域形变监测研究[J]. 铁道建筑技术，2023(12)：90-95.

第八章　图像视觉监测

第一节　发 展 现 状

数字图像相关技术（Digital Image Correlation，DIC）是一种基于数字图像分析的非接触式测量技术，它通过追踪物体表面天然或人工特征散斑的运动，来获取视场范围内物体的移动或变形量。DIC 技术通过图像相关点进行对比的算法，计算出物体表面位移及应变分布，使整个测量过程变得简单高效。随着信息技术的快速发展，机器视觉逐渐成为变形监测与病害检测领域的新兴手段。图像视觉法通过机器视觉元件获取数字图像信息，采用相关算法进行图像数据处理，获取待测对象的位移形变并评估其变形状况，具有非接触、无损、大范围、高精度、远距离等显著优势，为变形监测与检测提供了一条前景广阔的智能化技术路线。

自 20 世纪 90 年代开始，已经有很多研究人员、工程师将激光投射和图像识别技术应该在工程项目的安全监测领域。与传统监测技术相比，图像视觉监测具有成本低、使用简便、实时监测的优点。

国外 Artese 等人通过固定在桥梁一端的激光发射器产生的光斑位移来计算桥梁支点处的转角，再通过荷载位置和转角关系得出桥梁挠度的大小。Vicente 等人将屏幕和摄像头固定在监测点，通过监测点处两个激光发射器生成的光斑在屏幕上的坐标变化，得到桥梁的水平位移、竖向位移以及转角。Matsuya 等提出一种利用多位置探测器测量建筑物层间位移和局部倾角的监测方法。Myung 等人设计了一套视觉伺服配对结构光系统，可以对桥梁进行安全监测。该系统包括多个监测单元，每个监测单元包含两个摄像头、两个屏幕和两个激光模块，通过观察屏幕上不同的图像点，可以以较高的精度来估计桥梁的变化。Lee 等人设计了一种基于视觉的桥梁动态位移远程测量系统。该系统主要由目标面板、望远镜、数码相机和笔记本电脑组成。将目标面板固定在桥梁的监测点上，在远离桥梁的某个固定位置安装数码相机，为了能够获取远距离的目标图像，在数码相机上安装一个望远镜镜头。通过处理数码相机所获得的目标面板的图像，从而获得桥梁的位移。

国内刘昊等提出以激光投射传感技术为基础的结构位移监测方法，通过摄像头获取监测点处激光器所发出的光斑图像，再经过图像分析软件计算后，得到光斑的实时位移，从而完成工程项目的监测。郭佳等人提出了一种钢管脚手架位移监测方法，将激光发射器固定在脚手架的监测点上，将光斑投射在墙面上，利用摄像头获取光斑的图像，最后通过计算分析得到脚手架监测点处的位移。李华等人设计了一套隧道轮廓位移监测系统，利用荧光涂料对隧道围岩的监测点进行标记，将监测系统固定后，通过图像处理的方法获得标记点的三维坐标。聂守平等人设计了一套针对大坝位移的实时监测系统，该系统由激光器、CCD、波带板以及屏幕组成。将波带板和屏幕放置在激光器和 CCD 之间，波带板放置在监测点，通过屏幕上光斑坐标值的变化得到波带板的位移，即测量出大坝监测点的位移。

作者所在研究团队提出了一种基于激光光斑漂移的亚毫米监测技术和一种基于水准气泡图像检测的倾斜监测方法，研制了自适应激光光斑监测设备终端，搭建了监测现场工作站，基于机器视觉技术开展了混凝土坝裂缝监测应用研究。

第二节　基本原理

一、图像采集技术

原始数据是进行表观病害检测的重要依据。在基于机器视觉法进行桥梁表观病害检测时，选用的数据采集技术直接关系到原始数据的质量，对病害的检测及评估具有十分重要的意义。数据采集技术为后续检测流程提供原始数据，服务于病害检测、三维建图等流程。

数据采集过程中需要通过参数控制来对数据质量进行把控。参数设置是指，对执行采集任务的传感器设置指定的参数，以保证原始数据的质量。可设置的参数因传感器而异，如传感器的物距、图像传感器的快门光圈等参数、图像的重叠率、激光雷达的扫描频率等。这些具体的参数主要与数据采集技术的两个作用相对应，即数据质量控制以及三维建图支持。

二、图像处理技术

基于图像视觉的变形监测和病害检测是基于数字图像处理和机器视觉法进行的，其基本思想是：首先识别出不同时刻图像中的同一对象的位置变化然后转换为实际位移变化，再分割出采集数据中包含的病害信息，并将其作为病害损伤程度评估的参考依据。表观病害的种类主要包括混凝土裂缝、剥落、腐蚀、露筋、渗水、风化，钢结构疲劳裂缝、表面锈蚀、螺栓与铆钉锈蚀、涂料剥落，砌体膨胀、裂缝、渗水、缺损等。

图像处理技术主要分为三类方法：人工目视检测方法、基于经典数字图像处理（Digital Image Processing，DIP）的方法和基于深度神经网络的方法。其中人工目视检测的自动化程度较低，逐渐被更加先进的方法所取代。

1. 基于经典数字图像处理的方法

基于经典数字图像处理的方法进行裂缝检测主要依赖于图像分割技术，包括边缘检测（例如Pre-witt算子、Canny算子）、阈值分割（例如Otsu阈值分割、Niblack二值化）、区域生长（例如种子生长）、特征匹配（例如匹配过滤、小波变换）等算法。经过上述算法处理得到初步的分割图后，可辅以形态学操作等手段进一步细化分割结果，获取有效信息。上述方法的实现难度较低，物理意义较为明确，但容易受到图像中噪声的干扰，且需要人工干预调整相关参数。此外，上述方法仅适用于检测具有明确边缘的对象或病害（例如人工设置的标靶、裂缝等），对于面状病害及其他的复杂病害适用性较差。

2. 基于深度神经网络的方法

近年来，基于深度神经网络的图像处理技术因其性能高、灵活性强等优点受到了广泛应用。基于深度神经网络的表观病害检测方法主要分为目标检测、语义分割和实例分割三大类别。目标检测能够在图像中将病害以锚框等形式标注，语义分割则能够实现像素级别的病害分割，实例分割能在像素级分割的基础上进一步区分一类病害中的不同实例。目前，研究中常用的深度学习网络框架包括 Fast-RCNN、Mask-RCNN、FCN、SSD、YO-LO、U-net 等。研究者常根据实际需要修改上述网络架构的主干网络（Backbone）、颈部（Neck）和检测头（Head）等部分，以提升网络的性能。基于深度神经网络的方法处理桥梁表观病害已成为领域内的研究热点之一，并已广泛应用于相关研究中。

三、图像定位技术

图像定位是指将检测到的标靶或病害通过坐标变换等方式在世界坐标系中进行定位（而非简单地标记在图像中），为后续变形量换算、病害的复检、修补等任务提供精确的位置信息。现有研究中，图像定位都是通过从图像到世界坐标系中的变换实现的，具体分为两大类别：基于投影射线的定位和基于矩阵变换的定位。

1. 基于投影射线

基于投影射线的方法原理是获取图像对应的相机光心坐标，将光心与目标对应的像素点连成投影射线，并计算射线与三维网片模型的交点，从而得到目标的世界坐标。

2. 基于矩阵变换

基于矩阵变换的方法原理是获取图像对应的相机坐标系到世界坐标系下的映射矩阵，进而将目标对应的像素点映射为世界坐标系下的三维点。

四、图像量化技术

图像参数量化是指对检测到的标靶或病害进行长度、宽度或面积等参数的量化计算，从而实现对目标位置或病害严重程度的定量分析。对于面状病害，如混凝土剥落、风化、钢结构锈蚀等，一般采用病害面积来定量描述；对于线状病害，如混凝土裂缝、钢结构疲劳裂缝等，一般采用裂缝长度、裂缝宽度定量表述。计算时通常采用数字图像处理（DIP）方法，基于裂缝中心线、边缘线、像素面积和灰度值等进行计算。病害参数量化主要分为图像层面量化计算与真实尺寸量化估计。

1. 图像层面量化计算

该方法的思想是：获取包含病害信息的原始数据后，通过图像处理技术在病害图像上进行量化操作。例如统计病害面积、计算裂缝长度宽度等，其基本单位为像素。

2. 真实尺寸量化估计

该方法的思想是：在图像层面量化计算的基础上，进一步结合了图像目标定位的成果，将目标对应的像素点直接在世界坐标系下进行定位，并直接计算出目标的真实长度、宽度或面积。此外，还可以通过标定图像与真实尺寸比例的方式进行简单的换算，得到目标的真实尺寸。

第三节 激光光斑漂移监测

激光具有方向性好、发散度小等特性，被广泛应用于航空航天、武器系统以及光学测量和检测仪器中。作者所在研究团队从进一步降低人力物力成本及提高监测频率和效率的角度出发，将激光的这种特性引入到工程安全监测领域中，其基本思想是：在稳定体和变形体上分别安装激光发射装置和成像装置，用固定拍照的方式对不同时点的激光光斑图像进行采集，检测从形变体上投射到稳定体上的激光光斑中心位置的变化，从而得出激光光束在形变体上的位移变化量。

一、总体架构

自适应激光光斑监测系统由三个层次组成：现场监测设备层、信息传递层、应用服务层，各个层级间通过制定的网络通信协议完成信息交互（图 8.3-1）。

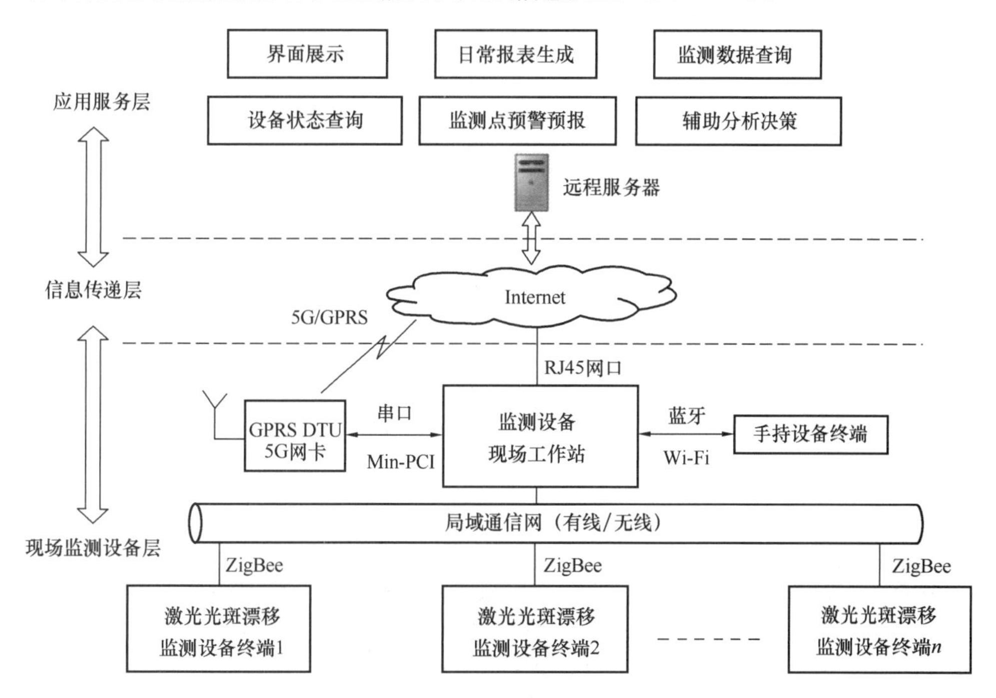

图 8.3-1　自适应激光光斑漂移监测系统总体架构

现场监测设备层实现对监测现场激光光斑漂移图像的数据采集功能，并响应远程服务器的控制命令。现场监测设备层由激光发射装置、激光光斑图像采集装置、局域通信网、监测设备现场工作站组成。现场监测工作站负责一个监测区域内多个智能监测设备终端的管理，完成监测数据的采集、预处理、存储、数据融合分析以及与远程服务器的信息交互；局域通信网将现场多个智能激光光斑监测设备终端与监测设备现场工作站通过有线或无线的方式连接，可采用的组网方式有 RS485 总线、CAN 总线、Zigbee 等多种。

信息传递层实现远程服务器与现场监测设备层之间的传感器监测数据、控制命令信息传递，如双绞线、光纤等有线或无线的通信方式，本系统根据现场监测环境选择合适的通信方式。

应用服务层运行在远程服务器端，在监测终端采集数据的基础上为用户提供多种安全管理服务。应用服务根据用户需求配置，设计对监测点的预警、报警、设备状态查询、监测数据查询、日常报表生成、界面展示等多个功能服务模块，实现用户的可定制化服务。

二、数据采集与光斑检测

（一）工作原理

如图 8.3-2 所示，A 为工作基点载体，B 和 C 为变形体，在 A 上安装激光发射装置，在 B 上安装图像采集装置和激光发射装置，在 C 上安装图像采集装置，其中 A 与 B 之间的距离为 S_1，B 与 C 之间的距离为 S_2。

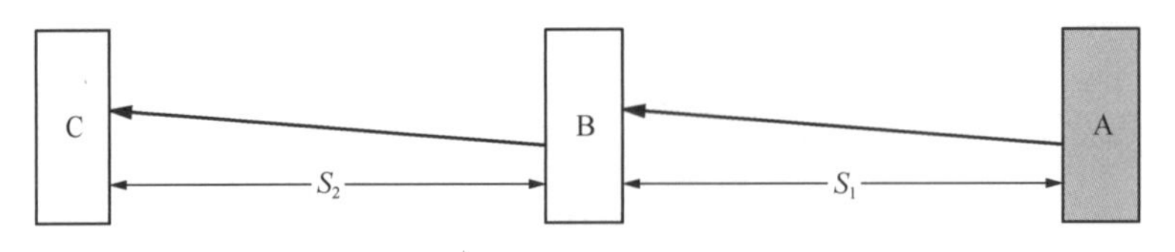

图 8.3-2 变形监测示意图

由于A为工作基点载体，认为A是稳定的，B和C则会产生沉降或者平移。当B和C产生形变后，布置在B和C上的成像装置所解析出的激光斑的位置则会产生变化，其差值经过数学换算后则为B和C的位移量。假设B相对于A的位移量为H_{BA}，C相对于B的位移量为H_{CB}，则C相对于A的位移量为：

$$H_{CA}=\frac{S_1}{S_1+S_2}\times H_{BA}+\frac{S_2}{S_1+S_2}\times H_{CB}$$

（二）激光光斑位置计算

采用数字图像处理技术对变形体上激光光斑的位移量进行检测和计算，其流程包括：灰度化（a)→二值化（b)→搜索角点（c)→变换纠正（d)→搜索光斑（e)→求解光斑中心坐标（f）这几个步骤，如图 8.3-3 所示。

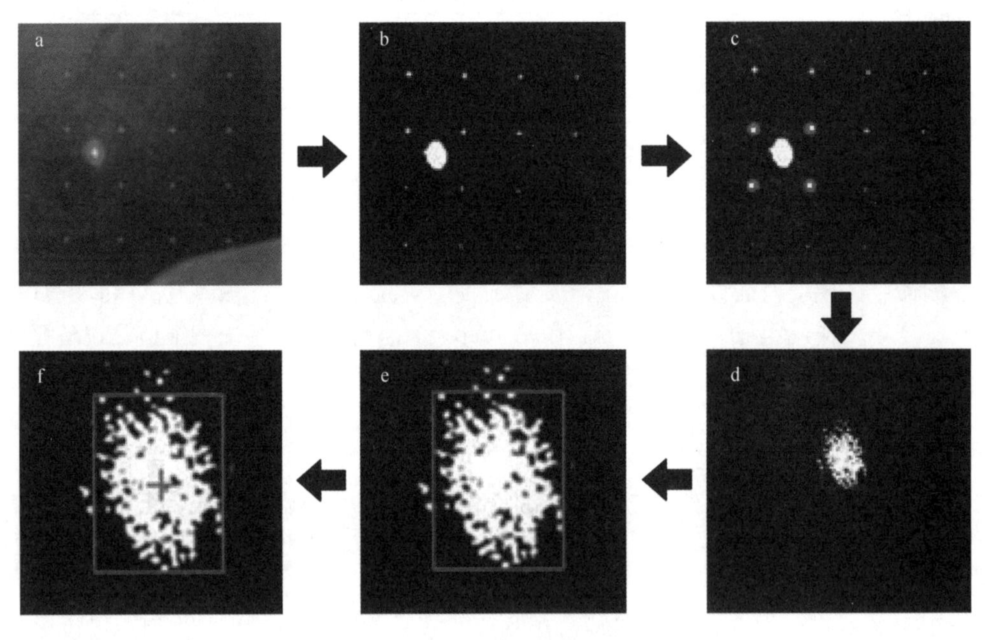

图 8.3-3 光斑坐标提取流程

1. 阈值分割

图像的阈值分割就是将图像上点的灰度值设为 0 或 255，也就是让整个图像呈现出明显的黑白效果，简化图像和数据量，有利于图像的进一步处理，能凸显出感兴趣的目标的轮廓（图 8.3-4）。

激光光斑图像的背景灰度值一般比较低，且变化较平缓；激光光斑的灰度值一般比较高，相对于激光光斑图像背景，其灰度值变化较剧烈。一般可通过设定阈值来分割激光光斑图像背景和激光光斑。常用的阈值设定方法有固定阈值法和自适应阈值法。固定阈值法采用单一阈值对图像进行处理，其阈值常通过试验标定来得到，但试验条件与实际应用条件有差别，因此通过试验标定得到的阈值并不是最优的。自适应阈值法根据实际激光光斑图像进行阈值计算，具有很强的灵活性，可以提高激光光斑图像分割性能。故本研究采用自适应阈值法，其计算公式可表示为：

$$V = R_{avg} + k \times \sigma \tag{8.3-1}$$

式中，V 为自适应阈值的计算结果；R_{avg} 为图像灰度平均值；σ 为图像灰度的均方差；k 为常值，一般取 5～15 之间的数字，经试验分析得出 k 值取 6 比较合适。若设激光光斑图像为 J，大小为 $m \times n$，图像在像素点 (i,j) 的灰度值为 $J(i,j)$，则有：

$$\begin{cases} R_{avg} = \dfrac{\sum\limits_{i=1}^{m}\sum\limits_{n=1}^{n} J(i,j)}{m \times n} \\ \sigma = \sqrt{\dfrac{\sum\limits_{i=1}^{m}\sum\limits_{n=1}^{n} [J(i,j) - R_{avg}]^2}{m \times n - 1}} \end{cases} \tag{8.3-2}$$

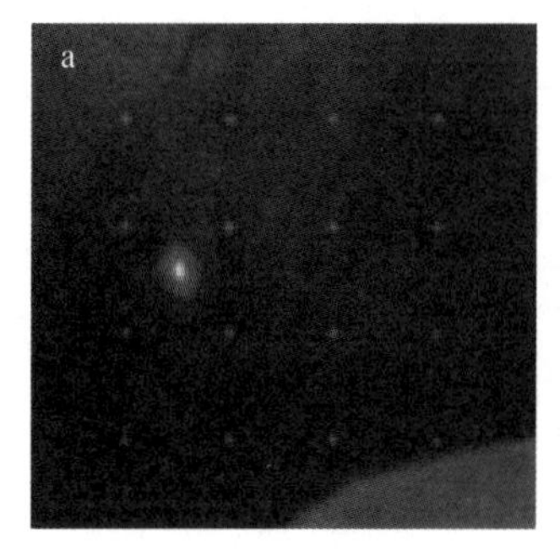

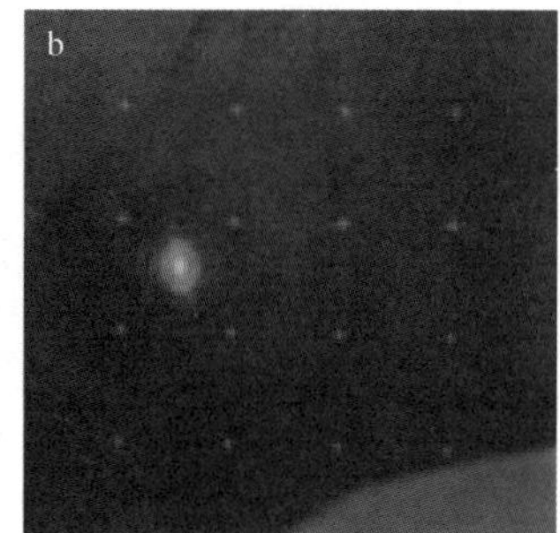

图 8.3-4　图像灰度化处理

2. 搜索角点

采用 NCC 模板匹配识别算法来对背景图像中的十字丝标定角点进行搜索定位（图 8.3-5），该算法基于统计学计算两组样本的相关性，取值范围为［−1，1］。对于图像来说，每个像素点都可以看成是 RGB 数值，这样整幅图像就可以看成是一个样本数据的集合。如果它有一个子集和另外一个样本数据相互匹配，则它的 NCC 值为 1，表示相关性很高；如果是−1，则表示完全不相关。基于这个原理，第一步就是要进行数据的归一化处理，公式如下：

$$\tilde{f} = \frac{f - \mu}{\sigma} \tag{8.3-3}$$

式中，f 表示像素点 P 的灰度值，μ 表示窗口所有像素的平均值，σ 表示标准方差。假设 t 表示模板像素值，则完整的 NCC 计算公式表示如下：

$$NCC = \frac{1}{n-1}\sum_{x,y}\frac{[f(x,y) - \mu_f][t(x,y) - \mu_t]}{\sigma_f \sigma_t} \tag{8.3-4}$$

式中，n 表示模板的像素总数，$n-1$ 表示自由度。具体实现步骤如下：

（1）获取模板像素并计算均值与标准方差、像素与均值 diff 数据样本；

（2）根据模板大小，在目标图像上从左到右，从上到下移动窗口，计算每移动一个像素之后窗口内像素与模板像素的 NCC 值，与阈值比较，大于阈值则记录当前窗口所在位置；

（3）根据得到的位置信息，使用红色矩形标记出模板匹配识别的结果；

（4）计算所识别出的区域中心坐标，即为十字丝标记点的中心坐标。

图 8.3-5　角点模板

3. 变换纠正

由于影像采集角度问题，所得图像并不是正摄图像，因此需要进行图像的几何纠正（图 8.3-6）。作者所在研究团队采用间接法，从空白图像阵列出发，依次计算每个像元在原始图像中的位置，公式为：

$$\begin{cases} x = G_x(X,Y) \\ y = G_y(X,Y) \end{cases} \tag{8.3-5}$$

采用多项式构建坐标变换的关系式，二元多项式可采用一次阶、二次阶、三次阶、…、n 次阶。

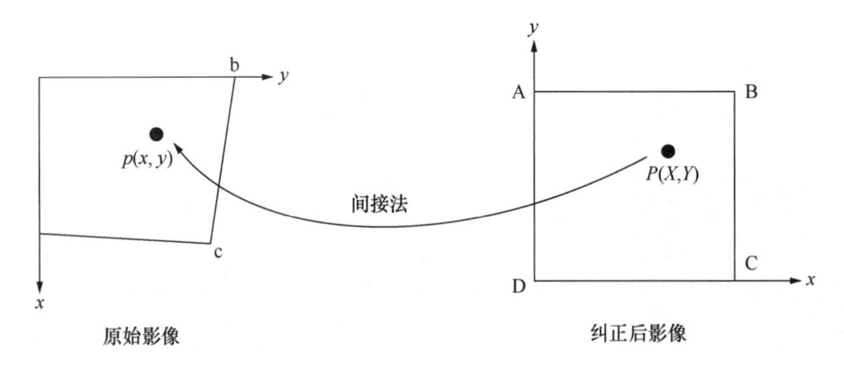

图 8.3-6　间接法图像几何纠正

$$\begin{cases} x = a_0 + (a_1X + a_2Y) + (a_3X^2 + a_4XY + a_5Y^2) + (a_6X^3 + a_7X^2Y + a_8XY^2 + a_9Y^3) + \cdots \\ y = b_0 + (b_1X + b_2Y) + (b_3X^2 + b_4XY + b_5Y^2) + (b_6X^3 + b_7X^2Y + b_8XY^2 + b_9Y^3) + \cdots \end{cases} \tag{8.3-6}$$

式中，(x，y) 表示某像元的原始图像坐标，(X，Y) 表示纠正后同名点的地图坐标，a_i、b_i 为多项式的系数（i=0，1，2…），该多项式的求解常用最小二乘法，即使多项式的拟合值与样本（控制点）值间的残差平方和最小。

由于校正前后图像分辨率变化、像元点位置相对变化引起输出图像阵列中的同名点的灰度值变化，因此需要对同名点进行重采样。本研究采用双线性内插法，即使用投影点周围 4 个相邻像元灰度值，并根据各自权重计算输出像元灰度值，公式如下：

$$g_{x'y'} = \frac{p_1g_1 + p_2g_2 + p_3g_3 + p_4g_4}{p_1 + p_2 + p_3 + p_4} \tag{8.3-7}$$

式中，$g_{x'y'}$ 表示输出像元灰度值，g_i 表示相邻像元点 i 的灰度值，g_i 表示像元点 i 对投影点的权重（常用 i 到投影点距离的倒数定权）。

4. 搜索光斑

目前，比较常见的激光光斑中心定位算法有 Hough 变换法、质心法、带阈值的质心法、高斯拟合法、圆拟合法、空间矩法等。由于光斑经过成像后为类圆形状，作者所在研究团队采用 Hough 变换的基本思想，将图像的空间域变换到参数空间，用边界点满足某种参数形式来描述图像中的曲线，通过积累阵列进行累加。积累阵列中峰值对应点的信息即为所求。对于类圆监测 Hough 变换，令 $\{(x_i,y_i) \mid i=1,2,\cdots,n\}$ 为图像中圆周上点的集合，而 (x,y) 为集合中的一点，它在参数坐标系 (a,b,r) 中方程为：

$$(a-x)^2+(b-y)^2=r^2 \tag{8.3-8}$$

该方程表示圆锥面，即：图像中每一点映射到参数空间中为一个圆锥面。同一个圆周上的点对应的圆锥面簇相交于参数空间上某一点 (a_0,b_0,c_0)，这个点对应于图像中的圆心坐标 (a_0,b_0) 及圆的半径 r_0，标准 Hough 变换（Standard Hough Transform，SHT）先将圆的方程 $(a-x)^2+(b-y)^2=r^2$ 改写成极坐标形式：

$$\begin{cases} a=x-r\cdot\cos\varphi \\ b=y-r\cdot\sin\varphi \end{cases},\ \varphi\in[0,2\pi) \tag{8.3-9}$$

再根据像素点的梯度信息进行边缘检测得到边缘图像。在边缘图像中，将参数 φ 和 r 以各自的量化间隔为步长遍历其取值范围，得到与边缘像素点距离为 r 的点 (a,b)，同时在三维积累阵列 $A(a,b,r)$ 中进行投票。运算结束后，局部极值处的坐标信息对应圆的参数。

搜索到光斑的类圆形状后，求取该区域的图形重心作为当前光斑位置信息，由于该计算是在图像坐标系中计算完成，所得位置信息为像素单位，需要转换到实际度量单位。假设成像板的分辨率大小为 F（单位：像素/寸），光斑中心像素坐标系坐标为 (x,y)（单位：像素），转换为度量单位后中心坐标为 (X,Y)（单位：mm），则有：

$$\begin{cases} X=33.3x/F \\ Y=33.3y/F \end{cases} \tag{8.3-10}$$

（三）数据精度验证

为验证位置算法的精度，作者所在研究团队设置了相距 30m 距离的激光发射装置和成像接收装置，在接收端调节微动螺旋让成像装置先向下，然后向左进行固定距离的微小移动，模拟形变过程，并利用相机进行高频的拍摄。然后对连续拍摄的照片按以上方法进行处理得到激光光斑（图 8.3-7）的中心坐标。共拍摄 13 张照片，处理结果如表 8.3-1 所示。

图 8.3-7　纠正后的激光光斑图像

光斑位置计算结果　　**表 8.3-1**

序号	宽度（mm）	高度（mm）	X（mm）	Y（mm）
1	14.65	19.56	48.94	36.15
2	14.48	18.88	48.85	37.08
3	14.56	18.63	48.6	36.66
4	15.75	18.97	49.02	37.68
5	15.83	18.12	49.28	37.42
6	14.05	20.4	49.87	39.29

续表

序号	宽度（mm）	高度（mm）	X（mm）	Y（mm）
7	16.09	19.64	48.77	40.72
8	14.31	18.46	50.04	46.74
9	16	17.78	50.04	46.82
10	16.09	16.93	45.8	46.23
11	15.83	17.95	45.8	46.57
12	17.1	19.05	42.5	45.89
13	16.34	20.24	43.26	45.47
均值	15.47	18.82	—	—
标准差	0.90	0.96	—	—

从表 8.3-1 中可以看出对于光斑大小的识别，宽度及高度的标准差均在 1mm 以下。根据光斑中心位置 X、Y 分别绘制折线图及位置分布图，如图 8.3-8 所示，可以比较清晰地看出第 1 至第 9 序号的 X 坐标基本保持不变，第 10 至第 13 的 X 坐标移动了大概 5～10mm；第 1 至第 6 序号的 Y 坐标基本不变，第 7 至第 13 序号的 Y 坐标移动了大概 5～10mm。光斑中心位置图显示了光斑的移动轨迹，从上至下，从左至右，与实际人为移动方向及距离相符合（图 8.3-9）。

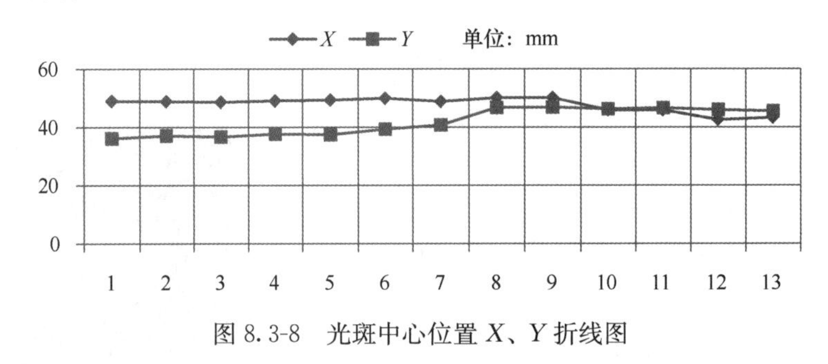

图 8.3-8 光斑中心位置 X、Y 折线图

三、智能终端监测设备

（一）监测终端设计方案

激光光斑监测设备终端整体设计方案包括硬件设计、嵌入式软件设计两个部分，均采用模块化的设计思想。其中，硬件设计完成电气信号的传输，嵌入式软件设计基于 Linux 操作系统设计，在硬件电路的基础上完成功能性设计。

按物理组成结构划分，监测设备终端主要包括激光发射端、激光光斑接收端两个部分，系统组成框图如图 8.3-10 所示。

其中，激光发射端通常被固定在基准点位置，接收控制命令打开或关闭激光，发射激光光斑，主要包括无线通信模块、串口继电器模块、激光发射器与供电电源等组成部分。

激光光斑接收端通常被固定在变形监测点位置，主要包括嵌入式 Linux 工控机、工业相机、433M 无线通信模块、路由器、受光板与供电电源等组成部分；光斑接收终端通过 433M 无线通信模块控制现场激光发射器，并基于工业相机监测受光板上光斑变动信息，采集光斑变动图像，图像经压缩处理后传递至局域网或者远程 FTP 服务器，由服务器完

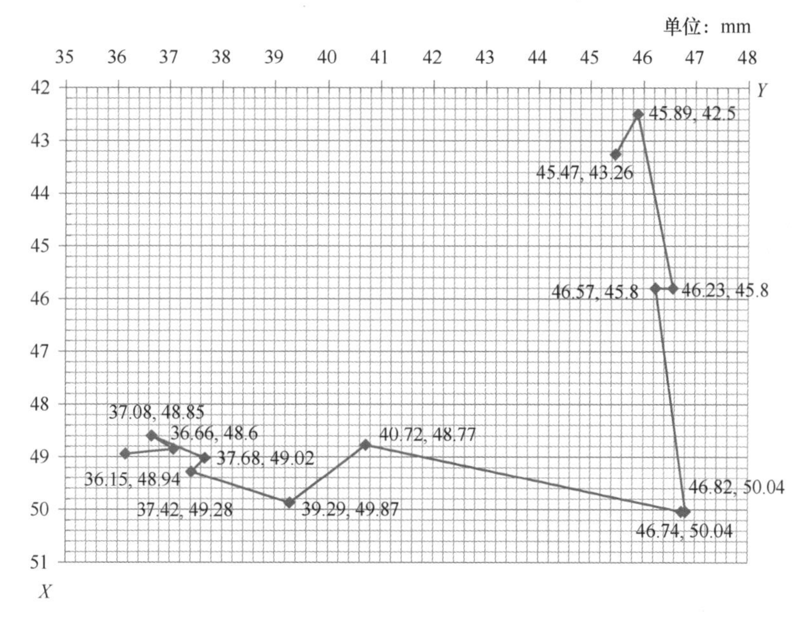

图 8.3-9　光斑中心位置分布图

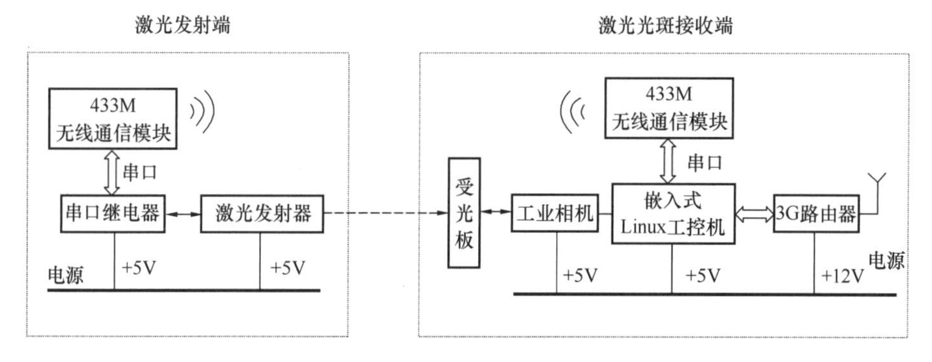

图 8.3-10　监测设备终端系统组成框图

成激光光斑变动位置数据的计算。

嵌入式软件基于 Linux 操作系统设计，实现串口数据发送、USB 接口相机图像采集、图片存储、局域网或远程 FTP 服务器通信等功能。

（二）激光发射端硬件设计

激光发射端硬件模块主要包括 433M 无线通信模块、串口主控模块、激光发射器与供电电源等四个组成部分。

激光发射端硬件设计整体框图如图 8.3-11 所示。

其中，串口主控模块是激光发射端核心控制单元，通过 433M 无线通信模块与近场配套的激光光斑接收端通信，实时响应激光打开与关闭控制命令，并根据指令反馈响应信息。当接收命令为打开激光指示光斑时，打开控制继电器，连通激光发射器供电电源；当接收命令为关闭激光指示光斑时，关闭控制继电器，断开激光发射器供电电源。此外，为完成传感器功能性设计，串口主控模块部分配置有 LED 指示灯、RTC 实时时钟模块、

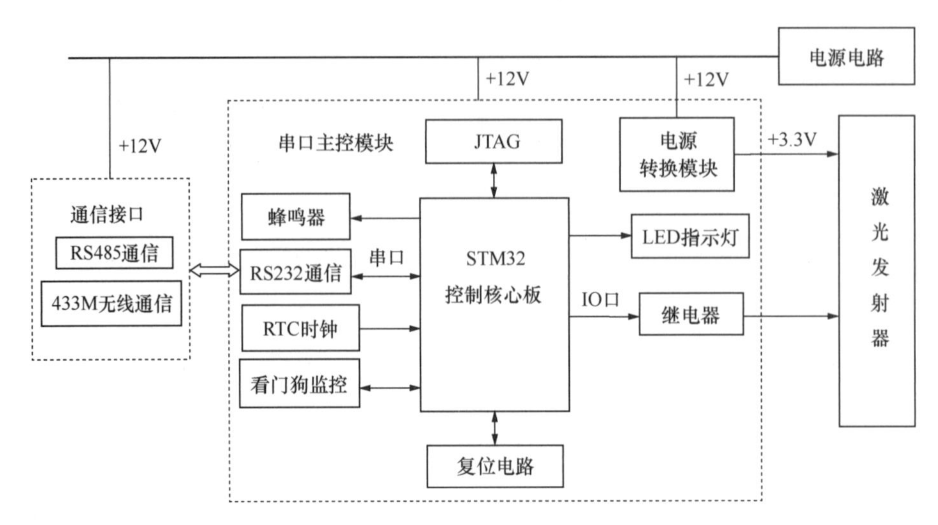

图 8.3-11 激光发射端硬件设计整体框图

JTAG 调试接口、蜂鸣器等。其中，LED 指示灯模块主要用于现场调试中，指示当前控制主板的工作状态；RTC 时钟保存系统运行的时钟信息，完成与近场控制器通信的信息同步；JTAG 接口方便系统设计，从而简化系统的开发。

通信接口用于建立激光发射端与激光光斑接收端之间的通信连接，实现激光光斑接收端对激光发射器的开关控制。为提高系统的扩展性，系统设计了 RS232、RS485、433M 无线通信三种通信接口，其中 433M 无线通信的方式在降低工程现场布线施工难度的同时，减小了系统功耗，提高了激光发射器的使用寿命。

激光发射器固定于稳定的基准点，通过串口主控模块的继电器控制其供电电源，从而实现激光的近场打开与关闭。

电源模块提供系统可靠运行的稳定电源，由于电源模块需要提供多种类型的电源，需要在电源电路设计中考虑电磁干扰与接地的影响，此外还需要在电源电路的输出接口处增加滤波电容，保证系统能稳定可靠运行。

1. 串口主控模块

激光发射端串口主控模块核心处理器采用 STM32F103VET6，该芯片是基于 ARM Cortex-M3 内核的单片机，用于满足高性能、低成本、低功耗的嵌入式应用需求的内核，具有片上集成模块丰富、处理速度快、功耗低等特点。芯片主要资源：频率为 72MHz 的片上锁相环模块、512KB Flash、64KB SRAM、CAN、SPI、以太网控制器接口。串口主控模块实物图如图 8.3-12 所示。

1）最小系统电路

根据选定的 STM32 芯片，设计的最小系统电路如图 8.3-13 所示。

最小系统电路是单片机可以正常运行的最小单元，需要具备时钟电路、复位电路、程序下载电路等。8MHz 无源晶振连接到芯片的 OSCJN 和 OSC _ OUT 引脚，构成最小系统的时钟电路，提供系统程序运行的基本参考时钟。复位电路采用电阻与电容构成，并在电容两端并联复位开关，方便系统的调试。程序下载电路采用 SWD 接口的形式，这种形式相对于 JTAG 接口电路，具有下载速度快、占用单片机的引脚少等优势。此外，最小

图 8.3-12　激光发射端串口主控模块实物图

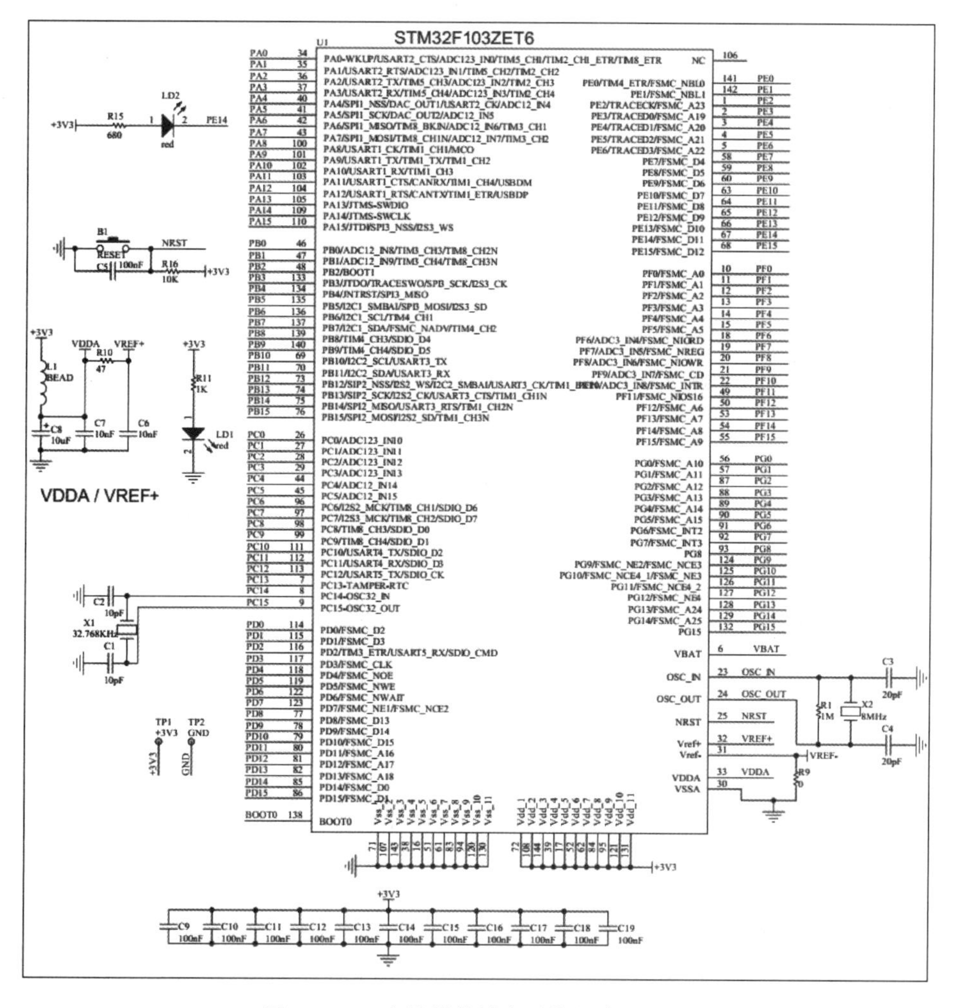

图 8.3-13　主控模块最小系统电路原理图

系统电路的程序启动设定为从片内 Flash 启动，对 STM32 系列单片机而言，需要将 Boot0 引脚接地。

协同 STM32 最小系统工作的模块主要为 Led 指示灯、RTC 实时时钟模块、串口通信模块、JTAG 调试接口。

2）看门狗电路

考虑到系统实际应用环境的复杂性，可能受到意想不到的外界干扰，单片机系统程序运行可能会出现不可恢复的异常，进而导致整个系统的崩溃。为了避免出现这种情况，目前使用较多的方案是将异常状态的单片机恢复到复位状态，这是容易实现也是目前应用的方案。看门狗接口电路如图 8.3-14 所示。

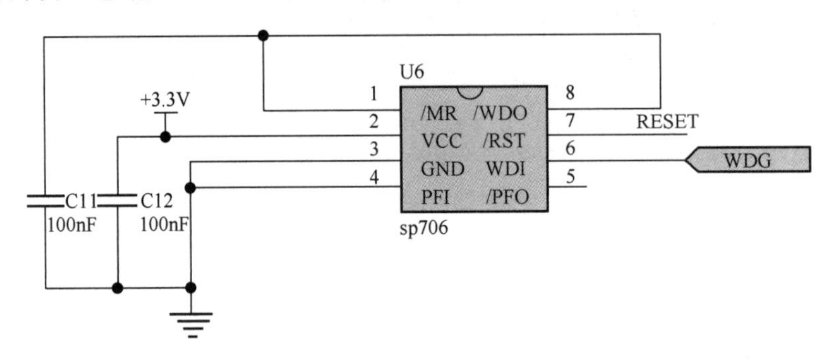

图 8.3-14　看门狗接口电路图

正常工作状态下，不允许单片机发生复位。看门狗芯片通常具有一个输入引脚，或者具有内部清零寄存器，STM32 以总线形式来访问，通过引脚或总线访问片内寄存器，会清除复位监控芯片计数器，避免发出复位信号。单片机正常运行程序时，会在低于芯片复位时间内，清除复位监控芯片计数器，而当单片机处于异常时，单片机则不可能执行清除复位芯片计数器的程序，那么计数超时后，芯片发出复位信号，单片机复位并重新进入已知的状态。

3）RTC 时钟

系统设计要求有实时时钟来指示系统的时间，以便于对系统数据的记录。STM32 的 RTC 模块是片上一个独立于内核的定时器，具有连续计数的功能，软件设定相应的寄存器后可以提供系统时钟，并且设定的时间可以通过程序修改。由于 RTC 模块的相关寄存器位于系统后备寄存器区域，当采用独立电源给后备寄存器区域供电时，即使系统电源中断，后备寄存器内的寄存器的内容仍然保持不变，RTC 模块外接晶振依然能够振荡，提供时钟输入。

实时时钟电路采用 32.768kHz 的无源晶振连接到单片机的 RTC 时钟输入引脚，构成 RTC 时钟电路，提供给 RTC 运行时钟。采用 3V 纽扣锂电池给后备寄存器区域供电，确保系统在断电后，仍能保持时钟电路的持续运行以及系统备份寄存器中保存的系统参数不因断电而丢失。

4）JTAG 调试接口

JTAG 调试接口用于开发过程中实时监控芯片内部寄存器运行状态，提高开发效率，JTAG 调试接口电路如图 8.3-15 所示。

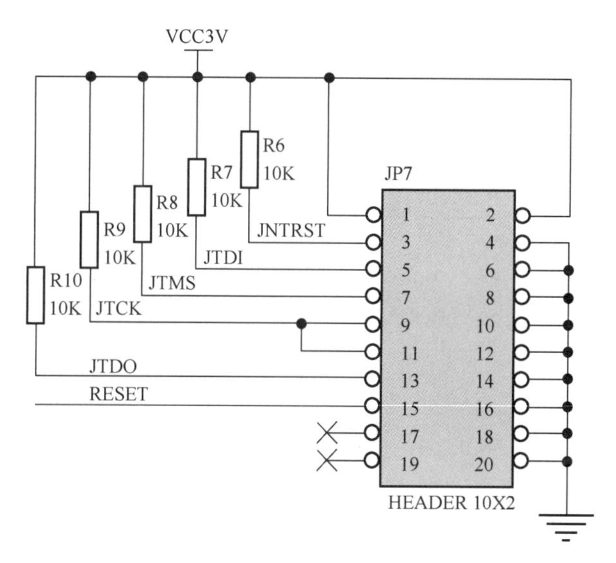

图 8.3-15　JTAG 调试接口电路

2. 通信模块

设备终端在设计过程中主要通信接口电路为 RS232、RS485 总线、433M 无线通信模块。

1）RS232 通信接口电路

RS232 电路采用了通信接口芯片 MAX232，便于监测设备终端与其他 RS232 接口设备之间的通信，提高系统的扩展性。RS232 双工通信电路如图 8.3-16 所示。

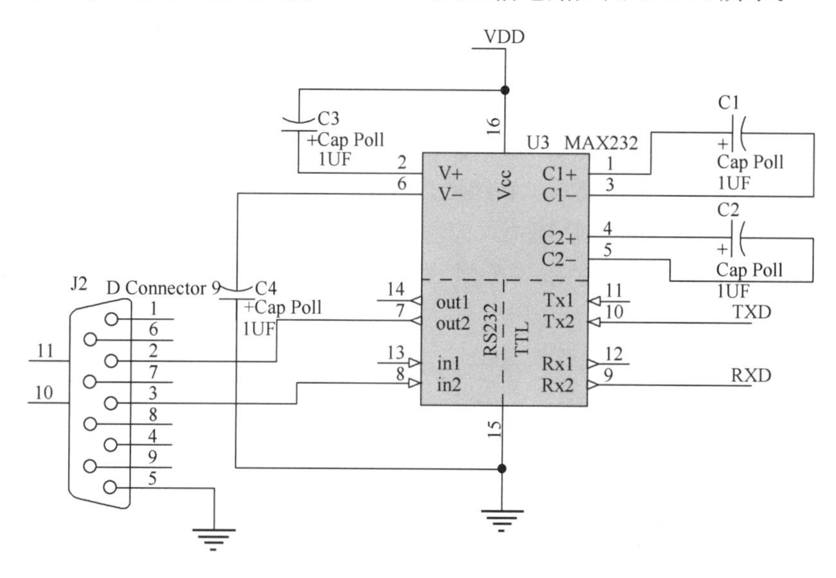

图 8.3-16　RS232 双工通信电路

2）RS485 总线通信接口电路

RS485 总线接口电路设计采用 MAX3485 通信接口芯片，便于短距离通信现场有线组网应用，RS485 半双工通信接口电路图如图 8.3-17 所示。

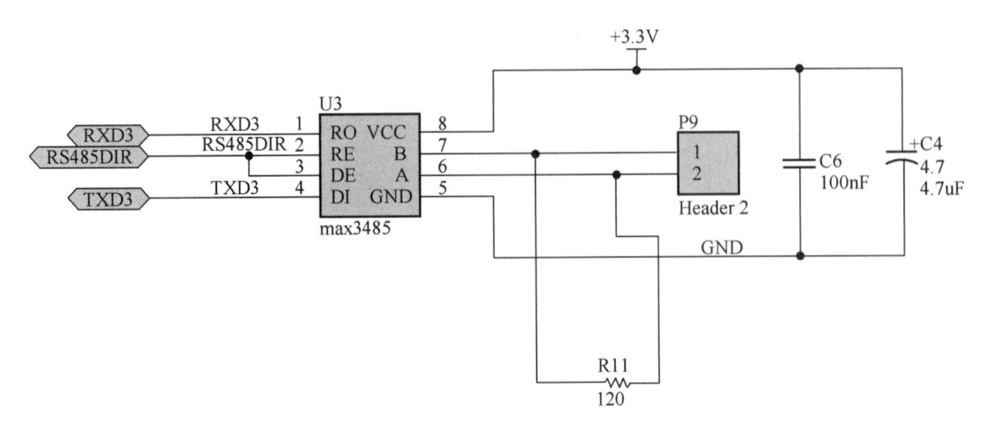

图 8.3-17 RS485 双工通信接口电路

3）433M 无线通信模块

系统选用 433M 无线通信模块实现激光发射端与激光光斑接收端之间的通信，该模块同时支持 RS232 和 RS485，发射功率仅为 500mW，窄带传输。模块可以工作在 2.1～5.5V，特别适用于电池供电的场合。模块具有四种工作模式，可以在运行时自由切换，在省电模式下，消耗电流仅几十微安，非常适合超低功耗应用。

通常，窄带传输具有功率密度集中、传输距离远、抗干扰能力强的优势，在同样的功率下比其他同类产品的传输距离大大增加。模块具有软件 FEC 前向纠错算法，其编码效率较高，纠错能力强，在突发干扰的情况下，能主动纠正被干扰的数据包，大大提高可靠性和传输距离。在没有 FEC 的情况下，这种数据包只能被丢弃。

此外，该模块还具有数据加密和压缩功能。模块在空中传输的数据，具有随机性，通过严密的加解密算法，使得数据截获失去意义。而数据压缩功能有一定的概率减少传输时间，减少受干扰，提高可靠性和传输效率。

433M 无线通信传输模块在可视环境下通信距离长达 4000m，接口通信波特率为 1200～115200，支持四种工作模式。在组网过程中，通过设计模块的地址，从而实现多个设备的组网控制。433M 无线通信模块可应用于无线抄表、无线传感、智能家居、消费电子以及路灯控制等多种工作环境中。433M 无线通信接口电路设计如图 8.3-18 所示。

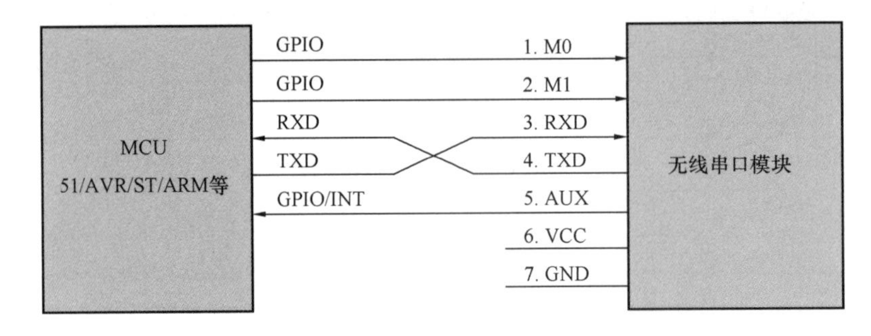

图 8.3-18 433M 无线通信接口电路设计

3. 激光发射器

激光发射器固定于稳定的基准监测点，用于发射产生均匀光斑的激光光束。由于激光在射出时具有一定的光束发散角，因此在进行光束长距离传输时，会导致激光光斑发散，影响激光光斑的聚光度，从而在受光板呈现的光斑边缘具有较多毛刺，影响系统测量精度。因此，为保证激光光斑在远距离监测环境中不影响系统测量精度，选用光束准直性较好的激光平行光源发射器。激光平行光管可以长距离提供平行度较高的圆形光斑的光束，并且在距离远近发生变化时光斑尺寸保持基本不变。

理论上，激光平行光源发射器是一种通常对无穷远调焦，可提供高平行度、低发散度激光光束的激光器，其光学系统由高精度的高级望远物镜组成。激光平行光源发射器采用半导体激光器光源，具有轻巧、功耗低、寿命长、使用方便与价格合理等优点。

激光平行光管通光口直径最小可达 15mm；光斑颜色有红光、绿光、蓝光；激光功率（亮度）可按需要定制。由于激光平行光源具有精密高的特点，常被用于机器视觉系统，作为高精度平行光源，成为一些机器视觉系统的重要组成部分，还可应用于大批量工业生产中的产品质量监控等。

此外，激光平行光管发射器应用环境还包括：隧道贯通定向、铁道线路钢轨快速测量、机器工业视觉背景光源、精密导轨直线性测量、刀具加工实时测量、大型太阳能设备装调及检验、军事训练、演习中模拟火炮射击等。

4. 电源电路

主控模块的电源输入来自于线性稳压电源或免维护蓄电池模块的 12V 输出电压，主控电源模块的功能是提供系统工作所需的 3 路电源：＋12、＋5、＋3.3V。

其中，直流 12V 电源用来提供给 433M 无线通信模块，设计直接采用不间断直流电源输出作为激振模块激振电源。

＋5V 电源采用 LM2596 电源芯片由＋12V 电压转换得到，为采集电路板预留电源输出。

＋3.3V 电源为核心板与激光发射器的供电电源，通过 AMS1117-3.3 由＋5V 转换得到。供电电源模块电压输出端接电容滤波器，提高系统电源抗干扰性能。

5. 硬件抗干扰性设计

随着单片机在工业自动化、生产过程控制、智能化仪器仪表等领域的深入和工作环境的恶劣，其应用的可靠性和安全性就成为一个非常突出的问题。影响测控系统可靠、安全运行的主要因素是来自系统内部和外部的各种电气干扰，以及系统结构设计、元器件选择、安装、制造工艺和外部环境条件等。这些因素对测控系统造成的干扰后果主要表现在：数据采集误差加大、控制状态失灵、数据受干扰发生变化、程序运行失常。

实践表明，通过合理的硬件电路设计可以削弱或抑制绝大部分干扰。在本系统中，干扰源主要包括自然界的气候、雷电等因素以及印刷电路板设计、系统安装等。针对这些干扰源，系统设计中采用了滤波器、光电隔离技术、接地技术等措施。除主控模块硬件看门狗电路以外，本系统在硬件抗干扰性设计上还包括以下方面。

1）滤波器

本系统中主要采用了电容滤波器和 RC 低通滤波器，来实现硬件电路抗干扰。

2）光电隔离

信号隔离的目的之一是从电路上把干扰源和易干扰的部分隔离开来，使测控装置与现场保持信号联系，但不直接发生电的联系。隔离的实质是把引进的干扰通道切断，从而达到隔离现场干扰的目的。

在本系统的数据传输模块设计中，使用了光耦器件实现隔离技术，用光来实现电信号的传递工作。把电信号加到输入端，使发光器发光，光电耦合器中的光敏器件在这种光辐射的作用下输出光电流，从而实现电—光—电两次转换，通过光实现了输入端和输出端之间的耦合。

（三）光斑接收端硬件设计

激光光斑接收端硬件主要实现对激光光斑的采集。为降低系统整体成本，采用 USB 工业相机与嵌入式 Linux 工控机实现对受光板上光斑的采集，并将图像数据传递至局域网服务器或通过无线路由器传递至远程服务器。激光光斑接收端硬件主要有五个组成部分，分别为：受光板、工业相机、嵌入式 Linux 工控机、5G 无线路由器、433M 无线通信模块。

其中，受光板用于呈现激光发射器发射的激光光斑，为提高系统测量精度，激光光斑受光板上刻有标度。

工业相机用于采集激光光斑图像信息，为保证系统工作稳定，且具有较高的测量精度，本系统采用 500W 像素的 USB 工业相机。

嵌入式 Linux 工控机基于 ARM 内核微处理器设计，并移植嵌入式 Linux 操作系统，具有结构小巧、功耗低、可靠性高的特点，是光斑接收终端的主控单元，实现与远程服务器间的信息交互，响应远程用户命令。

5G 无线路由器通过 RJ45 网口与嵌入式 Linux 工控机连接，建立工程监测现场嵌入式 Linux 工控机与远程服务器之间的通信，实现监测设备采集图像的远程传递。

433M 无线通信模块通过串口与嵌入式 Linux 工控机连接，建立激光接收端与现场 Linux 工控机之间的通信，实现对激光发射器的局域网控制。

1. 工业相机

摄像头分为数字摄像头和模拟摄像头两大类。对于模拟摄像头，必须经过特定的视频捕捉卡将模拟视频信号转换成数字模式，并加以压缩后才可以传到计算机上运用。数字摄像头可以直接捕捉影像，然后通过串、并口或者 USB 接口传到计算机里。由于模拟摄像头的整体成本较高，而 USB 接口的传输速度远远高于串口、并口的速度，因此现在市场上热点主要是 USB 接口的数字摄像头。

此外，在工业相机选型中，按照系统采集图像的需求，需要从镜头、感光芯片与主控芯片三个方面进行考虑。

1）镜头

镜头是对光线获取最重要的部位，它的组成是透镜结构，一般按照材料可分为塑胶透镜或玻璃透镜。一个品质好的摄像头应该采用玻璃镜头，因其通光系数大，成像效果相对塑胶镜头要好。塑胶透镜的通光差点，但是价格便宜。现在市场上大多摄像头产品为了降低成本，一般采用塑胶镜头或半塑胶半玻璃镜头。本系统中选用的摄像头便是塑胶镜头的。

2）感光芯片

感光芯片是数码摄像头的重要组成部分，它是将光信号转换成电信号的器件，根据元件不同可分为：CCD 与 CMOS 两种。其中，CCD 成像像素高，清晰度高，色彩还原系数高，速度对光线要求不高，但是由于技术垄断、制造工艺复杂、成品率低，其造价非常昂贵，功耗大，经常应用在高档次数码摄像机、数码照相机等摄影摄像方面的高端技术元件中；CMOS在成像方面稍微差一些，速度较慢，但是其价格低廉，电路几乎没有静态电量消耗，只有在电路接通时才有电量的消耗。综合考虑，本系统中使用的摄像头传感器是CCD。

3）主控芯片（DSP）

在DSP的选择上，是根据摄像头成本、市场认可度来进行。在国内市场上的USB摄像头基本上采用的是中芯微公司的DSP芯片，考虑到中芯微的市场普及率，本系统中采用中芯微公司的DSP芯片。

2. 嵌入式Linux工控机

本系统采用ARM内核芯片设计工控监测终端，实现对USB接口相机的控制，同时设计了以1个以太网接口与2个RS232串口，实现与外围设备的通信。此外，为提高工控设备的存储空间，终端还加入了SD卡接口电路。

1）最小系统

ARM最小系统电路是保证芯片可以正常运行的最小单元，需要具备时钟电路、复位电路、程序下载电路等。嵌入式Linux核心控制板最小系统组成如图8.3-19所示。

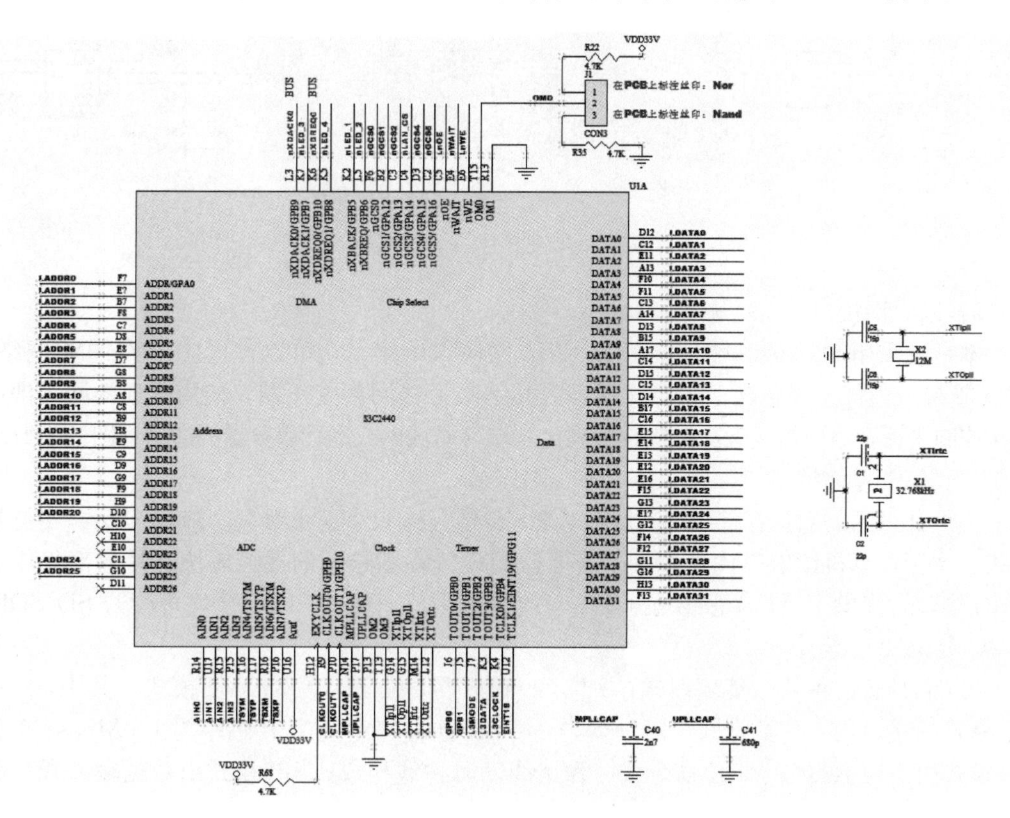

图8.3-19　核心控制板最小系统

2）USB接口

核心控制板USB接口用于连接摄像头，采集受光板光斑图像信息。本系统选用的

ARM 芯片具有两种 USB 接口，一个是 USB Host，与普通 PC 的 USB 接口是一样的，可以接 USB 摄像头、USB 键盘、USB 鼠标、优盘等常见的 USB 外设；另外一种是 mini-USB（2.0），它同时具备 OTG 功能，我们一般使用它来下载程序到目标板，当开发板装载了操作系统时，它可以与上位机进行同步。

USB Host 接口电路如图 8.3-20 所示。

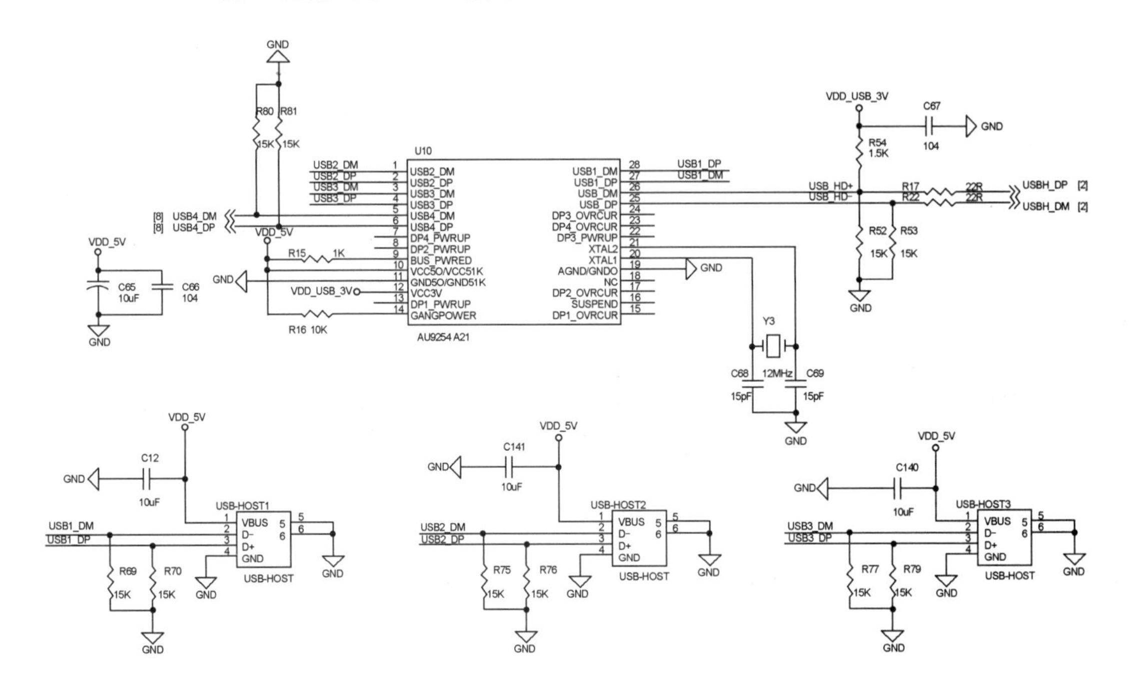

图 8.3-20 USB Host 接口电路

3）以太网接口

本系统采用 DM9000 网卡芯片设计以太网接口电路，它可以自适应 10/100M 网络，RJ45 连接头内部已经包含了耦合线圈，因此不必另接网络变压器，使用普通的网线即可连接控制主板至路由器或者交换机，实现接收端与局域网或远程服务器的通信（图 8.3-21）。

4）SD 卡存储接口

本设计采用的数据存储器为 SD 卡，SD 卡具有体积小、重量轻、应用广泛、支持热插拔、便于计算机读取等优点。由于智能监测设备终端选用的主控模块芯片内部集成有 SDIO 接口，提供了 AHB 总线访问 SD 卡的操作接口，通过 SDIO 模块可读写 SD/SDIO MMC 卡。

SD 卡具有三种接口传输模式：4 位 SD 模式、1 位 SD 模式、SPI 模式。其中，4 位 SD 模式的接口由 4 位数据线、时钟线、命令线构成，最高数据传输率为 100Mbps；1 位 SD 模式由 1 位数据线、1 位命令线、片选线、时钟线构成；SPI 模式由数据输入线、数据输出线、片选线、时钟线构成。为了满足系统相关数据的及时存储，作者所在研究团队采用 4 线 SD 模式实现 STM32 单片机与 SD 卡的数据通信，最终接口电路如图 8.3-22 所示。

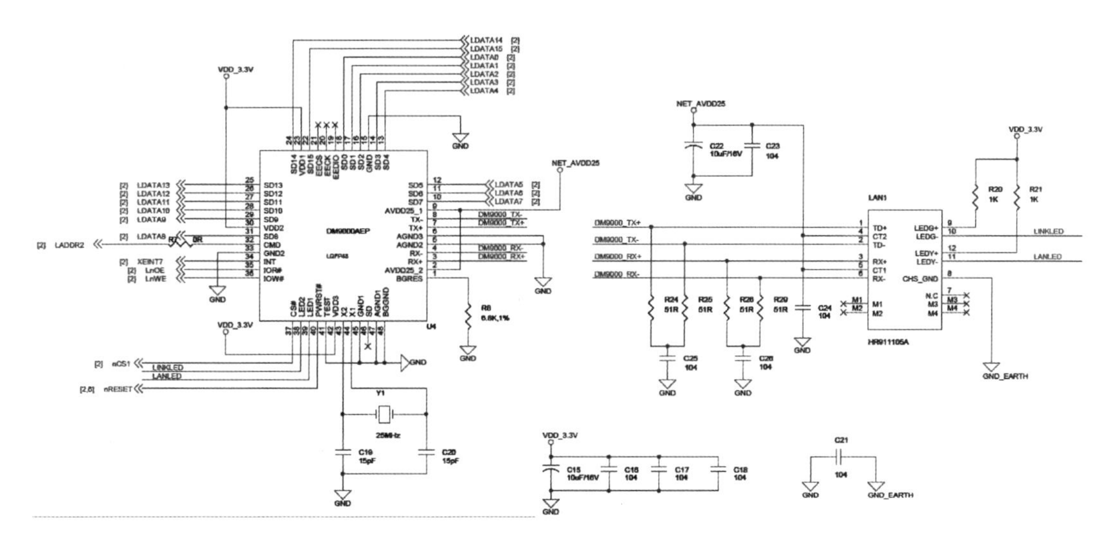

图 8.3-21　以太网接口电路

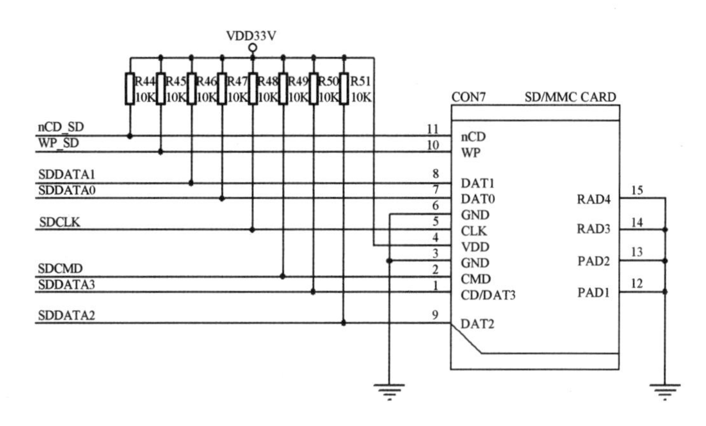

图 8.3-22　SD 卡存储接口电路

3. 移动通信网络

无线通信路由器模块通过移动通信网络，为系统联网提供无线网络带宽，建立嵌入式 Linux 工控机与远程用户端之间的网络连接，实现用户对监测设备的远程控制。5G 无线通信路由器如图 8.3-23所示。

图 8.3-23　5G 无线通信路由器外观图

5G 无线通信路由器采用高性能 32 位 MIPS 处理器，支持 TD-SCDMA、EVDO、WCDMA 等 5G 网络，模块基于通用基础平台、模块化设计，内置国内外主流工业级无线 5G 模块；采用嵌入式操作系统，并针对无线网络带宽的不稳定性、延时较大等特点进行了优化设计，提供高速可靠的路由及数据传输功能。

模块可被广泛应用于：电信、金融、信息传媒、电力、交通、车载和环保等多个行业，可与工控机、售票机、自助终端等相连接，通过 5G 无线通信的特点，保证分散在各不同位置的终端都能统一连接起来，从而实现与服务器的通信。主要功能如下：

（1）控制 5G 模块拨号上网和下线；

（2）支持 M2M 平台管理，可实时统计设备流量、监控设备网络状态；

（3）运行路由协议、防火墙协议、VPN 协议等高级功能；

（4）支持 VPDN、APN 专网接入；

（5）提供本地日志和远程日志发送，实现网络实时监控；

（6）支持串口 DTU 功能，主要用于路由器与串口设备之间的数据传输；

（7）支持网口数据通信，路由器的网口数据处理模块通过 RJ45 网线与下位机进行通信，为下位机提供 IP 数据转发功能。

（四）嵌入式 Linux 软件设计

嵌入式 Linux 软件以 ARM 处理器为核心，进行激光光斑图像的采集，并响应远程用户命令实现对近场设备的控制，从而实现激光位移监测功能。软件整体结构设计采用模块化的设计思想，软件设计的整体结构如图 8.3-24 所示。

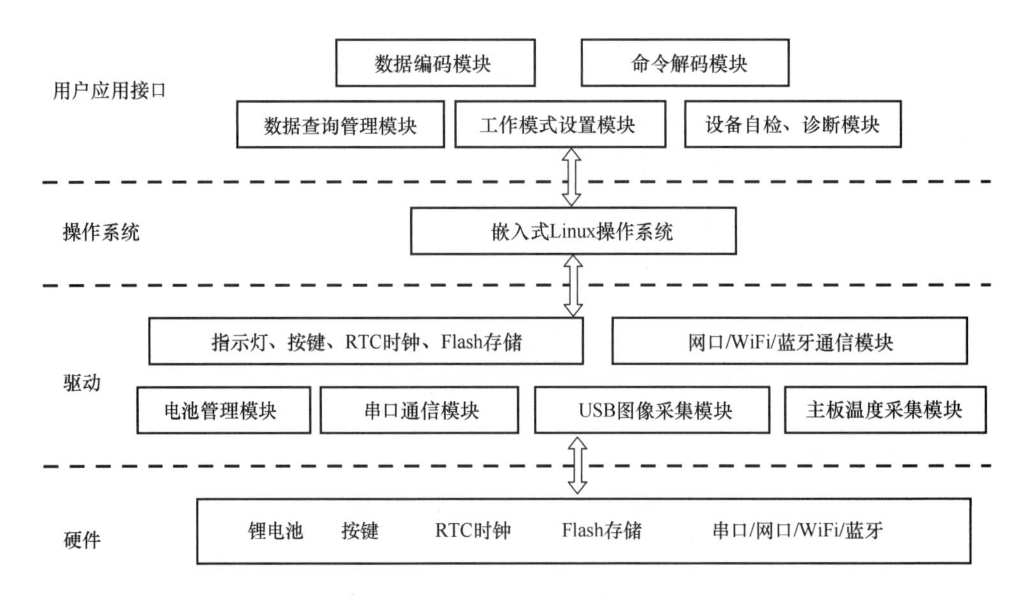

图 8.3-24　软件设计的整体结构

1. 嵌入式实时操作系统移植

嵌入式操作系统是嵌入式系统一个极为重要的组成部分，如果一个嵌入式系统没有嵌入式操作系统的支持，其功能和应用将变得十分局限，嵌入式系统的优势也不能完全体现出来。嵌入式操作系统拥有通用操作系统的基本特征：能够有效地管理越来越复杂的系统资源；能够虚拟化硬件设备，把开发人员从繁忙的驱动程序移植和维护中解放出来；能够提供库驱动程序函数、工具集以及应用程序，大大提高了应用系统的开发效率。

与通用操作系统不同，嵌入式操作系统在硬件依赖性、系统实时性、软件固化以及专用性等方面具有较为突出的特点。本系统基于可裁剪性、可移植性以及开发成本等多个方面考虑，采用嵌入式 Linux 操作系统实现对硬件外设的控制。

Linux 系统移植包括三个部分：引导程序（Bootloader）移植、内核移植和根文件系统移植。其中，内核移植是 Linux 系统移植的关键。

1）引导程序（Bootloader）移植

引导加载程序是系统加电以后运行的第一段软件代码，用于完成硬件的一些基本配置，引导嵌入式操作系统内核启动，通常从地址 0x00000000 处开始执行。Bootloader 和 PC 机中的 BIOS 非常类似，虽然它运行的时间非常短，但却是系统一个非常重要的组成部分。

大部分 Bootloader 都有两种不同的工作模式，启动加载模式和下载模式。启动加载模式也被称为自主模式，是 Bootloader 的正常模式，它从开发板中的 Flash 存储器上将操作系统加载到 RAM 中运行，整个过程没有用户的介入。当 Bootloader 工作在下载模式时，将通过串口或网口等通信接口从宿主机下载文件，这时它会向用户提供一个简单的命令行接口。

u-boot 是现在比较流行且功能强大的一款 Bootloader，能够支持多种体系结构的处理器，它最大的优点就是体积小、易于构造和使用，并且支持 TFTP 下载。u-boot 移植过程如下：

（1）下载源码并解压；

（2）对源代码进行编译；

（3）编译成功后会生成 uboot. bin 文件，进行参数配置并将其下载到目标板中。

2）内核移植

操作系统的移植是指通过对操作系统的改造，使同一个操作系统可以在不同的硬件平台上运行。如果一个系统可以在不同的硬件平台上运行，那么这个系统就是可移植的。Linux 操作系统就可以通过移植，运行在 ARM 等多种硬件平台上。考虑到嵌入式系统是“硬件可裁剪”的，以及不同的用户需求，我们需要对已有的内核代码进行裁剪移植。

一般情况下 Linux 内核的剪裁及移植，主要是针对操作系统中关于具体硬件以及除去不需要的功能模块，如一些不会用到的外设支持、驱动程序、协议、网络支持、文件格式等。Linux 内核具有很好的模块性和伸缩性，在资源要求严格的情况下经过合理的裁剪可获得明显的效果。

Linux 内核主要由五个子系统组成：

（1）进程调度：进程调度控制进程对 CPU 的访问，采用适当的调度策略使各进程能够合理地使用 CPU。

（2）内存管理：内存管理允许多个进程安全地共享主内存区域。Linux 的内存管理支持虚拟内存，即在计算机中运行的程序，其代码、数据和堆栈的总量可以超过实际内存的大小，操作系统只是把当前使用的程序块保留在内存中，其余的程序块则保留在磁盘中。必要时，操作系统负责在磁盘和内存间交换程序块。

（3）虚拟文件系统：虚拟文件系统隐藏了各种硬件的具体细节，为所有的设备提供统一的接口，从而提供并支持与其他操作系统兼容的多种文件系统格式。

（4）网络接口：网络接口提供了对各种网络标准的存取和网络硬件的支持。

（5）进程间通信：进程间通信支持进程间各种通信机制。

3）根文件系统移植

Linux 支持多种文件系统，包括 ext2、ext3、vfat、ntfs、iso9660、jffs、romfs 和 nfs 等，为了对各类文件系统进行统一管理，Linux 引入了虚拟文件系统 VFS（Virtual File

System)，为各类文件系统提供一个统一的操作界面和应用编程接口。

Linux 启动时，第一个必须挂载的是根文件系统，若系统不能从指定设备上挂载根文件系统，则系统会出错而退出启动，之后可以自动或手动挂载其他的文件系统。

2. 嵌入式通信

系统与外部的通信接口包括以太网通信接口与串行通信接口，其中以太网通信通过 Socket 建立与远程服务器之间的连接；串口通信实现现场光斑接收端工控机设备与激光发射端之间的通信。

1）Socket 通信

系统分为 Socket 客户端与 Socket 服务器端两种。其中，嵌入式 Linux 工控机建立 Socket 客户端，首先通过服务器域名获得服务器的 IP 地址，然后创建一个 Socket，调用 Connect 函数和服务器建立连接，连接成功之后接收从服务器发送过来的数据，最后关闭 Socket。

（1）连接建立

Connect 函数启动和远端主机的直接连接。只有面向连接的客户端使用 Socket 时才需要将此 Socket 和远端主机相连。无连接协议从不建立直接连接。面向连接的服务器也从不启动一个连接，它是被动地在协议端口监听客户的请求。其函数原型为：

int connect（int sockfd，struct sockaddr * serv _ addr，int addrlen）；

其中，sockfd 是 Socket 函数返回的 Socket 描述符；serv _ addr 是包含远端主机 IP 地址和端口号的指针；addrlen 是远端地址结构的长度。Connect 函数在出现错误时返回-1，并且配置 errno 为相应的错误码。进行客户端程序设计无须调用 bind(·)，因为这种情况下只需知道目的机器的 IP 地址，而客户通过哪个端口和服务器建立连接并无须关心。

（2）函数监听

Listen 函数使 Socket 处于被动的监听模式，并为该 Socket 建立一个输入数据队列，将到达的服务请求保存在此队列中，直到程序处理。Listen 函数原型为：

int listen（int sockfd，int backlog）；

其中，sockfd 是 Socket 系统调用返回的 Socket 描述符；backlog 指在请求队列中允许的最大请求数，进入的连接请求将在队列中等待 accept(·)。Backlog 对队列中等待服务的请求的数目进行了限制，大多数系统缺省值为 20。假如一个服务请求到来时，输入队列已满，该 Socket 将拒绝连接请求，客户将收到一个出错信息。

（3）数据传输

Send(·) 和 Recv(·) 这两个函数用于面向连接的 Socket 上进行数据传输。Send(·) 函数原型为：

int send（int sockfd，const void * msg，int len，int flags）；

Send(·) 函数返回实际上发送出的字节数，可能会少于您希望发送的数据。在程式中应该将 Send(·) 的返回值和欲发送的字节数进行比较。当 Send(·) 返回值和 len 不匹配时，应该对这种情况进行处理。

2）串口通信

在嵌入式 Linux 中，串口被视为一个设备，访问具体的串行端口的编程与读/写文件的操作类似，只需打开相应的设备文件即可操作。串口编程特殊之处在于串口通信时相关参数与属性的设置。嵌入式 Linux 系统中串口通信主要包括以下几个部分。

（1）打开串口

打开串口设备文件的操作与普通文件的操作类似，都采用标准的 I/O 操作函数 open（·）：

fd = open("/dev/ttyS0",O_RDWR|O_NDELAY|O_NOCTTY)

open（·）函数有两个参数，第一个参数是要打开的文件名（此处为串口设备文件/dev/ttyS0）；第二个参数设置打开的方式，O _ RDWR 表示打开的文件可读/写，O _ NDELAY 表示以非阻塞方式打开，O _ NOCTTY 表示若打开的文件为终端设备，则不会将终端作为进程控制终端。

（2）设置串口属性

串口配置的参数包括：波特率，数据位，校验位，停止位与流控。串口的配置主要是配置 struct termios 结构体。串口通信时的属性设置是串口编程的关键问题，许多串口通信时的错误都与串口的设置相关，所以编程时应特别注意这些设置，最常见的设置包括波特率、奇偶校验和停止位以及流控制等。

（3）清空发送/接收缓冲区

为保证读/写操作不被串口缓冲区中原有的数据干扰，可以在读/写数据前用 tcflush（·）函数清空串口发送/接收缓冲区。tcflush（·）函数的参数可为：

TCIFLUSH：清空输入队列；

TCOFLUSH：清空输出队列；

TCIOFLUSH：同时清空输入和输出队列。

（4）从串口读写数据

串口的数据读/写与普通文件的读/写一样，都是使用 read（·）/write（·）函数实现。

n=write(fd，buf，len)：/将 buf 中 len 个字节的数据从串口输出，返回输出的字节数。

n=read(fd，buf，len)：从串口读入 len 个字节的数据并放入 buf 中，返回读取的字节数。

（5）关闭串口

关闭串口的操作很简单，将打开的串口设备文件句柄关闭即可。

3. 图像采集

为提高系统工作可靠性，系统采用成熟的图像采集软件 Fswebcam 实现对光斑图像数据的采集。Fswebcam 是一款针对 Unix 系统设计的小型摄像头采集软件，能够从多种流数据中抓取图像信息，并可保存为 PNG、JPEG 等多种图片格式。

Fswebcam 采用命令行的方式实现对设备的控制，其设置参数主要包括三大类别：Configuration Options、Capture Options 与 Output Options。其中，Configuration Options 用于配置软件的运行方式；Capture Options 用于实现对采集设备来源、采集图像分辨率、帧数以及延迟时间等采集对象/参数的配置；Output Options 用于配置输出图片的展现形式，如标题名、标题颜色、字体等。本系统只需要获取光斑采集的图像，故采用的命令行为：

fswebcam-r 2592 * 1944-F 3 - -no-banner /Time. jpeg

其中，-r参数用于设置采集图片的分辨率，由于系统采用的分辨率为500万像素的工业相机，故参数设置为2592 * 1944；-F参数用于设置图像抓起的帧数，帧数越多获取的图像噪声越少，但花费时间会增长，系统设置为3。此外，为便于采集光斑图像的查找与区分，图像以采集时刻命名。

在完成对图像信息的采集后，系统通过FTP连接的方式实现图片的上传功能，在远程服务器上建立FTP服务器，现场监测设备终端运行FTP客户端。监测终端基于GFTP实现远程服务器的数据通信。

GFTP是一款基于Unix的多线程的FTP客户端工具，与Windows操作系统下的CuteFTP工具极为相似，支持FTP、FTPS、HTTP、HTTPS、SSH、FSP等协议。

在嵌入式Linux系统中安装GFTP后，用户可根据服务器端地址与端口号设置FTP客户端，建立与服务器端的通信。此外，为保证系统运行的可靠性，本地建立采集光斑图像的存储空间，采用循环的方式保存最近一段时间内的采集图像。

4. 多数据融合处理任务

监测设备终端根据用户设定可完成本终端的监测数据融合分析功能，主要包括：监测数据的预处理、测点分析、组合分析等。

其中，数据预处理功能实现外部环境干扰产生监测数据异常点的剔除，进行标准采样时刻数据的整理输出；测点分析完成对单个终端单个监测点数据的统计分析、趋势分析、变形速率提取；组合关联分析实现对两个或两个以上相关联监测点获得数据的组合分析，综合考察监测对象的变形状态、形变原因。

5. 工作模式设置任务

监测设备终端支持多种工作模式下采集传感器检测数据，主要包括：智能监测模式、循环监测模式、随机监测模式、同步监测模式等工作模式，多种工作模式的工作方式提高了设备终端的监测效率，加强了系统对传感器的集成能力，提高了设备的使用效率。

其中，智能监测模式根据用户设定频率，在已获得监测数据的基础上得到数据的均值、波动方差等数据指标，而后对数据异常点适当增大监测频率，进行重点监控；循环监测模式根据用户设定频率，轮询每一个监测通道；随机监测模式用于监测位置相关性较大的应用场合，在对已有监测数据进行分析处理的基础上，随机监测设备的一个通道，概览本监测站点的建筑物健康状态；同步监测模式适用于多个监测设备终端的组网分析，在同一个时间点监测建筑物不同位置的健康状态。

此外，监测设备终端在实时监测数据的技术上还设计了自动报警功能，用户可以根据施工规范和要求设定一个预警值，当采集的数据达到设定的预警值时，系统会报警，提醒施工人员加强防护。

6. 软件抗干扰设计

影响微机测控系统的干扰的频谱往往很宽，且具有随机性。采用硬件抗干扰措施，通常只能抑制某个频率段的干扰。为了更好地实现系统抗干扰性能，还需采取软件抗干扰方法来配合硬件抗干扰措施。

软件抗干扰技术是当系统受到干扰后使系统恢复正常运行或输入信号受干扰后去伪存真的一种辅助方法。常见的软件抗干扰技术主要有两类：一是采取软件方法抑制叠加在模拟输入信号上噪声的影响，如数字滤波技术；二是针对干扰可能使运行程序发生混乱并导致程序乱飞或陷入死循环而采取使程序纳入正轨的措施，如软件冗余、软件陷阱、软件看门狗技术。本系统采用数字滤波技术、指令冗余技术、软件看门狗技术相结合的方式实现软件抗干扰设计，提高系统工作可靠性。

1）数字滤波技术

数字滤波是将一组输入数据序列进行一定的运算而转换成另一组输出数字序列的方法，目的是减少干扰在有用信号中的比重。本系统采用的数字滤波方法为程序判断滤波法与算术平均滤波法相结合的数字滤波。

2）指令冗余技术

指令由操作码和操作数两部分组成。CPU 取指过程是先取操作码，后取操作数。如果窜入微机系统的干扰作用于 CPU，则可能出现操作数数值改变以及将操作数当作操作码的错误，导致程序脱离正常运行轨道而乱飞。为了使乱飞的程序在程序区迅速纳入正轨，应该多用单字节指令，并在关键地方人为插入一些单字节指令 NOP，或将有效单字节指令重写，即指令冗余。

3）软件看门狗技术

PC 受到干扰而失控，引起程序乱飞，也可能导致程序陷入死循环。指令冗余技术、软件陷阱技术都不能解决程序死循环的问题。在实际设计中，采用了软件看门狗的技术。利用软件设置看门狗的方法主要是利用单片机内部定时器，在程序一开始就启动定时器工作，在主程序中增设定时器赋值指令，使该定时器维持在非溢出工作状态。定时时间稍大于程序一次循环的执行时间，程序正常循环执行一次给定时器送一次初值，使其不能溢出。但若程序失控，定时器则计满溢出中断，在中断服务程序中使主程序自动复位进入初始状态，程序重新开始执行，从而解决了程序死循环的问题。

四、监测现场工作站搭建

监测现场工作站实现现场监测设备终端的管理，将终端上传的监测数据进行存储管理、分析处理、远程传输到服务器，并完成服务器与现场设备的命令与控制信息交互。

图 8.3-25　激光监测系统

监测现场工作站由中心协调器节点对各个激光监测设备终端统一进行调度，逐一向各个终端发送采集数据命令，各终端接到命令后按照中心节点要求对对应监测节点进行数据采集（图 8.3-25）。当中心站向终端发送上传数据命令时，终端将处理好的数据上传给中心站，从而完成一次监测过程。同时，监测现场中心站还负责与远程服务器之间的信息交互，实现远程服务器对现场各个路由节点的控制。监测现场中心工作站体系结构如图 8.3-26 所示。

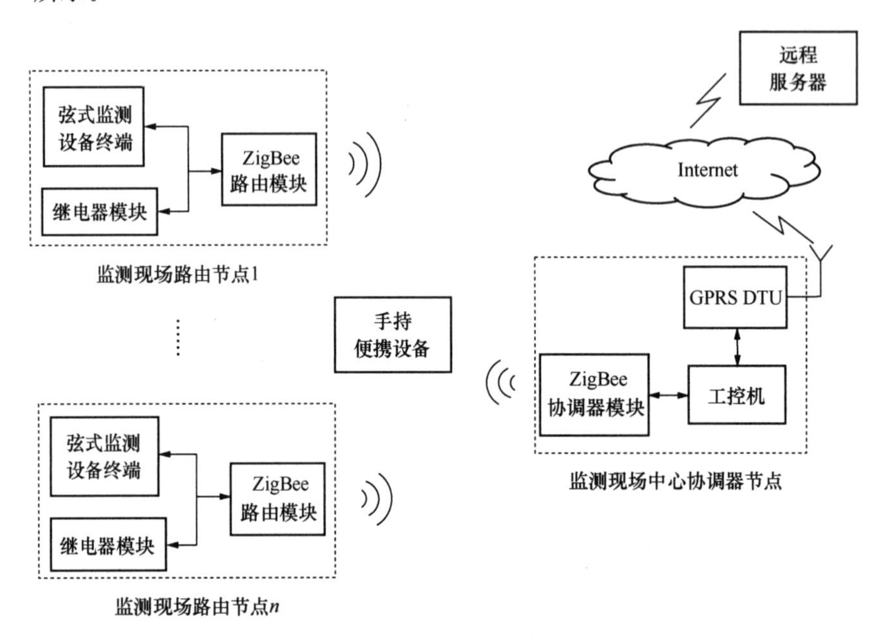

图 8.3-26　监测现场中心工作站体系结构

由图 8.3-26 可以看出，监测现场中心工作站主要包括四个组成部分：无线自组网数据传输体系、监测现场中心协调器节点、监测现场路由节点以及手持设备采集终端。

其中，无线自组网数据传输体系采用 ZigBee 作为局部的无线组网方式，利用 4G/5G 网络作为远程服务器的无线数据传输方式。局域网无线节点会根据 ZigBee 协议自动找寻路由，无线传感器网络将某一区域内所有节点的运行数据集中到中心节点，中心节点再将数据汇集到网关节点。

监测现场中心协调器节点是工作站的主节点，主要完成与监控终端数据交换。一方面，接收网络节点采集的监测数据，并对数据进行融合后，通过网口或串口存储到远程服务器；另一方面，响应远程服务器的工作人员对监测的数据进行整理分析后，作出相应的评估，同时通过主节点发送相关指令到采集终端的传感器节点。

监测现场路由节点是系统最基本、最核心的单元，负责数据采样、参数配置和预处理。

手持设备采集终端通过无线通信接口在指定的数据通信协议的基础上完成与现场工作站的信息交互，在设备安装、调试与运营期间提高工作人员现场效率，是系统必不可少的组成部分。

（一）无线自组网数据传输体系

无线自组网数据传输体系包括无线通信网络、数据通信协议两个组成部分，相比有线传输网络，无线传输的通信方式容易受到外界环境的干扰，且通信能力较低，必须选用合适的通信协议提高通信的可靠性。

1. 无线通信网络

ZigBee是现有工业现场应用较为广泛的无线通信网络，在理想环境下单节点无线通信距离可达到2000m，满足现有建筑物安全监测距离要求，系统还可以通过增加路由节点扩大信号传输距离。此外，ZigBee还可以在一定的网络拓扑结构下组建局域网，实现局域网内部设备之间的信息交互。本系统在无线传感器网络监测系统的设计中，考虑到监测系统及监测节点的构成，无线传感网络自身低功耗、低成本、自组织等特点，基于以下原则选择了ZigBee作为系统通信网络：

（1）系统的响应速率快。相比于WiFi、蓝牙等无线局域组网方式，ZigBee现场组网时间较短，提高监测系统的时效性。

（2）低功耗、低成本。监测系统往往需要工作很多年，节点的布置、更换及维护增加了成本。ZigBee无线传感节点的消耗能量低，往往是电池或者太阳能供电，更换麻烦。

（3）覆盖率高、可扩展性强。ZigBee监测系统的监测范围可大可小，监测节点分布不均，根据监测的要求，无线监测网络的监测节点具有很强的灵活性，可根据实际需要增加和减少，以满足网络的覆盖率和扩展性。

（4）网络组网和恢复能力强。监测系统长期运行的过程中，由于传感器节点会因老化或能量耗尽而产生故障，新节点的加入导致网络拓扑变化大等情形的出现，需要加强无线网络的自组织和动态重组的能力。

2. 数据通信协议制定

为了实现主控模块与测量模块进行数据通信，建立一种应用于ZigBee的通信协议。通信协议为主机发送特定格式的数据包，从机检测主机数据包，并返回相应的应答包。指令包结构中同步域为字符串“:”；ID为测量模块的对应编号，由设备编号与查询的端口号两部分组成；命令标识由两个字符组成，用以定义发送端与接收端命令信息；命令参数同命令标识共同组成完成命令，为偶数字节；结束符为字符“\r\n”。模块应答包结构与发送命令结构相同，通信命令的数据包结构如图8.3-27所示。

图8.3-27　通信指令包结构

根据上述介绍的命令包结构，为了保证测量模块在处理主控模块发送的数据时不会丢失数据，本系统设定了一个接收数据FIFO来存储主机发送的数据；为了辨别测量模块的优先级，设定了一个数组来记录测量模块的优先级。测量模块上电完成，测量模块识别自己的ID后，就开始不断检测这个数据FIFO。

当有数据包到来时，提取FIFO中的数据包，然后检测这个数据包在FIFO中的结束位置和起始位置。如果数据包完整，那么直接提取数据包的ID，否则接着监测数据包，直到数据包完整，再提取数据包的ID。提取出ID后，判断ID是否与本模块匹配，匹配的话提取数据，调整接收数据FIFO后程序返回。当监测出的ID是别的模块时，则置位系统优先级记录数组相应元素，调整数据FIFO，然后重新监测数据包。如果判断出的ID

是检测连接类 ID 值，那么判断是否是本模块的检测连接命令，如果是返回应答包，则调整接收数据 FIFO，并重新监测数据接收 FIFO；如果是其他模块的检测连接命令，则不返还任何数据，并调整接收数据 FIFO，且重新监测数据接收 FIFO。

测量模块数据采集完成后，需要按照一定的优先级来把数据返回给主控模块，这时模块运行等待高优先级数据发送完毕程序。按照系统设定的优先级顺序传入 ID 值，当进入程序后，就开始不断检测数据 FIFO。当有数据包到来时，提取 FIFO 中的数据包，然后检测这个数据包在 FIFO 中的结束位置和起始位置。如果数据包不完整，那么调整 FIFO 后，接着等待数据包接收完整。如果数据包完整，那么直接提取数据包的 ID，否则接着监测数据包，直到数据包完整，再提取数据包的 ID。提取出 ID 后，判断 ID 是否与传入的 ID 匹配，匹配的话清零优先级记录数组对应元素，调整接收数据 FIFO，程序返回。当监测出的 ID 不匹配时，则清零优先级记录数组对应元素，调整数据 FIFO，然后重新监测数据包。

（二）监控现场中心协调器节点

监控现场中心协调器节点主要实现功能：无线局域网的建立、网络节点管理、监测数据存储与分析处理、远程服务器控制信息响应等。为满足监测现场中心协调器节点高可靠性的要求，中心节点的组成结构图如图 8.3-28 所示。

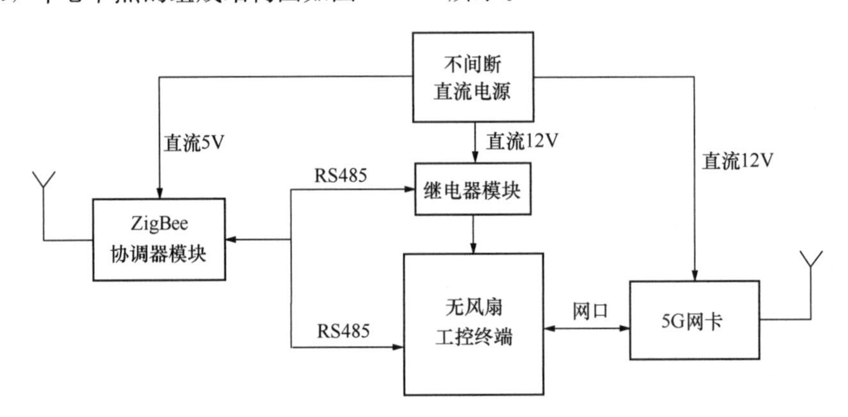

图 8.3-28 监控现场中心协调器节点结构图

由图 8.3-28 可以看出，监控现场中心协调器节点主要包括：ZigBee 协调器模块、无风扇工控终端、继电器模块、5G 网卡与不间断直流电源。其中，ZigBee 协调器模块负责与现场路由节点之间的通信，获取监测数据并分发控制命令信息，通过 RS485 通信接口将数据传递给无风扇工控终端；工控终端负责局域网内监测数据存储、分析处理，并将获得数据经网卡上传至远程服务器。

1. ZigBee 协调器模块

完整的 ZigBee 局域网络中包括协调器（Coordinator）、路由器（Router）和终端设备（End－Device）三种设备类型。一个 ZigBee 网络一般由一个协调器以及多个路由器和多个终端设备组成。

一般地，在一个网络体系中只存在一个网络协调器，它作为整个网络的核心，主要负责启动整个无线网络。网络启动的方法是选择一个相对空闲的信道，形成一个 PANID。它也会协助建立网络中的安全层及处理应用层的绑定。当整个网络启动和配置功能都完成以后，协调器就会消失或者退化为一个普通路由器。

本系统采用CC2430作为ZigBee通信主控芯片。CC2430芯片是Chipeon公司生产的首款符合ZigBee技术的2.4GHz射频芯片，适用于各种ZigBee或类似ZigBee的无线网络节点中的CC2430芯片沿用了以往CC2420芯片的架构，在单个芯片上整合了ZigBee射频（RF）前端、内存和微控制器。它使用1个8位MCU（8051），具有128kB可编程闪存和SkB的RAM，还包含模拟数字转换器、定时器（Timer）、看门狗定时器（Watchdog timer）、32kHz晶振的休眠模式定时器、上电复位电路（Poweron reset）、掉电检测电路（Brownout detection），以及21个可编程IO引脚。此外，CC2430内部集成的USART（通用异步收发器）单元提供了两个独立的异步串行端口，不仅可以用来与外部设备进行数据通信，还可以通过超级终端观察程序运行情况，监视系统的运行。

2. 工控终端

工控终端是监测现场工作站数据存储、命令响应、监测节点设备管理的重要组成部分，需要具有较强的数据处理能力与较高的工作可靠性。本系统采用无风扇工控终端，主要优点：①通信接口丰富，可扩展性强：工控终端具有串口、USB接口、SD卡接口以及视频接口，为用户采用其他外设提供通信端口，从而提高了系统的可扩展性。②软件设计方便：工控终端操作系统采用Windows系统，开放的应用程序接口提高了用户的可定制性。③系统可靠性高：由于采用成熟的工业电子硬件系统，并配备应用广泛的Windows操作系统，使得系统可靠性得到保证。此外，工控终端还支持看门狗功能、上电重启功能。④数据处理能力强：工控终端内部CPU处理核心主频高、处理速度快，从而提高了监测现场的数据处理能力，适用于面向物联网的分布式存储与数据处理。

3. 继电器模块

继电器模块与ZigBee模块采用RS485总线通信，实现在制定的通信协议的基础上，落实对工控终端的关机与重启控制，从而保证系统能够在死机情况下状态可控。

4. 通信模块

4G通信模块提供工控机与远程服务器之间的无线连接，由于服务器与工控机数据通信量较大，系统具有以太网接口的4G通信模块。

5. 不间断直流电源

不间断直流供电电源保证监测设备中心工作站在市电掉电状态下仍能稳定地工作一段时间，并向远程服务器端发送掉电报警信息，且在蓄电池电量不足时提醒工作人员更换蓄电池，从而保证系统稳定可靠工作。

（三）监控现场路由节点

同监测现场中心协调器节点组成结构类似，监测现场系统结构主要由ZigBee路由节点、智能激光光斑漂移监测设备终端、继电器模块与不间断直流电源组成。其中，ZigBee路由器模块负责与其他路由模块、中心协调器之间通信，将监测设备终端采集的数据传递到监测中心站，同时响应中心站控制命令。

1. ZigBee路由器节点

ZigBee路由器节点最主要的功能就是多跳路由，实现网络扩展，通过自身把其他节点发来的信息传输到更远的地方。也就是说，某个网络的某个设备需要跟自己网络的协调器进行通信，如果通信距离达不到，就可以由路由器把这个设备数据信号通过中转上传给网络协调器。路由器一般情况下处于活跃状态，所以采用主电源供电。

2. 智能激光光斑漂移监测设备终端

智能激光光斑漂移监测设备终端在中心站配置工作模式下负责采集监测点安装设备数据，实现数据的预处理、分析，并将监测数据通过 ZigBee 路由节点传递到监测现场路由器节点。

3. 继电器模块

继电器模块中心协调器对监测设备终端的关机与重启状态进行控制，保证路由节点稳定可靠地工作。

4. 不间断直流电源

不间断直流供电电源保证监测现场路由器节点在市电掉电状态仍能稳定地工作一段时间，向中心协调器节点发送掉电报警信息，并在蓄电池电量不足时提醒远程工作人员更换蓄电池，从而保证系统稳定可靠地工作。

第四节　管状水准泡倾斜监测

倾斜监测是变形监测技术领域非常重要的组成部分，是指对建筑物、桥梁、基坑、坝体等工程结构以及矿井、隧道等地下工程进行长期、连续的倾斜变形测量。倾斜监测的目的是及时发现结构或工程的倾斜变形情况，以便第一时间采取相应的措施确保结构或工程的安全运行。

传统的建筑物倾斜监测方法包括使用经纬仪、全站仪、水准仪、GNSS 接收机等测量仪器进行实地测量，精度不高且需要投入大量的人力和物力资源，监测周期较长。随着科技的发展，新型的倾斜监测设备如倾斜仪、测斜管、倾斜传感器等逐渐得到应用，具有自动化程度高、监测效率高、节省人力资源等优点，但这些倾斜监测传感器中的敏感电子元件大多存在温漂和时漂，易受环境干扰，使得测量结果不稳定或者精度达不到要求，而高精度的倾斜传感器成本高昂，不利于大规模的监测应用。

目前的倾角传感器的主要工作原理有三种：第一种是采用重力摆结构，通过对重力方向的敏感性来实现倾斜角度的测量；第二种是采用电感测量传感器，用于确定可以相对于固定外壳移动的物体的位置测量倾角；第三种是电磁式倾角传感器。后两种由于原理以及测量方法的局限，精度都不高，而第一种的倾角传感器按敏感介质可分为固体摆、液体摆以及气体摆，其中以液体摆的精度为最高。现在很多的倾角传感器正是采用了液位的变化引起电感、电容、阻抗的变化来实现高精度的倾角测量，但是由于电子元器件的温漂和时漂，造成了只能在温度环境好的情况下用于短时间的测量。

作者所在研究团队采用水准气泡对倾斜变化的高精度和高灵敏度反应的特点，通过对 CCD 摄像头获得的管水准器刻度和气泡图像开展研究，从而实现对倾角的测量，极大地节省了倾斜监测的成本。

一、基本思想

水准气泡实际上就是一种以液体为敏感介质的传感器，它广泛应用于各种光电仪器如水平仪、电子秤、经纬仪等。这些仪器中，水准气泡的作用主要是用来指示某一轴线是否处于水平或铅垂位置，而很少有直接用于对倾角的测量（图 8.4-1）。

作者所在研究团队提出了一种基于水准气泡图像检测的倾斜监测方法，其基本思想是：利用摄像头采集安装在待测对象上的有刻度管状水准器的图像，当待测对象发生倾斜变形时，通过处理采集的水准器图像获取该水准器中气泡相对于水准器上刻度线中心位置的移动距离，再根据水准器刻度间距离与倾角的换算关系，将移动距离转化为待测对象的倾斜角度的变化。本方法相比于目前在变形监测领域常用的传感器倾斜监测具有更低廉的成本、更高的监测精度和测量频率。

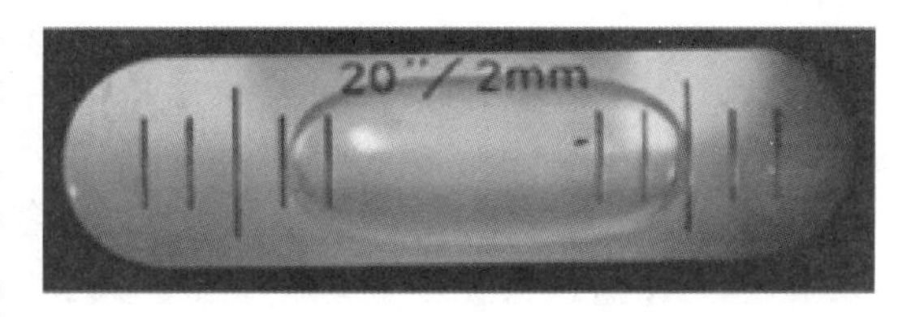

图 8.4-1　带刻度的水准管

二、方法步骤

1. 图像获取

获取摄像头从任意角度拍摄的有刻度的水准管图像或视频，如图 8.4-2 所示。

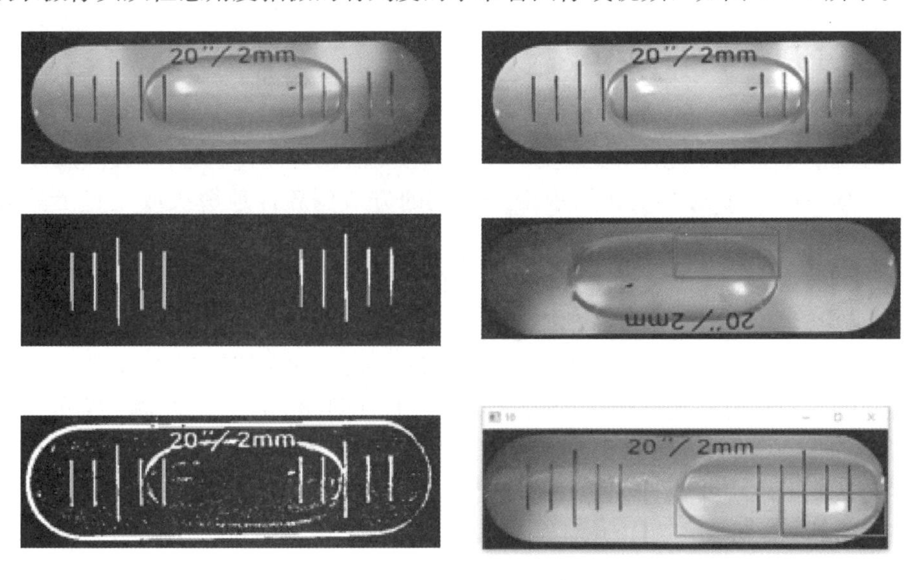

图 8.4-2　水准管图像

2. 仿射变换

将获取的水准管图像或视频转化为正射角度，识别水准管装置的 4 个角点，根据事先精确测定的装置尺寸，计算变换矩阵，将水准管图像仿射变换到实际尺寸。

3. 图像二值化

对上述处理后得到的图像依次进行灰度化、高斯去噪、二值化操作得到二值图像，再对二值图像应用形态学腐蚀和形态学膨胀操作进一步去除无关噪点和短线。

4. 筛选刻度

对经过图像处理后的二值图像进行轮廓线查找得到图中所有轮廓线集合，设定刻度线轮廓线的最大宽度阈值 scaleMaxWidth、最小高度阈值 scaleMinHeight 和最大高度阈值 scaleMaxHeight，对所有轮廓线集合根据这三个阈值进行第一轮筛选，得到筛选后的刻度线集合（图 8.4-3）。

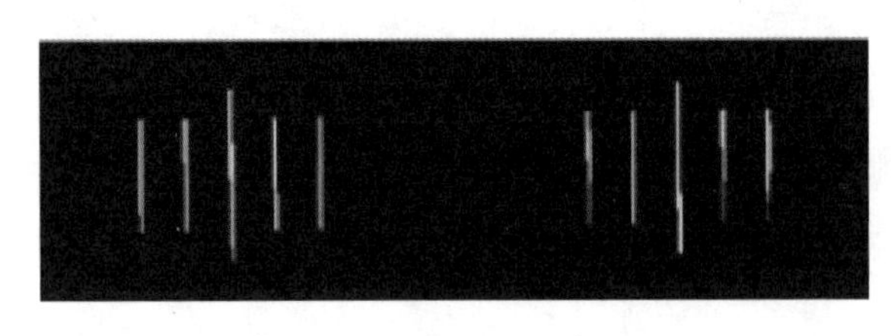

图 8.4-3 筛选后的刻度线

5. 刻度计算

对得到的刻度线集合，计算刻度线中心的水平坐标 x_i，对所有 x_i 从小到大排序，得到从左至右排序的刻度线集合。在此基础上，计算刻度线中心水平坐标集合 $X=\{x_1, x_2, \cdots, x_i, \cdots, x_n\}$，再计算刻度线集合中相邻两条刻度线中心水平坐标的差值，即集合 X 的一阶差分 $dX=\{dx_1, dx_2, \cdots, dx_j, \cdots, dx_m\}$，其中 $dx_j=x_{j+1}-x_j$，$m=n-1$。统计 dX 中出现频次最高的值作为相邻两条刻度线的间距 d。

6. 刻度再筛选

对 dX 依次和 d 进行比较，如果 dx_j 约等于 d，那么保留计算 dx_j 的左右两条刻度线，即第 $j+1$ 条和第 j 条刻度线，可以剔除非刻度线的其他线条，得到经过第二轮筛选后的刻度线集合。

7. 编码匹配

按照前述，处理得到的刻度线集合理想情况下为所有完整齐全的刻度线，实际中由于上述外界环境的影响，得到的刻度线为不全的部分刻度线，需要通过算法进行缺失刻度线的恢复。采用一种基于刻度线和间距编码匹配的方式创新性地解决或改进上述问题或情形。

首先要判断得到的刻度线在所有完全齐全的刻度线中对应的位置，做法如下：

根据刻度线长短设定短刻度线编码为 L，长刻度线编码为 H，相邻刻度线间距编码为 D，图 8.4-3 中完整齐全的刻度线编码为“LDLDHDLDLDDDDDDLDLDHDLDL”，左侧和右侧刻度线是对称的，其完整刻度线编码为“LDLDHDLDL”。对左侧或右侧来说，步骤 7 处理后得到的刻度线所有可能的编码情况共有五种，即 1 组连续的 2 条刻度线（LDL、LDH、HDL）、1 组连续的 3 条刻度线（LDLDH、LDHDL、HDLDL）、2 组不连续的 2 条刻度线（LDL……LDL）、1 组连续的 4 条刻度线（LDLDHDL、LDHDLDL）、1 组连续的 5 条刻度线（LDLDHDLDL）。

对刻度线集合进行编码，对左侧或右侧编码分别与“LDLDHDLDL”进行匹配，对于上述 5 种情况中的第一种情况中的第 2、3 种情形及后四种情况均能判断出左侧或右侧刻度线的具体位置；如果左侧或右侧为第一种情况中的第 1 种情形，那么需要计算左侧最后一条刻度线和右侧第一条刻度线的间距，然后将左侧编码、间距编码、右侧编码合并后再与完全齐全的刻度线编码“LDLDHDLDLDDDDDDLDLDHDLDL”进行匹配得出刻度线的具体位置。

8. 气泡中心计算

在匹配得到所有刻度线位置后，提取左右两侧对称的两条刻度线，计算其中心位置，作为气泡倾斜测量的零点位置 (x_O, y_O)。

对经仿射变换后的图像基于邻近像素加权替换法，去除刻度线像素，得到纯背景下的水准气泡图像。再采用人工方式以气泡中心竖线为界进行框选，得到气泡左半部分模板图像和右半部分模板图像（图 8.4-4）。

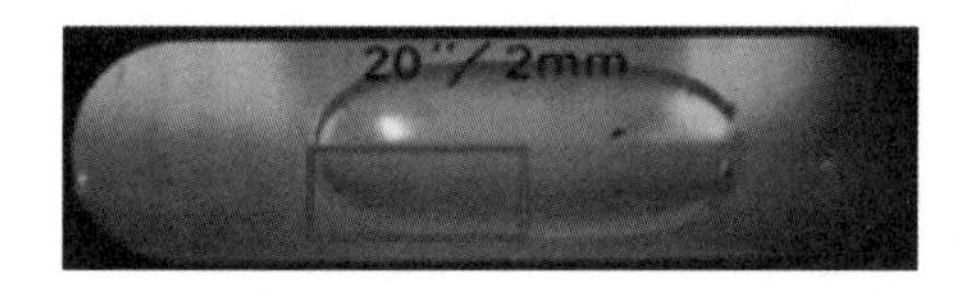

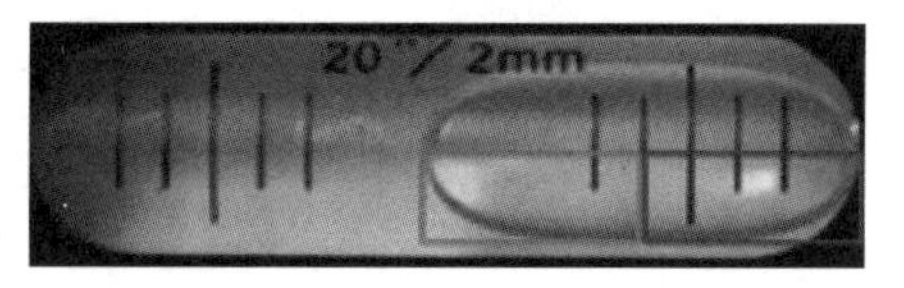

图 8.4-4　气泡模板图像

9. 模板匹配

在不同的倾斜状态，气泡位于不同的刻度线位置，当实际倾斜量过大，超过水准管刻度线的量程范围时，气泡会出现两种状态，即位于水准管最左侧或最右侧。现有方法多直接采用二值化、去噪等基本的图像处理操作，对于气泡一侧与水准管边缘重合粘连的情况结果往往不佳或没有考虑。

本方法采用气泡左右两侧双模板匹配判断算法，将气泡从中心位置划分为左右两侧双模板，对两个模板分别进行匹配，如果匹配结果均满足阈值要求，那么两个模板均匹配成功，说明气泡位于水准管中，没有到达水准管最左侧或最右侧，可进行后续的倾斜角度计算；如果某一侧的模板匹配结果小于阈值，那么说明该侧模板匹配失败，气泡很有可能到达水准管该侧最边缘位置，说明倾斜角度已经超过水准管量程范围，对于实际工程应用来说，此时待测对象的倾斜变化已经超限，提示可能存在安全风险隐患，需要立即发出超限预警。

采用模板匹配算法分别对得到的 2 个模板进行匹配，匹配结果位于 0 至 1 的区间内，越接近 0 表示匹配越不准确，越接近 1 表示匹配越精准。设定匹配阈值为 K_1，如果左右两侧模板图像匹配结果均大于 K_1，说明此时水准气泡位于水准管内，没有与水准管边缘重合粘连；如果某一侧模板图像匹配结果小于 K_1，说明此时水准气泡与水准管该侧边缘重合粘连，待测对象倾斜角度超出水准管倾斜量程；如果两侧模板图像匹配结果均小于 K_1，说明水准气泡匹配失败，需要对水准管、模板图像及现场情况进行核查。

如果水准气泡左右两侧模板均匹配成功，得到气泡左侧模板匹配的位置 (x_L, y_L, w, h) 和气泡右侧模板匹配的位置 (x_R, y_R, w, h)，其中 (x_L, y_L) 为左侧模板左上角坐标，(x_R, y_R) 为右侧模板左上角坐标，w、h 为模板的宽度和高度。根据左侧模板匹配的位置结果计算出气泡中心位置为 $x_{C1} = x_L + w, y_{C1} = y_L + y/2$，根据右侧模板匹配的位置结果计算出气泡中心位置为 $x_{C2} = x_R, y_{C2} = y_R + h/2$。设定水准气泡左右两侧模板匹配计算的气泡中心位置重合度阈值为 K_2，对 (x_{C1}, y_{C1}) 和 (x_{C2}, y_{C2}) 的重合度进行计算，如果 $\sqrt{(x_{C1} - x_{C2})^2 + (y_{C1} - y_{C2})^2} > K_2$，说明左右两侧模板匹配出现偏差，需要对水准管、模板图像及现场情况进行核查；如果 $\sqrt{(x_{C1} - x_{C2})^2 + (y_{C1} - y_{C2})^2} \leqslant K_2$，说明左右两侧模板匹配结果一致，取 (x_{C1}, y_{C1}) 和 (x_{C2}, y_{C2}) 连线的中点作为水准管气泡的中心位置，即 $x_C = (x_{C1} + x_{C2})/2$，$y_C = (y_{C1} + y_{C2})/2$。

10. 倾斜角度换算

输入零点位置 (x_O, y_O) 和气泡中心位置 (x_C, y_C)，根据水准管刻度分划值 A（表示紧邻的两根刻度线间距对应的倾斜角值），换算得到实际倾斜角度为 $Q = (x_C - x_O) \times A/d$，如图 8.4-5 所示。

对两自由度水准管的水平方向和垂直方向水准气泡分别进行上述操作，得到两个方向

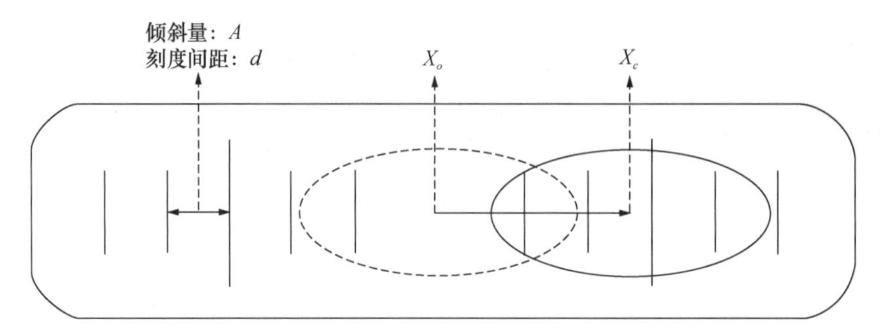

图 8.4-5　倾斜角度换算示意图

的倾斜角度（Q_x,Q_y），计算待测对象最终的倾斜角度为 $Q_v=\sqrt{Q_x^2+Q_y^2}$，如图 8.4-6、图 8.4-7所示。

图 8.4-6　自动化倾斜监测系统

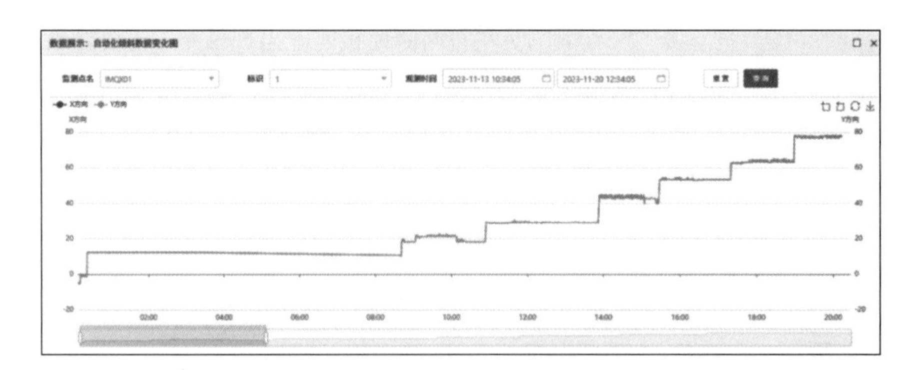

图 8.4-7　自动化倾斜数据变化图

三、水准气泡测量装置

整套装置包括水准气泡调平底座和图像测量罩，图像测量罩覆盖于水准气泡调平底座上，二者通过螺栓固定。水准气泡调平底座上部设置有固定支架、三颗调平丝杆、水准气泡组成。图像测量罩顶部设置有图像采集电路板，侧面设置有补光灯。图像采集电路板内部集成有图像传感器、控制处理模块、通信模块，并通过牛角头与补光灯连接（图 8.4-8）。

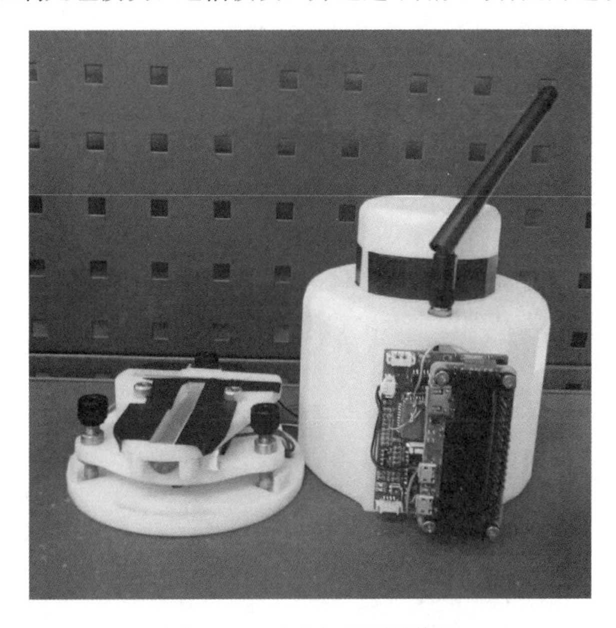

图 8.4-8　水准气泡测量装置

该装置工作的具体步骤如下：

(1) 将水准气泡调平底座放置于需要监测的倾斜对象上，并通过调平丝杆将水准气泡调平。

(2) 将图像测量罩覆盖在水准气泡调平底座上，并通过螺栓固定。

(3) 打开补光灯，使图像采集电路板内的图像传感器能够捕捉到水准管气泡的图像。

(4) 控制处理模块通过通信模块将图像传输到边缘处理网关或远程服务器进行图像处理计算，提取出水准管刻度线和水准气泡的位置信息。

(5) 根据水准管刻度线中心位置和水准气泡中心位置信息，计算出倾斜对象的倾斜角度，并进行实时监测。

通过以上步骤，可以实现对倾斜物体的实时监测，并及时发现倾斜情况，保障工程安全。

第五节　裂缝图像监测

一、基本思想

裂缝是混凝土结构承载过程中的重要状态表征参数，作为最常见的基础设施结构病害形式之一，在构件上的出现和扩展将严重威胁基础设施的耐久性与整体结构性能。例如，路面出现裂缝病害时，随着车辆载荷的作用会导致裂缝两侧进一步破坏，造成路面大面积损坏，增加道路的维护费用；桥梁出现裂缝病害时，会降低桥梁抗渗透能力，引起钢筋锈蚀、混凝土碳化等问题，导致桥梁承载能力退化，甚至造成桥梁坍塌等事故；隧道出现裂缝病害时，将影响隧道的安全运营。

因此，快速、准确地找到裂缝的位置并及时获取裂缝尺寸具有重要意义。传统的裂缝测量主要依靠人工目视方式，采用裂缝尺、裂缝显微镜、游标卡尺、应变片、位移计等仪器开展。然而，上述方法受检测人员和配套设施的影响较大，存在检测结果主观性较强、病害漏检率高、检测效率低、成本过高等问题，且只能反映单点的测量信息，不能做到实时无间断地对裂缝病害进行监测，存在相当的局限性。

随着信息化技术的快速发展，数字图像处理技术在各类检测中得到广泛应用。作者所在研究团队通过机器视觉元件获取数字图像等信息，采用相关算法进行自动化数据处理，可一次识别出多条裂缝并实现亚毫米级的高精度裂缝长度和宽度测量，起到了代替人工肉眼作业的作用。通过开发软硬件一体化系统，应用本发明方法可实现高效率、低成本、实时性、非接触、高精度、自动化的裂缝尺寸测量，为裂缝病害检测与监测提供了一条前景广阔的智能化技术路线，为基础设施安全状况评估提供重要技术支撑。

二、方法步骤

如图 8.5-1 所示。

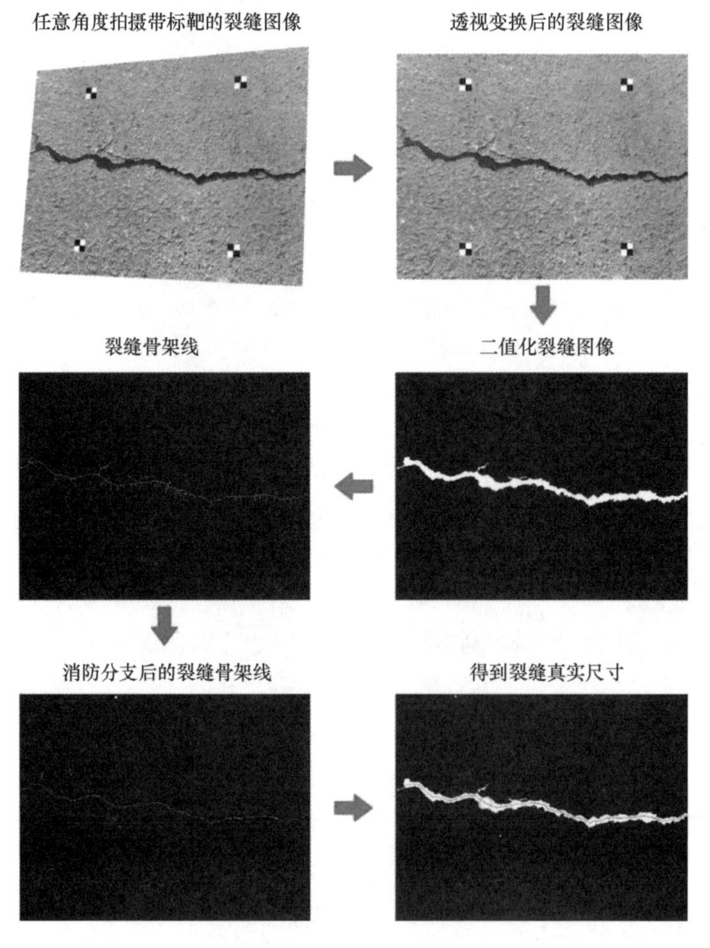

图 8.5-1　处理过程示意图

（一）图像获取

不论是桥梁结构还是道路结构，表面裂缝的宽度都相对较大。由于裂缝大小以及方向在数码图像中的像素都相对偏少，因此导致检测精度会受到采集图像质量的影响。想要对裂缝大小进行快速精准的识别，数码相机需要具有较高的像素，以此来使裂缝能够获得更多的像素。当使用高像素数码相机进行拍摄时，想要让裂缝位于屏幕中央位置，应该将相机放在标定纸和裂缝的正前方，并且镜头与裂缝平面保持垂直状态，即通过正焦来拍摄，降低发生畸变的概率。如果发生畸变，可以采用固定标靶点进行正射变换的方式进行纠正（图 8.5-2）。

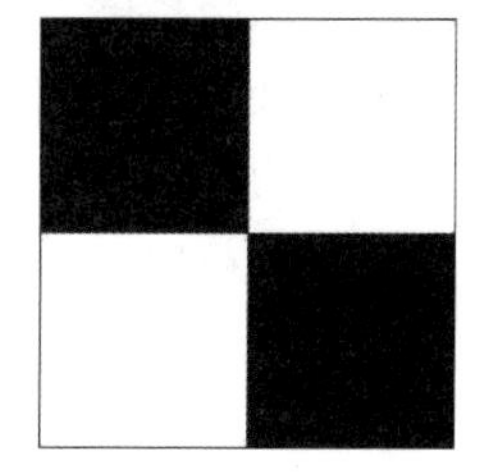

图 8.5-2　标靶点

在裂缝拍摄图像区域内安设顺时针方向排列的 4 个标靶点，标靶点分布位置为已知实际边长为 D 的正方形的 4 个角点，分别为 P_1、P_2、P_3、P_4，拍摄获取裂缝图像，对图像进行二值化处理，通过多次形态学膨胀和腐蚀操作去除图像中的噪点和小的连通区域。

（二）图像变换

基于标靶点计算像素坐标系和实际坐标系间的转换关系，首先通过模板匹配法对图像中的标靶点进行匹配，获取标靶点在图像中的像素坐标，然后基于标靶点间已知的实际距离进行标靶点的实际坐标假定，再基于标靶点像素坐标、实际坐标和用户设置的缩放参数，对图像进行正射变换和缩小变换。

（三）轮廓检测与二值化

在裂缝图像信息中蕴含大量色彩信息，这会对裂缝图像的计算产生不良影响。由于图像中蕴含的内容相对丰富，需要利用亮度来表示灰度图像。通常将灰度分成 256 个级别，并利用 0～255 的整数来表示。0 表示最暗，即黑色；255 表示最亮，即白色；其余用 0～255 剩下的整数进行表示。每一个像素只剩下一个参数，通过二维矩阵来表示相关图像。

接下来，可进一步用二值化处理灰度图像。当像素灰度明显高于阈值，灰度就变成 255；当像素灰度明显低于阈值，灰度则会变成 0。利用二值化处理完图像之后，图像就剩下黑色和白色，以此来更好地分离出裂缝。在将图像分割成二进制图像时，阈值的选取是重要环节之一，并且该环节会对裂缝图像边缘精度的识别产生影响。计算阈值的方法包括最小误差法以及直方图法等。由于二值化处理完图像之后，还存在一定大小的噪声点，并且裂缝边缘缺乏清晰度，因此要利用中值滤波来处理裂缝图像，中值滤波属于低通滤波器范畴，其能够取出中间值，并将该值当成输出对象，以此来更好地保护图像的边缘。

然后，再对图像进行轮廓检测，获取图像中所有的轮廓线，基于用户设置的长度阈值对所有轮廓线进行排序统计，超过该阈值的轮廓线即认为是待识别和测量的裂缝。将轮廓线区域内填充为白色，外部则为黑色。

（四）最大宽度测量

裂缝轮廓线区域内为白色即非零值像素，外部为黑色即零值像素，对图像中的非零值像素点进行循环，计算与其最近的零值像素之间的距离，记录下每个像素的像素坐标和距离信息，最后找出距离最大的点，即为最大宽度的位置和最大宽度值。

（五）长度测量

对裂缝轮廓区域求取骨架线图像，由于裂缝轮廓区域形状不规则，有各种小的分支，导致骨架线图像上存在小分支骨架线，若直接统计骨架线图上非零值像素个数作为像素坐标系下裂缝的长度，其值不准确，结果并非整条裂缝最大长度，需要先对骨架线进行清除毛刺分支的处理，再统计所有非零值像素的数量，即为像素坐标系下的裂缝长度。

（六）尺寸变换

将裂缝位置、裂缝长度、裂缝最大宽度乘以缩放参数，即得实际坐标系下裂缝的真实尺寸。

第六节　视频摄像图像监测

视频摄像图像监测通过拍摄目标物体的图像，并利用图像处理技术和数字化测量技术，来提取目标物体的几何尺寸、形状和纹理等信息，从而实现精确测量。

一、基本原理

（一）视频异常检测

视频异常检测是指对视频中偏离正常行为事件的检测识别，在监控视频中有着广泛的应用。目前，国内外主要的研究范式包括有监督的异常检测、半监督的异常检测和无监督的异常检测。

基于有监督的异常检测方法要求人工标注大量详细的标签数据。例如，Shifu Zhou 等人提出了时空卷积神经网络模型。模型先对待监测视频的时空兴趣块进行时空卷积操作，然后提取图像中复杂的时空特征，有效地识别出视频帧中的全局和局部异常，对噪声具有很强的鲁棒性。M. Sabokrou 等人提出了一种基于级联分类器的异常检测方法，利用级联分类器分步骤进行检测。

半监督视频异常检测方法主要是基于聚类判别的方式。通常基于单分类的方法只使用正常的训练样本来建模，然而，一个训练集不可能收集完所有正常样本。在这种方法下，正常视频可能会出现虚假警报的情况。Xuxin Gu 等人利用半监督式的聚类技术判别视频中的异常模式。先用正常的行为数据构建高斯混合模型，然后通过视频中人群的流动信息估计模型的参数，并检测出人群中的异常行为。Yunpeng Chang 等人提出了一种卷积自动编码器模型提取视频中的空间和时间信息，通过学习时空特征获得图像的运动信息和外观信息。另外，模型还融入了聚类算法使正常数据更接近聚类中心，异常数据离聚类中心更远。

相比于监督学习和半监督学习，异常检测问题常使用无监督的技术去检测是否异常。无监督异常检测技术不要求获得异常样本进行训练。常用的无监督异常检测策略包括重构式的策略和自监督策略。例如，T. N. Nguyen 等人利用深度学习中的自编码卷积网络建立了异常行人轨迹的视频监测系统。Vitjan Zavrtanik 等人利用自监督学习技术建立了一个高精度图像异常检测的 DRAEM 模型。

虽然基于视频的异常检测策略已经被广泛研究和应用，但该技术在历史建筑关键结构变化检测的应用方面还处于探索阶段，目前仍不能直接将现有视频监测技术应用于历史建筑监测的场景，其主要原因在于针对历史建筑关键结构变化的检测对历史建筑的关键结构特征提取和环境抗干扰有着更高要求。

（二）多模态数据融合

多模态数据融合是指利用深度学习将来自不同模态（例如文本、图像、音频等）的信息进行联合表示的技术，旨在通过对齐多个模态的信息，提供更全面、丰富、准确的特征，从而改善多模态任务的性能。常见的多模态学习任务包括图像描述、视频理解、情感分析等。

目前，多模态信息数据融合处理是国内外研究的热点。研究人员提出使用深度神经网络技术方法将不同模态的输入编码为共享的低维表示，为后续任务提供更好的模态相关性。研究人员通过将图像和文本信息融合来解决图像描述、视觉问答等任务。一种常见的建模策略是使用卷积神经网络（CNN）和循环神经网络（RNN）分别处理图像和文本数据，并将它们的表示进行融合。对于视频与文本数据，有效的方案是使用 3D 卷积神经网络（3D-CNN）来处理视频帧，并使用 RNN 来处理文本。进一步将它们的表示进行融合可以实现多模态融合。在工业异常检测领域，Yue Wang 等人考虑了图像数据和点云数据的融合，提出了 Multi-3D-Memory 模型。通过结合一个多模态混合模块和一个额外的异常检测模块实现了工业零件图像异常的自动化检测。

虽然多模态融合技术已经在文本、图像、点云等数据模态上取得了进展，但是在视频帧序列和点云序列上进行多模态联合检测还没得到充分研究。通过研发基于视频和点云序列的多模态智能分析系统，能够对历史建筑作出更精准的结构特征描述，从而实现高效的实时监测效果。

二、技术路线

作者所在研究团队从三维点云数据和实时视频数据两个维度对历史建筑的关键结构进行多模态联合学习。通过运用深度学习技术（包括多模态学习和自监督异常检测等技术）实现对历史建筑关键结构变化异常的高精度、实时性监测（图 8.6-1）。

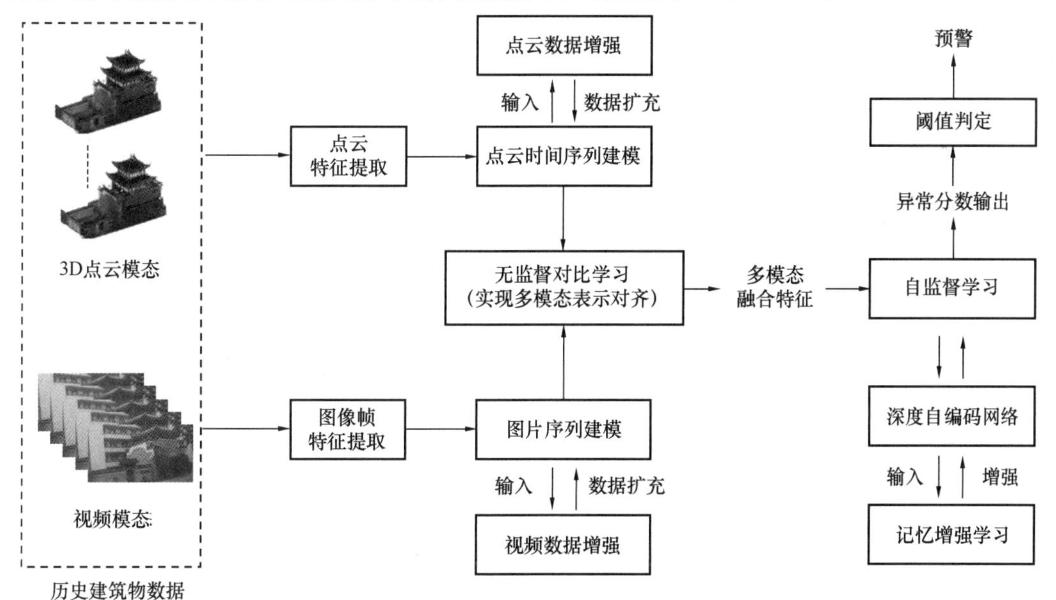

图 8.6-1　历史建筑关键结构监测预警技术路线

(一) 多模态数据融合表示学习

基于点云模态和视频模态的数据融合过程中，一项重要的研究挑战就是获得一致的数据多模态表示特征。为了实现一致的多模态表示学习，采用深度学习中的对比学习技术框架，其主要思想在于通过比较两个或多个样本之间的相似性或差异性进行数据表示学习。该技术框架的主要优势在于其遵循无监督学习范式，无须人工标注。在点云模态和视频模态的情况下，对比学习可以充分学习到两种模态之间的一致性和差异性，从而实现数据的有效融合。

1. 点云特征学习

点云特征学习是指在点云数据上学习有用的特征表示，以便于点云的分析、处理和应用。作者所在研究团队基于经典的 Point Transformer 网络进行点云特征提取。

Point Transformer 网络的核心层结构如图 8.6-2 所示。

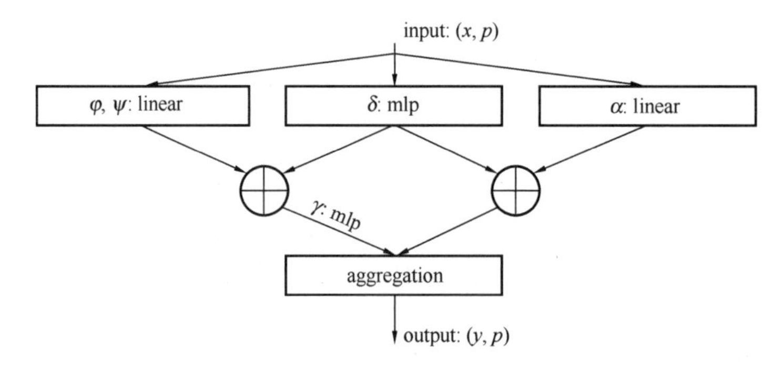

图 8.6-2 Point Transformer 网络的核心层结构

其基本的数学描述如下：

$$y_i=\sum_{x_j\in x(i)}\rho\{\gamma[\varphi(X_i)-\varphi(X_j)+\delta]\}\odot[\alpha(X_j)+\delta] \tag{8.6-1}$$

该方法利用点云中单点局部邻域中的点进行局部自主建模。

点云中单点局部邻域的构造方法是基于最远点采样技术（FPS）。如图 8.6-3 所示，点云数据首先被划分成 M 个组群，然后利用 FPS 技术形成 M 个单点局部邻域，利用 Point Transformer 对局部邻域进行建模得到 M 个向量表示。

图 8.6-3 点云单点局部邻域的构造示意图

根据 M 个组群向量表示，点云数据的对齐向量可以被重新计算为

$$p'_j = \sum_{i=1}^{M} \alpha_i g_i，\alpha_i = \frac{\dfrac{1}{\| c_i - p_j \| + \epsilon}}{\sum_{k=1}^{M}\sum_{t=1}^{N} \dfrac{1}{\| c_k - p_i \| + \epsilon}} \tag{8.6-2}$$

式中，c_i 表示 M 个组群的特征向量。p_j 是点云单点的特征表示。

2. 图像帧特征学习

图像帧特征学习模块是指在计算机视觉中用于学习和提取图像帧中的特征的模块。该模块通常被用于视频分析、动作识别、目标检测、图像分类等任务中。作者所在研究团队利用先进的 Vision Transformer 模型提取视频图像中的视觉特征。Vision Transformer 的基本结构如图 8.6-4 所示。通过将图片划分为若干小方块序列，然后利用 Transformer 的编码器（Encoder）结构进行特征学习。

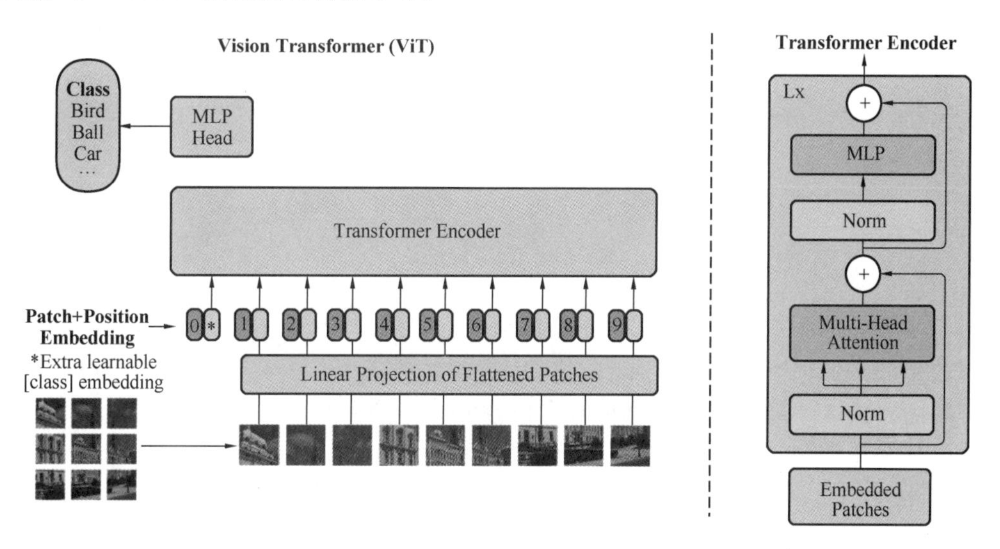

图 8.6-4　Vision Transformer 提取图像特征的示意图

3. 时间序列学习

在提取了点云特征和视频单帧特征之后，建模点云序列之间的依赖和视频帧之间的依赖能够充分融合历史信息。序列依赖的建模问题本质上是一个时间序列依赖学习的问题。作者所在研究团队采用 Transformer 网络来学习序列依赖。Transformer 的网络结构如图 8.6-5所示。

Transformer 网络通过自注意力机制（self-attention mechanism）来学习序列依赖。自注意力机制允许模型在处理序列数据时，同时考虑所有位置的信息，而不仅仅是局部邻近的信息。

在 Transformer 网络中，序列数据首先通过一个编码器（Encoder）进行处理。编码器由多个相同的层（通常为 N 层）组成，每一层都包含两个子层：多头自注意力机制（multi-head self-attention）和前馈神经网络（feed-forward neural network）。

多头自注意力机制的核心是计算序列中每个位置的注意力权重，用于对所有位置的信息进行加权聚合。具体而言，对于输入序列中的每个位置，通过计算该位置与其他位置的相对关系，得到一组注意力权重。这样，每个位置就可以根据这些权重对所有位置的信息

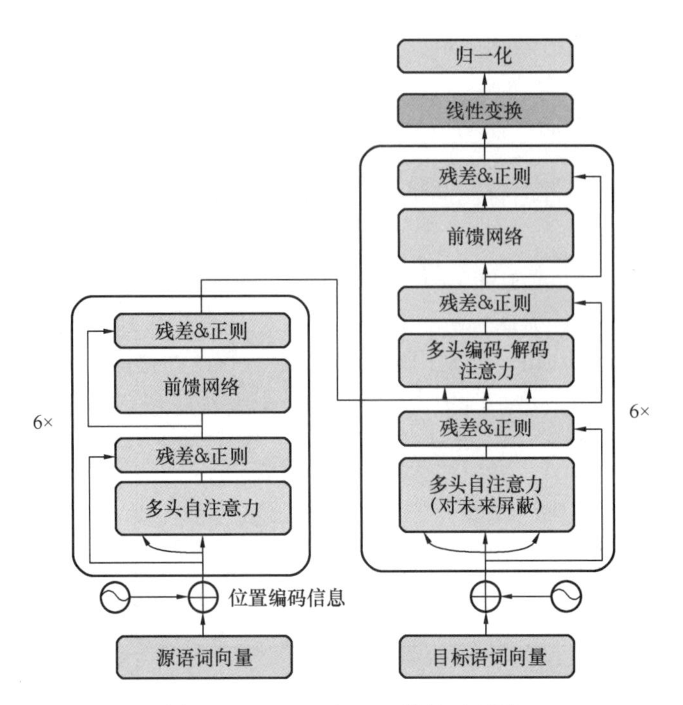

图 8.6-5　Transformer 结构示意图

进行加权求和，从而获取到全局的上下文信息。

此外，为了捕捉序列的顺序信息，Transformer 网络还引入了位置编码（position encoding）。位置编码通过为输入序列的每个位置添加一个与其位置相关的向量，使得模型能够感知序列中的顺序信息。

4. 对比学习

基于对比学习的多模态特征对齐方法旨在学习不同模态数据之间的共享特征表示，以实现模态间的对齐和匹配。

对比学习的核心是设计合适的对比损失函数，以使得来自同一样本的不同模态数据在特征空间中更加接近，而来自不同样本的数据在特征空间中更加分散。本研究采用交叉模态匹配损失（Cross-Modal Matching Loss）进行多模态特征对比学习。

交叉模态匹配损失的目标是使得来自同一样本的模态数据之间的距离尽可能小，并使得来自不同样本的模态数据之间的距离尽可能大。交叉模态匹配损失可以定义为：

$$\mathcal{L}_{\text{matching}} = \frac{f_{\text{rgb}}^{(i,j)} \cdot f_{\text{pt}}^{(i,j)T}}{\sum_{t=1}^{N_{\text{b}}} \sum_{k=1}^{N_{\text{p}}} f_{\text{rgb}}^{(t,k)} \cdot f_{\text{pt}}^{(t,k)T}} \tag{8.6-3}$$

式中，i 表示样本的索引，j 表示 Vision Transformer 中图片帧方块的索引，N_{b} 表示样本批量的总数，N_{p} 表示图片帧方块的总数。通过最小化交叉模态匹配损失，使点云模态和视频帧图像的特征空间实现对齐。

（二）关键结构异常变化自监督检测

面向历史建筑关键结构异常变化的自监督检测框架利用自监督学习的方法，无须标注数据，对建筑结构的历史数据进行训练和监测。自监督学习的核心在于设计自定义的学习任务来训练模型，从而使模型在没有人工标注样本的情况下自动学习建筑结构的正常统计模式。通过比较当前观测到的数据与模型学习到的正常统计分布之间的差异，达到对历史建筑关键结构的异常变化自动化检测预警的目的（图 8.6-6）。

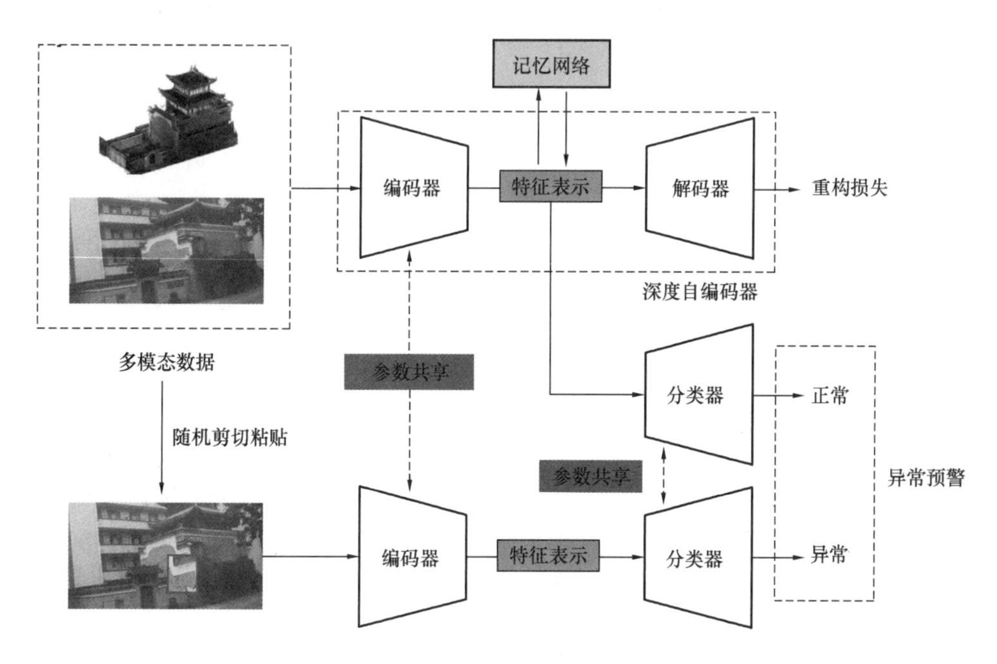

图 8.6-6　基于自监督学习的异常检测模块

如图 8.6-6 所示，自监督检测模态包括基于随机剪切粘贴的自监督任务构造、深度自编码器学习和记忆网络增强三个部分。

1. 自监督任务构造

作者所在研究团队将自监督学习技术引入增强模型用以提高对异常样本的检测能力。通过人工创建异常标签，自监督学习问题被转换成了一个二分类的监督问题。通过让模型预测人工异常标签，使得模型对未知异常的泛化检测能力得到增强。

在图像领域中，常见的自监督任务有如：图像补全（Image Inpainting）和图像旋转（Image Rotation）。图像补全任务旨在从部分遮挡的图像中恢复缺失的部分。通过让模型预测遮挡区域的像素值，可以利用未遮挡区域的信息进行自监督训练。图像旋转任务旨在让模型预测图像的旋转角度。通过将图像进行随机旋转，并将旋转角度作为监督信号，可以让模型学习到图像的几何结构和方向信息。

为了方便检测出建筑物关键结构的改变，作者所在研究团队采用一种随机剪切粘贴的自监督图像增强策略。通过随机剪切，改变原图形的局部区域，得到异常标签为 1 的样本（原样本为正常，标签为 0）。利用额外的二分类型对原样本和增强样本进行分类学习，这就完成了异常检测网络的自监督训练。

2. 深度自编码网络

深度自编码网络（Deep Autoencoder Network）是一种无监督特征学习方法，用于学习输入数据的紧凑、低维表示（图 8.6-7）。

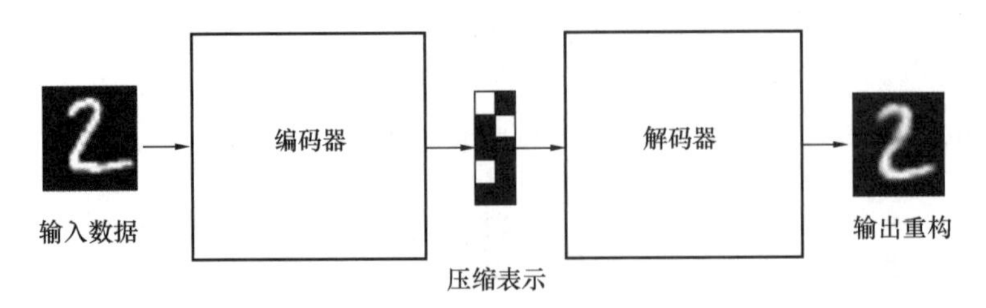

图 8.6-7 深度自编码器的结构示意图

它由一个编码器（Encoder）和一个解码器（Decoder）组成，通过对输入数据进行编码和解码的过程，以最小化重构误差来学习数据的表示。通过反向传播算法，将重构误差从解码器传递回编码器，更新网络参数。

3. 记忆网络

记忆网络（Memory Networks）是一种用于处理自然语言处理任务的神经网络模型。它旨在克服传统神经网络在处理长期依赖性和记忆问题上的局限性。下面是记忆网络的核心公式，其中 C 表示记忆模块，q 表示查询向量，o 表示输出向量：

$$o=\text{OutputModule}(C, q). \tag{8.6-4}$$

记忆网络的关键在于通过查询模块和记忆模块之间的交互来实现信息的存储和检索。通过对记忆模块的读写操作，网络可以从先前的信息中提取知识并应用于当前的任务。这种机制使得记忆网络在处理具有长期依赖性的序列任务，如问答系统、机器翻译和对话模型等方面表现出色。

在本研究中，记忆模块的引入可以增加自编码器模型对建筑物结构数据中正常模式的建模能力。

第七节 应用案例

一、工程概况

重庆轨道交通四号线是重庆轨道线网规划中的骨干线路，为西东—南北走向的放射线，主要功能是强化外围组团与城市核心区间的快速联系。线路途经渝北区和江北区 2 个行政区，串联了新牌坊、重庆北站、两路寸滩保税港区、唐家沱组团、鱼嘴组团、龙兴组团等重要区域。四号线线路全长约 48.5km，共设车站 22 座。一期工程民安大道站—唐家沱站，线路全长 15.7km，设 9 座车站，其中地下站 5 座，半地下站 2 座，高架站 2 座。设唐家沱车辆段 1 个。

四号线二期工程由唐家沱站至黄岭站（原石船站），线路主要位于江北区和两江新区龙盛片区，串连了唐家沱、鱼复工业园和龙兴工业园。四号线二期线路全长约 32.8km，地下段长约 21.25km（含铜锣山长大隧道一处，约 2.8km），高架段长约 11.55km，过渡段 105m，全线共设 14 座车站，平均站间距约 2.3km，其中，高架站 4 座，地下站 10 座，全线与四条轨道线路换乘，分别在鹿栖站（原干坝子站）和龙驿大道站（原生基堡站）与规划八号线换乘，复盛站与规划十一号线换乘，普福站与规划十四号线换乘。四号线二期设两座主变电所，分别位于鹿栖站（原干坝子站）和普福站，设石船车辆段 1 座，位于终点站黄岭站（原石船站）东北侧，占地面积约 32.3hm²，该车辆段与规划十一号线车场共址（图 8.7-1）。

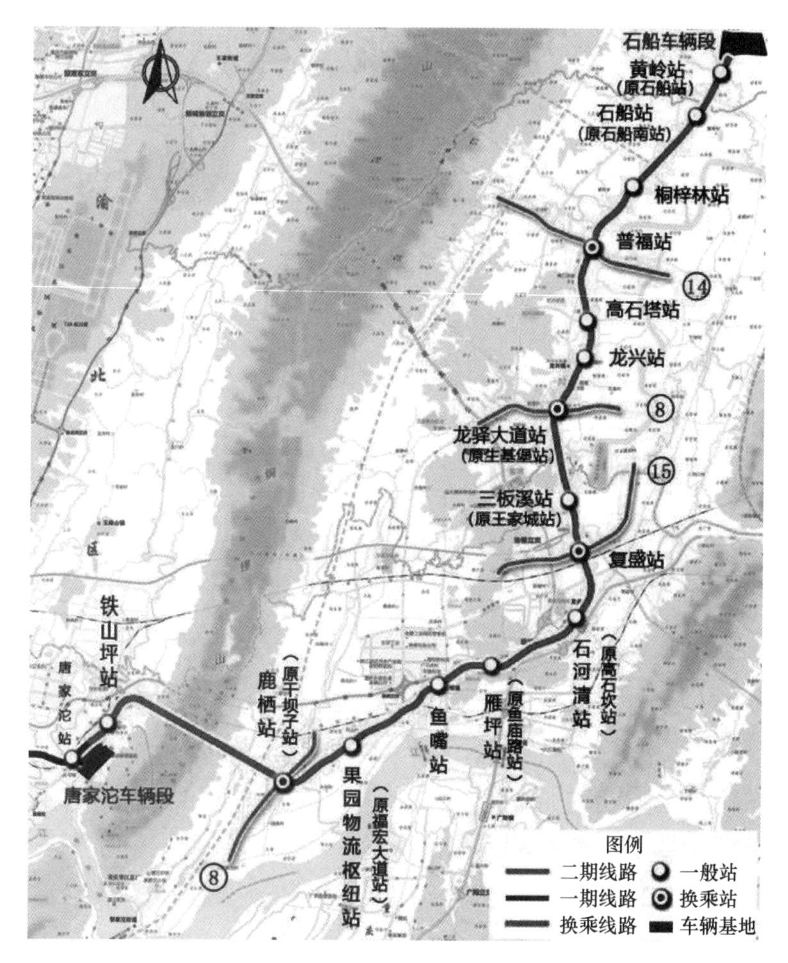

图 8.7-1　重庆轨道交通四号线二期工程区位图

根据线路穿越的地形地貌、水文地质条件，分为铁山坪越岭隧道段及非越岭隧道段，铁山坪越岭隧道段包括东西两侧进出洞口附近及中间铜锣峡背斜核部区（里程 K30＋500～K33＋600），非越岭隧道段包括越岭隧道西南侧唐家沱—十八中及越岭隧道东南侧至终点和石船车辆段。线路在里程 K32＋849～K32＋900 端推测穿越高坎子断层破碎带，高坎子断层为压扭性逆冲断层，区域范围内断层走向 N10°～30°E，倾向 NW，倾角 55°～75°，长 10km，断距约 70～250m。隧址区断层上下盘岩层产状突变，上盘岩层产状 120°∠35°，下盘岩层产状 120°∠60°～80°。危岩分布于 K41＋460～K41＋960 右侧的砂岩陡崖上，分布高程 338.00～356.00m，岩壁地形坡角约 65°～75°。危岩带发育于侏罗系上沙溪庙组巨厚层状砂岩岩层，危岩现状基本稳定至欠稳定。危岩分布段下方隧道埋深 40～60m。

重庆轨道交通四号线二期工程断面形式较多，根据不同的地质条件而采用的施工工法也相对较多，包括上下台阶法、CD 法、CRD 法、双侧壁导坑法等，施工工序复杂（图 8.7-2）。

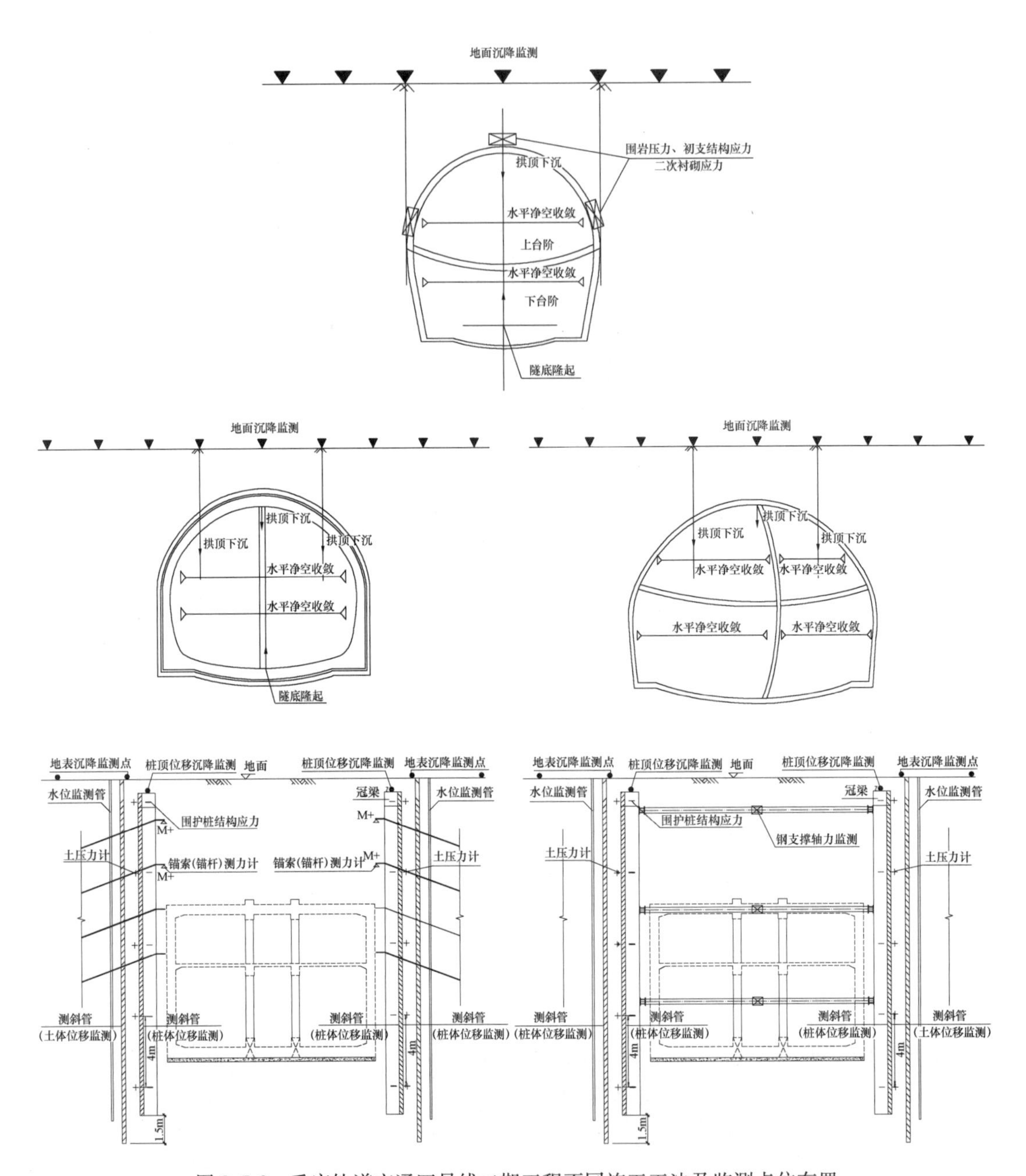

图 8.7-2 重庆轨道交通四号线二期工程不同施工工法及监测点位布置

重庆轨道交通四号线二期工程线路下穿或侧穿诸多建筑、市政道路、学校、既有铁路、高压铁塔等结构，如重庆第十八中学、重庆市女子高级职业中学、福港大道、渝怀铁路、和煦家园、金鑫家园、渝东家园、巨龙·江山国际、鱼嘴实验中学办公楼、寺坪陵园、G_1～G_6 高压铁塔等，项目施工对周边环境的影响大。

作者所在研究团队基于图像视觉监测技术，对该工程项目开展监测。监测目的有四：一是查明待检隧道的基本情况，建立隧道的健康档案，为运营隧道养护档案、信息管理提供可靠的基础资料；二是评估待检隧道各部件的技术状况和隧道土建部分技术状况等级，掌握隧道的完好状态和退化程度，确定维修、加固或更换的优先程序；三是查明待检隧道的病害（缺损）情况，分析原因，为隧道的养护、维修、加固提供依据；四是揭示隧道安全隐患，对难以判断其损坏程度和原因的构件或部位，提出进一步专项或特殊检测、试验或监控的建议，确保运营安全。

二、技术方案

作者所在研究团队联合重庆大学自主研发了轨道交通快速检测系统装备，集成了激光扫描和多相机摄影，基于深度学习算法，实现病害自动识别与定位，具有效率快、精度高、成本低、易管理等特点。项目利用该装备高效完成工程任务，减少了大量人力、物力投入，相比定期人工巡检，通过技术创新使成本降低50%，大幅提升轨道运营全线检测效率，为城市轨道交通运营提供高效、准确的数据支撑。

（一）监测内容

监测内容和监测方法如表8.7-1所示。

隧道外观检测方法　　**表8.7-1**

项目名称	检测内容	检测方法
洞口	①山体有无滑坡，岩石有无崩塌的征兆；边坡、碎落台、护坡道等有无缺口、冲沟、潜流涌水、沉陷、塌落等。②护坡、挡土墙有无裂缝、断缝、倾斜、鼓出、滑动、下沉或表面风化；泄水孔有无堵塞、墙后积水，周围地基有无错台、空隙等	目测为主，钢卷尺等辅助测量
洞门	墙身有无开裂、裂缝；衬砌有无起层、剥落；结构有无倾斜、沉陷、断裂；混凝土钢筋有无外露	目测为主，钢卷尺及裂缝宽度测定仪等辅助测量
衬砌	衬砌有无裂缝、剥落；衬砌表层有无起层、剥落；墙身施工缝有无开裂、错位；洞顶有无渗漏水、挂冰。检查衬砌表面渗漏水状况，量测记录好渗漏水部位，并用数码相机做好标记等	以轨道检测设备为主，人工复核辅助测量
检修道	道路有无毁坏；盖板有无缺损；栏杆有无变形、锈蚀、破损等	以轨道检测设备为主，人工复核辅助测量
排水系统	结构有无破损，中央窨井盖、边沟盖板等是否完好，沟管有无开裂、漏水，排水沟（管）、积水井等有无淤积堵塞、沉砂、滞水、结冰等	目测为主
吊顶及预埋件	吊顶板有无变形、破损；吊杆是否完好等；有无漏水（挂冰）；预埋件是否完好，有无破损	以轨道检测设备为主，人工复核辅助测量
内装饰	防火涂层、瓷砖等内装饰有无开裂、剥落、脱空等；装饰板有无变形、破损等	以轨道检测设备为主，人工复核辅助测量
交通标志、标线	交通标志、标线是否清晰，有无损坏，是否缺失。 以隧道检测车为主采用徒步调查方式复核，辅助以裂缝测宽仪、钢卷尺、相机等对发现的病害进行进一步检查和记录	以轨道检测设备为主，人工复核辅助测量

（二）数据处理

1.数据整理

将在隧道内拍摄的所有图像文件统一格式，检查所有图像的质量。找到入洞口图像和出洞口图像，核算出入洞口之间的图片张数总和，并根据图片文件数量计算隧道实测长度。若实拍图像数量不够，则用空图像补齐图片张数。若实拍图像数量多余，则删除多余空白图像，一般情况入洞口前和出洞口后保留 5 张空图像以便后续操作调整（图 8.7-3、图 8.7-4）。

图 8.7-3 入洞口照

图 8.7-4 出洞口照

2. 数据处理

1）目录调序

一般而言，先处理采集设备所获取的左半幅图像。例如，在文件夹中共采集影像图片 200 张，最终要提取的图像是从序号 30～170。

2）亮度调节

左右半幅完成同目录调序后，根据采集的图像实际情况针对性地对图像进行亮度调节，根据实际情况针对参数自行进行调整。最终图像处理完成会自动覆盖处理前的图像（图 8.7-5）。

3）裁剪拼接

首先需要对左右半幅图像的偏移参数和重复率进行调整和裁剪。为了减少软件处理图像的时间，在调整参数的过程中先用 50 张图像来作小样本测试，确定好参数后再进行批量处理。参数设置完成后，在菜单栏选择“打桩”，如图 8.7-6 所示。

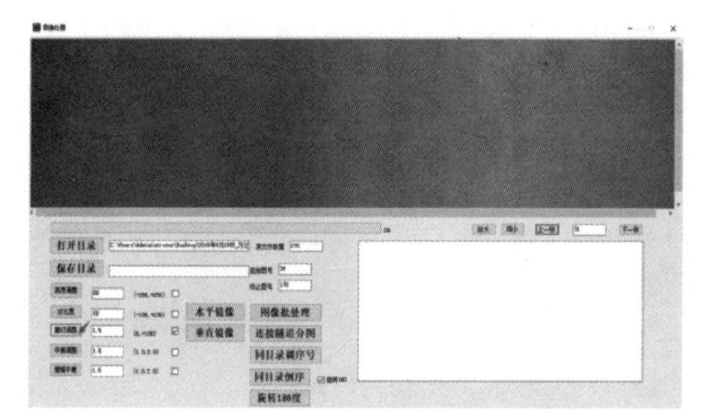

(a) 调整亮度前

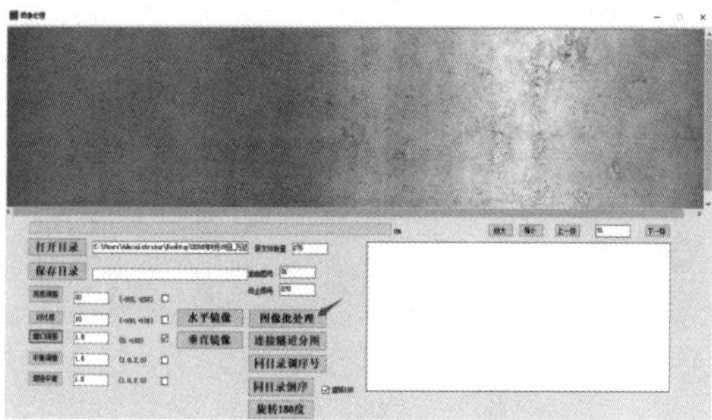

(b) 调整亮度后

图 8.7-5 调整亮度前后图像对比

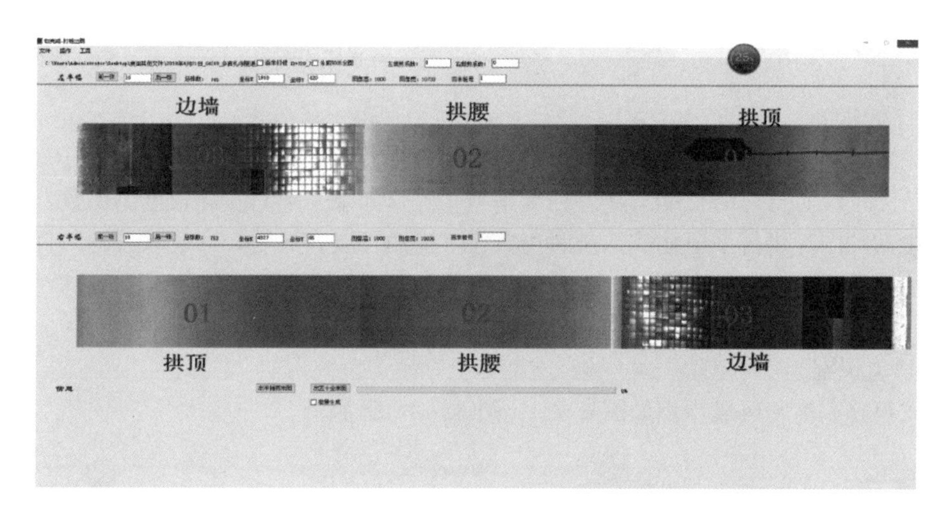

图 8.7-6 调整亮度前后图像对比

4）偏移参数调节

调整相机之间的偏移参数，调整前后对比如图 8.7-7 所示。

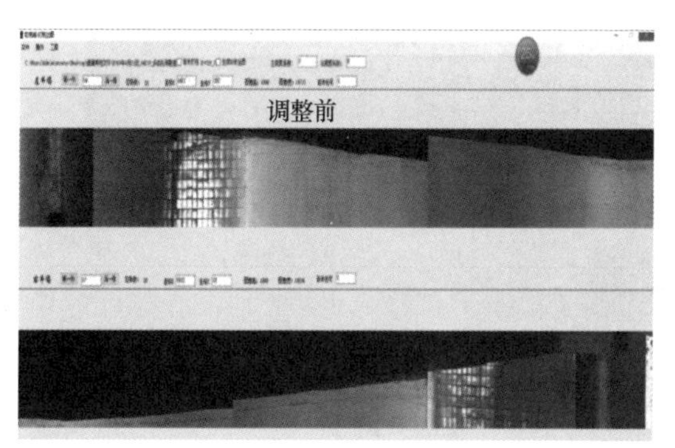

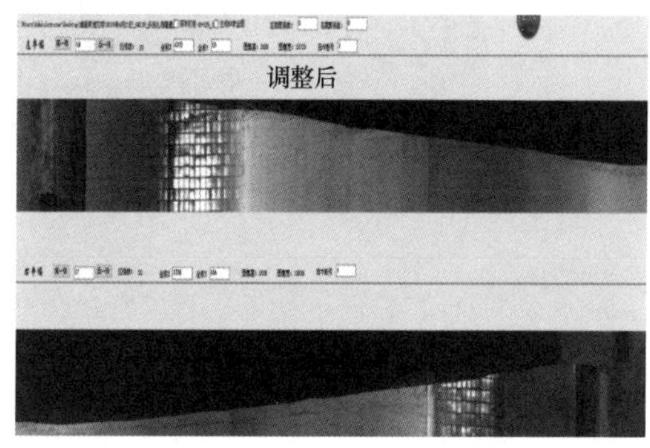

图 8.7-7 相机偏移参数调整前后对比

5）裁剪参数调整

用于采集图像的各个相机所采集图像之间存在部分相同时，需要对重复部分进行裁剪。为了把左右半幅图像拼接为一个整体隧道平面图，需要通过拱顶的重复部分来进行打桩校正操作（图 8.7-8）。

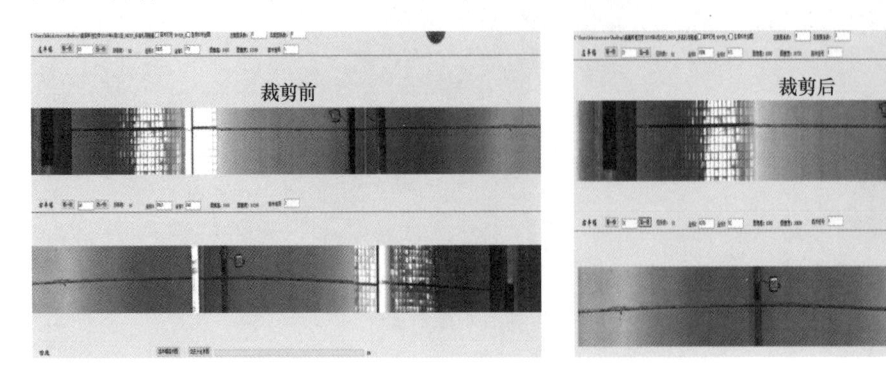

图 8.7-8 裁剪参数调整前后对比图

3. 打桩校正

首先需要在采集回来的隧道图像上进行长度打桩校正。打桩校正一般是每 100m 一个桩号。首先，核对打桩的长度与隧道长度是否一致。如果长度与实际长度不一致，通过增减桩号之间的图片张数来压缩或拉长距离校正隧道的长度。然后，通过软件的“百米半幅图”功能，批量把左右半幅的图像每 100m 拼接成一个图像，自动生成一个“百米图”图像。

4. 病害识别

裂纹纹路、渗水区域识别如图 8.7-9、图 8.7-10 所示。

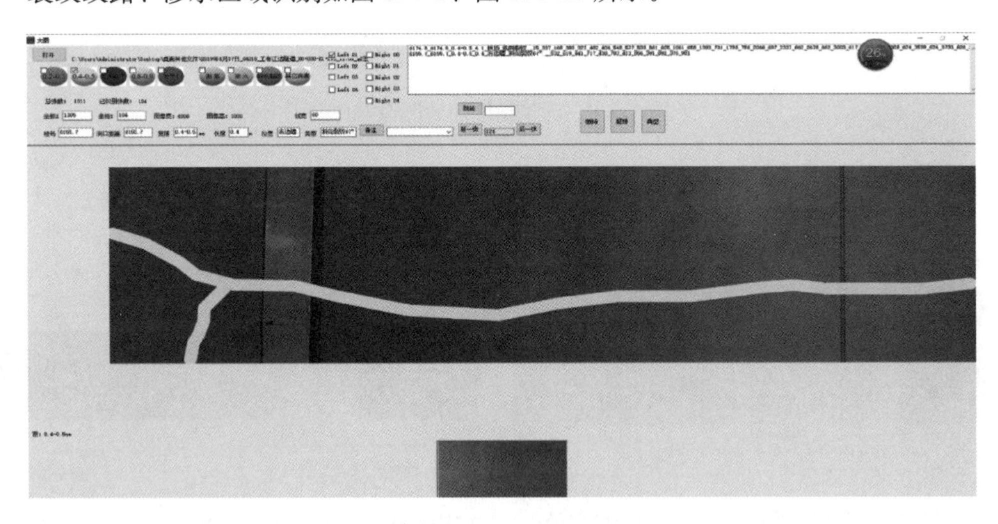

图 8.7-9 裂纹纹路识别

三、数据分析及评价

（一）评定标准

1. 隧道评定

隧道技术状况评定按照《公路隧道养护技术规范》JTG H12—2015 中有关隧道等级判定的规定进行。

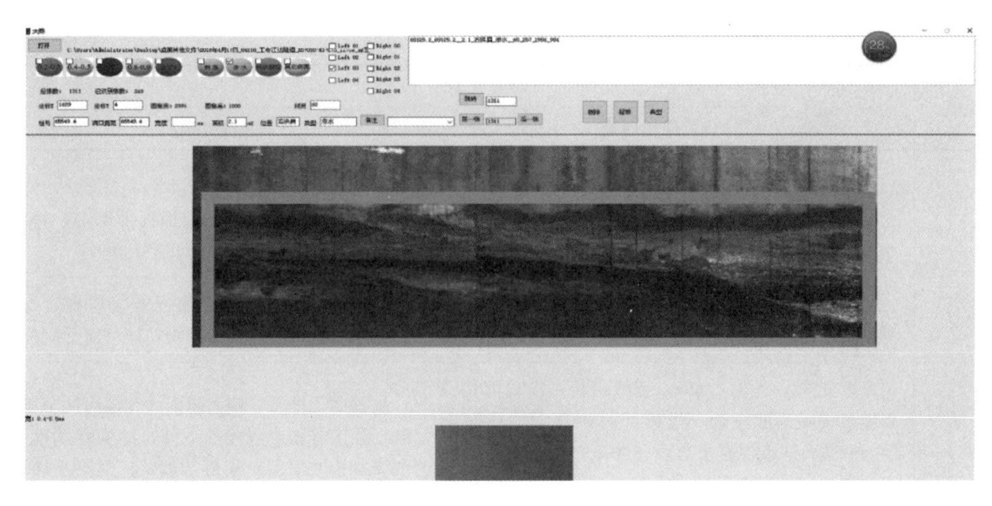

图 8.7-10　渗水区域识别

2. 土建结构评定

土建结构技术状况评定，分为 1 类、2 类、3 类、4 类和 5 类，先逐洞、逐段地对隧道土建结构各分项技术状况进行状况值评定，在此基础上确定各分项技术状况，再进行土建结构技术状况评定。

1）评定标准

隧道洞口、洞门、衬砌结构、衬砌渗漏水、路面、检修道、排水设施、吊顶、内装饰、交通标志标线等各分项技术状况评定标准应按表 8.7-2～表 8.7-11 执行。

隧道洞口技术状况评定标准　　**表 8.7-2**

状况值	技术状况描述
0	完好，无破坏现象
1	山体及岩体、挡土墙、护坡等有轻微裂缝产生，排水设施存在轻微破坏
2	山体及岩体裂缝发育，存在滑坡、崩塌的初步迹象，坡面树木或电线杆轻微倾斜，挡土墙、护坡等产生开裂、变形，土石零星掉落，排水设施存在一定裂损、阻塞
3	山体及岩体严重开裂，坡面树木或电线杆明显倾斜，挡土墙、护坡等产生严重开裂、明显的永久变形，墙角或坡面有土石堆积，排水设施完全堵塞、破坏，排水功能失效
4	山体及岩体有明显的滑动、崩塌现象，挡土墙、护坡断裂、外倾失稳、部分倒塌，坡面树木或电线杆倾倒等

隧道洞门技术状况评定标准　　**表 8.7-3**

状况值	技术状况描述
0	完好，无破坏现象
1	墙身存在轻微的开裂、起层、剥落
2	墙身结构局部开裂，墙身轻微倾斜、沉陷或错台，壁面轻微渗水，尚未妨害交通
3	墙身结构严重开裂、错台；边墙出现起层、剥落、混凝土块可能掉落或已有掉落；钢筋外露，受到锈蚀，墙身有明显倾斜、沉陷或错台趋势，壁面严重渗水（挂冰），将会妨害交通
4	洞门结构大范围开裂、砌体断裂、混凝土块可能掉落或已有掉落；墙身出现部分倾倒、垮塌，存在喷水或大面积挂冰等，已妨碍交通

衬砌破损技术状况评定标准　　表 8.7-4

状况值	技术状况描述	
	外荷载作用所致	材料劣化所致
0	结构无裂损、变形和背后空洞	材料无劣化
1	出现变形、位移、沉降和裂缝，但无发展或已停止发展	存在材料劣化，钢筋表面局部腐蚀，衬砌无起层、剥落，对断面强度几乎无影响
2	出现变形、位移、沉降和裂缝，发展缓慢，边墙衬砌背后存在空隙，有扩大的可能性	材料劣化明显，钢筋表面全部生锈、腐蚀，断面强度有所下降，结构物功能可能受到损害
3	出现变形、位移、沉降，裂缝密集，出现剪切性裂缝，发展速度较快；边墙处衬砌压裂，导致起层、剥落，边墙混凝土有可能掉下；拱部背面存在大的空洞，上部落石可能掉落至拱背；衬砌结构侵入内轮廓界限	材料劣化严重，钢筋断面因腐蚀而明显减小，断面强度有相当程度的下降，结构物功能受到损害；边墙混凝土起层、剥落、混凝土块可能掉落或已有掉落
4	出现变形、位移、沉降，裂缝密集，出现剪切性裂缝，并且发展快速；由于拱顶裂缝密集，衬砌开裂，导致起层、剥落，混凝土块可能掉下；衬砌拱部背面存在大的空洞，且衬砌有效厚度很薄，空腔上部可能掉落至拱背；衬砌结构侵入建筑限界	材料劣化非常严重，断面强度明显下降，结构物功能损害明显；由于拱部材料劣化，导致混凝土起层、剥落，混凝土块可能掉落或已有掉落

衬砌渗漏水技术状况评定标准　　表 8.7-5

状况值	技术状况描述
0	无渗漏水
1	衬砌表面存在浸渗，对行车无影响
2	衬砌拱部有滴漏，侧墙有小股涌流，路面有浸渗但无积水，拱部、边墙因渗水少量挂冰，边墙脚积冰；不久可能会影响行车安全
3	拱部有涌流，侧墙有喷射水流，路面积水，砂土流出，拱部衬砌因渗水形成较大挂冰、胀裂，或涌水积冰至路面边缘，影响行车安全
4	拱部有喷射水流，侧墙存在严重影响行车安全的涌水，地下水从检查井涌出，路面积水严重，伴有严重的砂土流出和衬砌挂冰，严重影响行车安全

隧道路面技术状况评定标准　　表 8.7-6

状况值	技术状况描述
0	路面完好
1	路面有浸湿、轻微裂缝、落物等，引起使用者轻微不舒适感
2	路面有局部的沉陷、隆起、坑洞、表面剥落、露骨、破损、裂缝，轻微积水，引起使用者明显的不舒适感，可能会影响行车安全
3	路面出现较大面积的沉陷、隆起、坑洞、表面剥落、露骨、破损、裂缝，积水严重等，影响行车安全；抗滑系数过低引起车轮打滑
4	路面大面积的明显沉陷、隆起、坑洞，路面板严重错台、断裂、表面剥落、露骨、破损、裂缝，出现漫水、结冰或堆冰，严重影响交通安全，可能导致交通意外事故

检修道技术状况评定标准　　**表 8.7-7**

状况值	技术状况描述	
	定性描述	定量描述
0	护栏、路缘石及检修道面板均完好	—
1	护栏变形，路缘石或检修道面板少量缺角、缺损，金属有局部锈蚀，尚未影响其使用功能	护栏、面板、路缘石损坏长度≤10%，缺失长度≤3%
2	护栏变形损坏，螺栓松动、扭曲，金属表面锈蚀，部分路缘石或检修道面板缺损、开裂，部分功能丧失，可能会影响行人和交通安全	护栏、面板、路缘石损坏长度＞10%且≤20%，缺失长度＞3%且≤10%
3	护栏倒伏、严重损坏，侵入限界，路缘石或检修道面板缺损开裂或缺失严重，原有功能丧失，影响行人和交通安全	护栏、面板、路缘石缺失率＞20%，缺失长度＞10%

洞内排水设施技术状况评定标准　　**表 8.7-8**

状况值	技术状况描述
0	设施完好，排水功能正常
1	结构有轻微破损，但排水功能正常
2	轻微淤积，结构有破损，暴雨季节出现溢水，可能会影响交通安全
3	严重淤积，结构较严重破损，溢水造成路面局部积水、结冰，影响行车安全
4	完全阻塞，结构严重破损，溢水造成路面积水漫流、大面积结冰，严重影响行车安全

吊顶及预埋件技术状况评定标准　　**表 8.7-9**

状况值	技术状况描述
0	吊顶完好
1	存在轻微变形、破损、浸水，尚未妨碍交通
2	吊顶破损、开裂，滴水，吊杆等预埋件锈蚀，尚未影响交通安全
3	吊顶存在较严重的变形、破损，出现涌流、挂冰，吊杆等预埋件严重锈蚀，可能影响交通安全
4	吊顶严重破损、开裂甚至掉落，出现喷涌水、严重挂冰，各种预埋件和悬吊件严重锈蚀或断裂，各种桥架和挂件出现严重变形或脱落，严重影响行车安全

注：本分项含各种灯具、通风机等拱顶设备的悬吊结构评定。

内装饰技术状况评定标准　　**表 8.7-10**

状况值	技术状况描述	
	定性描述	定量描述
0	内装饰完好	—
1	个别内装饰板或瓷砖变形、破损，不影响交通	损坏率≤10%
2	部分内装饰板或瓷砖变形、破损、脱落，对交通安全有影响	损坏率＞10%，且≤20%
3	大面积内装饰板或瓷砖变形、破损、脱落，严重影响行车安全	损坏率＞20%

交通标志标线技术状况评定标准 **表 8.7-11**

状况值	技术状况描述	
	定性描述	定量描述
0	完好	—
1	存在脏污、不完整，尚未妨碍交通	损坏率≤10%
2	存在脏污、部分脱落、缺失，可能会影响交通安全	损坏率>10%，且≤20%
3	大部分存在脏污、脱落、缺失，影响行车安全	损坏率>20%

2）评定方法

（1）土建结构技术状况评分计算式：

$$JGCI = 100\left[1 - \frac{1}{4}\sum_{i=1}^{n}\left(JGCI_i \times \frac{w_i}{\sum_{i=1}^{n} w_i}\right)\right] \tag{8.7-1}$$

式中，w_i 是分项权重，$JGCI_i$ 是分项状况值，值域 0～4。

（2）分项状况值计算式：

$$JGCI_i = \max(JGCI_{ij}) \tag{8.7-2}$$

式中，$JGCI_{ij}$ 是各分项检查段落技术状况值；j 是检查段落号，按实际分段数量取值。

（3）土建结构各分项权重宜按表 8.7-12 取值。

土建结构各分项权重表 **表 8.7-12**

分项		分项权重 w_i	分项	分项权重 w_i
洞口		15	检修道	2
洞门		5	排水设施	6
衬砌	结构破损	40	吊顶及预埋件	10
	渗漏水		内装饰	2
路面		15	交通标志、标线	5

（4）土建结构技术状况评定分类界限值宜按表 8.7-13 的规定执行。

土建结构技术状况等级界限值 **表 8.7-13**

技术状况评分	土建结构技术状况评定分类				
	1 类	2 类	3 类	4 类	5 类
JGCI	≥85	≥70，<85	≥55，<70	≥40，<55	<40

（5）土建结构技术状况评定时，当洞口、洞门、衬砌、路面和吊顶及预埋件项目的评定状况值达到 3 或 4 时，对应土建结构技术状况应直接评为 4 类或 5 类。

在公路隧道技术状况评价中，有下列情况之一时，隧道土建技术状况评定应评为 5 类隧道：

① 隧道洞口边仰坡不稳定，出现严重的边坡滑动、落石等现象；

② 隧道洞门结构大范围开裂、砌体断裂、脱落现象严重，可能危及行车道内的通行安全；

③ 隧道拱部衬砌出现大范围开裂、结构性裂缝深度贯穿衬砌混凝土；

④ 隧道衬砌结构发生明显的永久变形，且有危及结构安全和行车安全的趋势；

⑤ 地下水大规模涌流、喷射，路面出现涌泥沙或大面积严重积水等威胁交通安全的现象；

⑥ 隧道路面发生严重隆起，路面板严重错台、断裂，严重影响行车安全；

⑦ 隧道洞顶各种预埋件和悬吊件严重锈蚀或断裂，各种桥架和挂件出现严重变形或脱落。

（二）数据分析

项目累计运行 50km，全部采用自研的轨道交通快速智能检测系统。其中，某区间右线共有衬砌裂缝病害 1660 处，总长度：4093.93m，斜向裂纹总共 249 处，总长度：594.71m，最大宽度：0.58mm；环向裂纹总共 1226 处，总长度：2995.84m，最大宽度：1.25mm；纵向裂纹总共 163 处，总长度：500.61m，最大宽度：0.59mm。右线衬砌裂缝病害分布情况：拱顶 557 处，拱腰 741 处，边墙 362 处，右线共有衬砌剥落病害 7 处以及衬砌渗水病害 285 个（图 8.7-11）。

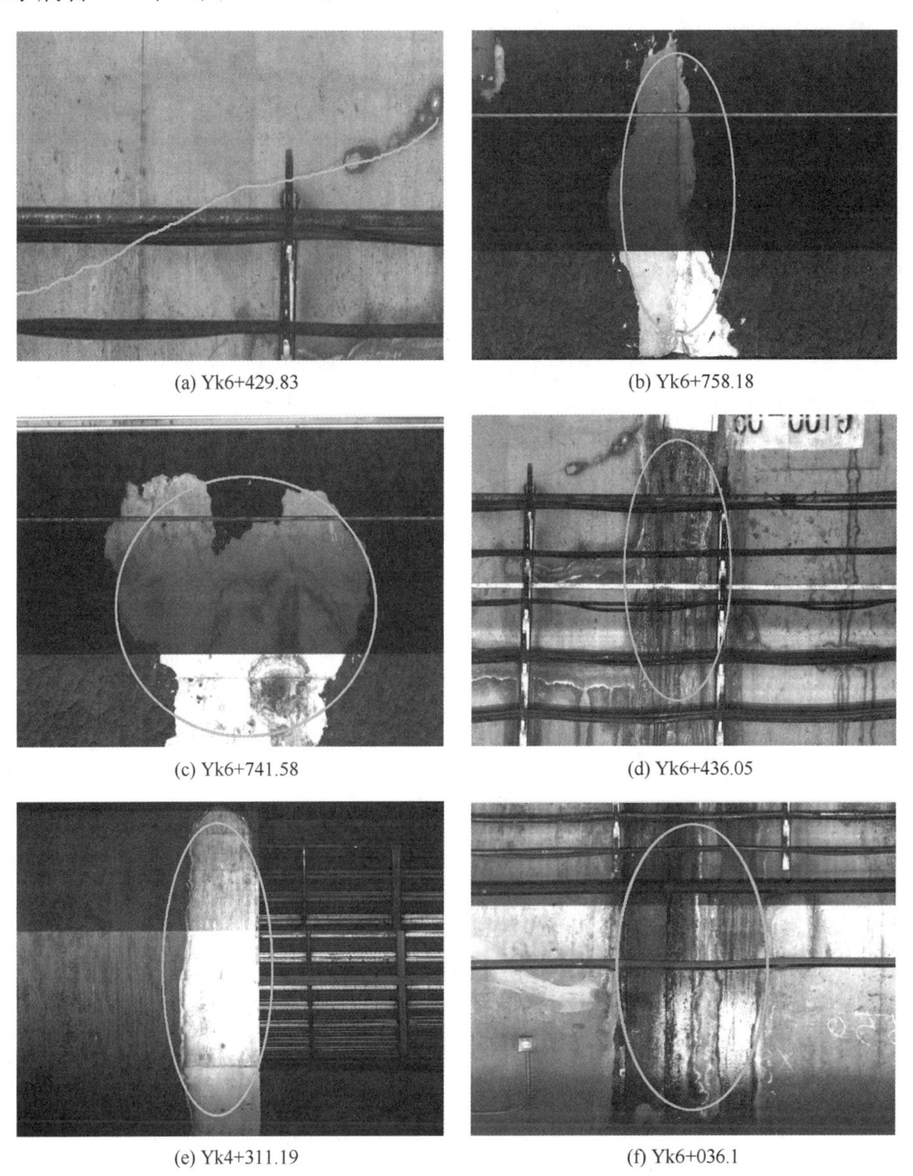

(a) Yk6+429.83　(b) Yk6+758.18

(c) Yk6+741.58　(d) Yk6+436.05

(e) Yk4+311.19　(f) Yk6+036.1

图 8.7-11　隧道内部病害检测图像（一）

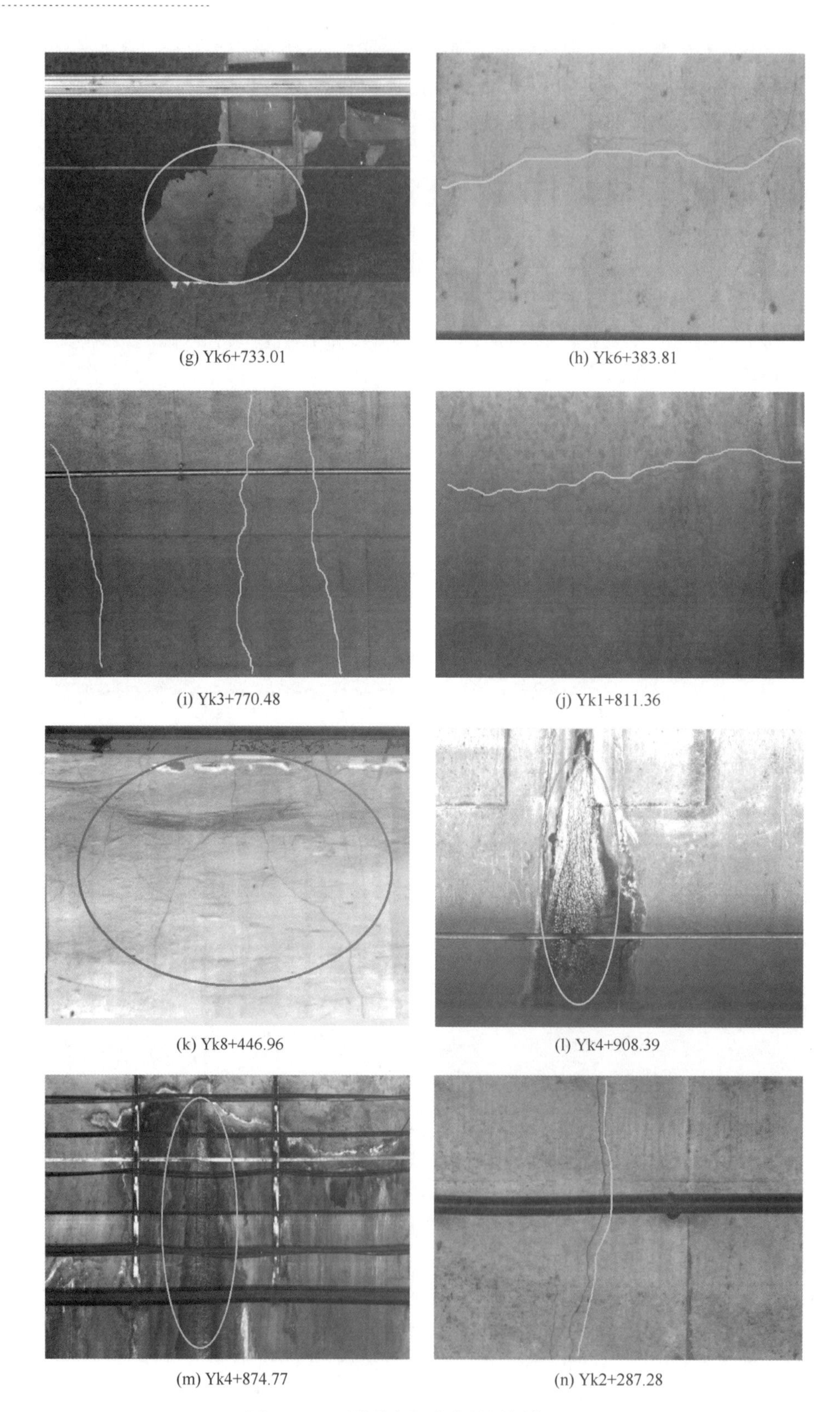

(g) Yk6+733.01

(h) Yk6+383.81

(i) Yk3+770.48

(j) Yk1+811.36

(k) Yk8+446.96

(l) Yk4+908.39

(m) Yk4+874.77

(n) Yk2+287.28

图 8.7-11 隧道内部病害检测图像（二）

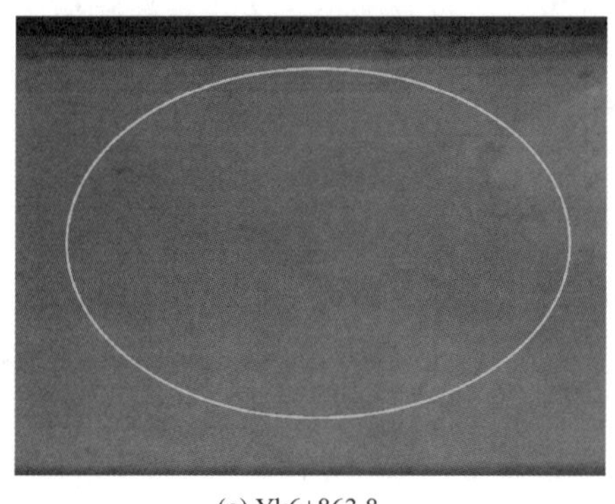

(o) Yk6+863.8

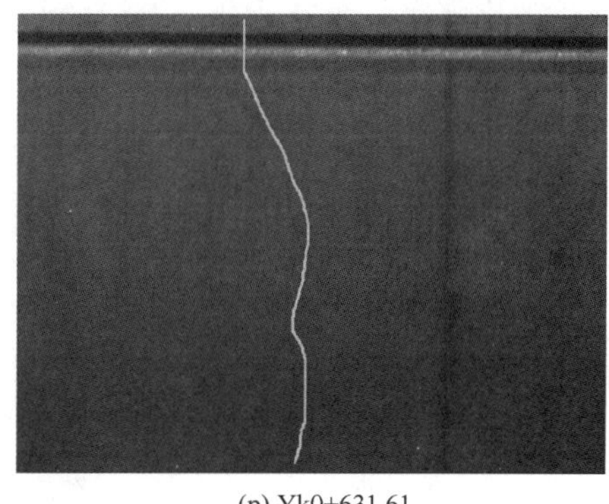

(p) Yk0+631.61

图 8.7-11　隧道内部病害检测图像（三）

轨道隧道病害原因为：二次衬砌承担荷载较大，导致开裂；部分微小裂缝也有可能是混凝土施工时产生的塑性收缩裂缝，或者是大体积混凝土水化热导致的温度裂缝；边墙或隧底施工不规范，导致拱脚位置基础稳定性差，边墙应力集中产生纵向、斜向裂缝。

轨道隧道的连拱隧道自身独特的直中墙结构型式，使得连拱隧道的直中墙部位的防排水有别于一般隧道，考虑到衬砌渗漏水主要涉及以下几个方面原因：①防水板老化变脆，在围岩压力作用下局部破碎、拉裂，使防水系统破坏，施工缝处止水带老化，局部剥落，丧失止水作用；②隧道局部的衬砌混凝土的抗渗性能较差，未达到对混凝土结构自身防水的要求；③隧道裂缝较多，衬砌中富余水量沿裂缝漫流。

通过引入以图像视觉为主要元件的轨道交通快速检测系统装备，减少人工巡检频率，降低了作业安全风险，提高了轨道交通的安全保障能力。通过智能化技术手段，为城市轨道交通运营检测起到了示范作用，促进了行业在城市轨道交通管理中的推广应用，有效提升了轨道交通的治理、管理能力。

第八节　本 章 小 结

图像识别技术的快速发展，促进了高精度识别微小变形的可能。由于具有成本低、使用简便、实时监测的优点，图像识别技术被广泛应用在安全监测领域。

作者所在研究团队提出了一种基于激光光斑漂移的亚毫米监测技术，自主研发了集成激光发射与成像的智能终端设备，通过对光斑相对漂移量的监测来获取建筑物的相对形变量，构建了面向物联网的安全监测系统，完成对被监测点数据的自动化采集，提高了现有安全监测系统的数据处理能力与自动化水平，降低了人力成本。

同样利用图像视觉技术，创新性地基于水准气泡对倾斜变化的高精度和高灵敏度反应特点，通过处理 CCD 摄像头获得的管水准器刻度和气泡图像，实现对倾角的测量，极大地节省了倾斜监测的成本。

通过机器视觉元件获取数字图像信息，采用相关算法进行自动化数据处理，可一次识别出多条裂缝并实现亚毫米级的高精度裂缝长度和宽度测量，实现了高效率、低成本、实时性、非接触、高精度的裂缝测量，为裂缝病害检测与监测提供了一条前景广阔的智能化技术路线。

为保护历史建筑，作者所在研究团队基于近景摄影技术，结合人工智能领域的背景建模、行为模式识别等算法，研发了适应多场景、兼容多设备的智能监控系统，为历史建筑保护监测提供了技术保障。

在应用实践方面，基于图像视觉监测技术，采用自主研发的轨道交通快速检测系统装备对重庆轨道交通四号线项目开展监测。查明了待检隧道的基本情况，建立了隧道的健康档案，为运营隧道养护管理提供了可靠的基础资料，评估了待检隧道各部件的技术状况和隧道土建部分的技术状况等级，掌握了隧道的当前状态和退化程度，查明了待检隧道的病害情况，为隧道的养护、维修、加固提供了依据。本项目还揭示了隧道安全隐患，对难以判断其损坏程度和原因的构件或部位，提出进一步专项或特殊检测、试验或监控的建议，确保运营安全。

参考文献

[1] 贾永红，何彦霖，黄艳．机器视觉技术基础[M]．武汉：武汉大学出版社，2023.

[2] 贾永红．数字图像处理[M]．武汉：武汉大学出版社，2023.

[3] 张永军．基于序列图像的视觉检测理论与方法[M]．武汉：武汉大学出版社，2008.

[4] 王庆有．图像传感器应用技术[M]．北京：电子工业出版社，2020.

[5] 张恒，滕德贵，王大涛．激光光斑检测方法在变形监测中的应用[J]．测绘通报，2018(S1)：43-46.

[6] 滕德贵，张恒，王大涛，等．基于激光光斑检测实现亚毫米级自动化监测[J]．矿业研究与开发，2020，40(12).

[7] 张恒，滕德贵，胡波，等．基于图像识别的激光光斑漂移检测的亚毫米位移监测软件[P].

[8] 郭鸿雁，梁肖，李科，等．基于机器视觉的隧道表观病害监测技术研究[J]．地下空间与工程学报，2023，19(5)：1633-1645，1664.

[9] 孙万捷．图像的视觉搜索建模和重采样方法研究[D]．武汉：武汉大学，2023.

[10] 杨光义，黄奇华，金伟正，等．基于中央凹视觉的梯度结构相似性图像质量评价[J]．武汉大学学报(理学版)，2018，64(6)：518-524.

[11] 张飞艳，谢伟，陈荣元．基于视觉加权的奇异值分解压缩图像质量评价测度[J]．电子与信息学报，2010，32(5)：1061-1065.

[12] 刘鹏．基于激光投射和图像识别的深基坑位移监测方法研究[D]．大连：大连理工大学，2019.

[13] 钟莎．基于 Qt 的机车轮轨相对位移的图像检测系统设计[D]．石家庄：石家庄铁道大学，2016.

[14] 刘昊．基于激光投射传感技术和智能手机的结构位移监测方法研究[D]．大连：大连理工大学，2016.

[15] 王昊．隧道形变动态检测与分析系统研究[D]．北京：北京交通大学，2016.

[16] 张宇．数字图像梯形畸变校正算法研究与视频实时校正应用[D]．合肥：安徽大学，2014.

[17] 曹剑英．基于计算机视觉的热物理激光光斑位置精确测量方法设计[J]．激光杂志，2021.

[18] 张可人，李夕雯，冯祥．基于视觉特性的激光光斑图像分割方法研究[J]．激光杂志，2021.

[19] 罗杰，秦来安，侯再红，等．激光光斑分布测量系统中光纤传光特性[J]．光学学报，2021.

[20] 张少迪，孙宏海．远距离激光光斑位置高精度测量方法[J]．中国激光，2012.

[21] 职晓晓．数据挖掘技术的激光光斑中心建模研究[J]．激光杂志，2019.

第九章　监测大数据平台

第一节　发 展 现 状

我国自 20 世纪 90 年代中期开始对安全监测系统开展了相关研究，先后在香港青马大桥、润扬长江大桥、上海徐浦大桥、江阴大桥的监测过程中建立了结构安全监测系统。近几年，安全监测系统不仅应用于桥梁，也广泛应用于建筑、隧道、公路、大坝、基坑、边坡等对象，应用阶段也逐步向全生命周期的安全监测方向发展。

目前的测绘市场上，南方测绘、华测导航、徕卡、天宝等设备厂商都提供了与其所生产的测绘仪器设备配套的通用监测平台软件；武汉大学、同济大学、中南大学和西南交通大学等高校也先后研制了工程监测软件平台。

就现有的安全监测系统而言，大多侧重于信息化管理系统，采用数据层、逻辑层、界面层等多层结构设计法，集成了众多业务模块；架构方面多采用单体式或面向服务的架构（Service-Oriented Architecture，SOA）且部署在一台服务器上，随着项目数量、监测数据量和服务用户数的增多，出现各业务模块性能低、维护困难、扩展性差等问题。

作者所在研究团队面向工程设施及地质灾害的变形监测、精细化管理和智能化监管等重大需求，对各类监测数据进行标准化设计，研制了采集传输一体化智能硬件装备，形成了多源异构数据的动态接入技术体系，构建了基于深度学习的智能预测模型，研发了高效稳定的分布式数据接入、数据流式计算、空间数据动态调度和智能报表等多引擎驱动的智能监测大数据平台。

第二节　平 台 架 构

针对安全监测系统在海量数据接入与汇聚、并行计算与分析、数据共享与服务、系统建设与应用过程中存在的问题和痛点，作者所在研究团队自主研发了城市安全监测大数据平台。平台集成了超过 30 种的多源异构监测传感数据；研发了各类监测数据处理和计算的通用算法框架，设计了标准、全面、可扩展的输入参数和输出结果；构建了分布式数据计算中台和流式处理引擎，实现了多种类、海量数据的分布式协同并发的在线流式计算；研究了基于 OpenXML 和 XPath 技术的可编程动态模板设计技术，通过设计不同的模板标签，支持文本、表格、图像、图表、序号、循环、条件判断、脚本编程等，构建满足不同行业、不同项目、不同用户需求的可订制的智能化自动报表引擎；构建了基于 Open-Layers、Cesium、photo-sphere-viewer 等技术的空间数据底图自适应调度引擎，实现监测数据的空间可视化管理；构建基于深度学习的图卷积和多维时空数据特征融合的变形预测模型，及时获取变形体的变化态势；基于微服务架构和容器技术建设包括数据服务、模型服务、共享服务及应用服务在内的开放型基础设施智能预警监测云平台。

平台能够灵敏感知工程项目的现场运行状况，分析各监测子要素风险及相互耦合关系，实现了安全生命线风险的及时感知、早期预警、高效应对和正确决策，提高了监测数据获取与服务管理效率，推动了安全监测行业的科技进步，强化了基础设施安全运营保障能力，为城市精细化、智能化运维与管理提供支撑。平台的总体架构如图 9.2-1 所示。

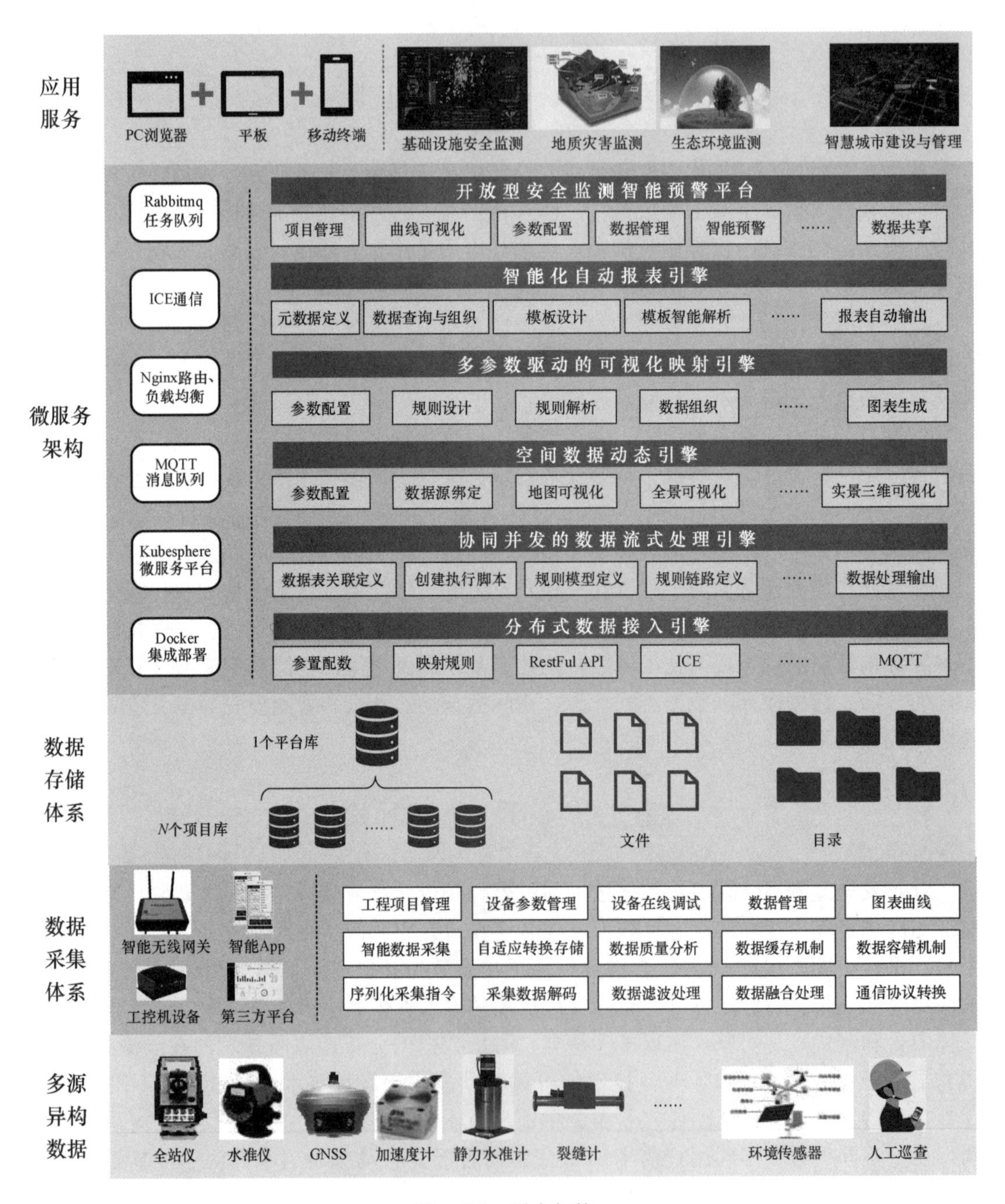

图 9.2-1 平台架构

第三节　多源数据集成

安全监测大数据平台包含了支持多平台、多协议、多技术方式下的软硬件多源异构数据集成的技术体系，支持多厂商、多类型传感设备采集数据的统一集成以及第三方应用平台共享数据的快速集成。

一、传感采集数据集成

为适应不同的应用场景，作者所在研究团队针对传感采集数据集成，研发了智能无线数据网关和工控机数据采集软件。其中，智能无线数据网关具有小巧轻便、安装便捷的优点，工控机则适用于现场需要完成大量计算和存储的应用场景。

二、移动智能 App 数据集成

目前，在部分特殊应用场景和相关要求下，人工监测数据采集仍然是一种不可或缺的数据获取方式。但在现有人工模式下，从数据采集到数据存储、再到数据处理、数据质检，还存在数据流转脱节、管理混乱的现象，无法做到一体化、智能化，导致了监测数据反馈滞后，意外丢失，真实性难以保障，数据容易被篡改以及处理效率低等问题。作者所在研究团队针对上述问题，研发了移动智能数据采集 App（图 9.3-1），将人工数据采集方式纳入到安全监测大数据平台的建设标准体系架构中来，对人工采集数据进行加密处理和远程上报，实现了无纸化、可监管、全自动的安全高效闭环式生产模式。

（一）整体架构

智能数据采集 App 包括项目管理、全站仪测量数据采集、水准仪测量数据采集、各类传感器人工数据采集和人工巡查上报等功能模块。工作人员使用全站仪和水准仪完成监测后，立即进行在线数据质量校核和计算，若合格，将直接上报数据至平台；若超限，将第一时间提示重测，大大降低了返工重测的概率。传感器数据采集和人工巡查采集支持多种类型设备，仅需在平台完成项目接入类型的配置后，App 端将动态、自适应地下载相应类型的数据表单，提供给用户进行数据录入操作。整体功能模块架构如图 9.3-2 所示。

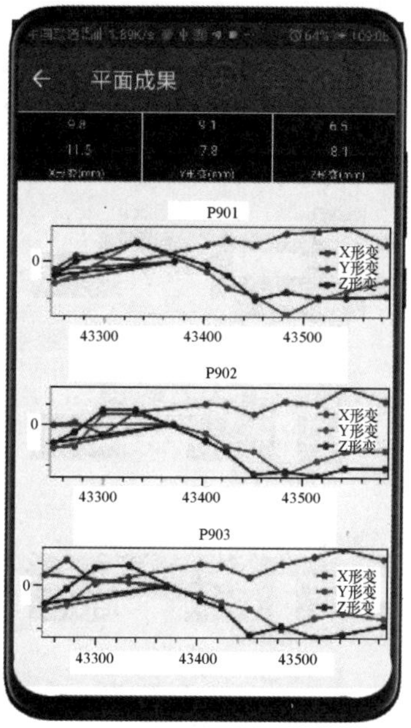

图 9.3-1　智能终端 App

（二）全站仪数据采集

全站仪数据采集功能模块支持多种主流全站仪厂商及产品型号，实现了包括定向、交会、支点、测回法等多种测量模式，利用该功能模块可进行平面位移、沉降、收敛、倾斜等类型的数据采集，如图 9.3-3 所示。

（三）水准仪数据采集

水准仪数据采集功能模块支持多种主流全站仪厂商及产品型号，利用该功能模块可进行沉降类型的数据采集，测量完毕后现场计算高程闭合差，若超限用户可立即进行核实，大大提高了工作效率，如图 9.3-4 所示。

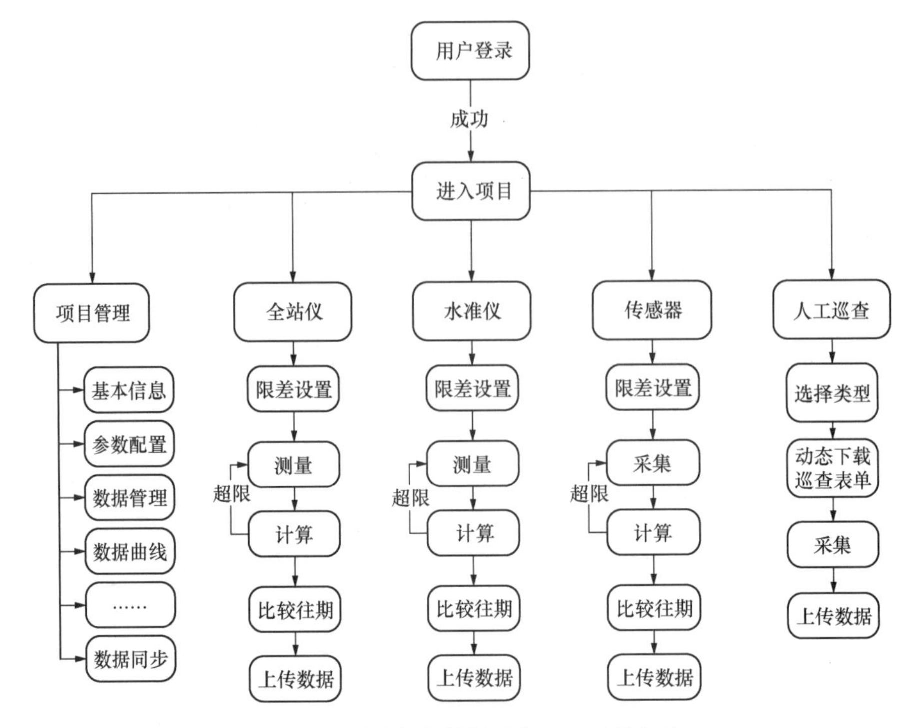

图 9.3-2 移动智能数据采集 App 功能架构

测站观测

测站:zd7 高:0 m 测回:2 个
后视:PC01 高:0.0000 m 点组:1
测点:P12 高:0.0000 m 阈值:0.1 m
气压:990 MPa 温度:30 ℃ 点数:35 个

定向 交会 支点 人工 自动

测量	计算	重测	转盘
P12:0,2,	185.5203,	268.37396,	171.8135
P12:0,2,	5.52034,	91.222,	171.8139
P12:0,1,	185.52031,	268.374,	171.8134
P12:0,1,	5.52036,	91.22213,	171.8138
P02:0,2,	183.58486,	266.04011,	168.7614
P02:0,2,	3.58487,	93.55591,	168.7622
P02:0,1,	183.58486,	266.04011,	168.7613
P02:0,1,	3.58491,	93.55587,	168.7619
P11:0,2,	183.54087,	268.46591,	192.699
P11:0,2,	3.54096,	91.13001,	192.7011
P11:0,1,	183.54091,	268.47031,	192.6986
P11:0,1,	3.54111,	91.12545,	192.7007

点：P12：测回数已完成 提示

测站观测

测站:zd7 高:0 m 测回:2 个
后视:PC01 高:0.0000 m 点组:
测点 高:0.000 m 阈值:0.1 m
气压:990 MPa 温度:30 ℃ 点数:10 个

定向测量

测站：zd7
后视：PC01
水平角：0.00592
方位角：193.42059
距离差：-0.0008
使用当前定向数据

取消 确定

图 9.3-3 全站仪数据采集

（四）传感器数据采集

传感器数据采集支持多家设备厂商及产品型号，通过开发通用表单引擎，在监测平台任意配置传感数据表单类型及计算规则，移动智能 App 端即可自动读取、下载、生成采

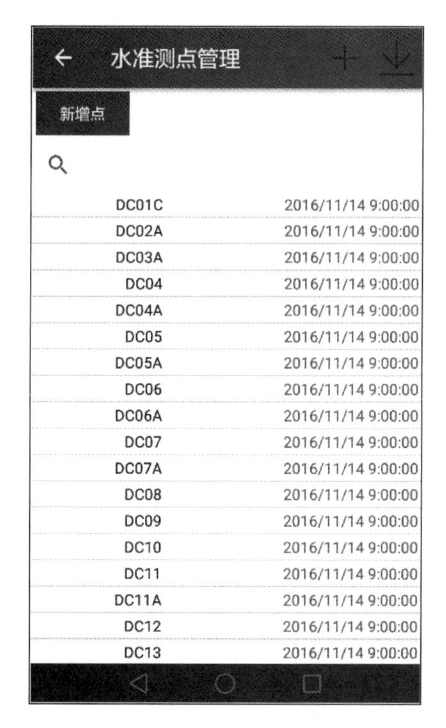

图 9.3-4　水准仪数据采集

集表单，并支持该类型的数据计算和校验，实现动态适配和扩展传感设备类型，如图 9.3-5所示。

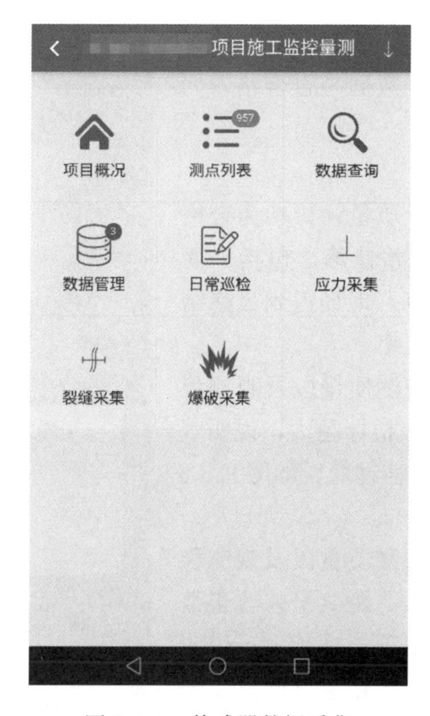

图 9.3-5　传感器数据采集

(五) 巡查数据采集

巡查数据采集模块实现了无纸化巡查，根据实际项目巡查需求可自定义配置数据表单和数据项，具有极强的灵活性和拓展性，如图 9.3-6 所示。

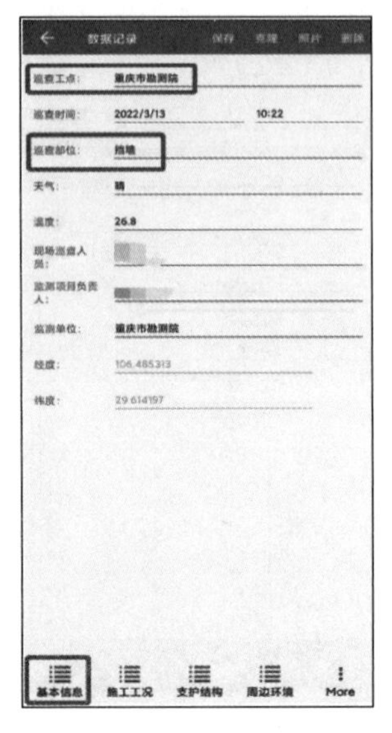

图 9.3-6 巡查数据采集

(六) 观测数据质量评价

在外业数据采集完成后，根据监测数据以及规范要求可对数据观测质量进行自动化评价，尽可能减少人工操作等客观因素对数据的影响。工作人员可现场查看观测数据是否合格，如图 9.3-7 所示。

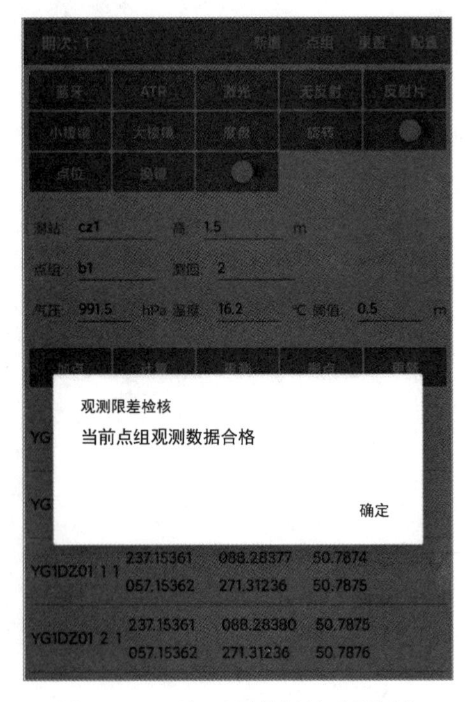

图 9.3-7 现场观测数据的质量评价

(七) 数据平差计算

在所有数据观测完毕以及质量评价均为合格后，可在 App 端进行数据平差计算，包括平面网平差计算和高程网平差计算，现场得到最终结果，进一步降低错误率和返工率。

高程网平差计算，评价观测质量以及观测稳定性的指标是高程中误差，该指标越大，说明观测的精度越不可靠，观测稳定性越低，如图 9.3-8 所示。

平面网平差计算，评价观测质量以及观测稳定性的指标是方向平差改正数、距离平差改正数以及平差坐标点位精度，这三项指标越大，说明观测的精度越不可靠，观测稳定性越低，如图 9.3-9～图 9.3-11 所示。

平差后高程值

序号	点名	高程(m)	高程中误差(mm)
1	PJ508	192.4151	
2	PJ510	192.3083	
3	PJ511	191.2782	
4	PJ512	192.2944	
5	PJ529	190.8799	
6	PZD2	187.3346	0.85
7	QM11S	192.2481	4.34
8	QM10S	192.2779	4.18
9	QM09S	192.2542	3.95
10	QM08S	192.2591	3.68
11	QM07S	192.2852	3.40
12	QM06S	192.2723	3.27
13	QM05S	192.2523	3.15

图 9.3-8　高程平差精度评定

方向平差结果

从	到	观测值类型	观测值	精度	改正数	平差结果	多余观测分量
PZD2	PJ508	L	0.000000	1.00	5.92	0.000592	0.77
PZD2	QM11S	L	121.260580	1.00	-0.00	121.260580	0.00
PZD2	QM10S	L	123.053530	1.00	0.00	123.053530	0.00
PZD2	QM09S	L	126.015230	1.00	-0.00	126.015230	0.00
PZD2	QM08S	L	130.310050	1.00	-0.00	130.310050	0.00
PZD2	QM07S	L	136.415930	1.00	-0.00	136.415930	0.00
PZD2	QM06S	L	140.203880	1.00	-0.00	140.203880	0.00
PZD2	QM05S	L	144.211840	1.00	-0.00	144.211840	0.00
PZD2	PJ529	L	215.352340	1.00	-5.04	215.351836	0.77
PZD2	PJ511	L	245.130020	1.00	10.78	245.124942	0.75
PZD2	PJ512	L	294.523230	1.00	10.56	294.524286	0.76
PZD2	PJ510	L	351.301670	1.00	0.67	351.301603	0.77

图 9.3-9　方向平差

距离平差结果

从	到	观测值类型	观测值	精度	改正数	平差结果	多余观测分量
PZD2	PJ508	S	78.4284	0.011	0.035	78.4287	0.68
PZD2	QM11S	S	320.0765	0.013	0.000	320.0765	0.00
PZD2	QM10S	S	296.9137	0.013	-0.000	296.9137	0.00
PZD2	QM09S	S	263.9248	0.013	0.000	263.9248	0.00
PZD2	QM08S	S	226.6215	0.012	-0.000	226.6215	0.00
PZD2	QM07S	S	191.3573	0.012	0.000	191.3573	0.00
PZD2	QM06S	S	176.1986	0.012	0.000	176.1986	0.00
PZD2	QM05S	S	162.6716	0.012	0.000	162.6716	0.00
PZD2	PJ529	S	122.9896	0.011	-0.139	122.9882	0.70
PZD2	PJ511	S	51.0639	0.011	0.364	51.0675	0.59
PZD2	PJ512	S	39.1843	0.010	0.223	39.1821	0.53
PZD2	PJ510	S	77.1371	0.011	0.117	77.1382	0.67

图 9.3-10　距离平差

平差坐标及其精度

点名	X坐标(m)	Y坐标(m)	X向精度(cm)	Y向精度(cm)	点位精度(cm)	椭圆E(cm)	椭圆F(cm)	椭圆T(dms)
PJ508	[illegible]	[illegible]						
PJ510	[illegible]	[illegible]						
PJ511	[illegible]	[illegible]						
PJ512	[illegible]	[illegible]						
PJ529	[illegible]	[illegible]						
PZD2	[illegible]	[illegible]	0.0070	0.0063	0.0094	0.0072	0.0060	26.3651
QM11S	[illegible]	[illegible]	0.1204	0.1238	0.1727	0.1720	0.0150	134.1115
QM10S	[illegible]	[illegible]	0.1150	0.1117	0.1603	0.1596	0.0148	135.5022
QM09S	[illegible]	[illegible]	0.1072	0.0942	0.1427	0.1420	0.0145	138.4554
QM08S	[illegible]	[illegible]	0.0981	0.0739	0.1229	0.1221	0.0141	143.1337
QM07S	[illegible]	[illegible]	0.0891	0.0539	0.1041	0.1032	0.0137	149.2211
QM06S	[illegible]	[illegible]	0.0850	0.0449	0.0961	0.0951	0.0136	152.5911
QM05S	[illegible]	[illegible]	0.0810	0.0365	0.0889	0.0879	0.0134	156.5749

图 9.3-11 坐标平差计算及其精度评定

三、第三方数据集成

安全监测大数据平台除了支持终端直采传感监测数据之外，还兼容外部监测系统、物联网平台或数据服务的第三方数据接入，为用户提供从仪器数据接入云平台到各类定制应用的全链路数据生命周期管理应用，具备配置式接入、智能化规则引擎处理、大数据分析预警等多种功能。

第三方数据集成支持多种技术协议，包括 HTTP、Socket、MQTT 等，其中，对于 HTTP 采用开发 Restful API 接口的方式，完成 Oauth 授权认证后进行数据接入；对于 Socket 采用网络通信引擎 ICE 框架开发服务端数据解析程序，并进行集群式部署；对于 MQTT 采用开源的 EMQX 服务器并开发服务端主题订阅和数据解析服务，并进行集群式部署。技术路线如图 9.3-12 所示。

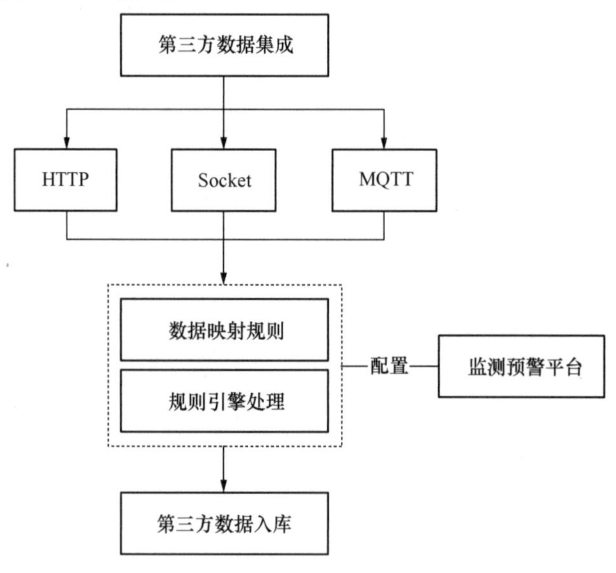

图 9.3-12 第三方数据集成

第四节 监测数据处理

精密测量的监测数据中依然含有误差，因此，可采用误差理论对测量结果进行分析、研究，估计和判断测量结果是否可靠。

按照观测差值的大小、特性及产生误差的原因，可将其分成粗差和误差，误差中包含系统误差和偶然误差。为了得到观测成果的最可靠值，必须对粗差和误差进行数据处理。

一、经典平差理论

（一）最小二乘法

最小二乘法（LeastSquaresMethod，以下简记为LSE）起源于天文学和测地学，用其对观测成果进行参数估计已有两百多年的历史。最小二乘法主要用于解决函数模型最优解问题，是监测工作及其他工程领域中应用最早也最广泛的算法。

最小二乘法最早出现在勒让德（A. M. Legendre）1805年发表的论著《计算彗星轨道的新方法》附录中。前人多设法构造 k 个方程去求解，而勒让德没有因袭前人思想，他认为，赋予误差的平方和为极小，则意味着在这些误差间建立了一种均衡性，它阻止了极端情形所施加的过分影响，这非常好地适用于揭示最接近真实情形的系统状态。

勒让德从1792年开始持续10余年地量测巴黎子午线地长度（当时把1m定义为此线长的4000万分之一）。这个工作所用的模型，是根据地球略微有些椭性这个事实，如图9.4-1所示。由椭圆方程出发，根据地球椭性甚小而略去高次项，证明了下面的近似公式：

$$l(h)=\theta_1+\theta_2\sin^2 h \quad (9.4\text{-}1)$$

式中，h 为c点的纬度，$l(h)$ 为子午线上以c为中心 l 度的弧长，θ_1、θ_2 为参数。若记 $x_0=-l(h)$，$x_1=l$，$x_2=\sin^2 h$，则上式成为 $x_0+x_1\theta_1+x_2\theta_2=0$，即有：

$$x_{0i}+x_{1i}\theta_1+\cdots+x_{ki}\theta_{\mathrm{k}}=0,\ i=1,\cdots,n;\ k=0,\cdots,n \quad (9.4\text{-}2)$$

共在5个位置处测定了其纬度 h 和 $l(h)$，从而可用LSE解出 θ_1 和 θ_2 的估值，然后子午线的全长可用 $360l(45°)$ 去估计之。

总的来说，这种方法较好地满足了参数估计的目的要求，但由于它必须有一个观测值中仅仅含有偶然误差的前提，因此对于观测值中的粗差或系统误差不能在平差中正确地被发现、被消除。

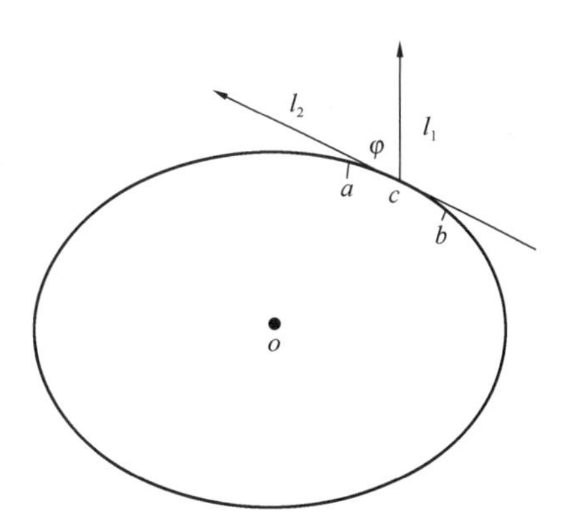

图9.4-1 地球椭性

（注：c 为子午线上一点；l_2 为过该点的切线；l_1 为过 φ 指向天顶；h 为 l_1、l_2 的夹角，即 c 点处的纬度；a 点的纬度比 b 点高1°，且 c 是 ab 弧的中点。）

（二）正态误差理论

1809年，高斯发表论著《天体运动理论》，提出偶然误差的正态分布理论，并用最小二乘法加以验证。高斯认为，在一定观测条件下，误差的绝对值有一定的限制。超出一定限制的误差，其出现的概率为零；绝对值较小的误差比绝对值较大的误差出现的概率大；绝对值相等的正负误差出现的概率相同；偶然误差的数学期望为零，如图9.4-2所示。

高斯把最小二乘法推进得更远，将最小二乘法与正态误差理论结合，成为数理统计分析领域的经典。

二、粗差理论

（一）基本概念

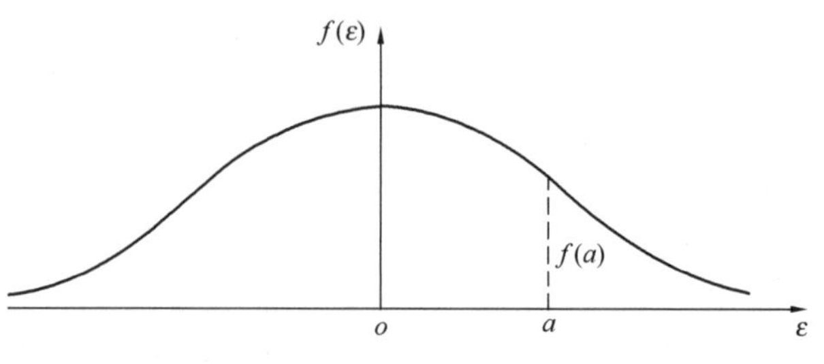

图 9.4-2 误差正态分布曲线

a—误差大小；$f(a)$—a 这样的误差发生的概率

对于观测成果如果只分析偶然误差，并只以精度作为评定成果的质量是不全面的，还要考虑可能包含粗差时对观测成果的影响。测量学提出了一个考察粗差影响大小的质量指标，即可靠性指标，从而形成了一种粗差理论，或叫可靠性理论。其主要内容是讨论平差系统发现单个粗差的能力和不可能发现的粗差对于平差结果的影响，也就是能够成功地发现粗差的一种概率或不可发现的概率。由理论知观测值误差和改正数之间的关系如下：

$$V = -(Q_{VV}P_{LL})\xi_L \tag{9.4-3}$$

式中，Q_{VV}为改正数的权系数矩阵；P_{LL}为观测值的权矩阵；ξ_L 为观测值的真误差。

由公式知：

（1）任意一个改正数 V_i，它受到所有观测值的误差的作用，每个观测值真误差 ε_j对它的影响取决于相应的系数 $(Q_{VV}P_{LL})_{ij}$，如果该系数为零，则该观测值误差对 V_i没有影响。

（2）任一观测值真误差 ε_i将作用于所有的改正数 V 上。

对于 $$r_i = (Q_{VV}、P_{LL})_{ii} = (E - AN^{-1}A^{T}P_{LL})_{ii} \tag{9.4-4}$$

它代表该观测值在总的多余观测数中所占的分量。

（二）粗差检测

迄今为止，人们已提出了很多检测粗差的方法，这些方法中概括起来可分为两大类：

（1）含粗差的观测值可以看作与其他同类观测值具有相同的方差，不同的期望的一个子样，即：

$$\left.\begin{aligned} L_i &\sim\sim N[E(L)+\Delta L_i\sigma^2] \\ L_i &\sim\sim N[E(L)+\sigma^2],(j \neq i) \end{aligned}\right\} \tag{9.4-5}$$

它意味着将粗差归入函数模型，并用假设检验来探测粗差。数据探测法如图 9.4-3 所示。

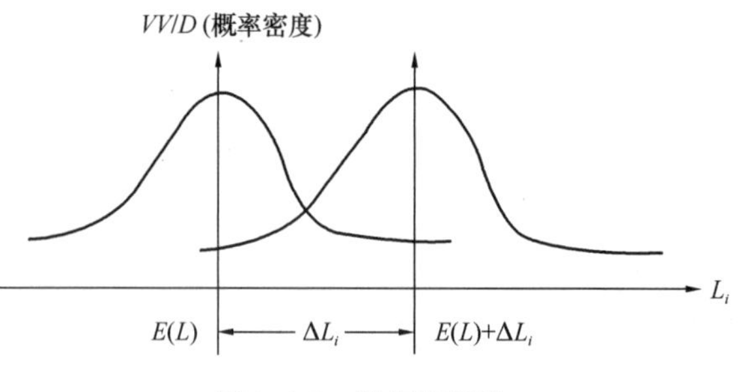

图 9.4-3 数据探测法

假设只存在一个粗差，且观测值的权为对角阵，又已知单位权方差 σ_{02}，则标准化残差：

$$VV_1 = \frac{|V_i|}{\sigma V_i} = \frac{|V_i|}{\sigma\sqrt{qV_iV_i}} = \frac{|V_i|}{\sigma\lambda_i\sqrt{r_i}} \tag{9.4-6}$$

式中，VV_i 为标准化残差，QV_iV_i 为残差协因素 QVV 的第 i 个对角元素，V_i为残差，r_i为多余观测分量。

（2）含粗差的观测值可以看作与其他同类观测具有相同的期望，不同的方差的子样，含粗差观测值的方差将异常的大。

$$\left.\begin{array}{l} L_i \sim \sim N[E(L), \sigma^2 L_i](\sigma^2 L_i \gg \sigma^2) \\ L_i \sim \sim N[E(L), \sigma^2](j \neq i) \end{array}\right\} \tag{9.4-7}$$

亦即将粗差归入随机模型，从而引出各种选权迭代法来进行估计，如图 9.4-4 所示。

它属于极大似然估计中的一种特殊估计方法，能保证观测值中粗差随 $\rho(L, Q_n)$ 或 $\psi(L, Q_n)$ 的选择不同，则有不同的稳健估计方案。通常有效的几种方案为：最小值和法、Huber 法、Hampel 法和丹麦法等。

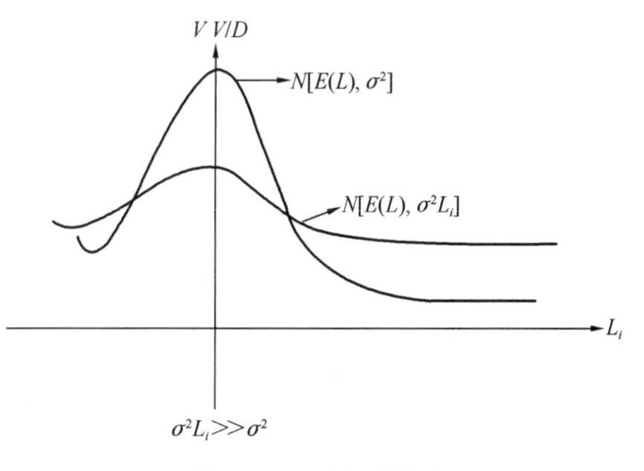

图 9.4-4　选权迭代法

三、抗差估计

作者分别采用两种试验方法进行抗差估计试验：一是最小值和法，一是我国著名大地测量学家、误差理论专家周江文先生的 IGG 方案法。在两个水准网案例中，通过编程，分别对一个观测值加粗差 $2m_0$、$3m_0$、$4m_0$、$5m_0$、$6m_0$ 运行，得出了大量的统计数据。

（一）最小值和法

在最小值和法中，它的估计函数和权函数是：

$$P(V) = |V| \tag{9.4-8}$$

$$P(V) = \frac{1}{|V| + C} \tag{9.4-9}$$

计算步骤：

（1）定初权 $P = C/S$。

（2）按最小二乘平差，$V = AX - L$，$A^T PAX = A^T PL$。

（3）按 $P(V) = \frac{1}{|V| + C}$ 定权，重复步骤（2），求 X、V。

（4）迭代步骤（3）（2），直至 $P_i(V) = P_{i+1}(V)$。

所选案例是一个等权观测的水准，共有 8 个观测值、4 个未知点、1 个已知点（图 9.4-5）。

对于所选的案例，若加一个点的粗差，经过有限次的迭代，得出的结论是：要求观测值所加的粗差大于 $5m_0$，才逐渐呈出现 $p \rightarrow 0$ 的趋势，也就是才能相对判断出所加的粗差，而对于 2～3 个点时，则粗差更不容易找到，一般要求加到 $7m_0$ 以上才行。由此可知，用此种方法来发现和定位粗差是不利的，不过此种方法迭代次数较少。

（二）IGG 方案法

周江文教授提出的 IGG 方案，它的思想是有一个界限 $K\rho_0$。$|V|$ 在限内采用最小二乘法权因子 C/S，限外权因子随 $|V|$ 的增大由 C/S 逐渐减少，从测量误差理论来看，界限 $K\rho_0$ 之 K 可取 1.5（按正态分布，误差在 $1.5\rho_0$ 以外的概率仅为 13%）。对限外之观测

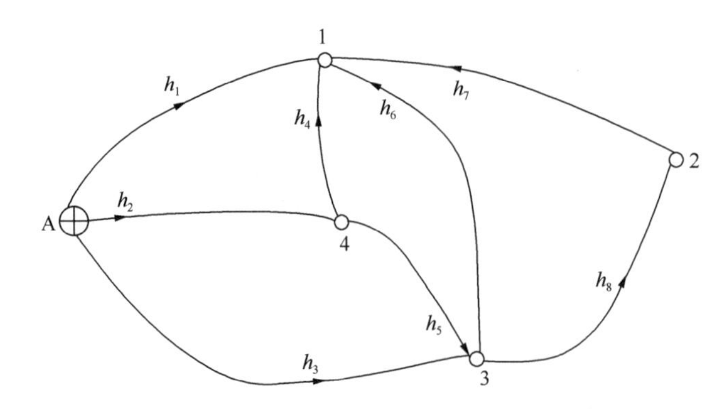

图 9.4-5　等权观测水准网最小值和法抗差估计试验

值既不能完全否定，又要限制其有害作用，于是当余差在$\pm 1.5\rho_0$以内时，采用原观测权，用最小二乘法。$\pm 2.5\rho_0$以上的不用，即淘汰法。中间段$\pm 1.5\rho_0 \sim \pm 2.5\rho_0$之间的按绝对和极小取因子$P(V)=\dfrac{1}{|V|+C}$为抗差措施，其计算步骤如下：

（1）按传统方法组成误差方程并定权。

（2）组成法方程，并解求 X、V、V^TPV、m_0。

（3）将V_i分为 3 段；

$|V_i| \geqslant 2.5m_0$，即为粗差淘汰，$P_i=0$；

$|V_i| \leqslant 1.5m_0$，按最小二乘法平差，即 $P_i=P_j$。

$|1.5m_0| > |V_i| < |2.5m_0|$，按 $P(V)=\dfrac{1}{|V|+C}$。

（4）转入第（2）步，直到 $X_i=X_{i+1}$为止。

所选的案例是一个不等权观测的水准网，有 12 个观测值、4 个已知点、5 个未知点（图 9.4-6）。

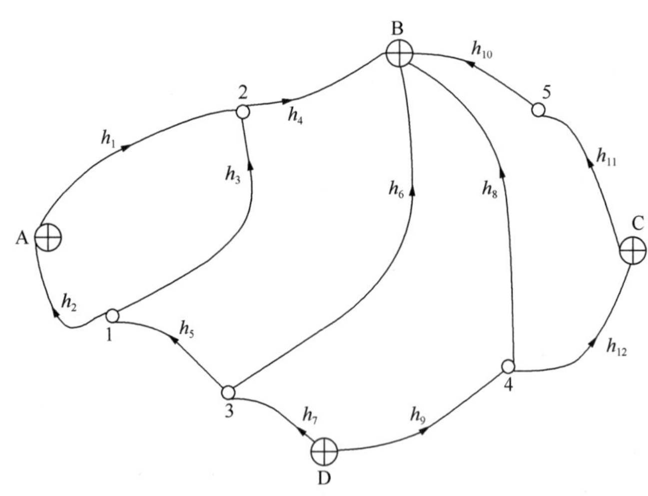

图 9.4-6　不等权观测水准网 IGG 方案法抗差估计试验

此网由于多余观测较多，因此，对粗差的定位要容易得多。由于可靠性矩阵R_{ij}的值越小，R_{ii}越大，则加在此网中的粗差很容易找到。

当 $R_{ii}=0$ 时是完全必要观测，如果在此点上加上粗差，是永远也找不到的。当 $R_{ii}=1$ 时，是完全多余观测，只要在此观测值上加上微小的变量，就很容易地找出粗差。

如当在网中 h_7 上加粗差时，加到 $4m_0$ 就可以正确找出，当在 h_{10} 上加粗差时，只加到 $3m_0$ 就可以找出。特别是当在 h_8 上加粗差时，只要加到 $2m_0$ 就完全找出了，这证明 r_8 较大（$r_8 \rightarrow 1$），可以说是完全多余观测了。

对于加在 h_3、h_8 两个观测值上时，始终只能找到一个，这是由于 h_3、h_8 之间的 $h_{3,8}$ 较大，如果加在 h_8、h_{12} 时，始终是一个也找不到，证明 h_8 对于 h_{12} 之间粗差的影响特别敏感。

（三）结论

（1）在两种方案中，最小值和法不如 IGG 方案法有利，但最小值和法迭代次数少一些。

（2）观测值粗差在平差改正数中的反映总是小于（最多等于）原始的发粗差量。

（3）i 个观测值上的粗差不仅作用于第 i 个改正数 V_i，而且还影响其他改正数 $V_i(ij)$，甚至可能最大的影响不在相应的改正数 V_i 上，而在其他的某一改正数中。

（4）能否正确找出粗差取决于该网的可靠性矩阵 K，即观测值的多余观测分量 V_i 愈小，则愈难发现粗差。

（5）不管采用何种方案，只要是 Robust 估计，皆可比经典平差精度高。

（6）试验表明：单个或多个粗差如果大于三倍中误差，经有限次迭代，基本上都能准确地找到。当经几次迭代而剔除全部含粗差的观测值后，单位权中误差基本收敛于不含粗差时的单位权中误差。

（7）一个工程中如果多余观测越多，其中粗差越容易找出。

第五节　智 能 引 擎

一、流式处理引擎

随着城市基础设施监测传感器的发展和大规模的应用以及物联网技术的逐渐成熟，传感数据采集能力不断提升，监测平台的设备接入类型和数量不断增多，传回系统后台的数据呈现爆发式增长的态势，形成了城市基础设施安全监测大数据，具有数据体量大、数据来源形式多样、数据持续增长、数据价值高和数据实时性要求高等特征。这些数据给服务器带来了高并发的压力，容易引发资源耗尽、数据丢失等问题，同时，服务端在进行数据集成、协议解析及计算处理的过程中，对过程的实时性要求高，否则将影响数据的持久化及用户体验。

为了满足海量监测传感数据处理的需求，研究具备高并发、低时延特性的数据处理服务势在必行。目前，大数据计算过程包括批量离线计算和流式计算两种方式，离线计算的方式是先将数据存储到磁盘后再计算，流式计算的方式将数据流中的数据在内存中直接计算，具有实时性高、低延时、高并行度、高吞吐量等特点。

作者所在研究团队综合运用批量离线计算和流式计算的优点，提出了一种针对海量监测传感数据的计算处理解决方案，构建了分布式协同并发的数据流式处理引擎，其基本思想是：首先利用 ICE、HTTP、MQTT 等通信方式解决海量数据回传服务端的高并发问题，对于计算实时性要求不高的数据直接进行存储操作，之后再依次计算；对于计算实时性要求高的数据，则利用 RabbitMQ 消息队列将数据解析、实时计算等耗时操作交由节点集群进行分布式运算。

（一）引擎架构

作者所在研究团队将流式数据处理分为实时预处理和规则引擎实时计算两个模块，引擎架构及数据流程如图 9.5-1 所示。

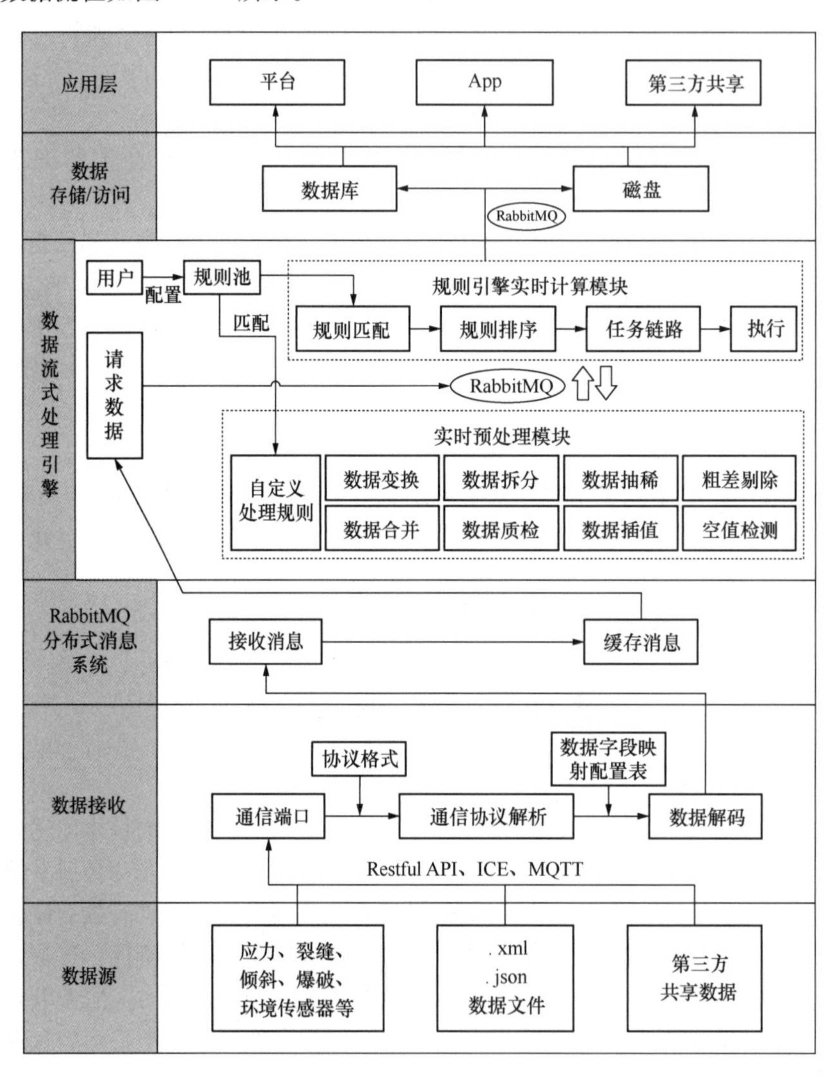

图 9.5-1 数据流式处理引擎架构及流程设计

实时预处理模块主要用于数据的预处理，如数据变换、合并、拆分、抽稀、插值、空值检测、粗差剔除以及自定义处理等基本操作。在数据采集过程中由于各种客观因素，难免会出现缺失、重复、噪声以及不合理的数据，所以在计算前需要对数据进行清洗、变换和集成等操作。

规则引擎计算模块主要根据用户在监测预警平台配置的各类计算规则和匹配逻辑得出最终符合需要的数据。用户可根据实际业务编写相应的算子逻辑以及对应的规则，经过规则匹配、规则排序、任务链路生成以及规则执行后可对数据进行实时计算。这种业务和规则分离的设计一方面提高了算子和规则的复用性；另一方面提高了模块的扩展性，可以保证在现有应用正常运行的情况下增加其他应用。实时预处理和规则引擎计算部署为集群，由多个服务节点组成，可通过增加节点的方式完成系统性能的提升。

（二）消息系统

分布式消息系统用于缓存解码后的原始数据、预处理和规则引擎计算完的数据。一方面，各类数据源最终汇集到分布式消息系统中，用于后续模块的处理；另一方面，数据经过实时预处理和规则引擎计算后将继续流入其中，此时分布式消息系统的队列和缓存能力作为连接当前环节和下一环节的纽带。

作者所在研究团队采用 RabbitMQ 作为分布式消息系统，它具有高吞吐量、持久化、可恢复、分布式等特点，主要架构涉及工作流程、存储机制，以及生产者和消费者，用于解决应用解耦、异步通信及流量控制等问题。RabbitMQ 处理的消息来自任意多个被称为生产者（Producer）的进程，消息数据被交换机（Exchange）分发到不同队列（Queue）中进行排队，最终被不同的消费者（Consumer）进行处理，如图 9.5-2 所示。

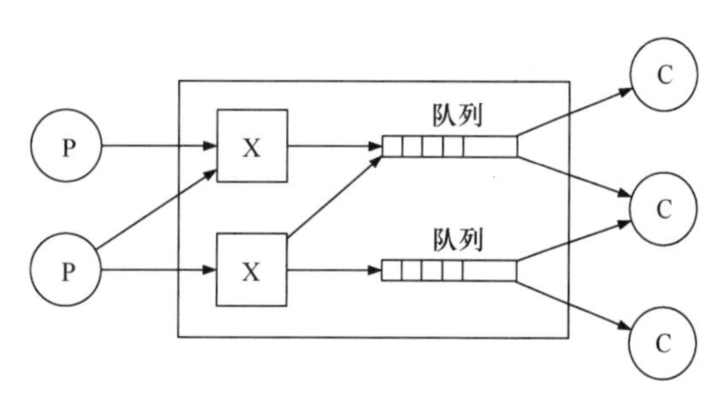

图 9.5-2　RabbitMQ 整体框架

RabbitMQ 消息队列的可解耦性体现在允许程序独立地扩展或修改队列两边的处理过程；可恢复性体现在即使一个处理消息的进程挂掉，加入队列中的消息仍然可以在系统恢复后被处理；缓冲机制有助于解决生产消息和消费消息处理速度不一致的问题；异步通信机制允许程序将消息放入队列，不必立即处理。

数据接收、预处理、计算等各个环节，都将根据后续处理需求进行消息的生产和消费，部分生产者和消费者类型如表 9.5-1 所示，消息体基本结构说明如表 9.5-2 所示。

部分生产者和消费者列举说明　　**表 9.5-1**

名称	类型	作用	消费者
EncodeSensorData	生产者	数据解码	DataPreProcess、DataSave、DataCal
PlatOperate	生产者	用户平台操作提交	DataPreProcess、DataSave、DataCal
DataPreProcess	生产者/消费者	数据预处理	DataSave、DataCal
DataCal	生产者/消费者	规则引擎计算	DataSave
DataSave	消费者	数据存储	—

消息体基本结构　　**表 9.5-2**

序号	数据项	内容说明
1	Guid	唯一标识
2	ProjName	项目名称
3	OrgName	项目所属单位名称

续表

序号	数据项	内容说明
4	Type	数据源类型说明
5	TableId	数据表 ID
6	Data	数据内容
7	Regular	预处理或计算规则
8	QueryJson	过滤条件
9	DateTime	时间标识

（三）实时预处理

在流式计算中，数据可以看作是一个时间序列上无穷元素的集合，流上每个元素都属于一个集合，每个元素包含了时间和元组这两个属性，可以用 Element＜Time，Tuple＞表示，其中 Time 代表元素的逻辑时间，Tuple 代表数据的结构和内容。本研究利用窗口解决流处理过程中数据流无边界的问题，如图 9.5-3 所示，窗口可看作一段时间内原始流中元素的集合，通过将某段时间内的元素静态化，针对该部分的数据进行聚合、连接等操作。

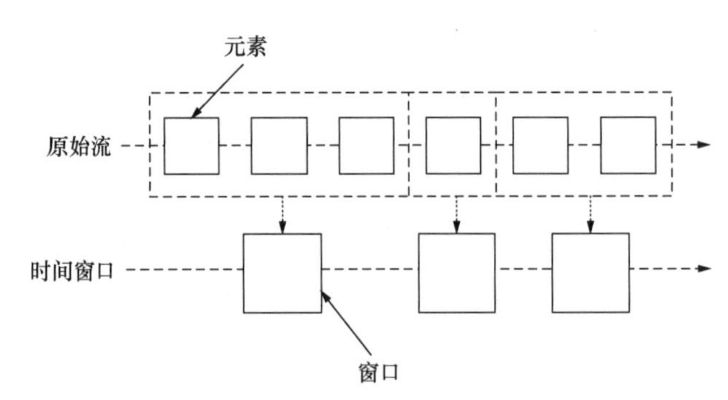

图 9.5-3 数据流式处理引擎架构及流程设计

对数据进行的预处理操作是通过算子完成的，算子是一系列运算函数或方法的组合，在实时预处理模块中，算子分为两大类：不支持窗口的 Filter 算子和 Functor 算子以及支持窗口的 Aggregate 算子、Split 算子、Merge 算子等。

Filter 算子不支持窗口，它在基础流上定义了简单的数据过滤和转换等操作，如可进行类型判断、范围检测、空值检测、数值转换等；Functor 算子在 Filter 的基础上增加了列转换运算，并且能够支持 select 操作；Aggregate 算子，即聚合算子，它在窗口的基础上支持分组计算、聚合后过滤以及排序等功能；Split 算子的主要作用在于完成流的拆分，即将单个流拆分为多个流，并且支持每个流输出不同数据；Merge 算子的作用正好和 Split 算子相反，通过匹配每个流中相同的子段完成多个流到单个流的合并。

（四）规则引擎

规则引擎模块可以解析用户通过监测平台提交的规则以及算子，这里的算子是指用户编写的 R 语言可执行代码，后台根据规则匹配出所需要的数据，然后调用 R 语言引擎执行算子代码进行实时计算，具体结构如图 9.5-4 所示。

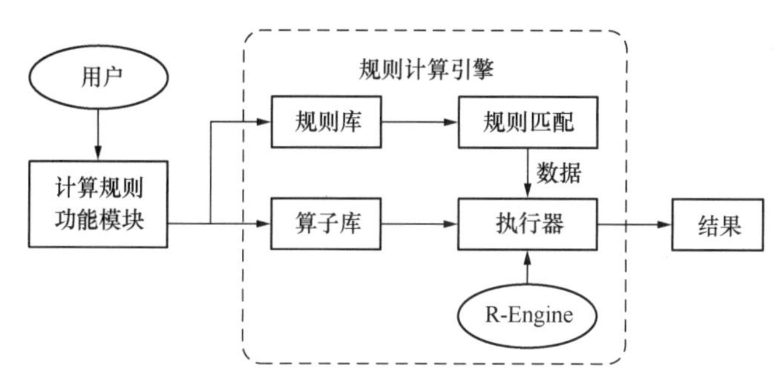

图 9.5-4　规则引擎计算模块设计

1. 计算规则配置

监测平台提供给用户进行规则配置的交互式接口，通过配置数据源、计算列、条件列、数值列、规则公式（R 语言代码）等完成规则的新建或编辑。

2. 规则库

规则库是作用在数据上的规则集。规则的具体内容存储在数据库数据表中，在运行的时候将被读取至系统缓存区域以提高读取效率。规则中数据项主要包括主数据库、主数据表、主数据表条件列、主数据表计算列、数据参照表、数据参照表查询列、数据参照表值列、目标数据表、目标数据表条件列、目标数据表值列、处理规则、规则公式等。其中，处理规则是平台预先定义的通用规则，规则公式是用户提交的 R 语言执行代码，两者将同时对数据源起作用。部分规则说明如表 9.5-3 所示。

部分规则示例　　**表 9.5-3**

序号	规则名称	规则作用说明
1	变形量计算	监测数据的本期和上期数据的变形量的计算
2	变形速率计算	本期和上期数据的变形量根据时间计算变形速率
3	变形方向计算	水平位移根据 x、y 方向计算变形方向
4	累计量计算	本期和起零期数据计算累计的变形量
5	倾斜角度计算偏移值	根据所测的倾斜角度量计算倾斜偏移值
6	预警统计计算	根据预警阈值、预警分析模型等进行预警统计计算
7	粗差探测	对数据是否含有粗差进行探测统计计算
8	收敛计算	根据所测边长数据计算最终边的收敛值
9	应力公式计算	根据不同厂商应力换算公式进行最终应力值的计算
10	传感器参数修正	根据不同厂商各传感器修正参数和公式进行修正计算
11	测点统计	统计项目某类型测点的数据概况计算
12	项目统计	统计项目各类型数据概况计算
13	工点对象匹配	对数据测点所属的工点、对象进行自动匹配
14	期次匹配	对数据所属期次进行自动计算匹配
15	索引匹配	检查数据外键索引，对缺失项进行自动匹配计算

3. 算子库

算子库是用户提交的 R 语言可执行代码的集合，这种方式弥补了预先定义通用规则在灵活性方面的不足，用户可根据不同的计算需求自行编写脚本代码，且不需要编译即可生效执行。通过 R 语言代码中的 data. farme（•）函数可将数据按行和列组织成矩阵形式，只需进行一次计算就能得到结果，极大地提高了处理效率。

4. 规则匹配

规则匹配负责从规则集或规则缓存中取出规则实例，解析其中的数据参数，然后与输入源、输出源建立连接，匹配出需要利用当前规则进行处理的数据。

5. 执行器

执行器是规则引擎模块中的核心，具体过程是接收规则匹配后的数据和用户提交的算子，然后调用 R-Engine 进行最终的规则运行和数据计算。

二、智能报表引擎

安全监测数据和成果在进行处理时，需要生成各类数据成果报表，不同行业、项目、用户对报表格式的要求差异较大，多数用户常用方式是使用办公软件进行数据组织和拖拽报表，报表生成的自动化程度低、出错概率较高，不能满足用户对海量监测数据的智能管理和对报表样式的自定义配置等需求。少部分监测系统软件采用模板定制及自动化生成报表的方式，但未考虑通用性及兼容性，适用面窄，难以推广应用。

针对上述问题，作者所在研究团队研发了一种基于 OpenXML 和 XPath 的可编程模板技术，通过设计不同的模板标签，支持文本、表格、图像、序号、循环、条件判断、脚本编程等，构建可定制的智能化自动报表引擎。

（一）引擎设计

智能化自动报表引擎可解析用户使用报表定制功能提交的模板文件和报表任务信息，然后通过模板解析获取模板中的各种类型、各项数据的智能标签，根据报表任务信息组织当前报表所需的数据，最后进行报表输出，主要包括数据组织、模板设计和报表输出等步骤，如图 9. 5-5 所示。

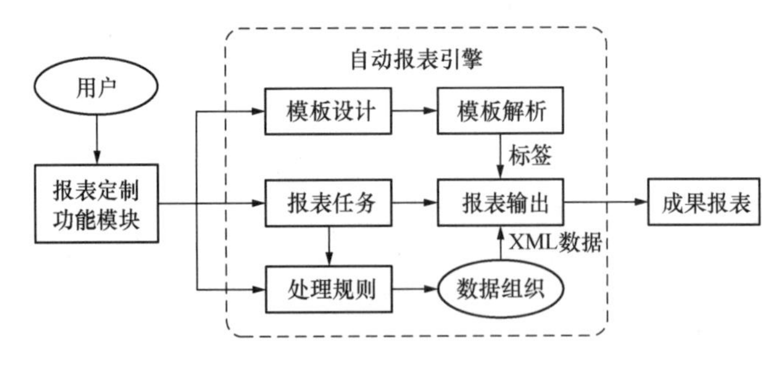

图 9. 5-5　自动报表引擎设计

智能化自动报表引擎具备以下几个特性：

（1）报表数据的分类查询与组织灵活。不同单位或不同类型的监测项目，甚至同一个项目中，相同类型监测数据的报表分类不尽相同，例如几何水准监测，在不同场景下可分别对应拱顶沉降、竖向位移、道床下沉等分类名称，可根据项目要求灵活组织。

（2）报表类型丰富、全面。报表类型包括原始数据报表、监测日报、监测期报以及在特殊时段的自定义报表，用户在使用时可方便地选择报表时段和报表类型。

（3）监测维度和特征值的输出可配置。一种监测类型通常会有多个监测维度，可对不同的监测维度选择性输出；同一监测维度支持初始值、本次测值、本次变化量、累计变化量、变化速率、控制阈值等特征值的选择性输出。

（4）报表风格样式可定制。对于不同的报表风格样式需求，可选择性地输出监测统计分析表、监测详细数据表、监测过程曲线图和对比分析图表等，同时，对数据取位、时间格式、文本字体、曲线类型等也支持灵活配置。

（二）数据组织

不同用户报表输出的数据维度不确定，数据项对应的名称也不固定。为实现报表的灵活分类，设计可配置的数据维度管理表，用来批处理分类查询标准化处理后入库的安全监测数据，智能生成监测结果分类数据表，完成安全监测数据的多层级分组。

以平面位移监测数据分类举例说明：先定义平面位移监测的5个数据维度，其中“X方向位移、Y方向位移、Z方向位移”是用户需要导出的维度，通过在监测点位信息管理表中配置各维度的自定义描述信息“基坑坑顶X位移、基坑坑顶Y位移、基坑坑顶竖向位移”，然后系统将自动读取生成更新到数据维度管理表，通过该表的相关信息即可根据用户的需求进行成果报表数据项名称的自定义输出。

（三）可编程模板

使用标准的Word文档作为模板，使用Word的内容控件作为模板中需要被实际内容替换的占位符，便于和普通的文本进行区别，通过对报表模板的结构化解析，通过多类别的智能书签对报表模板中所包含的标准组件进行编辑处理，实现不同格式的报表成果输出。

模板的内容控件使用XML格式写法，不同的控件类型具有不同的名称。各控件拥有不同的属性，可对当前控件进行不同的配置。作者所在研究团队对模块标签进行了全面的设计和拓展，目前支持文本内容、表格、数组、条件控制、图像、数据图表、分页等，涵盖了报表所需的大部分数据表现形式。同时，还设计了JavaScript脚本代码标签Code，支持用户在模板设计时进行代码编程，可在模板解析的时候动态执行其中的代码语句，进一步提高了报表定制和输出的灵活性。

模板内支持用户编写JavaScript脚本函数，通过运行脚本可为报表模板提供更为强大的数据计算、替换、组织等功能。

（四）报表输出

报表输出功能包括模板管理、报表申请和报表输出引擎服务，前两者是以平台的Web网页方式供用户管理模板和提交报表申请的，后者是以WebAPI方式提供接口供Web页面调用。

1. 模板管理

用户输入模板名称，指定模板对应的数据服务地址，上传Word格式的模板文件，供报表申请时选定不同的模板。

2. 报表申请

用户填写报表相关信息，选择模板后点击提交，报表输出引擎服务将进行处理生成报表文件，返回给用户下载查看。

3. 报表输出引擎服务

报表输出引擎服务以WebAPI方式提供服务，其具体的处理过程为：接收到调用请求后，获取报表数据服务地址，将调用参数传入数据服务，获取报表所需的 XML 格式数据；根据调用参数获取到报表模板文件，引擎读取使用 OpenXML 解析内容控件的文本，根据各控件的属性，从 XML 文件中获取数据，替换掉对应的内容标签控件，输出最终的 Word 格式报表文件，流程如图 9.5-6 所示。

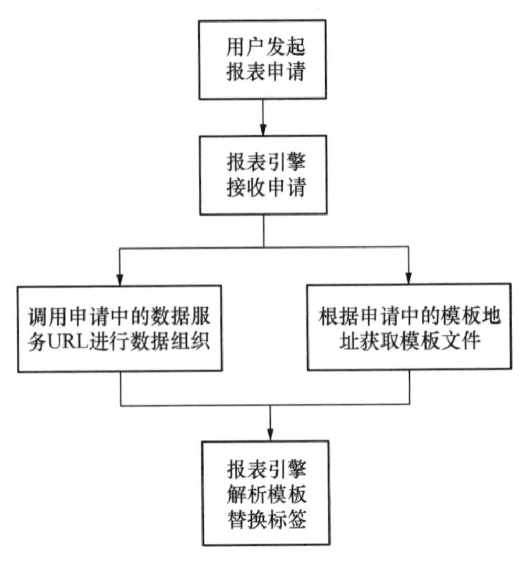

图 9.5-6 报表定制输出流程图

三、空间底图引擎

为方便用户直观查看监测项目和监测点的分布位置，作者所在研究团队基于 Vue 技术和 OpenLayers、Cesium、photo-sphere-viewer 等空间数据展示库，针对当前丰富的空间数据类型，搭建了支持多类型、多服务、多样式底图展示的空间数据动态引擎，通过用户针对不同应用场景定制的底图展示规则，实现了监测项目和监测点的动态展示，为监测项目的管理提供动态、直观、有效的可视化支持。

（一）引擎设计

用户可在平台配置三种不同类型的空间数据作为底图，包括二维底图、三维底图以及全景影像。空间底图引擎根据用户选择的引擎类型对相应的引擎规则进行解析，获取底图展示的图层、相关控件和对应样式，根据用户权限和配置组织当前底图上需要加载的监测项目或监测点数据信息，最后将图层、控件和监测数据加载到引擎底座中进行可视化展示（图 9.5-7）。

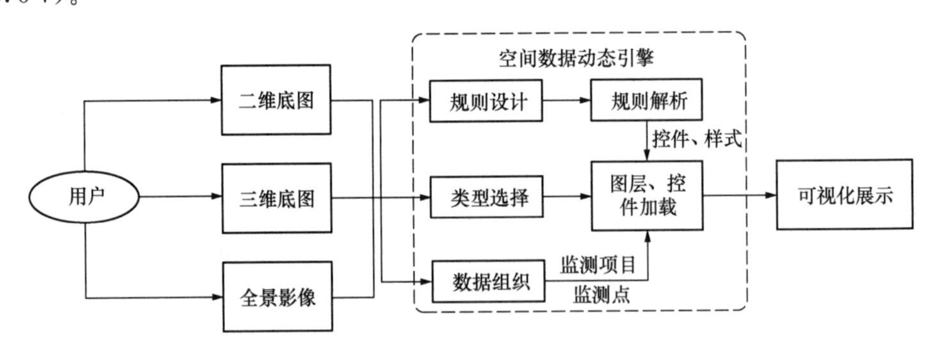

图 9.5-7 空间底图引擎设计

（二）参数规则

不同类型的空间数据具有不同的空间维度、空间分辨率、投影类型、所属版权、空间范围等属性信息，不同的空间底图数据加载所需的控件类型也不同。为实现空间数据加载的动态性和灵活性，设计用户可个性化定制的空间底图引擎规则，其主要属性如表 9.5-4 所示。

空间数据动态引擎规则主要属性项　　表 9.5-4

属性名称	属性说明
底图名称	空间数据名称
底图类型	空间数据所属的地图类型
类型标签	空间数据展示的标签名称
底图地址	空间数据的来源，即地图服务地址
分辨率	空间数据对应的分辨率，主要用于瓦片数据服务
默认分辨率	空间数据默认加载的分辨率
维度	空间数据所属空间维度，包括二维、三维等
底图投影	空间数据对应的投影类型
底图范围	默认展示的空间数据坐标范围
底图原点	空间数据的原点坐标
底图中心	空间数据展示的中心点坐标
底图版权	空间数据所属版权信息
底图缩放	默认展示的空间数据缩放层级
最小缩放	空间数据的最小缩放层级
最大缩放	空间数据的最大缩放层级
底图控件	空间数据动态引擎默认加载的控件类型

（三）主要控件

控件是空间底图引擎加载时不可或缺的辅助工具，用户可通过不同的控件对空间数据进行交互式操作，以达到最佳的展示效果，实现监测项目管理的直观性与高效性。不同的空间数据引擎底座提供了不同的控件类型，其中常用的控件及说明如表 9.5-5 所示。

空间数据动态引擎主要控件　　表 9.5-5

控件名称	控件说明
鹰眼控件	用于展示空间数据的鸟瞰图或缩略图
鼠标位置控件	用于展示鼠标在空间数据中的坐标信息
工具条控件	用于展示不同类型的空间数据，便于切换显示的底图
侧边栏控件	用于控制图层、覆盖物的隐藏显示
缩放控件	用于空间数据层级的缩放
缩放滑块控件	用于空间数据层级的缩放
图例控件	用于展示空间数据上覆盖物的图例说明
全屏控件	用于浏览器的全屏展示切换
底图范围	默认展示的空间数据坐标范围
搜索控件	用于覆盖物的快捷位置搜索
版权控件	用于展示空间数据的版权信息
主视角控件	用于将视角切换到空间数据的初始位置
定位控件	通过搜索定位到查询位置
导航帮助控件	显示有关空间数据控制的帮助信息
场景控制控件	用于切换空间数据的 2D、2.5D、3D 场景
自动旋转控件	用于空间数据场景的自动旋转

（四）底图加载

空间底图引擎可支持多类型、多服务、多样式的空间数据加载与展示，包括互联网二维图、正射影像图（图 9.5-8）、实景三维图（图 9.5-9）、全景影像图（图 9.5-10）等。

图 9.5-8　正射影像图

图 9.5-9　实景三维图

图 9.5-10　全景影像图

第六节　预测预警分析

在对各类基础设施开展连续、长期的监测传感数据采集之后，为进一步掌握其运行状态和安全态势，通过运用数学模型或力学方法对变形监测数据进行分析与预测尤为必要。实际工程中，变形往往不仅具有空间性，也具有时间性。不同位置处的变形可能相互影响；某处的变形可能与温度这样的时间性数据有关联，因此，变形预测是一个与时空数据有关的回归问题。常规的时空数据融合预测模型或方法，把时间和空间数据分离并分别利用深度学习网络进行特征提取，最后以相加求和的方式进行特征融合，这样可能会丢失特征和时间与空间之间的关系，不能充分挖掘数据特征信息，同时，对时空数据采取分离处理的方式没有考虑特征在时空同步上的关系，常规的图卷积神经网络算法主要用来处理空间数据，很少用来处理与时间相关的信息。

作者所在研究团队提出了一种基于深度学习的图卷积和多维时空数据特征融合的变形预测模型，主要通过双层滑动窗口机制增加样本的数据并提升模型的学习效果，用图结构表示基于特征的时间节点、空间节点、时空同步节点之间的关系，并结合图卷积神经网络和卷积型门控循环单元更好地提取特征在时空上的关系，且通过多阶段融合学习特征的时空关系。

一、数据预处理

监测数据的准确性和精度与传感器类型和数量、数据采集模块、数据传输模块等硬件设备的性能息息相关，但是在数据采集的过程中，由于存在着各种各样的环境干扰（如电磁场等），或者硬件设备老化等其他原因，使得数据包含干扰信号（即噪声），或者存在丢失、不完整、不一致等情况。因此，必须进行数据预处理，为数据的后续模型分析应用提供支撑。常见的数据预处理操作包括：冗余和缺失数据清洗、数据去噪、数据插值、数据抽稀以及数据归一化等，如图 9.6-1 所示。

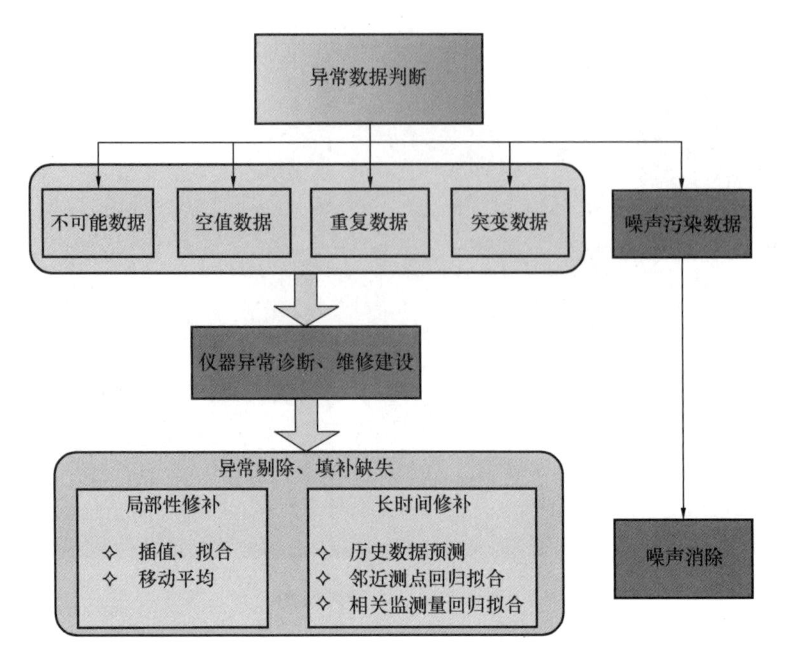

图 9.6-1 数据的预处理

（一）数据清洗

数据清洗操作包括缺失值处理、零值处理、重复值处理、异常值处理等。对于清洁数据（Tidy Data）的定义为：每个变量各占一列、每个观测值各占一行、每个表格或者文件只储存一种观测值的数据。本研究采用 R 语言编程进行数据清洗。在数据采集过程中由于遮挡、仪器设备故障、环境突变如电流涌动、通信故障等客观因素的影响，会产生异常值，本研究采用箱形图统计方法处理异常值，部分代码如图 9.6-2 所示。

```
#查找数据表中的空值
head(is.na(data),n = 264)
#查看特定列中的空值
is.na(data$裂缝值)
#空值处理方式有 2 种，如下：
#1. 将空值填充为 0
data[is.na(data)] <- 0
```

图 9.6-2 数据清洗部分 R 语言代码

（二）数据去噪

监测数据序列往往包括趋势性部分、周期性部分、季节性波动部分和随机性波动部分。趋势性部分随着时间的变化是相对稳定的，周期性部分随着时间作周期性的波动变化，季节性波动部分随时间作季节性的波动，随机性波动部分则是由随机的外界干扰决定，属于噪声部分。常用的数据去噪方法有：均值滤波、中值滤波、小波变换、连通图法、支持向量机等。其中，均值滤波适用于平滑离散信号；中值滤波适用于噪声点的去除；小波变换适用于信号频率高的情况；连通图法适用于去除二值图像中的噪声像元；支持向量机适用于高维数据去噪等。

作者所在研究团队采用 H-P 滤波方法进行数据去噪，该方法认为时间序列的趋势项既不是永远不变也不是随机变动，其趋势是缓慢变动的，采用对称的数据移动平均方法原理，设计一个滤波器（即 H-P 滤波器），从时间序列中分离得到一个平滑的趋势序列部分，剩下的即为季节性波动部分和周期性波动部分。基于 H-P 滤波法进行数据去噪的部分 R 语言代码，如图 9.6-3 所示。

```
#对裂缝值序列进行H-P滤波处理
hpLFData <- hpfilter(ts(newdata$y), freq=200,type=c("lambda","frequency"),drift=FALSE)
#对温度值序列进行H-P滤波处理
hpWDData <- hpfilter(ts(newdata$w), freq=200,type=c("lambda","frequency"),drift=FALSE)
#绘制裂缝和温度趋势项变化
plot(hpLFData$trend,type = 'l',col='green')
par(new=T)
plot(hpWDData$trend,axes=F,type = 'l',col='red')
axis(side=4, col.axis="black")
#绘制裂缝和温度周期项变化
plot(hpLFData$cycle,type = 'l',col='green')
par(new=T)
plot(hpWDData$cycle,axes=F,type = 'l',col='red')
axis(side=4, col.axis="black")
```

图 9.6-3　数据去噪部分 R 语言代码

（三）数据插值

经过数据清洗后得到的是若干离散的数据，产生了监测传感数据的“断链”，不利于下一步的数据统计分析，需要在离散数据之间“插入”一些值。数据插值包括全局插值和局部插值（比如分段线性插值），常用的方法包括多项式曲线拟合、线性内插法、二次插值、拉格朗日多项式插值、牛顿插值、牛顿多项式插值、样条插值等。

（四）数据抽稀

若将海量的数据直接用来进行数据分析，那么其中的冗余数据会占用大量的存储和计算资源，导致处理分析效率低下、结果偏离正确值甚至无法计算等情况。对于冗余数据，有必要进一步进行压缩、抽稀、精简等。常见的数据抽稀算法如等间距抽稀，仅仅是按照既定规则物理式、机械式地对数据进行处理，经常造成有效数据的遗漏，不利于后续的数据统计分析。对于所采集到的监测数据来说，其理想情况是按照一定监测频率采集的等间距时序数据，然而在监测数据采集过程中由于遮挡、仪器设备故障、环境突变如电流涌动、通信故障等客观因素的影响，监测数据存在部分监测时点数据空缺、不同监测频率的数据未对齐或不一致的问题，若采用固定步频进行抽稀提取，往往可能会遗漏一些时点的有效数据。作者所在研究团队采用 R 语言的 dplyr 包，实现了基于时间的聚类法数据抽稀，通过设置一个时间步频，在连续的时间序列上按时间步频对监测数据取平均值作为该时间段内的数据分析值，以此达到数据抽稀的效果，同时也保证了数据在时间上的连续性，部分 R 语言代码如图 9.6-4 所示。

（五）数据归一化

原始数据集，由于数据项类型不一、单位不同，其数值的大小差距较大，对于模型的训练结果将产生较大的影响，故需要采用数据归一化方法（如均值标准化）将数值差异缩小，使其范围在 0～1，同时也更利于模型的逻辑回归运算。

```
#对时间进行处理
tdata <- as.character(rawdata$测量时间)
tdata = substr(tdata,0,13)
#建立新的数据框架集
newdata = data.frame(tdata)
newdata$y <- rawdata$裂缝
#noNegs2是对newdata进行数据清洗后的数据集
#对新数据集进行按照时间的聚类操作
planes <- group_by(noNegs2, tdata)
#对聚类后的数据集，进行统计计算，输出不同时间步频内的平均值等信息
delay <- summarise(planes, count = n(),     #个数
max_mon = max(y),        #最大值
min_mon = min(y),        #最小值
avg_sales = mean(y))     #平均值
```

图 9.6-4　数据时间聚类抽稀部分 R 语言代码

二、样本扩充

数据集不足将影响模型的训练效果，在深度学习中，数据扩充是通过人为的方式创建样本，增加用于模型学习的数据集，学习效果依赖于数据集，大的数据集能获得好的效果，小的数据集导致模型过拟合。数据扩充是利用已有的数据通过变换产生新的数据。增加数据集的方法分为三类：第一类是几何变换的方法，如旋转、裁剪、翻转、尺度化等；第二类是为数据增加噪声，如高斯、泊松、椒盐噪声；第三类是对抗生成网络。本研究采用基于双层滑动窗口的方法来增加数据集以满足模型训练的要求，同时增强模型的泛化能力。

滑动采样窗口由一个标签时间块和用于进行数据提取的若干时间块组成。第一层窗口为标签时间块、季度时间块、月时间块和周时间块，后三个时间块根据天数长度分别为 90、30、7；第二层窗口为季度数据提取时间块、月数据提取时间块和周数据提取时间块，时间长度分别取为周的 4 倍、2 倍和 1 倍，且分别对应内嵌于第一层窗口的季度时间块、月时间块和周时间块中，如图 9.6-5 所示。

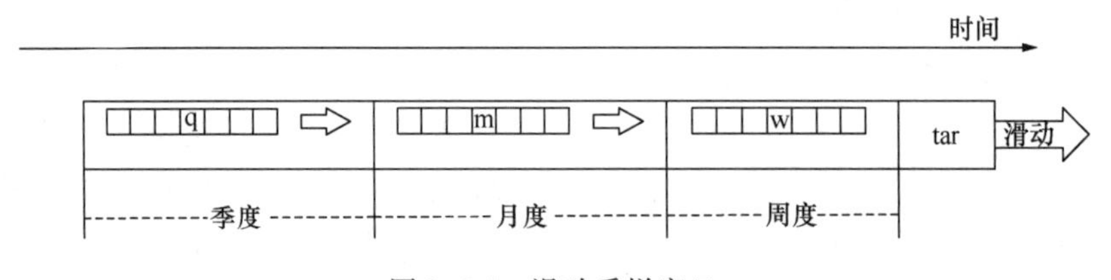

图 9.6-5　滑动采样窗口

滑动步骤为：

（1）步骤一：第一层滑动窗口最左侧与整个时间范围的开始处重合；

（2）步骤二：第二层窗口各时间块以 6 步长为单位在所述第一层窗口中沿时间方向各自滑动；

（3）步骤三：第二层窗口每个数据提取时间块滑动提取到的数据沿时间顺序与其他长度时间块全排列组合，并把每种组合的数据与标签时间块的数据进行组合得到用于进行训练的形变样本数据，直至第二层窗口提取的数据覆盖完第一层窗口的所有数据；

（4）步骤四：将所述第一层窗口沿时间方向滑动单位步长后，执行步骤二、三；

（5）步骤五：重复步骤四，直到在第一层窗口最右侧超出数据的时间范围之前就

停止。

通过滑动窗口所获数据集 X 的结构如下式所示：

$$\begin{aligned} X &= \{(X_q^0, X_m^0, X_w^0, X_{tar}^0), \cdots, (X_q^i, X_m^i, X_w^i, X_{tar}^i), \cdots\} \\ X_{ts}^i &= (x_{ts,1}^i, \cdots, x_{ts,j}^i, \cdots, x_{ts,n}^i) \\ x_{ts,j}^i &= (\tilde{x}_{ts,j}^{i,1}, \cdots, \tilde{x}_{ts,j}^{i,k}, \cdots, \tilde{x}_{ts,j}^{i,z}) \end{aligned} \tag{9.6-1}$$

其中，ts 可取 q、m、w 且分别代表季度、月、周，j 表示第 j 个监测点，n 为监测点的总个数，i 表示形变样本数据集中的样本序号，k 表示第 k 天且共有 z 天，z 可取的值为 t_q、t_m、t_w，ts 表示第二层窗口的数据提取时间块，X_q^i 表示第 i 个样本中由数据提取季度时间块 q 获取的数据，X_m^i 表示第 i 个样本中由数据提取月时间块 m 获取的数据，X_w^i 表示第 i 个样本中由数据提取周时间块 w 获取的数据，X_{tar}^i 表示第 i 个样本目标时间的真实值，$x_{ts,j}^i$ 表示第 i 个样本中由第二层窗口数据提取时间段 ts 获取的第 j 个监测位点 z 天特征的向量集，$\tilde{x}_{ts,j}^{i,k}$ 表示第 i 个样本中由第二层窗口块数据提取时间块 ts 获取的第 j 监测位点第 z 天的形变位移、温度及其统计量构成的向量。

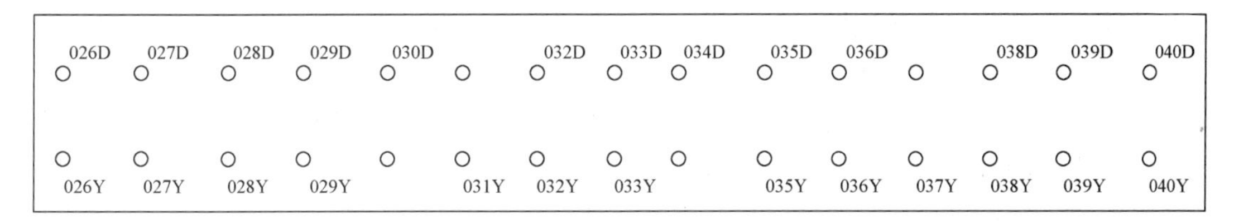

图 9.6-6　部分监测点的分布

三、结构图构建

在空间上，以各监测点作为节点，节点集合为 V_s，以点位的分布及相互位置关系确定边，边集合为 E_s，那么可构建关于监测点位置且具有权重 W_s 的图 $G_s=(V_s, E_s, W_s)$，$|V_s|=n_s$ 表示节点的个数，如图 9.6-6 所示，图中未标记点名的点是不存在数据或数据不可用的监测点，其邻居节点的数据可用，在 V_s 的构成中直接忽略这些点，E_s 的构成中包括同一断面相邻位点的边、同一侧相邻点的边以及相邻断面斜对方向监测点的边。W_s 是各边权重的矩阵，它的每个元素 w_{i_s,j_s} 的值由监测点位置坐标计算边的距离并根据距离的大小为每条边设置权重值确定，具体方法如下式所示：

$$w_{i_s,j_s} = \begin{cases} 1, d(i_s, j_s) < C \\ 0, d(i_s, j_s) \geqslant C \end{cases} \tag{9.6-2}$$

式中，$d(i_s, j_s)$ 是节点 i_s 和 j_s 的距离，w_{i_s,j_s} 是权重矩阵 W_s 的第 i_s 行和第 j_s 列的元素，C 为用户设置的阈值参数。图 C_s 的邻接矩阵为 A_s，由于 W_s 值的确定方式和 A_s 相同，所以 $W_s=A_s$。

在时间上，数据划分为季度、月、周三部分，以这三个时间段中每日作为图的节点，以每对相邻时间作为边，构建每个监测点在不同时间段的图 $G_t=(V_t, E_t)$，$|V_t|=n_t$ 表示节点的个数。图 G_t 的邻接矩阵 A_t 的元素 a_{i_t,j_t} 表示第 i_t 天和第 j_t 天是否相邻，如下式所示：

$$a_{i_t,j_t}=\begin{cases}1, & |i_t-j_t|\in\{1,0\}\\0, & |i_t-j_t|>1\end{cases}\tag{9.6-3}$$

在空间和时间同步上，以监测点和每日作为节点，以同一监测点时间上的相邻关系、不同监测点时间上的相邻关系和同一时间不同监测点之间的相邻关系确定边，构建时空图 $G_{st}=(V_{st}, E_{st})$，$|V_{st}|=n_{st}=n_s\times n_t$ 表示节点的个数。它的邻接矩阵为 A_{st}，该矩阵的具体形式如下式所示：

$$A_{st}=\begin{pmatrix}w_{1,1}A_t & \cdots & w_{1,j_s}A_t & \cdots\\ \vdots & \vdots & \vdots & \vdots\\ w_{i_s,1}A_t & \cdots & w_{i_s,j_s}A_t & \cdots\\ \vdots & \vdots & \vdots & \vdots\end{pmatrix}\tag{9.6-4}$$

其中，$w_{j_s,j_s}A_t$ 表示节点 i_s 和 j_s 在 n_t 个时间点的邻接关系矩阵，A_t 的元素由式（9.6-3）决定。

四、模型结构

由于特征与时空不只是特征与时间、特征与空间两种独立的关系，还应包括特征与时空同步的关系。由于经过时间学习部分处理的数据输入空间学习部分时与空间相关的数据信息可能丢失部分，会导致模型对空间与特征关系的学习效果不好，所以对数据采取并行方式学习特征与时间、空间、时空同步的关系。为了确保模型其他层输入信息的全面性，以及确定获取的特征与时空的三种关系各自的重要性，对选取的三种信息进行加权融合。此外，根据时间维度划分数据进行学习能够加快大数据量的学习效率，但这些数据在时间上的联系会丢失，所以，最后还应该基于时间维度学习这些数据缺失的时间关系。基于深度学习的图卷积和多维时空数据特征融合的变形预测模型整体结构如图 9.6-7 所示。

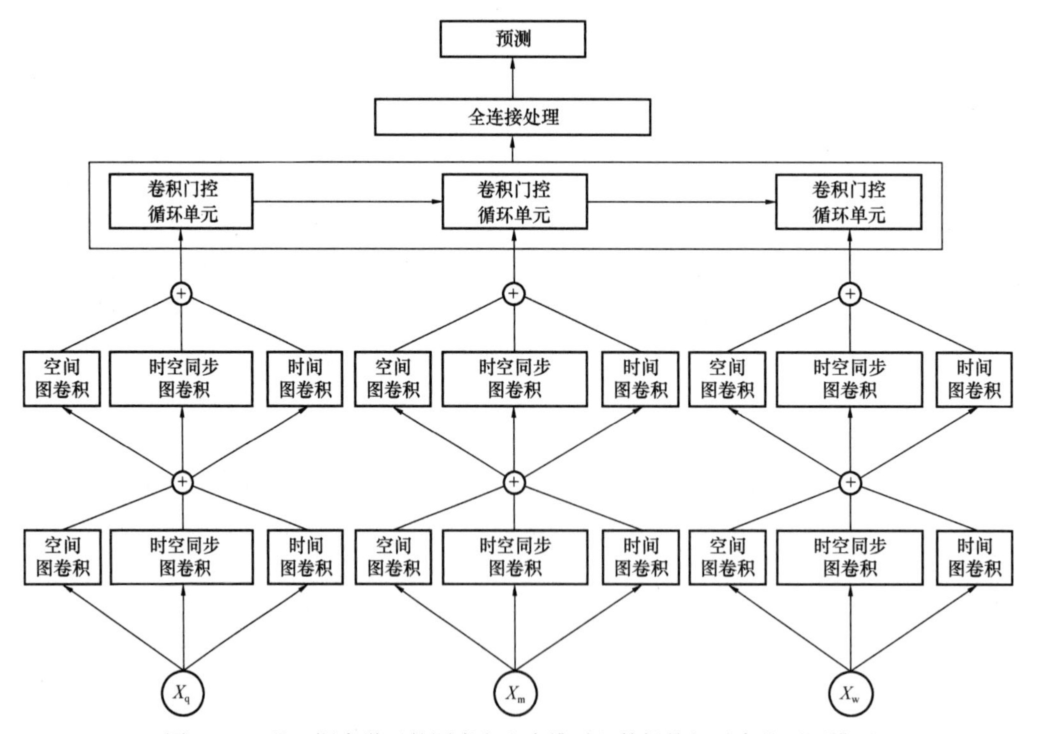

图 9.6-7 基于深度学习的图卷积和多维时空数据特征融合的预测模型

预测模型包括三个分支和分支融合部分，三个分支结构相同，每个分支由两层构成，每一层对输入数据分别进行空间图卷积（Spatial GCNN）、时空同步图卷积（Spatial and Temporal GCNN）、时间图卷积（Temporal GCNN）操作，并通过加权求和进行融合。模型的每个分支分别提取季度、月和周在时间、空间和时空同步的信息；模型的根部分由卷积型门控循环单元（Convolution Gated Recurrent Unit，ConvGRU）网络和全连接神经网络构成，ConvGRU网络打通三个分支在时间上的分离，获取分支在时间上的相互关系，最后全连接网络进一步融合特征获得预测值。

五、模型算法

（一）卷积与融合运算

1. 时空同步的图卷积

该方法主要考虑到时间空间的邻接关系，输入 $X' \in \mathbb{R}^{(n_t \times n_s) \times n_f}$ 经过 $reshape$（X'）调整后形状为（$n_t \times n_s$）$\times n_f$，然后通过图卷积处理得到输出 $Y_{st} \in \mathbb{R}^{(n_t \times n_s) \times n_f}$，具体地，如下式所示：

$$Y_{st} = sigmoid[L_{st} \odot W_{st1} reshape(X')]W_{st2} + b_{st}) \tag{9.6-5}$$

其中，学习参数 $W_{st1} \in \mathbb{R}^{(n_t \times n_s) \times (n_t \times n_s)}$，$W_{st2} \in \mathbb{R}^{f \times n_f}$，$b_{st} \in \mathbb{R}^{1 \times n_f}$，而且 f 是 X' 的特征个数，n_f 是滤波器个数，L_{st} 为邻接矩阵 A_{st} 的拉普拉斯归一化矩阵。L_{st} 矩阵不仅包含每个节点与其他节点关系的信息，还描述每个节点所拥有的关系节点的总数，能更好地表示图的结构。该方法把特征在时间、空间结构的关系，从整体上看作一个图结构，图卷积获取特征在时间空间的依赖关系。

2. 空间、时间的图卷积

在时间、空间上的图卷积也分别采用类似时空同步的图卷积的形式，输入 X' 转置处理后的 $X'_s \in \mathbb{R}^{n_s \times n_t \times f}$，$X'_t \in \mathbb{R}^{n_t \times n_s \times f}$，输出分别为 Y_s 和 Y_t，如下式所示：

$$Y_s = sigmoid[(L_s \odot W_{s1} X'_s)W_{s2} + b_s] \tag{9.6-6}$$

$$Y_t = sigmoid[(L_t \odot W_{t1} X'_t)W_{t2} + b_t]$$

其中，$W_{s1} \in \mathbb{R}^{n_s \times n_s}$，$W_{s2} \in \mathbb{R}^{f \times n_f}$，$b_s \in \mathbb{R}^{1 \times n_f}$，$W_{t1} \in \mathbb{R}^{n_t \times n_t}$，$W_{t2} \in \mathbb{R}^{f \times n_{ft}}$，$b_t \in \mathbb{R}^{1 \times n_{ft}}$，$n_{ft}$ 是时间的图卷积滤波器个数，输出 $Y_s \in \mathbb{R}^{n_s \times n_t \times n_f}$，$Y_t \in \mathbb{R}^{n_t \times n_s \times n_f}$，邻接矩阵 A_s 拉普拉斯归一化矩阵为 L_s，邻接矩阵 A_t 拉普拉斯归一化矩阵为 L_t，$sigmoid$ 是激活函数，$\odot$ 代表哈达玛积（Hadamard）。在时间和空间分别再次进行图卷积，是为了弥补时空图卷积在时间和空间上对信息或依赖关系提取的不完全。

3. 分支融合

在分支部分，其中一层对输入数据分别进行三类图卷积后，以加权求和的方式融合输出，如下式所示：

$$H = W_{st} \odot reshape(Y_{st}) + W_s \odot transpose(Y_s) + W_t \odot Y_t \tag{9.6-7}$$

其中，$reshape(Y_{st})$ 是把 Y_{st} 的形状变为 $n_t \times n_s \times n_f$，$transpose(Y_s)$ 是对 Y_s 的转置操作，W_{st}、W_s、W_t 都是 $\mathbb{R}^{n_t \times n_s \times n_f}$ 的元素。以此种方式，把不同卷积的结果融合起来，为下一步处理提供高质量的原始信息。

4. 基于 ConvGRUs 的融合

模型的三个分支的输出，作为每个分支的 ConvGRUs 网络的输入，且前一个分支的 ConvGRUs 网络的输出的记忆态传递给下个分支的 ConvGRUs 网络。具体地，首先每个分支的 ConvGRUs 网络先沿着分支输出 X' 中 n_t 所在维度的时间顺序，通过二维卷积分别处理 $x'_i \in \mathbb{R}^{n_s \times f}$，其中 $X' = (x'_1, \cdots, x'_i, \cdots, x'_{n_t})$，$n_t$ 是时间的长度；然后进行 GRU 的运算，每个 ConvGRUs 网络前一个时间经过 GRU 运算输出的记忆态，传递给下一个时间的 GRU。最终，三个分支输入的 ConvGRUs 网络传递信息，把分离的信息融合起来。ConvGRU 算法如下式所示：

$$
\begin{aligned}
Z_t &= \sigma(W_{xz} * X_t + W_{hz} * H_{t-1}) \\
R_t &= \sigma(W_{xr} * X_t + W_{hz} * H_{t-1}) \\
H'_t &= f[W_{xr} * X_t + R_t \odot (W_{hh} * H_{t-1})] \\
H_t &= (1 - Z_t) \odot H'_t + Z_t \odot H_{t-1}
\end{aligned}
\tag{9.6-8}
$$

其中，$*$ 代表卷积操作，H_t、Z_t、H'_t 分别代表记忆态、重置门、更新门和新的信息，X_t 是输入，σ、f 是激活函数。

（二）模型学习

模型的学习流程为：首先计算第一个分支，第一层按照输入数据的时间维度循环进行三种图卷积的计算，循环结束后的输出加权相加，作为第二层的输入，进行同第一层的过程，得到输出进行 ConvGRUs 计算。然后另外两个分支依次进行与第一分支相同的计算过程。最后把三个分支的 ConvGRUs 输出拼接，并用全连接神经网络处理，得到预测值，基于深度学习的随机梯度下降法判断模型是否收敛，并迭代进行学习直至收敛，得到最终学习后的模型。如图 9.6-8 所示。

（三）模型预测

模型预测算法的伪代码如表 9.6-1 所示。其中，i 表示第 i 个样本，X_q^i、X_m^i、X_w^i 的图结构对应三种图卷积的拉普拉斯矩阵，分别为时空同步的 L_{stq}、L_{stm}、L_{stw}，空间的 L_s，时间的 L_{tq}、L_{tm}、L_{tw}，n_q、n_m、n_w 分别是 X_q^i、X_m^i、X_w^i 时间维度的长度，X_q^i、X_m^i、X_w^i 的空间图结构节点个数都是 n_s，特征个数都是 f，n_{f1}、n_{f2} 是每个分支滤波器的数目，$\hat{X}_q^i(k)$ 是 $\hat{X}_q^i$ 第 0 维度的第 k 个元素；$ConvGRU[\hat{X}_q^i(k), h_{q,k-1}]$ 指在第 k 时刻 $ConvGRU$ 的输出，输入是 $\hat{X}_q^i(k)$ 和上一个时刻的记忆态 $h_{q,k-1}$，$length(\hat{X})$ 是 $\hat{X}$ 的长度，Y_{pre} 是输出的 Y_{pre}^i 构成的集合。

六、模型分析

以某隧道监测项目中大约 3 年的激光测距获得的内衬形变位移数据和温度传感器采集的数据作为样本数据进行模型分析。沿着隧道每隔一段距离在断面的相同位置处安放一对传感器，每隔一定的时间采集温度和形变位移值。样本数据集在学习之前需要进行样本扩充，在此之前需要把数据处理成特定形状的张量，使经过滑动窗口处理获得的数据能匹配回归模型输入所要求的形状，该张量形状为时间长度、监测位点个数、特征个数，经过两层滑动窗口处理获得数据集的情况如表 9.6-2 所示。

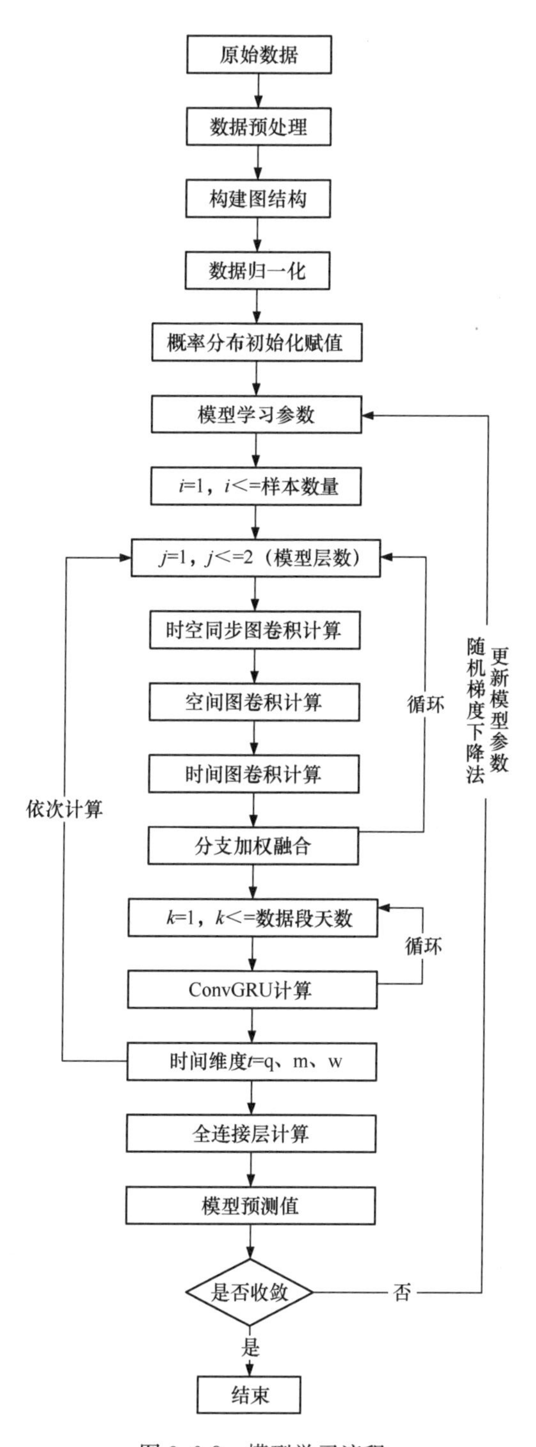
原始数据
数据预处理
构建图结构
数据归一化
概率分布初始化赋值
模型学习参数
i=1，i<=样本数量
j=1，j<=2（模型层数）
时空同步图卷积计算
空间图卷积计算
时间图卷积计算
分支加权融合
循环
依次计算
k=1，k<=数据段天数
ConvGRU计算
循环
时间维度t=q、m、w
全连接层计算
模型预测值
是否收敛
否
是
结束
随机梯度下降法
更新模型参数

图 9.6-8 模型学习流程

模型预测伪代码 **表 9.6-1**

输入	数据集 $X=\{(X_q^0,X_m^0,X_w^0,X_{tar}^0),\cdots,(X_q^i,X_m^i,X_w^i,X_{tar}^i),\cdots\}$ $L_{stq},L_{stm},L_{stw},L_s,L_{tq},L_{tm},L_{tw},f,n_{f1},n_{f2},n_q,n_m,n_w,n_s$
输出	$\{Y_{pre}^0,\cdots,Y_{pre}^i,\cdots\}$

1： 归一化 X，令 $\hat{X}=\{(\hat{X}_q^0,\hat{X}_m^0,\hat{X}_w^0,\hat{X}_{tar}^0),\cdots,(\hat{X}_q^i,\hat{X}_m^i,\hat{X}_w^i,\hat{X}_{tar}^i),\cdots\}$
2： 初始化模型学习参数，利用概率分布赋值
3： for $i=0$，$1\cdots length(\hat{X})-1$
4： for $j=0$，1
5： $\hat{X}_q^i$ 进行时空图卷积运算得到 $\hat{Y}_{stq}^i$
6： $\hat{X}_q^i$ 进行空间图卷积运算得到 $\hat{Y}_{sq}^i$
7： $\hat{X}_q^i$ 进行时间图卷积运算得到 $\hat{Y}_{tq}^i$
8： $\hat{Y}_{stq}^i$、$\hat{Y}_{sq}^i$、$\hat{Y}_{tq}^i$ 进行融合运算得到 $\hat{H}_{q,j}^i$
9： 令 $\hat{H}_{q,j}^i=\hat{X}_q^i$
10： 令 $h_{q,k-1}$ 是形状为 $n_s\times f$ 的零矩阵
11： for $k=0$，$1\cdots n_q-1$
12： $h_{q,k}=ConvGRU[\hat{X}_q^i(k),h_{q,k-1}]$
13： $\hat{x}_{q,k}^i=h_{q,k},h_{q,k-1}=h_{q,k}$
14： 得到 $\hat{x}_{q,k}^i$ 构成的三维张量 $\tilde{X}_q^i$，$h_{m,k-1}=h_{q,n_q-1}$
15： 时间维度更换为 m，按步骤 4 至 9 和 11 至 14 进行
16： 得到 $\hat{x}_{m,k}^i$ 构成的三维张量 $\tilde{X}_m^i$，$h_{w,k-1}=h_{m,n_m-1}$
17： 时间维度更换为 w，按步骤 4 至 9 和 11 至 14 进行
18： 得到 $\hat{x}_{w,k}^i$ 构成的三维张量 $\tilde{X}_w^i$
19： $\tilde{X}_q^i$、$\tilde{X}_m^i$、$\tilde{X}_w^i$ 按照时间维度拼接得到 $\tilde{X}^i$
20： 对 $\tilde{X}^i$ 全连接层处理得到 Y_{pre}^i
21： 返回 $\{Y_{pre}^0,\cdots,Y_{pre}^i,\cdots\}$

两层滑动窗口扩充的数据集 **表 9.6-2**

时间长度	位点个数	特征	数据长度	t_q,t_m,t_w
919d	26 个	7 个	14778 条	28，14，7

模型评价主要由平均绝对误差（Mean Absolute Error，MAE）、均方根误差（Root Mean Square Error，RMSE）、平均绝对百分比误差（Mean Absolute Percentage Error，MAPE）来衡量，它们反映了预测值和真实值之间误差的大小，值越小说明模型预测的效果越好，模型对数据的拟合越接近，通过与其他模型进行比较来验证。

将 14778 条数据划分为 8866 条训练集、2955 条验证集和 2955 条测试集。首先在训练集上对本模型和 Temporal-GCNN、ConvGRU、GraphHeat-ChebNet、Spatial-ChebNet、ASTGCN 共 6 种模型进行训练，然后在测试集上进行 1d 和 2d 的预测，再用验证集进行验证，结果如表 9.6-3、表 9.6-4 和图 9.6-9 所示。

模型在测试集上 1d 的预测精度对比　　表 9.6-3

模型	参数	MAE_1	$MAPE_1$	$RMSE_1$
本模型	$f_1=8, f_2=16$	0.26	30.8%	0.36
Temporal-GCNN	$f_{t1}=8, f_{t2}=16$	0.32	36.7%	0.43
ConvGRU	—	0.31	40.2%	0.41
GraphHeat-ChebNet	$K_{gc}=2, S=3, f_{gc1}=8, f_{gc2}=16$	0.29	34.5%	0.40
Spatial-ChebNet	$f_{s1}=8, f_{s2}=16$	0.43	44.8%	0.60
ASTGCN	$f_{a1}=8, f_{a2}=16$	0.54	61.9%	0.71

模型在测试集上 2d 的预测精度对比　　表 9.6-4

模型	参数	MAE_2	$MAPE_2$	$RMSE_2$
本模型	$f_1=8, f_2=16$	0.27	31.9%	0.37
Temporal-GCNN	$f_{t1}=8, f_{t2}=16$	0.34	38.3%	0.45
ConvGRU	—	0.31	40.4%	0.42
GraphHeat-ChebNet	$K_{gc}=2, S=3, f_{gc1}=8, f_{gc2}=16$	0.30	35.6%	0.41
Spatial-ChebNet	$f_{s1}=8, f_{s2}=16$	0.44	45.6%	0.61
ASTGCN	$f_{a1}=8, f_{a2}=16$	0.66	78.8%	0.89

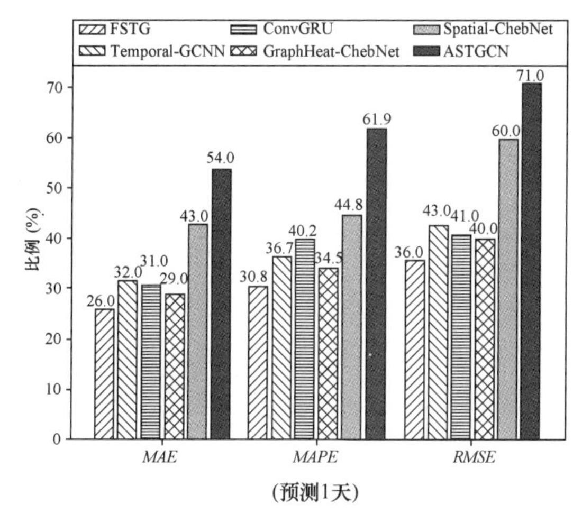

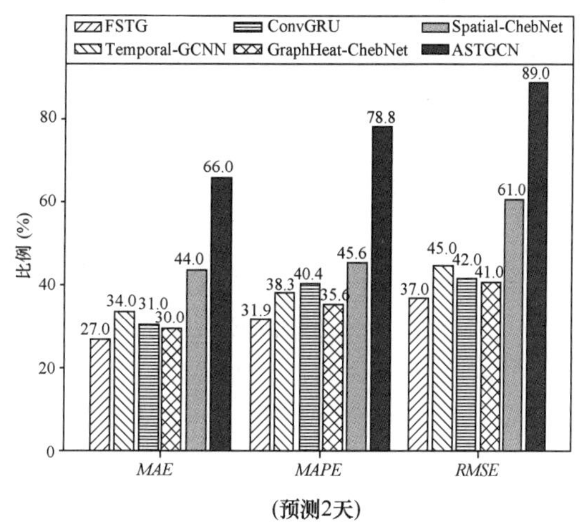

图 9.6-9　模型在测试集上 1d 和 2d 的预测精度对比

对于预测 1d 来说，本模型的预测结果指标都远比 ASTGCN 小，大约是 ASTGCN 的一半，相比其他模型效果更优；对于预测 2d 来说，本模型的预测结果指标也明显好于其他模型。

将本模型对 26 个点位进行 1d 和 2d 的预测，结果如图 9.6-10 所示，各点 1d 和 2d 的预测误差较接近甚至重合，说明在一定时间长度内预测时间对模型预测效果的影响较小；大部分点位的 *MAE* 分布在 0.1 至 0.4，*RMSE* 分布在 0.15 至 0.45，*MAPE* 值有 16 个点在 35%以下，占点位总数的 61%，有 15 个点在 20%以下，占点位总数的 57%，可见本模型对大部分节点的预测效果较好。

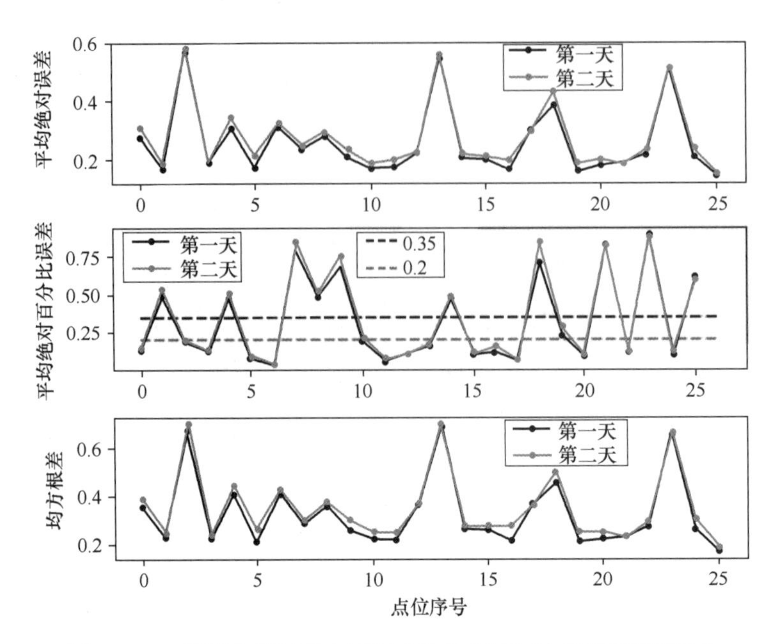

图 9.6-10 模型在测试集上不同点位的 1d 和 2d 的预测精度对比

由上述预测结果对比分析可知，可将本模型用于预测预警。利用某一段时间内的监测传感数据，进行下 1d 或 2d 的预测，然后与预警阈值进行比较，当预测值到达阈值某个范围时进行预警提示。

第七节 平 台 建 设

在数字城市、智慧城市建设需求的推动下，安全监测服务应用的深度和广度不断拓展，正在从单一的基础设施安全监测向城市全域感知、全网协同、全业务融合和全场景智慧赋能的方向发展。目前大多数监测系统所采用的单体式或 SOA 架构已不足以应对业务发展的需求，作者所在研究团队基于自建的基础云平台，通过设计微服务架构，构建了具有良好实用性与可拓展性的智能、开放的安全监测预警微服务体系。

监测大数据平台架构包括了基础云平台和微服务平台。其中，基础云平台是构建安全监测智能开放微服务体系的重要基础；微服务平台以 Docker 作为容器引擎，利用容器编排、调度功能辅助搭建、部署和管理基于 Docker 和微服务架构的分布式应用系统。

一、基础云平台建设

为满足海量监测传感数据安全存储和处理的需求，并兼顾数据的安全性，作者所在研究团队构建了以私有云环境为基础的云平台，为监测业务及微服务架构建设提供重要的信息基础设施，为整个平台的高效、稳定、安全运行提供了全面保障。

（一）硬件资源

平台硬件设备主要包括 3 台物理服务器、1 套存储资源及配套网络设备，主要技术参数如表 9.7-1 所示。

基础云平台硬件资源情况　　表 9.7-1

名称	数量	主要硬件	技术参数
服务器	4	处理器	32 核
		内存	256GB
		硬盘	2.5TB
存储	2	容量	200TB

（二）虚拟化情况

通过对存储设备、服务器进行虚拟化，提供定制化的虚拟机资源池，并通过部署云平台管理系统实现对虚拟机的管理和调度，如图 9.7-1 所示。

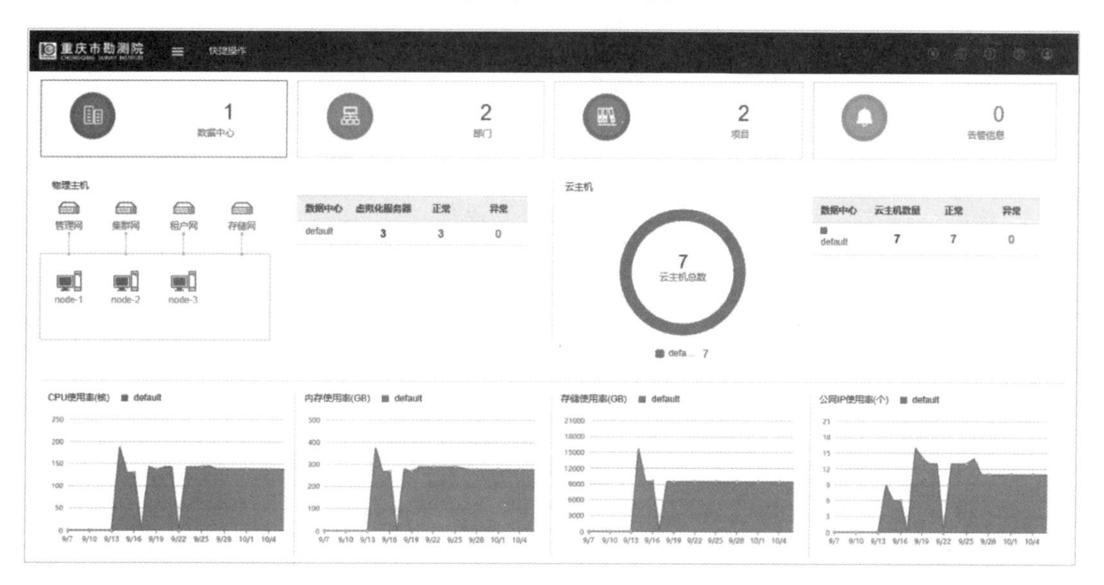

图 9.7-1　基础云平台

（三）安全设计

云平台安全包括数据存储安全、虚拟机安全和网络安全。

1. 数据存储安全

通过虚拟化层实现虚拟机之间存储访问隔离，隔离用户数据，防止恶意虚拟机用户盗取其他用户的数据，保证用户数据安全。采用分离设备驱动模型实现 I/O 的虚拟化，管理系统保证虚拟机只能访问分配给它的物理磁盘空间，从而实现不同虚拟机硬盘空间的安全隔离。存储采用数据增强技术，有效做到了剩余信息保护；系统进行资源回收时，支持对逻辑卷的物理 Bit 位进行格式化，保证数据的安全。

2. 虚拟机安全

同一物理机上不同虚拟机之间的资源隔离，避免虚拟机之间的数据窃取或恶意攻击，保证虚拟机的资源使用不受周边虚拟机的影响。终端用户使用虚拟机时，仅能访问属于自己的虚拟机的资源（如硬件、软件和数据），不能访问其他虚拟机的资源，保证虚拟机隔离安全。虚拟机隔离如图 9.7-2 所示。

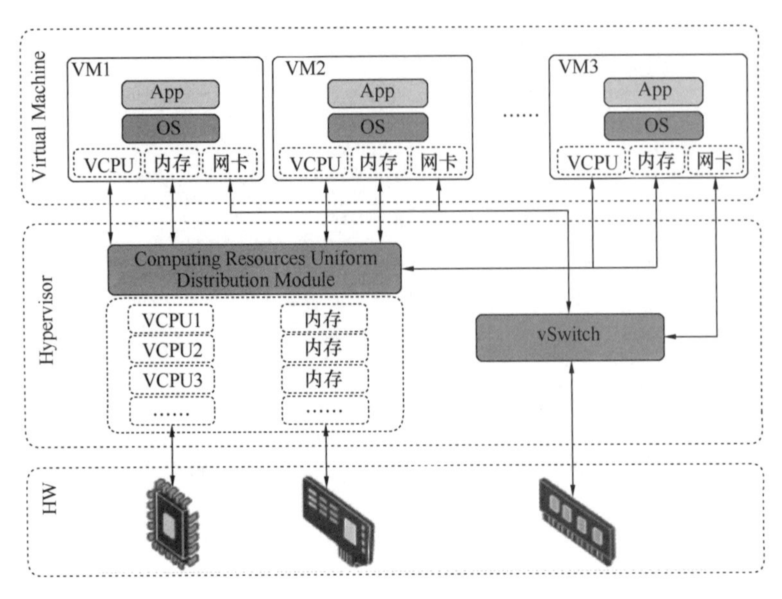

图 9.7-2 虚拟机隔离

3. 网络安全

虚拟化套件的网络通信平面划分为业务平面、存储平面和管理平面。三个平面之间相互隔离，保证管理平台操作与业务运行互相独立，如图 9.7-3 所示。

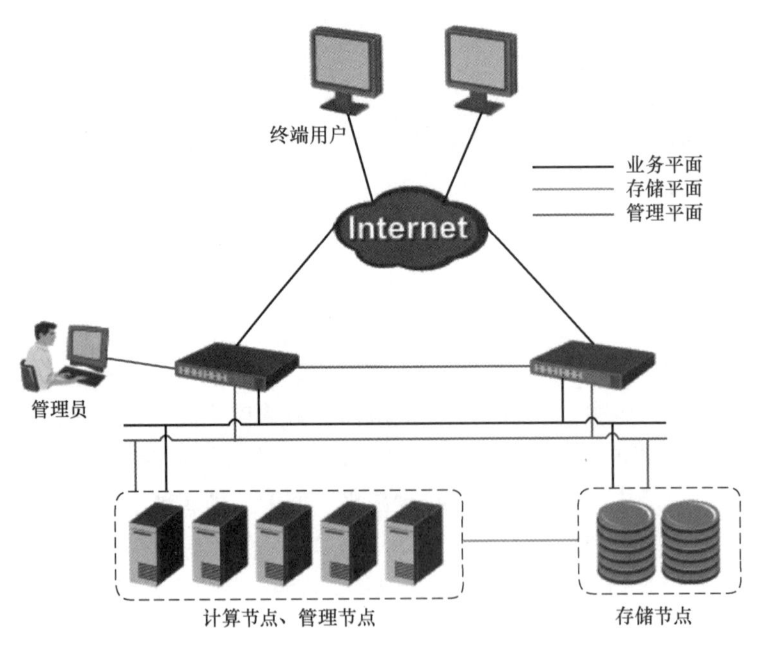

图 9.7-3 平面隔离示意图

业务平面为用户提供业务通道，为虚拟机虚拟网卡的通信平面，对外提供业务应用；存储平面为 ISCSI 存储设备提供通信平面，并为虚拟机提供存储资源，但不直接与虚拟机通信，而通过虚拟化平台转化；管理平面负责整个云计算系统管理、业务部署、系统加载等流量的通信。

数据在传输过程中可能遇到被中断、复制、篡改等威胁，需要保证信息在网络传输过程中的完整性、机密性和有效性。传输安全主要由 SSL 加密传输通道和 HTTPS 加密敏感数据两种方式保证。

二、微服务体系构建

微服务体系架构是根据应用系统的实际业务需求，通过对预定义的微服务进行重组而形成企业级应用的分布式体系结构，其基本思想是将传统的单体应用按业务功能拆分为一系列可被独立设计、开发、部署、运维的软件服务单元，服务间彼此配合、相互协作。相比传统单体架构，微服务体系架构解决了系统数据、服务呈爆炸式增长而造成的各种问题。

基于框架完整性和技术先进性及易用性考虑，作者所在研究团队采用被广泛应用的 Kubernetes 轻量级版本 K3s，构建起一套微服务应用体系，结合安全监测平台的业务功能和应用需求，拆分成多个微服务，每个微服务只关注单一的业务功能，实现了分布式部署，各个服务实例通过注册中心将微服务连接起来，实现了负载均衡，分散了计算和服务压力，有效解决了分布式系统单点故障和模块兼容性问题，提高了系统的稳定性和扩展性。

（一）微服务应用组件

微服务应用组件主要提供微服务协调、治理、管理方面的功能，包括微服务注册、服务发现、服务网关、服务管理、服务鉴权、负载均衡、日志管理等。

1. 服务注册与发现

随着系统业务量的不断增加，系统功能变得更加复杂，微服务的数量也会同步增加。微服务的架构决定了整个系统的业务功能是由大量的服务结构支撑的，每个服务的地址是动态变化的，若采用手动管理和维护服务目录的方式则无法保证系统的稳定运行，因此需要一种动态的服务发现机制。服务注册中心是微服务架构中的核心组件，微服务将自身的服务名称与地址提交到注册中心，其他服务可以通过查询注册中心来发现服务，并获取其接口进行远程调用。

在 Kubernetes 中使用 DNS 作为服务注册表，每个 Kubernetes 集群都会在 kube-system 命名空间中用 pod 的形式运行一个 DNS 服务（kube-dns/coredns），通常称之为集群 DNS，Service 对象注册到集群 DNS 之中后，就能够被运行在集群中的其他 pod 发现，具体过程如下：

（1）向 API Server 用 POST 方式提交一个新的 Service 定义；

（2）这个请求需经过认证、鉴权以及其他准入策略检查过后才会放行；

（3）Service 得到一个 ClusterIP（虚拟 IP 地址），并保存到集群数据仓库；

（4）在集群范围内传播 Service 配置；

（5）集群 DNS 服务得知该 Service 的创建，据此创建必要的 DNS 记录。

kube-system 命名空间中有一个 kube-dns 的 pod，这个 pod 运行 DNS 服务，在集群中的其他 pod 都被配置成使用其作为 DNS，由于 DNS 中记录的是服务名称到 ClusterIP 映射的记录，只需知道目标服务的服务名称，就能通过 DNS 发现目标服务。

2. 服务网关

在软件开发中，客户端往往需要调用多个服务接口才能完成一个业务需求，若客户端直接和各个微服务通信，则在同一个业务流程中，客户端需要多次请求不同的微服务，每个服务都需要鉴权、限流、权限校验等功能，还可能存在跨域访问，使客户端变得更为复杂，同时，也会增加项目重构的难度。微服务中通过服务网关解决该问题，网关是系统的唯一入口，位于客户端和微服务之间，对外暴露聚合 API，屏蔽系统内部微服务细节，其核心是一系列过滤器，不管是来自于客户端的请求还是服务器内部调用，都需要经过网关，过滤器将请求转发到对应的微服务，具有路由转发、负载均衡、过滤等功能。

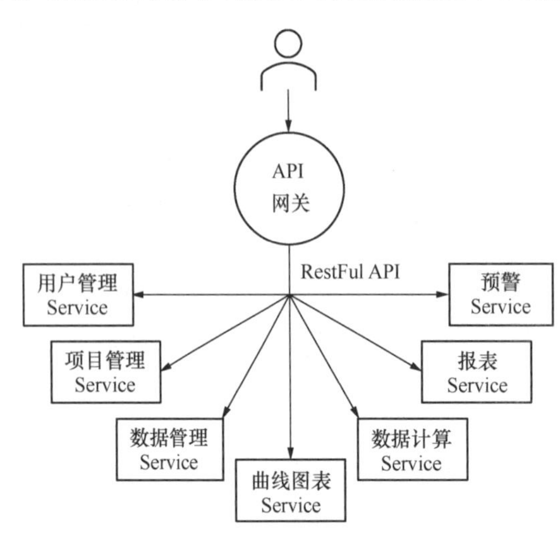

图 9.7-4 服务网关

在 Kubernetes 中使用 Ingress 作为服务 API 网关，它也是一个 API 对象，通过 Ingress 对象可以制定请求转发的规则，把外部的请求路由到集群中的 Service 服务中（图 9.7-4）。

3. 服务鉴权

服务鉴权是指在安全认证机制保证下对系统内部各微服务之间的调用行为进行鉴权，目的是防止微服务接口未经授权而调用。作者所在研究团队采用基于 Token 的鉴权方式，实现服务间的安全认证，其原理如图 9.7-5 所示。调用方微服务实例启动后，向鉴权中心发起包含安全认证信息的动态密钥签名申请请求，认证通过后获得动态密钥（与该微服务实例所在容器的 IP 绑定）和密钥编码。调用方在每一次调用其他微服务实例之前，将在请求 Header 中加入签名信息（即密钥编码），被调用的微服务实例收到请求后获取 Header 中的签名信息向鉴权中心申请签名验证，只有签名验证正确，才认为该请求合法。

4. 负载均衡

负载均衡是高可用微服务架构的重要组成部分，可以更优更均衡地选择要访问的服务器，防止出现阻塞与闲置，提高系统健常性。作者所在研究团队选用 K3s 下开源的负载均衡器 Klipper LB 来实现该功能，过程为：使用主机端口接收流量，并使用 iptables 将接收的流量转发到 Service 的 IP 地址。同时，在应用层和服务层之间，使用服务端软负载 Nginx 进行客户请求的分发，以提高整个系统的可用性和稳定性。

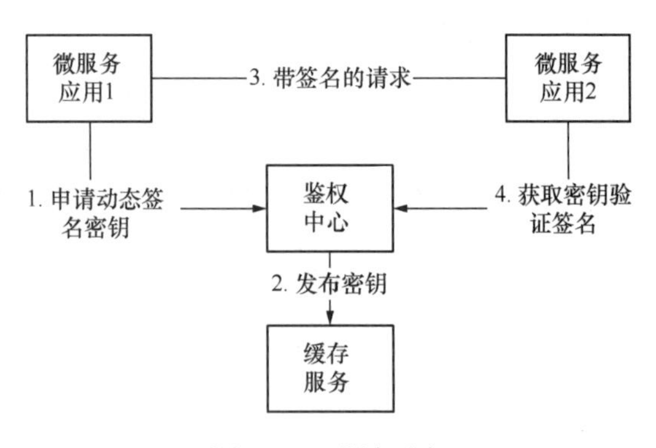

图 9.7-5 服务鉴权

（二）平台微服务化设计

微服务是最小的业务单元，负责完成单一任务，一个服务通常实现一组同一范畴的业务功能。服务可独立进行部署及扩展伸缩，每个服务都定义了明确的边界，有利于规模化开发。系统微服务化设计是将业务边界进行服务微化拆分，根据业务需求将业务拆分为多个独立运行、部署的子服务，合理的服务粒度是保证微服务架构高效运行的重要因素之一。微服务构建基于以下几个基本原则：①基于领域模型确定微服务的边界；②微服务内紧内聚，微服务之间松耦合；③减少微服务间的数据流量和调用。

从安全监测需求的角度分析可将服务拆分为数据处理和计算服务、预测预警模型分析服务、自动报表服务、监测预警平台业务服务、基础智能开放共享服务共五个微服务模块。

1. 数据处理和计算服务

数据处理和计算服务主要是将整个平台中所有与数据相关的处理和计算的操作抽象为独立的、公共的微服务，主要包括数据的预处理、数据形态的变换、数据项数值转换、各类监测类型变形量和变形速率的计算、传感器数据的公式换算、数据的各类校验、数据的各种统计计算等。按照功能单一、功能与数据内聚、尽量减少微服务间的网络通信开销这一原则进行拆分，如图 9.7-6 所示。

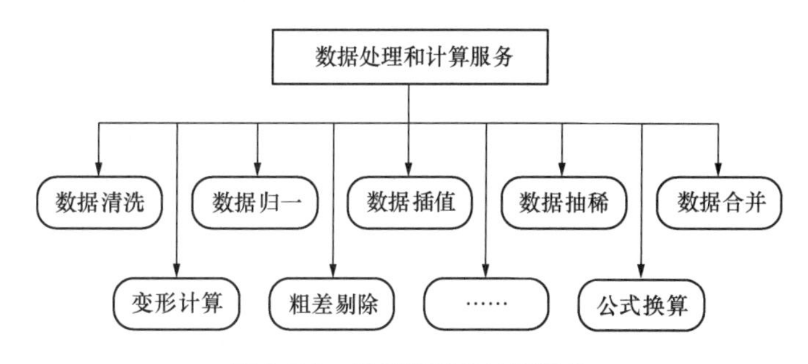

图 9.7-6　数据处理和计算服务

2. 预测预警模型分析服务

预警模型分析总共划分为三个等级：一是微观层面，对单个测点、单个设备数据的分析与处理，以基本的统计模型为主，对传感数据进行趋势提取、预测预报、结构探测、稳定性分析等；二是开展局部结构特征的分析与评估，通过融合局部结构上的多点传感数据，进行综合分析与评价，如在桥梁结构中分别针对主梁、塔柱、悬索等进行结构稳定性分析；三是开展整体结构、宏观尺度上的区域性分析与评价，如地面沉降监测分析与评估、隧道结构整体性安全评估等。

针对上述三个层面，建立一种预测预警模型分析微服务，以安全监测预警、预报为目标，以基础设施综合危险性分析为技术基础，以基础数据、监测数据、气象数据等为信息来源，从中提取特征指标，以智能化的预测模型为核心支撑，实现样本建立、深度学习、模型构建、模型预测、模型评价、预警分析、信息展示、数据输出、预警发布等全流程的功能操作，如图 9.7-7 所示。

3. 自动报表服务

自动报表服务主要实现各类成果报表的自动化、智能化输出，包括元数据定义、数据查询、数据组织、模板读取、模板解析、脚本执行和报表输出功能，如图 9.7-8 所示。用户通过监测预警平台业务服务提交报表申请，内部将调用自动报表服务读取用户提交的报表申请中的有关参数配置，执行报表自动生成操作。

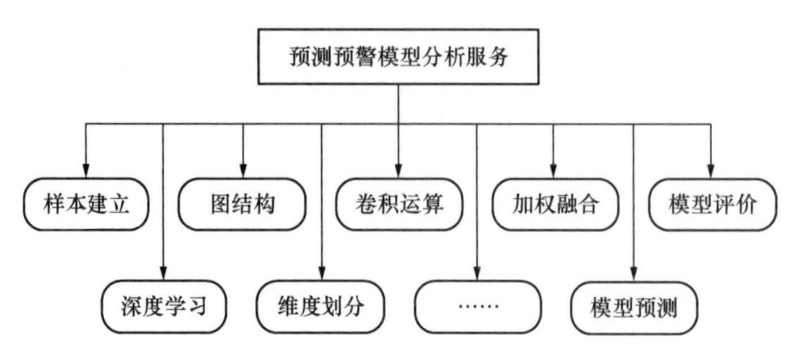

图 9.7-7　预测预警模型分析服务

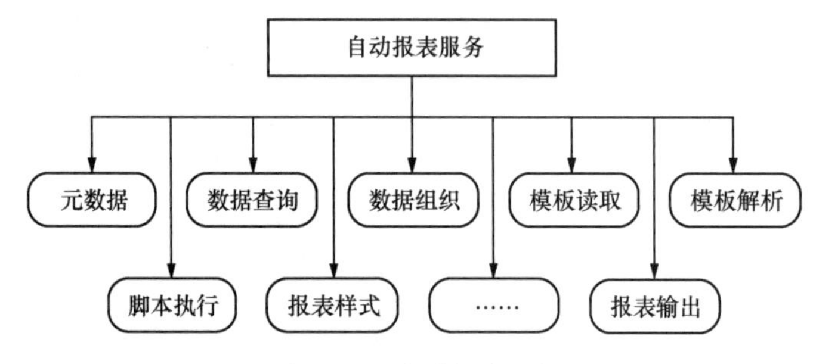

图 9.7-8　自动报表服务

4. 监测预警平台业务服务

监测预警平台业务服务是对行业典型应用过程和应用逻辑进行标准化设计，在平台设计及研发过程中形成通用的标准化业务模块，依据数据驱动、规则引擎实现业务数据的自动化处理与流转。该服务更多地关注于前端的可视化呈现和业务应用逻辑的组织，具体功能的完成，则通过调用其他微服务，如基础开放共享服务、数据处理和计算服务、预测预警模型分析服务和自动报表服务完成，如图 9.7-9 所示。

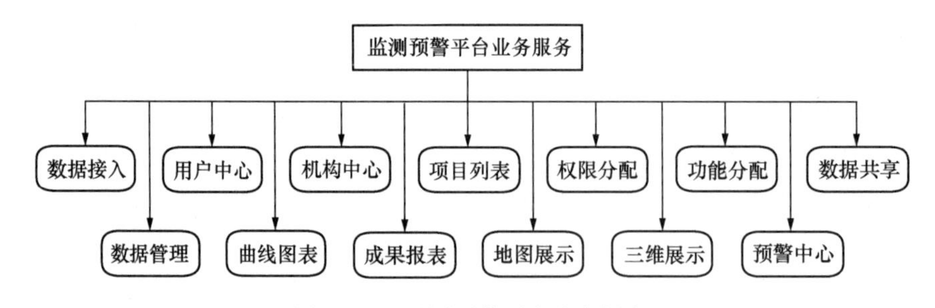

图 9.7-9　监测预警平台业务服务

5. 基础智能开放共享服务

基础智能开放共享服务主要包括其他服务所需的公共处理组件模块（如数据库操作、文件系统操作、缓存管理、日志管理、任务调度等）以及将汇聚形成的各类数据成果、知识成果、模型算法成果、云服务资源等以数据共享、开放接口的形式对外提供智能在线服务。其中，数据的开放共享按照数据主题域可划分为以下四个方面：一是时空专题数据服务于建（构）筑物的设计与可视化，包括二维空间数据、三维空间数据的集合，二维空间形态数据包括各种矢量地图、影像地图、栅格地图等，三维模型数据是测绘地理信息技术构建的实景三维模型；二是监测数据服务科研人员开展数据挖掘与模型论证；三是模型评估分析结果便于管理人员进行管理和决策；四是过程业务数据为行业间的交流学习提供经验借鉴（图 9.7-10）。

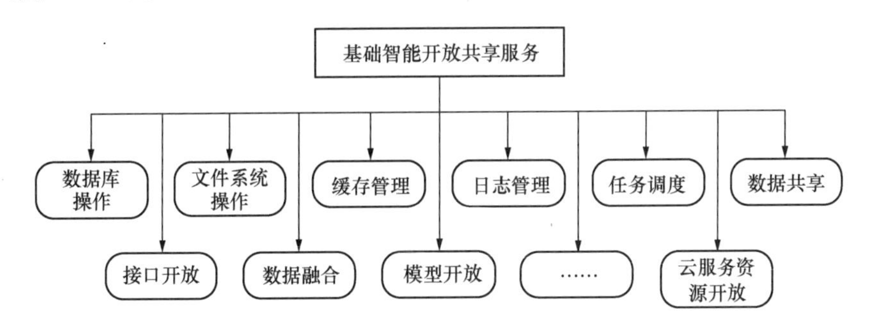

图 9.7-10　基础智能开放共享服务

（三）微服务搭建与部署

微服务平台以 K3s 平台为基础，搭建了 Kubesphere 微服务平台，运用 Docker 容器技术，将微服务应用以容器的形式部署到微服务平台运行。K3s 平台是轻量级 Kubernetes 平台，针对边缘计算、物联网等场景高度优化，易于安装且占用内存小，对设备硬件要求不高。K3s 平台以控制节点和服务节点来划分集群，其中控制节点负责总任务的调度，服务节点负责对调度任务的运行。

在 K3s 平台部署完微服务之后，可以通过 IP＋端口的方式对入口服务进行访问。微服务运行情况查看及管理可基于 Web 系统客户端界面完成。

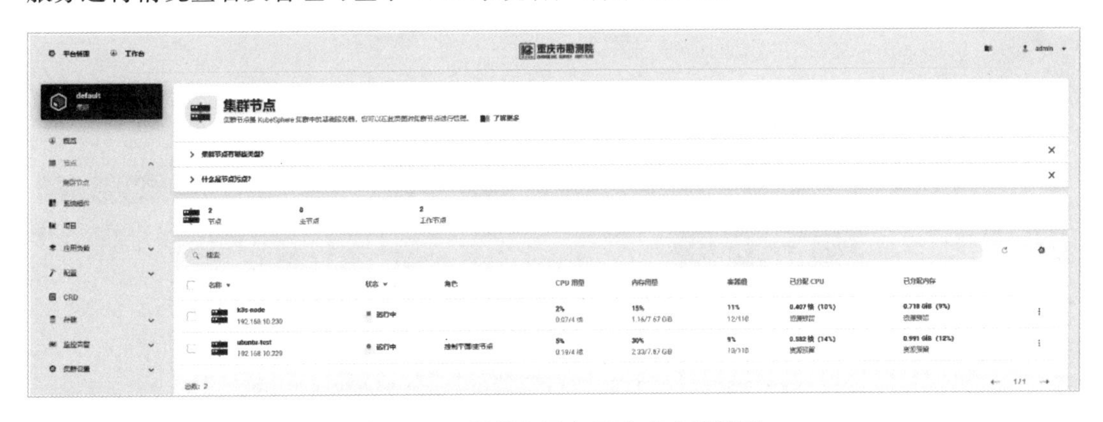

图 9.7-11　微服务平台 Web 客户端界面

微服务平台的各项信息，如集群节点运行情况、节点管理、资源配置等，如图 9.7-11 所示。同时，可监控整个微服务平台目前的实时资源用量情况，以曲线图的形式展示了包括 CPU、内存、磁盘等信息，如图 9.7-12、图 9.7-13 所示。

图 9.7-14 展示了已部署的微服务应用的运行情况。点击具体应用可查看服务运行概况和资源使用情况，如图 9.7-15 所示。

三、平台功能

平台功能包括数据处理、数据分析、数据可视化、安全预警以及成果报表等。

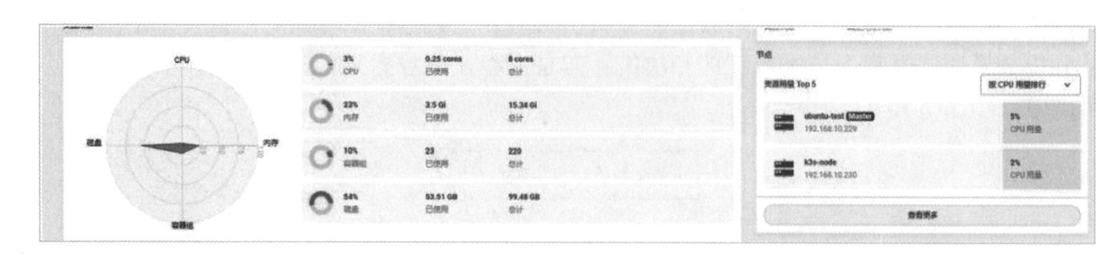

图 9.7-12 微服务平台总体资源展示

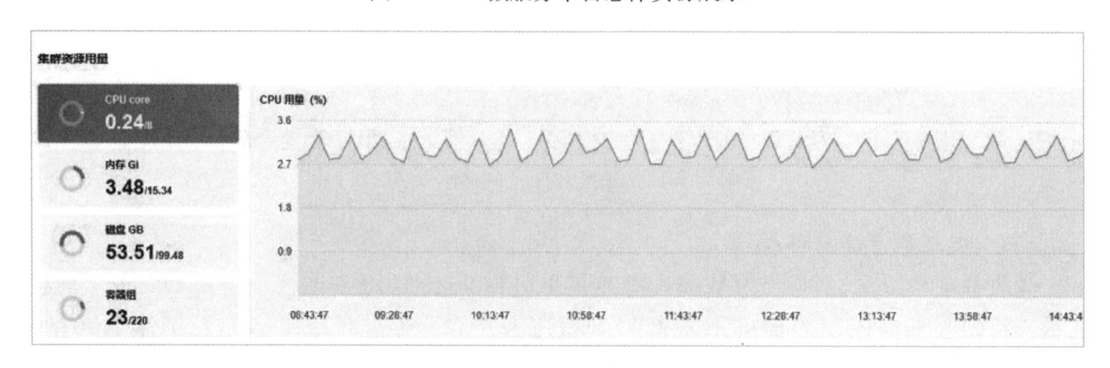

图 9.7-13 微服务平台实时资源使用情况

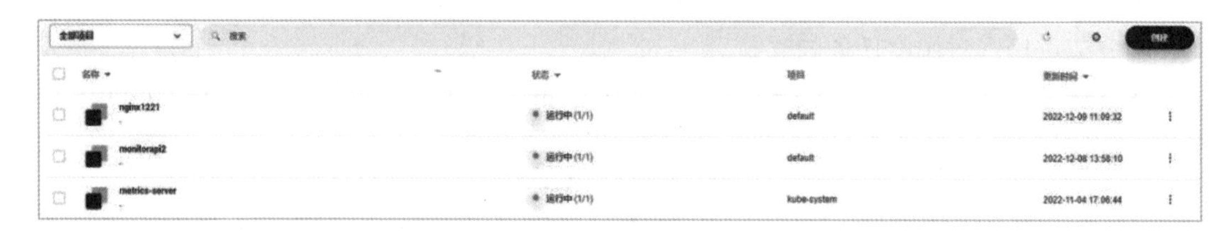

图 9.7-14 已部署微服务

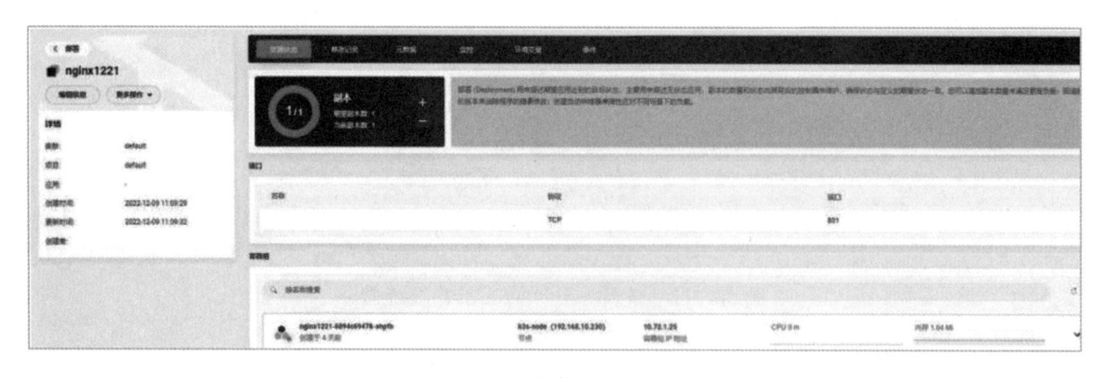

图 9.7-15 微服务具体信息

（一）数据处理

1. 粗差剔除

通过传感器采集得到的数据首先应对粗差进行处理。粗差表现的是与测量结果真值明显的偏离，必须先将它们全部剔除。平台提供了根据阈值剔除粗差的单点处理和批量处理方法，可实现全自动粗差剔除和人机交互的粗差剔除模式。图 9.7-16 所示为某监测点粗差剔除前后的曲线对比情况。

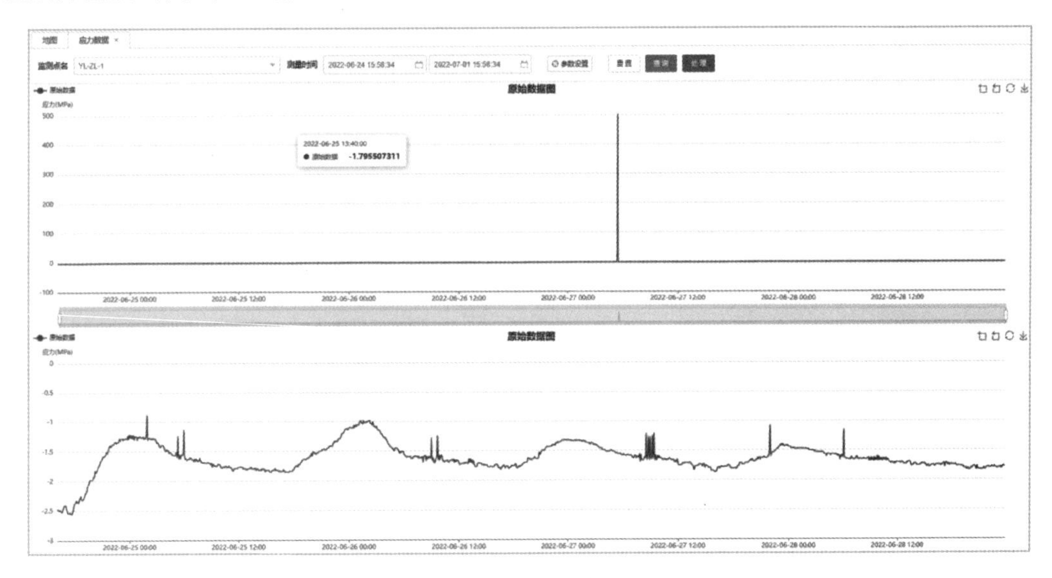

图 9.7-16 粗差剔除效果

2. 数据平滑

数据噪声被定义为数据集中的干扰数据，即测量变量中的随机误差或方差。由于监测对象所处环境非常复杂，且考虑到传感器的不稳定性，因此所采集得到的监测数据往往是包含了许多数据噪声的结果，这会对后续的数据分析造成不利影响，因此在预处理阶段需要对监测进行平滑滤噪处理。一般平滑滤噪的方法有滑动平均法、Savitzky-Golay 法、小波去噪法等。图 9.7-17 所示为某监测点平滑滤噪前后的曲线对比效果。

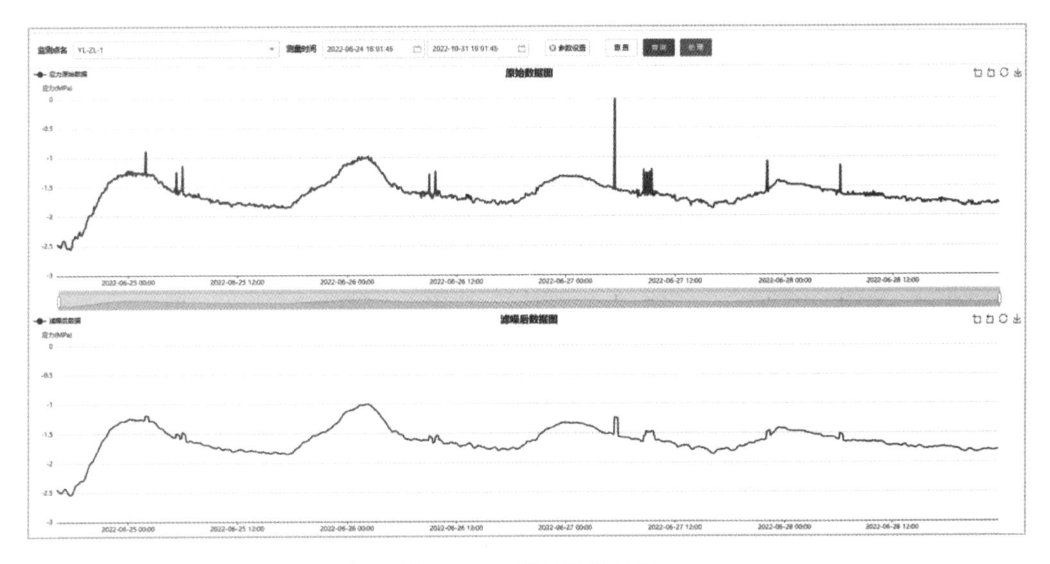

图 9.7-17 数据平滑效果

3. 数据计算

数据计算依靠计算规则引擎实现。计算规则引擎是提供给用户配置、执行和自定义针对各类传感数据的不同计算处理操作的功能模块。平台内置了常用的数据处理和计算规则，供后台流式处理引擎调用，如图 9.7-18 所示。同时，用户可在平台新增和提交自定义数据处理规则以及算子，这里的算子是指用户编写的 R 语言可执行代码，后台根据规则匹配出所需要的数据，然后调用 R 语言引擎执行算子代码进行各类计算。计算规则配置界面如图 9.7-19 所示，通过配置数据源、计算列、条件列、数值列、规则公式（R 语言代码）等完成规则的新建或编辑。

删除 数据清理 数据清空 → 导出 导入 数据处理 数据展示

X形变(mm)	Y形变(mm)	Z形变(mm)	标识
0	0	0	1
-0.0	0.0	0.0	1
-9.8	-3.8	-17.2	1
-10.7	-6.3	7.3	1
0.0	0.0	-0.0	1
2.0	2.8	-6.1	1

1.变形计算/批量
2.粗差剔除/批量
3.工作量核算/时间
4.工作量核算/测点
5.坐标提取
6.工点对象匹配
7.期次匹配
8.变形方向计算
9.平面实时预警
10.净空收敛计算

图 9.7-18 平台预定义计算规则列表

图 9.7-19 计算规则配置界面

（二）数据分析

1. 统计分析

本系统提供了数据统计分析功能，包括特征参数统计和概率分布统计。特征参数统计：通过选择时间范围，得到该时间范围内监测数据的统计参数，包括基准值、平均值、最大值、最小值、中值、方差均方根等参数，如图 9.7-20 所示。概率分布统计：利用图表绘制出该时间段内监测参数值的相对频率直方图，根据此可了解该时段内监测数据的分布情况，如图 9.7-21 所示。

统计值显示区									
监测类型	监测点	数据项	基准值	最大值	最小值	中值	平均值	方差	均方根值
自动化应力测量	YL-Q1-012	应力(MPa)	0.00	1.083	-1.054	0.246	0.108	0.244	0.506
		温度(℃)	16.0	24.100	14.000	17.800	18.265	6.799	18.450

图 9.7-20　统计值显示

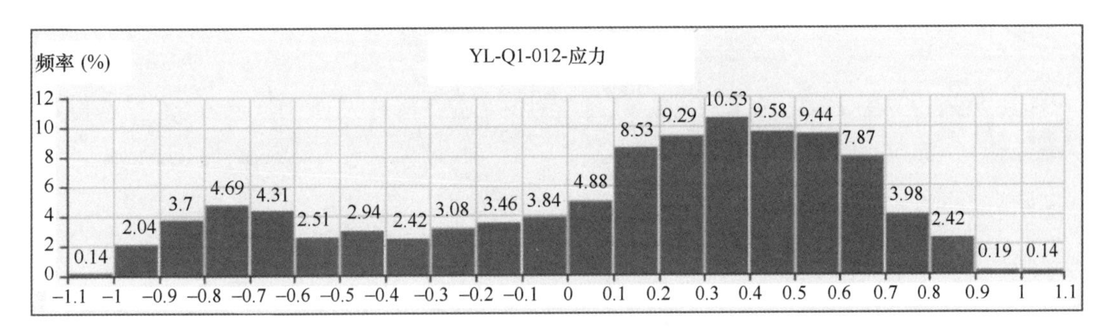

图 9.7-21　频率统计结果

2. 回归分析

回归分析是对两种或两种以上变量间相互依赖关系的一种定量统计分析方法。平台提供线性回归、二次曲线回归以及三次曲线回归等算法模型，为监测数据的变形趋势分析及预测提供参考，图 9.7-22 所示为某时段监测数据采用二次曲线回归模型拟合后的结果。

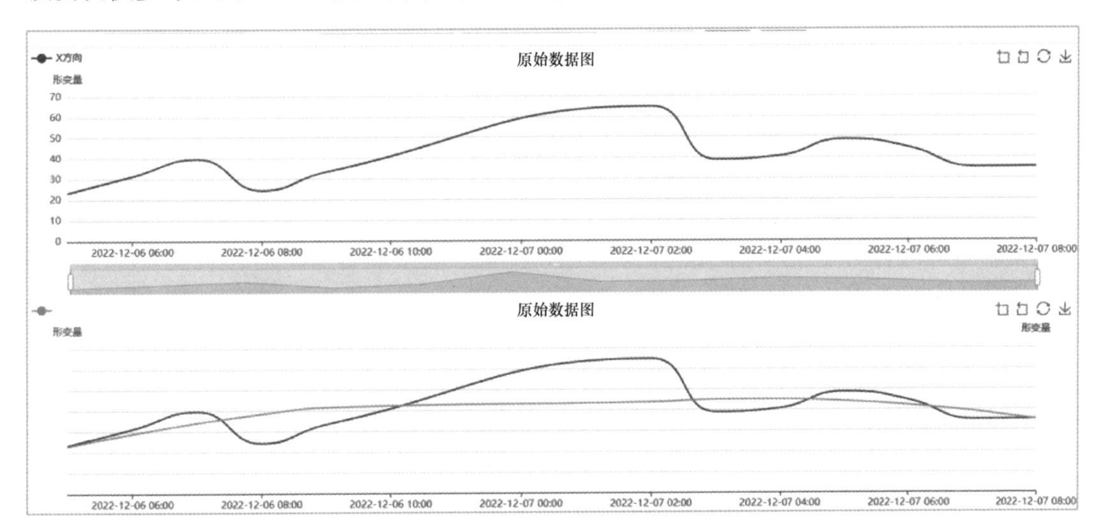

图 9.7-22　二次曲线回归分析

3. 趋势分解

监测数据的连续时间序列往往是由长期趋势、季节波动以及随机波动三部分叠加而成。趋势分析即通过模态分解算法模型将时序数据的上述分量进行分解，从而得到数据的主趋势、周期趋势和随机项，用户在分析数据时可通过该操作分离出随机噪声数据并进行剔除，以便分析数据的长期趋势和周期性变化规律，这是变形监测分析的一种常用方法。对某监测数据的趋势分解效果如图 9.7-23 所示。

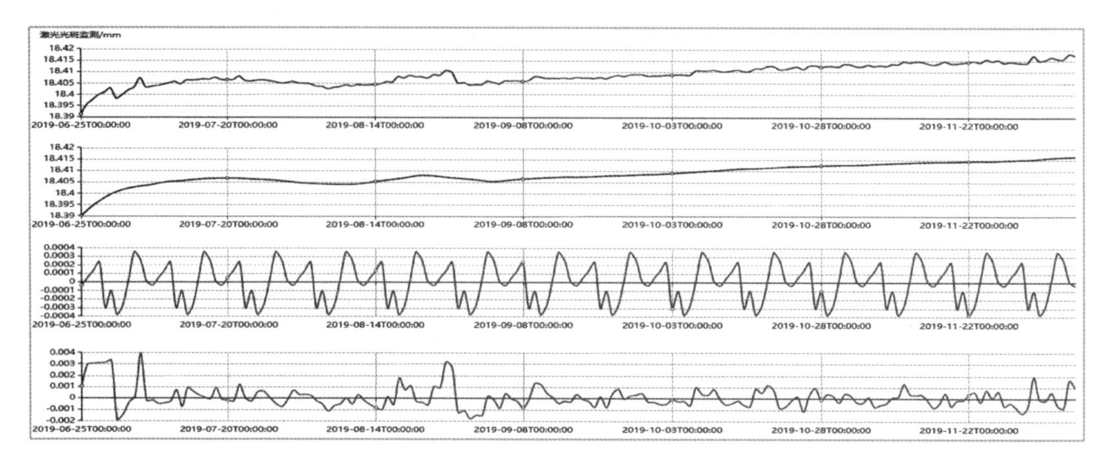

图 9.7-23　趋势分解结果

4. 频谱分析

频谱分析是一种对振动时域信号进行振动分析常用的技术。许多物理信号均可以表示为许多不同频率简单信号之和，找出一个信号在不同频率下的信息（如振幅、功率、强度或相位等）的做法即为频谱分析。本系统可将所采集的振动加速度时域数据进行快速傅里叶变换（FFT）得到该时间段内的频谱图，如图 9.7-24 所示，从图中可清晰看出不同阶次的基频值，通过分析结构基频的变化可了解结构整体受损状态。

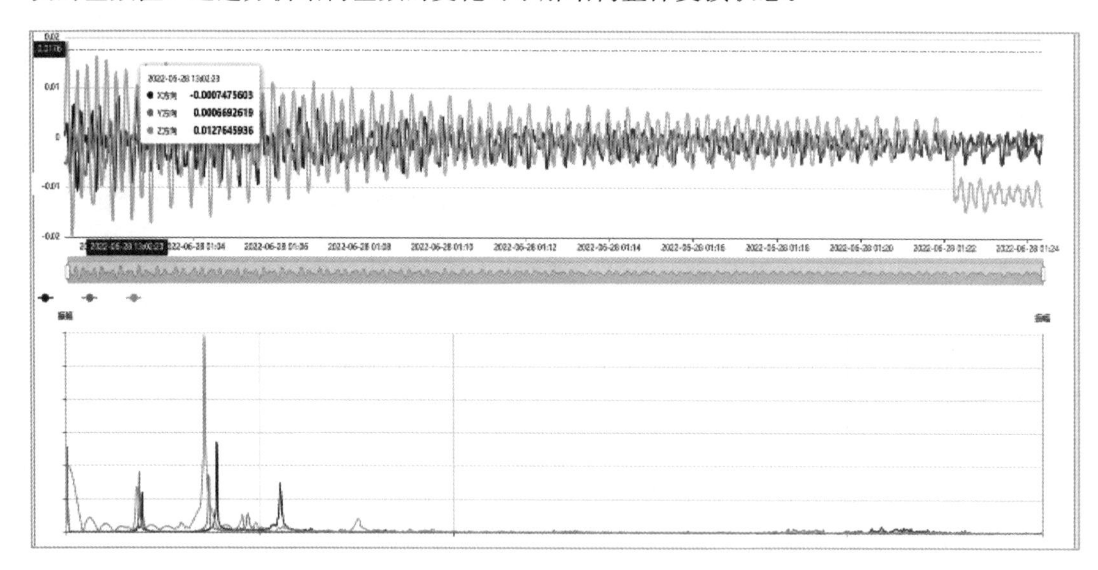

图 9.7-24　振动数据频谱分析结果

5. 相关性分析

相关性分析是衡量两个变量之间相关密切程度或关系强弱程度的一种方法。衡量的参数被称为相关性系数，是介于－1 至 1 之间的实数。当相关性系数小于 0 时，表明变量间存在负相关关系；当相关性系数大于 0 时，表明变量间存在正相关关系；当相关性系数为 0 时，二者之间不存在相关性；相关性系数绝对值越接近 1，表明变量间的相关性越强；当相关系数越接近 0，表明变量之间的相关性越弱。平台可计算多个变量之间的相关性系数，并绘制热力图，直观显示它们的关联程度。以挠度、温度和应力三者的相关性分析为例，监测数据结果和相关系数热力图如图 9.7-25 所示。

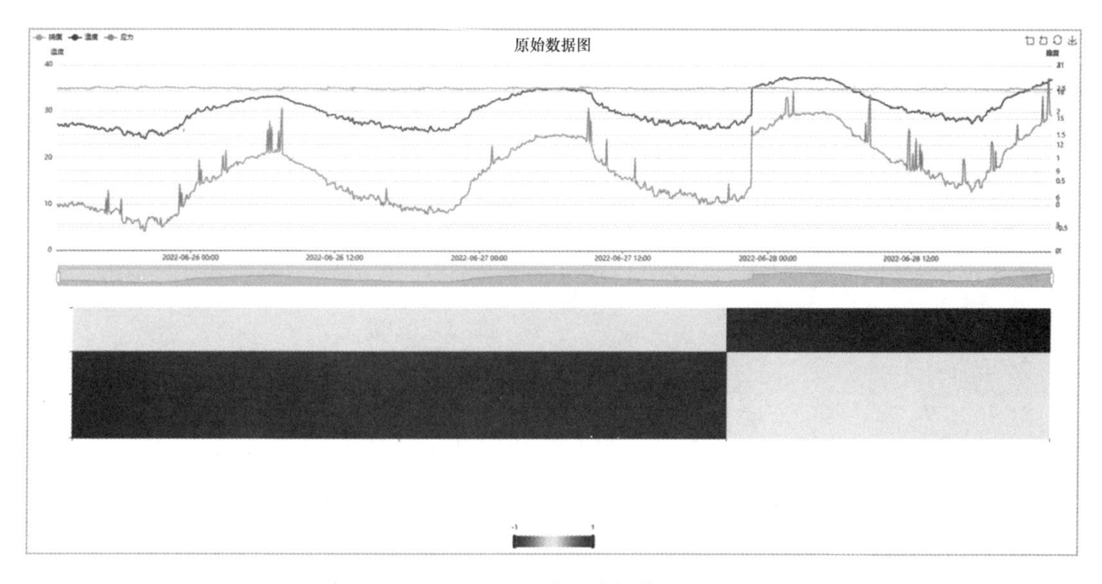

图 9.7-25　相关性分析结果图

6. 点位对比分析

点位对比分析可对多个测点之间的监测差异性进行对比分析，先选择多个不同点位，然后将它们的监测数据绘制在同一张图中，对比该时段内监测变量在不同测点位置的变化规律（图 9.7-26）。

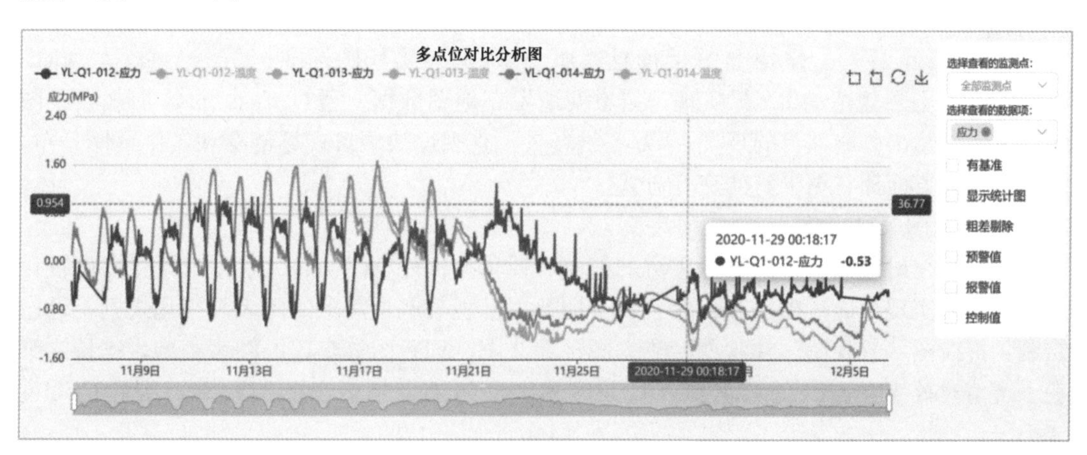

图 9.7-26　多点位数据分析结果

（三）数据可视化

1. 二维地图可视化

平台基于 Openlayers 研发了通用的二维地图可视化引擎，通过配置不同的数据源服务地址，即可接入互联网二维图、正射影像图、实景三维图、全景影像图等多种数据源。

平台基于地图的一张图项目管理，在地图上将所有项目以不同图标进行展示，图标的颜色则根据项目最新的预警等级以红色、橙色、黄色三种颜色显示，同时，以项目树的形式对项目按预警等级、类型、负责人、区域等进行分组，点击项目图标显示项目的基本信息，可进入具体项目管理界面进行操作。在项目管理界面基于高清影像对所有监测点位进行一张图管理（图 9.7-27、图 9.7-28）。

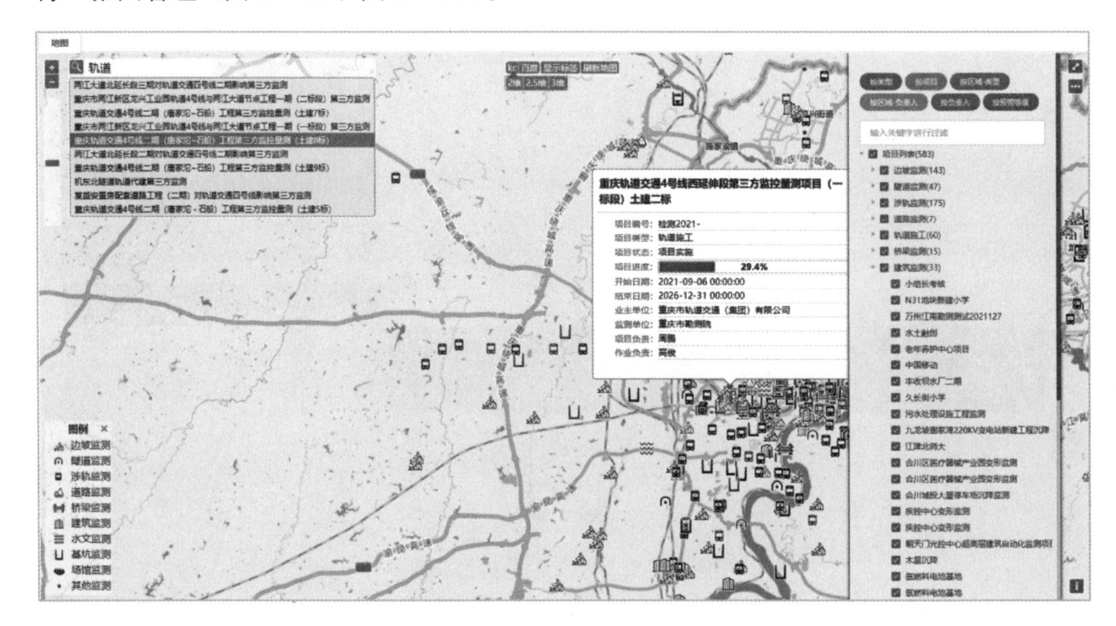

图 9.7-27　平台一张图管理

2. 三维模型可视化

平台除支持二维可视化以外，还通过 Cesium 与 Geoserver 相融合的方式实现了三维模型可视化（图 9.7-29）。Cesium 是一个用来构建三维场景和地图的开源三维渲染引擎，基于 JavaScript 编写，采用 B/S 架构且遵循 WebGL 三维绘图标准；Geoserver 是 OpenGIS Web 服务器规范的 J2EE 实现，可方便地发布地图数据。通过 Cesium.js 加载在线图层并渲染构建出监测项目的现场 Web 三维场景，直观反映项目现场情况和点位具体分布，在人机交互方面拥有更丰富的交互方式。

3. 数据图表可视化

作者所在研究团队应用国内主流的前端可视化控件库 ECharts，通过构建图表可视化规则引擎，实现了通过新增和配置各种不同数据呈现与展示需求的图表可视化规则，动态绘制如折线图、饼状图、柱状图、热力图、漏斗图、词云图等丰富的图表类型，支持二维表、键值对等多种格式的数据源，且兼容多类型终端，具备千亿级数据可视化的渲染能力。

首先，在平台新增图表规则，配置规则名称、数据表、数据项、预处理规则、图表选

图 9.7-28　高清影像图可视化

图 9.7-29　三维模型可视化

项等信息，其中，预处理规则是用户自定义的 R 语言脚本，可对数据进行预处理；若数据无须进行预处理，则省略此步骤。其次，图表选项是 ECharts 图表绘制时所需的参数 Option，这是 ECharts 数据展示的核心配置，用于指定图表的配置选项和数据源，可高度满足用户的不同展示需求，通常使用 JSON 格式，其中主要的参数组件包括数据集、标题、图例、坐标轴、提示框、数据系列等。

4. 数据看板可视化

数据看板可视化对海量监测数据的深度挖掘和应用进行了可视化表达，可方便直观地对各个环节的大数据运行情况有一个直观的了解，平台共划分平台级、项目级、物联网后台、计算中台等多个数据监控看板。

1）平台级数据可视化

在平台级对监测项目分布、预警、数据量等情况进行了统计汇总及多种不同类型的图表展示，如图 9.7-30 所示。

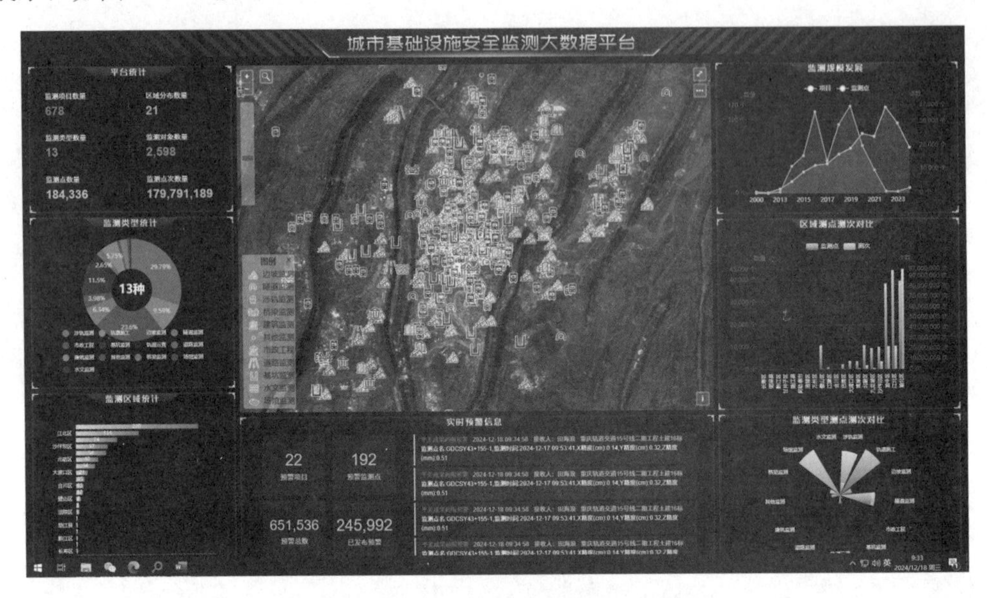

图 9.7-30　平台级大数据监控看板

2）项目级数据可视化

在项目级对具体项目中的监测类型、监测数据量情况、点位分布等进行了直观的统计计算和展示，如图 9.7-31 所示。

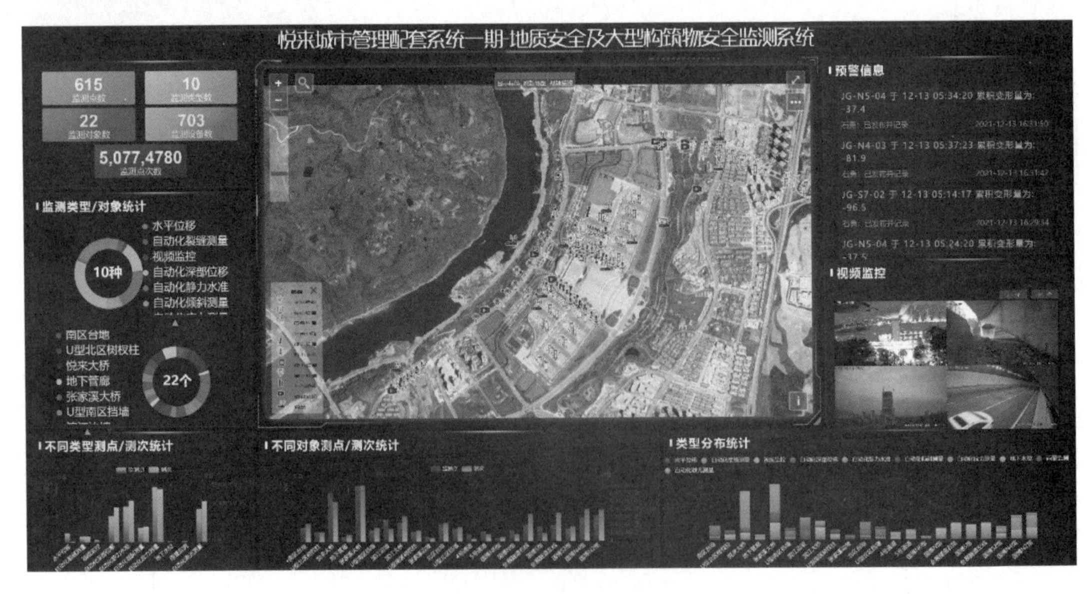

图 9.7-31　项目级大数据监控看板

3）物联网数据看板可视化

平台支持多源异构物联数据的迅速接入、解析，在物联网平台大数据监控看板可对监测数据实时接收情况进行直观的展示，如图 9.7-32 所示。

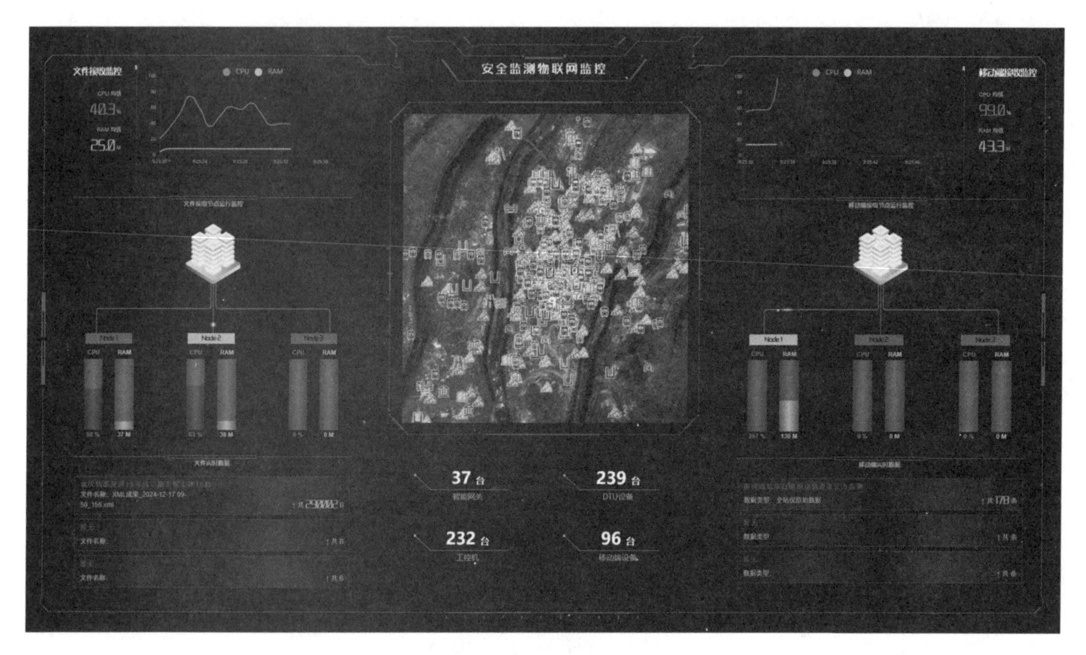

图 9.7-32　物联网数据传感中台

4）数据中台看板可视化

在数据计算中台大数据看板可实时监控各个项目的实时、并行数据处理计算情况、计算节点的资源占用情况等，如图 9.7-33 所示。

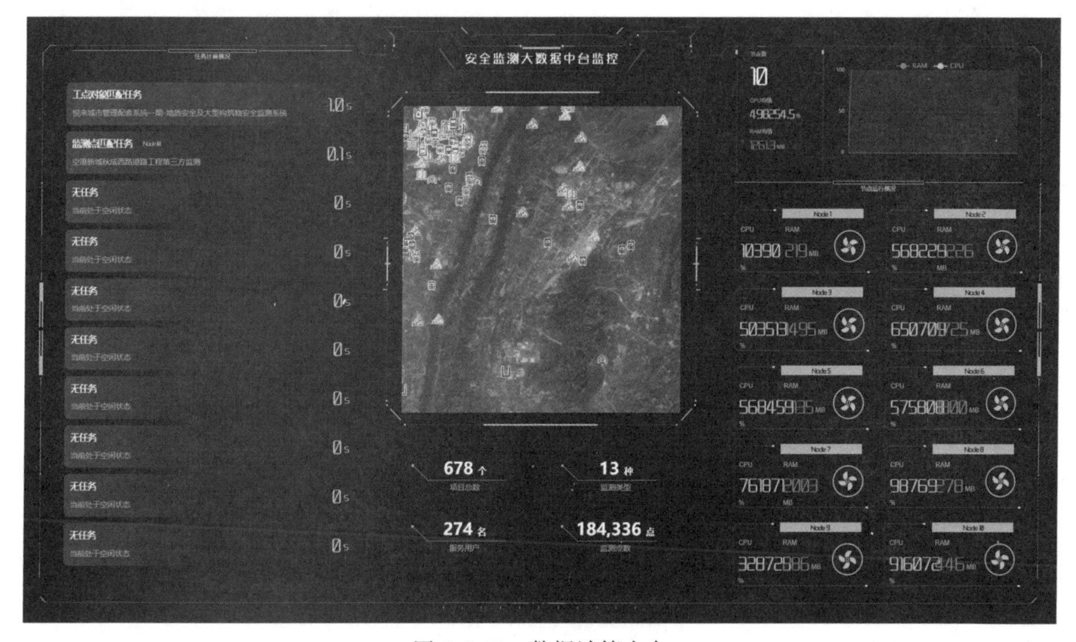

图 9.7-33　数据计算中台

（四）安全预警

定期检查、人工巡查可对当前地质及构筑物设施的技术状况进行比较全面的了解，而安全监测通过对病害进行长期观测，预测其发展趋势，因此综合定期检查、人工巡查与长期观测的优势。安全预警评估系统可根据设施结构一段时间的运营状况、数据及相关技术分析资料确定其安全状况以开展预警研判。

1. 预警人员设置

在预警人员管理界面可对预警联系人的相关信息进行设置，如用户名、手机、微信、用户邮箱。同时，根据分级预警、分级管理的设计理念，对该联系人进行预警等级权限设置，当前联系人只能接收高于当前预警等级的预警信息，实现了预警的分级管理和精准推送。

2. 预警等级划分

根据各类基础设施的技术设计以及安全运营要求，对各类监测数据分别设置预警阈值，当数据超过相应阈值，则立即向有关人员发出报警以便采取措施确保安全。数据若出现超限则根据严重程度，从低到高确定三级预警阈值，分别对应报警等级为黄色预警、橙色预警和红色预警。

（1）黄色预警：监测参数大于等于监测控制值的70%。此时监测数据出现异常，但还未影响设施结构的安全，需要引起管理者注意，对相关点位重点监测，跟踪其发展趋势。

（2）橙色预警：监测指标大于等于控制值的85%时。此时，监测数据出现很大异常，已经对设施结构的安全运营构成威胁，已不能保证其安全运行，必须立即采取补救措施，并进行交通管制禁止人车通行，以免造成人身财产损失。

（3）红色预警：监测指标大于等于控制值的100%。此时，监测数据出现很大异常，已经对设施结构的安全运营构成威胁，已不能保证其安全运行，必须立即采取补救措施，并进行交通管制禁止人车通行，以免造成人身财产损失。

平台根据以上规则，设置了三级预警机制，对各类监测数据设置预警值、报警值和控制值，分别对应黄色预警、橙色预警和红色预警。可在预警值设置中针对不同测点进行预警等级、预警阈值的设置（图9.7-34）。

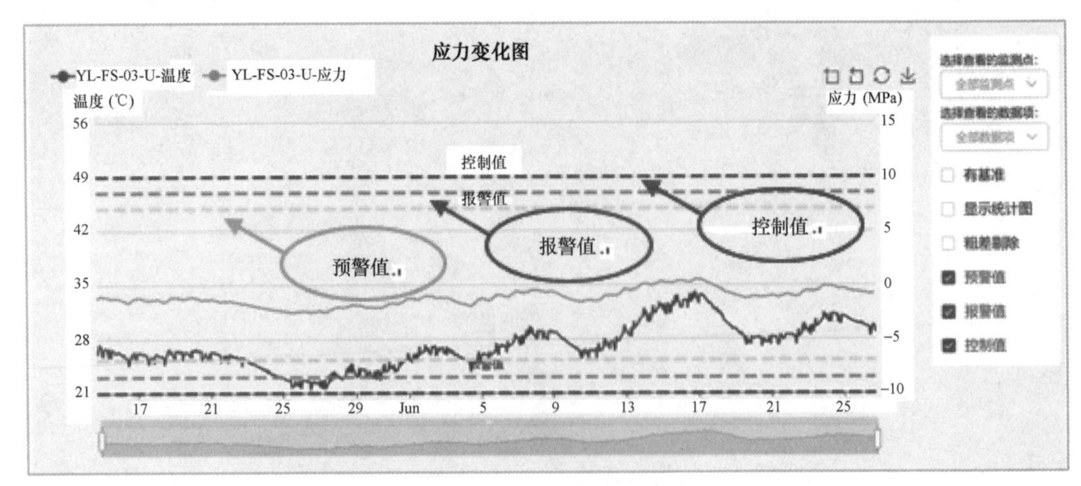

图9.7-34　平台三级预警

3. 预警值设定

在平台中，可根据上述规则，对每个监测点设置不同的预警值、报警值和控制值，包括最小值、最大值、控制速率等；也可以一次性对所有监测点进行批量预警值设定。当监测数据超过相应阈值时，平台将立即生成报警提示，经专业人员核实后，可通过平台、邮件或者短信等方式通知业主单位和相关责任人。

4. 预警通知

安全预警由声音、图像、短信等多种方式实现：平台报警方式是将当前预警统计情况和预警详细信息滚动播报在监测大屏中，如图 9.7-35 所示；短信报警方式是将预警信息发送至管理人员的手机中，如图 9.7-36 所示。

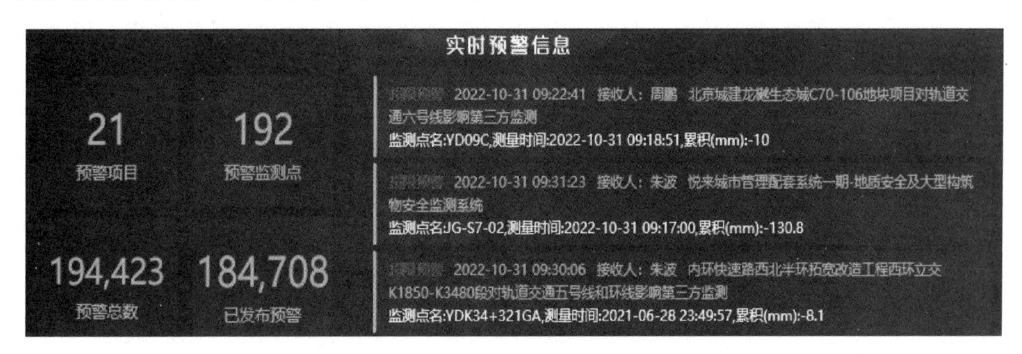

图 9.7-35　监测大屏实时预警播报与统计

5. 预警记录查询

平台可将预警记录实时存档，记录发布人、发布时间、发布内容和发布状态，其中发布内容包含了引起异常的监测设备点号及相关原因，便于管理者事后对预警信息的相关内容进行查询，做到对预警信息的流向精准把控。

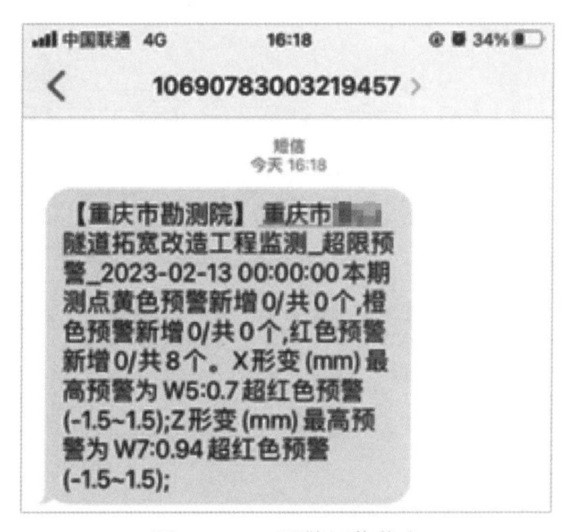

图 9.7-36　预警短信信息

（五）成果报表

传统监测报表通常是人工操作办公软件完成，效率低下，准确率也得不到保障。平台实现了原始监测数据、日报表、周报表以及月报表的批量导出，报表可定制相应的输出格式，可根据业主需求来进行选择，输出的报表可直接交付业主单位，极大地提高了报表效率，保证了报表交付的及时性。

1. 报表模板管理

模板管理用于新增报表模板，上传模板文件。点击新增按钮新增一个模板，录入模板名称、选择引擎 OpenXML；点击列表上的附件按钮，上传模板对应的 docx 文件（图 9.7-37）。

数据筛选 高级搜索 刷新 + 新增 编辑 + 克隆 查看 删除 数据清理 数据清空 → 导出 导入

#	☑	模板名称	生产引擎	录入日期	录入用户	模板备注	操作
1	☑	jsonWeek	OpenXML	2023-02-06			附件 设计

图 9.7-37　模板管理

2. 报表输出

用户提交一个报表输出任务，后台根据用户选择的报表类型、日期等参数自动生成报表。对于处理完成的报表输出任务，点击附件按钮，即可进入查看、下载成果报表，如图 9.7-38、图 9.7-39 所示。

数据筛选 高级搜索 刷新 + 新增 编辑 + 克隆 查看 删除 数据清理 数据清空 → 导出 导入 数据处理

☐	报告名称	监测工点	报告期次	报告模板	开始时间	处理完成	操作
☐	ttt	All	2	jsonWeek	2020-07-01	是	附件
☐	test2	All	1	jsonWeek	2020-07-01	是	附件
☐	test3	All	1	jsonWeek	2020-07-01	是	附件
☐	test1	地铁1号线	1	jsonWeek	2023-02-01	是	附件

图 9.7-38　报告输出列表

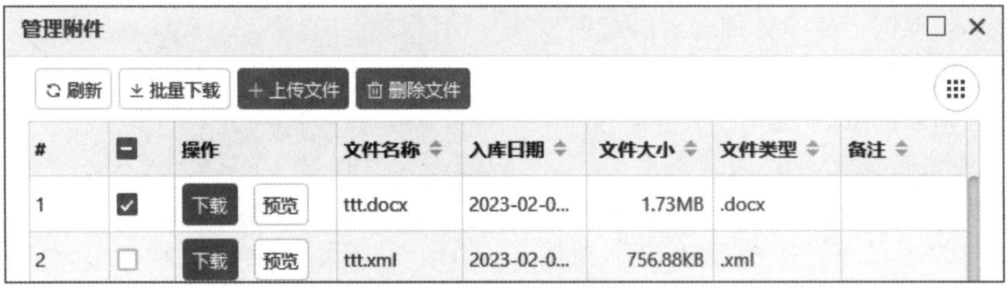

管理附件

刷新 批量下载 + 上传文件 删除文件

#	☐	操作	文件名称	入库日期	文件大小	文件类型	备注
1	☑	下载 预览	ttt.docx	2023-02-0...	1.73MB	.docx	
2	☐	下载 预览	ttt.xml	2023-02-0...	756.88KB	.xml	

图 9.7-39　报告输出附件

第八节　本 章 小 结

为保障城市整体运行安全，预防重大公共安全事故，作者所在研究团队自主研发了城市基础设施安全运行监测大数据平台。该平台能够灵敏感知工程项目的现场运行状况，分析各监测子要素风险及相互耦合关系，实现了安全生命线风险的及时感知、早期预警、高效应对和科学决策，提高了监测数据获取与服务的管理效率，推动了安全监测行业的科技进步，强化了基础设施安全运营保障能力，为城市精细化、智能化运维与管理提供支撑。

在多源数据集成方面，安全监测大数据平台支持多厂商、多类型的传感设备采集数据的统一集成，以及第三方应用平台共享数据的快速集成。移动智能数据采集 App，将人工数据采集方式纳入到安全监测大数据平台的建设标准体系架构中来，对人工采集数据进行加密处理和远程上报，实现了无纸化、可监管、全自动的安全高效闭环式生产模式。

针对安全监测数据量大、来源多、价值高和实时性等特征，作者所在研发团队综合运用批量离线计算和流式计算的优点，提出了一种针对海量监测传感数据的计算处理解决方案，构建了分布式协同并发的数据流式处理引擎。

针对报表生成自动化程度低、出错率高，不能满足海量监测数据的智能管理需求的问题，研究实现了一种基于 OpenXML 和 XPath 的可编程模板技术，通过设计不同的模板标签，支持文本、表格、图像、图表、序号、循环、条件判断、脚本编程等，构建可订制的智能化自动报表引擎。

为方便用户直观查看监测项目和监测点的分布位置，针对当前丰富的空间数据类型，搭建了支持多类型、多服务、多样式底图展示的空间底图引擎，实现监测项目和监测点的动态展示，为监测项目的管理提供动态、直观、有效的可视化支持。

针对监测数据超限预警预报问题，提出了一种基于深度学习的图卷积和多维时空数据特征融合的变形预测模型，通过双层滑动窗口机制增加样本数据并提升模型学习效果，用图结构表示基于特征的时间节点、空间节点、时空同步节点之间的关系，并结合图卷积神经网络和卷积型门控循环单元更好地提取特征在时空上的关系，并通过多阶段融合学习特征的时空关系，进一步提高预测预警的准确性。

本章最后阐述了监测大数据平台的微服务体系架构和平台功能模块，平台功能包括数据处理、数据分析、数据可视化、安全预警和成果报表等。

参考文献

[1] 陈翰新，向泽君，冯永能，等. 城市基础设施安全监测大数据平台 V3.0[P].

[2] 陈翰新，向泽君，谢征海，等. 基于物联网的重大基础设施安全监测云平台及应用[P].

[3] 向泽君，冯永能，滕德贵，等. 多源异构安全监测数据智能报表引擎 V2.0[P].

[4] 向泽君，张治清，熊文全. 水准网抗差估计试验及应用[J]. 城市勘测，2007(2)：57-59.

[5] 滕德贵，袁长征，胡波，等. 地质灾害监测预警平台[P].

[6] 李超，滕德贵，胡波. 一种城市基础设施安全监测数据报表的自动生成方法[J]. 北京测绘，2020，34(12).

[7] 胡波，滕德贵，张恒，等. 跨平台移动变形监测系统设计与实现[J]. 测绘地理信息，2019，44(4)：32-34.

[8] 李超，袁长征，王大涛. 重庆山区公路地质灾害智能监测系统的研究与实现[J]. 城市勘测，2020(2)：204-208.

[9] 岳仁宾，滕德贵，欧斌，等. 小波变换与 GM 模型在基坑监测中的应用[J]. 工程勘察，2015，43(5)：69-72.

[10] 岳仁宾，滕德贵，胡波，等. 灰色模型在深基坑变形监测中的应用研究[J]. 测绘通报，2014(S2)：85-87.

[11] 金武正，何军. 隧道变形监测基准点的稳定性分析[J]. 北京测绘，2020，34(2)：282-284.

[12] 俞春，李超，滕德贵. 重庆市工程安全监测大数据平台的建设与应用[J]. 城市勘测，2016(5)：

10-13，17.

[13] 刘兴远，雷用，康景文．边坡工程：设计、监测、鉴定与加固[M]. 北京：中国建筑工业出版社，2007：119-266.

[14] 周雨斌．网架结构健康监测中传感器优化布置研究[D]. 杭州：浙江大学，2008：1-10.

[15] 郑立常，卫建东，郑俊锋，等．基坑施工对临近运营地铁隧道影响监测的实践[J]. 测绘工程，2007，16(2)：50-53.

[16] 傅理文，彭渊，翁湛．深基坑安全监测与预警平台的开发与应用[J]. 地下空间与工程学报，2018，14(S1)：423-429.

[17] 刘建永，王源，蔡立良．滑坡地质灾害无人监测预警平台设计[J]. 解放军理工大学学报(自然科学版)，2016，17(1)：38-42.

[18] 吴真真，唐超，杨晓飞．基于深度学习的视频识别及动态监测技术应用：以轨道交通建设工程为例[J]. 测绘通报，2022(9)：23-28.

[19] 许强，董秀军，李为乐．基于天-空-地一体化的重大地质灾害隐患早期识别与监测预警[J]. 武汉大学学报，(信息科学版)，2019，44(7)：957-966.

[20] 刘传正，李铁锋，温铭生．三峡库区地质灾害空间评价预警研究[J]. 水文地质工程地质，2004(4)：9-19.

第十章　综合应用案例

第一节　地表形变监测

地球表面是人类生存活动的主要场所，地表是承载工程项目的基底面，大量的房屋、桥梁、高速公路、铁路、隧道等工程项目都修建在地表和近地表的地下空间，地表的稳定性对于工程安全具有重要作用。然而由于地壳运动、地质构造变化、地下水位变化、重大工程项目建设等原因，极易引起地表位移、地表沉降，甚至地表倾斜弯曲，给工程地基、工程结构带来巨大破坏。例如，地表形变会导致建筑物地基不稳、房屋墙壁出现裂缝、道路出现裂缝、地面发生地陷等，也会导致防洪排涝工程效能降低、大范围积水。因此，对地表形变开展监测能够为工程安全提供重要保障。

一、区域概况

重庆城市建设发展迅速，轨道交通、地下空间、越岭隧道、高速公路等重大基础设施工程项目建设对地表稳定性带来较大影响。为了确定重庆地区易引发地表形变的敏感区域，降低地表形变对城市规划建设和工程安全运营的不利影响，作者所在研究团队利用D-InSAR技术开展重庆主城区地表形变监测，为城市重大工程和各类地物的地面沉降防治对策提供技术支持。

作者所在研究团队采用时序D-InSAR技术开展重庆主城区地表形变监测，即在常规D-InSAR基础上利用长时间序列的InSAR数据进行分析，消除数据处理中的轨道、大气、DEM残差以及低相干性等因素的影响，研究重庆山地地表形变的机理与特点，实现对重庆主城区地表形变的全面监测，确定主城区易引发地表形变的敏感区域，提高城市防灾减灾的预警能力（图10.1-1）。

二、监测内容与方法

（一）数据获取

1. 雷达数据

雷达数据来源于COSMO-SkyMed 1星和2星，于2011年5月至2013年5月拍摄，共12景，覆盖重庆主城区，覆盖范围如图10.1-2所示。影像覆盖范围大约40km×40km，完全覆盖了江北区、沙坪坝区、南岸区、九龙坡区、渝中区，部分覆盖了渝北区、北碚区、巴南区，见图10.1-3中红色框包含的区域。

12景影像数据均为Himage条带模式的成像产品，级别为Level 1A，成像方式为右视升轨数据，其基本信息见表10.1-1。

2. 辅助数据

（1）主城区0.1m分辨率DOM数据。

（2）主城区1m格网的DEM数据。

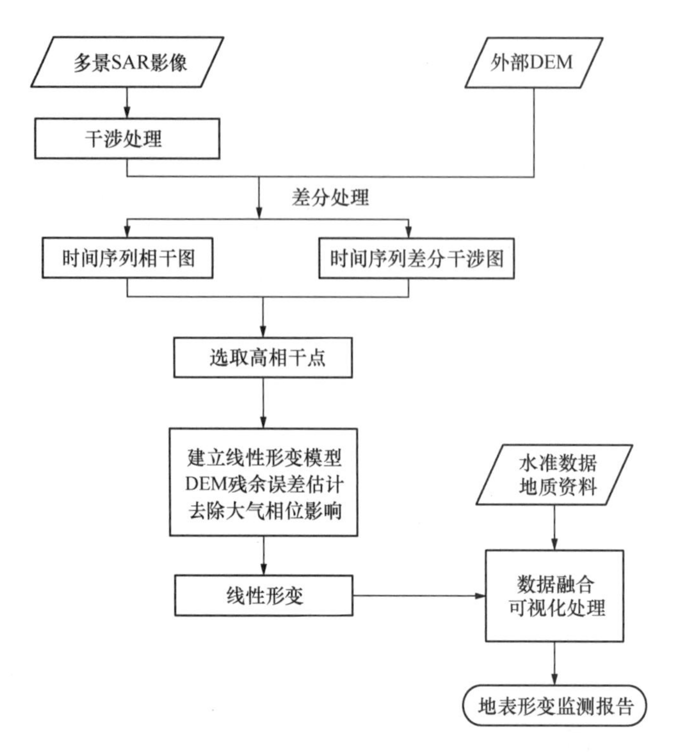

图 10.1-1　重庆主城地表形变监测技术路线图

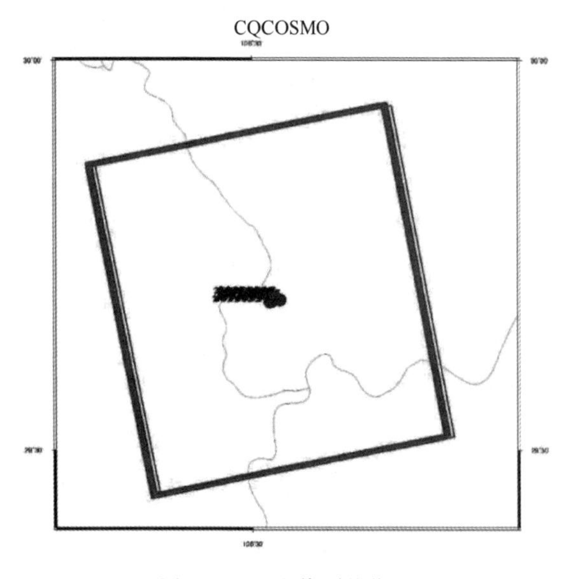

图 10.1-2　影像覆盖范围

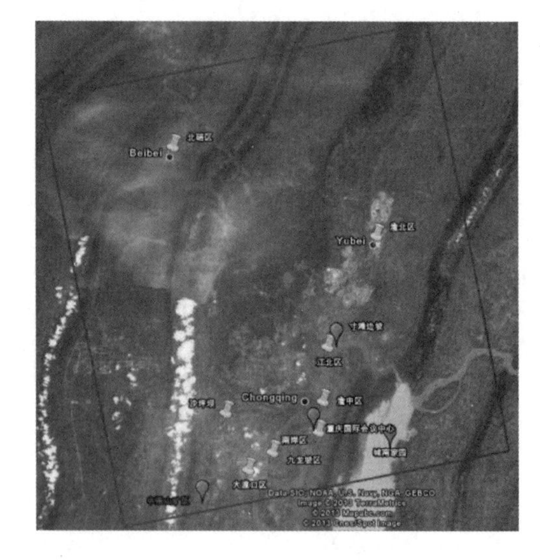

图 10.1-3　研究区域范围图

12 幅 SAR 影像基本信息　　**表 10.1-1**

编号	影像名称	成像卫星	工作模式	视向	幅宽
1	20110524. slc	Sat1	条带	右视	40km×40km
2	20110909. slc	Sat1	条带	右视	40km×40km

续表

编号	影像名称	成像卫星	工作模式	视向	幅宽
3	20111011.slc	Sat1	条带	右视	40km×40km
4	20111104.slc	Sat1	条带	右视	40km×40km
5	20120107.slc	Sat1	条带	右视	40km×40km
6	20120311.slc	Sat1	条带	右视	40km×40km
7	20120510.slc	Sat1	条带	右视	40km×40km
8	20120915.slc	Sat2	条带	右视	40km×40km
9	20121106.slc	Sat1	条带	右视	40km×40km
10	20130102.slc	Sat1	条带	右视	40km×40km
11	20130306.slc	Sat1	条带	右视	40km×40km
12	20130501.slc	Sat2	条带	右视	40km×40km

研究区域地形起伏较大，最大高程为1140m，最小高程为148m，因此，采用1m格网的DEM数据，高程精度可达到0.5m，见图10.1-4。

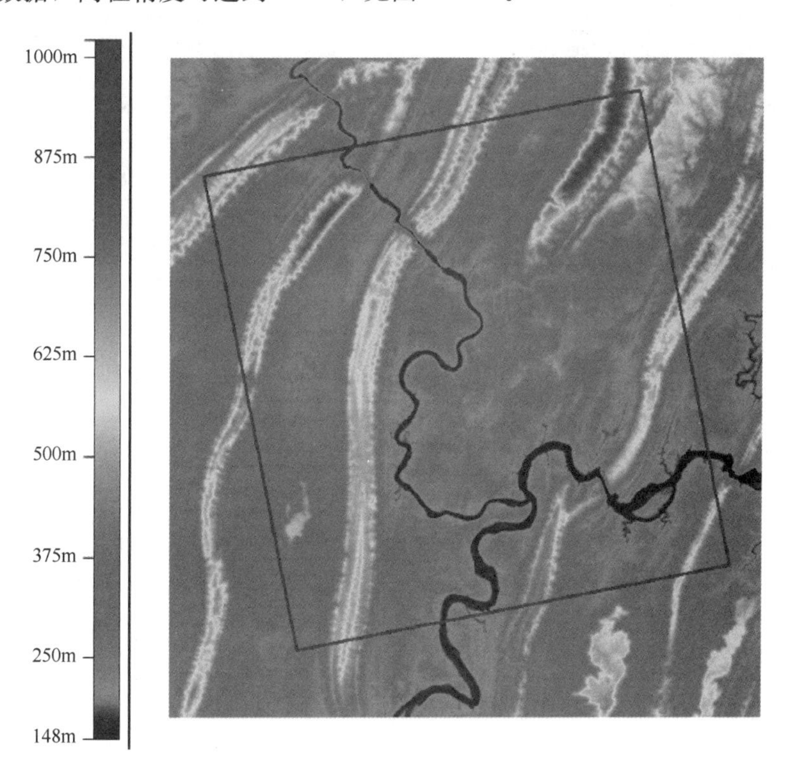

图10.1-4　研究区域DEM数据

（3）主城区部分1∶2000比例尺DLG数据。

（4）主城区地质数据。

（5）主城区等级水准数据。

（二）数据处理

1. SAR 影像数据预处理

使用 GAMMA 软件将 SAR 影像从 Level 1A 级 HDF 格式转换成单视复影像 SLC 格式，并对影像进行辐射定标，如图 10.1-5 所示。该影像宽 18427 个像素，长 26690 个像素，视距向分辨率约为 0.972m，方位向分辨率约为 1.79m。

由于视距向和方位向的分辨率不一致，导致影像上的地物与实际地物的长宽比不相同，同时为了消除影像的斑点噪声，需要进行多视处理。出于数据量大小和影像处理精度的考虑，经过试验最终选择 6∶8 的多视数，得到影像分辨率为 14m，多视处理后的影像如图 10.1-6 所示。

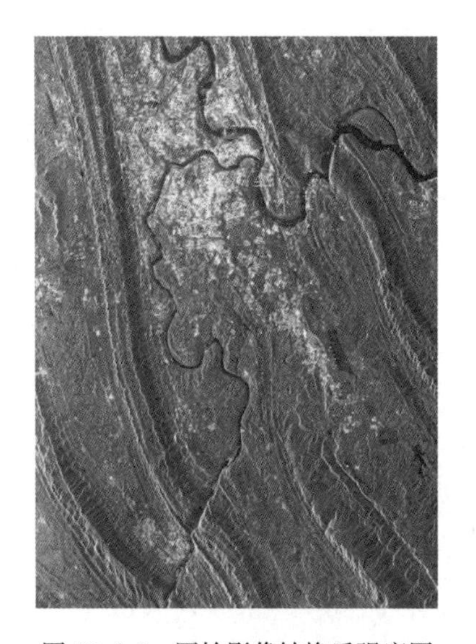

图 10.1-5　原始影像转换后强度图

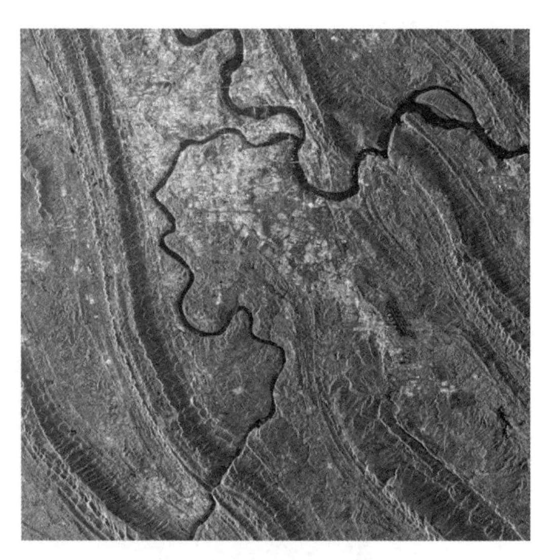

图 10.1-6　多视处理后的强度图

数据预处理包含了多视处理、DEM 模拟 SAR 强度影像、SAR 坐标系到地理坐标系查找表、影像配准、地理编码等，处理流程如图 10.1-7 所示。

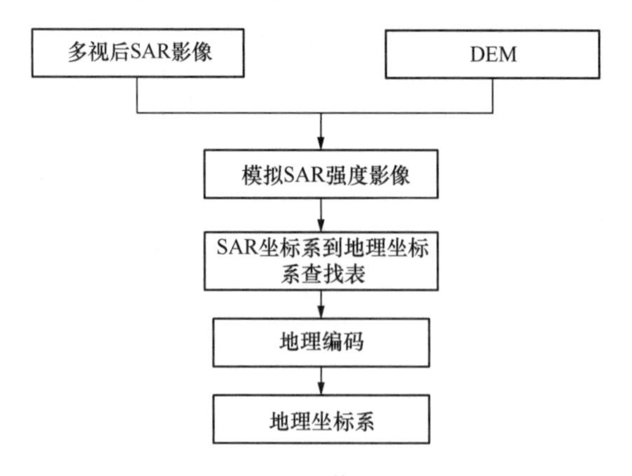

图 10.1-7　卫星影像预处理流程图

2. 二轨法 D-InSAR 处理

二轨法 D-InSAR 处理主要包括影像配准、基线估计、差分处理、滤波、相位解缠与地理编码等。具体流程如图 10.1-8 所示。

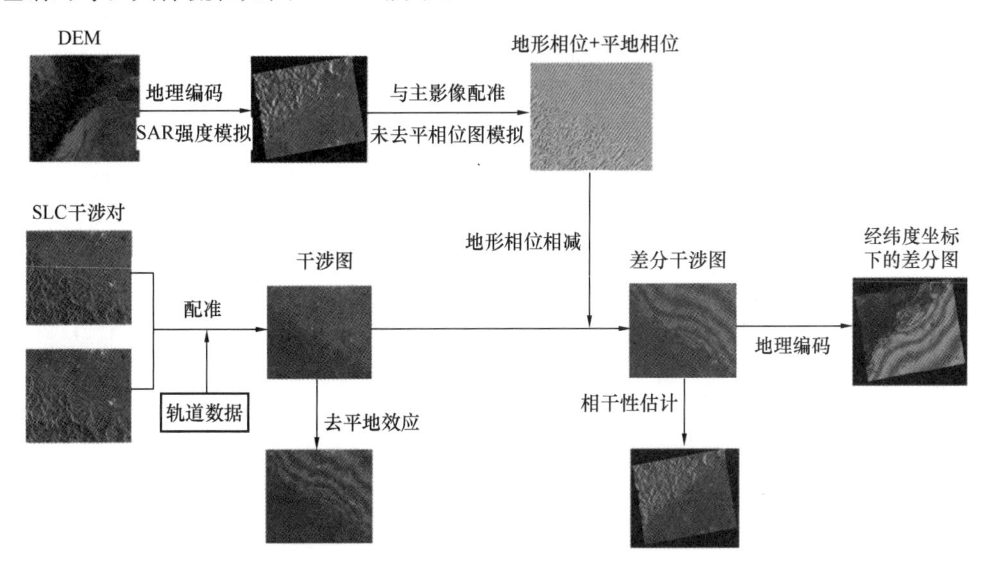

图 10.1-8　D-InSAR 数据处理流程图

1）影像配准

为了进行长时间序列地表形变分析，需要将所有 SAR 影像统一到相同数据结构中，考虑到影像在时间和空间上的分布，本次选取 20130102 雷达影像作为标准数据结构，将其他影像统一到该影像结构中。因此，需要将其他影像分别与 20130102 影像进行配准处理。

GAMMA 软件的配准通常采用粗略配准和精确配准两个步骤，逐渐优化偏移多项式，提高配准精度和配准效率。粗略配准是通过主辅影像的轨道信息，粗略估计主辅影像的平移量，对同名点进行大致定位，因此粗配准精度与轨道主辅影像成像时的轨道精度有关。根据粗略配准结果，将获取的初始偏移值作为精确配准偏移多项式的初值，进一步进行精确配准，因此粗略配准的精度对后期的精确配准有一定的影响。GAMMA 软件提供两种精确配准模式：基于强度相关性（offset _ pwr）和基于条纹一致性（offset _ slc）。

由于研究区域地形变化大，最大高程与最小高程之差达到 992m，区域的幅度信息变化较大。对于某些时间基线较长的干涉对，后向散射特性会发生变化，导致空间去相干。季节性的变化也会导致区域地表后向散射性发生改变，导致时间去相干。因此，在采用 GAMMA 软件的配准模块进行自动配准时，部分影像对配准效果不佳，甚至配准失败，配准精度难以满足干涉要求，直接导致配准失败。作者所在研究团队基于目标特征信息的尺度不变特征变换（SIFT）配准算法，辅助 SAR 影像的配准工作，其算法流程如图 10.1-9 所示。

20130102 影像与 20120311 影像分别采用 GAMMA 软件配准和 SIFT 算法生成的去平地效应后的干涉图，GAMMA 软件配准精度为 0.5032，SIFT 算法配准精度为 0.090。图 10.1-10 所示为干涉图相对应的相干图，相干图中像素点越亮，目标点相干性越好。从图

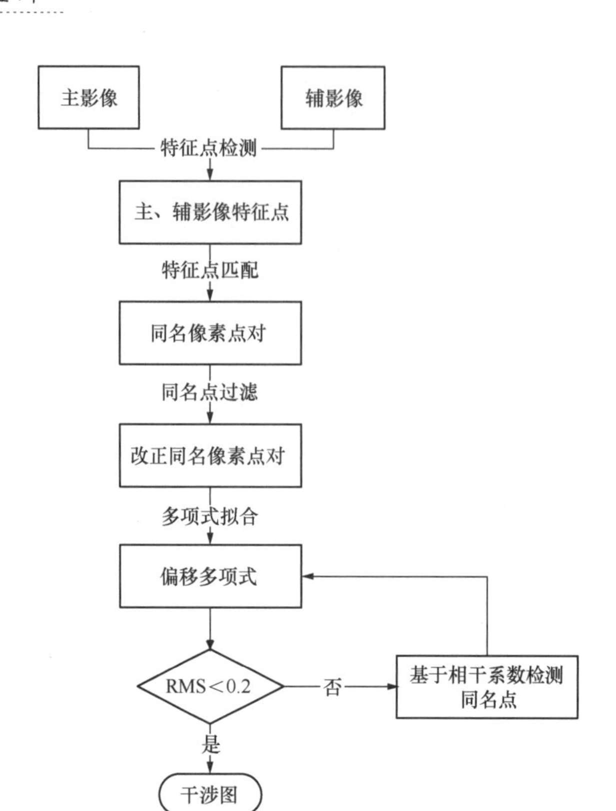

图 10.1-9 SIFT 算法配准流程

10.1-10 中可以看出，SIFT 算法效果比 GAMMA 软件效果要好，特别是在图中红色圆形框内，SIFT 算法得到的干涉图相干性比 GAMMA 软件获取的效果好。因此，采用 SIFT 算法辅助影像配准是合适的，通过 GAMMA 软件，辅助 SIFT 算法，所有的重采样到 20130102 影像结构中，配准误差均在 0.1 个像素内。所有 SAR 影像配准精度情况见表10.1-2。

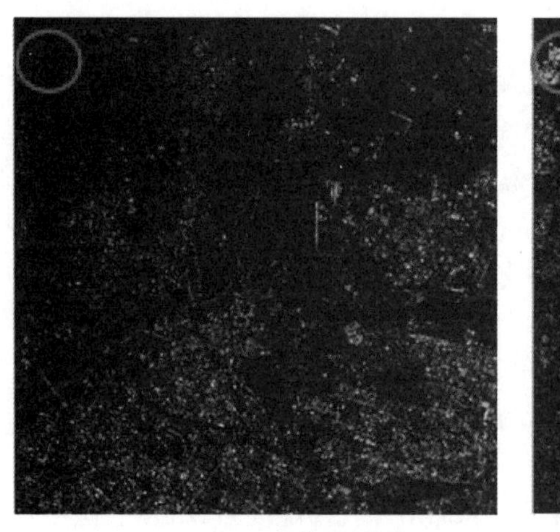
(a) GAMMA软件干涉结果

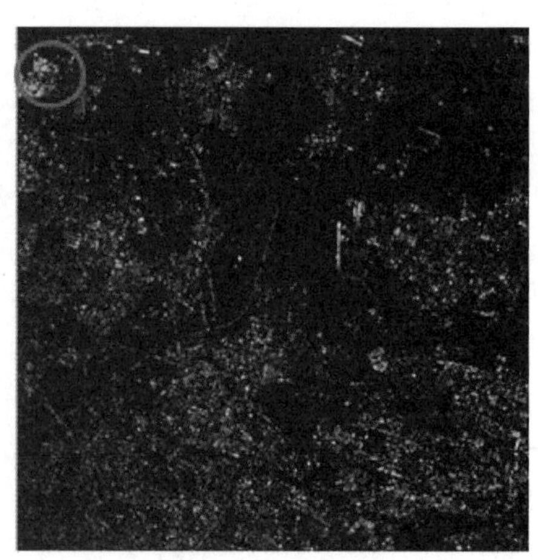
(b) SIFT算法干涉结果

图 10.1-10 干涉相干图

12 景影像配准精度　　表 10.1-2

SAR 影像	方位向配准精度	距离向配准精度	整体配准精度
20110524. slc	0. 050	0. 052	0. 072
20110909. slc	0. 082	0. 074	0. 111
20111011. slc	0. 048	0. 058	0. 076
20111104. slc	0. 037	0. 073	0. 146
20120107. slc	0. 084	0. 049	0. 097
20120311. slc	0. 056	0. 085	0. 090
20120510. slc	0. 092	0. 034	0. 098
20120915. slc	0. 111	0. 039	0. 118
20121106. slc	0. 083	0. 046	0. 095
20130102. slc	0. 118	0. 065	0. 134
20130306. slc	0. 055	0. 046	0. 072
20130501. slc	0. 086	0. 057	0. 103

将所有的 SAR 影像统一到相同结构中后，就可以进行影像差分干涉处理。为了获取更为精确的地表沉降信息，采用先差分干涉后进行相位解缠的数据处理模式。下面以 20110909 影像与 20111011 影像差分数据处理过程为例，介绍整个数据处理情况。

2）干涉成像

GAMMA 软件采用 SLC _ intf 对主、辅影像进行干涉生成干涉图。该方法首先对主辅影像进行距离向和方位向滤波，然后进行共轭相乘获得干涉图，如图 10.1-11 所示。

3）模拟解缠的地形相位

为了获取地形形变相位，需要根据影像成像参数、干涉成像基线模型将 DEM 模拟成真实地形相位。GAMMA 软件采用 phase _ sim 模块进行模拟，由于干涉相位没有去除平地相位，影像进行模拟时，设置相应的参数，使 SAR 结构下的 DEM 模拟的解缠相位中包含地形相位和平地相位。模拟相位结果见图 10.1-12。

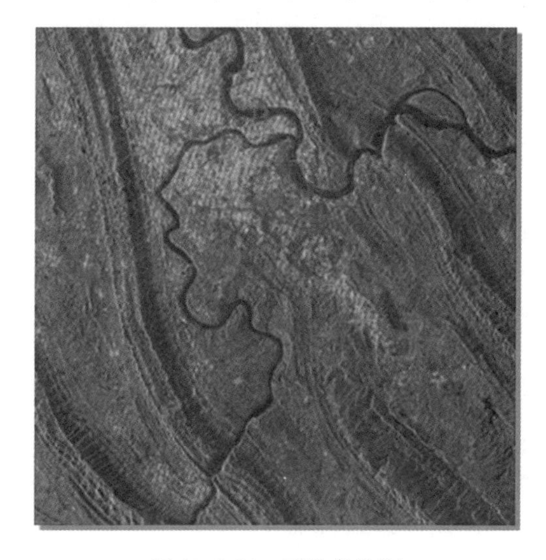

图 10.1-11　干涉条纹图

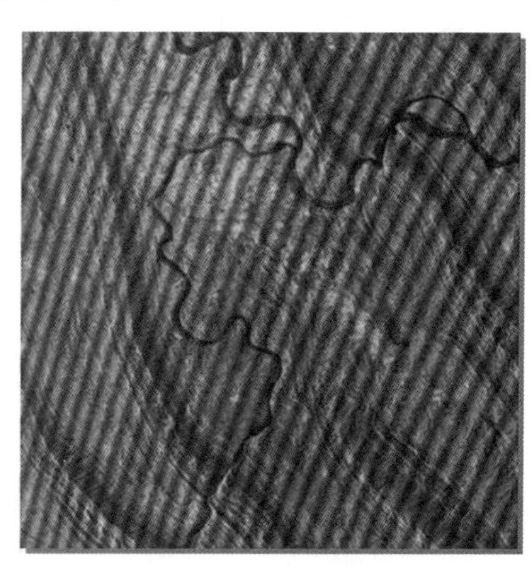

图 10.1-12　模拟解缠相位图

4）差分提取地形形变

由于干涉相位包含地形相位、平地相位和地表形变相位，因此将干涉相位与模拟的解缠相位进行相减，提取干涉相位中的地表形变相位。GAMMA 软件采用 sub _ phase 模块进行复数干涉图的差分处理，提取的结果如图 10.1-13 所示。由于干涉图中的相位是缠绕的，因此差分后的干涉相位仍然是缠绕的。

5）滤波及相干图生成

经过差分处理获得的差分干涉图中存在着大量的噪声，不利于后期数据处理，因此需要进行滤波，去除差分干涉图中的噪声。采用 GAMMA 软件的 adf 模块进行滤波处理，该模块采用基于局部坡度的非线性滤波对差分相位进行滤波处理。滤波后的条纹边缘信息可以有效地予以保留，如图 10.1-14（a）所示，可以发现，滤波后的差分干涉图，差分干涉条纹更为清晰，影像基本不受噪声的影响。通过滤波后，差分干涉图质量得到改善，其相干图见图 10.1-14（b）。

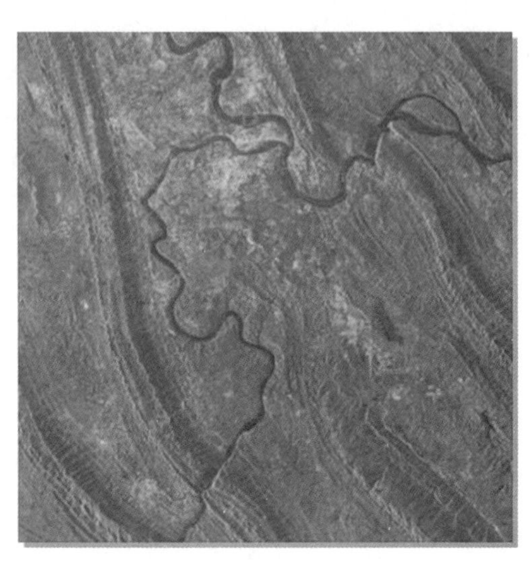

图 10.1-13　差分干涉图

6）相位解缠

从图 10.1-15 中可以看出，差分干涉条纹仍然呈现出周期性变化。这是因为差分干涉处理时，原始干涉图是未解缠的干涉相位，差分处理后，仍然保留这种缠绕特性。因此，需要进行相位解缠以获取真实差分干涉相位。采用 GAMMA 软件提供以最小费用流方法为核心的 mcf 模块，相位解缠后的结果见图 10.1-15，结果中还存在一些基线轨道误差导致的线性趋势，会在短基线集方法中对轨道误差进行处理。

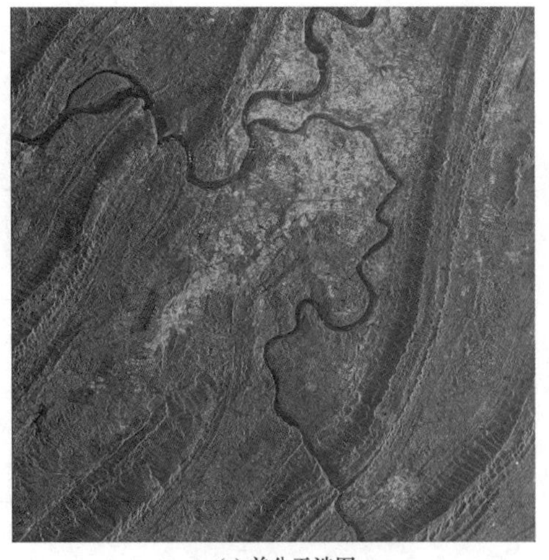

(a) 差分干涉图

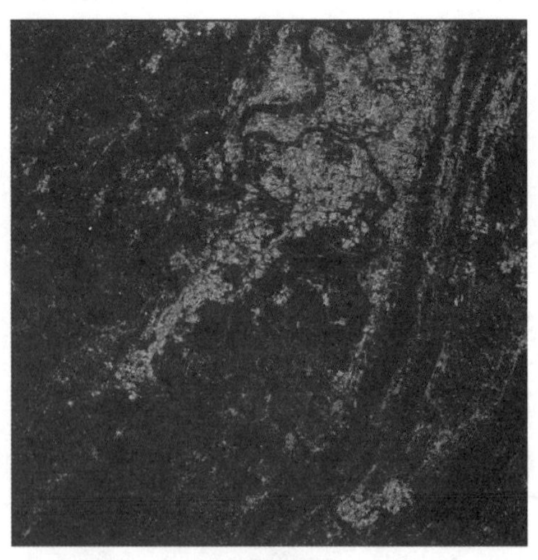

(b) 相干图

图 10.1-14　滤波图

7）提取形变量

为了获取地表形变信息，需要将差分干涉相位转换成地形形变相位。GAMMA 软件采用 dispmap 模块将形变相位转换成形变量。通常为了分析的需要，将这种形变转换成垂直方向上的形变，提取的形变结果如图 10.1-16 所示，图中 1 个条纹周期为 0.02m 的形变。从图中可以看出，在 2011 年 9 月 9 日至 2011 年 11 月 10 日期间形变非常微小，不足一周的形变量（0.02m）。

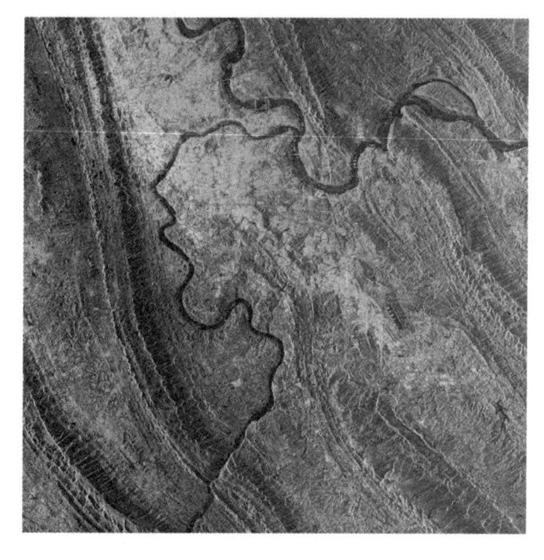

图 10.1-15　解缠后差分干涉相位图

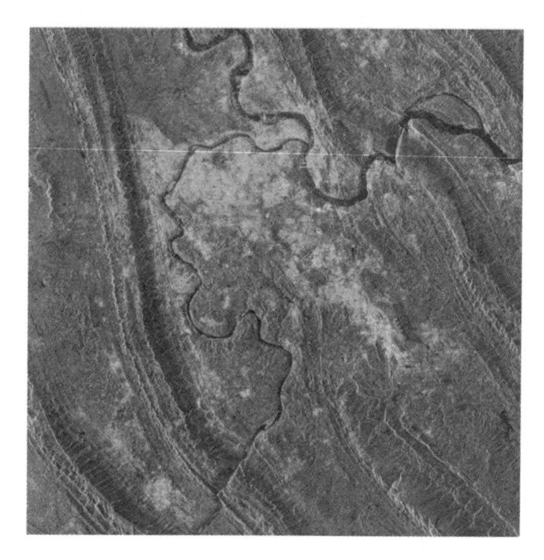

图 10.1-16　地表形变图（0.02m/周期）

8）地理编码

为了获取地理坐标下的地表形变图，通常需要进行地理编码，将 SAR 结构下的形变图转换到地理坐标下。GAMMA 软件提供 geocode _ back 模块进行地理编码，编码后的形变图如图 10.1-17 所示。

对 12 景影像组合进行以上几步数据的处理，获得 66 幅地形形变图。

3. SBAS-InSAR 时序分析

1）干涉像对选取

目前，主流的 D-InSAR 时序分析方法有 SBAS-InSAR、PS-InSAR、CR-InSAR。这几种方法处理结果的精度相当，由于 PS-InSAR 至少需要 25 景数据才能得到较好的分析结果，CR-InSAR 需要在外业布设角反射器后再进行影像获取，故本研究选择利用 SBAS-InSAR 方法进行时序分析。

在利用 SBAS-InSAR 技术进行形变反演之前，需要对二轨法差分干涉处理得到的干涉像对进行删选。首先选择具有较好干涉质量的像对。在判断两幅 SAR 影像是否能生

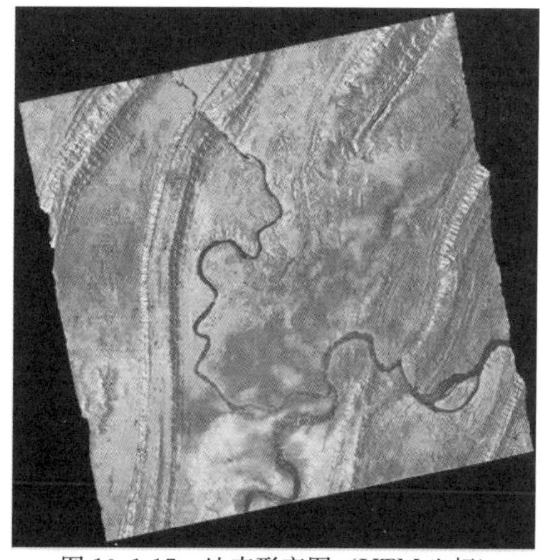

图 10.1-17　地表形变图（UTM 坐标）

成高质量的干涉图时，通常选用垂直基线作为参考，垂直基线越短，地形及其误差对干涉图影响就越小，干涉图质量也就越高。由于 SAR 卫星在进行对地成像时的入射角度略有差异，导致距离向主辅影像的数据频谱会出现偏移。当距离向主辅影像数据频谱偏移量大于距离向带宽时，主辅影像就完全不相干，则此时的垂直基线距离称为干涉临界基线距，COSMO 影像的极限基线长度为 9000m。

本次选取垂直基线在±1000m 以内的 61 幅干涉像对，雷达在时间和空间上的分布与组合情况见图 10.1-18。

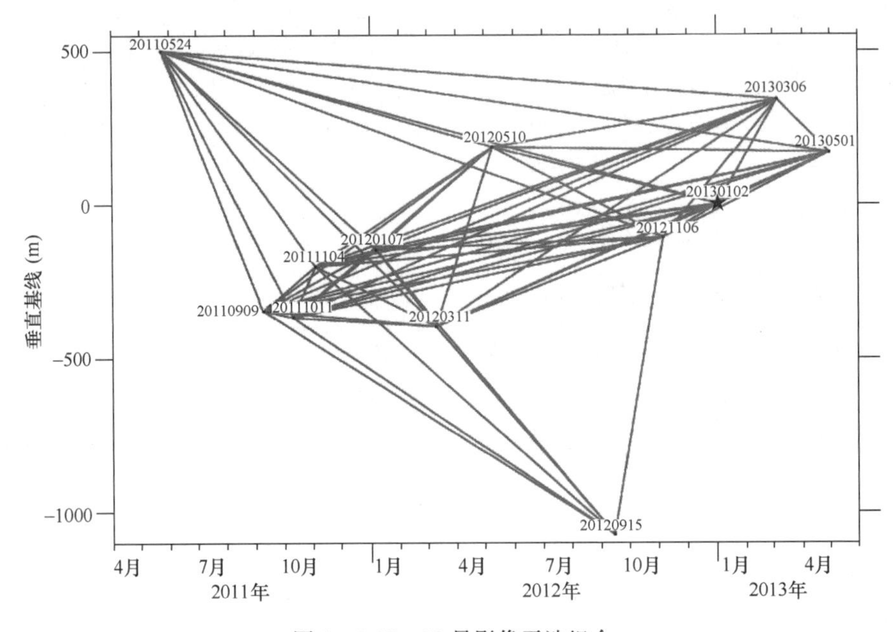

图 10.1-18 12 景影像干涉组合

2）高相干点提取

根据相干点提取原则，然后通过辐射纠正、配准和地理编码后将永久散射体和正射影像以及 SAR 影像叠加分析，验证高相干点选取的准确性以及进一步对高相干点选取算法进行优化。最终以 0.67 为阈值进行提取，共获得 2674215 个永久散射体的点，占整个影像的 15.5%，平均密度为 1670 个/km^2，相干点分布情况如图 10.1-19 所示。可以发现短基线获取的有效点更加密集和集中在建筑物、道路、桥梁等稳定散射体上。

3）卫星轨道误差消除

为了反演区域地形形变信息，需要首先去除轨道误差和大气相位的影响，与在空间上具有相关性的大气误差相位和轨道误差相位，可以根据其特性建立模型，采取线性拟合的方法来对解缠后的干涉相位进行拟合，得到最佳拟合轨道面，即残余的轨道误差，然后从干涉图中去除。按照如下方程来计算每个干涉图最佳的轨道面

$$z = ux + vy + w \tag{10.1-1}$$

式中，(x, y) 是每个像素点在像素坐标系下的坐标，u、v 是斜率参数，w 是截距。对比图 10.1-20（b）、（c）可以发现，改正前后区域地形形变有较大改变，地形形变量明显减小，形变量区域更加集中。当然，通过模型建立的误差线性模型，只能去除差分干涉相位中

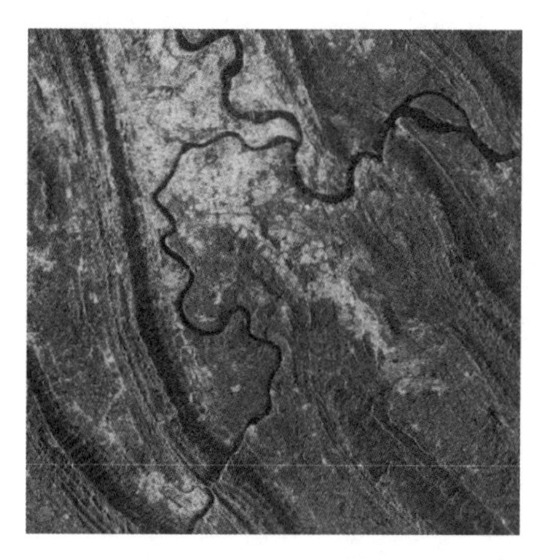

图 10.1-19　短基线提取相干点

的线性低频信号部分。随着区间范围的扩大，大气的相关性降低，大气误差影响相位在空间上也可能会存在高频变化部分，经过模型改正后，这部分信息隐藏在残余相位中。

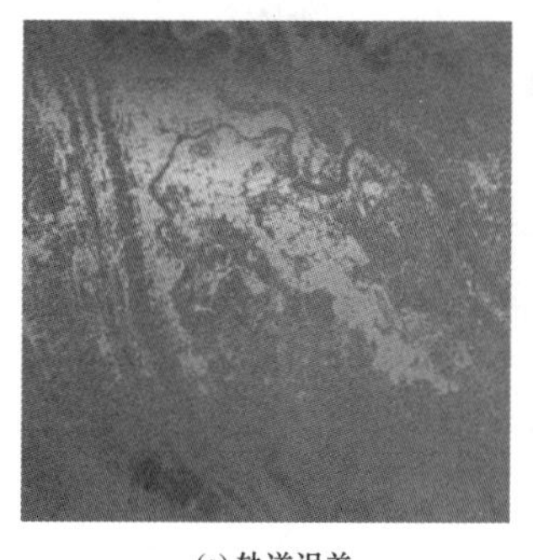

(a) 轨道误差

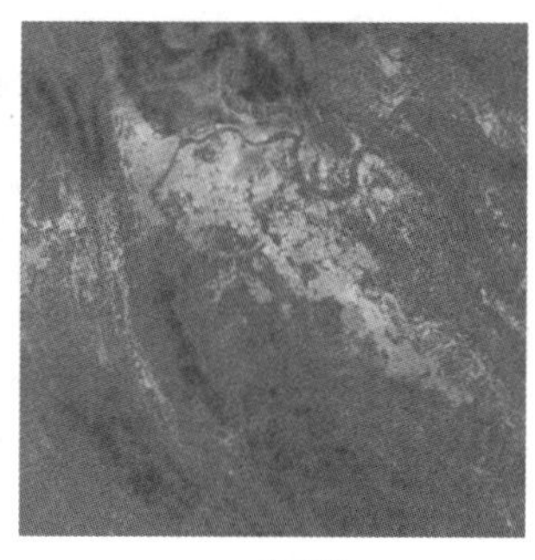

(b) 改正前

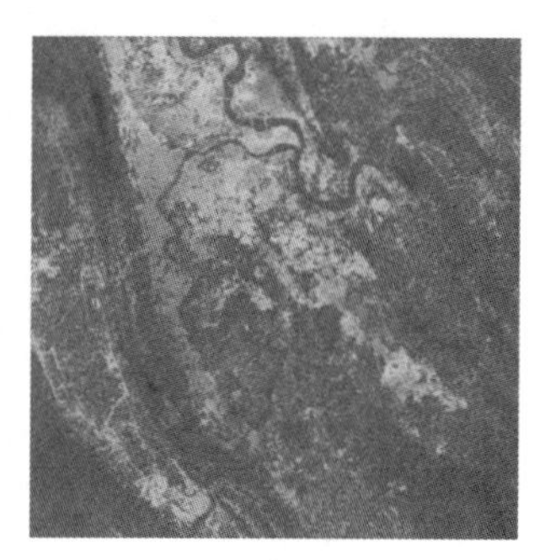

(c) 改正后

图 10.1-20　轨道误差改正

4）DEM 残差改正

经过大气、轨道误差改正之后，差分干涉相位中便只剩下了线性相位、高程误差影响相位和残余相位。由原理可知短基线集 D-InSAR 是简单线性模型，但在实际处理过程中由于二轨法引入外部 DEM 有一定的误差，所以差分之后处理需要考虑 DEM 残差的影响，则形变模型可表示为：

$$Dv + C \cdot \varepsilon = \Delta\varphi \qquad (10.1\text{-}2)$$

式中，$C^T = [(4\pi/\lambda)(B_{\perp 1}/r\sin\theta), \cdots, (4\pi/\lambda)(B_{\perp N}/r\ \sin\theta)]$，$\lambda$ 为雷达波长，$B_{\perp}$ 为垂直基线，r 是卫星到地面间的距离，θ 是卫星视角。通过阻尼最小二乘算法计算出 DEM 残差的改正量 ε 可以获得差分干涉相位中的高程残差，如图 10.1-21 所示。从图中可以看出，外部引入的

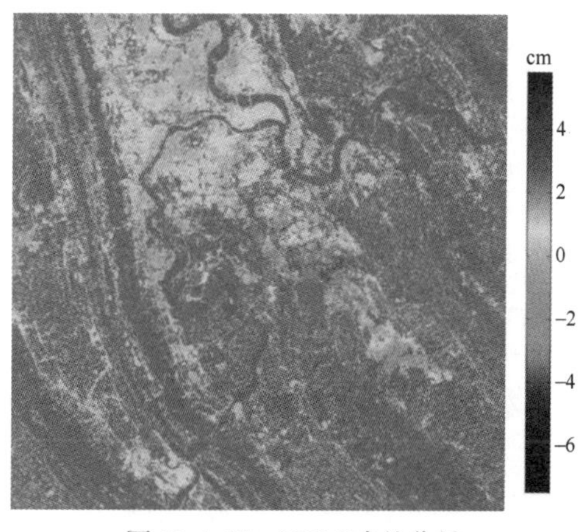

图 10.1-21　DEM 残差分量

DEM所包含的残差对区域大部分的影响很小，基本上在1cm以内，极小部分地区达到了3cm。

5）大气相位影响削弱

短基线集时序D-InSAR技术是将大气相位当作随机信号，通过多组不同时段的干涉像对的相位相减，为了进一步消去残余相位中的大气相位和非线性形变相位的影响，可以在线性模型的基础上进行适当的滤波处理。根据大气相位的空域的低频特性，本研究采用在空间上实施高斯低通滤波处理，移除“形变信号”中的高频部分。图10.1-22所示是对其中一组数据进行滤波的前后对比图。由于残差在影像中所占比重很小，所以影像滤波前后，大部分地区不会有明显的变化。

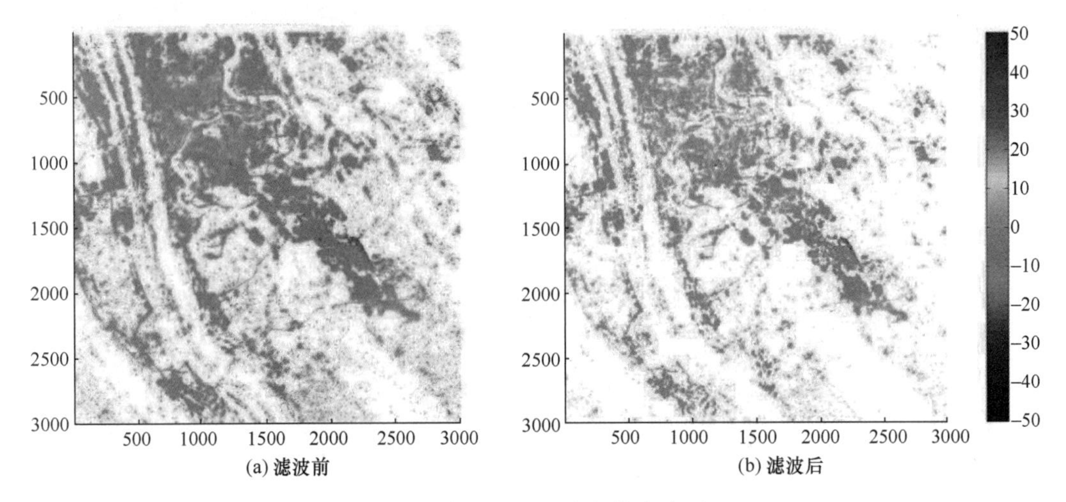

图10.1-22 地形形变相位滤波图

4. 地表形变结果

通过误差削弱最终获取区域地表相对形变结果，如图10.1-23所示是11幅相对于参考时间20110524（假定形变为0的时刻）的形变时序图，其中黑色圈中部分区域形变趋势总体是逐渐增大的，将其余11期形变分别减掉参考时间的形变即可得到实际的形变量，最终获取2011年5月至2013年5月的累积形变图，如图10.1-24所示。

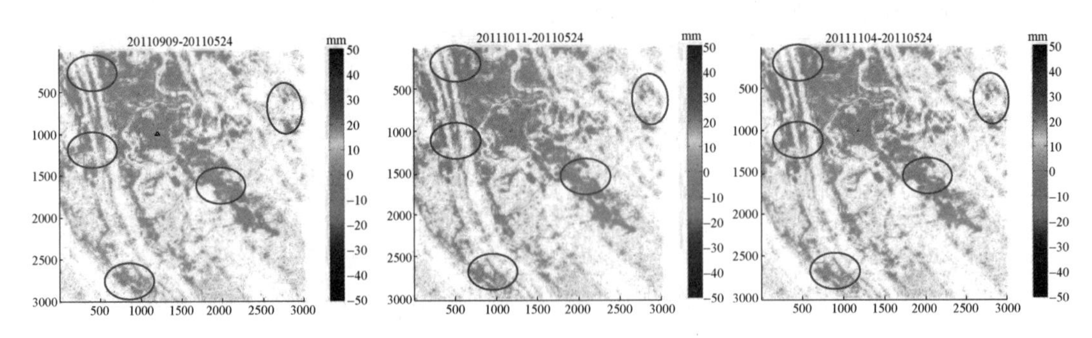

图10.1-23 11期形变趋势图（一）

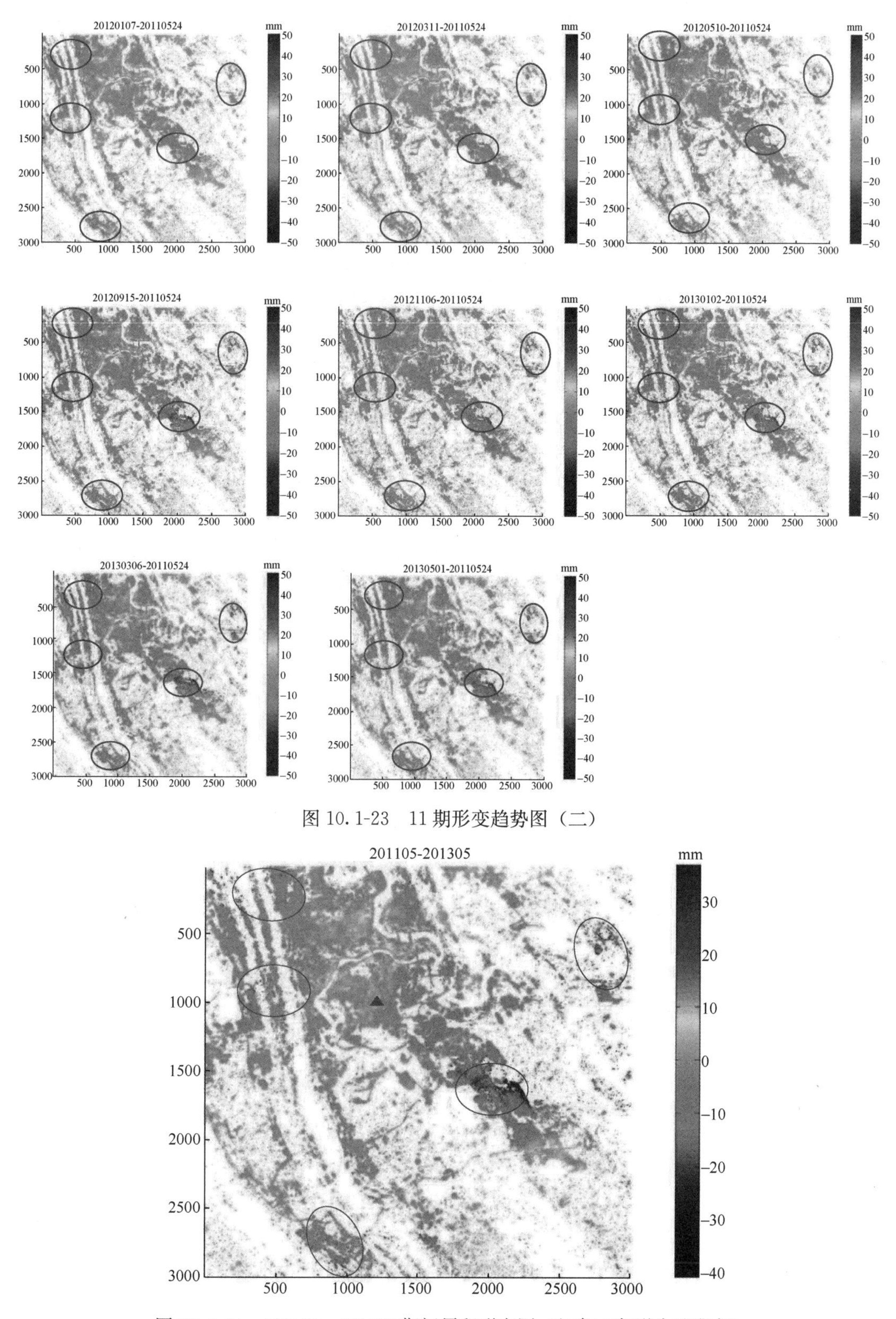

图 10.1-23　11 期形变趋势图（二）

图 10.1-24　201105—201305 期间累积形变图（红色三角形为基准点）

由于处理得到的是基于雷达坐标系下的形变结果，所以还需对其进行地理编码转换到地理坐标系下，如图 10.1-25 所示。

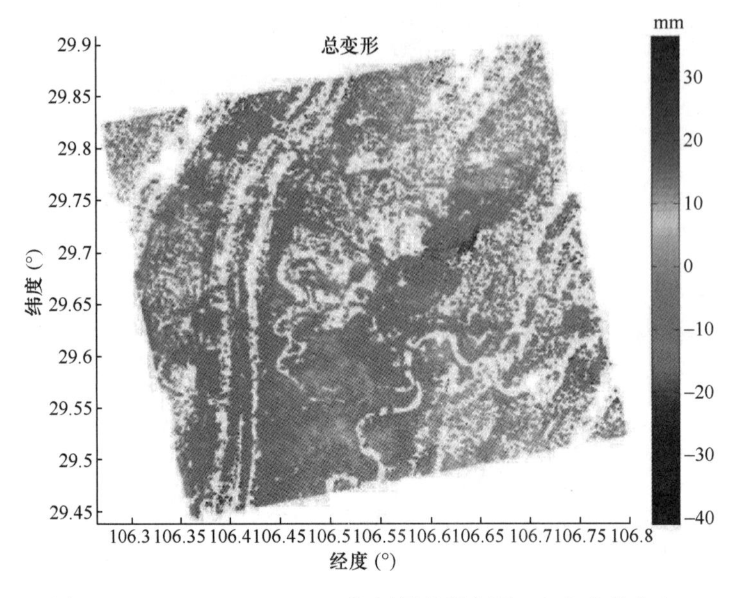

图 10.1-25　201105—201305 期间累积形变图（A 点为基准点）

由于缺乏地表形变的先验信息，研究过程中选择的基准点是一个假设值，并非真正意义上的稳定不动点，经试验分析最终选取位于老城区较为稳定的点作为参考。如图 10.1-26 所示的红色三角形 A 点，取以其为中心 5m×5m 的区域形变平均值作为该基准点的形变量，其他的点在其基础上进行解算，经时序分析得到的形变结果是相对于该基准点的形

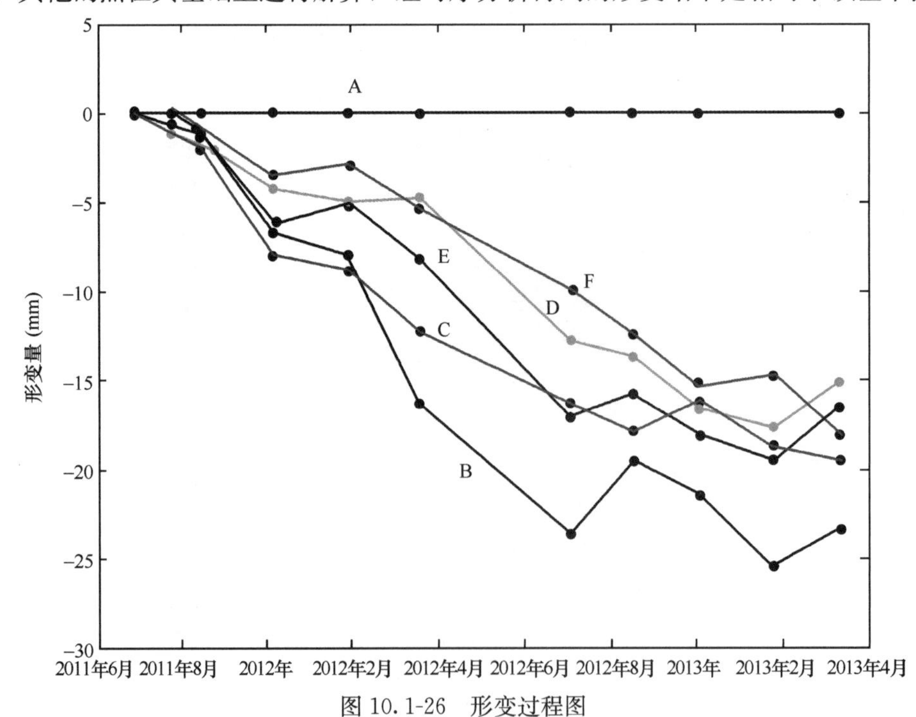

图 10.1-26　形变过程图

变量，所以局部形变较为稳定的区域形变会有正值。本研究所选取的基准点相对较稳定，形变量在0.08mm以内（图10.1-26中蓝色线），选取形变严重区域B、C、D、E、F点进行分析，得到随时间变化的形变过程图。由此可知B点附近局部形变最大，形变量超过－25mm，C、D、F点附近局部形变量达到－20mm，E点附近局部形变量达到－18mm。从形变过程线可发现，B、C、F点所在区域形变主要发生在2012年1月至2012年9月期间。

三、数据分析与效果评价

（一）数据精度验证

为了分析整个InSAR数据处理结果的外符合精度，评价时序D-InSAR地表形变监测质量，在研究区域内选择了12个分布相对均匀的水准点与D-InSAR处理结果进行比较分析，将12个水准点的坐标由重庆市独立系转换到WGS84坐标系，12个点在研究区域的分布位置见图10.1-27。

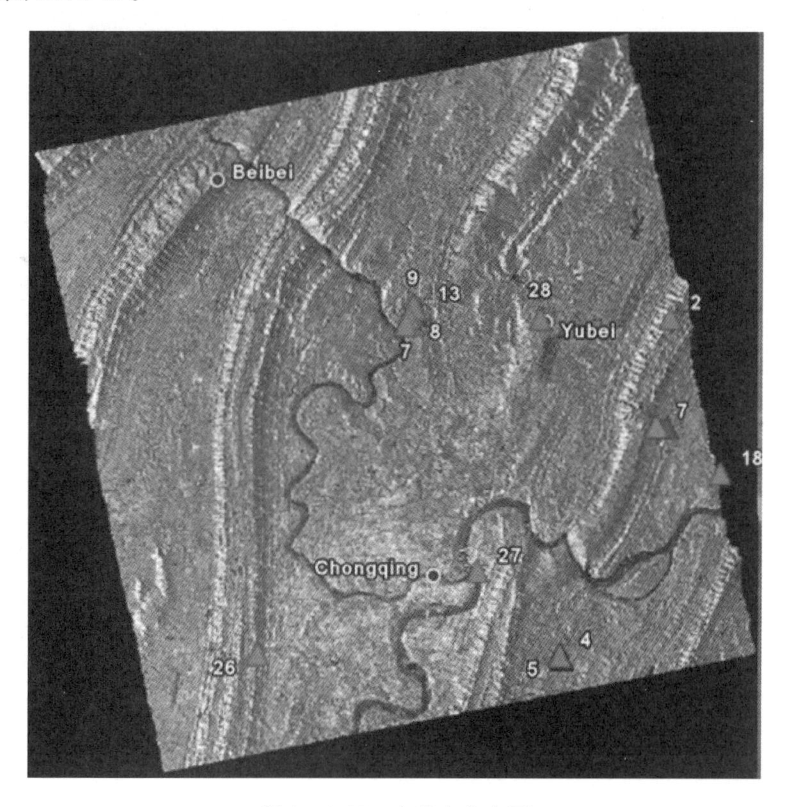

图10.1-27　水准点分布图

为了进行比较分析，将时序D-InSAR测量结果从雷达视线向转换到垂直方向上。利用12个已知水准点结果与对应的时序D-InSAR数据处理结果进行对比分析，如图10.1-28所示。

从图10.1-28可以看出：12个水准点与InSAR处理结果在时间序列上的形变趋势是一致的，基本上保持沉降趋势，经过对比得到12个水准点和D-InSAR测量结果标准差为3.8mm。

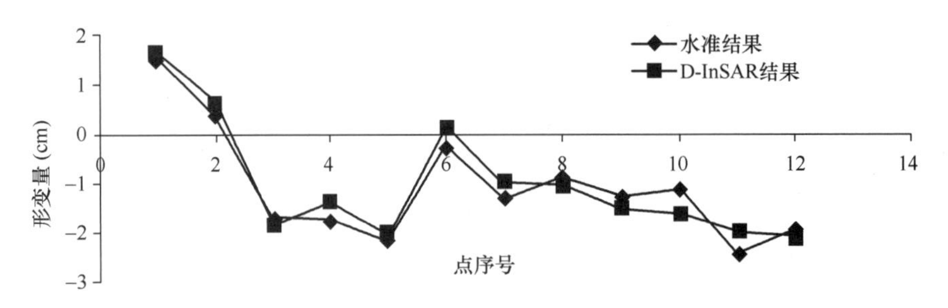

图 10.1-28　2011 年 5 月至 2013 年 5 月水准与 D-InSAR 累积形变结果比较（趋势图）

从上述 12 个点的形变结果分析可知，利用时序 D-InSAR 处理结果与水准点测量结果基本一致，数据处理结果可靠，满足精度要求，可将处理结果应用于重庆主城区地表形变分析。将形变结果绘制直方图（图 10.1-29），统计分析得到，绝大部分的差异量在 0～10mm 之间，局部区域形变量超过 10mm，最大的差异量达到 30mm。

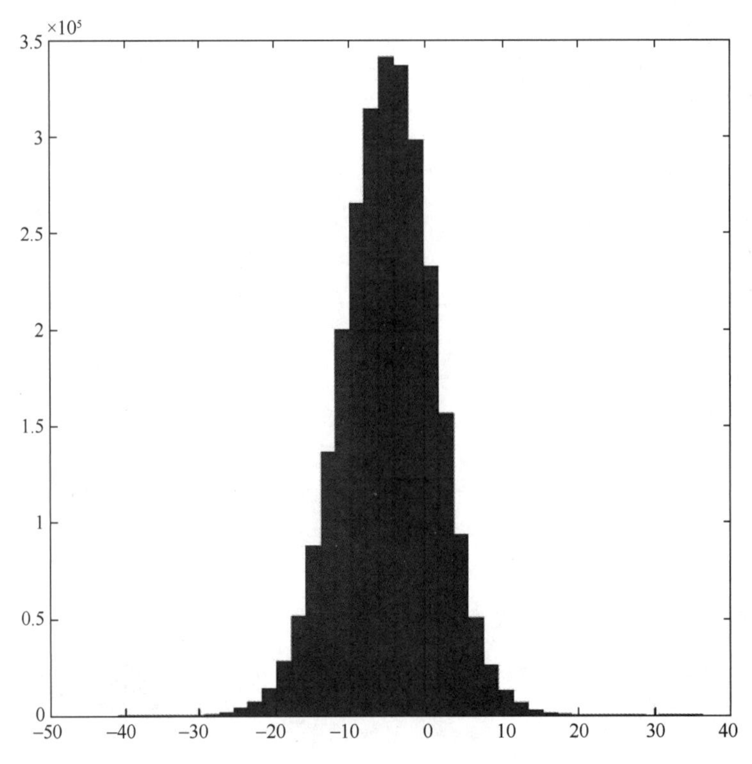

图 10.1-29　2011 年 5 月至 2013 年 5 月水准与 D-InSAR 累积形变结果比较（直方图）

（二）干涉关系分析

1. 干涉质量与干涉对空间基线关系

相干系数图是直接反映影像干涉质量的重要指标。图 10.1-30 所示为以 20110909 为主影像，20110524、20111011、20120107、20120311 为辅影像干涉而成的四幅相干系数图，图中像素点越亮，对应像素点的相干性越好，$B_{\perp}$ 为辅影像与 20110909 主影像组成干涉对的空间垂直基线。由于四幅辅影像时间间隔较短，可以近似认为时间去相干对四幅干涉图的影响相同。从图中可以看出，空间垂直基线绝对值越大，干涉影像相干性越差，干涉图的质量也越差，提取的地表形变量也越不可靠。导致这种现象的主要原因是干涉成像时在空间上的几何去相干。

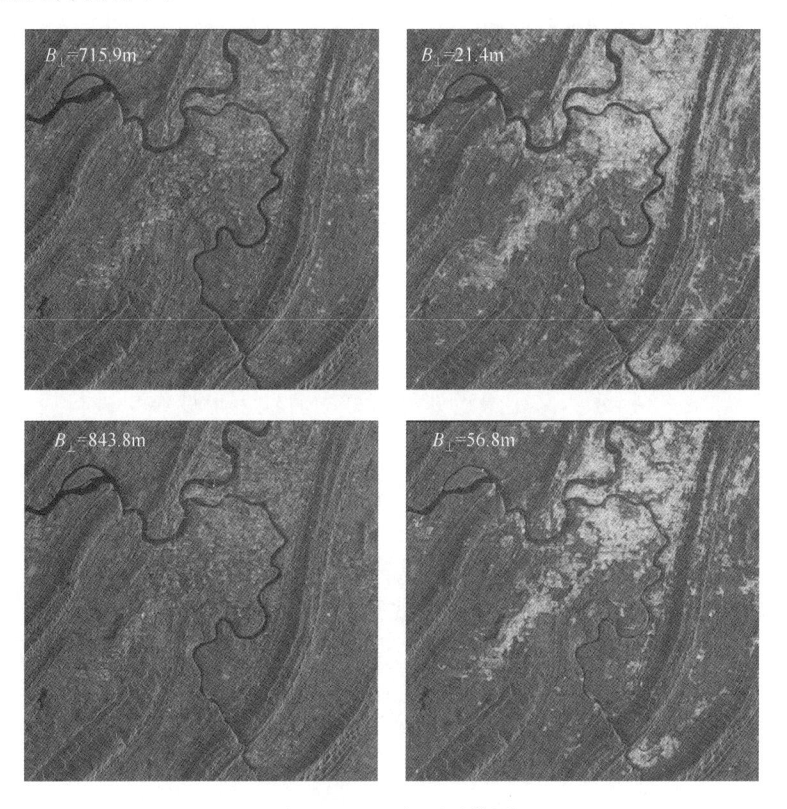

图 10.1-30　相干系数图

2. 干涉质量与干涉对时间基线关系

如图 10.1-31 所示，为两组垂直基线近似相同，但时间基线不同的干涉影像的相干系数图。两幅干涉对的时间基线分别为 120、426d。对比两幅相干系数图不难发现，干涉图相干性与干涉影像的时间基线有着直接的关系，干涉成像时间越短，干涉影像相干性越好，干涉图的质量就越高。导致这种特点的主要原因是由于时间的推移，干涉成像区域的

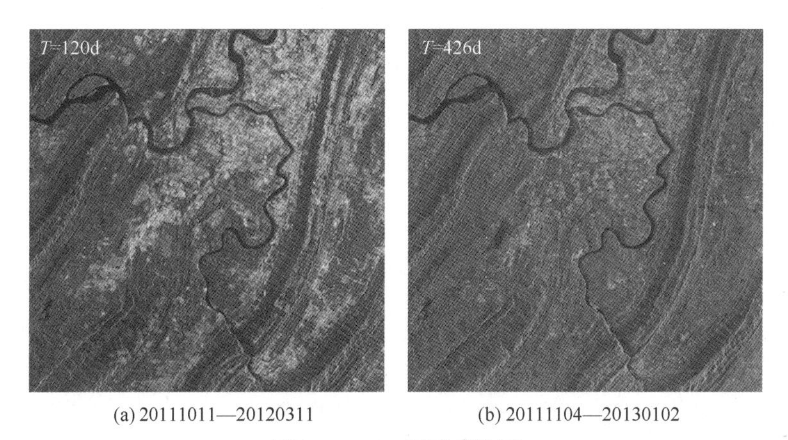

(a) 20111011—20120311　　(b) 20111104—20130102

图 10.1-31　相干系数图

地物发生了变化。地物的变化主要表现在三个方面：一是由于干涉成像区域目标发生了形变位移，目标点偏离了原始位置。二是由于干涉成像区域目标随着时间的推移，后向散射特性发生变化，使得干涉目标失相干。三是由于目标地物发生了变更，特别是在城市地区，快速的钢筋混凝土建筑物的施工建设，导致两次雷达成像时目标已经发生了变更，自然也就导致了失相干。

考虑到干涉图的相干性与时间基线、空间基线存在着上述特点，为了保证干涉图质量，提取较为精确的地表形变信息，应该尽量选取空间垂直基线较短、时间基线较短的干涉对进行时序分析。

（三）区域形变分析

为了分析整个区域的地表形变情况，将时序 D-InSAR 结果与水准数据融合获得绝对形变信息，对时序 D-InSAR 反演的地表形变速率进行插值并将其绘制成形变速率等值线。图 10.1-32 和图 10.1-33 所示为采用最近邻插值方法对地表形变结果进行插值后的形变等值线图。按照设计要求绘制参数有：

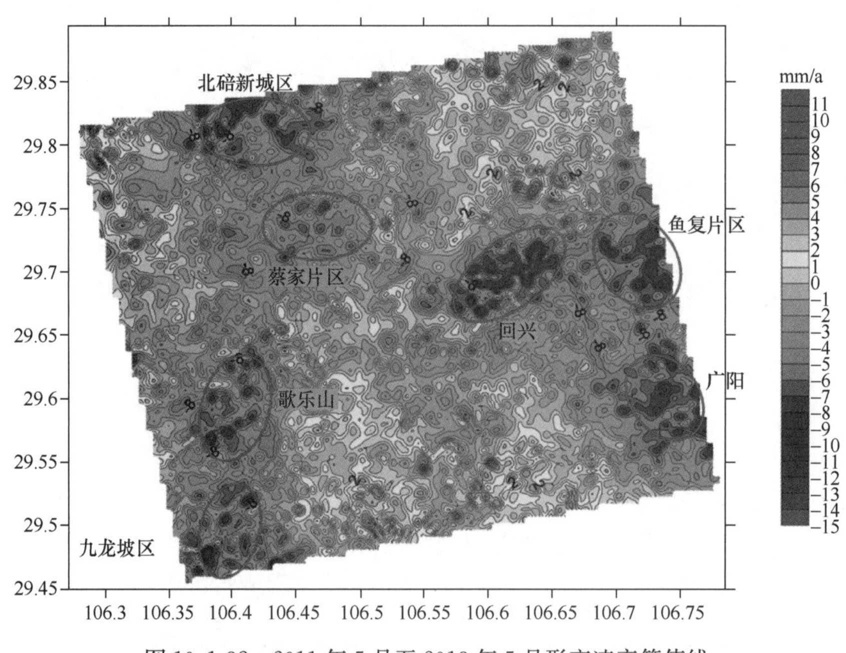

图 10.1-32　2011 年 5 月至 2013 年 5 月形变速率等值线

（1）绘图坐标：　WGS84 大地经纬度。

（2）等值线单位：mm。

（3）等值线间隔：1mm。

（4）等值线加粗间隔：5mm。

为了查看 KML 格式的形变速率等值线图，将等值线文件叠加到正射影像图上，如图 10.1-33 所示。放大图形后可以查看沉降量细节，单击某条等值线，则弹出该等值线对应的形变量信息（单位为 mm ），如图 10.1-34～图 10.1-38 所示。

通过形变结果分析与验证可知，SBAS-InSAR 时序分析方法获取的结果是准确、有效、可靠的，可以用于重庆主城区地表形变分析。为了进一步直观分析重庆主城区地表形变分布状况，将时序 D-InSAR 反演的地表形变结果转换到地理坐标系下，并叠加到 WGS84 坐标系下的正射影像图上。图 10.1-39 所示为地表形变在正射影像中的叠加图。

图 10.1-33　KML 格式的等值线

图 10.1-34　江北机场等值线放大图（单位：mm）

图 10.1-35　歌乐山等值线放大图（单位：mm）

图 10.1-36　北碚新城等值线放大图（单位：mm）

作者所在研究团队共处理了 2011 年 5 月至 2013 年 5 月的 12 景 SAR 数据，得到了重庆市主城区的干涉图和各种形变等值线图，并结合水准观测成果进行分析，可得出如下结论：

首先，从图中可以看出，研究区域内绝大部分地区比较稳定，地表形变并不明显，但也有局部地区地表出现了沉降，这些区域主要有：在江北机场附近局部地区累积形变最大，形变量约为－33.5mm，在鱼嘴片区局部地区累积形变量约为－21.4mm，蔡家岗片区局部形变量约为－18.1mm，北碚新城区形变量约为－18mm。

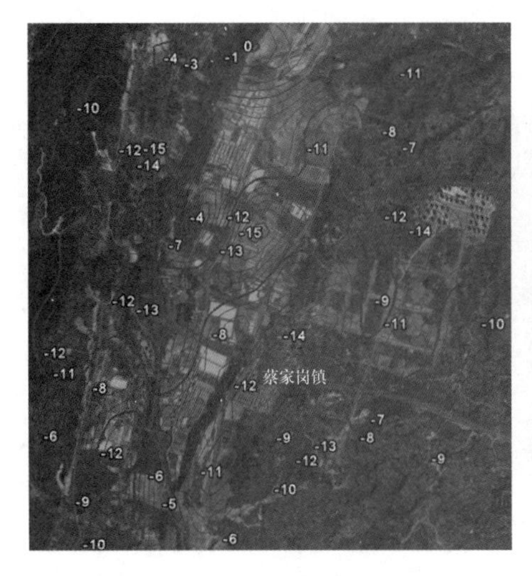

图 10.1-37　蔡家岗等值线放大图
（单位：mm）

图 10.1-38　九龙坡区等值线放大图
（单位：mm）

其次，研究区域所涵盖的重庆主城区的山脉当中，歌乐山局部区域形变量约为－20mm。其附近的中梁山隧道以及大学城隧道顶部都有较为明显的形变，超过 15mm。

此外，研究区域内局部地方存在细微抬升是由于地表形变先验信息不可获取，形变反演参考点选取会造成一定的影响，表现为局部高相干点抬升。COSMO-SKYMed 空间分辨率较高，SAR 影像同低分辨率 DEM 数据配准可引入地形误差，试验仅使用 12 景 SAR 影像，小数据量形变分析产生的大气延迟误差使得部分 PS 点表现为隆起。

利用时序 D-InSAR 方法得到了重庆市主城区总体形变图，并提供了多种形式的形变信息，有利于从全局的角度来指导城市规划建设和运行管理，规避由形变带来的各种不利影响。

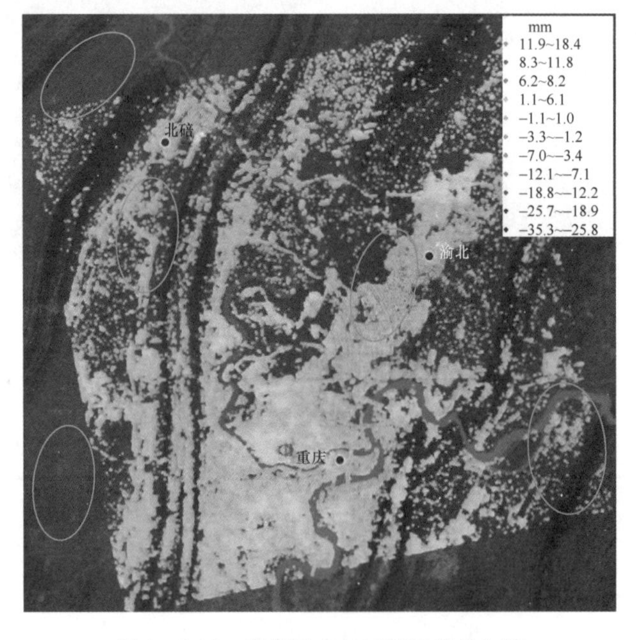

图 10.1-39　高相干点与正射影像叠加图

（四）地表形变解译

通过时序 D-InSAR 技术所监测得到的形变严重区域，部分是由于重庆大规模的规划建设使得山地变成经济开发区，大面积回填土所导致的沉降。如蔡家岗片区、鱼嘴片区以及北碚新城区、广阳镇等多处大面积的新区建设，将原本的山地、农田变为经济开发区。图 10.1-40（a）所示是蔡家岗片区 2009 年的地形图，图 10.1-40（b）所示是蔡家岗片区 2012 年的正射影像图。图 10.1-41 所示为鱼嘴片区形变情况。

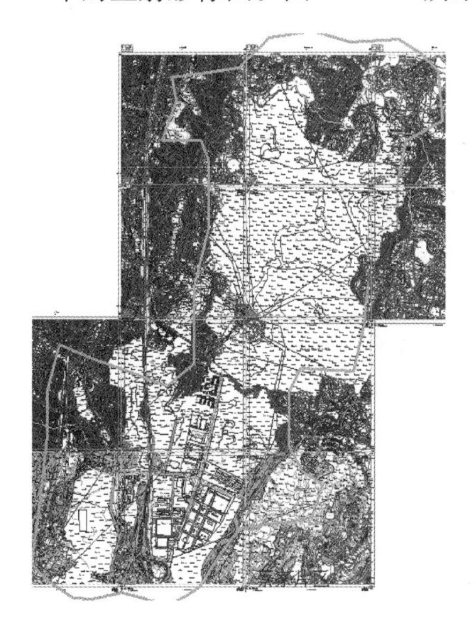

(a) 蔡家岗片区2009年地形图

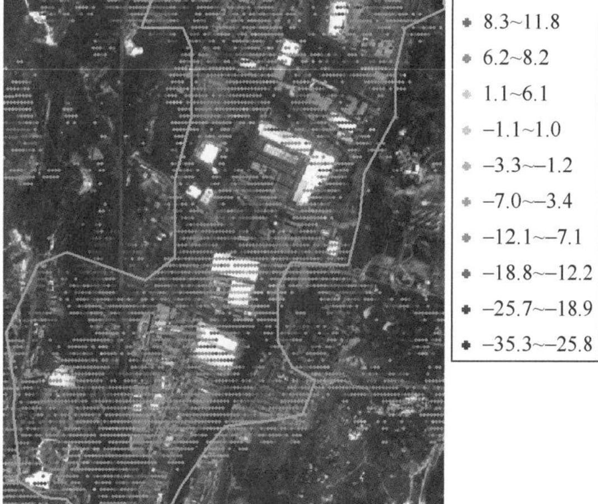

(b) 蔡家岗片区2012年正射影像图

图 10.1-40　蔡家岗片区形变情况

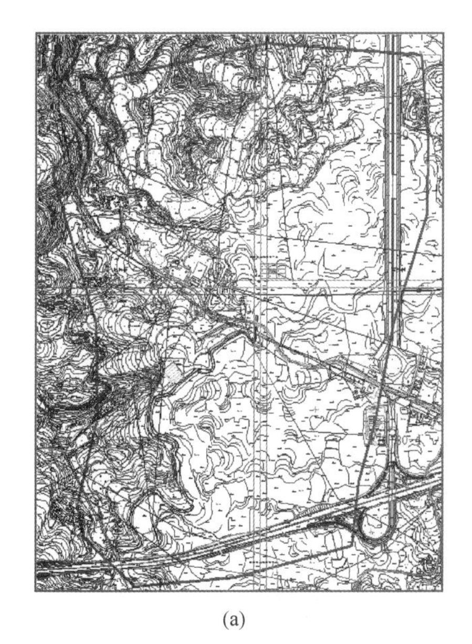

(a)

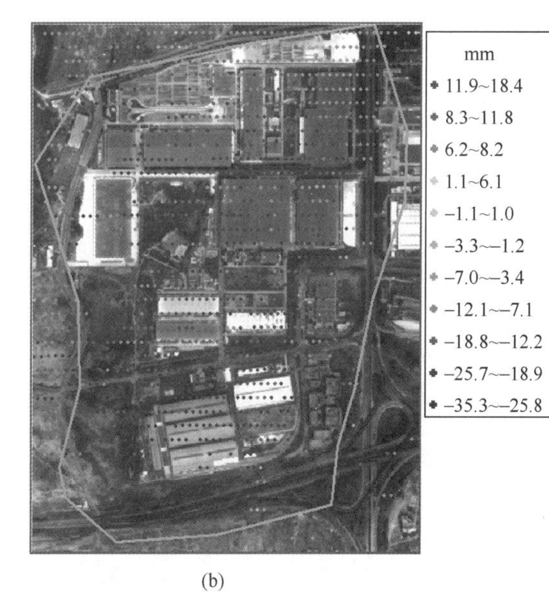

(b)

图 10.1-41　鱼嘴片区形变情况

歌乐山上的歌乐村形变区域面积较大，且该村曾多次发生地面塌陷。该形变原因之一是歌乐山属于喀斯特地貌，内部构成复杂多变，地下有许多溶洞、暗河、地缝等，石灰岩的岩溶裂隙发育易形成塌陷，见图 10.1-42。

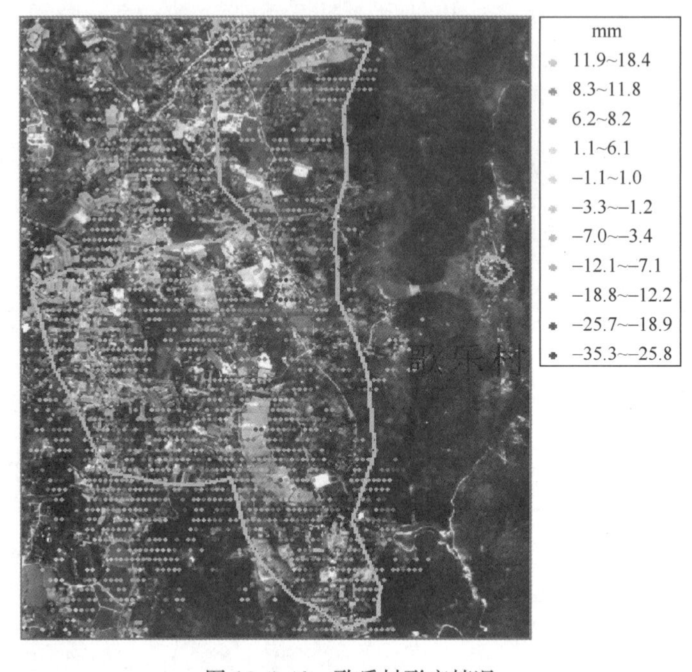

图 10.1-42　歌乐村形变情况

除此之外，该岩溶塌陷的形成和地下水大量排泄密切相关，由于人为因素如采煤或开凿隧道导致岩溶地下水大量排泄所形成。地下水的突然大量排放，致使水动力条件急剧改变，其具体表现：一是地下水位迅速降低，二是在降落漏斗范围内，水力坡度突然增大，流速加快。其后果是减少了对岩土体的浮力，增强了地下水流对原有洞穴、溶隙、裂隙中堆积充填土层、岩屑、碎块石等的潜蚀、冲蚀以及液化作用，导致隧道开挖扰动区地基掏空引发形变，如中梁山隧道和大学城隧道，见图 10.1-43、图 10.1-44。针对这种情况，

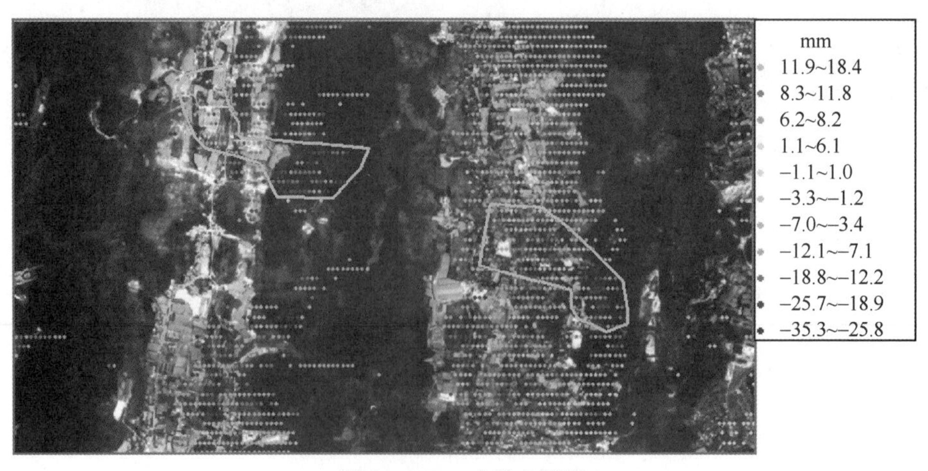

图 10.1-43　中梁山隧道

可结合形变监测结果中划出的范围重点确保地表水的下渗。同时，应注意雨季前疏通地表排水沟渠，降雨季节时刻提高警惕，加强防范意识，发现异常情况及时躲避。

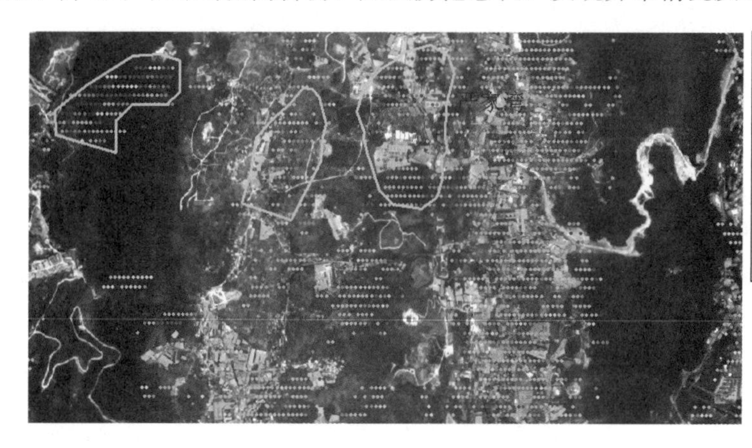

图 10.1-44 大学城隧道

形变监测得到的歌乐山石灰石矿开采区地表发生微小形变，如图 10.1-45 所示，可能是矿山坑道开挖以及采矿堆积的废渣对坡地加载，增加下滑力所导致的。虽然目前形变量较小，但是需要加强防范措施，如在采空区进行工程建设时，应尽可能绕避最危险的地方。对不能绕避的塌陷区、采空区，根据实际情况采取压力灌浆等工程措施，对已坍塌的地区进行填堵、夯实，条件许可时，还可采取直梁、拱梁、伐板等方法跨越塌陷坑，以减少由于长期微小形变累积导致地面塌陷的风险。

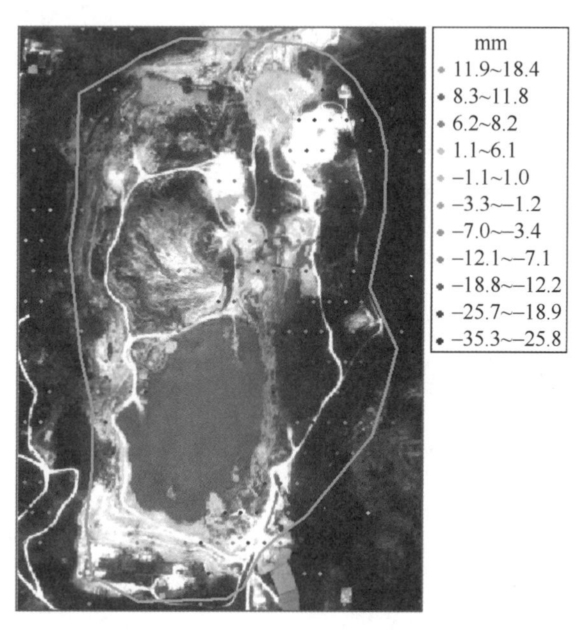

图 10.1-45 重钢歌乐山石灰石矿

第二节 大型场馆监测

一、工程概况

重庆国际博览中心位于重庆市渝北区悦来街道，是重庆市重点工程项目，历时 2 年建设完成，是多功能、现代化的大型专业会展综合体。重庆国际博览中心沿南北方向分布，外形似一只翩翩起舞的蝴蝶，东西宽约 800m，南北长约 1500m，总占地约 1.32km^2，其中填方区域面积约 0.83km^2，填方最大厚度 32m。场馆区域自嘉陵江而上，形成三阶弧形大型边坡，分为展馆区、酒店、多功能厅、宴会厅和沿江商业等五部分，是整个悦来新城的核心（图 10.2-1）。

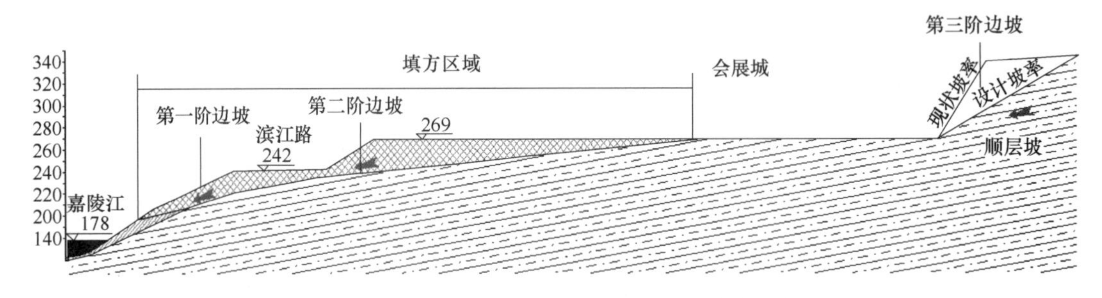

图 10.2-1 重庆国际博览中心场馆及边坡分布示意图

项目现场地形总体特征东西高中部低，地形起伏较大，针对重庆国际博览中心主体钢结构及周边地质环境的复杂性，搭建了自动化监测系统，全面准确地把握场馆及周边地形的变形情况，通过监测数据能实时反映建筑、地质结构的真实情况，反映变形量与相关变形因子间的统计关系，找出变形规律，合理解释各种变化现象，准确评价安全态势，提供较为准确的分析预报（图 10.2-2）。

图 10.2-2 监测方案布点图

二、监测内容及方法

项目安装的传感器重点对结构应力、结构变形、位移、沉降、雨量与温度等参数进行监测，传感器数据的准确性决定了安全预警评估分析的正确性，因此，传感器选型必须满足可靠性、准确性、耐久性、实用性、自动性和可更换性等原则（表 10.2-1）。

监测项目及传感器一览表　　**表 10.2-1**

序号	监测项目	传感器类型	数量
1	挠度、结构沉降	静力水准仪	135 个
2	水平收敛、拱顶沉降	激光测距仪	126 个
3	应变及温度	应变计	121 个
4	深部位移	倾斜计（深部位移）	96 个
5	墩柱倾斜	倾斜计	56 个
6	裂缝	裂缝计	23 个
7	裂隙地下水位	水位计	4 个
8	雨量	雨量计	2 个
9	水平位移和竖向位移	GNSS 自动化监测设备	38 个
10	视频监控	监控摄像头	10 个

项目建有数据监控中心和数据备份中心，利用有线、无线网络将现场各类型监测站获取的监测信息传输至数据中台，构建数据监控中心与备份中心的数据同步通道，如图 10.2-3 所示。

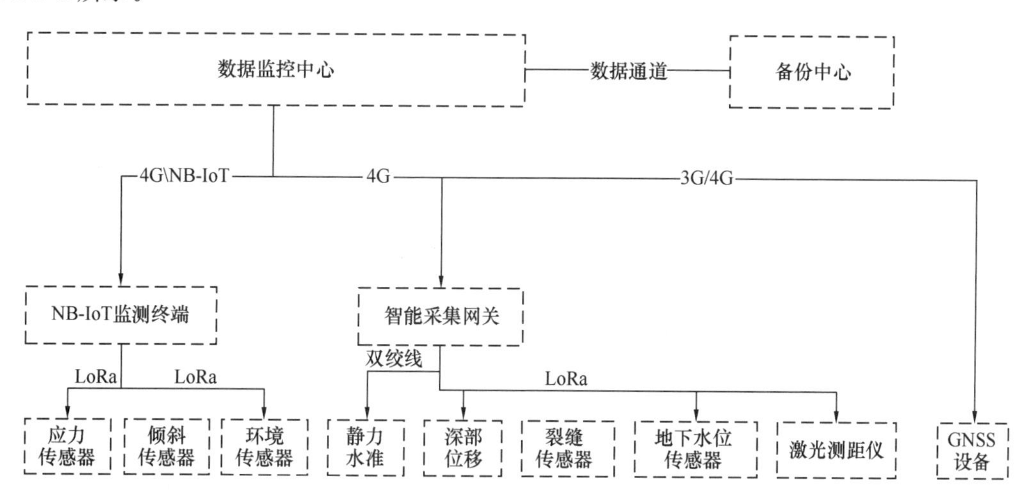

图 10.2-3　重庆国际博览中心安全监测系统网络图

本项目监测覆盖区域广，若全部采用自动化监测方式，建设成本高，将增加城市运维投入。项目根据灾害等级、地质与建（构）筑物结构变形的特点，采用人工监测与自动化监测相结合的方式，实现了城市区域地灾与建（构）筑体的高精度监测。项目采用以下技术方法。

1. 复杂环境下的多传感器供电与通信自组网技术体系

针对有线供电困难的户外复杂工程环境，为保证数据采集装备能够可靠工作，建立了一套适用于复杂环境的多传感器供电体系。供电体系综合采用太阳能和市电相结合的方式，并深入研究低功耗数据采集技术，降低设备功耗，解决恶劣监测环境下工程项目供电困难的问题。针对多传感器通信组网，建立以 4G/Cat1、NB-IoT、LoRa 等无线网络通信为主，有线传输（双绞线、光纤链路）为辅的数据传输链路技术体系，实现对监测传感器的实时监控和数据采集，提高工程现场施工效率。

2. 多传感器监测数据实时采集与融合分析

针对地质安全监测传感器类型多导致的数据集成复杂的问题，提出了一种基于规则引擎的数据处理机制，使多传感数据采集接入、统计分析、预测预报、安全评估等过程高度流程化、定制化，实现了多传感器监测数据实时采集与融合分析，显著提升了监测云平台的兼容性与数据计算能力。

3. 建立地质灾害的分级与动态预警机制

根据悦来片区被监测对象的地质状况、建（构）筑体结构、风险影响程度等方面设置监测预警控制值，建立适用于悦来片区地质灾害的分级预警机制，并实现通过短信、电话、邮件、App 消息等方式实时推送、发布预警信息，提升城市智慧化管理水平。

4. 完善人工与自动化协同监测工作模式

针对城市区域性地质灾害的特点，综合采用人工监测与自动化监测的工作模式，在关键风险点埋设高精度传感器，为城市地质灾害与建（构）筑物结构安全的分析与预警提供高质量的数据，有效地解决了传统城市灾害风险治理的事后型、粗放式等难题。以重庆国际博览中心 U 形区域深部位移传感器为例，在平台发出预警信息后，及时委派作业小组进行人工现场复核，管理单位组织人员，对人工与自动化高精度传感器监测数据进行综合分析，挖掘和甄别潜在风险，及时制订治理方案以消除安全隐患。

三、数据分析及效果评价

重庆国际博览中心周边区域由高填方修建形成，监测对象主要包括台地、挡墙、场馆、树杈柱、地下管廊等，监测项目主要有 GNSS 监测、土体深部位移监测、裂缝监测、倾斜监测、地下水位监测、应力应变监测、激光位移监测、沉降监测等，通过预警云平台可以查看监测数据曲线，把握结构变形趋势。从图 10.2-4、图 10.2-5 所示监测曲线可以

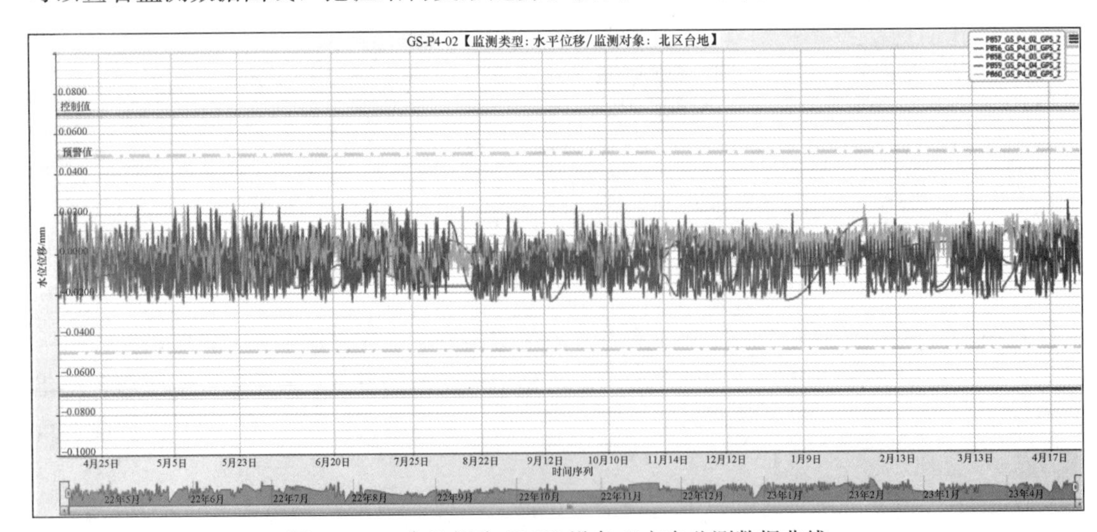

图 10.2-4　台地部分 GNSS 设备 Z 方向监测数据曲线

看出，重庆国际博览中心周边台地及场馆变形曲线在预警控制值以内，结构基本稳定。

预警云平台还可以接入视频监控，对重点变形区域进行实时监控，一旦平台发出预警，可以通过视频监控第一时间查看现场状况，如图 10.2-6 所示。

项目覆盖区域大部分为高填方区，区域内多处地质结构存在不同程度变形，为保证基

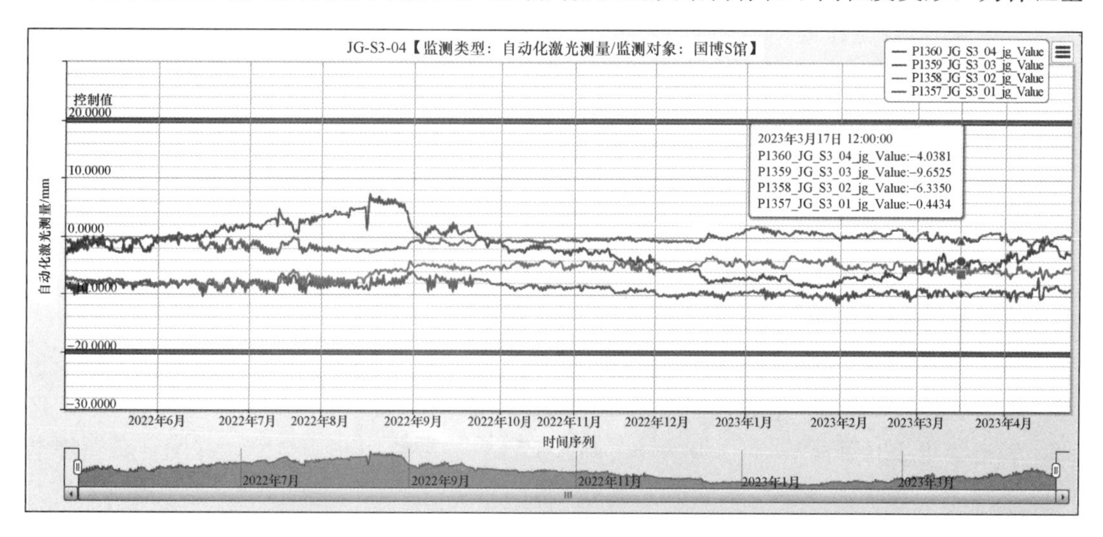

图 10.2-5　场馆部分激光测距仪监测数据曲线

图 10.2-6　现场监控视频

础设施运营安全，本项目建成前采用传统人工监测，每年需投入大量人力、时间、措施等成本，监测范围也局限于点状，难以做到对潜在风险的实时、快速、精准感知，容易让小患积成大祸。项目将自动化监测设备接入超大城市基础设施智能监测预警云平台，以自动化监测为主、人工监测为辅，大幅提升该区域基础设施监测效率，相比传统人工监测，监测成本降低 1/3，工作效率提升 1/3。通过信息化、智能化管理手段，实现了对城市基础设施安全的智能感知，为城市智能管理提供了可靠的数据源。基于全天候的监测数据为基础设施提供风险预测、预警服务，实现主动式安全保障，在城市建设和运营安全方面具有显著的社会经济效益。

第三节 水电站大坝监测

一、工程概况

隔河岩水电站位于湖北省长阳县城附近清江干流上，是清江干流梯级开发的骨干工程。该水电站于 1994 年建成，混凝土重力拱坝，最大坝高 151m，水库总库容 31.2 亿 m^3，装机容量 120 万 kW，年发电量 30.4 亿 kWh，主要供电华中电网，并配合葛洲坝电站运行。

上游电站进水口隔河岩水电站坝址处两岸山顶高程在 500m 左右，枯水期河面宽 110～120m，河谷下部 50～60m 岸坡陡立，河谷上部右陡左缓，为不对称峡谷。大坝基础为寒武系石龙洞灰岩，岩层走向与河流近乎正交，倾向上游，倾角 25°～30°，岩层总厚 142～175m；两岸坝肩上部为平善坝组灰岩、页岩互层。地震基本烈度为 6 度，设计烈度 7 度。

隔河岩水电站大坝坝顶高程 206m，坝顶全长 665.45m，坝型为“上重下拱”的重力拱坝，其封拱高程左岸为 150m，河床为 180m，右岸为 160m（图 10.3-1）上游坝面采用铅直圆弧面，外半径为 312m。下游坝坡的上部重力坝为 1∶0.7，下部重力拱坝为 1∶0.5，其间用铅直线连接。拱圈平面内弧采用三心圆，靠近拱冠部位采用定圆心大半径等厚圆拱，拱端部位采用变圆心小半径贴角加厚，坝坡随之渐变为 1∶0.75。顶拱中心角 80°（图 10.3-2）。

图 10.3-1 隔河岩水电站主坝图

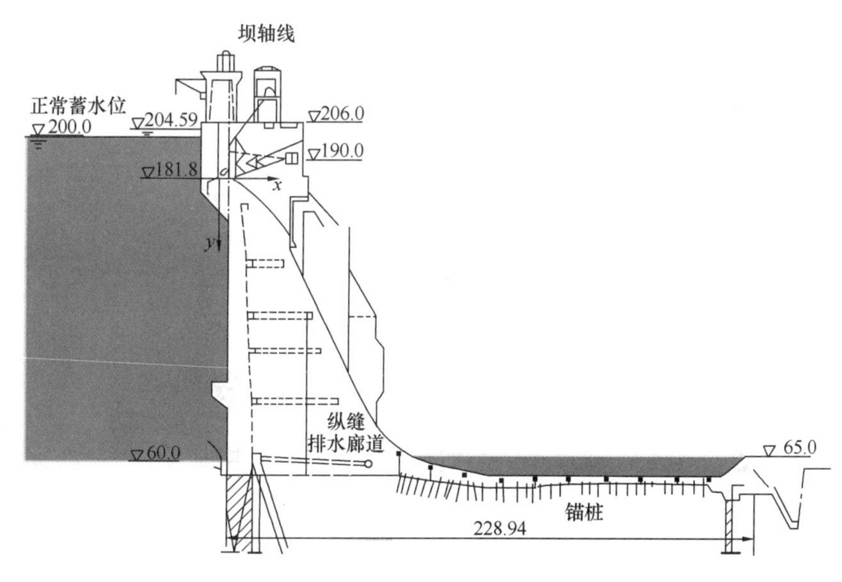

图 10.3-2　隔河岩水电站坝体横剖面图

泄水建筑物集中布置在大坝的河床中部，溢流前缘长度 188m。共设 7 个表孔、4 个深孔和两个兼作导流的放空底孔。表孔堰顶高程 181.8m，孔口尺寸为 12m×18.2m。深孔孔底高程 134m，孔口尺寸为 4.5m×6.5m。底孔孔底高程 95m，孔口尺寸为 4.5m×6.5m。各式孔口均采用弧形闸门控制操作，并在其上游设平板检修闸门。

二、监测内容及方法

武汉大学测绘学院徐亚明教授研究团队分别利用 GB-SAR 连续影像序列干涉相位时序分析技术和 GB-SAR 基于离散子影像集的时序分析技术开展坝体变形监测，研究分析大坝主体表面的变形规律。

（一）GB-SAR 连续监测

采用 GB-SAR 连续监测模式采集影像数据，IBIS-L 设备基本参数与其他相关基本信息如表 10.3-1 所示。

隔河岩变形监测试验基本信息　　表 10.3-1

天线类型	增益	20dBi
	极化方式	VV
信号类型	频段与波长	Ku/1.78cm
	带宽	300M (1.705～1.735GHz)
	步进频率	57.703kHz
合成孔径长度		2m
传感器在轨移动步长		5mm
分辨率	距离向	5m
	方位向	4.4 m
最大监测距离设置		1300m
单景影像采集平均时长		5.3833min
加窗处理	距离向窗函数	Kaiser 4.0
	方位向窗函数	Kaiser 6.0

连续变形监测工作从 2014 年 7 月 27 日 8 点 24 分开始，至 2014 年 8 月 2 日 11 点 8 分结束，共计采集 1330 景 GB-SAR 影像。图 10.3-3 中显示了影像采集时段内空气温度、湿度、大气压等气象参数的变化趋势以及监测时段内的降雨情况。中午前后的气温变化较为剧烈，并在中午 12：00 点附近达到峰值，相应地有较低的空气湿度。

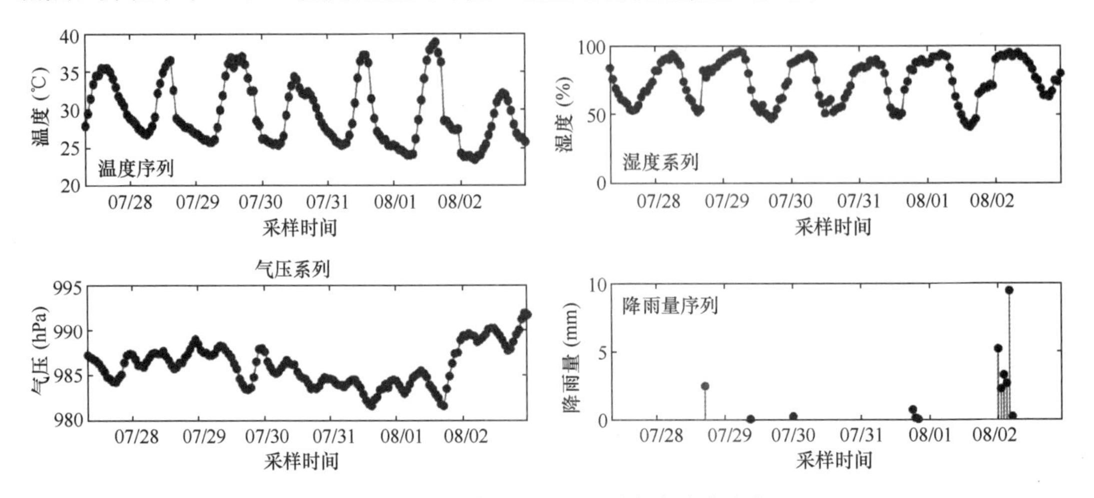

图 10.3-3 连续变形监测试验气象参数变化

为便于对坝体的形变估计与分析，从 GB-SAR 原始影像图中提取了坝区局部影像，如图 10.3-4 所示。该热信噪比图中可以隐约分辨出坝体结构：7 个表孔闸门由金属制造，散射信号较强，因而具有较高的热信噪比值。白色方框 A 和 B 是坝顶两端的临时办公楼，黑色曲线对应实际坝顶位置。利用 GB-SAR 系统的连续监测模式，对采集到的 1330 景影像坝体局部影像数据序列作联合分析。坝体区域 451 行，61 列，共计 27511 个像元点。后续基于离散 PS 点的分析中，对坝体区域各像元的定位和搜索按照其在该局部影像中的序号或雷达平面坐标系进行。

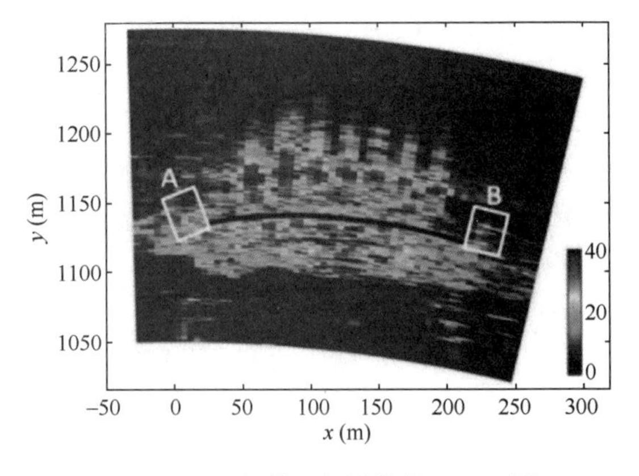

图 10.3-4 坝体局部影像的 TSNR 图

1. 双阈值预选 PS 候选点

TSNR 由后向散射回波信号强度计算而来，其数值大小表征了目标像元回波信号的相对强度大小，而相关系数则在一定程度上反映了像元信号的稳定性。监测工作中首先计算坝体影像序列各像元的平均 TSNR，如图 10.3-5 所示。通过对像元的 TSNR 设定阈值可以去除大部分的虚假信号；再计算各景影像与首影像的相关系数，选择了 3×3 大小的窗口进行计算，得到了各像元的相关系数时间序列，如图 10.3-6 所示。为了确保参考主影像相位值的可靠性，在实际计算时，取前 5 景影像的平均相位作为主影像与后续监测影像进行相关系数的计算。对各像元计算相关系数序列的平均值并设定阈值，能够在 TSNR 阈值的基础上进一步去除部分残留的虚假信号并剔除部分去相干较为严重的像元点。为保证在去除虚假信号的同时又能够保持相当数量的 PS 候选点，该预选 PS 步骤中阈值设置较为宽松，平均 TSNR 阈值设为 5dB，而平均相关系数阈值设为 0.85。

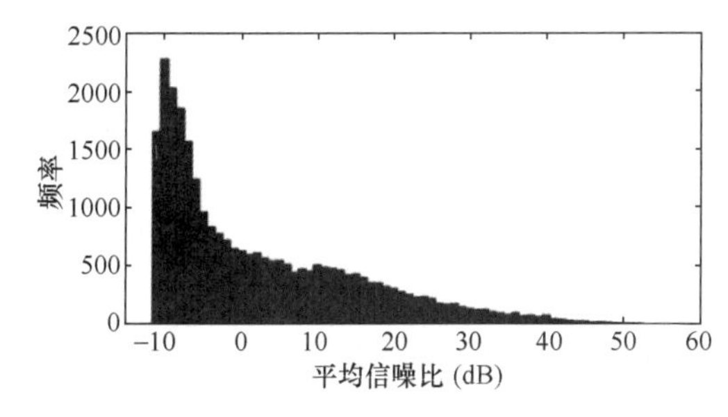

图 10.3-5　各像元的平均 TSNR 统计

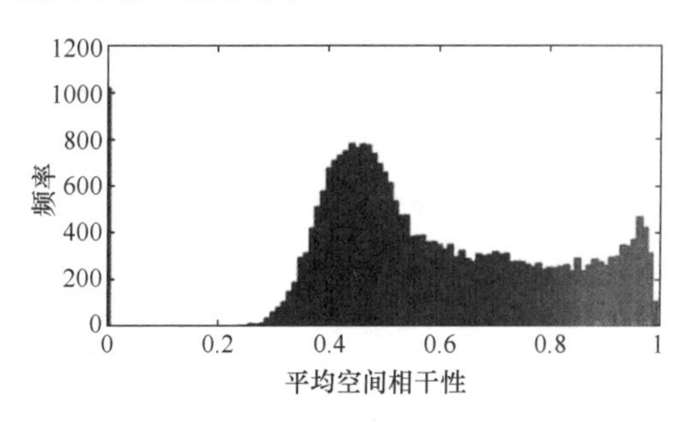

图 10.3-6　各像元平均相关系数统计

图 10.3-7 所示为 PS 候选点提取的结果。可以看到，边缘区域的虚假信号均已去除。经过该步双阈值处理一共提取了 6509 个 PS 候选点。

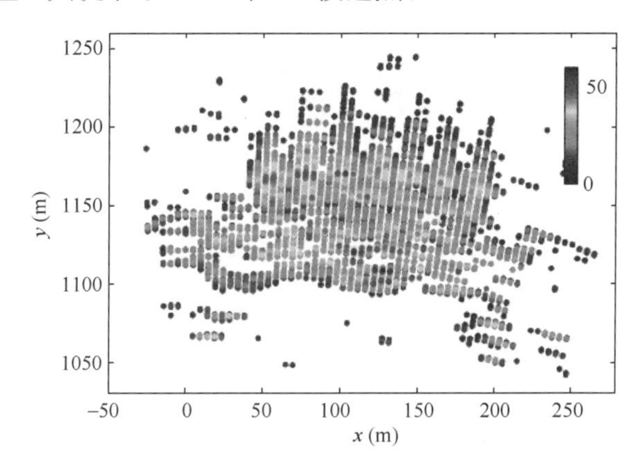

图 10.3-7　双阈值 PS 候选点提取

2. 低质量影像分析与剔除

由于气象变化较为剧烈，部分影像的质量极差。如果不予以剔除，可能会影像到后续干涉相位的分析。从图 10.3-8 中某像元的相关系数变化趋势不难看出个别时间点的去相关极其严重。

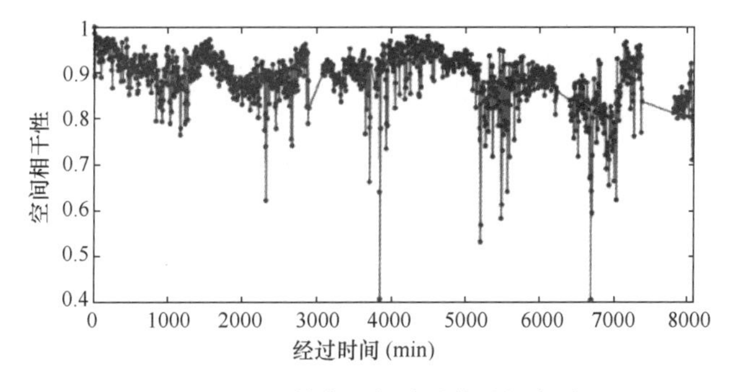

图 10.3-8　某像元相关系数时间序列

利用回归分析提取各像元相关系数时间序列的趋势向并计算与该趋势向的残差值，如图 10.3-9 所示。再统计计算各影像残差大于 0.3 的像元点比例。剔除相关占比较大的影像。

经过相关系数时间序列残差的分析，一共去除了 95 景低质量影像（图 10.3-10）。其中大部分低质量影像处于中午前后的部分时段，该时段气象参数变化较为剧烈，从而直接影响了相位观测值。

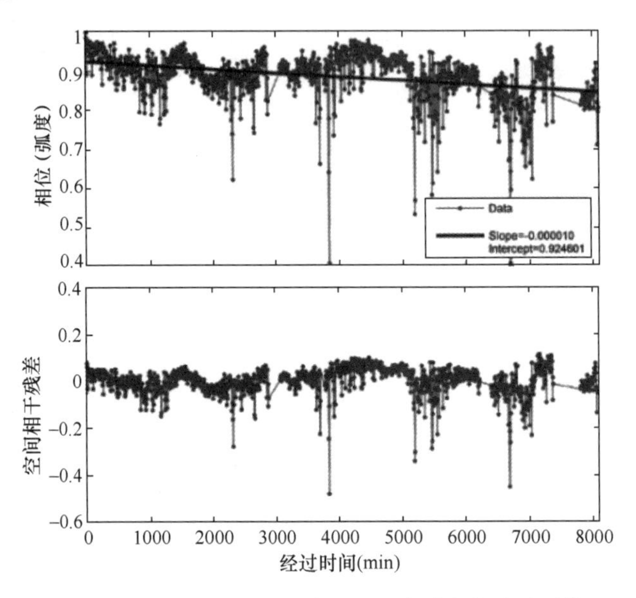

图 10.3-9 相关系数时间序列的回归分析与残差计算

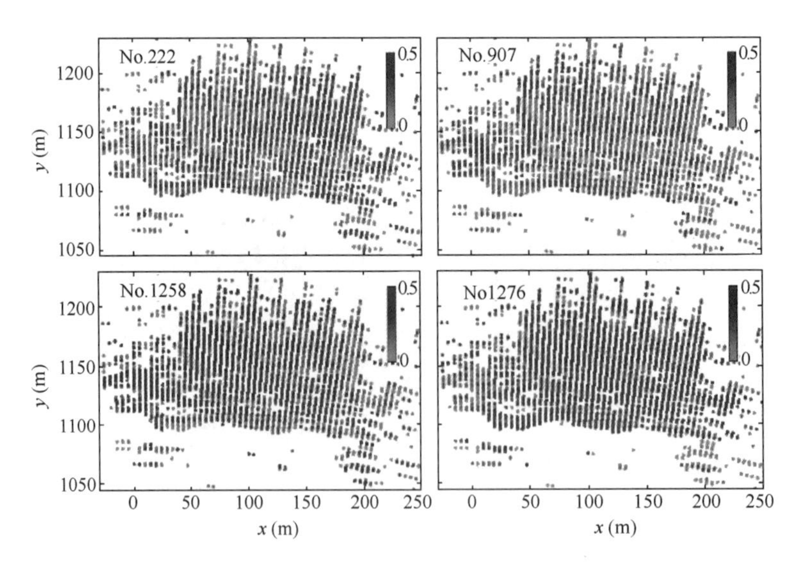

图 10.3-10 部分低残差比例较高的低质量影像

3. PS 候选点的 ADI 阈值处理

在剔除低质量影像之后，基于上述步骤得到的 PS 候选点逐像元计算 ADI，如图

10.3-11所示，阈值设定为0.4。图10.3-12所示为经ADI阈值处理后的结果。

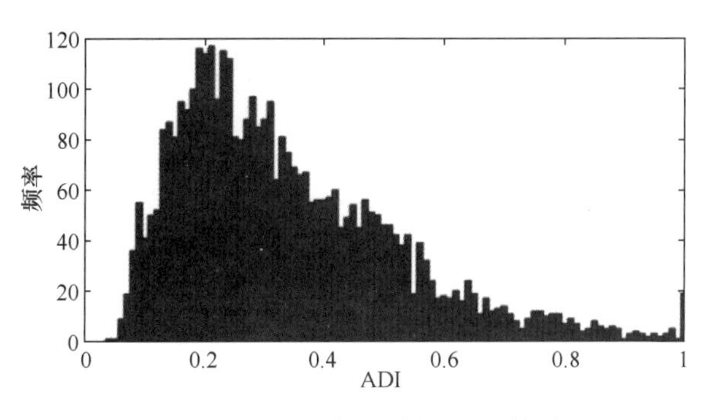

图10.3-11　PS候选点的ADI统计

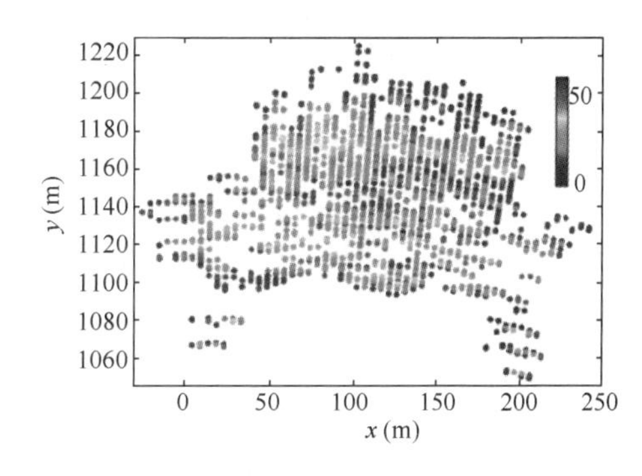

图10.3-12　ADI阈值法进一步提取PS点

4. PS构网与干涉相位回归分析

图10.3-13中计算了某个独立像元［坝体局部影像的像素坐标为（115，31）］的邻域相差变化序列与干涉相位序列，图10.3-13（a）的邻域相差只是对探测到的相对主值邻域求差，没有时间和空间上的干涉基准。由于相位值由形变相位、气象扰动相位和噪声相位等成分组成，一旦气象在连续采集的影像时间间隔内变化剧烈或噪声水平较高，相位值相应地发生剧烈变化。图10.3-13中的独立像元正是由于环境影响，差分相位值的变化稍显杂乱。这说明相邻影像的气象变化均是不同的：保持在较小数值的时段气象扰动影响相对较小，而数值波动分散的时段气象的影响较大，这部分的影像质量一般较低。该邻域相差序列图可以用于初步分析气象扰动影响大小。图10.3-13（b）则是以该首影像观测值作为参考的干涉相位序列。受气象扰动影响较小的采样时段干涉相位具有一定的连续性，相反受气象扰动影响较大的部分时段干涉相位也是杂乱无章的。

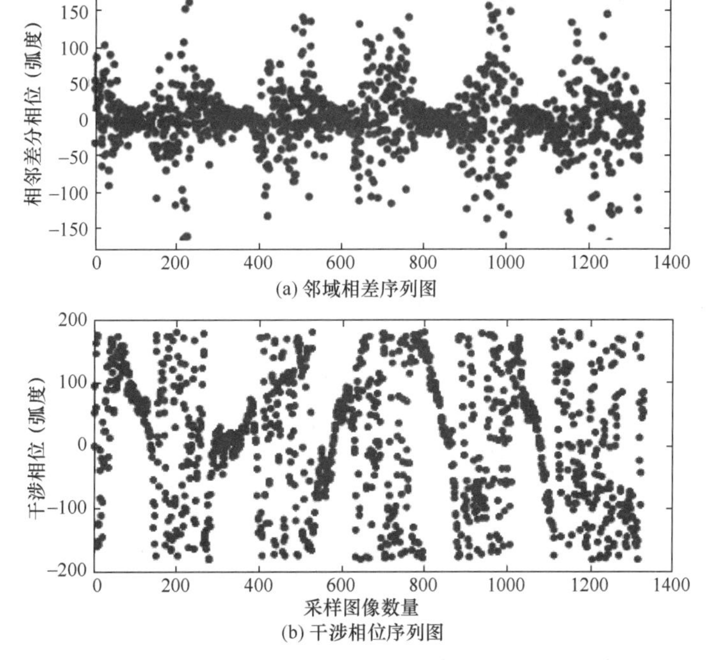

图10.3-13　某独立像元的邻域相差序列与干涉相位序列

时序观测相位的干涉计算实际上仅在时间上存在基准，未考虑空间基准。在两景影像间隔时间较长的情况下容易发生相位缠绕，无法恢复真实形变趋势，导致最终的结果不符合实际。所以，现在用于矿区实地监测的 IBIS-M 系统在每次设备中断之后都无法利用之前的影像数据，只能从设备重启之后的第一景影像开始重新计算变形值。

要将长时间中断前后的相位相联系必须利用干涉相位的空间关联性。依照 GB-SAR 干涉相位模型对相邻点目标的相位进行分析。图 10.3-14 所示是相邻点对的干涉相位序列，相比于单点相位值的变化，该干涉相位去除了大部分的气象扰动相位。因此，基于提取的 PS 点构建 Delaunay 三角网，并去除长度大于 20m 的长边，如图 10.3-15 和图 10.3-16 所示。

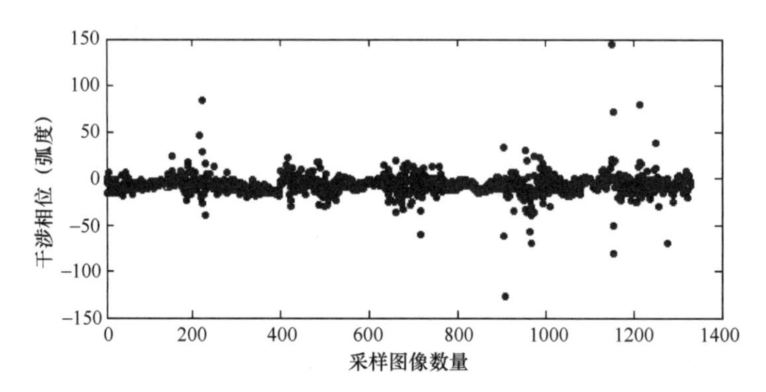

图 10.3-14　相邻点对的干涉相位序列

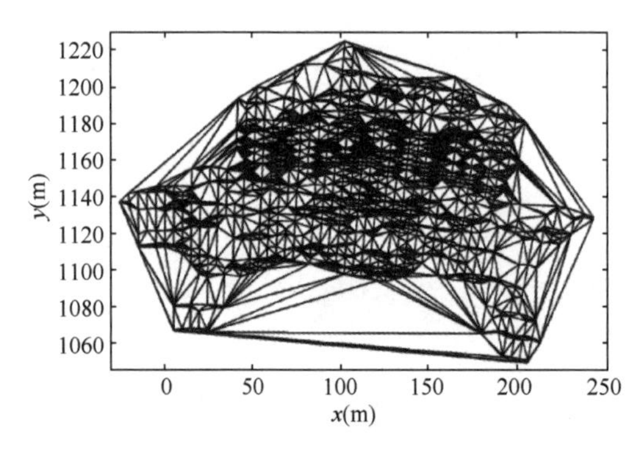

图 10.3-15　离散 PS 点构成的 Delaunay 三角网

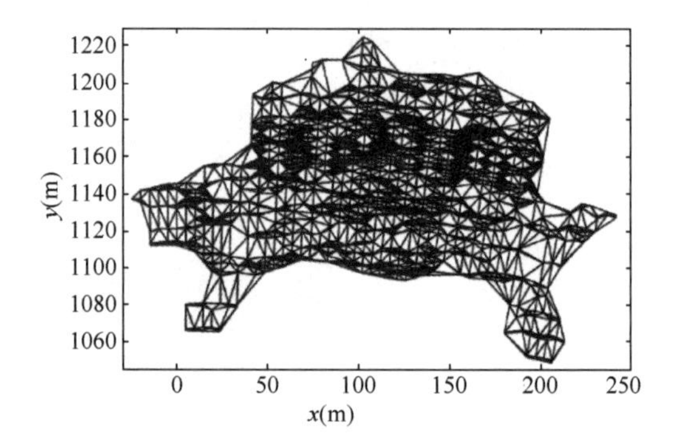

图 10.3-16　删除长边后的 Delaunay 三角网

在依据所建的三角网得到 PS 点之间的边界关系之后，逐连接边计算 PS 点对的干涉相位序列。在估计 PS 点对之间的相对变形速率时，未采用逐步搜索求取相干因子最大化的思路，而是首先利用 GAMMA IPTA 的思路对干涉相位进行回归分析，提取线性变形速率差作为初值，并计算去除该线性趋势向后的邻域相差序列。图 10.3-17 和图 10.3-18 所示分别是像元（297，28）和（298，28）之间干涉相位序列的回归分析、干涉相位邻域相差序列。回归分析中发现，相位中包含了一定水平的噪声相位，而周期性的气象变化也非常明显。由上文 GB-SAR 邻近点对干涉相位成分的分析，知道 PS 点对之间的趋势性非线性形变和周期性非线性形变实际上都是非常小的，干涉相位中的波动变化均可以看作 PS 点对之间气象差异和噪声的影响。另外，多数干涉相位的线性还是非常明显的，可以利用回归分析的思路提取该线性趋势项。

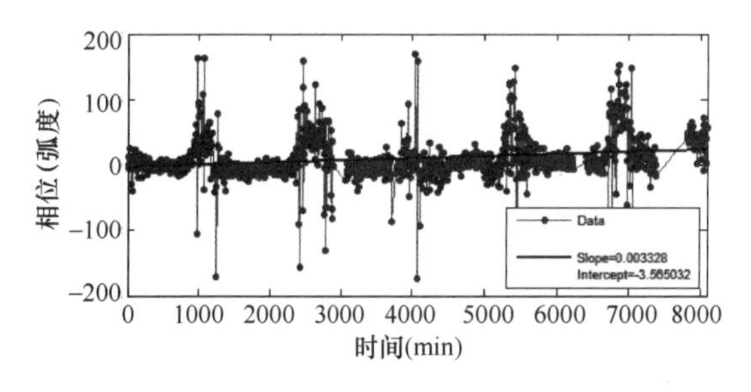

图 10.3-17 干涉相位的回归分析

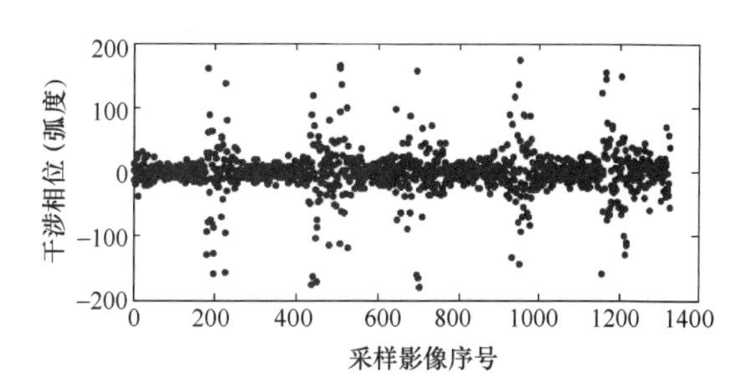

图 10.3-18 干涉相位残差变化序列

为确保该回归分析步骤的可靠性，计算去除该线性趋势向后的残差相位，并基于回归分析得到的线性变形速率计算时态相关因子。对这两个参数设定阈值剔除质量较差的、气象差异过大或者相位缠绕明显的 PS 连接边。图 10.3-19 所示为 PS 网边时态相关因子数值的统计分布，图 10.3-20 所示为去除线性趋势向后的残差相位中误差。设定阈值时需要考虑 PS 网边的连接性，设定得过于苛刻会使 PS 网边的连通性降低，影响后续对形变速率的估计。

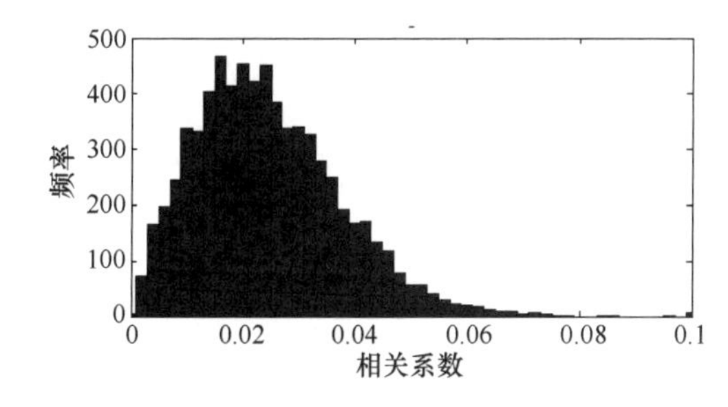

图 10.3-19 PS 网边时态相关因子数值的统计

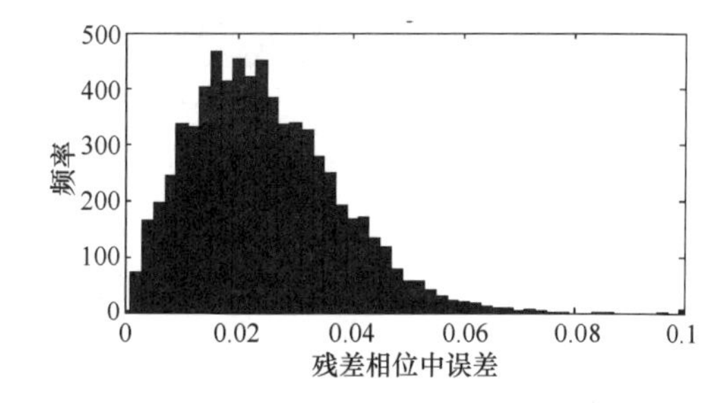

图 10.3-20 去除线性趋势向后的残差相位中误差

时态相关因子设为 0.02、残差相位中误差设为 50°时 PS 网边如图 10.3-21 左所示，连接性已经较差，部分像元点难以沿连通路径进行积分计算。右图为时态相关因子阈值 0.01、残差相位中误差阈值 50°时的 PS 网，连接性较好。在完成双阈值处理后，还需将独立的连接边、连接环去掉。

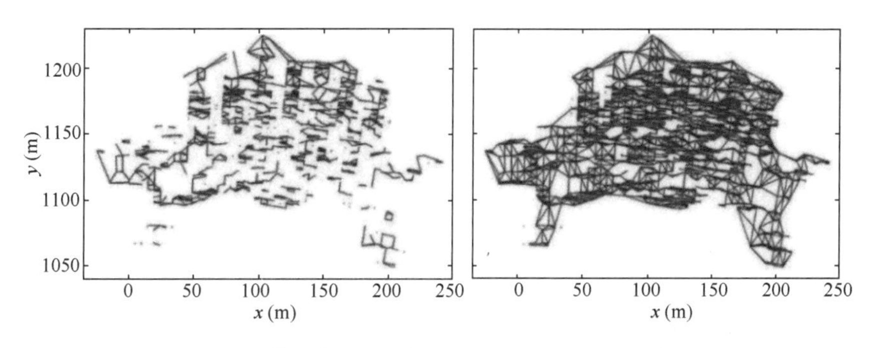

图 10.3-21 阈值过高连通性较差的 PS 网与连通性较好的 PS 网

5. PS 网变形速率差的间接平差

类似于水准网、GPS 网，对建立的 PS 点连接网络进行间接平差。考虑到坝体两侧下方区域处于岸边，相对较为稳定，可认为基本未发生任何形变。将其作为零形变的已知控制点对 PS 网络绝对变形速率进行估计。平差时分别选取了一个零形变控制点和两个零形变控制点作为已知数据输入进行平差计算，得到了各 PS 点绝对变形速率及其中误差。图 10.3-22 所示为一个零形变控制点的平差结果，图 10.3-23 所示为选用两个零形变控制点的平差结果。从图中可见，坝区的线性形变相位非常微小，一般处于 0.5mm/d 的级别。上部区域的形变速率和中误差均偏大，会在后续工作中作进一步分析。由于控制点不是在整个测区均匀分布的，连接边在平差计算以及积分计算时各 PS 边气象相位干扰引起的计算误差有一定的累加效应，因而中误差因控制点的位置选择呈现出一定的趋势性，但最终的形变速率的计算结果非常一致，并不直接受控制点选择的影响。

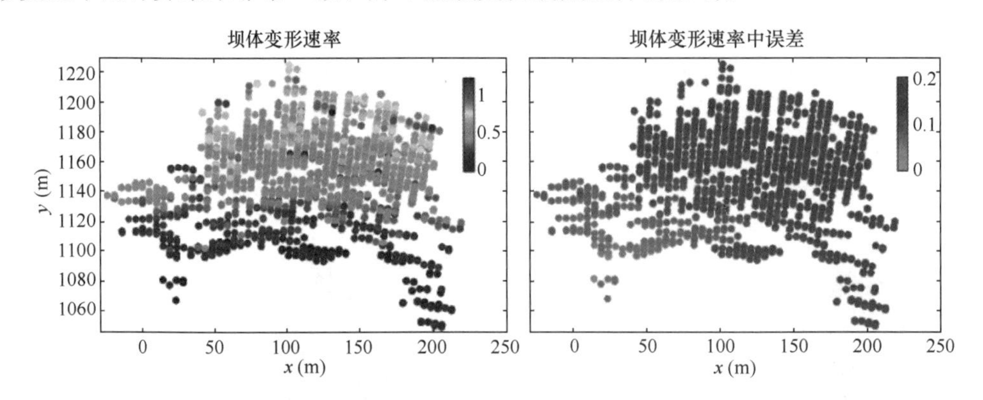

图 10.3-22 一个零形变控制点时坝体形变速率与中误差

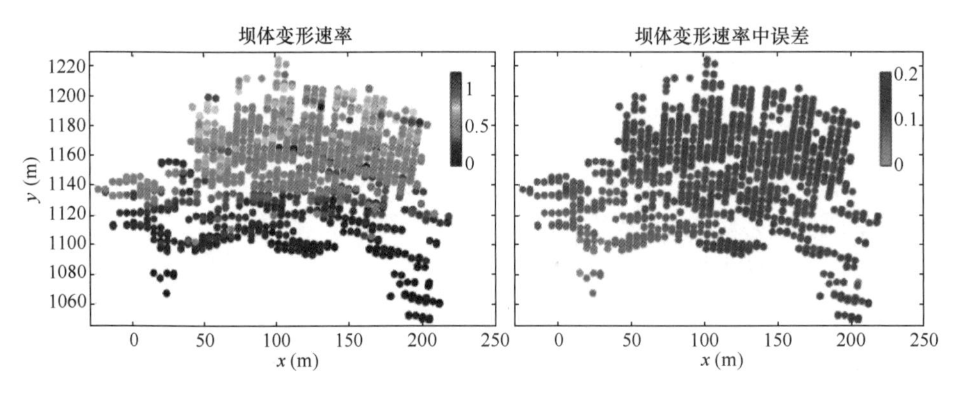

图 10.3-23 两个零形变控制点时坝体形变速率与中误差

（二）GB-SAR 时序分析

GB-SAR 连续监测虽然具有较高的实时性，但影像质量易受环境变化和气象扰动的影响。因此，在 GB-SAR 连续监测的基础上进一步研究了 GB-SAR 基于离散子影像集的时序分析技术，对隔河岩坝体开展变形监测。

影像采集工作前后进行了 5d、14h、50m，结合该时段的气象参数变化以及连续影像干涉相位的分析，发现凌晨前后到清晨时段的气象变化相对平稳，相应的影像中的相位观测值具有较高的稳定性和可靠性。另外，为避免气象参数的趋势性变化引起的长周期变形，在这一部分的研究及实践中统一选用了凌晨附近时段的连续影像序列作为子影像集，表 10.3-2 列出了选出的六个子影像集。

子影像集选择 **表 10.3-2**

序号	起始影像	采集时间	终止影像	采集时间	影像数
01	88	2013/7/28 4:14	140	2013/7/28 8:55	53
02	337	2013/7/29 3:27	382	2013/7/29 7:29	46
03	561	2013/7/30 2:41	616	2013/7/30 7:38	56
04	798	2013/7/31 1:05	851	2013/7/31 5:51	54
05	1037	2013/7/31 22:43	1090	2013/8/1 3:29	54
06	1279	2013/8/2 6:31	1311	2013/8/2 9:25	33

短时间内坝体本身基本不发生变形，测得的相位变化主要由气象扰动、噪声等引起。能够通过分别分析各子集影像序列强度与相位信号的变化规律，对气象和噪声影响进行削弱。

1. 平均影像图与 PS 点提取

由于在所选时段内气象变化与实际相位观测值变化较为平稳，去相关效应并不明显。因此，在子影像集内部的 PS 点选取时未采用相关系数进行质量评价。在每个子影像集内部首先利用平均 TSNR 阈值法去除虚假信号以及部分弱信号。进而利用振幅离差阈值法进一步去除虚假信号，并筛选出可靠点目标。TSNR 与 ADI 的阈值设定均需要依据对初选分辨单元的统计分析灵活确定。在 GB-SAR 影像序列中信号强度的时序变化规律与湿度、温度有较强的相关性。但短时间内气象扰动对强度信号的影响一般可以忽略不计。但如果强度信号序列有明显的趋势性变化，那么在计算 ADI 之前必须对该趋势项予以去除以提高振幅离差计算的可靠性。考虑到选取的影像获取时段气象变化相对平缓，在数据处理时候未对观测信号的强度趋势项进行修正。

图 10.3-24 所示是针对坝体影像区域内全部 27511 个像元进行的 ADI 统计。由于子影像集时间跨度较短，例如子影像集 01 的时间跨度仅为 4h，ADI 统计的结果要比连续长时间序列 ADI 的统计结果好很多。在子影像集 01 中，平均 TSNR 阈值设置为 15dB，得到 7100 个初始点目标，占分辨单元总数的 25.8%。图 10.3-25 所示是在利用平均 TSNR 阈值法预选之后提取像元的 ADI 统计。

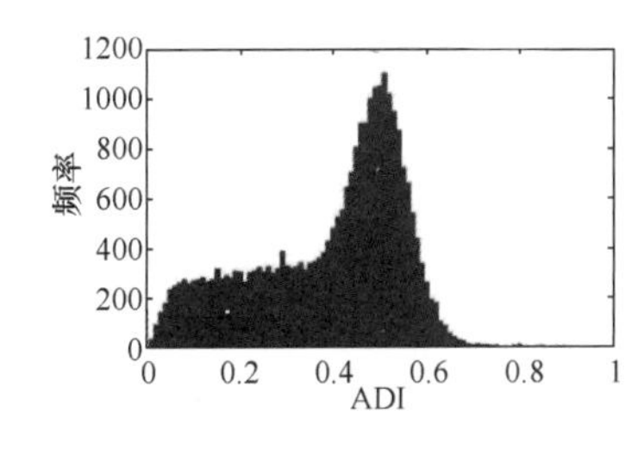

图 10.3-24 第一子影像集各像元 ADI 统计

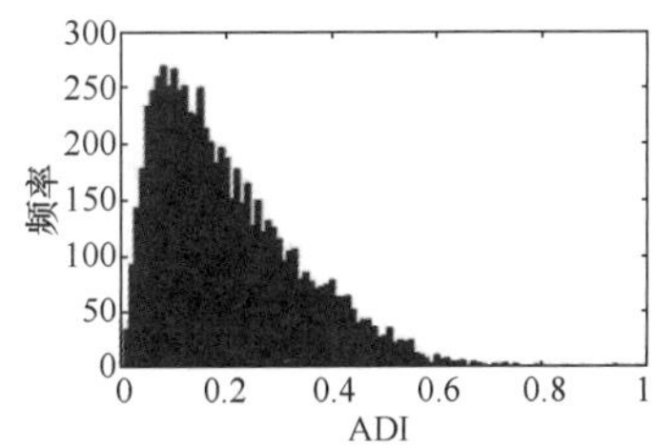

图 10.3-25 TSNR 阈值法初选 PS 候选点后各像元的 ADI 统计

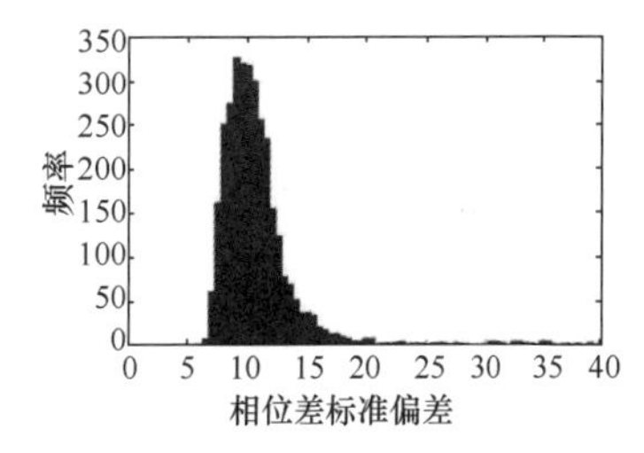

图 10.3-26 候选点解缠相位邻域相差统计

在预选的基础上，ADI 阈值设定为 0.20，最终得到了 3289 个点目标，占分辨单元总数的 12.0%，其空间分布情况如图 10.3-27（01）所示。子影像集 01 所提取的 PS 候选点将用作最后子集影像之间的联合分析。

考虑到短时间内可认为监测目标未发生任何变形，相位变化全部由气象扰动、噪声等产生。为了降低气象扰动和噪声的影响并提高相位值的信噪比，采用类似干涉相位叠加法的思路，对时间跨度较短的部分影像求取平均值。为最大限度地减少长时间序列下气象扰动的趋势项影响，实验分析中对子影像集中前 20 景影像进行时序一维相位解缠，并将解缠相位的平均值作为平均影像图的辐角主值。通过连续监测影像序列的分析可知邻域绝对相差序列的中误差表征了相位变化的剧烈程度，在子影像集的处理中对所有 PS 候选点的解缠相位值计算邻域绝对相差中误差并进行统计。由图 10.3-26 可见，大部分的点目标在这个时段的相位变化是非常平稳的，相位变化剧烈的目标只占少数。邻域绝对相差中误差阈值为 20°，剔除了 97 个点目标，最终子影像集 01 剩余 3192 个 PS 候选点目标。

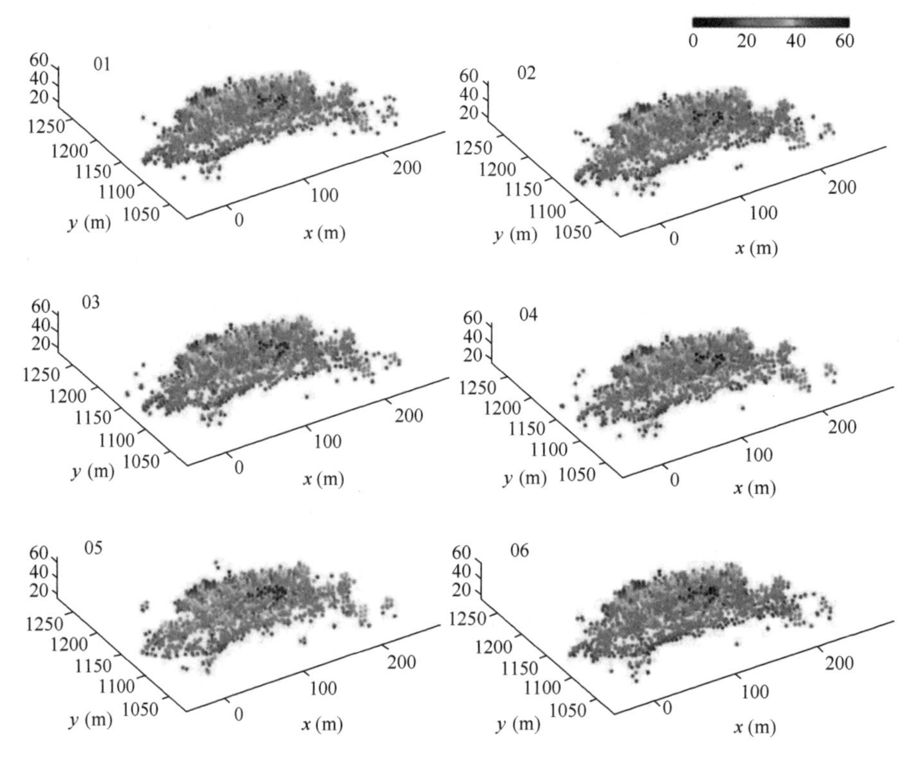

图 10.3-27 各子影像集的平均 TSNR 图

计算子影像集中各景影像强度的平均值，作为平均影像图的信号强度，如图 10.3-27 所示。结合 PS 候选点的信号强度和平均相位辐角得到了子影像集对应的平均影像图。在子影像集 02～06 中利用同样的方法分别提取了 3280、3215、3005、2969 和 2668 个 PS 候选点目标，并基于各子影像集所选 PS 候选点计算了相应的平均影像图，各子影像集对应平均影像图的平均 TSNR 图均列于图 10.3-27 中。

为了保证所有平均影像图观测相位的质量及其空间关联性，结合六个子影像集，提取同时存在于各个平均影像图中的 PS 候选点（图 10.3-28）。最终得到了 1876 个 PS 候选点目标，占分辨单元总数的 6.8%。

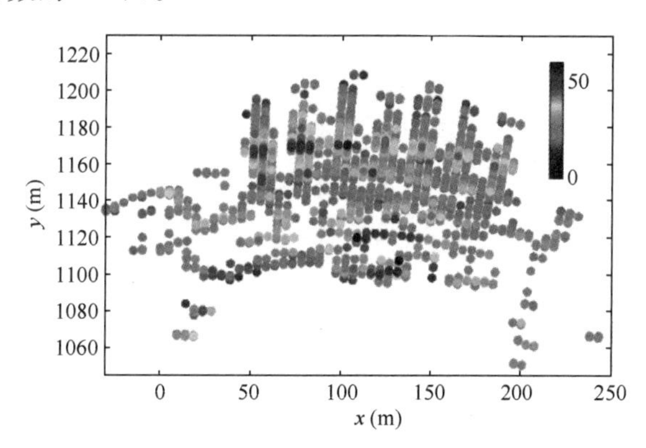

图 10.3-28　结合六个子影像集的 PS 候选点

2. 多主影像干涉计算

干涉对主辅影像采集时间信息　　表 10.3-3

干涉对编号	主影像	主影像采集时间	辅影像	辅影像采集时间
01	01	2013/07/28 04：14：37	02	2013/07/29 03：27：03
02	01	2013/07/28 04：14：37	03	2013/07/30 02：41：55
03	01	2013/07/28 04：14：37	04	2013/07/31 01：05：51
04	01	2013/07/28 04：14：37	05	2013/07/31 22：43：14
05	01	2013/07/28 04：14：37	06	2013/08/02 06：31：22
06	02	2013/07/29 03：27：03	03	2013/07/30 02：41：55
07	02	2013/07/29 03：27：03	04	2013/07/31 01：05：51
08	02	2013/07/29 03：27：03	05	2013/07/31 22：43：14
09	02	2013/07/29 03：27：03	06	2013/08/02 06：31：22
10	03	2013/07/30 02：41：55	04	2013/07/31 01：05：51
11	03	2013/07/30 02：41：55	05	2013/07/31 22：43：14
12	03	2013/07/30 02：41：55	06	2013/08/02 06：31：22
13	04	2013/07/31 01：05：51	05	2013/07/31 22：43：14
14	04	2013/07/31 01：05：51	06	2013/08/02 06：31：22
15	05	2013/07/31 22：43：14	06	2013/08/02 06：31：22

为充分挖掘影像之间相位值的相关性，实验处理中采用多主影像的方式进行干涉图的计算。由于没有空间基线的限制条件，6 景影像两两干涉可以形成 15 幅干涉图。以下将对这 15 幅干涉图的干涉相位进行分析。目前，这些干涉对已经不能称为干涉图，而应称作点目标干涉序列。子影像集结合为一景影像的时间采用子影像集内的首影像的采集时间，平均影像图采样时间与时间基线关系如表 10.3-3 所示。

从图 10.3-29 中各干涉相位图的相位分布可见，部分干涉图发生了较为明显的相位缠绕，例如干涉对 02-06 和 03-06；部分干涉图中的局部少数 PS 点发生缠绕，如干涉对 01-06 和 03-04 等。由于本文实验对象坝体本身的范围不大，而相位缠绕情况不严重，本研

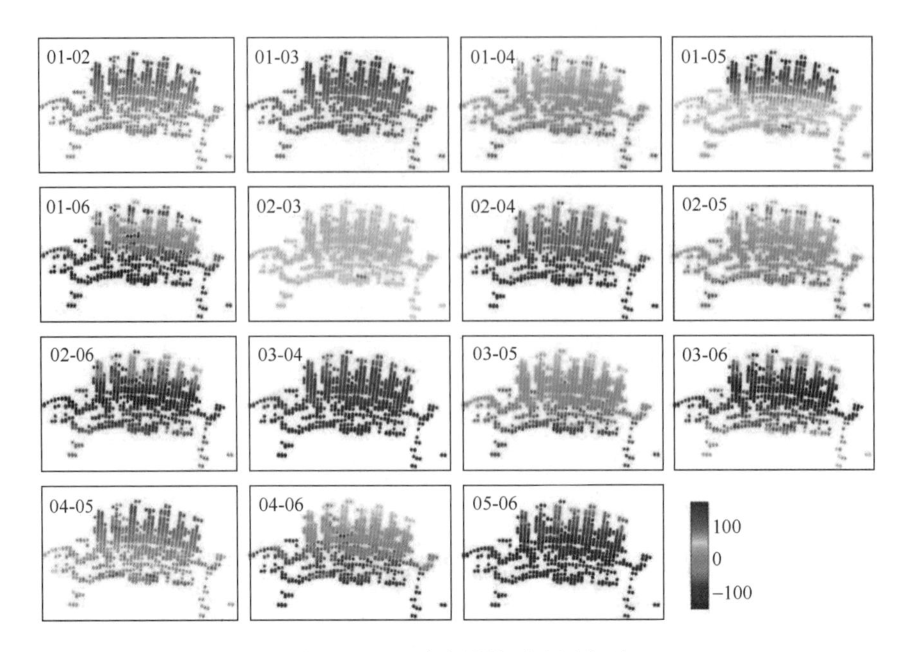

图 10.3-29 多主影像干涉图序列

究采用了较为简单的基于不规则三角网的最小二乘相位解缠方法对干涉图进行处理，解缠后的结果如图 10.3-30 所示。

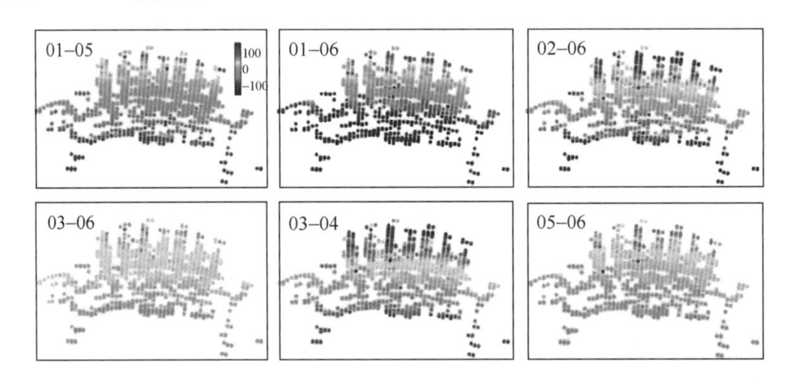

图 10.3-30 部分干涉图的二维空间相位解缠

3. PS 构网与线性变形速率估计

在完成干涉图的计算和相位解缠后便可以基于所提取的 PS 候选点构建 Delaunay 三角网。在去除长边后得到了 5609 条 PS 点连接边。由于在长时间序列下坝体的非线性形变不是很明显，为了与连续监测影像序列干涉分析的结果进行比对，在对长时间周期子影像集的干涉分析中仍然用线性相位模型求解。首先基于三角网的连接关系计算 PS 点对的干涉相位，再对该 PS 点对干涉相位序列进行回归分析，得到线性变形速率的初值。图 10.3-31 所示为某 PS 网边干涉相位的回归分析，在逐边对 PS 网完成回归分析之后，计算各 PS 网边的残差中误差。

图 10.3-31 中下图是 PS 残差中误差的统计直方图，可见大多数 PS 网边的残差数值比较小，线性模型的拟合程度较高。通过对该残差中误差设置一定阈值可以提取高质量的

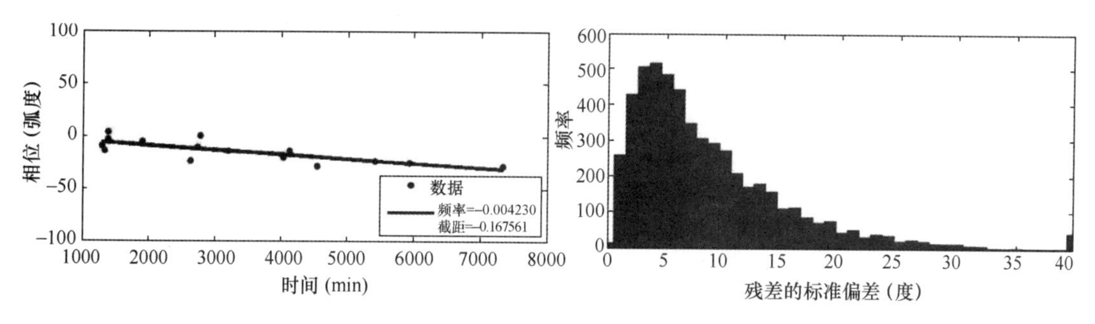

图 10.3-31　PS 网边的回归分析与残差中误差的统计

PS 网边。图 10.3-32 左图阈值为 8°时得到了 3189 条 PS 网边，这些点对干涉相位序列的线性模型拟合程度极高，但网边连通性较差。经过进一步计算分析最终确定残差中误差阈值为 15°，得到了 4711 条 PS 网边，如图 10.3-32 右图所示，在保证模型精度的同时，使 PS 网边有较好的连通性，具有更丰富的图形条件。

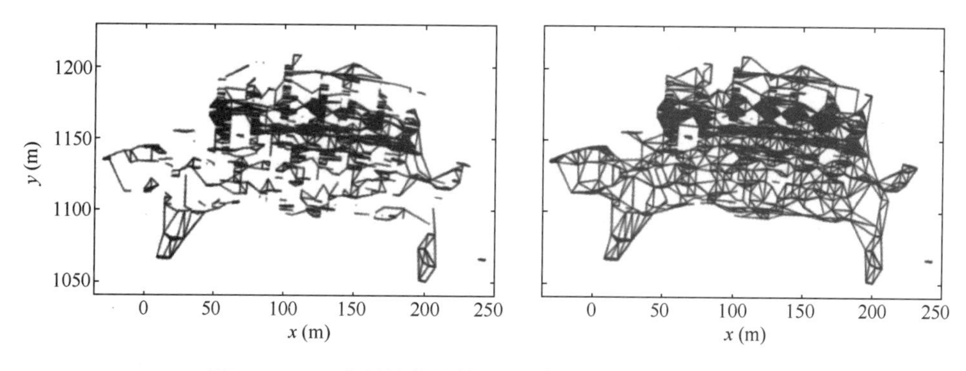

图 10.3-32　连通性较差的 PS 网与连通性较好的 PS 网

选择坝体右岸的一个 PS 点作为零形变控制点参与平差计算，最终得到坝体范围内所有 PS 点的线性变形速率及中误差，如图 10.3-33 所示。

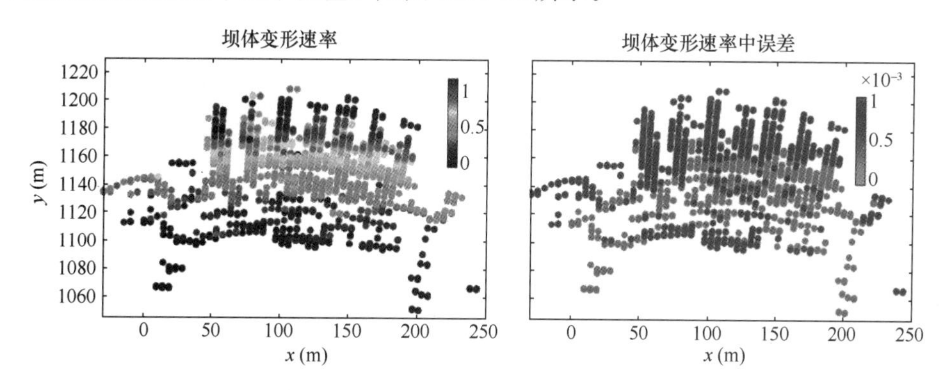

图 10.3-33　坝体线性变形速率及中误差

三、数据分析及效果评价

(一) 连续监测变形分析

在前期利用 TLS 采集坝区点云时采集到了坝体右上角部分数据。将该部分三维坐标极坐标化投影到雷达二维平面，可以分析坝顶区域的分布位置，如图 10.3-34 和图 10.3-35 所示。

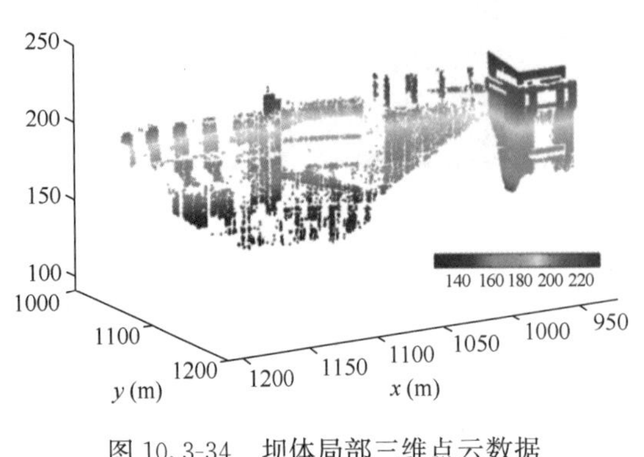

图 10.3-34　坝体局部三维点云数据（坝区坐标系）

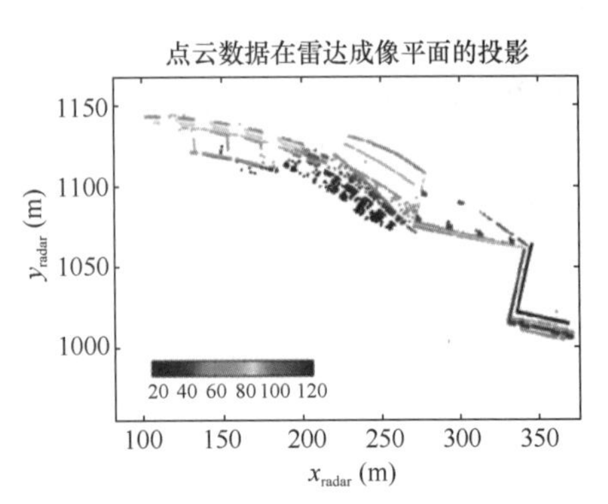

图 10.3-35　局部三维点云到雷达平面的极坐标化

坝体表面投影到雷达平面后占据的区域不大，坝体结构右端雷达横坐标到 210m 为止，坝顶纵坐标到 1145m 左右。雷达影像中超过这个距离的部分实际上是闸门区域顶底倒置效应形成的像元集合。在分析坝体表面、坝体中部形变时可以直接按照这一坝顶纵坐标进行选择。隔河岩水电站坝顶高程为 206.00m，坝底约 65.00m，结合坝体 TSNR 图提取了坝体表面中轴线附近的变形速率，如图 10.3-36 所示。坝面中心线附近的线性变形速率估计中误差在 0.1～0.15mm/d。

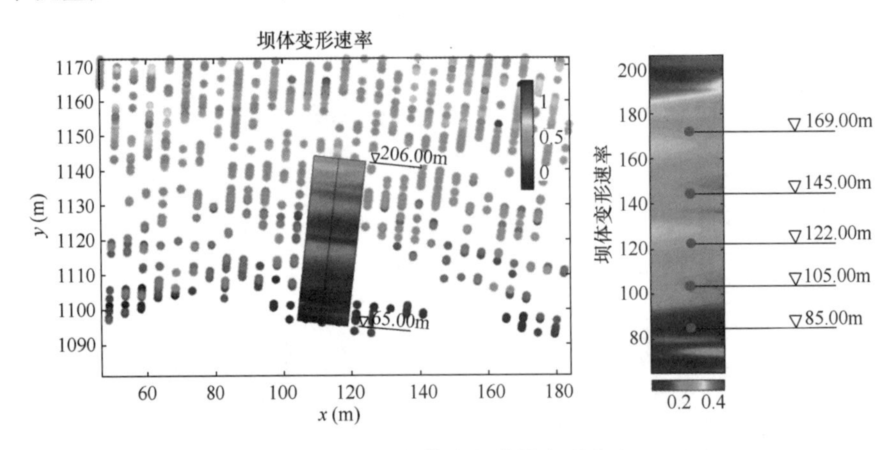

图 10.3-36　坝体中部线性变形速率

为便于 GB-SAR 速率估计值与垂线监测值直接而有效地进行比较，将垂线观测成果按照其所在位置与雷达中心的空间几何关系，从水平面投影计算到雷达视线向。投影计算时按观测序列依次进行水平变形分量的计算，由于雷达视线与坝体实际上近乎垂直，利用 GB-SAR 系统基本无法探测坝段开合度即切向位移，最终算得的 LOS 形变主要还是坝体镜像挠度分量在 LOS 上的投影。

图 10.3-37 所示为大坝内部垂线监测得到的坝体径向挠度变形序列及其线性趋势拟合，在一定长度的时间范围内，大坝部分区域的变形也有较为明显的线性规律。通过样条

插值方法从 GB-SAR 所得离散变形速率中得到了相应高度的变形速率，列于表 10.3-4 中。

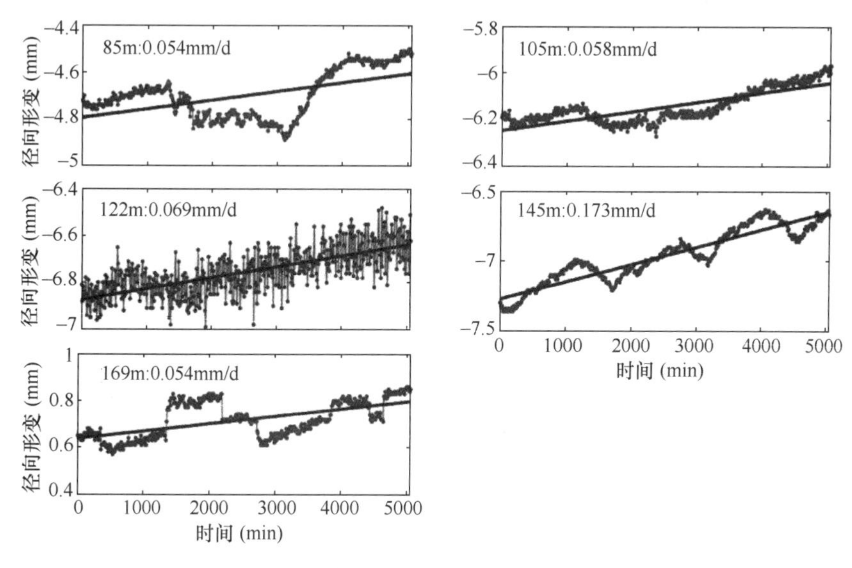

图 10.3-37　垂线监测数据拟合得到的线性变形速率

估计值与倒垂监测值拟合线性变形速率的比较　　**表 10.3-4**

坝面高程（m）	连续影像序列 PSI 分析 线性变形速率（mm/d）	倒垂观测计算 线性变形速率（mm/d）
169.00	0.290	0.054
145.00	0.231	0.173
122.00	0.300	0.069
105.00	0.210	0.058
85.00	0.058	0.054

从 GB-SAR 干涉相位分析所得结果发现，坝体变形呈现层状分布，越向坝面底部趋势性的线性变形速率越小，坝体底部结构非常稳定。由线性形变速率图和误差分布图可见，线性模型内符合精度相对较高。但由于影像序列受到气象扰动影响较大、噪声水平偏高，线性模型对实际观测相位的符合精度较差。上表孔在 GB-SAR 影像中发生顶底倒置，占据坝顶边缘上侧多个像元，部分与坝顶区域混淆，使得坝顶边缘变形趋势稍显异常，变形速率估计的中误差也偏大。垂线 3.5d 的观测数据中，只有 145.00m 高程处的形变幅值较大，最大差值 0.73mm；且其线性趋势明显，有较大的变形速率（0.173mm/d），与 GB-SAR 得到的变形速率 0.231mm/d 吻合较好。169.00m 高程处垂线数据出现多次不规则跳变，最大跳变为负向 0.1mm，仅部分时段显示出明显的线性趋势，与 GB-SAR 在该处的变形速率值没有可比性。

GB-SAR 连续监测模式的优势在于通过对大量 GB-SAR 影像中 PS 点目标特性的统计分析，在避免进行空间相位解缠的同时，能够提取全局 PS 网点绝对线性变形速率，将影像序列中断前后的相位信息联系起来。

（二）离散影像集变形分析

从 GB-SAR 连续监测模式和离散子影像集两种方法的变形速率图中易看出，坝体底部与两侧底部的变形速率非常小，而随着坝体高程的增加变形速率逐渐增大。发生顶底位移的表孔对应区域有着较高的变形速率值。

对两种方法的速率值分别进行统计，如图 10.3-38 所示，统计结果显示离散子影像集方法的变形速率值相比于连续监测模式的结果偏大。按照图中坝顶分界线将 PS 点目标分为坝体表面和表孔两部分，对变形速率分别进行统计，如图 10.3-39 所示。两种方法在坝体表面的均值分别为 0.250mm/d 和 0.279mm/d，而在表孔的平均速率相差较大，分别为 0.496mm/d 和 0.735mm/d。再结合变形速率图中坝体区域的分布情况，比较的结果表明 GB-SAR 连续监测模式和离散子影像集的结果在坝体表面较为一致，而在表孔的区域有一定的系统性的偏差。

表 10.3-5 中列出了垂线和 GB-SAR 两种干涉分析方法在坝体中轴线 5 个高程位置处的变形速率。为尽量确保速率值提取的可靠性，提取中轴线 5 个高程位置处的速率时，在利用原始 PS 点速率值进行插值的基础上提取目标高程处邻近多个速率求取平均值作为最终提取的速率值。

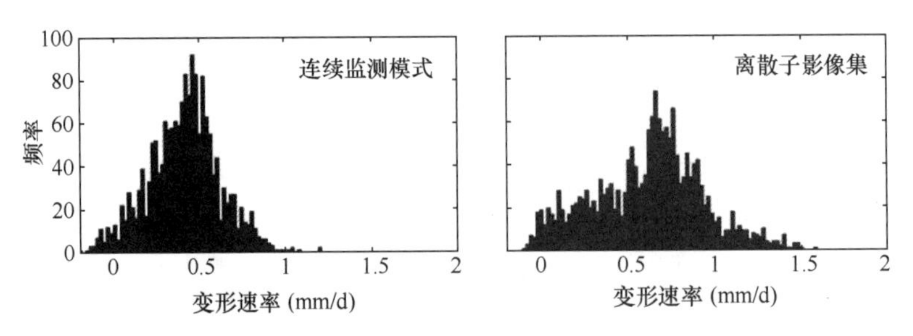

图 10.3-38 连续监测模式和离散子影像集方法估计变形速率值的统计

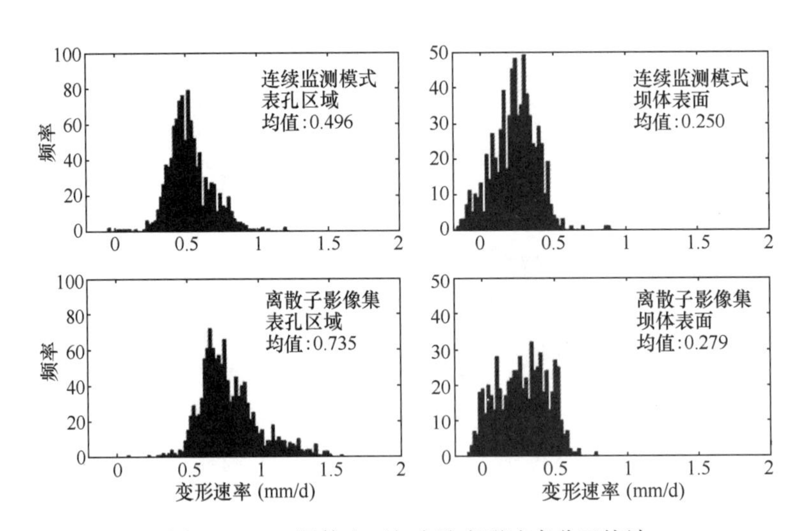

图 10.3-39 坝体表面与表孔变形速率分区统计

坝体区域 PS 点变形速率插值之后，提取了中轴线两侧共 10m 范围内的速率值，将其与高程的关系绘图，如图 10.3-40 所示。结合表 10.3-5 中具体数值易看出 150m 以下两种方法的一致性较高，169m 高程处的变化相差最大。图 10.3-41 所示是垂线数据相对形变的空间分布，共计 5 个垂线监测点，5 点的每条连线对应同一次观测，提取采样间隔为

200min 的相对形变值。该图直观地显示了 5 处高程位置垂线数据的变化幅值。122.00m 高程处的垂线监测点本身观测噪声较大，不具可比性。其他 4 个高程处的垂线自动观测计算速率和离散子影像集的估计结果吻合较好，均在 0.1mm/d 以内。比较的结果也表明离散子影像集影像数据的处理方法能够正确地估计坝体表面形变趋势。连续监测模式由于受到较为严重的气象扰动影响，部分数据稍有差异。

PSI 分析与倒垂监测值拟合线性变形速率的比较　　表 10.3-5

高程（m）	垂线观测计算速率（mm/d）	连续监测模式 PSI 分析		离散子影像集 PSI 分析	
		速率（mm/d）	较差	速率（mm/d）	较差
169	0.054	0.290	0.236	0.144	0.090
145	0.173	0.231	0.058	0.268	0.095
122	0.069	0.300	0.231	0.259	0.190
105	0.058	0.210	0.152	0.116	0.058
85	0.054	0.058	0.002	0.072	0.018

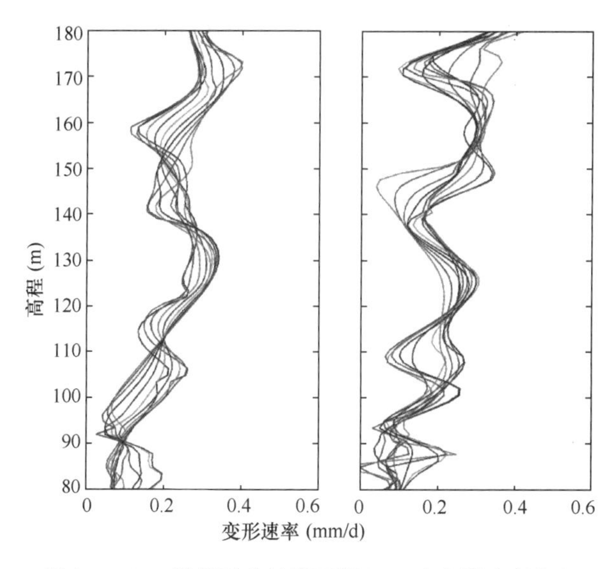

图 10.3-40　插值后中轴线两侧 10m 内变形速率分布（左：连续监测模式，右：离散子影像集）

图10.3-41　垂线径向相对变形的空间分布（采样间隔 200min）

实际上，离散高程位置处的变形速率比较只是分析离散点的成果，并未顾及整体变形的相互关系，GB-SAR 监测的优势在于全局的变形分析能力。在划出坝体位置的基础上绘制出了坝体表面的线性速率分布图。图 10.3-42 和图 10.3-43 所示分别是连续监测模式和离散子影像集干涉分析方法的结果。图 10.3-44 所示为计算两种方法插值后变形速率估计的差值并对该差值进行了统计，互差小于 0.15mm/d 的占到 78%。

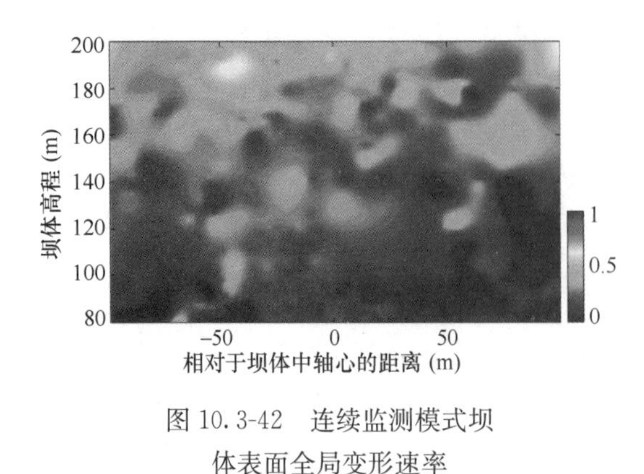

图 10.3-42 连续监测模式坝体表面全局变形速率

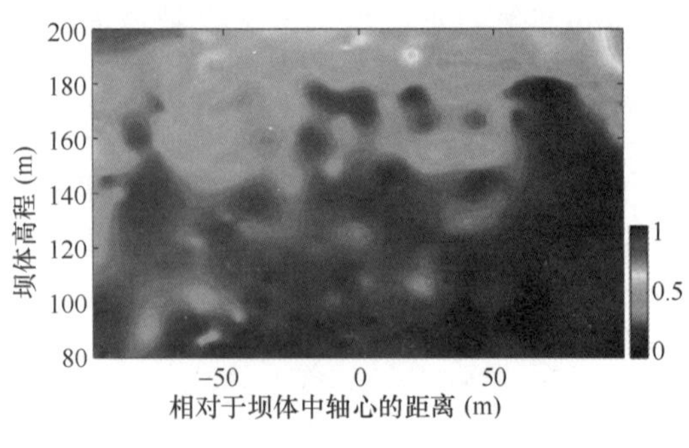

图 10.3-43 离散子影像集坝体表面全局变形速率

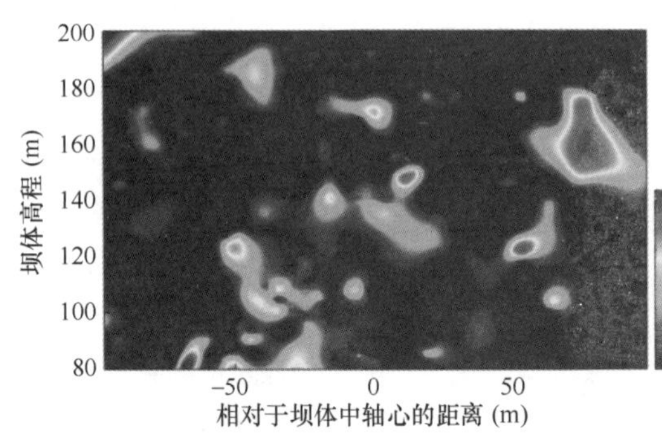

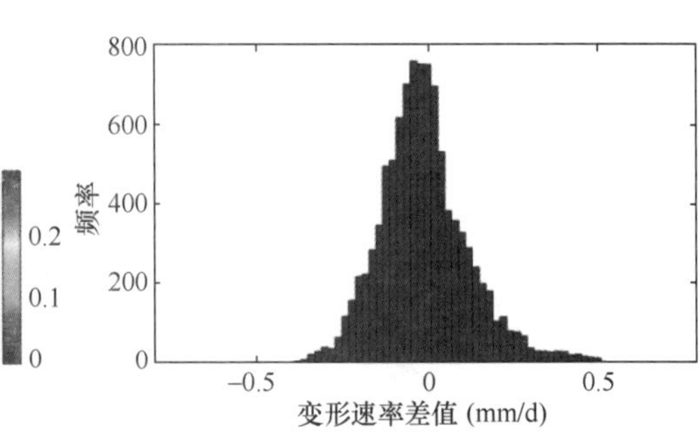

图 10.3-44 变形速率估计差值及其统计

一般来说，通过增加时间上的采样可以提高参数计算的稳定性和精度。因此，为提高长时间线性变形速率估计的可靠性，通过分析 1330 景影像序列的质量增加了子影像集的数量，得到 14 个子影像集，如表 10.3-6 所示。按照上述方法再次进行线性变形速率的估计。

14 个子影像集信息 **表 10.3-6**

子影像集序号	采样时刻	起始影像	结束影像	影像总数
1	0h	1	31	31
2	10h	112	140	29
3	20h	230	268	39
4	30h	325	360	36
5	40h	440	470	31
6	50h	527	560	34
7	60h	595	625	31
8	70h	705	735	31
9	80h	836	870	35
10	90h	926	946	21
11	100h	1055	1090	36
12	110h	1110	1135	26
13	120h	1223	1242	20
14	130h	1280	1305	26

这一部分实验中分别计算了基于单一主影像和多主影像干涉相位序列回归分析估计的线性变形速率。其区域 PS 点的线性变形速率以及坝体表面插值速率分别如图 10.3-45 和图 10.3-46 所示。不难看出两种方法的结果完全一致。

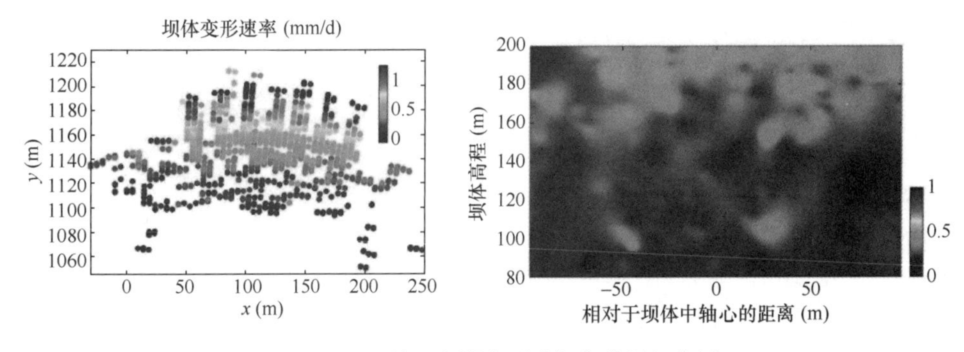

图 10.3-45　单一主影像干涉相位的回归分析

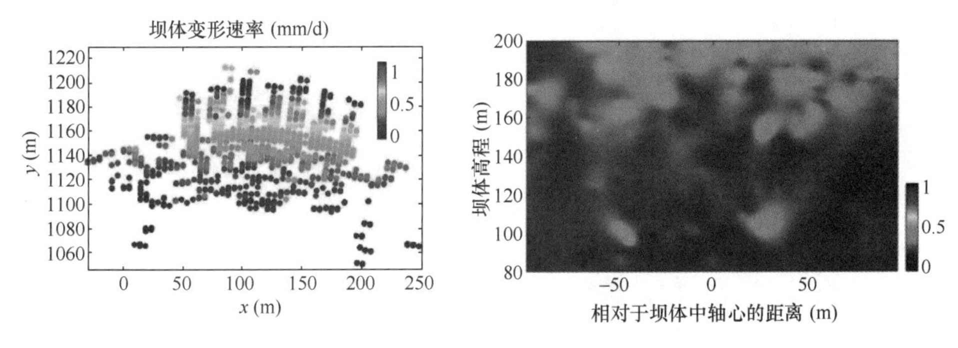

图 10.3-46　多主影像干涉相位的回归分析

14 个子影像集与 6 个子影像集变形速率估计结果的比较如图 10.3-47 所示。互差小于 0.15mm/d 的占到 82.5%，并且差值较大的两个区域 PS 点分布相对较为稀疏，带入了一定的计算误差。总体来看，多子影像集计算结果一致性较好，相比于气象扰动较大的连续监测模式具有较高的稳定性。

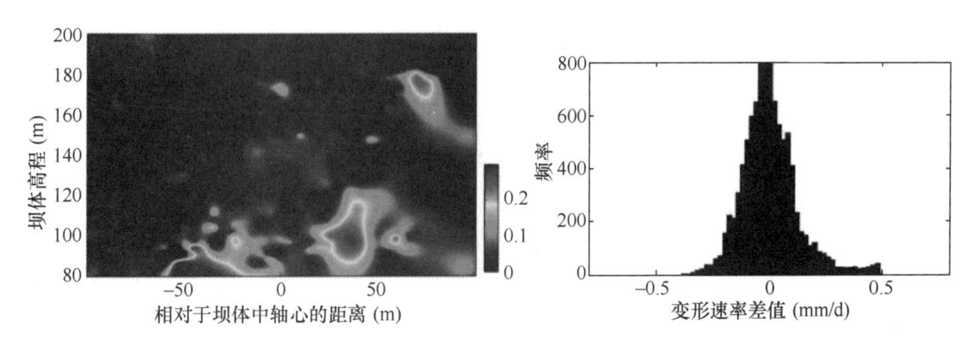

图 10.3-47　与 6 个子影像集变形速率的差值及其统计

GB-SAR 永久散射体干涉测量时序分析技术将监测模式从传统的点状数据采集和基于稀疏点数据的变形分析提升到基于大量 PS 点的坝体表面全局变形趋势提取与分析。在大坝、支护边坡、岩石边坡和滑坡等区域性变形监测中发挥了重要作用。

第四节　地铁隧道监测

一、隧道施工监测

针对地铁盾构隧道施工质量检测要求，对施工期盾构隧道进行三维数据获取，解算隧道断面收敛与错台，检测设备限界，并提供隧道内壁影像与漫游视频成果，结合激光扫描数据成果进行隧道施工质量评估。考虑到施工阶段不同，需综合现场情况选择设备搭载平台，同时要求测量成果可应用于施工监控量测、拼装质量检查、安全文明施工等场景。

（一）准备与作业

现场数据采集使用轨道移动激光测量系统，包括扫描仪、仪器台和 TLSD 软件。图 10.4-1 所示是某地铁施工隧道移动激光测量系统。施工运输车辆搭载扫描仪在轨道上运动，扫描仪在断面扫描模式下逐个采集隧道断面，从而获取螺旋线状的隧道内壁点云数据。考虑到扫描转速较快（50～100Hz）、施工运输车辆速度较慢（3～10km/h）以及收敛测量精度±3mm 的要求，仍将单个断面作为基本解算单元。累计检测盾构施工期隧道约 9km。

图 10.4-1　隧道移动激光测量系统

（二）数据处理与成果

利用 TLSD 系统进行数据处理，主要进行了隧道断面水平直径与错台变形分析，生成了隧道影像用于调绘隧道设施的实际安装位置、连接关系等信息和隧道漫游视频，用于隧道结构变形与病害检测成果的综合展示。

借助 TLSD 软件实现收敛直径成果的展示，可以按线路里程或环号序列绘制曲线，也可以针对单个环片绘制其多期监测变化曲线。在本项目中，通过往返测比较分析实测精度，采用按环号序列方式统计收敛直径变形特征，往返测水平直径测量较差满足±3mm。

TLSD 系统以隧道内壁影像为底图对项目区间隧道状态进行了普查、调查，并标绘各类隧道设施的实际安装位置、连接关系等信息，用于供电、轨道、信号等多个专业的业务协作，同时可以将结构变形分析数据与隧道状态普查成果输出，对接用户地铁智慧施工和远程监控平台。

针对该检测项目采集区段隧道，使用 TLSD 系统以第一人称视角（或顶视图、左视图、右视图等其他视角），生成隧道内的漫游视频，能够更直观地反映隧道现状，并可将隧道内的变形监测、施工工况以及其他信息等融合至该视频（图 10.4-2）。

对于数据成果的展示，可以在 TLSD 系统中采用数据视图、影像视图、漫游视图等进行查看，包括内壁影像、水平直径、椭圆度、管片错台、全断面轮廓、病害调查统计等，并可生成数据报表、CAD 图、高清隧道影像以及实景漫游视频（图 10.4-3）。

图 10.4-2　施工隧道内部漫游视频（截图）

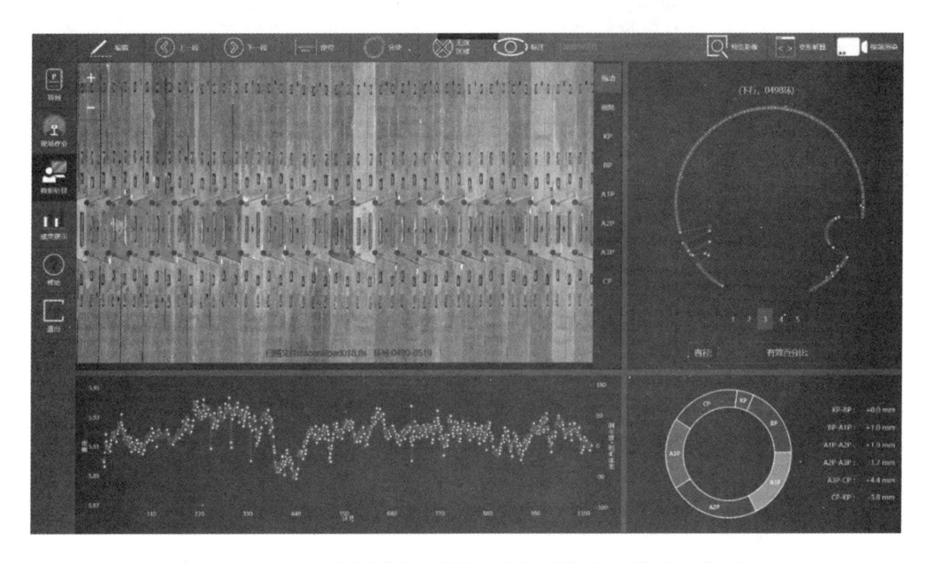

图 10.4-3　某盾构隧道施工期间衬砌拼装质量激光扫描成果

二、隧道变形监测

本项目针对某市地铁某区段进行盾构隧道变形监测，对断面收敛直径进行变形分析，同时检测隧道内病害类型及其几何参数。采用 TLSD 轨道移动激光测量与检测系统，分别按照 1.8、0.72km/h 两档速度独立往返测量，获取隧道内全覆盖点云数据，通过解算获取水平直径、错台变形、渗漏面积、内壁影像、漫游视频等量测成果，尝试应用于某区间隧道的定期监测、保护区施工监测、成型隧道验收施工等。

（一）准备与作业

该检测区段为运营期地铁，对于竣工与运营期的移动激光扫描监测一般采用轨道移动激光测量系统搭载电动检测车进行，一个作业班组的作业人员以及设备大致配备如表 10.4-1 所示，作业前的设备清点确认与安装如图 10.4-4 所示。

投入人员、仪器设备一览表 表 10.4-1

序号	人员及仪器设备	套数	作业内容及用途
1	三维激光扫描仪	1	Z+F 9012 激光扫描数据采集
2	激光扫描专用检测车	1	搭载扫描仪实现匀速数据采集
3	控制平板电脑	1	控制扫描仪
4	作业人员	5	设备搬运、现场作业、数据处理及成果分析
5	点云处理工作站	2	点云数据处理及视频渲染输出
6	车辆（9 座大车）	1	仪器及人员运输
7	电池（60Ah）	1	给扫描仪供电

(a) 仪器清点 (b) 组装成系统

图 10.4-4 作业前设备清点确认与安装

（二）数据处理与成果

1. 直径及椭圆度

本次扫描共测量该区间 511 环，除去计轴、旁通道、遮挡等干扰因素外，成功解算获取 495 组数据，利用 TLSD 软件进行了逐环水平直径曲线生成与输出（图 10.4-5），其中，直径偏差超 6‰D 共计 92 环（不含钢环加固及未遮挡测量），占比 18.0%，具体统计数据见表 10.4-2。依据《城市轨道交通隧道结构养护技术标准》CJJ/T 289—2018 中关于管片变形的健康度评价标准，本区间有 9 环健康度评级为 4 级，14 环（钢环加固）健康度评级为 5 级。

水平直径偏差分段统计表 表 10.4-2

水平直径偏差	≤6‰D	6‰D～6cm	≥6cm	钢环加固	遮挡未测量
环数	403	83	9	14	2
健康度评级	1 级或 2 级	3～4 级	4 级	5 级	—
占比	78.9%	16.2%	1.8%	2.7%	0.4%

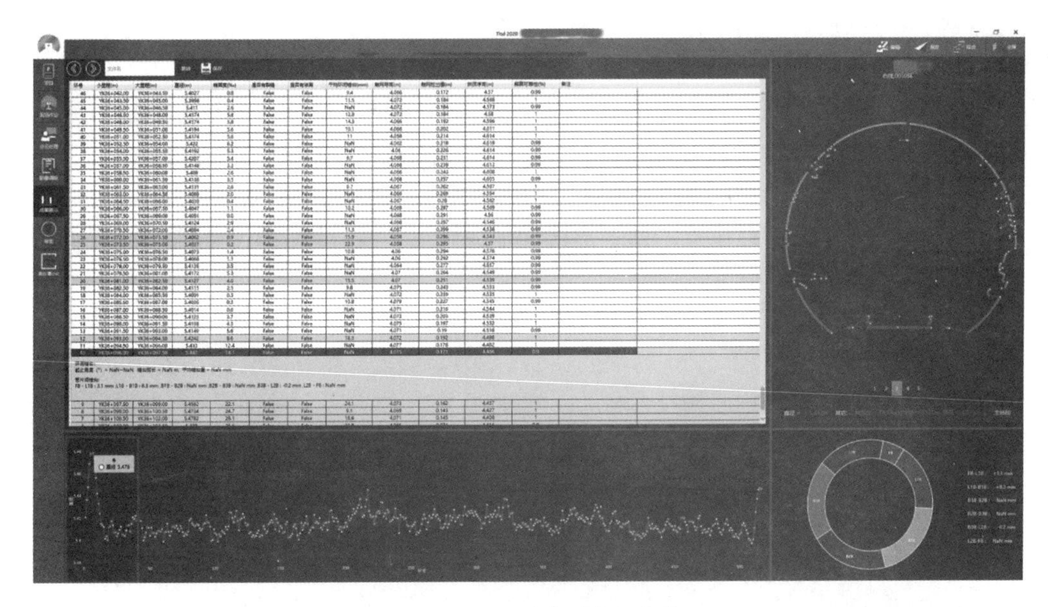

图 10.4-5　逐环水平直径曲线

对项目所在区间隧道椭圆度进行了统计（表 10.4-3），其中，椭圆度超《盾构法隧道施工及验收规范》GB 50446—2017 中允许偏差 6‰的环数共有 289 环，占区间总环数的比例为 56.5%，其中超过 18‰的环数共计 42 环，所占比例为 8.2%，主要集中分布于邻近钢环加固以及水平直径偏差超 4.5cm 的区域。

椭圆度分段统计表　　**表 10.4-3**

椭圆度	≤ 6‰	6‰～18‰	≥18‰	钢环加固	遮挡未测量
环数	206	247	42	14	2
所占比例	40.4%	48.3%	8.2%	2.7%	0.4%

2. 错台变形

利用 TLSD 软件解算错台。从环片扫描点云中，截取接缝位置两侧一定距离处的点云切片，计算环缝之间的错台量，满足下列条件时输出相邻环间的错台量：①环间平均错台量超过 7mm；②错台位置连续弧长超过 1m；③非钢环加固环或其相邻环（钢环不计入错台量）。环间错台标识的角度，面向大里程方向，竖直向上方向为 0°，顺时针方向至 360°。

本区间共发现 43 处环间错台量超 15mm 限值，其中：最大环间错台位于 444～443 环，错台发生角度为 318°～274°（左上），连续错台弧长 2.121m，平均错台量为 27.7mm。环间错台受隧道曲线、拼接质量及结构变形等综合因素影响，但主要集中分布于椭圆度偏差超 6‰的区域。

3. 影像成果与病害调查

针对该区段隧道，利用 TLSD 系统生成隧道内壁影像和道床影像，相对于普通数码相机照片，激光扫描影像具有全覆盖、精确量算和无须光照等优势。高频次、高分辨率的隧道现状影像，有利于及时发现隧道内的各项安全隐患，减少人工巡检的漏检、非标准化、指标随意等缺点。利用激光扫描影像，可对隧道内渗漏水、裂缝等病害发生的位置、几何参数、分布等定量量测。采用 2mm 分辨率正射影像和隐蔽区域照片作为基本数据源，采用“软件自动识别＋人工复核确认＋现场查勘验证”的综合方法进行病害判读识别，并将病害检测成果整理输出为专题报表，按照隧道区间、病害类型等统计病害发生的位置、面积等。

裂缝主要易发于结构缝位置，如矩形段伸缩缝附近、管片连接螺栓位置等，主要原因为应力集中、外力磕碰、差异沉降等。

本区间隧道发现部分渗漏水、裂缝、混凝土剥落等病害，部分渗漏水面积较大（图 10.4-6），部分位置出现大于 2cm 的环间错台。对该区段病害进行统计（表 10.4-4），依据《城市轨道交通隧道结构养护技术标准》CJJ/T 289—2018，本区间隧道大部分健康度评级为 1 级，局部评级为 2 级。

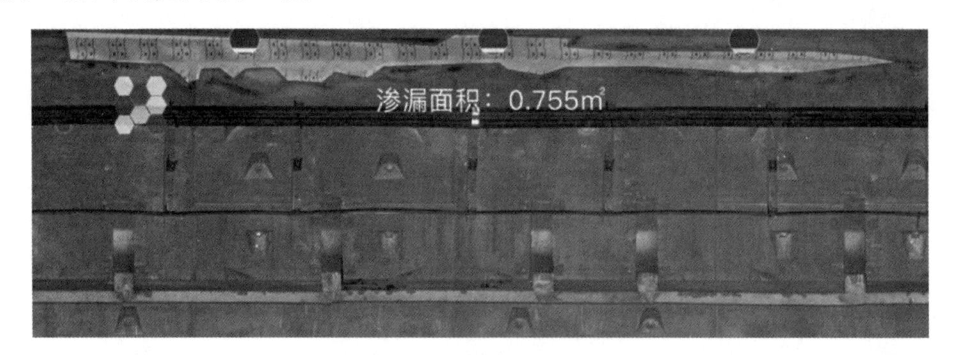

图 10.4-6　隧道内典型渗漏病害

隧道病害调查成果表示例　　**表 10.4-4**

病害位置（环）	加固措施或病害类型	具体位置及量化指标
506	裂缝	封顶块，0.454m
492	裂缝	0.391m
377	裂缝	0.259m
419	轻微渗漏	邻接块
385	轻微渗漏	封顶块
308	右侧排水沟渗漏	0.445m^2
304～308	左侧排水沟渗漏	0.207m^2
276～273	渗漏	右侧排水沟附近，0.755m^2
271～270	左侧排水沟渗漏	0.1m^2
156	左侧排水沟渗漏	0.116m^2

激光扫描影像中，隧道左右侧道床排水沟与管片之间存在大段连续的明显裂缝，如图 10.4-7（a）所示。部分相邻道床沉降缝，存在约 5～10mm 不等的错开，如图 10.4-7（b）所示。依据《城市轨道交通隧道结构养护技术标准》CJJ/T 289—2018 中基于道床病害的健康度评级标准，本区间道床级轨道病害评级为 2 级。

针对管片与整体道床之间裂缝等病害采取钢环加固处理，从激光点云数据提取的隧道

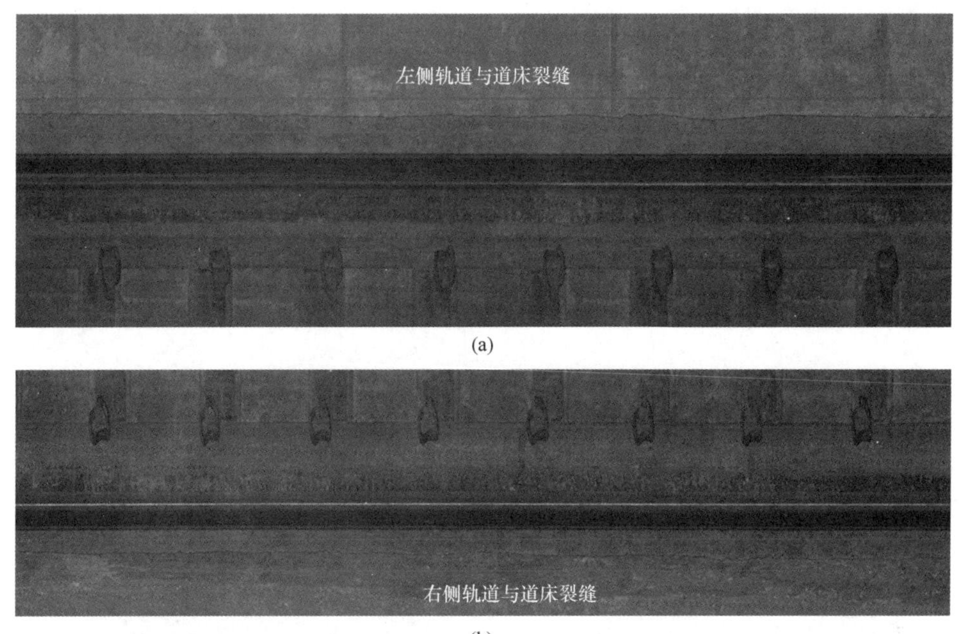

图 10.4-7　管片与整体道床之间裂缝

断面上，能够看到与现场情况符合的加固区段（图 10.4-8）。

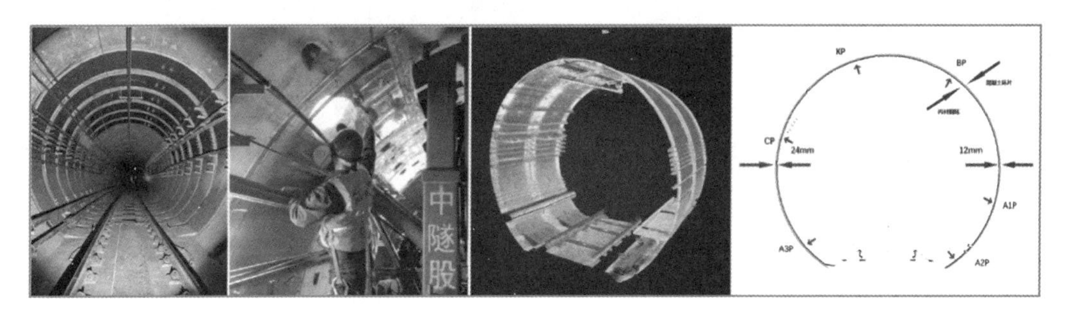

图 10.4-8　钢环加固区域道床

三、隧道结构检测评估

结合三维激光扫描进行隧道收敛测量时，需在监测点位设置反射标靶，由于拱肩和拱顶位置标靶不便安装，为此采用拱脚设置标靶，解算左右拱脚间距（图 10.4-9L-R）、左右拱脚标靶点到拱顶间距（图 10.4-9L-T 和 R-T）、轨道基准面到拱顶相对标高（图 10.4-9Track-T），进行矿山法隧道收敛分析。

（一）准备与作业

本项目采用 Z+F 9012 搭载电动检测车（图 10.4-10a）进行检测，需配备蓄电池、控制平板电脑采用 3.6km/h 时速进行扫描。作业前需先按照监测断面间隔要求，在隧道左右拱脚安装反射标靶（图 10.4-10b），断面间距直线段 5～20m，曲线段适当加密。平曲线的关键控制点（直缓点、缓圆点、曲中点、圆缓点、缓直点）、竖曲线变坡点处应增设观测断面，采用 8cm×8cm 方形金属标靶。

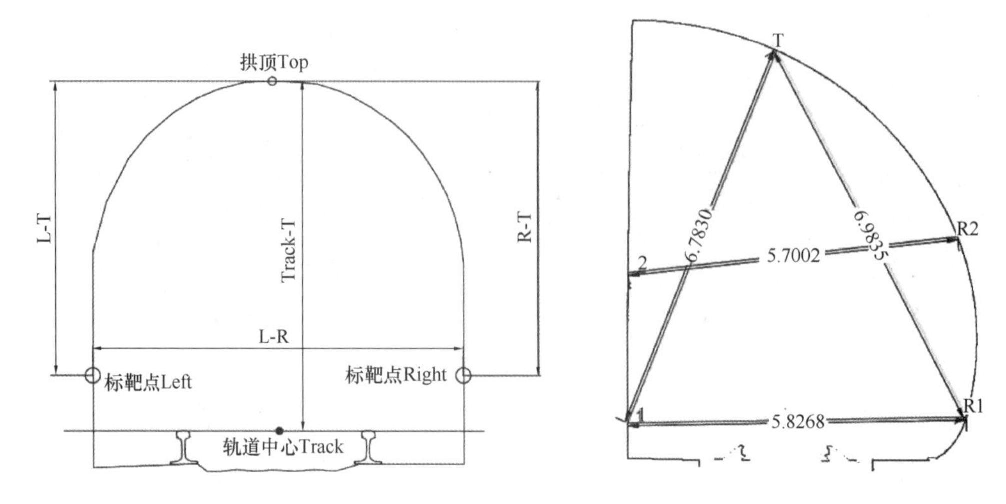

图 10.4-9 矿山法隧道收敛测量示意图

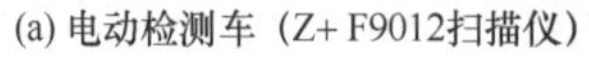

(b) 反射标靶

图 10.4-10 矿山法隧道检测设备与标识

（二）数据处理与成果

数据处理主要包括激光点云生成、隧道预览影像、标靶自动识别、弦线距离解算与限界分析等。该段隧道激光点云如图 10.4-11（a）所示，生成的内壁影像（图 10.4-11b）上能较清楚地看到标靶（图 10.4-11c）。

结合标靶的反射强度的阈值分割与点云聚类等方法可实现标靶中心的自动识别，识别后可进行隧道左右拱脚间距解算，为防止粗差产生可选择标靶中心附近多个断面进行粗差判别与剔除。可结合钢轨模板点云和钢轨扫描断面点云匹配实现轨道面提取，以轨道为基准，利用点云高程数据进行拱顶检测，从而解算拱顶标高、拱顶与拱脚间距，解算结果以数据表格和 CAD 文件的形式输出（图 10.4-12）。

本次扫描测试约 200m 直线区段收敛测量，按 20m 间隔设置 10 个断面，采用往返测量方式进行收敛弦线偏差数据统计，结果如表 10.4-5 所示。从表中可以看到，往返测量

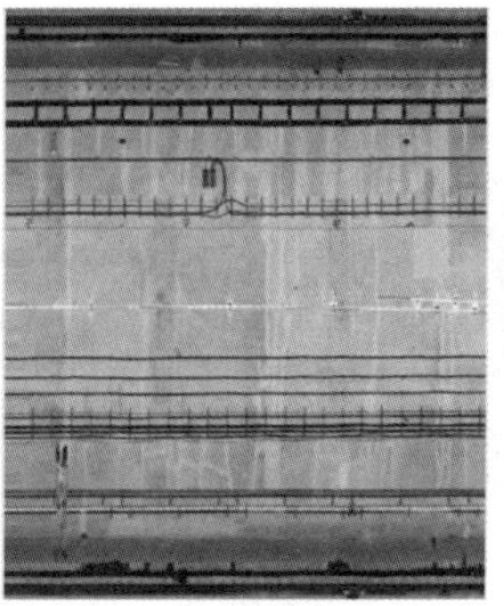

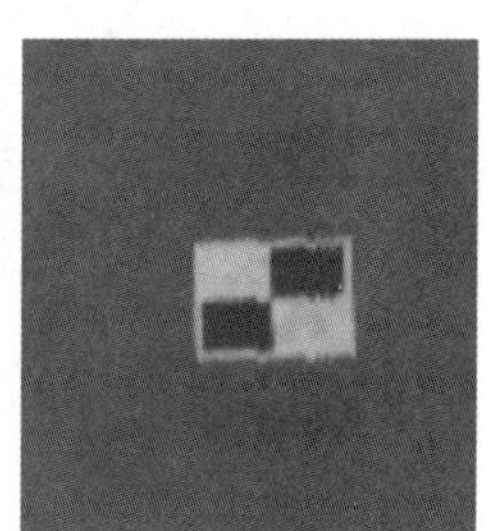

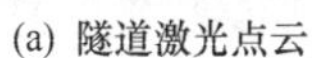

(a) 隧道激光点云　(b) 隧道灰度影像　(c) 标靶灰度影像

图 10.4-11　数据处理结果

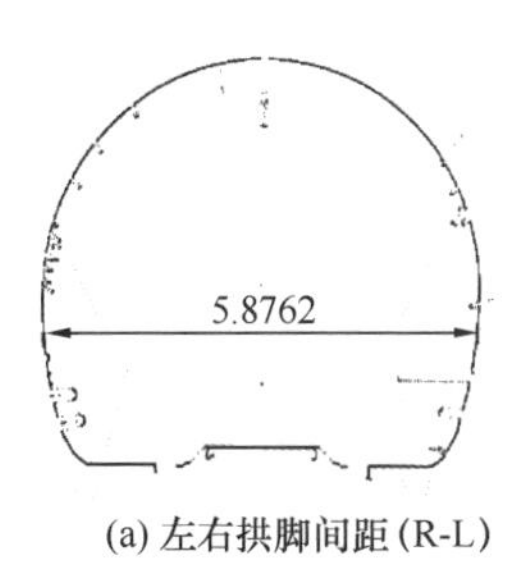

(a) 左右拱脚间距 (R-L)

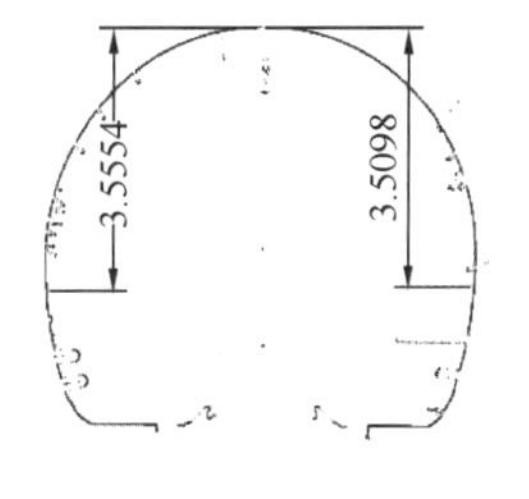

(b) 左右拱脚到拱顶间距 (R-T与L-T)

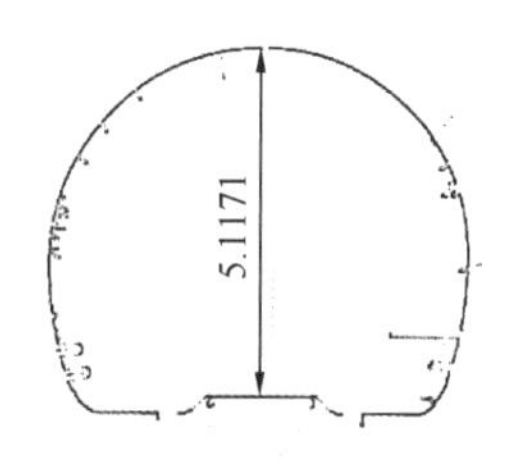

(c) 拱顶标高 (Track-T)

图 10.4-12　矿山法收敛解算结果

10 个断面的 40 条弦线中，往返偏差大部分在 3mm 以内。

矿山法隧道收敛弦线重复测量成果统计　　表 10.4-5

断面号	往测（m）				返测（m）				往返偏差（mm）			
	R-L	R-T	L-T	Track-T	R-L	R-T	L-T	Track-T	R-L	R-T	L-T	Track-T
1	5.8655	3.5915	3.509	5.1261	5.8682	3.5917	3.5080	5.1288	−2.7	−0.2	1.0	−2.7
2	6.7841	4.2846	2.7168	5.4360	6.7855	4.2850	2.7146	5.4388	−1.4	−0.4	2.2	−2.8
3	5.8724	3.5645	3.4950	5.1111	5.8737	3.5653	3.4942	5.1114	−1.3	−0.8	0.8	−0.3
4	5.9302	3.8455	3.0666	5.1244	5.9272	3.8422	3.0630	5.1225	3.0	3.3	3.6	1.9
5	5.8779	3.7536	3.4515	5.1016	5.8751	3.7556	3.4511	5.1057	2.8	−2.0	0.4	−4.1
6	5.8477	3.8395	3.6809	5.0969	5.8480	3.8398	3.6826	5.0986	−0.3	−0.3	−1.7	−1.7
7	5.8368	3.8524	3.7349	5.1290	5.8345	3.8532	3.7330	5.1273	2.3	−0.8	1.9	1.7
8	5.7992	3.7991	3.8144	5.1089	5.7982	3.8040	3.8181	5.1070	1.0	−4.9	−3.7	1.9
9	5.8354	3.7042	3.7296	5.0822	5.8341	3.7056	3.731	5.0867	1.3	−1.4	−1.4	−4.5
10	5.8711	3.4806	3.6531	5.0971	5.8704	3.4795	3.6564	5.1002	0.7	1.1	−3.3	−3.1
绝对平均偏差（mm）									1.7	1.5	2.0	2.5

本项目表观病害采用激光扫描正射影像作为底图，调查统计隧道表观的渗漏水、衬砌剥落、裂缝等发生的里程、长度（面积）、最大宽度等参数，见图 10.4-13。

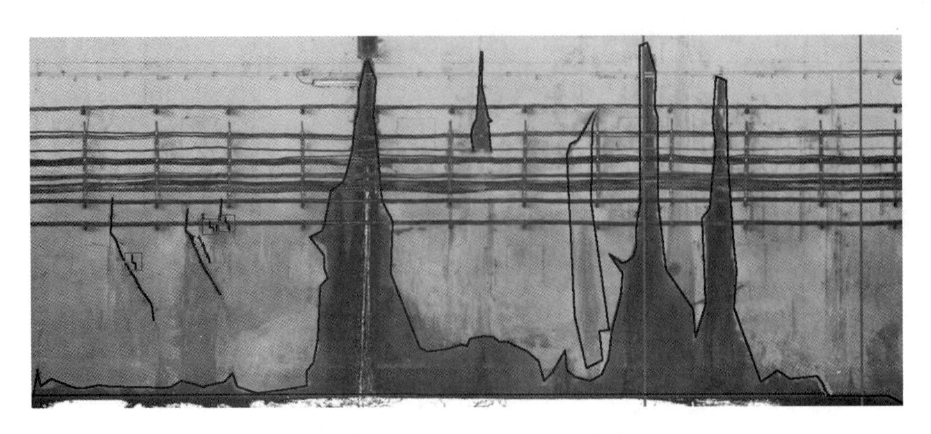

图 10.4-13 隧道表观影像调绘专题图

衬砌内部病害采用探地雷达布置 3～5 条测线，检测隧道壁后存在的不密实、空洞、钢筋缺失等病害。为方便成果统一管理和数据分析，开发激光扫描影像与探地雷达影像的同步展示功能界面，见图 10.4-14。

图 10.4-14 激光扫描影像与探地雷达影像同步查看

第五节 跨江桥梁监测

桥梁是城市交通重要的脉络和枢纽，在长期的运营过程中，不可避免地会出现损伤和老化。因此，研究桥梁的健康监测技术，有利于了解桥梁的健康状况，为桥梁的安全稳定运营提供技术保障。

一、工程概况

嘉陵江石门大桥，是重庆市境内连接江北区与沙坪坝区的过江通道，位于嘉陵江水道之上，是城市中环线上的重要桥梁，同时也是成渝、汉渝两条对外公路重要接线的咽喉，如图 10.5-1 所示。嘉陵江石门大桥线路北起大石坝立交，上跨嘉陵江水道，南至汉渝路立交。嘉陵江石门大桥线路全长 1096.5m，主桥长 806 m，桥面全宽 25.5m，主跨采用

（230＋200）m 跨径布置。梁高 4m，箱梁顶部宽 24.5m，两侧悬出 4.25m，底板宽 13m；桥面板厚 30cm，底板厚 35 cm，内、外腹板厚度分别为 60cm 和 30cm。塔柱自桥面高 113m，顺桥向宽 9.5m，横桥向宽 4.0m，在桥面净空以上放宽至 4.5m。拉索南跨间距为 216cm，北跨间距为 300cm，塔柱前后各设 25 对拉索，梁上水平间距 7.5m，塔上垂直距离为 3.75m，其内钢束直径 5mm，共计 302 根，设计张力为 380t。

图 10.5-1　嘉陵江石门大桥

二、监测内容及方法

（一）分布式光纤监测系统布置情况

设计资料显示，嘉陵江石门大桥可以实施振动环境监测的单向长度为 716m，如图 10.5-2 所示。

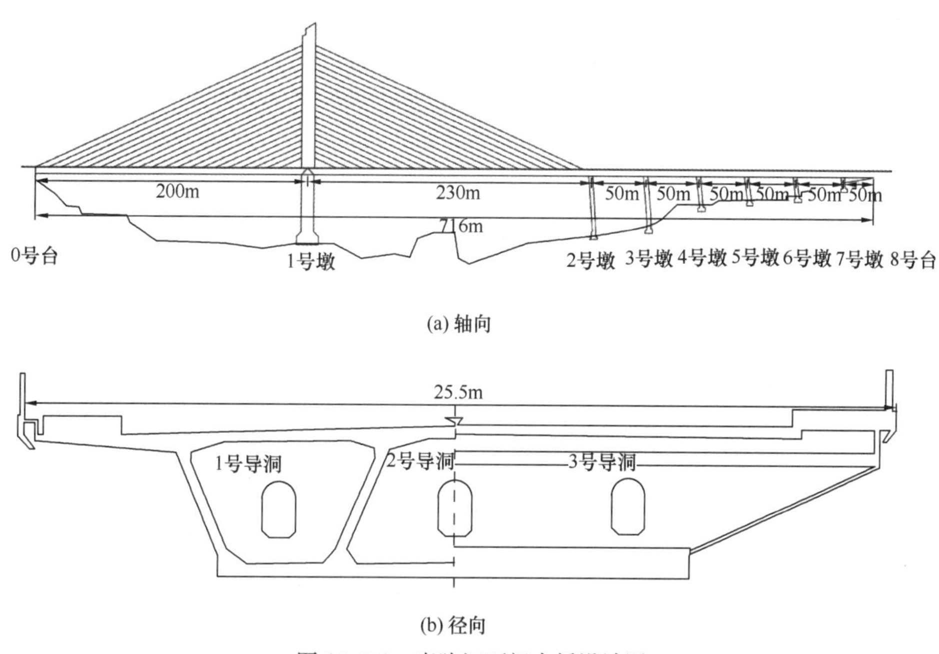

图 10.5-2　嘉陵江石门大桥设计图

经过现场勘察和对现有变形监测设备的调研，DAS光纤监测光缆适合布置在桥体下方的监测/检修导洞。桥体正下方有3个监测/检修导洞（1号导洞、2号导洞、3号导洞），用于桥体检修、电路铺设和监测系统布置。导洞入口设置在沙坪坝段桥端口正下方，如图10.5-3所示。

图10.5-3 导洞入口

基于桥体全域监测，并考虑过滤背景噪声，在1号导洞和3号导洞均布置监测光缆，而由于2号导洞中间并不贯通，所以在2号导洞不布置监测光缆。通过免钉胶和玻璃纤维布将光缆安装固定在导洞拱顶和拱脚。拱顶的光缆为主要监测光缆，拱脚的光缆用于背景噪声过滤。

1. 光纤声波监测解调仪

使用的光纤声波监测解调仪为国产设备MS-DAS2000（图10.5-4），双通道，最大传感距离为20km，探测频率段位0～50kHz，空间采样间隔最小为10cm，时间分辨率最小为2min，可连续工作时间不少于720h，符合本次监测系统的参数要求。DAS光纤监测系统所使用的为普通单模单芯光纤，为增强光纤的灵敏度，不使用铠装光缆，使用聚弹性护套包裹的光缆（图10.5-5）。

图10.5-4 光纤声波监测解调仪：MS-DAS2000

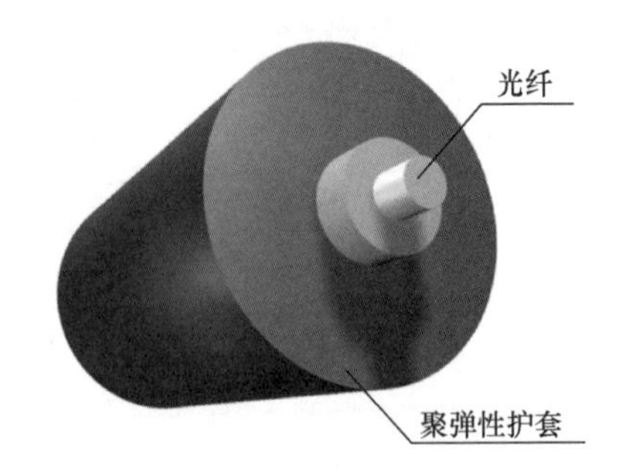

图10.5-5 DAS光缆示意图

2. DAS光缆总体布置路线

DAS光缆由沙坪坝段1号导洞输入，布置在拱顶，铺设到江北段后，由拱顶布设到拱脚，顺着铺设到沙坪坝段，最后从 1 号导洞输出，形成一个回环；再由沙坪坝段 3 号导洞输入，布置在拱顶，铺设到江北段后，由拱顶布设到拱脚，顺着铺设到沙坪坝段，最后从 3 号导洞输出，形成一个回环，如图 10.5-6 所示。

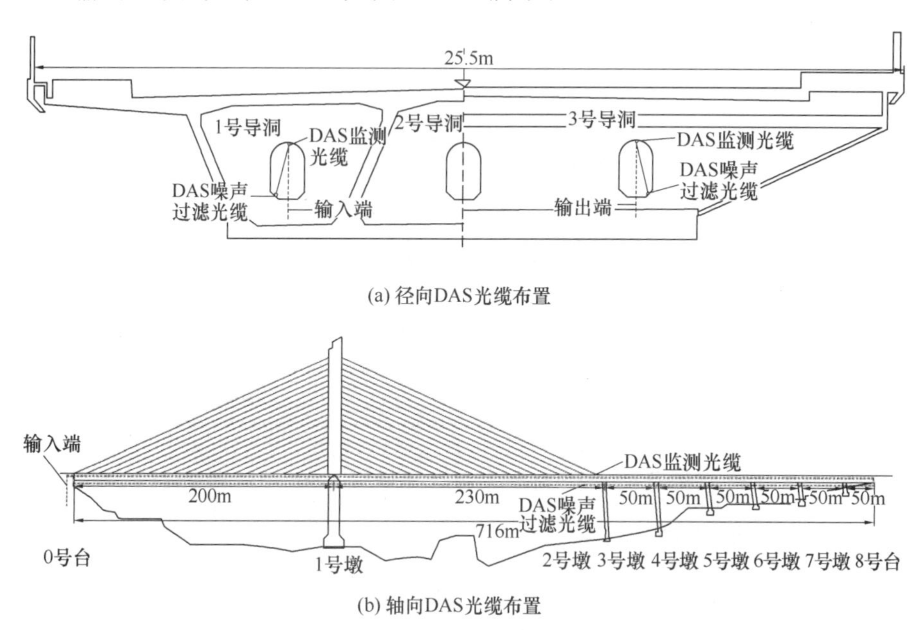

图 10.5-6　DAS 光缆总体布置图

3. 1 号导洞 DAS 光缆布置路线

1 号导洞采用紧包光纤布置在导洞拱顶，通过免钉胶和玻璃纤维布安装固定，与现有变形监测点位距离为 20cm，用于监测桥体振动与变形，如图 10.5-7 所示；背景过滤光缆布设在拱脚，不作额外处理。

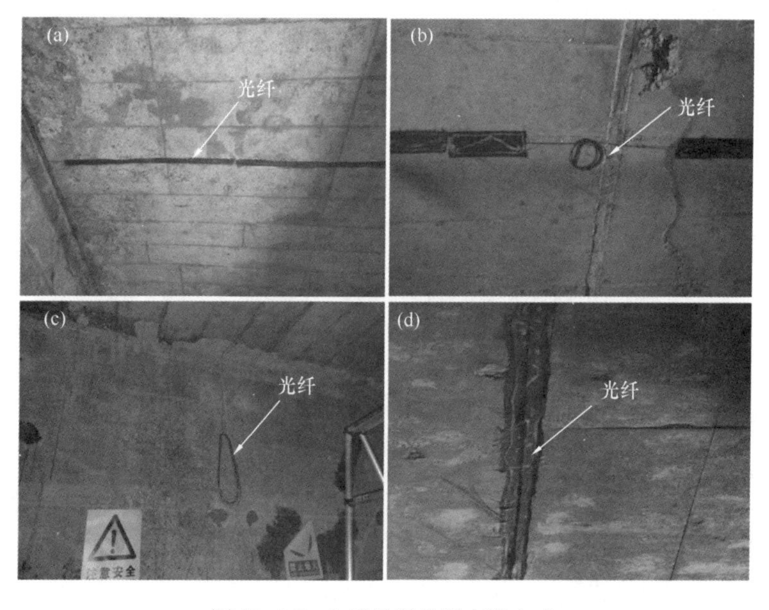

图 10.5-7　1 号导洞光纤布设方式

4. 3 号导洞布置路线

3 号导洞 DAS 光缆布置方式与 1 号导洞相同，采用紧包光纤布置在导洞拱顶，通过免钉胶和玻璃纤维布安装固定，与现有变形监测点位距离为 20cm，用于监测桥体振动与变形，如图 10. 5-8 所示。

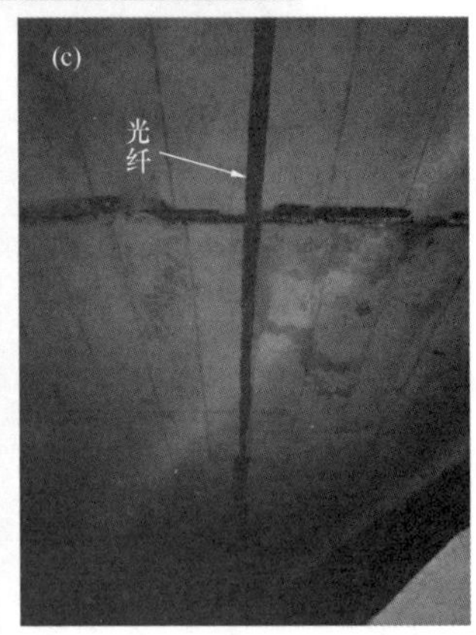

图 10. 5-8　3 号导洞光纤布设方式

5. 导洞内桥墩接口布置路线

导洞内桥墩接口采用紧包光纤，通过免钉胶和玻璃纤维布安装固定，采用折线型布置方式，布置在连接口拱顶，其中在过接口处的时候预留 10m 光纤，用线卡固定在接口旁，如图 10. 5-9 所示。

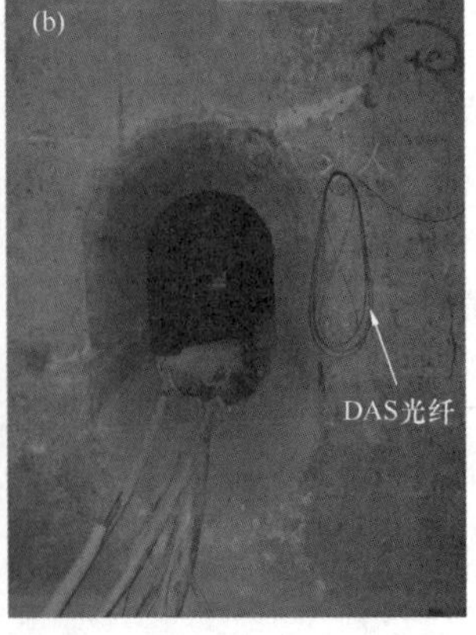

图 10. 5-9　导洞内桥墩接口布置方式

6. 导洞出、入口布置路线

导洞输入段的光缆采用DAS光缆，采用线卡或玻璃纤维布安装固定布置，依据大桥底部悬挂走线，如图10.5-10所示。该部分光缆主要用于信号传输。

图10.5-10　导洞、出、入口光缆布置方式

7. 桥体外布置路线

从桥体延伸出的光缆采用DAS光缆，通过线卡等安装固定在大桥底端，最终与位于大桥下面的分布式光纤振动解调仪连接，并通过服务器显示测试结果，如图10.5-11所示。该部分光缆主要用于信号传输。

图10.5-11　DAS解调仪

（二）FBG监测系统布置情况

1. FBG光纤应变解调仪

使用的FBG解调仪为国产设备BA-FT310A-16（图10.5-12），16通道，同步采集频率为25Hz/100Hz，符合本次监测系统的参数要求。FBG光纤监测系统所使用的传感器为光纤载荷传感器（BA-FDS）和光纤光栅温度传感器（BA-OFT200）（图10.5-13）。

光纤载荷传感器（BA-FDS）（图10.5-13a）采用光纤光栅原理，在承受应力状态时，结构发生形变引起光纤光栅承受应力后发生信号改变，达到测量目的。传感器采用光纤金属化激光焊接工艺和温度自补偿结构封装，不受电磁干扰及雷击损伤，测量精度及分辨率不受光源波动及传输线路弯曲损耗的影响。

图 10.5-12　FBG 解调仪

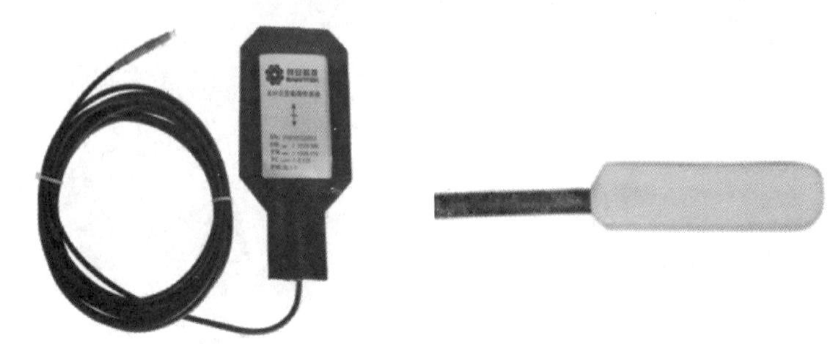

(a) 光纤光栅应变传感器 (BA-FDS)　　(b) 光纤光栅温度传感器 (BA-OFT200)

图 10.5-13　FBG 传感器

光纤光栅温度传感器（BA-OFT200）（图 10.5-13b）通过内部敏感元件光纤光栅所反射的光信号中心波长移动量来检测温度值，无源、不带电、本质安全、不受电磁干扰及雷击损伤，测温精度及分辨率不受光源波动及传输线路弯曲损耗的影响，可直接通过光纤进行信号远程传输。

2. FBG 传感器布置线路

FBG 传感器主要监测桥体应变和温度，主桥纵向共设计监测 7 个横截面，每个横截面传感器布置方式相同，均由两个应变传感器和一个温度传感器组成。截面位置按照桥梁主跨的 1/4、1/2、3/4、塔梁交界处进行选取，截面选取如图 10.5-14 所示。

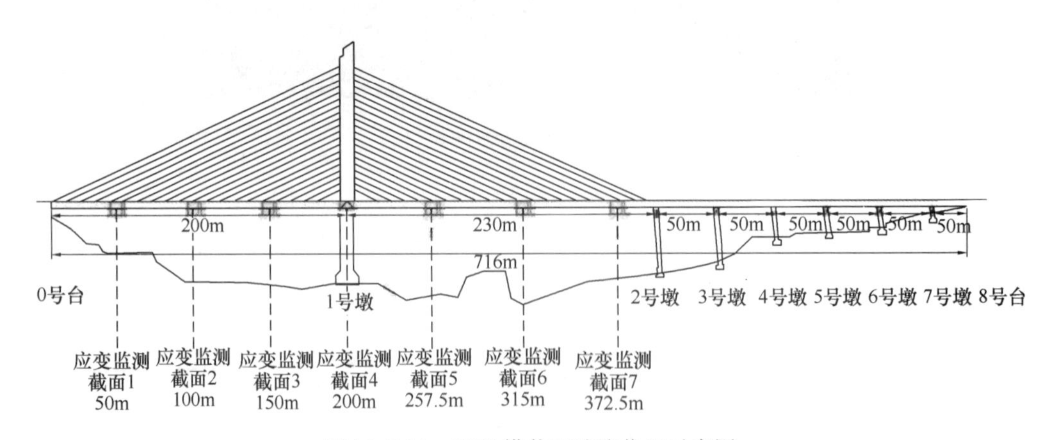

图 10.5-14　FBG 横截面选取位置示意图

桥梁主梁为单箱三室横截面，如图 10.5-15 所示，1 号导洞与 3 号导洞为镜像对称。

此次监测考虑到利于安装与经济性原则，传感器主要布置在 1 号导洞与 3 号导洞中。每个横截面共四个监测点，分别为 1 号导洞顶板、1 号导洞底板、3 号导洞顶板与 3 号导洞底板。每个横截面的顶板点位布置一个应变传感器，底板点位布置一个应变传感器和一个温度补偿传感器。

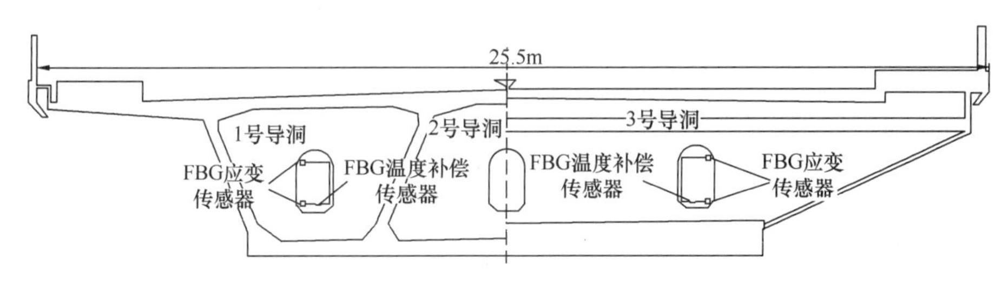

图 10.5-15　横截面传感器点位布置

1 号导洞和 3 号导洞具体的 FBG 安装方式如图 10.5-16 所示。图 10.5-16（a）所示为顶部壁面 FBG 传感器的布设方式，在顶部布设一个 FBG 应变传感器，使用免钉胶固定在铺设的光纤左侧并保持一定距离；图 10.5-16（b）所示为底部地面 FBG 传感器布设方式，在底部地面布设一个 FBG 温度传感器和一个 FBG 应变传感器，二者相隔一定距离平行布设，且与顶部的 FBG 应变传感器大致对齐。

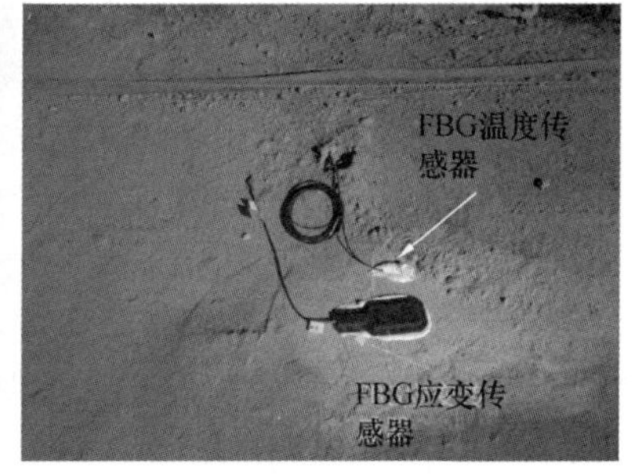

(a) 顶部壁面FBG传感器布设　　(b) 底部地面FBG传感器布设

图 10.5-16　FBG 传感器具体布设

3. FBG 传感器设备组网

光纤传感器组网是一种高效、高精度的传感器监测系统，适用于各种结构和环境的监测。其组网优势在于：

（1）高效精准：光纤传感器组网采用先进的光学传感技术和数字信号处理技术，具有高精度、高灵敏度、高稳定性的特点，能够准确监测结构的健康状况和环境变化。

（2）抗干扰能力强：光纤传感器组网具有很强的抗干扰能力，能够在恶劣的环境条件下正常运行，例如高温、低温、强电磁场等。

（3）适应性强：光纤传感器组网可以根据不同的监测需求和结构特点，选择合适的传感器类型和布置方式，适用于各种结构和环境的监测。

（4）可扩展性强：光纤传感器组网采用模块化的设计，可以根据监测需求的变化进行灵活的扩展和升级，具有较强的可扩展性和可维护性。

(5) 安全可靠：光纤传感器组网采用高可靠性的设计和防护措施，能够保证监测系统的稳定性和安全性，不会对结构和环境造成影响。

结合传感器截面选择和点位布置方式，本项目设计的组网方式如表 10.5-1 所示。考虑到 1 号导洞与 3 号导洞相互独立，且每个截面之间存在一定的距离，故将每个导洞的单个截面所有传感器进行信号整合，输入到解调仪的单个通道中进行解析。

设备组网连接表 **表 10.5-1**

传感器编号		分线盒	解调仪通道	传感器编号		分线盒	解调仪通道
应变	温度			应变	温度		
1	1	1	1	15	8	8	8
2				16			
3	2	2	2	17	9	9	9
4				18			
5	3	3	3	19	10	10	10
6				20			
7	4	4	4	21	11	11	11
8				22			
9	5	5	5	23	12	12	12
10				24			
11	6	6	6	25	13	13	13
12				26			
13	7	7	7	27	14	14	14
14				28			

基于光纤监测的石门大桥交通感知系统架构如图 10.5-17 所示，系统主要由监测光缆、应变传感器、温度传感器、解调仪组成，对石门大桥的振动、应变和温度进行监测，进而感知石门大桥的交通情况，监测中心设置在石门大桥项目部。

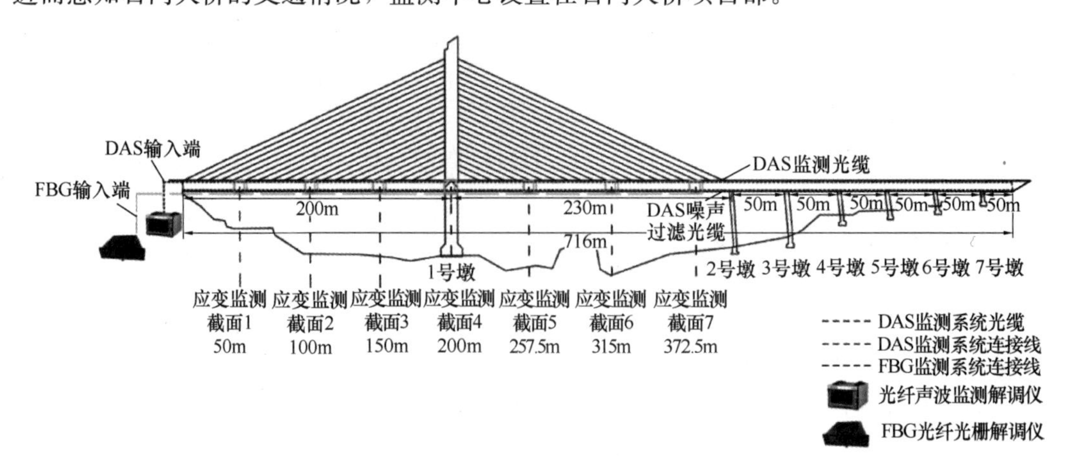

图 10.5-17 光纤监测系统整体架构

三、数据分析及效果评价

（一）桥体振动分析

图 10.5-18 所示为 2023 年 11 月 15 日下午六点石门大桥部分区段桥体监测数据，可以清晰地看到沿光纤每个传感单元监测到的振动，而一根光纤上所有传感单元监测到的振动信息组成了桥面车辆的通行信息。

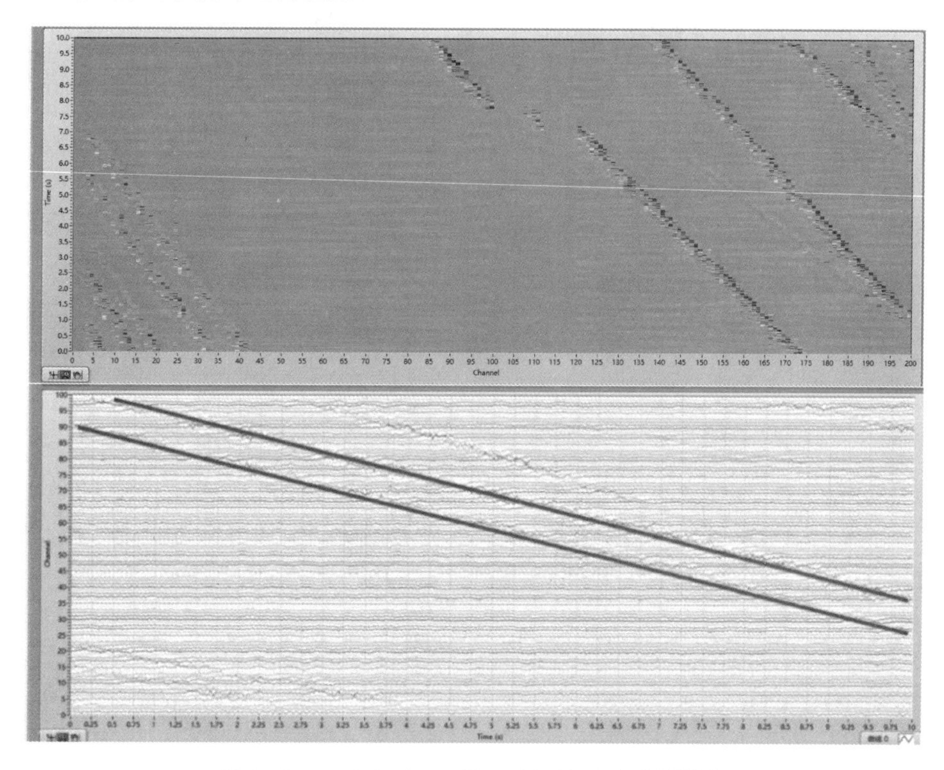

图 10.5-18　2023 年 11 月 15 日下午六点监测数据

为了更清晰地观察桥体振动信息，选择石门大桥 2023 年 11 月 15 日一整天的监测信息，选取了通行车辆较少的凌晨三点和通行车辆较多的下午六点的振动监测信息，如图 10.5-19 所示。从图 10.5-19（a）和图 10.5-19（b）来看，未经过去噪处理的数据存在一些振幅较大的噪点，影响分析结果，对其进行去噪处理，去噪后结果如图 10.5-19（c）和图 10.5-19（d）所示。

通过凌晨三点和下午六点的监测数据对比，由桥体振幅的大小以及疏密程度可以看出凌晨三点钟的车流量明显小于下午六点钟的车流量，符合现实情况。

为了直观地体现出石门大桥在一天中的振动情况，选取距离沙坪坝区 315m（跨中）处传感器的监测数据，如图 10.5-20 所示。

从图 10.5-20（a）可以看出，在一天的监测时间内，桥体的振动呈现一定的规律性，在 06:40 之前，桥体偶尔有小振动，过了 06:40 之后，石门大桥振动幅度变大，说明桥上车流量增加，开始进入正常通行时间，随即在白天桥上一直有车辆通行，在 15:00 左右，桥体振动减弱，通行车辆较少，在 18：00 左右，桥体振动幅度开始变大，开始进入晚高峰，一直持续到 21:40 左右。

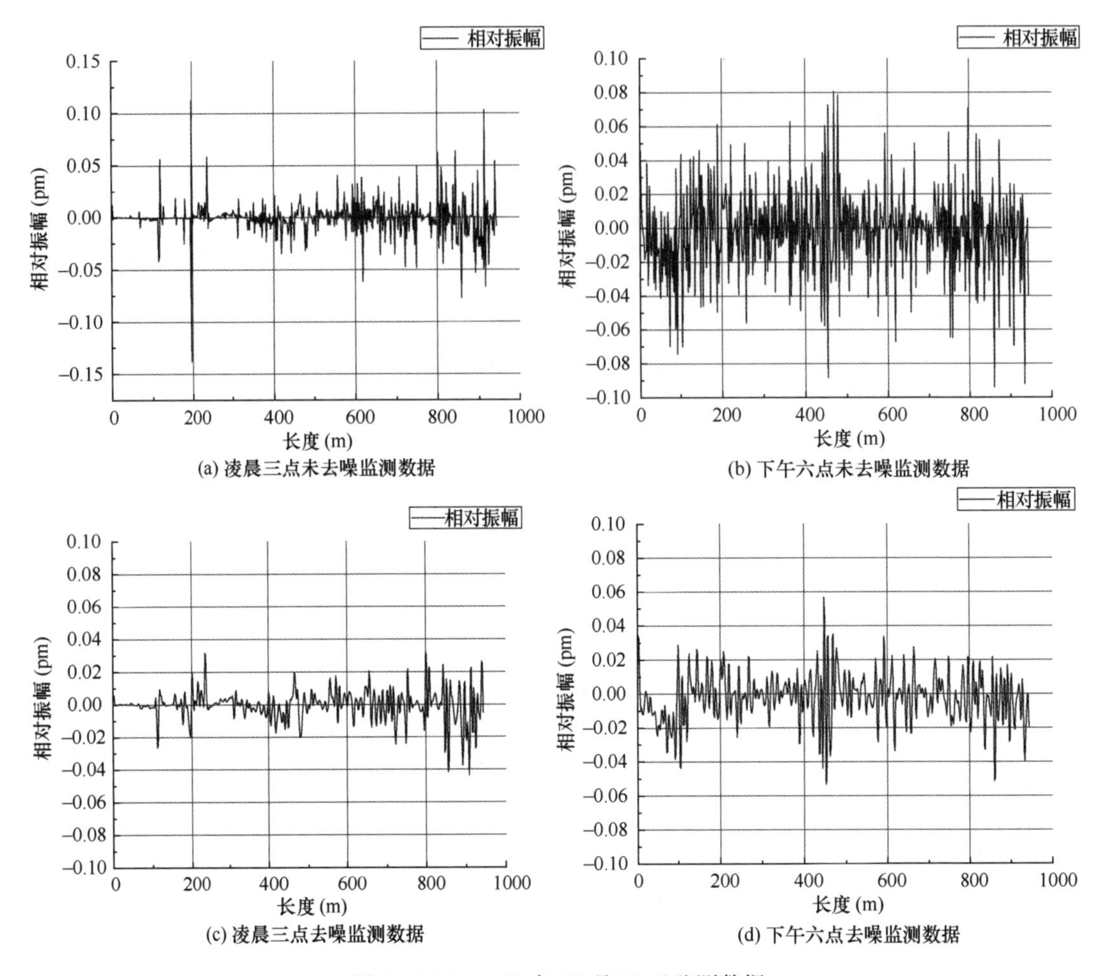

图 10.5-19 2023 年 11 月 15 日监测数据

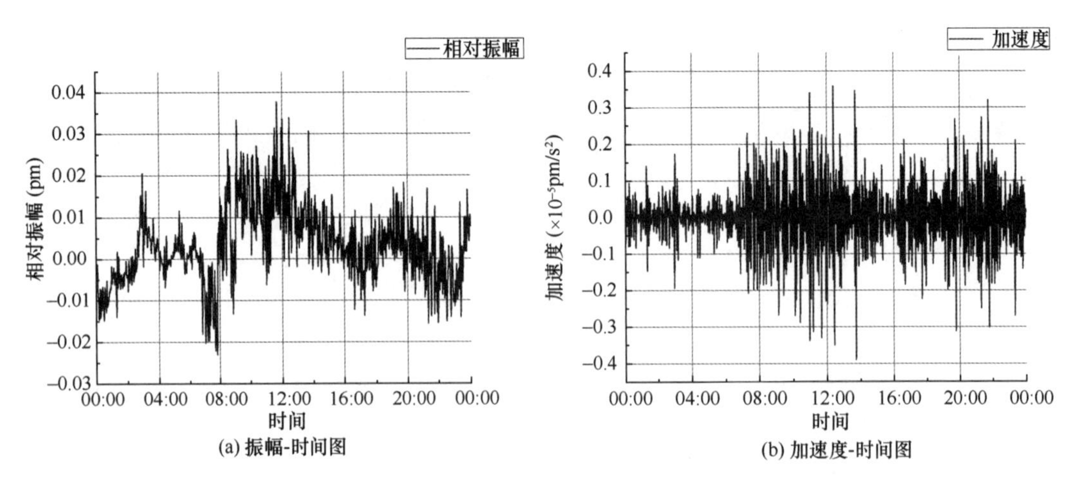

图 10.5-20 振幅与加速度对比图

对比振幅-时间图，可以看出加速度-时间图（图 10.5-20b）对桥体的振动情况反映得更明显。在 06:40 之前，桥体偶尔有小振动，过了 06:40 之后，石门大桥振动幅度变大，说明桥上车流量增加，开始进入正常通行时间，随即一直有车辆通行，在 14:00 左右，桥体振动减弱，通行车辆较少，在接近 16:00，桥体振动最小，说明此时通行车辆最少。在 18:20 左右，桥体振动幅度开始变大，开始进入晚高峰，一直持续到 22:30 左右，这与振幅-时间图得到的结果几乎一样。从整体情况来看，石门大桥桥体振动加速度在一天存在“弱-强-弱-强”四个区段（图 10.5-21），这说明石门大桥在一天存在两个车流量通行的高峰期，分别为早高峰和晚高峰，所以早高峰和晚高峰是石门大桥受力最大的时段，需要限制在此时间段内通行车辆的重量和数量。

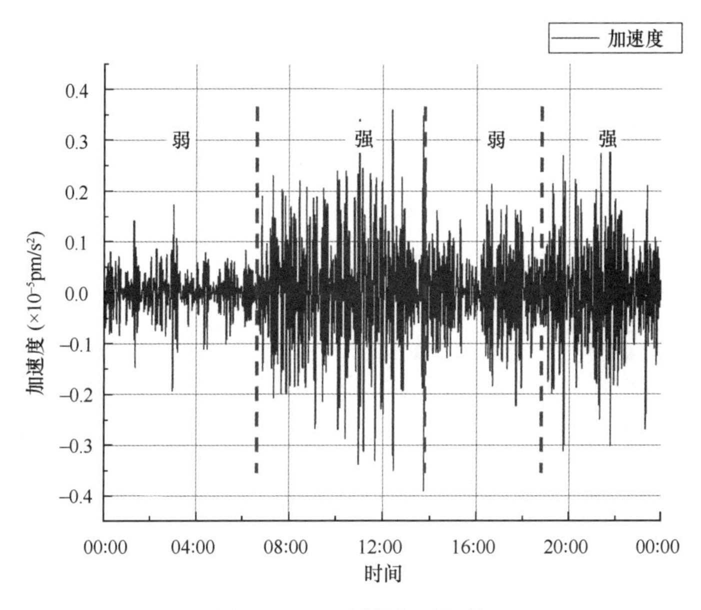

图 10.5-21　桥体振动规律

跨中处振动在一天中存在“弱-强-弱-强”的规律，猜想在桥墩处的振动应该保持在一个稳定区间，不会有太大变化。为了证明猜想，选取距离沙坪坝区 200m 即桥墩处的传感器监测数据，在进行去噪处理后绘制成振幅-时间图和加速度-时间图，如图 10.5-22 所示。从振幅时间图可以看出，桥墩处的振动幅度不大，稳定保持在－0.01～0.01pm，计算其加速度，基本同样稳定保持在－0.1～0.1×10^{-5}pm/s^2，这与猜想一致，证明通行车辆的重量对桥墩处的影响不大，或者影响较大时说明桥体处在不健康的状态。

（二）监测数据分析

为了验证 DAS 分布式光纤振动监测结果，分别取相同两个特征截面的 FBG 监测数据展开分析。图 10.5-23 和图 10.5-24 分别为桥梁 315m 截面和 200m 截面的桥体应变特征。结果表明，桥体箱梁始终处于压缩状态，其应变均为负值；在 1d 周期内，桥体箱梁的混凝土变化较小，最大不超过－65$\mu\varepsilon$；箱梁顶板和底板的应变变化基本一致，315m 截面的箱梁位于桥梁中部跨中位置，其变形随着车流量的变动呈规律性波动，波动特征符合 DAS 分布式光纤监测结果，侧面反映了 1d 内桥梁交通荷载的周期涨落。200m 截面属于桥墩处，从数据可以看出，桥墩处也在发生微应变，但其在 4～5 个微应变的区间内波动，

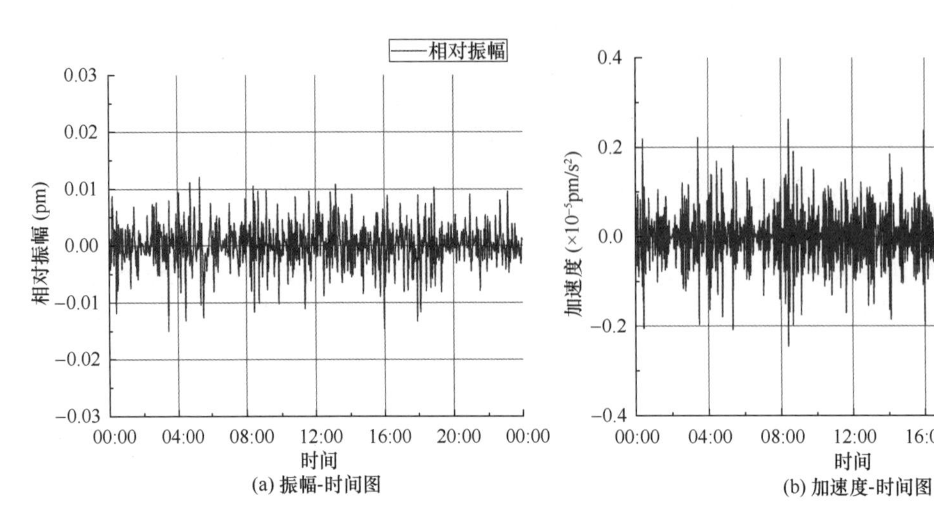

(a) 振幅-时间图　　(b) 加速度-时间图

图 10.5-22　200m 桥墩处振幅与加速度对比图

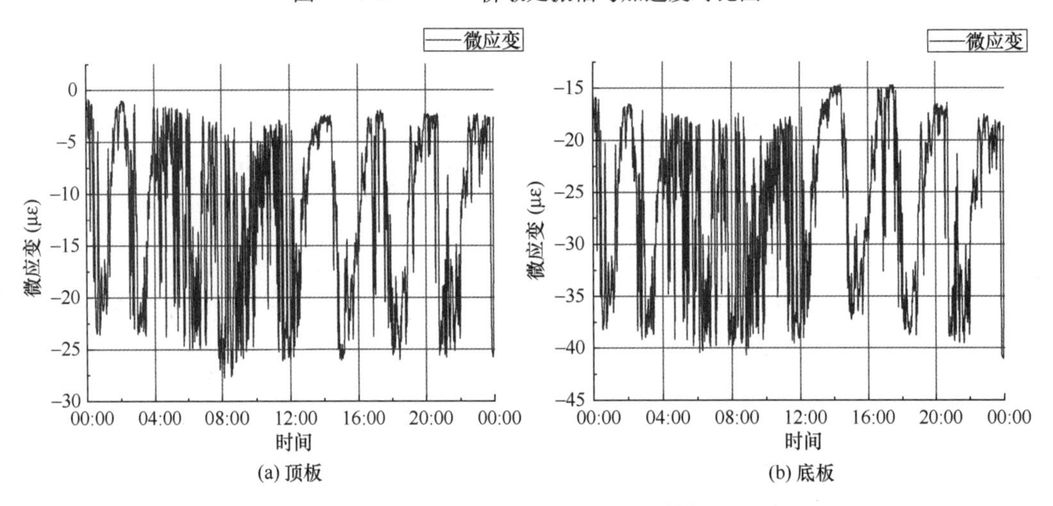

(a) 顶板　　(b) 底板

图 10.5-23　315m 处 FBG 监测数据

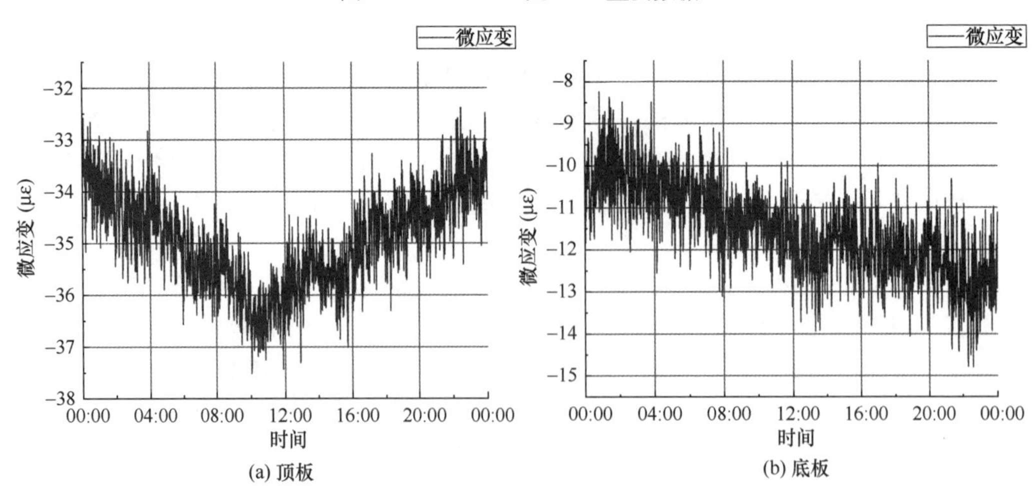

(a) 顶板　　(b) 底板

图 10.5-24　200m 处 FBG 监测数据

与跨中处应变相比，桥墩处的微应变不大，验证了 DAS 分布式光纤监测结果：在桥墩处的振动幅度不大。重要的是，FBG 监测结果表明桥体变形处于稳定状态。

图 10.5-25 和图 10.5-26 所示分别为 2023 年 11 月 15 日桥墩（200m）和跨中（315m）处桥体温度的监测数据，可以看出，桥墩和跨中处的温度在一天当中变化幅度不大，基本保持稳定，都在 0.5℃的范围内波动。其中，桥墩处的温度较高，在 17～17.5℃，跨中处的温度较低，在 13～13.5℃，造成这种差异的原因与传感器所处环境的通风状况有关，桥墩处前后存在两个较小断面且箱体长度较短，故通风困难，温度高，而跨中处恰恰相反，通风条件好，故温度低。

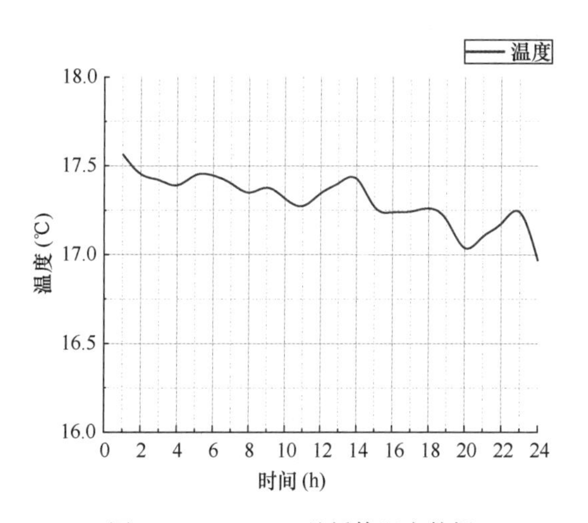

图 10.5-25 200m 处桥体温度数据

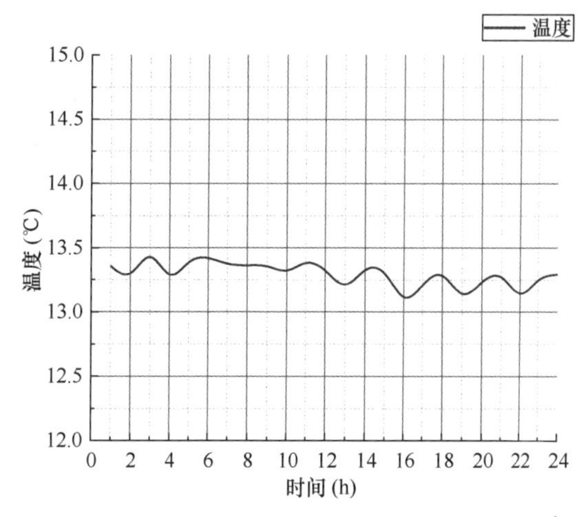

图 10.5-26 315m 处桥体温度数据

为了观察更长时间段内桥体的振动情况，截取 2023 年 11 月 13 日至 2023 年 11 月 19 日一周的时间沙坪坝区 315m 跨中处的监测数据，如图 10.5-27 所示。

当将一天的监测区间拉长到一周后，每天的通行高峰期从图中很难观察到，但是可以明显地看到工作日和周末交通量的变化，图中 13 至 17 日为工作日，其通行车流量明显大于 18 至 19 日周末的车流量，同样可以得到当天晚上到次日凌晨的车流量小于白天的车流量。

（三）监测结果评价

(1) DAS 光纤振动监测技术实现了桥体振动状态的全局感知。通过布置自由段光缆实现了背景噪声处理，FBG 光纤光栅监测结果验证了 DAS 光纤振动监测结果，但 FBG 对单点的监测精度更高，适用于在已知需要监测的点位布置。

(2) DAS 光纤监测精准感知了 24h 的桥梁完整交通情况，单个点位的 7d 长期数据反映出桥梁车辆通行量变化趋势。监测结果与桥面实际早、晚高峰的通行量呈正相关，同时也反映出工作日与休息日的交通量差异。

(3) DAS 光纤监测系统稳定可靠且无须人为值守，初步获取了石门大桥的交通负载情况，证明城市日常交通情况与监测数据吻合度高，监测结果可为后续桥梁日常运维提供科学依据，为桥梁健康监测提供新的研究思路。

监测结果表明，光纤监测系统可以反映出桥面车辆往来时引起的振动，结合 FBG 光

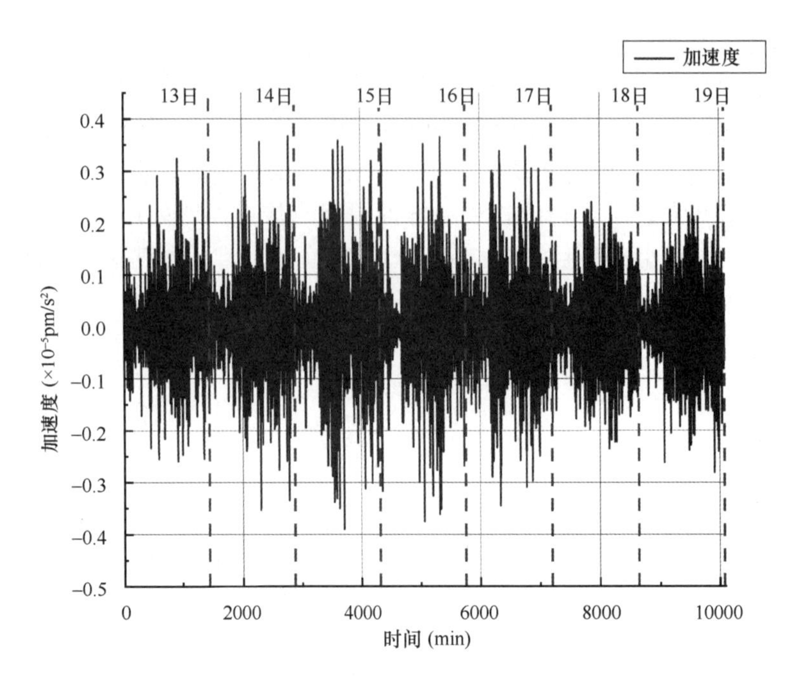

图 10.5-27　2023 年 11 月 13 日至 19 日一周监测数据

纤光栅阵列式传感器，一方面可以显示出车辆的通行情况，另一方面可以实时监测桥梁的结构状态和应变情况，结合长期观测的平均数据，可以及时发现潜在的安全隐患，为桥梁运营和维护提供科学依据。但是光纤监测系统也存在一定的问题，就是目前没有定量的监测规范，无法对桥体的安全状态作出定量的分析判断，还需要对监测数据进行深度挖掘并结合相关的规范来定量分析桥体结构损伤程度。

第六节　超高层建筑监测

一、工程概况

超高层建筑具有荷载大、基础深、结构复杂、建设工期长、使用年限长的特点，对其施工和运营阶段的健康监测具有重要的社会和经济意义。

重庆朝天门光控中心位于重庆市渝中半岛中心位置，楼高 236m，地上 49 层，地下 5 层。针对山地城市超高层结构健康监测系统的特点，基于大数据、物联网技术，监测大数据平台实现了数据解析、快速存储、流式计算、智能分析、预警预报、成果发布等功能，并提供安全监测、运维管理、应急处置及信息发布等各种服务，通过科学合理分析建筑结构变化和环境因素之间的关系，为超高层建筑的维护管理、运营决策提出了科学合理的建议（图 10.6-1）。

为解决预警策略差异化较大的问题，云平台提供实时数据预警、模型预测预警两种服务模式。其中，实时数据预警主要包括：①阈值预警，对每个监测点位设计控制阈值，监测数据超过控制值应立即预警；②统计预警，对多源监测数据进行统计分析，统计指标超出安全范围时应立即预警；③评估预警，对结构监测数据进行融合评估，分析结果超出安

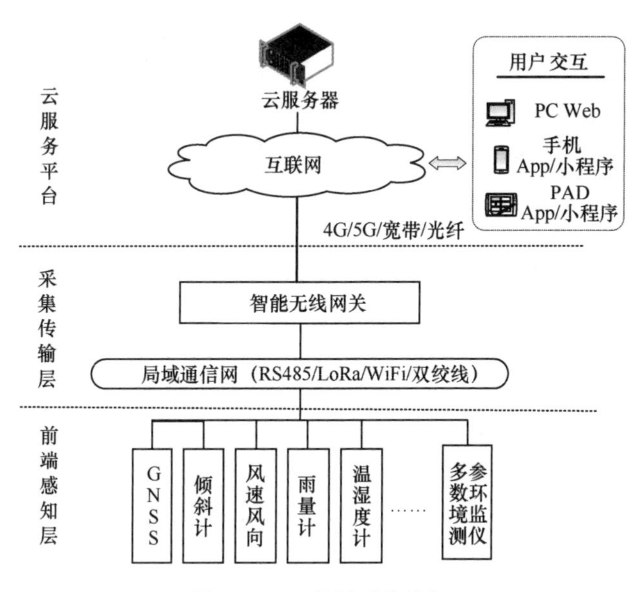

图 10.6-1　监测系统构架

全范围时应立即预警。模型预测预警主要包括：①短时预测，对处于高风险变形的设施，构建以分钟、小时为周期的预测预警模型；②中期预测，对处于周期性变形的设施，构建以日、周、月为周期的预测预警模型；③长期预测，对处于稳定期或缓慢变化的设施，构建以季度、年为单位的预测预警模型。

预警云平台在监测数据分析与处理上，通过数据、模型、服务的共享开放，解决了多维度、多场景的海量数据在线计算与挖掘应用问题，实现对各类传感数据进行在线适配、采集、处理、分析及可视化，形成了包括采集终端、移动端、网络端的大数据服务平台，提供统一、安全、便捷的数据汇聚、监管、共享接入服务（图 10.6-2）。平台采用基于项目地图的方式进行管理，用户通过浏览器或 App 同服务器进行数据交互，实现项目管理的在线操作与远程监管。

用户通过预警云平台可以根据被监测对象结构状况、风险影响程度等方面设置监测预警控制值，建立合理分级预警机制，并通过短信、电话、邮件、App 消息等方式实时推送预警信息到管理人员，使监测单位、管理部门实时掌握项目安全状况。

二、监测内容及方法

（一）系统构成

基于预警云平台及配套监测硬件产品、应用软件，为超高层建筑提供了一套自动化、可定制、全天候、抗干扰的自动监测预警解决方案。

1. 传感器系统

现场安装了 GNSS 设备、双轴倾斜仪、风速风向传感器、雨量计、多参数环境监测仪等监测传感设备，实现高层建筑变形和环境数据的实时采集。

2. 数据采集和传输

数据采集设备采用智能安全监测网关。设备通过 RS485 总线、无线 LoRa 等通信技术将所有传感器设备集中管理，实现智能化采集，数据通过 4G 无线网络上传至预警云平台。

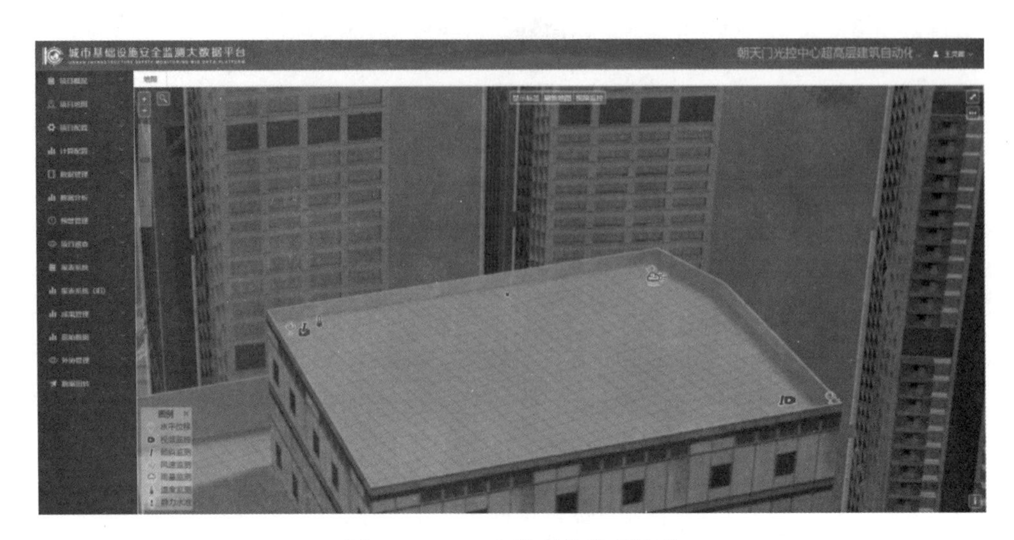

图 10.6-2 Web 端系统管理界面

3. 监测和控制系统

监测采集控制系统采用智能安全监测网关配套的控制软件，实现对现场各类传感器的数据采集控制；其中，GNSS 监测采用一体化监测接收机，数据采集后统一回传预警云平台进行计算处理。

4. 云平台及服务器

基于云计算、大数据技术构建了 IaaS 基础云平台，解决了远程监控中心资源的分配、管理、运行等问题，云平台上部署的自动化监测预警系统的服务软件和数据库，实现了数据解析、快速存储、流式计算、智能分析、预警预报、成果发布等功能。

（二）方案与实施

现场安装了多种类型的监测传感设备、视频监控和智能安全监测网关（表 10.6-1）。

环境监测项目及硬件设备一览表　　表 10.6-1

序号	名称	数量	备注
1	GNSS 接收机	4 台	用于楼顶水平位移监测，其中 3 台作为移动站安装于大楼顶部，1 台作为基准站安装于附近地质稳定区域
2	双轴倾斜仪	2 台	用于楼顶倾斜监测
3	风速仪	1 个	用于风速监测
4	风向仪	1 个	用于风向监测
5	雨量计	1 个	用于雨量监测
6	温湿压计	1 个	用于环境温湿压监测
7	多参数环境监测仪	1 台	用于 11 项环境参数监测
8	视频监控	2 台	用于现场实时工况和设备的监测
9	智能安全监测网关	1 台	可完成设备管理、参数配置、传感器采集等功能

现场各传感器数据通过智能安全监测网关回传预警云平台。该网关是针对现有建（构）筑体物联网安全监测采集终端通用性、可扩展性与维护性差的问题，自研的一种多功能通用的数据采集终端，可接入云平台为平台分析计算提供数据支撑，并支持多种监测类型不同传感器厂商设备的接入，实现监测数据的采集、存储、预处理、数据上报等功能。

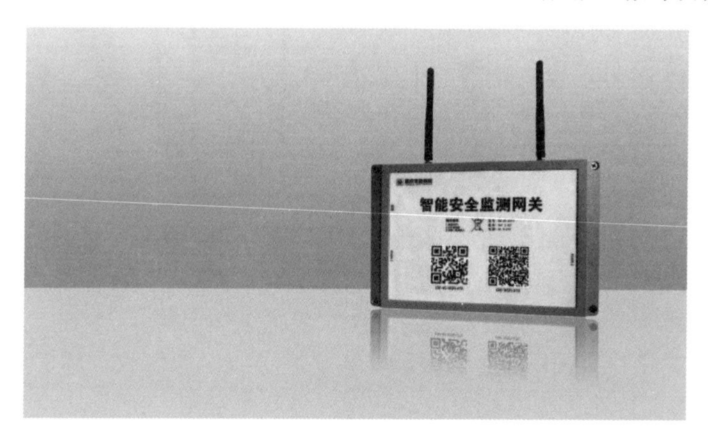

图 10.6-3　智能安全监测网关

智能安全监测网关通过 4G/WiFi 建立设备与用户之间的通信链路，用户可通过移动终端访问网关内置 Web 页面，便捷地完成设备管理、工作参数配置、传感器数据采集等功能（图 10.6-3）。

现场有稳定的 220V 交流市电，楼顶设置一处配电箱，将电压转换为 12、24V 直流为监测设备供电。现场通信采用有线、无线相结合的方式进行组网，各传感器设备通过 RS485 总线与智能安全监测网关相连，通过网关将传感器数据传回监测云平台。GNSS 一体化监测设备通过网线接入 4G 路由器，并将数据传回云平台进行解算（图 10.6-4）。

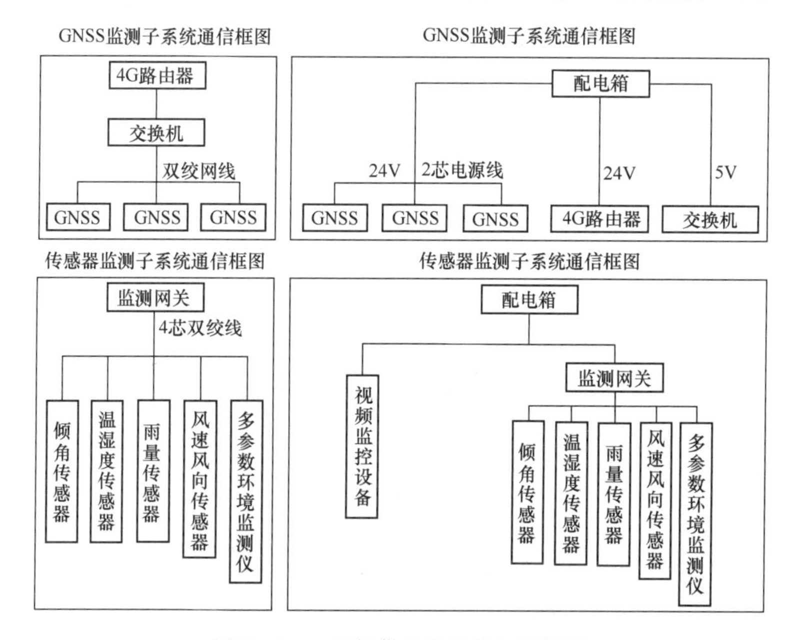

图 10.6-4　现场供电及通信组网框图

三、数据分析及效果评价

项目 GNSS 监测设基准站 1 个、监测站 3 个，监测站布设于超高层建筑楼顶，基准站布设于附近地质结构稳定区域，基线长度约 3.7km，采样频率 5s/次，对北斗/GPS 双频数据采用双差模型进行实时动态监测。工程现场实测，基准站和各监测站信号比基本大于 35dBHz，可观测卫星数均多于 20 个，信号质量满足规范要求（图 10.6-5）。

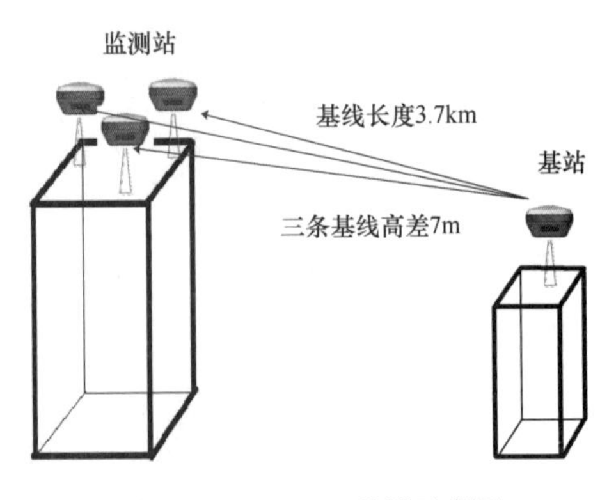

图 10.6-5 GNSS 监测示意图

GNSS 一段时间的监测数据曲线如图 10.6-6 所示，数据表明：平面位移波动在±5mm 左右，竖直位移波动在±10mm 左右，波动范围合理，建筑结构稳定。

除 GNSS 设备外，项目还在建筑楼顶安装了 2 台双轴倾斜仪，辅助监测大楼顶部 X、Y 轴方向平面位移。监测数据曲线表明，结构整体状态平稳（图 10.6-7）。

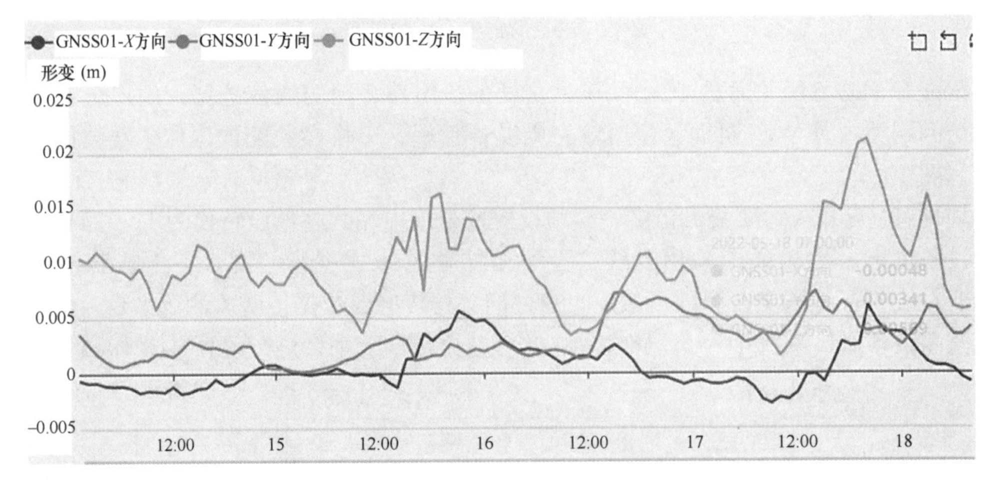

图 10.6-6 GNSS 平面位移矢量图

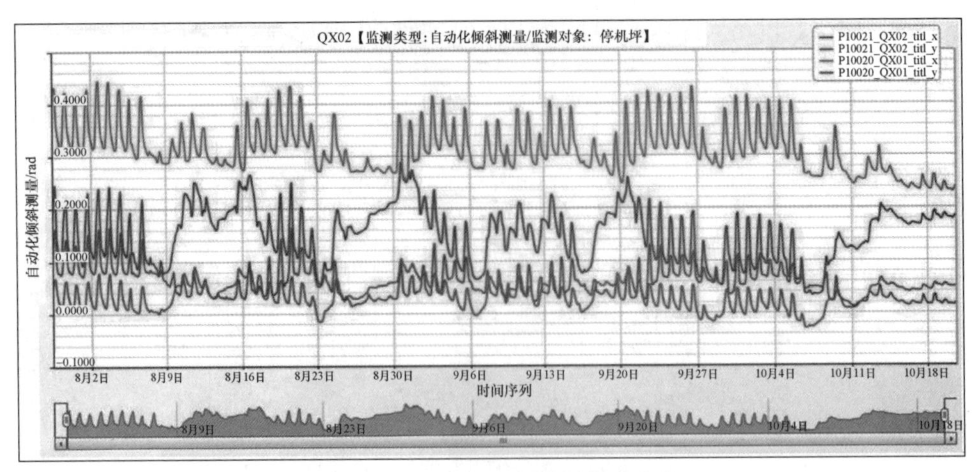

图 10.6-7 倾斜仪监测数据过程曲线

项目现场安装了多参数环境监测仪，可监测大气温度、大气湿度、光照度、紫外线指数、大气压、风速、风向、雨量、污染物颗粒浓度（$PM_{2.5}$、PM_{10}）等 11 项环境参数。通过对环境参数的监测，可掌握环境荷载对建筑体结构状态的影响，进而分析结构健康状态。以某日温度与倾斜仪监测数据为例，如图 10.6-8 所示。

监测数据表明：温度与平面位移具有较强的负相关性。同时，日照引起的向阳面、背阴面温差和风振效应，也会对超高层建筑顶部水平位移监测数据产生影响，因而需要对建筑进行动态监测。

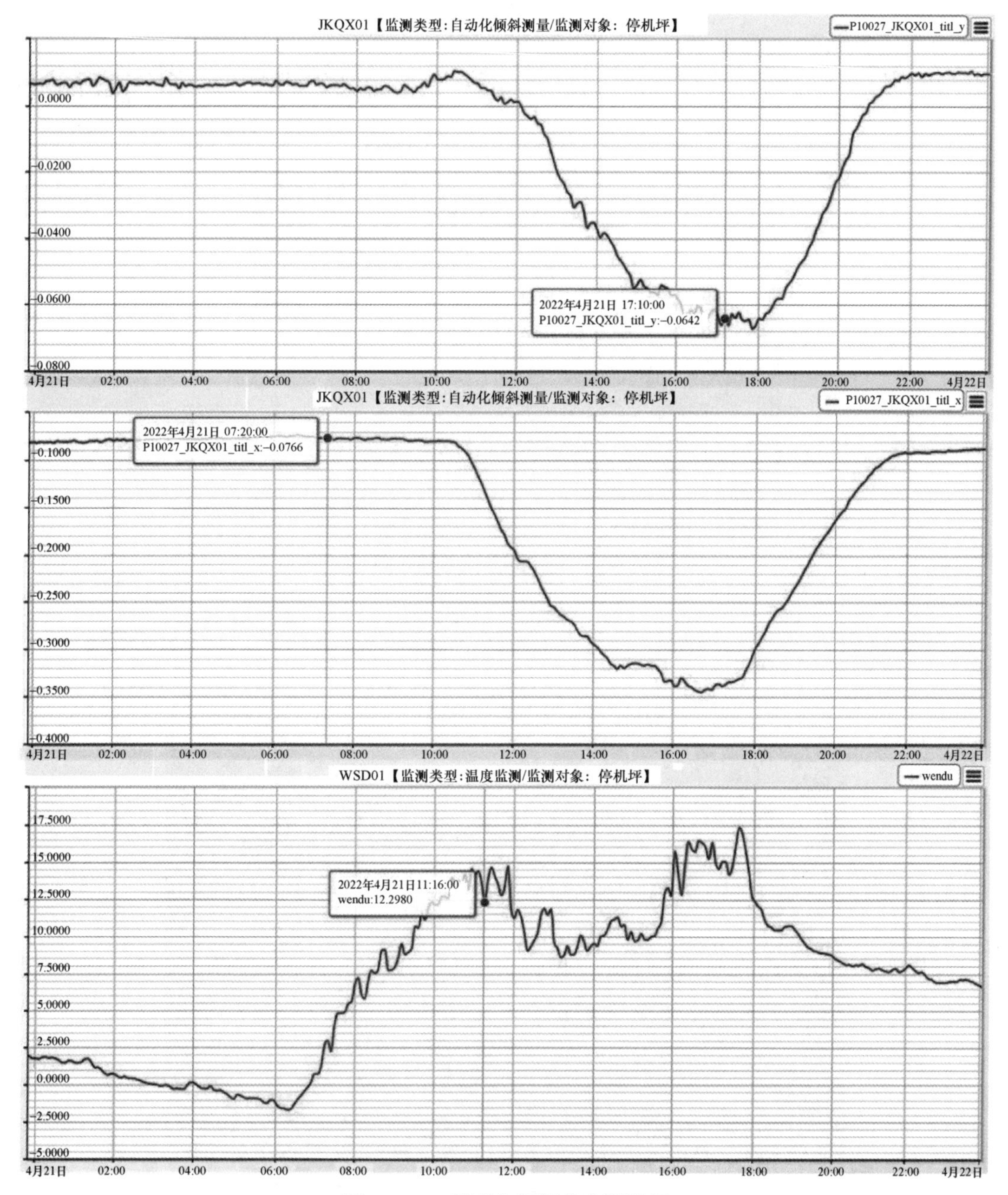

图 10.6-8　温度与倾斜仪监测数据

项目针对山地城市超高层建筑结构健康监测，基于结构形变监测成套技术，设计了超高层结构监测系统建设方案，通过通信组网方式的优化，在保证传输效率的情况下，减少了工程现场布设通信线缆的工作量，提升设备安装效率的同时，节省线缆成本，简化了后期维护工作；通过浏览器、App 实现用户与系统交互，使用户能够实时远程管理项目、浏览数据；通过规则引擎设置预警规则，丰富预警预报手段，有效提升系统可靠性。

第七节　公路滑坡监测

一、工程概况

重庆市涪陵区蔺市镇蓼叶村北、老屋咀村南 XC93 公路出现滑坡，滑坡方向呈西北—东南，滑坡长约 700m，宽约 50m，坡顶海拔约 480m，坡底海拔约 450m（图 10.7-1）。

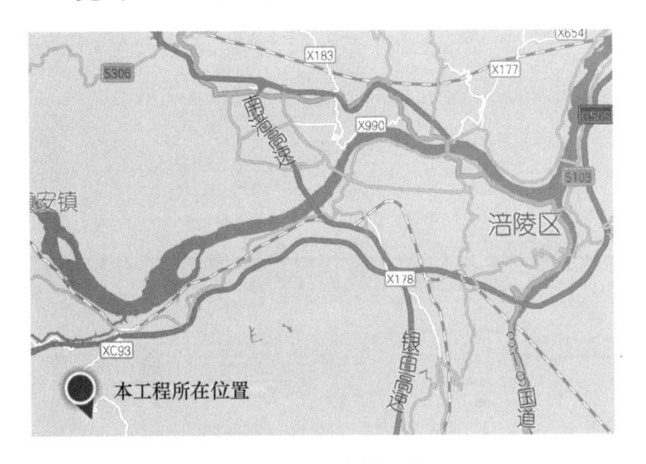

图 10.7-1　边坡区位

2019 年 4 月 28 日，项目组专业人员对该滑坡体进行了现场踏勘，滑坡体、县道 XC93 现状如图 10.7-2～图 10.7-4 所示。

图 10.7-2　滑坡区域县道 XC93 现状

为及时掌握该滑坡体的变化状态，保障公路及周边民房安全，重庆市涪陵区公路局委托作者所在研究团队对该滑坡体进行安全监测。

图 10.7-3　滑坡体现状

图 10.7-4　XC93 公路裂缝现状

二、监测内容及方法

根据本工程特点及工作条件，确定监测对象为县道 XC93 公路下部滑坡体，监测内容为滑坡体水平位移和垂直位移、路面沉降及道路裂缝，监测方式以自动化监测为主，定期进行人工监测校核。具体监测内容及点位设置如下：

（1）水平位移和垂直位移监测共用基准点 1 点；

（2）边坡水平位移监测和垂直位移监测共用点 4 点；

（3）激光自动化监测点 3 点；

（4）道路沉降监测点 12 点；

（5）视频监控点 2 点。

该区域白天日照充足，项目组在现场布设了太阳能电池板，并设计了太阳能与市电互补的供电方式，节约能源的同时确保夜晚及阴雨天气设备正常工作。

主要的监测传感器及相关设备如表 10.7-1 所示。

监测设备列表　　**表 10.7-1**

类型	品牌/来源	数量
高精度 GNSS 接收机及天线	南方测绘	5
高精度激光监测系统	自主研发	3
测量机器人	徕卡	1
电子水准仪	徕卡	1
监控摄像头	萤石	2
太阳能电池板	动力足	2

现场点位布设如图 10.7-5 所示。

（一）GNSS 位移监测

GNSS 设备用于监测滑坡体的水平及垂直位移。1 个 GNSS 基准站与 4 个 GNSS 位移监测点组成监测网，通过实时动态基线解算，并按照《全球定位系统（GPS）测量规范》GB/T 18314—2009 精度要求平差计算得到监测点坐标，现场组网如图 10.7-6 所示。

其中，基准站布设在距滑坡体约 1.6km 的蔺市公路养护站楼顶，1 个 GNSS 接收机安装在滑坡段公路内侧稳定边坡上，该点同时作为激光位移监测及人工监测的工作基点，

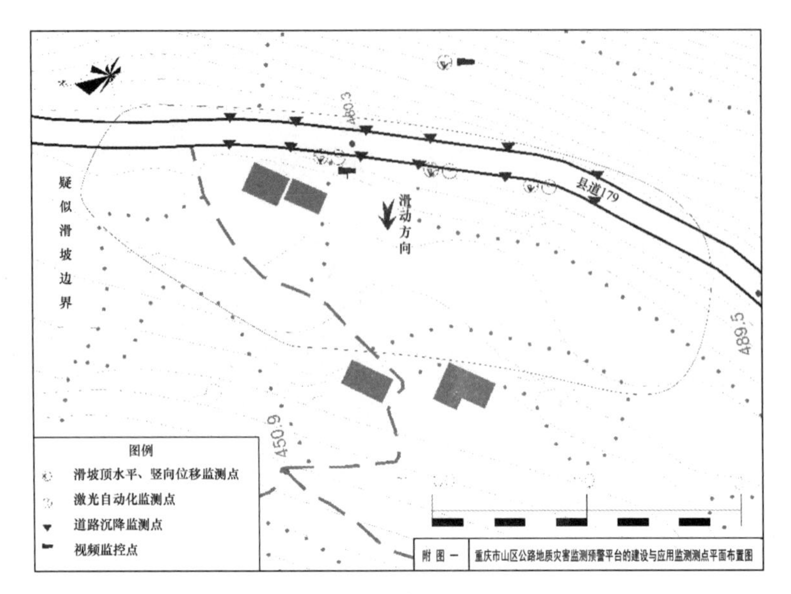

图 10.7-5 现场点位布设图

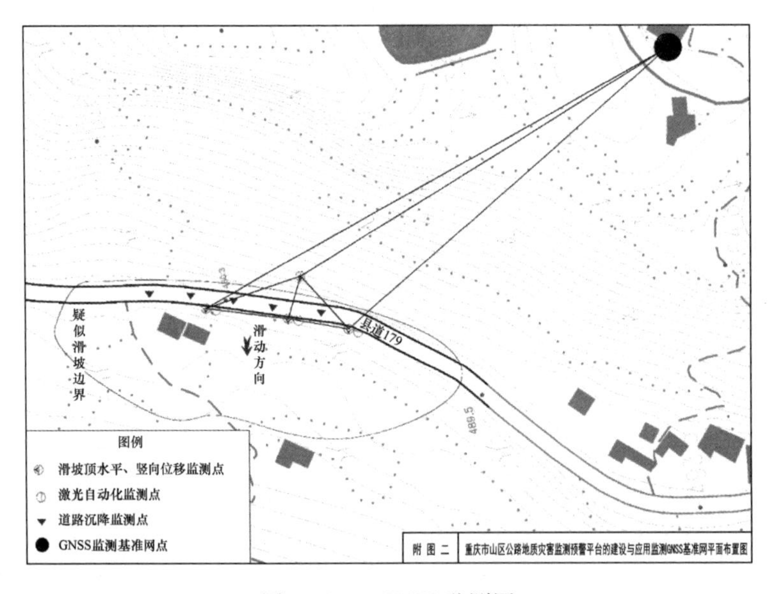

图 10.7-6 GNSS 监测网

通过 GNSS 设备对其稳定性进行监测；另外，3 个监测点布设在公路外侧滑坡体顶部，用于监测滑坡体的水平及垂直位移。现场安装情况如图 10.7-7、图 10.7-8 所示。

(二) 激光位移监测

激光位移监测采用项目组自主研发的基于激光测距及激光光斑漂移技术的高精度位移监测系统，对监测对象在多个维度上的位移变化进行监测。通过测量基准点到监测点之间的距离，获取监测点相对于基准点的位移数据；通过提取激光光斑在反射面板上的中心坐标，计算监测点的水平及竖向位移。激光发射装置位于道路内侧稳定边坡上，反射片与光斑检测装置位于 GNSS 观测墩标上，现场安装及软件界面分别如图 10.7-9、图 10.7-10 所示。

图 10.7-7　GNSS 基准点

图 10.7-8　GNSS 监测点

图 10.7-9　激光监测系统现场安装图

图 10.7-10　激光监测系统软件界面

（三）视频监控

为实时查看监测现场情况，同时确保设备安全，项目组布设了两套视频监控设备，对监测现场进行全天候全方位监控（图 10.7-11）。

图 10.7-11　现场视频监控

（四）人工监测

为验证自动化监测的精度和可靠性，本项目定期进行人工监测校核。在项目周边稳定的地方拟布设水平位移、竖向位移共用基准点 3 点，组成本项目的人工校核基准网。通过联测 GNSS 已有控制点，在工作基点上架设全站仪对各基准点进行水平角、垂直角和距离观测，可平差计算得到基准网各点的坐标。取两个时段的均值作为基准点的首期坐标。满足《建筑变形测量规范》JGJ 8—2016 中的二等精度要求。

在受滑坡影响范围内的相关部位布设 3 个水平、竖向位移监测点，在工作基点上架设全站仪对各变形点进行水平角、垂直角和距离观测，可平差计算得到变形点各点的坐标。以人工监测成果校核自动化监测成果的稳定性和可靠性。

三、数据分析及效果评价

该项目于 2019 年 5 月 29 日进场施工，6 月 9 日设备安装完成并开始监测。

2019 年 6 月 12 日至 7 月 1 日，由于连续强降雨，滑坡体出现了较为明显的滑移趋势，且公路路面裂缝有增大趋势。现场监测数据也反映了这一情况，以 3 号点为例，滑坡体顶部中间位置的 GNSS 监测点在 *X*、*Y*、*Z* 三个方向上的监测数据分别如图 10.7-12～图 10.7-14 所示。

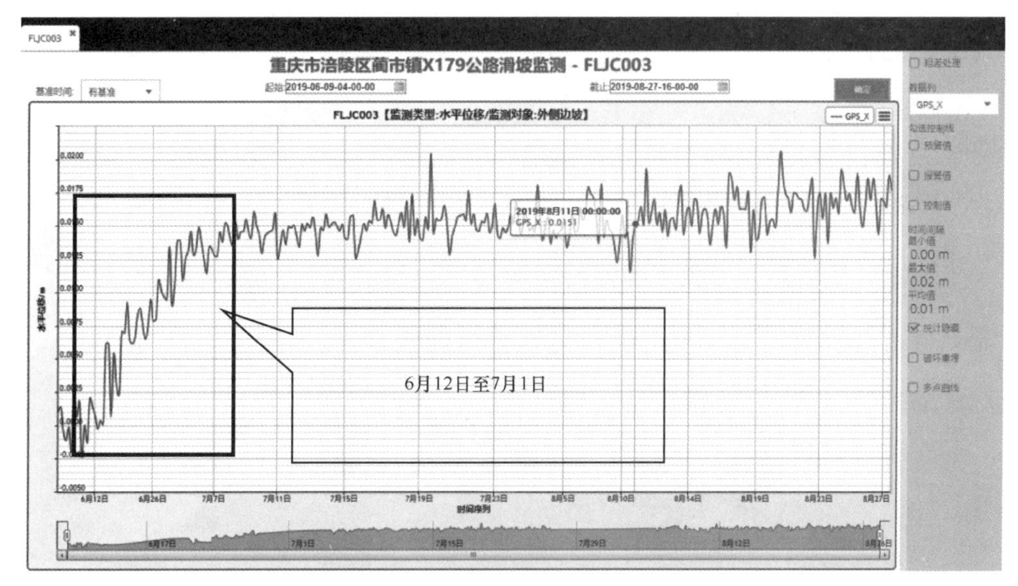

图 10.7-12　3 号 GNSS 监测点 *X* 方向数据

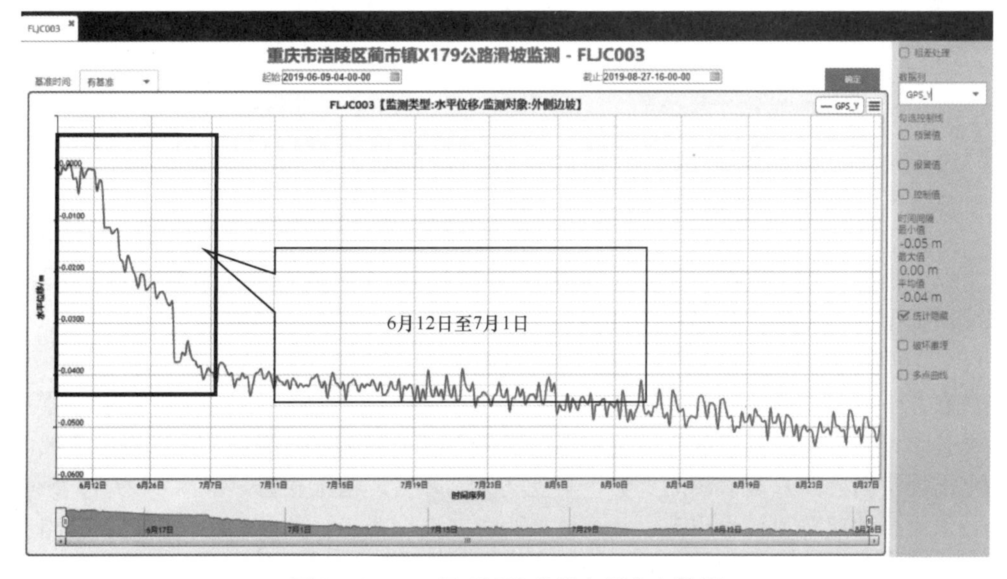

图 10.7-13　3 号 GNSS 监测点 *Y* 方向数据

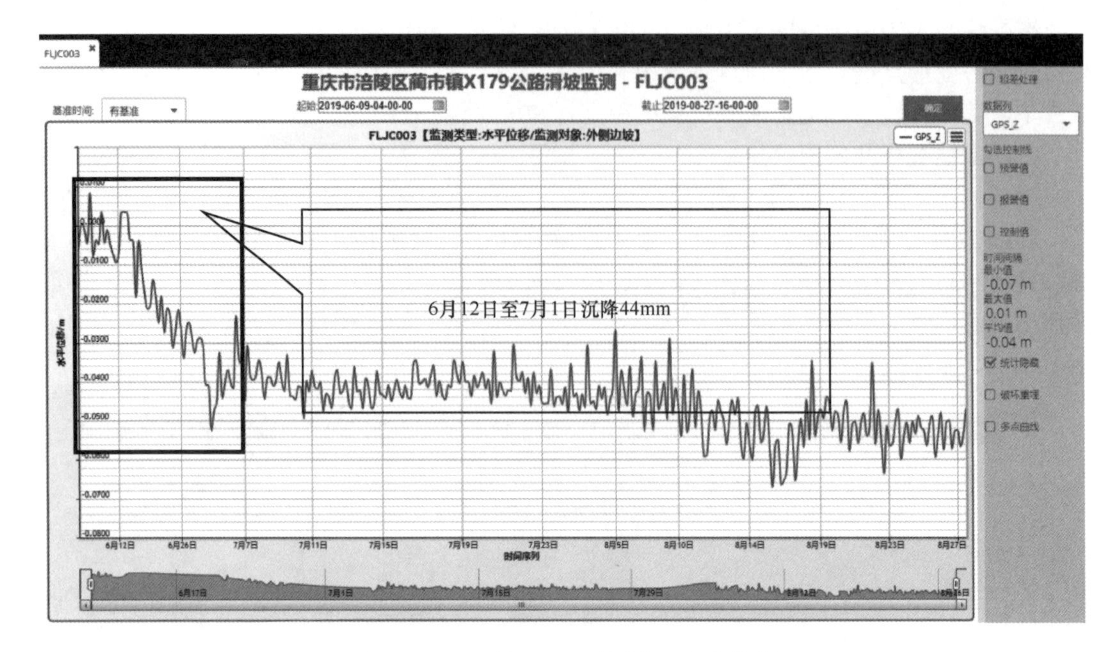

图 10.7-14　3 号 GNSS 监测点 Z 方向数据

根据 X、Y 方向数据绘制该点的平面位移图，如图 10.7-15 所示。

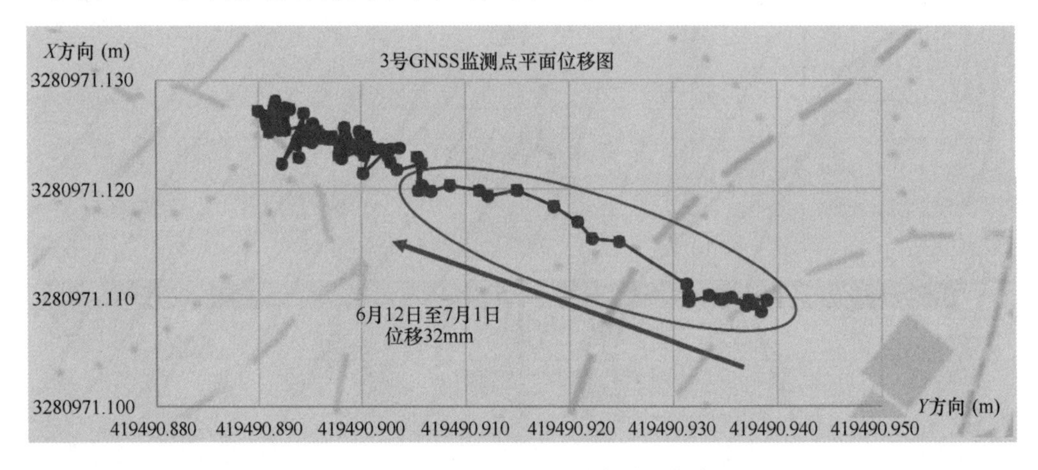

图 10.7-15　3 号 GNSS 监测点平面位移图

由以上数据可知，该点在平面上位移了约 32mm，在竖直方向上沉降了约 44mm。3 号 GNSS 监测点附近的 3 号激光监测点的竖向位移数据及平面位移数据分别如图10.7-16、图 10.7-17 所示。

该点在平面上位移了约 30mm，在竖直方向上沉降了约 42mm，与 3 号 GNSS 监测点的数据基本一致。将监测点的平面位移图与监测现场平面图进行叠加，可以看出滑坡体在平面上出现了向公路外侧滑移的趋势，与现场的实际变形情况相符，如图 10.7-18 所示。

技术人员参照有关技术规范，经评估认为存在安全隐患，并及时将情况反馈公路养护单位。养护单位根据项目组提供的监测数据及变形分析结果，对该滑坡体进行了加固处理，并对雨水进行疏导，同时在路边放置了警示标语提醒过往行人及车辆注意安全。经过

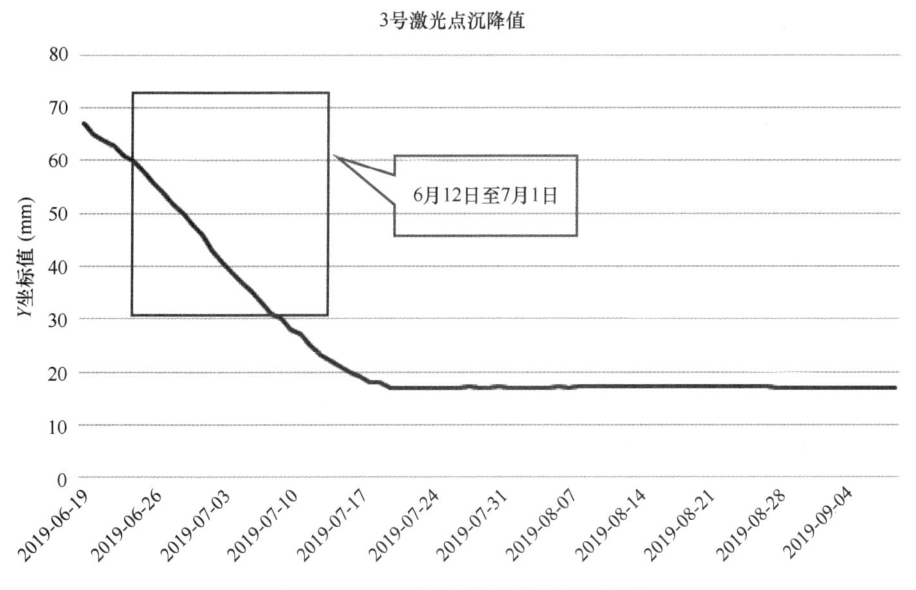

图 10.7-16　3 号激光监测点竖向位移

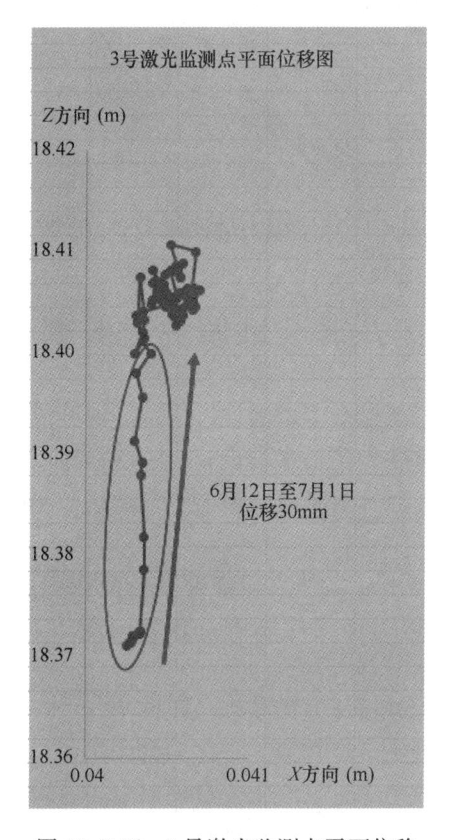

图 10.7-17　3 号激光监测点平面位移

及时整治，该滑坡体后期变形逐渐趋于稳定，未出现山体滑坡、公路垮塌等严重灾害，保障了人民生命财产安全。

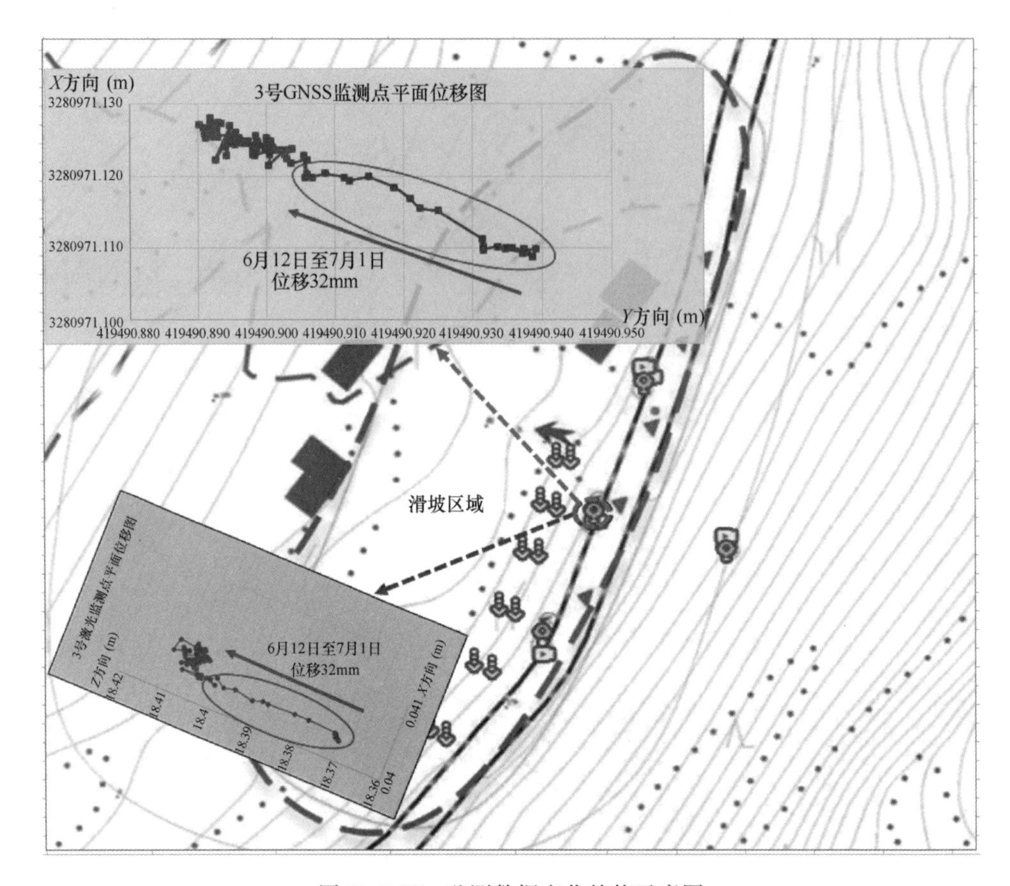

图 10.7-18 监测数据变化趋势示意图

第八节 地质灾害监测

我国西南地区地形复杂，河流众多，滑坡、崩塌、泥石流等地质灾害频发。地质灾害突发性高、破坏性强，严重威胁到当地水利设施、道路设施以及居民生命安全。快速、准确地识别地质灾害隐患区域，并针对重点区域展开持续性监测具有重要意义。

一、区域概况

澜沧江发源于我国青海，岸坡高差大，临近多处断裂带，地震活动频繁。加之水电站、库区蓄水等人类活动和降雨等气候影响，区域内滑坡、崩塌、泥石流等地质灾害频发。

武汉大学测绘学院郭际明教授研究团队以位于澜沧江中段的营盘镇—苗尾段作为研究区域，开展地灾隐患识别和地灾形变监测。该区域处于第一梯度带向第二梯度带的过渡区域，西侧临近怒江结合带，东侧靠近哀牢山—红河断裂带，岩层以坚硬岩浆岩、坚硬变质岩以及坚硬碎屑岩为主，属于三江流域中段断褶大起伏高山峡谷区。区域内澜沧江河道顺直，河谷狭窄，西岸主要为滇西纵谷侵蚀中山地貌，东岸主要为碧罗雪山山地地貌，呈基本对称“V”形，为典型的纵向深切峡谷（图 10.8-1、图 10.8-2）。

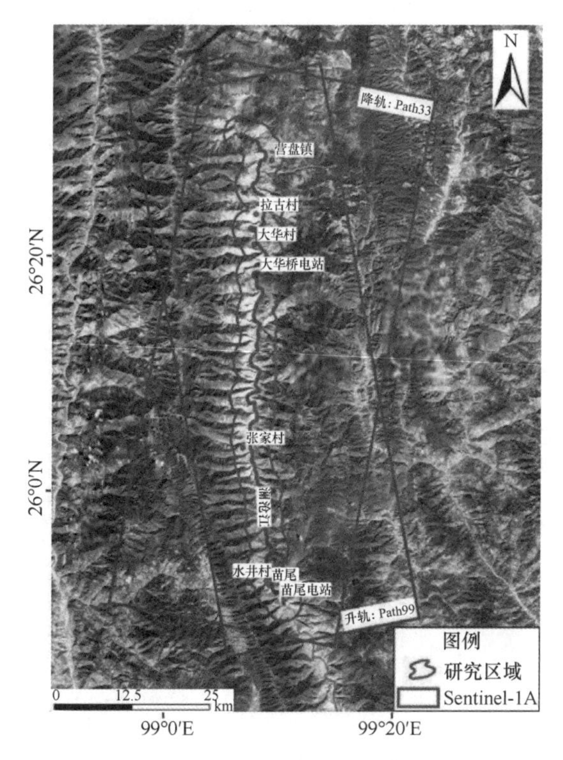

图 10.8-1　研究区域区位图

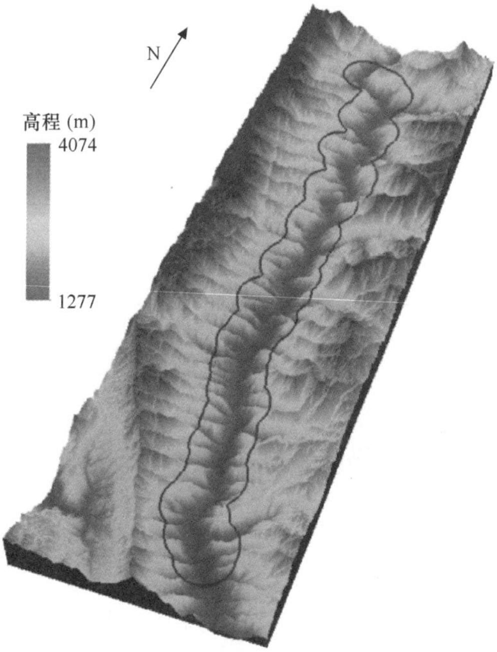

图 10.8-2　研究区地形图

本研究共使用 154 景 Sentinel-1 数据进行地质灾害监测。其中，103 景升轨数据的时间跨度为 2017 年 8 月 9 日至 2020 年 12 月 27 日，51 景降轨数据的时间跨度为 2018 年 11 月 3 日至 2020 年 12 月 22 日。此外，在数据处理过程中还使用了精密卫星定轨数据（Precise Orbit Ephemerides，POE）和 SRTM 30m 空间分辨率的 DEM。精密卫星定轨数据用于纠正由轨道误差引起的相位误差，DEM 数据用于地理编码并模拟去除地形相位（表 10.8-1）。

Sentinel-1 数据主要参数及处理方式　　**表 10.8-1**

主要参数	Path99Frame1265	Path33Frame502
时间跨度	2017 年 8 月 9 日—2020 年 12 月 27 日	2018 年 11 月 3 日—2020 年 12 月 22 日
轨道方向	升轨	降轨
波段	C	C
波长	5.6cm	5.6cm
方位/距离向分辨率	14.00m/2.33m	14.00m/2.33m
方位角	−12.45°	−167.5°
入射角	33.94°	34.45°
影像数量	103	51
处理方式	Stacking-InSAR	SBAS-InSAR

二、监测内容及方法

（一）地灾隐患识别

1. 总体区域

时间基线阈值设置为48d，空间基线阈值设置为150m，对103景升轨Sentinel-1数据进行干涉组合，共形成393组差分干涉对。用Stacking-InSAR方法计算形变，最终得到澜沧江营盘镇—苗尾段沿岸坡体雷达视线方向（LOS）上的年平均形变速率，如图10.8-3所示，其中红色代表地面远离卫星方向的形变、蓝色代表地面靠近卫星方向的形变。

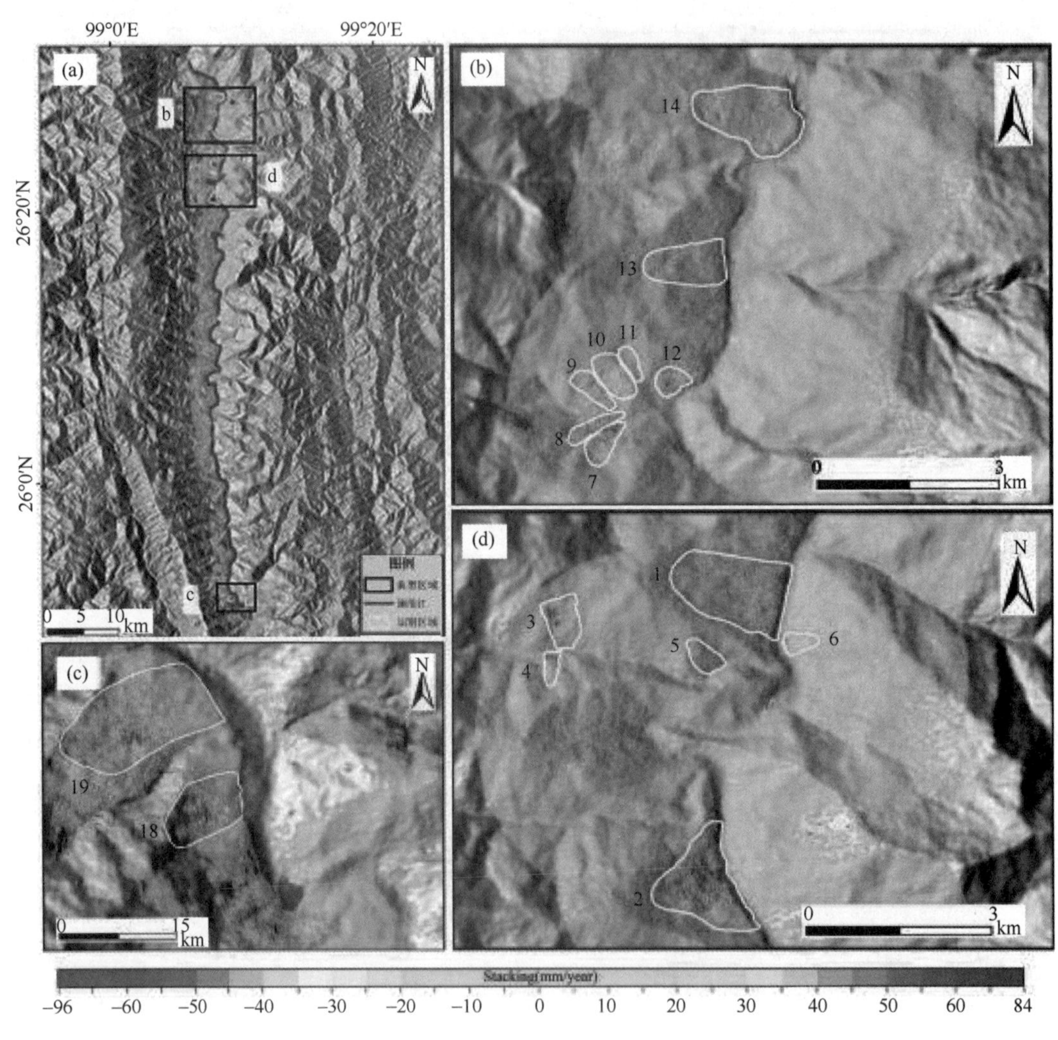

图10.8-3（a）研究区Stacking-InSAR处理结果，（b～d）典型区域放大视角

在滑坡隐患识别时，不仅要考虑形变信息，还需要从DEM和光学影像上判断坡体是否具有滑坡形态。根据InSAR获取的平均形变速率图，确定形变聚集区；针对形变聚集区，参考时间序列光学遥感数据，结合地形、地质等孕灾环境数据，分析是否有形成滑坡的剧烈变形和运动的可能性。提取形变聚集区范围内的平均形变速率和最大形变速率，采用人工交互综合遥感识别分析和计算机自动提取相结合的方法完成滑坡隐患综合判识工作。在上述考量的基础上，共识别出20处滑坡隐患，结果如图10.8-4所示，并放大展示

了3个隐患密集区，图10.8-4（a～c）是典型区域。从整体识别结果来看，隐患主要集中在澜沧江营盘镇至大华村段西岸以及苗尾电站上游西岸，这些隐患中有部分存在巨大威胁。

2. 重点地区

隐患1所在坡体位于拉古村，主要坡向为东偏南，如图10.8-4（a）、（d）所示，该隐患面积约166m×104m，形态呈梨形，平均坡度超过22°，最大形变速率达到79mm/年，大形变主要分布在坡体前及右侧。从光学遥感影像上来看，坡面中后部及前部临江处植被覆盖较少，近乎为裸地，前部存在薄植被覆盖，居民住宅主要在右侧。坡面上已有多处冲沟裂缝（黑色箭头所示），加之植被覆盖度低，坡体很不稳定，易受强降雨影响，对拉古村的安全造成严重威胁。

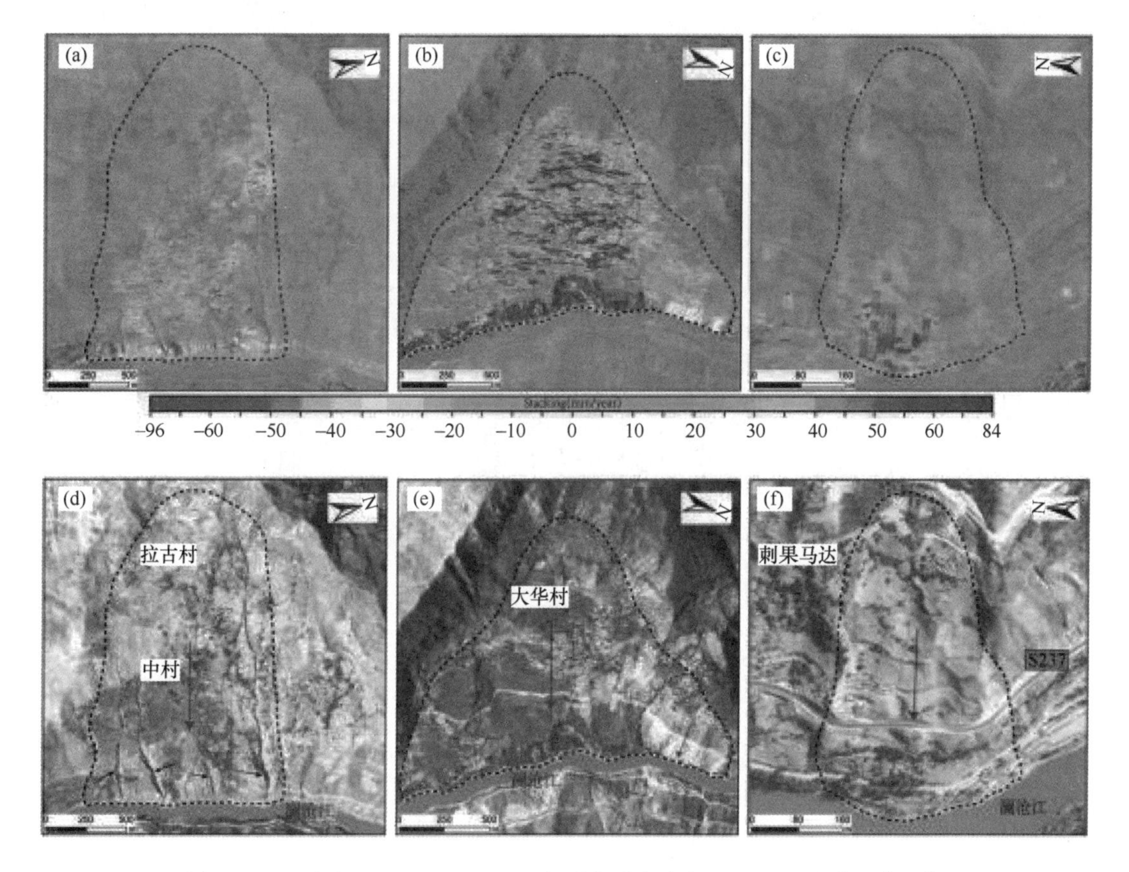

图10.8-4　隐患1、2、6：(a～c）年平均形变速率，(d～f）光学遥感影像

隐患2所在坡体位于大华村，主要坡向为东偏北，如图10.8-4（b）、（e）所示，该隐患面积约134m×104m，形态呈簸箕形，平均坡度超过24°，不同程度的形变分布于整个坡体，最大形变速率达到89mm/年。从光学遥感影像上来看，坡面主要为薄植被覆盖，中部为人类活动区，包括农田与住宅，无自然植被，后缘可见由拉伸造成的稀疏植被。隐患右部红色虚线范围内已发生过明显的局部崩滑，临江处植被完全剥落，露出裸地，是坡体不稳定的直接表现。整个坡体上形变分布大而广，植被薄而稀，易受强降雨影响，威胁

到大华村。

隐患 6 所在坡体位于刺果马达南部，主要坡向为正西，如图 10.8-4（c）、（f）所示，该隐患面积约 13m×104m，形态呈梨形，平均坡度超过 24°，集中形变分布于隐患前部，最大形变速率达到 53mm/年，表现为靠近卫星方向。从光学遥感影像上来看，坡体前、后部有稀疏的植被覆盖，且坡体前部有省道 S237 穿过，中部为无植被覆盖的裸地。坡体两侧的岩壁较明显，植被覆盖度低，易受强降雨影响，威胁到坡体上的分散居民、省道 S237。

（二）地灾形变监测

采用升轨 Sentinel-1 数据通过 SBAS-InSAR 技术监测了营盘镇—大华村段的滑坡隐患形变，提取典型滑坡隐患特征点的形变时间序列，分析了其稳定性。

将覆盖营盘镇—大华村段时间跨度为 2017 年 8 月至 2020 年 12 月的 103 景升轨 Sentinel-1 SAR 影像以相同方式进行配准和干涉组合，共得到 393 组干涉对。对时间跨度为 2018 年 11 月至 2020 年 12 月的 51 景降轨 Sentinel-1SAR 影像作配准，再以 48d、150m 为时空基线阈值干涉组合得到共 144 组干涉对，见图 10.8-5。

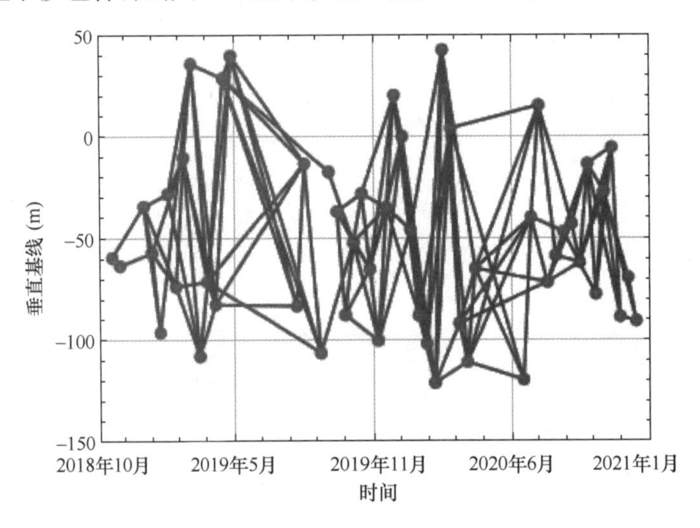

图 10.8-5 降轨干涉组合

图 10.8-6 给出了基于 SBAS-InSAR 的营盘镇—大华村段年平均形变速率，图 10.8-6（a）所示为升轨观测，图 10.8-6（b）所示为降轨观测，红色代表远离卫星的形变，蓝色代表靠近卫星的形变。同时，在澜沧江东岸西向坡体上识别到 3 个因升轨观测几何畸变及对沿西向坡向下的形变不敏感而遗漏的新隐患（图 10.8-6b 中红色边界）。

图 10.8-7 给出了典型滑坡的局部放大，其中图 10.8-7（a）～图 10.8-7（c）分别是升轨观测下澜沧江西岸的大华村滑坡、拉古村滑坡、江边滑坡，图 10.8-7（d）为降轨观测下澜沧江西岸的营盘镇滑坡，为升轨观测遗漏的滑坡隐患。

三、数据分析与效果评价

拉古村滑坡隐患 1，位于澜沧江大华桥水电站上游西岸的拉古村，坡体上多为裸地和农作物薄植被，稳定性差，形变集中在坡体中部和右上部。提取 LGC1 和 LGC2 两个特征点的形变时序，与月降雨量、库水位作对比，如图10.8-8、图10.8-9所示。与大华村滑

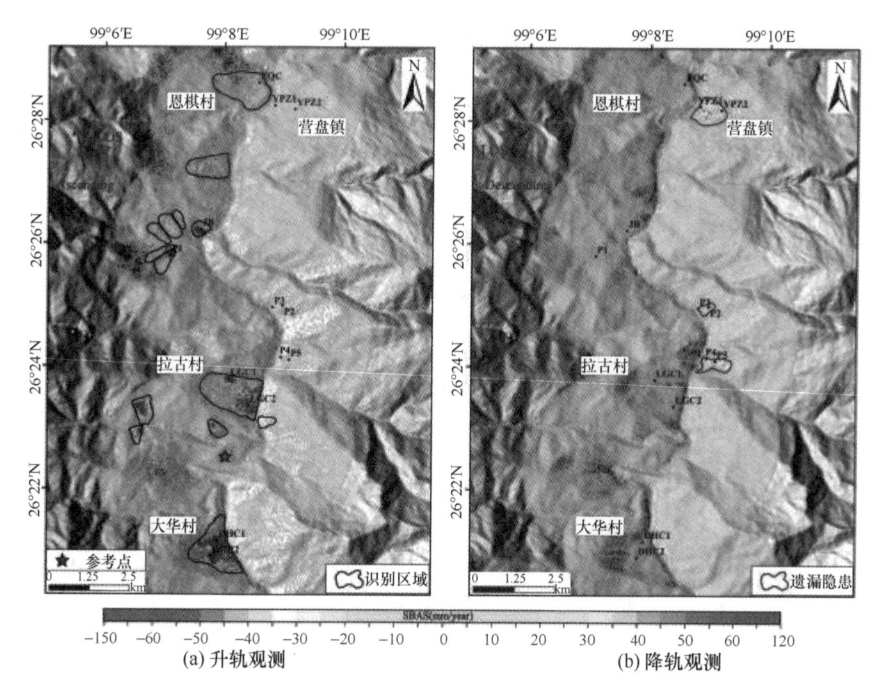

(a) 升轨观测　　(b) 降轨观测

图 10.8-6　营盘镇—大华村段 SBAS-InSAR 年平均形变速率

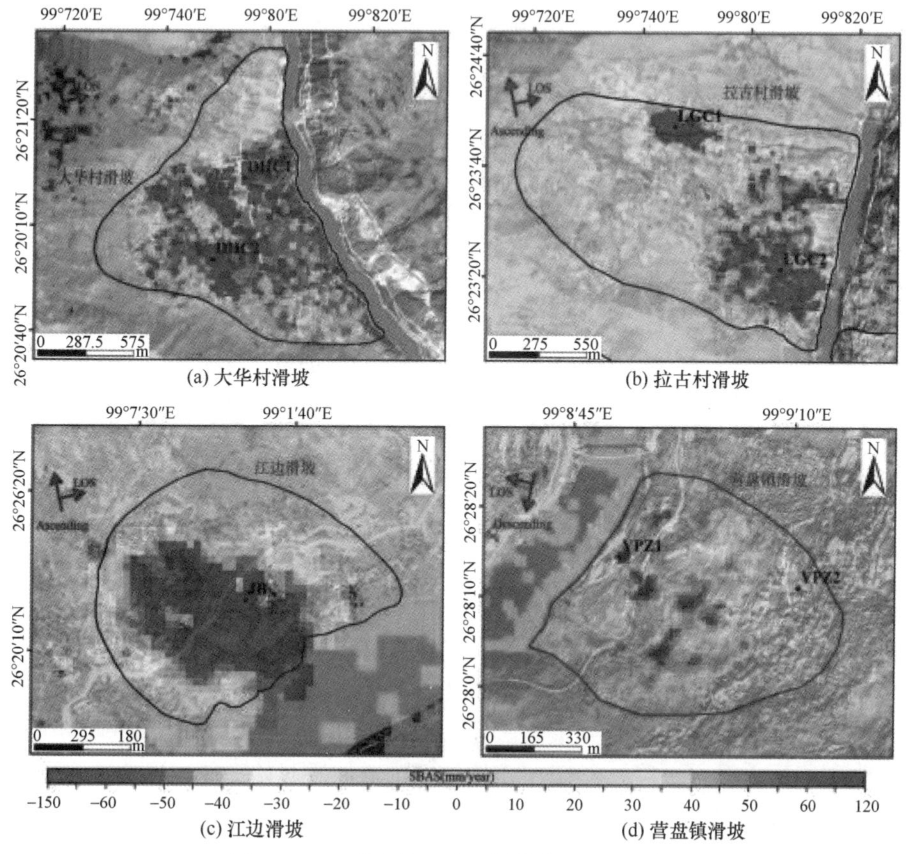

(a) 大华村滑坡　　(b) 拉古村滑坡

(c) 江边滑坡　　(d) 营盘镇滑坡

图 10.8-7　营盘镇—大华村段典型滑坡局部

坡类似，LGC1 形变接近线性趋势，LGC2 形变存在一定的阶跃变化，前者最大累积形变超过 250mm，后者接近 180mm。依旧以阶跃现象更显著的 LGC2 进行形变分析，采用最小二乘三次样条拟合形变趋势并提取日形变速率，如图 10.8-10 所示。

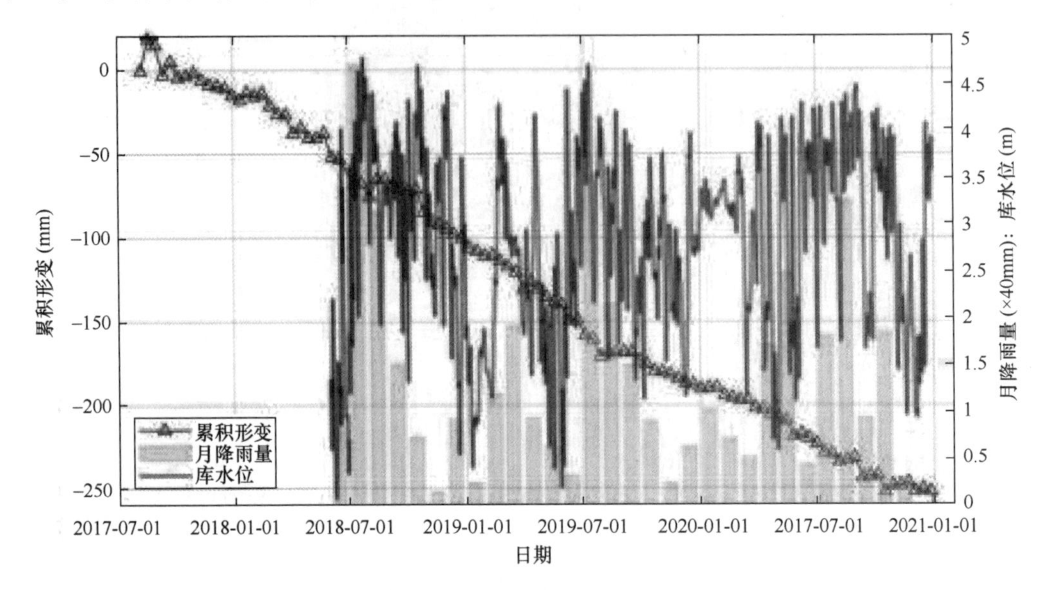

图 10.8-8 拉古村滑坡 LGC1 点形变与月降雨量和库水位对比

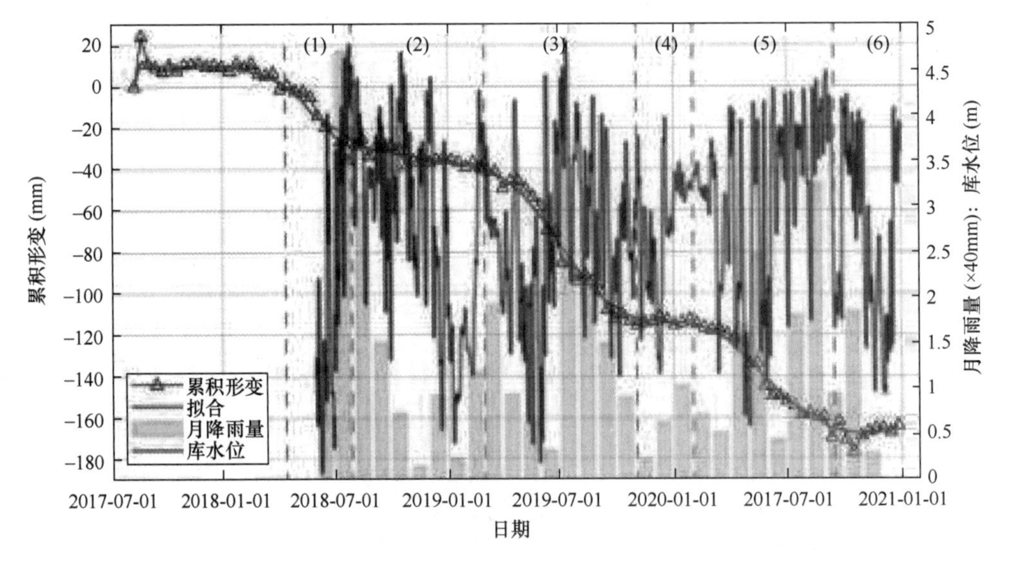

图 10.8-9 拉古村滑坡 LGC2 点形变与月降雨量和库水位对比

滑坡形变有 3 次阶跃变化，分别为阶段（1）、阶段（3）、阶段（5）。阶段（1）：2018 年 4 月至 7 月，累积强降雨，月降雨量在 7 月达到最高峰，库水位整体上升高，形变于 3 月开始加速，形变速率在 5 月达到最大。阶段（3）：2019 年 3 月至 2019 年 10 月，库水位整体上先下降后上升再下降，形变在 2 月降雨量增加后开始加速，形变速率于 9 月降雨量峰值时达到最大。阶段（5）：2020 年 2 月至 9 月，库水位小幅度波动，形变在 1 月持续降雨开始后加速，5 月降雨量小高峰后形变速率达到最大值。其余阶段形变速率较稳

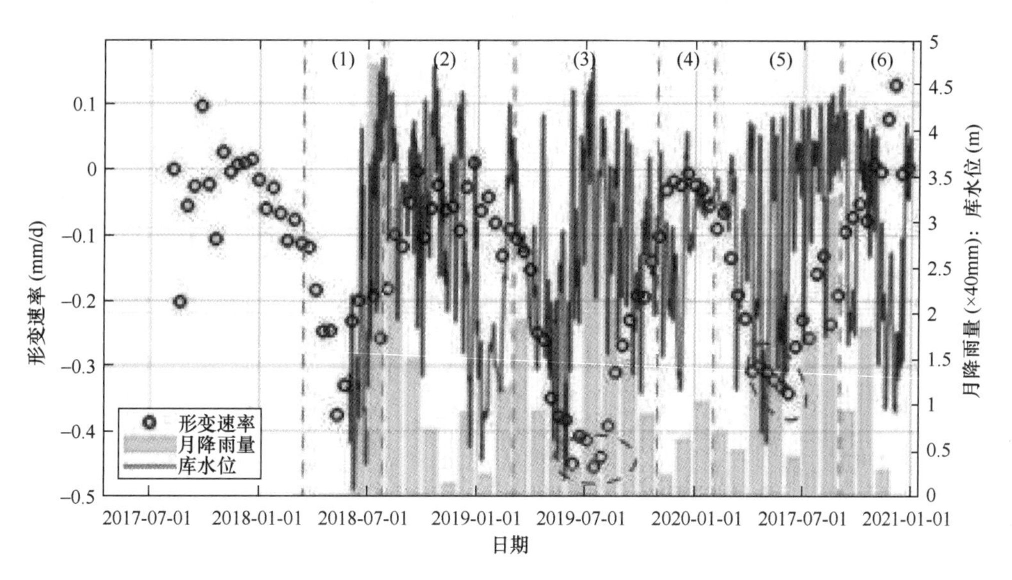

图 10.8-10 拉古村滑坡 LGC2 点日形变速率与月降雨量和库水位对比

定。阶段（6）：2020 年 11 月后，形变回弹并趋于稳定。

大华村滑坡隐患 2，位于澜沧江大华桥水电站上游西岸的大华村，坡体上多为裸地和农作物薄植被，稳定性差，形变集中在坡体中部，与 Stacking-InSAR 方法结果一致。提取 DHC1 和 DHC2 两个特征点的形变时序，以海拔 1472m 为库水位的基准面，将月降雨量数据除以 40（下同），将 DHC1 和 DHC2 的形变时序与月降雨量、库水位作对比，如图 10.8-11、图 10.8-12 所示。DHC1 形变接近线性趋势，DHC2 形变存在一定的阶跃变化，前者最大累积形变超过 350mm，后者超过 200mm。大华桥水电站库区水位较稳定，库水位呈小幅度变化，最高水位与降雨量峰值一致。

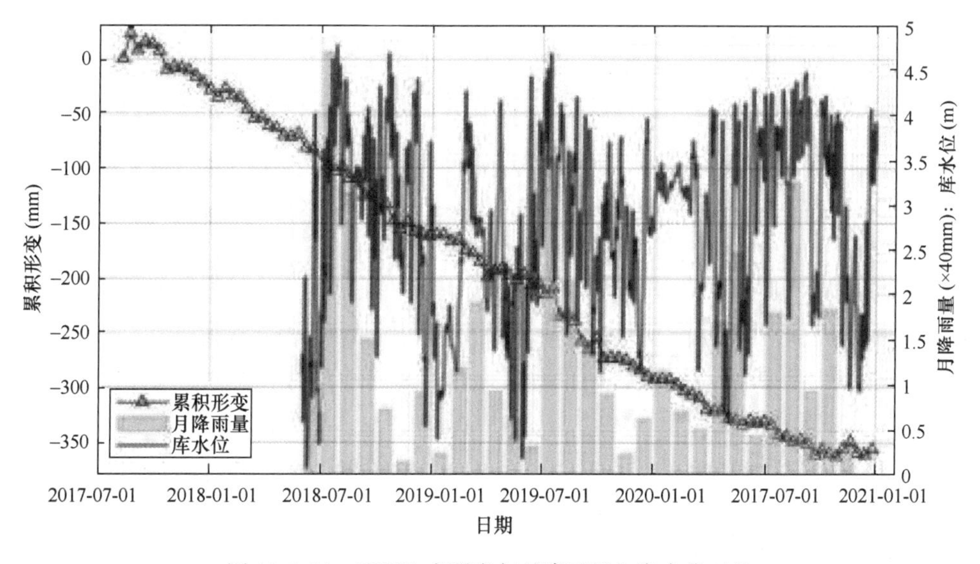

图 10.8-11 DHC1 点形变与月降雨量和库水位对比

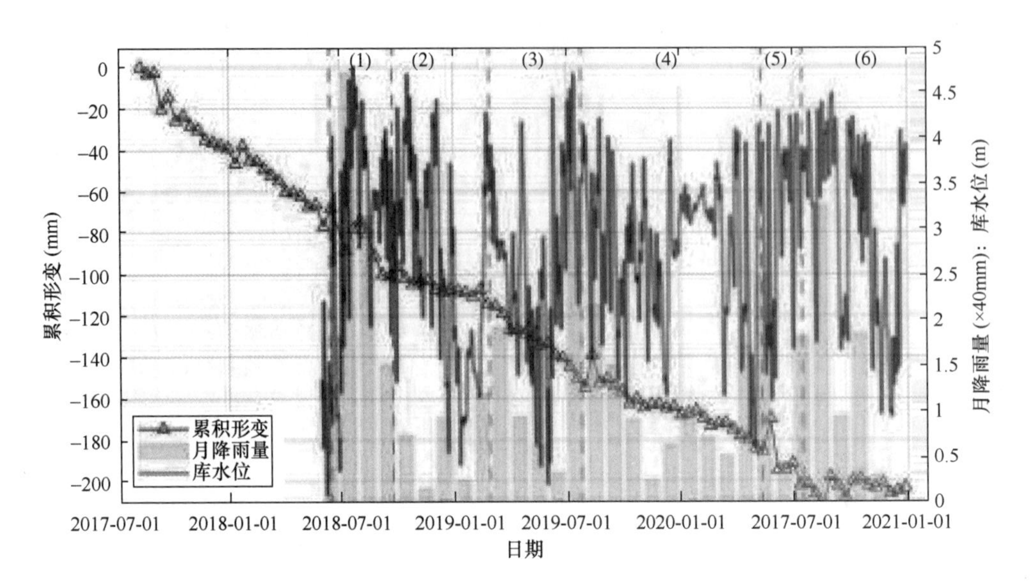

图 10.8-12　DHC2 点形变与月降雨量和库水位对比

以存在阶跃现象的 DHC2 进行形变分析，滑坡形变有 3 次小的阶跃变化，分别为阶段（1）、阶段（3）、阶段（5）。阶段（1）：2018 年 6 月至 9 月，累积强降雨，库水位先升高后降低，形变加速。阶段（3）：2019 年 2 月至 2019 年 7 月，月降雨量经历两次峰值后，库水位经历三次下降上升，形变加速。阶段（5）：2020 年 5 月至 7 月，月降雨量小峰值后，形变再次加速。其余阶段形变速率较稳定。

基于 Stacking-InSAR 方法，对 103 景 Sentinel-1 数据所覆盖的澜沧江营盘镇—苗尾段两岸坡体进行滑坡隐患早期识别，成功识别滑坡隐患，根据多个指标定性地评价了隐患的风险等级，对高风险隐患结合光学遥感数据进行解译分析，验证了 Stacking-InSAR 用于滑坡隐患早期识别监测的有效性。

第九节　本 章 小 结

综合运用各种监测仪器设备、技术方法、自主研发的软硬件平台，在大型场馆、水电站大坝、公路滑坡、跨江桥梁等重大工程建设运营过程中开展实践应用，用智能监测技术守卫城市安全。

在地表形变监测方面，采用时序 D-InSAR 技术开展重庆主城区地表形变监测，确定主城区易引发地表形变的敏感区域，提高城市防灾减灾的预警能力。

在大型场馆监测方面，以重庆国际博览中心为例，针对重庆国际博览中心主体钢结构及周边地质环境的复杂性，综合运用 GNSS 监测技术、智能传感监测技术，对其水平位移、竖向位移、墩柱倾斜、应力应变开展监测，全面准确地把握场馆及周边地形的变形情况，准确评价安全态势，并提供监测预警预报。

在水电站大坝监测方面，以隔河岩水电站大坝为例，综合利用 GB-SAR 连续影像序列干涉相位时序分析技术和 GB-SAR 基于离散子影像集的时序分析技术开展坝体变形监测，研究分析大坝主体表面的变形规律。

在地铁隧道监测方面，以重庆轨道交通六号线礼嘉站至平场站区间段为例，采用三维激光扫描技术，监测隧道断面收敛、拱顶沉降、内部裂隙等变形和结构病害情况，保证隧道安全运营。

在跨江桥梁监测方面，以重庆嘉华嘉陵江大桥为例，综合运用智能传感监测技术对主梁应变、主梁变形、伸缩缝位移、裂缝宽度、载荷压力等进行监测，通过将监测数据接入城市基础设施监测大数据平台，确保该桥梁在特殊气候、交通条件下或桥梁运营状况异常严重时发出预警信号，为桥梁的维护维修和管理决策提供依据与指导。

在超高层建筑监测方面，以重庆朝天门光控中心为例，针对山地城市超高层结构健康监测系统的特点，基于大数据、物联网技术，监测大数据平台实现了数据解析、快速存储、流式计算、智能分析、预警预报、成果发布等功能，并提供安全监测、运维管理、应急处置及信息发布等各种服务，通过科学合理分析建筑结构变化和环境因素之间的关系，为超高层建筑的维护管理、运营决策提出科学合理的建议。

在公路滑坡监测方面，以重庆市涪陵区蔺市镇 XC93 公路滑坡体为例，综合运用测量机器人、卫星高精度定位、图像视觉监测技术开展监测。根据监测数据，公路养护单位对该滑坡体进行了及时整治，该滑坡体后期变形趋于稳定，未出现二次灾害。

在地质灾害监测方面，以澜沧江中段的营盘镇—苗尾段作为研究对象，运用合成孔径雷达监测技术，开展地灾隐患识别和地灾变形监测。

参考文献

[1] 祝小龙，向泽君，谢征海．大型建筑结构长期安全健康监测系统设计[J]. 测绘通报，2015(11)：76-79.

[2] 袁长征，滕德贵，李超，等．重庆嘉华大桥健康监测系统设计与建设[J]. 测绘通报，2021(S2).

[3] 湖北省水利厅大坝安全监测与白蚁防治中心．大坝安全监测实用技术[M]. 武汉：武汉大学出版社，2018.

[4] 殷鑫．隧道下穿引起管线非线性变形的简化计算方法[J]. 土木与环境工程学报(中英文)，2023(9)：1-9.

[5] 王昌翰．大型工程场地及建筑物安全监测与分析[J]. 测绘通报，2016(S2)：108-111.

[6] 侯亚彬，陈玉，王新胜，等．山地城市某地铁深基坑监测与特性分析[J]. 测绘通报，2020(S1).

[7] 周鹏，李凯．山地城市超高层建筑沉降监测及数据分析[J]. 测绘通报，2019(S2)：220-222.

[8] 胡波，谭涵．基于 ARIMA 模型的边坡变形分析与预测[J]. 测绘通报，2019(6)：112-116.

[9] 孙鸿敏，李宏男．土木工程结构健康监测研究进展[J]. 防灾减灾工程学报，2003(3)：92-98.

[10] 楼晓明，刘建航．高层建筑桩基础对邻近隧道影响的监测与分析[J]. 同济大学学报(自然科学版)，2003(9)：1014-1018.

[11] 石勇，易佳．地面施工对运营轨道隧道结构形变影响及数值模拟分析[J]. 测绘通报，2019(S2)：157-160.

[12] 郑跃骏，岳仁宾．基于激光扫描的交通隧洞几何形变监测方法[J]. 北京测绘，2018，32(11)：1318-1321.

[13] 胡群芳，黄宏伟．盾构下穿越已运营隧道施工监测与技术分析[J]. 岩土工程学报，2006(1)：42-47.

[14] 王艳茹，王明权．基于测量机器人的地铁变形监测系统研究与应用[J]. 交通科技与经济，2016，18(3)：60-63.

[15] 文雪中. 大型桥梁挠度监测的方法比较及实践[J]. 测绘地理信息，2016，41(5)：70-73.

[16] 胡志耘，周庆人，成维新，等. 重庆轻轨大堰基地挡土墙变形原因分析[J]. 水文地质工程地质，2002(6)，64，65，68.

[17] 吴海洋. 监测技术在重庆轨道交通隧道施工中的应用[J]. 交通世界，2023(26)：155-157.

[18] 刘洁，李仁忠，王昌翰. 基于地面激光扫描技术的高层建筑变形监测[A]//中国测绘学会. 中国测绘学会第九次全国会员代表大会暨学会成立50周年纪念大会论文集. 北京：[出版者不详]，2009：1085-1088.

[19] 廖胤齐，王智. 移动三维扫描支持下的地铁盾构隧道收敛测量技术应用研究[J]. 测绘通报，2022(S2)：77-80.

第十一章　总结与展望

第一节　主 要 结 论

本书介绍了工程安全监测的背景和发展历程，以自动化、智能化监测技术方法为主线，系统论述了工程安全智能监测的相关理论、技术、方法和实践。在理论方面，工程安全监测由多学科知识交叉融合发展而来；在技术方面，GNSS、三维激光扫描、合成孔径雷达等多种技术方法在监测中互为补充、综合运用；在实践应用方面，工程安全监测被广泛应用于大型场馆、水电站大坝、地铁隧道、跨江桥梁等多种类型的工程项目。

一、多学科知识交叉融合

工程安全监测是一项多学科知识交叉融合的工作，它以土力学、岩石力学、地质学、结构力学、材料力学、工程经济学等学科为理论基础，以测量、传感、遥感、通信、计算机等学科为技术手段，同时还紧密结合了施工工艺和工程实践经验。

在实际监测工作中，监测人员需具备多学科专业知识，才能对监测对象的形状特征、结构类型、受力情况、所用材料以及外部环境条件有全面的认识和判断，以便制定合理的监测方案和技术指标，科学地处理监测资料并分析监测成果，并能够对沉降、位移、变形等作出科学合理的成因解释。此外，监测人员还必须掌握丰富的测量学、通信技术、计算机科学等相关知识和技术，能够综合运用各种仪器设备、采用多种技术方法手段，对不同类型的工程项目开展监测数据集成与管理。

二、多技术方法互为补充

各种监测技术方法，都有其适用的场景。例如，测量机器人能够对监测目标点进行自动识别和定位，实现远程在线自动化监测。但测量机器人是一种基于非接触点式监测，且对放置位置和工作环境有较高要求，易受到振动、风力等外部环境的干扰。三维激光扫描监测技术能够高效准确地获取监测对象的三维几何形状和表面颜色、纹理等信息，应用范围广泛，但也存在设备价格昂贵、现场通视条件要求高、数据处理较复杂等劣势。各种用于监测的传感器具有体积小、重量轻、响应速度快、可靠性高等优点，但需要人工将其布设固定在被测物体表面或埋入其中，在某些环境和条件下带来施工困难。合成孔径雷达（SAR）技术具有全天时、全天候、穿透力强的优点，但SAR数据的处理和分析通常需要较高的技术水平和专业知识，增加了数据处理的难度和成本，且在复杂地形区域，SAR的成像质量可能受到影响，出现阴影、叠影等现象。

在实际监测工作中，往往根据工程项目的特点和监测要求，综合应用多种技术手段，达到取长补短、相互校核的目的，提高监测的精度和可靠性。

三、多类型工程综合应用

安全监测广泛应用于多种类型的工程领域。在岩土工程领域，对建筑地基、边坡、地下工程、基坑支护等开展监测。在土木工程领域，对房屋、道路、桥梁、隧道、大坝、电站等工程项目开展监测。

例如，桥梁在长期的运营过程中，由于受车辆荷载、风速、水流等外部荷载的影响，桥梁结构容易疲劳，关键受力部位可能会产生裂缝或者因倾斜导致坍塌。因此，可在桥梁的重要部位安装或埋入光纤光栅应变传感器进行应力监测，用静力水准仪对桥梁基础沉降和桥箱梁挠度进行监测。

再例如，大坝在长期的运行中易受渗透破坏导致坝坡失稳，坝体、坝基内部应力和场压力超出设计限度，出现裂缝、坝体位移量过大以及渗水等。因此，常用传感器、测量机器人等设备监测大坝位移变形、应力应变、渗流量、裂缝等。

尽管不同类型的工程项目，监测方案和监测内容各不相同，但通常都要遵循整体性、优先性、多层次、方便适用、经济合理的原则。

整体性原则是指监测要覆盖被测对象的整体，不能只作局部结构的监测。优先性原则是要首先确定监测对象的关键部位和敏感部位，优先布置监测点。多层次原则是指采用多种监测手段以便互相补充和校核，采用地表监测和地下监测相结合的立体监测方法。方便适用原则是指监测方法和仪器要便于操作和分析，力求简单易行。经济合理原则是指要兼顾信息的丰富性和造价的合理性两方面的要求。

此外，大量的工程项目都修建在地表和近地表的地下空间，地表的稳定性对于工程安全具有重要作用。由于地壳运动、地质构造变化、重大工程项目建设等原因，极易引起地表位移、地表沉降甚至倾斜弯曲，给工程地基、工程结构带来巨大破坏。因此，对地表形变开展监测是各项工程安全的重要保障。

第二节　主 要 创 新

作者所在研究团队长期从事工程安全监测领域的研究与实践，自主研发仪器装备，改进技术方法，集成软硬一体化系统，致力于达成更低成本、更高效率、更高精度、更快响应、更准预警预报的监测工作目标，以科技的力量守护城市安全，建设韧性城市。

一、仪器装备创新

（一）研制智能传感器

基于振弦类传感器技术，作者所在研究团队研制了四通道振弦式数据采集器，用于获取监测对象的位移、挠度、应力应变等监测数据，实现建（构）筑物的高精度变形监测。基于相位法激光测距技术，设计并研制了激光数据采集器，实现了亚毫米级变形监测。

（二）研制智能无线网关

针对现有监测数据采集器存在的扩展性与维护性差、功能不完备的问题，作者所在研究团队研发了一款智能安全监测数据采集无线网关，实现了多厂商不同类型传感设备的接入、相关数据的集成与传输。

（三）研发激光光斑漂移监测系统

为进一步降低监测成本，提高监测效率，作者所在研究团队将激光引入工程安全监测领域，研发了激光光斑漂移监测系统，其技术思想是：在稳定体和变形体上分别安装激光发射装置和成像装置，用固定拍照的方式对不同时点的激光光斑图像进行采集，检测从形变体上投射到稳定体上的激光光斑中心位置的变化，从而得出激光光束在形变体上的亚毫米级位移变化量。

激光光斑监测设备终端包括激光发射器和激光接收器。监测现场工作站包括无线自组网数据传输体系、监测现场路由节点、监测现场中心协调器节点以及手持设备采集终端。

（四）研发水准气泡倾斜监测系统

作者所在研究团队提出了一种基于水准气泡图像检测的倾斜监测方法，其基本思想是：利用摄像头采集安装在待测对象上的带有刻度管状水准器的图像，当待测对象发生倾斜变形时，通过处理采集的水准器图像获取该水准器中气泡相对于水准器上刻度线中心位置的移动距离，再根据水准器刻度间距离与倾角的换算关系，将移动距离转化为待测对象的倾斜角度的变化。本方法相比于目前在变形监测领域常用的传感器倾斜监测具有更低廉的成本、更高的监测精度和测量频率。

二、技术方法创新

（一）改进精密三角高程测量方法

常规精密三角高程测量方法可代替二等水准测量，在实际测量工作中获得广泛应用。但该方法在山区丘陵地区和跨河水准测量方面略显不足，导致了需要多次跨河运输仪器设备，重复性大、效率低。此外，主辅站之间的测量流程衔接自动化水平较低。

作者所在研究团队进一步优化改进了精密三角高程测量数学模型，在理论和应用上对该方法进行补充完善，发明了精密三角高程测量装置，研发了自动化测量内外业一体化系统，提高了外业测量工作的自动化、智能化水平，降低了人力成本、时间成本和经济成本，广泛应用于高差起伏较大地区的精密高程传递。

（二）建成山地城市北斗地基增强系统

北斗地基增强系统是北斗卫星导航系统的重要组成部分。我国首个山地城市北斗地基增强系统——重庆市北斗卫星地基增强系统于 2014 年 3 月建设完成，为高山峡谷或城市建筑密集区域提供了快速、高精度的空间位置定位服务。

作者所在研究团队自主开展了多模多频接收机研制和网络参考站系统、连续运行参考站系统的建设，通过基准联测、系统测试，各项精度均符合规范要求，目前该系统已被广泛应用于大型场馆、危岩滑坡、跨江桥梁的安全监测。

（三）开发工控机软件

工控机适用于供电、通信等条件较良好的场景，能提供更大存储、更快算力。作者所在研究团队自主研发了工控机软件，包括监测项目管理、监测方案设置、设备调试、数据采集以及数据查看等功能，保证采集数据的可靠性和稳定性，实现了自动化监测。

（四）开发智能数据采集 App

目前，在部分特殊场景和相关要求下，人工监测还不能被完全取代，但仍然存在数据流转脱节、管理混乱的现象。针对上述问题，研发了移动智能数据采集 App，将全站仪、水准仪、传感器、人工巡查、第三方数据都进行接入、汇聚，通过加密处理后远程上报，实现了无纸化、可监管、全自动的安全高效闭环式生产模式。

三、监测平台创新

（一）数据动态接入与汇聚技术

为提升系统对监测传感设备和第三方平台数据的兼容性、适配性，对各类监测数据统一标准，提出了多源异构数据的动态接入与汇聚技术。通过该技术，结合作者所在研究团队自主研制的智能型数据采集无线网关设备、工控机软件、智能移动数据采集 App 等成果实现了多种渠道下、多种方式的自动传感数据和人工数据的动态接入与汇聚。

（二）数据流式处理引擎技术

为满足海量监测数据的不同处理需求和同时在线高并发计算，作者所在研究团队集成设计了各类监测数据处理和计算的通用算法和标准，全面、可扩展的输入输出参数，基于消息队列机制构建分布式数据计算中台和流式处理引擎，实现数据处理环节与流程的按需配置，同时可根据任务数量、优先级、负载情况等进行任务分发与控制。

（三）自动报表引擎技术

为满足不同行业、不同项目、不同用户对成果输出报表的定制化应用需求，作者所在研究团队提出一种基于 OpenXML 和 XPath 的可编程动态模板设计技术，设计不同的模板数据内容替换标签，包括文本、表格、图像、图表、序号、循环、条件判断、脚本编程等类型。构建可定制的智能化自动报表引擎，根据报表输出的要求动态查询和组织报表所需原始数据，生成 XML 格式的报表中间过程数据。同时，自动匹配中间过程数据和对应的模板文件，进行智能化的标签自动解析、内容替换以及脚本执行，生成最终的定制化报表文件。

（四）空间底图自适应调度引擎技术

针对当前复杂多变的监测环境以及丰富多样的空间数据类型，作者所在研究团队基于 Vue 技术和 OpenLayers、Cesium、photo-sphere-viewer 等空间数据展示库，构建了支持多类型、多服务、多样式底图展示的空间数据底图自适应调度引擎，极大地丰富了监测数据的可视化样式，提高了监测管理的效率。

（五）智能预测预警模型技术

考虑到监测数据同时具有空间性、时间性以及时空关联特性，作者所在研究团队基于深度学习的图卷积和多维时空数据特征融合的变形预测模型，针对变形监测数据用于深度学习的样本不足、时间跨度长、监测点位多、时空相关性强等特点，利用双层滑动窗口采样历史数据，扩充深度学习样本数据并提升模型的学习效果，用图结构表示基于特征的时间节点、空间节点、时空同步节点之间的关系，并结合图卷积神经网络和卷积型门控循环单元实现并行学习特征与时间、空间、时空同步的关系，并通过多阶段加权融合得到预测值。

（六）基于微服务的预警平台建设技术

为满足不断拓展和深化的安全监测服务及应用需求，促进安全监测智能预警由传统的单一基础设施安全监测向城市全域感知、全网协同、全业务融合和全场景智慧赋能的方向发展，作者所在研究团队通过设计微服务架构，构建了具有良好实用性与可拓展性的安全监测预警平台和智能开放的云微服务体系。

四、应用实践创新

综合运用各种监测仪器设备、多种监测技术手段，在地表形变监测、大型场馆监测、水电站大坝监测、地铁隧道监测、跨江桥梁监测、超高层建筑监测、公路滑坡监测、地质灾害监测等多个领域开展应用实践。

在地表形变监测方面，采用时序 D-InSAR 技术开展重庆主城区地表形变监测，即在常规 D-InSAR 基础上利用长时间序列的 InSAR 数据进行分析，消除数据处理中的轨道、大气、DEM 残差以及解决低相干性等因素的影响；研究重庆山地地表形变的机理与特点，实现对重庆主城区地表形变的全面监测；确定主城区易引发地表形变的敏感区域，提高城市防灾减灾的预警能力。

在大型场馆监测方面，以重庆国际博览中心为例，针对其主体钢结构及周边地质环境的复杂性，搭建了自动化监测系统，全面准确地把握场馆及周边地形的变形情况。通过监测数据实时反映建筑、地质结构的真实情况，反映变形量与相关变形因子间的统计关系，找出变形规律，合理解释各种变化现象，准确评价安全态势，并提供准确的分析预报。

在大坝监测方面，以湖北省清江干流上的隔河岩大坝为例，分别利用 GB-SAR 连续影像序列干涉相位时序分析技术和 GB-SAR 基于离散子影像集的时序分析技术开展坝体变形监测，研究分析大坝主体表面的变形规律。

在地铁隧道监测方面，以某地铁隧道为例，采用三维激光扫描技术开展地铁盾构隧道施工监测、盾构隧道变形监测和隧道结构检测评估。

在跨江桥梁监测方面，以重庆嘉陵江石门大桥为例，采用分布式光纤和传感技术开展桥体监测。

在超高层建筑监测方面，以重庆朝天门光控中心为例，基于大数据、物联网技术，提供了安全监测、运维管理、应急处置及信息发布等各种服务，通过科学合理分析建筑结构变化和环境因素之间的关系，为超高层建筑的维护管理、运营决策提出科学合理的建议。

在公路滑坡监测方面，以重庆市涪陵区蔺市镇 XC93 公路滑坡为例，综合采用 GNSS 定位监测、图像视觉监测等技术，对滑坡体的水平位移和垂直位移、路面沉降及道路裂缝开展监测，避免二次灾害的发生。

在地质灾害监测方面，以澜沧江中段的营盘镇—苗尾段为研究区域，采用 SAR 技术进行地灾隐患识别和地灾形变监测。

第三节　展　　望

一、多预测模型综合应用

目前，工程安全监测数据处理方法主要分为三大类：一是经典数据分析方法，如灰色理论分析法、时间序列分析法等；二是多尺度时频分析方法，如经验模态分解及小波变换法等；三是人工智能方法，如神经网络模型方法、支持向量机等。前两者均具有统计学性质，是建立在理想化的严格的假定条件之下，且实时变形监测资料数量众多，数据处理分析工作量巨大，传统数学模型难以准确地预测分析，不利于及时准确地处理变形安全隐患。基于人工智能的新兴变形监测数据处理方法，在解决复杂、非线性的问题中具有极大优势，如小样本条件下的鲁棒性高、多任务学习能力强等，成熟的卷积神经网络（Convolutional Neural Network，CNN）已经在计算机视觉、语音识别、自然语言处理等方面取得了丰硕的应用成果，但在工程安全监测领域应用还不多。

变形过程受众多因素的影响，是一种典型的非线性、非平稳随机过程，且具有明显的波动性、微弱性和多尺度特点，上述采用单一模型的预测方法在实际应用过程中都存在或多或少的问题。例如，时间序列模型只适合进行短时预测，在进行长时预测时会出现累积误差；灰色理论模型和卡尔曼滤波方法不适合对非平稳随机过程建模；SVM 预测性能受核参数和偏移量的选取影响较大，LSTM 和 CNN 需要训练大量高质量数据，模型泛化能力弱且对噪声敏感。因此，仅仅利用单一的理论方法、算法模型进行变形预测研究，具有极大的局限性，预测精度也因外部因素、工程内因等多种复杂影响而出现较大差异，可靠性不高，难以为工程安全评估提供科学、准确的支撑。

随着相关技术的不断进步，理论知识的深入发展，将多种数学理论、智能算法相结合，综合一些较为优秀的计算模型，通过各种方式组合使用，增强预测模型的普适性、可靠性及精度，提高计算方法的实际应用价值，是值得研究的方向。从监测数据处理的角度看，一方面是利用新理论、新算法不断深化、改进现有的单项预测模型，提高模型的拟合预测精度；而另一方面则是运用组合预测原则对各个单项模型进行处理，充分考虑不同单项模型的数据特点，同时剔除冗余“信息”，提高预测模型的稳健性以及预测精度。由于单项模型相关理论及应用在监测数据处理中发展较为成熟，即使有很多改进模型提出，但终究没有跳出原模型性质体系的束缚。随着组合预测模型研究的发展，它给监测数据处理与预测带来了另一种新思路，不仅保留了单项预测模型的优越性，而且也能在一定程度上提高预测效果或预测稳健性，加之在数据挖掘以及数据多尺度分析的推引下，组合预测模型也快步踏入了新的领域。同时，借助于人工智能方法，组合预测模型已经由传统的组合预测方法技术向模型改进及生物计算机分析和人工智能方面转变。

二、全空间多领域监测

尽管不少工程项目从设计到施工再到运营，都构建了全生命周期的安全监测体系，但近年来安全事故仍时有发生。通过对出现的几起坍塌事故进行分析发现目前监测行业普遍存在的一些痛点。一是盲目套用规范，在变形影响区域外布设了大量无效的监测点，导致监测工作量加大，却抓不住变形关键点。二是机械套搬监测频率，没有抓住监测关键节点。事实上，很多事故都发生在强降雨、基坑开挖到底、开马头门、盾构始发、盾构到达等关键时刻。三是预警的准确性得不到保障，还存在错误预警、冗余预警、无效预警的情况。

自 2022 年以来，浙江省、安徽省及北京市、辽宁省等的 22 个市（区）开展了城市基础设施安全运行监测试点工作。住房和城乡建设部进一步提出，在深入推进试点和总结经验的基础上，我国将全面启动城市燃气、桥梁、供水、排水、热力、电力、电梯、通信、轨道交通、综合管廊、输油管线等城市基础设施生命线安全工程监测，为全空间多领域的工程监测提供了政策层面的指导。

未来，随着智能传感、机器视觉、人工智能技术的进一步发展，安全监测将在多领域实现全覆盖。通过更灵敏的感知、更准确的预警、更泛在的服务，实现数字空间与现实空间的实时关联互通，为数字中国、数字政府提供城市基础设施运行数据资源，是测绘服务发展的新方向。

三、产业化应用创新

随着我国进入城镇化后期，国家基础设施和涉民重大工程进入了“养护并重”的阶段，为工程监测行业带来了持续发展的市场需求。此外，社会公众对工程安全的要求日益提高，也为行业带来更高标准和要求。安全监测市场呈现快速增长的趋势，并且预计在未来将继续增长。

近年来，我国陆续出台多项政策，鼓励工程监测行业发展与创新。《建设工程安全生产管理条例》《危险性较大的分部分项工程安全管理规定》《建设工程质量检测管理办法》等政策文件，为工程安全监测产业的发展提供了保障。

随着新技术不断涌现，工程安全监测产业化的路径也逐渐清晰。国内外厂商纷纷加大在监测仪器装备、预测预警模型和监测平台上的研发投入。监测仪器装备正朝着更高精度、更小体量、高度集成化的方向发展；预测预警模型融合人工智能、大数据技术，正朝着智能化、自动化的方向发展；监测平台更加重视监测数据的分析挖掘，通过优化预测趋势模型构建更加智能化的预测预警系统。

面对市场需求的多元化和个性化趋势，企业需要积极应对市场需求的变化和竞争格局，通过技术创新、市场拓展等手段，不断提高自身竞争力，实现专业化、规模化、产业化发展，提供更加精准、高效和个性化的监测服务，从而提升整个监测行业的效率和服务水平，推动产业的健康可持续发展。